A. OSTROWSKI

AUFGABENSAMMLUNG ZUR INFINITESIMALRECHNUNG

BAND I

MATHEMATISCHE REIHE

BAND 28

LEHRBÜCHER UND MONOGRAPHIEN

AUS DEM GEBIETE DER EXAKTEN WISSENSCHAFTEN

AUFGABENSAMMLUNG ZUR INFINITESIMALRECHNUNG

von

A. OSTROWSKI

Professor an der Universität Basel

Erster Band
FUNKTIONEN EINER VARIABLEN

SPRINGER BASEL AG 1964

ISBN 978-3-0348-4072-9 ISBN 978-3-0348-4146-7 (eBook)

DOI 10.1007/978-3-0348-4146-7

VORWORT

Die vorliegende Aufgabensammlung zur Infinitesimalrechnung ist aus den Aufgaben entstanden, die in der ersten Auflage meines Lehrbuchs der Differential- und Integralrechnung enthalten waren. Diese Aufgaben waren dort ohne Lösungen angegeben, und ich wurde seitdem von vielen Seiten angegangen, in der neuen Auflage den Aufgaben auch Lösungen beizugeben. Es konnte leider diesem Wunsche nicht entsprochen werden, um den Umfang des Lehrbuchs nicht über Gebühr anwachsen zu lassen. So habe ich mich entschlossen, diese Aufgaben aus dem Lehrbuch überhaupt herauszunehmen und mit Lösungen, von neuem durchgearbeitet, gesondert erscheinen zu lassen.

Ich habe dies um so lieber getan, als es scheint, daß eine so angelegte Aufgabensammlung eine Lücke in der Lehrbuchliteratur ausfüllen könnte. In der Tat wird in allen mir bekannten Aufgabensammlungen an der herkömmlichen Trennung zwischen der Differential- und Integralrechnung festgehalten, während in dieser Sammlung der Integralbegriff an die Spitze gestellt wird. Um die Verwendung des Buches auch denjenigen zu ermöglichen, die ein anderes Lehrbuch der Infinitesimalrechnung benutzen, ist jedem Abschnitt eine kurze Einleitung vorangestellt, in der der Hintergrund an Begriffen und Formeln zusammengestellt wird, von dem aus die Aufgaben anzupacken sind.

Was die Ausführlichkeit der Lösungen anbetrifft, so findet man in der Literatur entweder Sammlungen, in denen jede Aufgabe in aller Ausführlichkeit gelöst wird, wie zum Beispiel das ältere Übungsbuch von *Schlömilch* oder die neueren Übungsbücher von *Julia*, oder solche, in denen im allgemeinen nur die numerischen Werte oder Ausdrücke der Lösungen angegeben werden, im wesentlichen ohne Andeutungen über den Lösungsweg. Hier wurde nun versucht, die „goldene Mitte" zu finden. Einerseits habe ich mir stets die Bedürfnisse eines durchschnittlichen Studenten vor Augen gehalten, andererseits mußte man auf Kürze bedacht sein. In welchem Maße es mir gelungen ist, das für das Gros der Benutzer des Buches Richtige zu finden, muß der Erfolg zeigen.

Wer ein mit ausführlicheren Lösungen versehenes Aufgabenbuch benutzt, muß mit der ständigen Versuchung rechnen, vorzeitig nach den Lösungen zu greifen, womit ja die Nützlichkeit der Übung kurzschlußartig zunichte wird. Um hier dem Studierenden doch noch eine weitere Chance zu geben, werden die Lösungen in zwei Etappen angegeben. Auf den ersten Teil des Buches, der Aufgaben enthält, folgt der „Hinweise" betitelte zweite Teil, mit Angaben, die dem Lösenden den Weg anzeigen, ohne jedoch die vollständige Lösung zu enthalten. Entweder werden dabei die einzuführenden Ausdrücke angegeben, oder

der Ansatz wird kurz charakterisiert, oder ein Teil der Zwischenrechnungen durchgeführt, oder es wird auf frühere Aufgaben oder Lösungen verwiesen, die heranzuziehen sind. Die Ergänzung dieser Angaben zu vollständigen Lösungen findet man im dritten, „Lösungen" betitelten Teil des Buches. So hoffe ich, dem Studierenden den Weg zur Aneignung der Technik des Kalküls sowie der dem Stoffe eigentümlichen Schlußtechnik geebnet zu haben.

Der hiermit vorliegende erste Band des Übungsbuches ist der Auswahl des Stoffes nach dem ersten Band meines Lehrbuchs angepaßt. Den zweiten Band hoffe ich innerhalb Jahresfrist fertigzustellen.

Für die freundliche Hilfe bei der Korrektur danke ich den Herren K. Goetschi und Dr. E. Hameister. Dem Verlag habe ich für das freundliche und geduldige Eingehen auf zahlreiche Wünsche besonders zu danken.

A. Ostrowski

INHALTSVERZEICHNIS

ABKÜRZUNGEN

Abl.	Ableitung	f.	für	OBdA	Ohne Beschränkung der Allgemeinheit
Arg.	Argument	Fig.	Figur		
Beh.	Behauptung, behaupten	Fkt.	Funktion		
		Gl.	Gleichung	Pkt.	Punkt
Bew.	Beweis, beweisen	Int.	Integral, integrieren	pos.	positiv
B.U.	Bernoullische Ungleichung			Stet.	Stetigkeit, stetig
		Konv.	Konvergenz, konvergieren	u.	und
bzw.	beziehungsweise			Ungl.	Ungleichung
d.	der, die, das	MWS	Mittelwertsatz	v.	von
d. h.	das heißt	neg.	negativ	v. Ind.	vollständige Induktion
Div.	Divergenz, divergieren	NF	Nullfolge, Nullfunktion	vgl.	vergleiche
e.	ein, eine, eines	m.	man		

Im allgemeinen bedeutet n eine beliebige natürliche Zahl, m eine beliebige ganze Zahl.

Verweise auf Aufgaben, Hinweise oder Lösungen aus einem Paragraphen werden in folgender Weise angegeben: A 5a) §7, H 5a) §7, L 5a) §7. Die Paragraphenbezeichnung wird weggelassen, wenn es sich um den Paragraphen handelt, zu dem der Verweis gehört.

§ 1. Grundeigenschaften der reellen Zahlen

Um exaktes Schließen in der Analysis zu gewährleisten, werden gewisse Eigenschaften der reellen Zahlen vorweg zusammengestellt, so daß alle weiteren analytischen Tatsachen letzten Endes auf die in dieser Zusammenstellung aufgeführten sich zurückführen lassen. Die folgende Tabelle der Grundeigenschaften ist für die einführende Behandlung des Gegenstandes ausreichend, wenn sie sich auch bei tiefergehender Untersuchung noch bedeutend weiter reduzieren läßt.

I. Grundeigenschaften der Gleichheitsbeziehungen

1. $a = a$ (Reflexivität).
2. Aus $a = b$ folgt $b = a$ (Symmetrie).
3. Aus $a = b$, $b = c$ folgt $a = c$ (Transitivität).

II. Grundgesetz der natürlichen Zahlen

(Vollständige Induktion, Schluß von n auf $n + 1$)

Ist von einer Aussage E über eine allgemeine natürliche Zahl n bekannt, daß sie für $n = \nu_0$ zutrifft und daß ferner aus ihrer Gültigkeit für ein natürliches $\nu \geqq \nu_0$ stets ihre Gültigkeit für $\nu + 1$ folgt, so trifft E für alle auf ν_0 folgenden natürlichen Zahlen zu.

III. Körpereigenschaften der reellen Zahlen

1. Kommutative Gesetze der Addition und Multiplikation:
$$a_1 + a_2 = a_2 + a_1, \quad a_1 a_2 = a_2 a_1.$$
   Allgemein hängen die Summe $a_1 + \cdots + a_n$ und das Produkt $a_1 \cdots a_n$ auch für $n > 2$ nicht von der Reihenfolge der Größen $a_1, \ldots, a_n$ ab.
2. Assoziative Gesetze der Addition und Multiplikation:
$$(a_1 + a_2) + a_3 = a_1 + (a_2 + a_3), \quad (a_1 a_2) a_3 = a_1 (a_2 a_3)$$
   und allgemeiner auch für $n > 3$:
$$a_1 + \cdots + a_m + a_{m+1} + \cdots + a_n = (a_1 + \cdots + a_m) +$$
$$+ (a_{m+1} + \cdots + a_n),$$
$$a_1 \cdots a_m a_{m+1} \cdots a_n = (a_1 \cdots a_m) \cdot (a_{m+1} \cdots a_n).$$
3. Distributives Gesetz der Addition und Multiplikation:
$$b (a_1 + \cdots + a_n) = b a_1 + \cdots + b a_n.$$
4. Subtraktion: Die Gleichung $x + a = b$ ist für alle a und b eindeutig nach x auflösbar: $x = b - a$; $a - a = 0$ ist unabhängig von a.
5. Division: Es gibt Zahlen $a \neq 0$. Für $a \neq 0$ ist $x \cdot a = b$ eindeutig nach x auflösbar: $x = b/a$; $a/a = 1$ ist unabhängig von $a\,(a \neq 0)$.

IV. Größeneigenschaften der reellen Zahlen

1. Anordnung: Aus $a \neq b$ folgt entweder $a > b$, $b < a$ oder $b > a$, $a < b$; aus $a > b$ folgt für jedes c: $a + c > b + c$; aus $a > 0$, $b > 0$ folgt $ab > 0$.

2. Transitivität: Aus $a > b$, $b > c$ folgt $a > c$.

3. *Archimedische* Eigenschaft: Aus $a > 0$, $b > 0$ folgt für ein gewisses natürliches n: $\qquad n \cdot a > b$.

4. **Trennungsaxiom.** Es seien A und B zwei Mengen von Zahlen derart, daß für jede Zahl a aus A und jede Zahl b aus B die Relation $a \leqq b$ gilt. Dann gibt es wenigstens eine Zahl s, die die Mengen A und B «trennt», in dem Sinne, daß für jedes a aus A und jedes b aus B gilt: $a \leqq s \leqq b$.

Mehrere Ungleichungen der Form $a_1 > 0, \ldots, a_n > 0$ werden oft wie folgt zusammengefaßt: $a_1, \ldots, a_n > 0$.

Als besonders bedeutungsvoll für das mathematische Schließen sei hier noch das Grundgesetz der natürlichen Zahlen– das Gesetz der vollständigen Induktion (v. Ind.) – hervorgehoben. Der Einübung der Methode der vollständigen Induktion dienen die Aufgaben dieses Abschnitts.

1. Man beweise

$$1 + q + q^2 + \cdots + q^n = \frac{1 - q^{n+1}}{1 - q} \qquad (q \neq 1),$$

2. Man beweise

$$1 + 2 + \cdots + n = \frac{n\,(n + 1)}{2}.$$

3. Man beweise

$$1^2 + 2^2 + \cdots + n^2 = \frac{n\,(n + 1)\,(2\,n + 1)}{6}.$$

4. Man leite aus der Relation der Aufgabe 1 die folgende Relation her:

$$\frac{a^n - b^n}{a - b} = a^{n-1} + a^{n-2}b + \cdots + b^{n-1} \qquad (n > 1).$$

5. Man beweise durch vollständige Induktion: Unter n gegebenen Zahlen $a_1, a_2, \ldots, a_n$ gibt es stets eine *größte* (d. h. eine solche, die von keiner andern übertroffen wird), sowie eine *kleinste* (d. h. eine solche, die von keiner andern unterschritten wird).

6. Ist $n_1, n_2, \ldots$ eine beliebige Menge natürlicher Zahlen, so gibt es in dieser Menge eine kleinste Zahl.

7. Man leite das Grundgesetz der vollständigen Induktion aus der in der Aufgabe 6 formulierten Tatsache her.

8. Gilt für $n > 2$ Zahlen $a_1, a_2, \ldots, a_n$:

$$a_1 < a_2, \quad a_2 < a_3, \ldots, \quad a_{n-1} < a_n,$$

so gilt auch $a_1 < a_n$.

§ 2. Körpereigenschaften der reellen Zahlen

Die Körpereigenschaften der reellen Zahlen beziehen sich auf die direkte Ausführung der vier arithmetischen Rechenoperationen. Kommutativitäts- und Distributivitätsregeln geben die Grundlage für algebraische Umformungen ab, die an Hand der Aufgaben dieses Paragraphen einzuüben sind. Besonders wichtig ist dabei der richtige Gebrauch des Summen- und Produktzeichens, $\sum$ und $\prod$.

Es ist daran zu erinnern, daß das Symbol $\sum\limits_{\nu=\alpha}^{\beta}$ bedeutet: Man setze für den «Summationsbuchstaben» ν alle ganzen Zahlen mit $\alpha \leq \nu \leq \beta$ ein, die also zwischen den «Summationsgrenzen» α und β liegen, und summiere. Für $\alpha > \beta$ bedeutet das Symbol 0. Läuft der Summationsbuchstabe über nicht notwendig ganzzahlige Werte, so müssen solche Werte in geeigneter Weise entweder in der Formelzeile oder im Text charakterisiert werden. Der Summationsbuchstabe kann «transformiert» werden, indem man etwa $\nu = \varphi(\mu)$ setzt, wobei jedem Wert von ν im Summationsintervall genau ein Wert aus dem «entsprechenden» μ-Intervall entspricht und umgekehrt. Ferner gilt z. B.

$$\sum_{\nu=\alpha}^{\beta} a_\nu + \sum_{\nu=\alpha}^{\beta} b_\nu = \sum_{\nu=\alpha}^{\beta} (a_\nu + b_\nu).$$

Analoge Bemerkungen gelten für das Produktsymbol $\prod$.

1. Es sind möglichst einfache numerische Systeme von zwei linearen Gleichungen mit zwei Unbekannten von der Form

$$a_0 x + b_0 y = c_0,$$
$$a_1 x + b_1 y = c_1$$

anzugeben, die

 a) keine Lösung,
 b) genau eine Lösung,
 c) genau zwei Lösungen

besitzen.

2. Man stelle die folgenden Ausdrücke als Produkte jeweils zweier in x linearer Faktoren dar:

 a) $x^2 - 5x + 6$, b) $x^2 - 6xy + 8y^2$.

3. Ist $y = \dfrac{a\,x + b}{c\,x + d}$, so ist x durch y auszudrücken; ebenso für $y = \dfrac{a\,x + b}{b\,x - a}$.

4. Der folgende Ausdruck ist von c unabhängig:

$$(x + c)^2 + (y + c)^2 + (z + c)^2 - (x + c)(y + c) - (y + c)(z + c) - (z + c)(x + c).$$

5. Die Ausdrücke

 a) $\dfrac{(x - 1)^2 (x + 2)}{(x + 1)^2 (x - 2)}$, b) $\dfrac{x^2 (x^2 - 25)}{(x^2 - 9)(x^2 - 16)}$

sind in der Form $\dfrac{1 + y}{1 - y}$ darzustellen. Welche Gestalt hat jeweils y?

6. Die Konstanten a, b, c sind so zu bestimmen, daß

$$\frac{x}{(x-1)\,(x+1)\,(x+2)} = \frac{a}{x-1} + \frac{b}{x+1} + \frac{c}{x+2}$$

ist.

7. Man bestimme die Konstanten a, b, c, d so, daß

$$\frac{x^3}{(x^2+4)\,(x-1)^2} = \frac{a\,x+b}{x^2+4} + \frac{c}{(x-1)^2} + \frac{d}{x-1}$$

ist.

8. Man beweise

$$\sum_{\nu=1}^{n} \frac{x^{2^\nu-1}}{1-x^{2^\nu}} = \frac{1}{1-x} - \frac{1}{1-x^{2^n}} \quad (n \geqq 1).$$

(Man beachte, daß x^{2^ν} nicht etwa $(x^2)^\nu = x^{2\nu}$ bedeutet, sondern $x^{(2^\nu)}$).

$$* \quad * \quad *$$

9. Man beweise, wenn keine der Differenzen $\lambda_\nu - \lambda_{\nu+1}$ verschwindet, die Identität

$$\lambda_1 + 2\lambda_2 + \cdots + 2\lambda_n + \lambda_{n+1} = \lambda_1 \frac{\lambda_1+\lambda_2}{\lambda_1-\lambda_2} + \sum_{\nu=2}^{n} \lambda_\nu \left(\frac{\lambda_\nu+\lambda_{\nu+1}}{\lambda_\nu-\lambda_{\nu+1}} - \frac{\lambda_{\nu-1}+\lambda_\nu}{\lambda_{\nu-1}-\lambda_\nu} \right) -$$
$$- \lambda_{n+1} \frac{\lambda_n+\lambda_{n+1}}{\lambda_n-\lambda_{n+1}}.$$

10. Man beweise für $2n+1$ beliebige Zahlen $\alpha_1, \ldots, \alpha_n;\ \eta_1, \ldots, \eta_{n+1}$, wenn keine der Differenzen $\eta_\nu - \eta_{\nu+1}$ verschwindet, daß

$$\sum_{\nu=1}^{n} \alpha_\nu = \eta_1 \frac{\alpha_1}{\eta_1-\eta_2} + \sum_{\nu=2}^{n} \eta_\nu \left(\frac{\alpha_\nu}{\eta_\nu-\eta_{\nu+1}} - \frac{\alpha_{\nu-1}}{\eta_{\nu-1}-\eta_\nu} \right) - \eta_{n+1} \frac{\alpha_n}{\eta_n-\eta_{n+1}}.$$

11. Beweise durch v. Ind. die Relation

$$(1+x)\,(1+x^2) \cdots (1+x^{2^n}) = \prod_{\nu=0}^{n} (1+x^{2^\nu}) = \frac{1-x^{2^{n+1}}}{1-x} \quad (n = 0, 1, 2, \ldots).$$

12. Beweise für $n = 0, 1, 2, \ldots$

$$\prod_{\nu=0}^{n} \left(1 + \frac{2}{t^{2^\nu}+t^{-2^\nu}} \right) = \frac{t+1}{t-1} \cdot \frac{t^{2^{n+1}}-1}{t^{2^{n+1}}+1} \quad (t \neq 1).$$

13. Beweise für $n = 0, 1, 2, \ldots$

$$\prod_{\nu=0}^{n} \frac{t^{3^\nu}+t^{-3^\nu}+1}{t^{3^\nu}+t^{-3^\nu}-1} = \frac{t+1}{t-1} \cdot \frac{t^{3^{n+1}}-1}{t^{3^{n+1}}+1} \quad (t \neq 1).$$

14. Welchen Wert hat

$$\sum_{\nu=10}^{100} (5\nu+2)^2 ?$$

15. Läßt sich an Hand der Lösung der Aufgabe 3 eine Gleichung vom Typus $y = \dfrac{ax+b}{cx+d}$ für *alle* Werte von a, b, c, d und y nach x auflösen? $\left(\text{Vgl. die Gleichung } \dfrac{2x+2}{x+1} = 1.\right)$

16. Ist z irrational, so ist auch $\dfrac{az+b}{cz+d}$ irrational, wenn a, b, c, d rational sind und $ad - bc \neq 0$ ist.

17. Sind m, n natürliche Zahlen, ist $\sqrt{m}$ irrational, so zeige, daß a) $\sqrt{m} + \sqrt{n}$, b) $\sqrt{m} + \sqrt[3]{n}$ irrational sind. (Man beachte, daß das Symbol $\sqrt{a}$ für $a > 0$ den *positiven* Wert bedeutet.)

18. Bilden $a_1, a_2, \dots, a_n$ eine arithmetische Progression (Reihe), so gilt

$$\frac{1}{\sqrt{a_1} + \sqrt{a_2}} + \frac{1}{\sqrt{a_2} + \sqrt{a_3}} + \cdots + \frac{1}{\sqrt{a_{n-1}} + \sqrt{a_n}} = \frac{n-1}{\sqrt{a_1} + \sqrt{a_n}}.$$

19. Es sei $u_0 = a$, $u_1 = ax + b$, $u_2 = ax^2 + 2bx + c$, $u_3 = ax^3 + 3bx^2 + 3cx + d$. Man beweise, daß dann der Ausdruck

$$u_0^2 u_3 - 3 u_0 u_1 u_2 + 2 u_1^3$$

von x unabhängig ist.

20. Die folgenden Ausdrücke sind in der Form

$$(ax + by)^2 + (cx + dy)^2$$

mit konstanten a, b, c, d darzustellen:

$$\text{a)} \quad x^2 + 2xy + 2y^2,$$
$$\text{b)} \quad x^2 + 2xy + 5y^2,$$
$$\text{c)} \quad 2x^2 - 5xy + 7y^2.$$

21. $5x^2 - 4x + 8$ ist in der Form

$$(ax + b)^2 + c^2$$

darzustellen.

22. Gilt $x^2 + xy + y^2 = 0$, so ist $x = y = 0$.

23. Gilt $x^3 + y^3 = 0$, so folgt $x + y = 0$.

24. Gilt $x^3 + y^3 + z^3 - 3xyz = 0$, so folgt, daß entweder $x + y + z = 0$ oder $x = y = z$ ist.

25. Gilt $U\alpha + V\beta = 0$, $V\alpha + W\beta = 0$, $W\alpha + U\beta = 0$, so ist entweder $\alpha + \beta = 0$ oder $U = V = W = 0$.

26. Man beweise, daß für positive $x, a_1, \dots, a_n$ die Relation gilt:

$$x \sum_{\nu=2}^{n} \frac{a_1 \dots a_{\nu-1}}{(a_1 + x) \dots (a_\nu + x)} = \frac{a_1}{a_1 + x} - \frac{a_1 \dots a_n}{(a_1 + x) \dots (a_n + x)} \quad (n > 1).$$

27. Man bestimme für $x, A_1, \ldots, A_n > 0$ die folgende Summe in geschlossener Form:

$$\sum_{\nu=1}^{n} \frac{A_\nu}{(1 + A_1 x) \ldots (1 + A_\nu x)}.$$

28. Beweise durch vollständige Induktion die Relationen:

a) $\dfrac{1}{2} + \cos x + \cos 2x + \cdots + \cos nx = \dfrac{\sin\left(n + \dfrac{1}{2}\right)x}{2 \sin \dfrac{x}{2}} \quad (n \geq 1),$

b) $\cos x + \cos 3x + \cdots + \cos(2n-1)x = \dfrac{\sin 2nx}{2 \sin x} \quad (n \geq 1).$

29. Man setze $u_\nu = a_\nu (a_1 + a_2 + \cdots + a_\nu)$; dann gilt

$$2 \sum_{\nu=1}^{n} u_\nu = \left(\sum_{\nu=1}^{n} a_\nu\right)^2 + \sum_{\nu=1}^{n} a_\nu^2. \quad \text{(Catalan.)}$$

30. Beweise

$$\prod_{\nu=1}^{n} \cos \frac{x}{2^\nu} = \frac{\sin x}{2^n \sin \dfrac{x}{2^n}} \quad (n \geq 1).$$

31. Man beweise

$$\frac{\sin x}{3^n \sin \dfrac{x}{3^n}} = \prod_{\nu=1}^{n} \frac{1 + 2 \cos \dfrac{2x}{3^\nu}}{3} \quad (n \geq 1).$$

32. Man beweise

$$\frac{\sin x}{5^n \sin \dfrac{x}{5^n}} = \prod_{\nu=1}^{n} \frac{1 + 4 \cos \dfrac{3x}{5^\nu} \cos \dfrac{x}{5^\nu}}{5}.$$

33. Beweise durch v. Ind. für $n = 0, 1, 2, \ldots$

$$\left(1 - x^{2^{n+1}}\right) \prod_{\nu=0}^{n} \left(1 - \frac{x^{2^\nu}}{2}\right) = (1 - x) \prod_{\nu=0}^{n} \left(1 + \frac{x^{2^\nu}\left(1 - x^{2^\nu}\right)}{2}\right).$$

34. Beweise

$$\frac{x^{3^n} - 1}{x - 1} = \prod_{\nu=1}^{n-1} \left(x^{2 \cdot 3^\nu} + x^{3^\nu} + 1\right).$$

35. Es sei allgemein für $n = 1, 2, \ldots$

$$a_{n+1} = \frac{a_n + b_n}{2}, \quad b_{n+1} = \sqrt{a_{n+1} b_n}.$$

Ist $b_1 \geq a_1 > 0$, und setzt man

$$b_1 = \beta, \quad a_1 = \beta \cos \varphi,$$

so gilt

$$a_{n+1} = \frac{\beta \sin \varphi}{2^n \operatorname{tg} \dfrac{\varphi}{2^n}}, \qquad b_{n+1} = \frac{\beta \sin \varphi}{2^n \sin \dfrac{\varphi}{2^n}} \qquad (n \geqq 1).$$

(Borchardt.)

36. Man bestimme den Wert des Produkts

$$\prod_{\nu=2}^{n} \left(1 - \frac{1}{\nu^2}\right).$$

37. Man bestimme den Wert des Produkts

$$\prod_{\nu=2}^{n} \frac{\nu^3 - 1}{\nu^3 + 1}.$$

38. Beweise

$$\prod_{\nu=1}^{n} \frac{1}{1 + \dfrac{m}{\nu + c}} = \prod_{\nu=m+1}^{n+m} \left(1 - \frac{m}{\nu + c}\right).$$

39. Gilt

$$ab(a^2 + b^2) = cd(c^2 + d^2),$$

und setzt man

$$\begin{aligned}
x &= a + b + c + d \\
y &= a + b - c - d \\
z &= a - b + c - d \\
u &= a - b - c + d,
\end{aligned}$$

so folgt

$$xy(x^2 + y^2) = zu(z^2 + u^2).$$

40. Sind $x_1, \ldots, x_n$ positiv, und setzt man

$$y_\nu = \frac{x_\nu - x_{\nu+1}}{x_\nu + x_{\nu+1}} \ (\nu = 1, \ldots, n-1), \qquad y_n = \frac{x_n - x_1}{x_n + x_1},$$

so gilt

$$\prod_{\nu=1}^{n} (1 - y_\nu) = \prod_{\nu=1}^{n} (1 + y_\nu).$$

41. Man definiere für $n = 1, 2, \ldots$ und $\nu = 0, 1, \ldots$ den Ausdruck $\binom{n}{\nu}$ durch

$$\binom{n}{0} = 1, \qquad \binom{n}{\nu} = \frac{n(n-1)\ldots(n-\nu+1)}{\nu!} \qquad (\nu = 1, 2, \ldots).$$

Dann gilt für $\nu = 0, 1, \ldots$

$$\text{a) } \binom{n}{\nu+1} = \binom{n}{\nu} \frac{n-\nu}{\nu+1}, \qquad \text{b) } \binom{n+1}{\nu+1} = \binom{n}{\nu} \frac{n+1}{\nu+1}.$$

42. In den Bezeichnungen von A. 41 gilt

$$\binom{n}{\nu} + \binom{n}{\nu+1} = \binom{n+1}{\nu+1} \qquad (n = 1, 2, \ldots; \quad \nu = 0, 1, \ldots).$$

§ 3. Ungleichungen

Lineare Ungleichungen mit einer Unbekannten werden aufgelöst, indem man die Unbekannte isoliert. Dabei darf man nicht vergessen, daß bei der Multiplikation mit einem Buchstabenausdruck eine Fallunterscheidung nicht zu vermeiden ist, die den verschiedenen Vorzeichenmöglichkeiten Rechnung trägt. Systeme von Ungleichungen mit zwei Unbekannten werden am besten graphisch behandelt, indem für jede einzelne Ungleichung ihr Gültigkeitsbereich in der x-y-Ebene abgegrenzt wird.

Allgemeine Ungleichungen:

Die Bernoullische Ungleichung (BU),

$$(1 + a)^n \geqq 1 + na \quad (n = 1, 2, \ldots; a \geqq -1).$$

Die Ungleichung zwischen dem arithmetischen und dem geometrischen Mittel

$$\frac{a_1 + a_2 + \cdots + a_n}{n} \geqq \sqrt[n]{a_1 a_2 \cdots a_n} \quad (a_\nu \geqq 0)$$

oder allgemeiner für positive *Gewichte* $p_1, p_2, \ldots$

$$\frac{a_1 p_1 + a_2 p_2 + \cdots + a_n p_n}{p_1 + \cdots + p_n} \geqq \sqrt[p_1 + \cdots + p_n]{a_1^{p_1} \cdots a_n^{p_n}}.$$

Wir benutzen die Bezeichnung $\operatorname{sgn} a = \begin{cases} 1, & a > 0 \\ 0, & a = 0 \\ -1, & a < 0 \end{cases}$. Wird der *absolute Betrag* durch $|a| = a \operatorname{sgn} a$ eingeführt, so gelten die *Dreiecksungleichungen*

$$|a + b| \leqq |a| + |b|, \quad |a_1 + \cdots + a_n| \leqq |a_1| + |a_2| + \cdots + |a_n|,$$
$$|a - b| \geqq |a| - |b|.$$

Um eine angenäherte Gleichheit auszudrücken, benutzen wir das Symbol $\sqsupset$.

Der Fehler der Näherung a von α ist $|a - \alpha|$, der relative Fehler dieser Näherung ist $\dfrac{|a - \alpha|}{|\alpha|}$ bzw. $\dfrac{|a - \alpha|}{|a|}$, je nachdem ob auf den genauen Wert α oder auf den Näherungswert a bezogen.

1. Für welche x gilt:

     a) $3 - x < 4 - 2x$,   c) $3x^2 - 10x + 3 \gtreqless 0$,

     b) $2x - 17 < 13 + 6x$,   d) $6x^2 - 13x + 6 \gtreqless 0$?

2. Für welche x und y gilt

     a) $x - y > 2, \quad x + y < 4$;

     b) $x + y > 1, \quad x + 2y < 2, \quad y + 2x < 2$;

     c) $(x - 3y + 1)(2x + y - 1) > 0$?

3. Es sei $\alpha < \beta < \gamma < \delta$. Wann ist

a)
$$(x - \alpha)\,(x - \beta)\,(x - \gamma)\,(x - \delta) \geqq 0,$$

b)
$$\frac{(x - \alpha)\,(x - \beta)}{(x - \gamma)\,(x - \delta)} \geqq 0\ ?$$

4. Für welche Zahlenpaare x, y ist
$$2\,x^2 + 7\,y < 15\,y + 8\ ?$$

5. Für welche x, y gilt

a)
$$x^2 - 3\,xy + 2\,y^2 \gtreqless 0,$$

b)
$$x^2 \pm xy + y^2 \gtreqless 0,$$

c)
$$x^2 - 5\,xy + 6\,y^2 \gtreqless 0,$$

d)
$$(x^2 + y^2)^2 - (2\,x + 2\,y - 1)^2 \leqq 0\ ?$$

6. Für welche x, y ist
$$x^2 - y^2 > 1,\quad x - 2\,y < 1,\quad y - 2\,x < 1\ ?$$

7. Für welche x ist

a) $\dfrac{1}{1 - x} < 1 + 2\,x,\qquad$ b) $1 + x < \dfrac{1}{1 - x},\qquad$ c) $\dfrac{1}{1 - x} \leqq 1 - \dfrac{x}{2},$

d) $\dfrac{1}{3} < \dfrac{2\,x - 1}{3 - 2\,x} < \dfrac{1}{2},\qquad$ e) $\dfrac{2\,x - 1}{3 - 2\,x} < 2\ ?$

8. Es sei $a > 0$. Für welche x gilt
$$\sqrt{a + x} > x\ ?$$

9. Es sei $a > 0$. Aus $y = \sqrt{a + x} > x$ folgt $\sqrt{a + y} > y$.

10. Man bestimme $\dfrac{a \pm |a|}{2}$ für $a \geqq 0$ und für $a \leqq 0$.

11. Man beweise
$$|x - \alpha| = \sqrt{x^2 - 2\,\alpha x + \alpha^2}.$$

12. Man zeichne die Örter

a)
$$y = 2\,|x - 1| - |x - 2|,$$

b)
$$|x|\,|y| = 1.$$

13. Die folgenden Ungleichungen sind graphisch aufzulösen:

a) $2\,x^2 + y^2 > 1,\quad$ b) $|x| + |y| < 1,\quad$ c) $|x| + 5\,|y| < 5,$

d) $|x - 1| + |y + 1| \leqq 1,\quad$ e) $x^2 - 2\,|y| > 1,$

f) $|x - y|^2 - |x + y|^2 \leqq 1.$

14. Ist $a_1 \leqq a_2 \leqq \cdots \leqq a_{n-1} \leqq a_n$ und gilt $a_1 = a_n$, so sind alle a_ν gleich.

15. Man bestimme den geometrischen Ort aller Punkte (x, y) mit
$$|x - 1| - |y - 2| < 5.$$

16. Sind x und n natürliche Zahlen, so gilt für $x > \dfrac{10\,n}{3}$:

$$\left(\frac{1}{2}\right)^{x} < 10^{-n}.$$

17. Für alle $n \geqq 10$ gilt $2^n > n^3$.

18. Für $0 < a < 1$ gilt

$$(1 - a)^n \geqq 1 - n\,a.$$

19. Wenn eine geometrische und eine arithmetische Reihe dieselben ersten und dieselben zweiten Glieder haben: α_1 und α_2, $\alpha_1 > \alpha_2 > 0$, so ist jedes folgende Glied der geometrischen Reihe größer als das entsprechende Glied der arithmetischen Reihe.

20. Man beweise:

$$\left(1 - \frac{1}{n^2}\right)^{n} > 1 - \frac{1}{n} \quad (n > 1).$$

21. Man beweise:

$$\left(1 + \frac{1}{n-1}\right)^{n-1} < \left(1 + \frac{1}{n}\right)^{n} \quad (n > 1).$$

22. Für $a > 1$ gilt:

$$0 < \sqrt[n]{a} - 1 < \frac{a-1}{n} \quad (n > 1).$$

23. Es gilt die Ungleichung:

$$n\,a^{n-1} > \frac{a^n - b^n}{a - b} > n\,b^{n-1} \quad (a > b > 0;\ n > 1).$$

24. Ist für $\nu = 1, \ldots, n : \alpha_\nu > 0$, so gilt für $n \geqq 2$

$$(1 + \alpha_1)(1 + \alpha_2) \ldots (1 + \alpha_n) > 1 + (\alpha_1 + \cdots + \alpha_n).$$

25. Ist für $\nu = 1, \ldots, n : \ 0 < \alpha_\nu < 1$, so gilt für $n \geqq 2$

$$(1 - \alpha_1)(1 - \alpha_2) \ldots (1 - \alpha_n) > 1 - (\alpha_1 + \cdots + \alpha_n).$$

26. Aus $\dfrac{a}{b} < \dfrac{c}{d}$ folgt für $b > 0$, $d > 0$, daß

$$\frac{a}{b} < \frac{a+c}{b+d} < \frac{c}{d}$$

ist.

27. Ist $a > 0$ und $b > 0$, so gilt

$$\frac{a}{b} + \frac{b}{a} \geqq 2.$$

28. Ist $0 < a < 1$ oder $a > 1$, so ist die Zahlenfolge $\dfrac{a^\nu}{1 + a^{2\nu}}$ für $\nu = 1, 2, \ldots$ eigentlich monoton fallend.

29. Gilt $\alpha\beta \neq 0$, $\quad 0 < r < 1$, $\quad -1 \leqq \dfrac{\alpha}{\beta} \leqq r$, $\quad$ so folgt

$$|\alpha + \beta| \leqq \frac{1+r}{1-r}\,(|\beta| - |\alpha|)\,.$$

30. Beweise

$$\frac{x^2 + y^2}{2} \geqq \left(\frac{x+y}{2}\right)^2.$$

31. Beweise, unter Verwendung von A. 30,

$$\frac{x^4 + y^4}{2} \geqq \left(\frac{x+y}{2}\right)^4.$$

32. Beweise

$$\frac{x^8 + y^8}{2} \geqq \left(\frac{x+y}{2}\right)^8.$$

33. Beweise für nicht negative x, y

$$\frac{x^3 + y^3}{2} \geqq \left(\frac{x+y}{2}\right)^3.$$

34. Beweise für $a, b > 0$:

$$\frac{a^9 + b^9}{a^5 + b^5} \geqq a^2 b^2\,.$$

35. Beweise für reelle Zahlen a, α, b, β die Cauchy-Schwarzsche Ungleichung

$$(a\alpha + b\beta)^2 \leqq (a^2 + b^2)\,(\alpha^2 + \beta^2)\,.$$

36. Beweise für $a, \alpha, b, \beta \geqq 0$:

$$\sqrt{(a+b)\,(\alpha+\beta)} \geqq \sqrt{a\alpha} + \sqrt{b\beta}\,.$$

37. An Hand des Wertes $\mathrm{Log}\,2 = 0{,}30103$ ist $\sqrt{\mathrm{Log}\,2}$ möglichst genau zu berechnen.

38. Welche Stellenzahl hat 2^{63}?

39. Berechne den relativen (prozentualen) Fehler der Näherung $\dfrac{22}{7} \sqsupset \pi$.

40. Die Zahlen $a > 0$ und $b > 0$ mögen mit 2% bzw. 3% Genauigkeit bekannt sein, wobei sich die Prozentangaben auf die *wahren Werte* beziehen. Mit welcher Genauigkeit lassen sich

$$a\,b \quad \text{und} \quad a + b$$

bestimmen?

41. Es möge a ein numerisch gemessener Näherungswert von x sein, wobei der Fehler höchstens 9% von x beträgt. Wieviel Prozent von a kann dann der Fehler höchstens betragen?

42. Eine Messung liefert für x und y angenähert

$$x \sqsupset 72 \quad \text{und} \quad y \sqsupset 150\,,$$

2*

wobei die Genauigkeit von x 40% von x, die von y 25% von y beträgt. Mit welcher Genauigkeit kann man

$$2x + 3y \sqsupset 594$$

setzen?

43. x und y seien durch eine Meßmethode gewonnen, die absolute Meßfehler $\leq 4\%$ des jeweiligen wahren Wertes zuläßt, und zu 100 bzw. 75 bestimmt worden. Zwischen welchen Grenzen liegt xy?

44. Es sei

$$1 < a < 2, \quad 5 < b < 6.$$

Welcher (für a und b gleiche) prozentuale Fehler ist zulässig, wenn a/b mit einem Fehler $< 10^{-3}$ zu berechnen ist?

45. Enthält eine richtig abgerundete Zahl m Ziffern von der ersten bedeutsamen Ziffer bis zur letzten, so beträgt ihr relativer Fehler weniger als $\frac{1}{2} \cdot 10^{1-m}$.

$$* \quad {}^* \quad *$$

46. Es gilt

a) $\quad \dfrac{x}{2+x} < \sqrt{1+x} - 1 < \dfrac{x}{2} \quad (x > 0),$

b) $\quad \dfrac{x}{3+x} < \sqrt[3]{1+x} - 1 < \dfrac{x}{3} \quad (x > 0).$

47. Ist $a > 0$ und $b^2 - ac < 0$, so läßt sich

$$ax^2 + 2bxy + cy^2$$

in der Form

$$(\alpha x + \beta y)^2 + (\gamma x + \delta y)^2$$

darstellen, mit von x, y unabhängigen $\alpha, \beta, \gamma, \delta$.

48. Es ist zu zeigen, daß $f(x, y) = ax^2 + 2bxy + cy^2$ Werte beliebigen Vorzeichens annehmen kann, wenn $b^2 - ac > 0$ ist.

49. Es sei $f(x, y, z) = x^2 + y^2 + z^2 + xy + yz + zx$. Man zeige unter Benutzung der Zerlegung $f(x, y, z) = x(x + y + z) + y^2 + yz + z^2$ und analoger Zerlegungen, daß $f(x, y, z) \geq 0$ ist.

50. Man beweise für positive a, b:

a) $\quad \dfrac{a}{\sqrt{b}} + \dfrac{b}{\sqrt{a}} \geq \sqrt{a} + \sqrt{b}, \qquad$ b) $\quad \sqrt{a+b} \leq \sqrt{a} + \sqrt{b}.$

51. Es gilt stets

$$[a - (n+1)(a-b)]\, a^n < b^{n+1} \qquad (a \neq b;\ a, b > 0).$$

52. Für $0 < a < 1$ gilt

$$(1-a)^n < \dfrac{1}{1+na}.$$

53. Für $0 < a < \dfrac{1}{n}$ gilt

$$(1 + a)^n < \frac{1}{1 - na}.$$

54. Man beweise für $d > 0$ und $n > 1$ die Relation:

$$\sqrt[n]{1 + d} > \frac{1}{1 - \dfrac{d}{n(1 + d)}} > 1 + \frac{d}{n(1 + d)}.$$

55. Man beweise:

$$\left(1 + \frac{1}{6n}\right)^{-n} > \frac{5}{6}.$$

56. Man beweise:

$$\left(1 + \frac{1}{n}\right)^n < 3.$$

57. Es gilt für alle reellen x, y, z

a) $|x + y| + |x - y| \geqq |x| + |y|$,

b) $|x + y + z| + |x + y - z| + |x - y + z| + |y - x + z| \geqq 2|x| + 2|y| + 2|z|$,

c) $|x + y + z| + |x| + |y| + |z| \geqq |x + y| + |y + z| + |z + x|$.

58. Sind $a_1, a_2, \ldots$ eigentlich monoton wachsend und bildet man die Folge

$$s_\nu = \frac{a_1 + a_2 + \cdots + a_\nu}{\nu} \quad (\nu = 1, 2, \ldots),$$

so ist auch diese Folge eigentlich monoton wachsend.

59. Sei $|A_1| \leqq 1$ und allgemein $|A_{\nu+1} - A_\nu| \leqq 1 \quad (\nu = 1, 2, \ldots)$. Setzt man

$$a_\nu = \frac{A_\nu}{\nu}, \quad \text{so gilt} \quad |a_{\nu+1} - a_\nu| \leqq \frac{2}{\nu + 1} \quad (\nu = 1, 2, \ldots).$$

60. Man beweise allgemein für $x + y \geqq 0$:

$$\frac{x^n + y^n}{2} \geqq \left(\frac{x + y}{2}\right)^n.$$

61. Man beweise

$$\frac{a^2 + b^2 + c^2 + d^2}{4} \geqq \left(\frac{a + b + c + d}{4}\right)^2.$$

62. Man beweise allgemein

$$\frac{x^n + y^n + z^n + t^n}{4} \geqq \left(\frac{x + y + z + t}{4}\right)^n \quad (x, y, z, t \geqq 0).$$

63. Man beweise

$$\frac{a^3 + b^3 + c^3}{3} \geqq \left(\frac{a + b + c}{3}\right)^3 \quad (a, b, c \geqq 0).$$

64. Es seien u_ν und v_ν $(\nu = 1, 2, \ldots, n)$ fallend geordnet:

$$u_1 \geqq u_2 \geqq \cdots \geqq u_n, \quad v_1 \geqq v_2 \geqq \cdots \geqq v_n.$$

Dann gilt die Tschebyscheffsche Ungleichung

$$\frac{u_1 v_1 + u_2 v_2 + \cdots + u_n v_n}{n} \geqq \frac{u_1 + u_2 + \cdots + u_n}{n} \cdot \frac{v_1 + v_2 + \cdots + v_n}{n}.$$

65. Man beweise für natürliche Zahlen p und q und für $x_1, x_2, \ldots, x_n \geqq 0$:

$$\frac{x_1^{p+q} + x_2^{p+q} + \cdots + x_n^{p+q}}{n} \geqq \frac{x_1^p + \cdots + x_n^p}{n} \cdot \frac{x_1^q + \cdots + x_n^q}{n}.$$

66. Man beweise für $x, y \geqq 0$:

$$\left(\frac{x+y}{2}\right)\left(\frac{x^2+y^2}{2}\right)\left(\frac{x^3+y^3}{2}\right) \leqq \frac{x^6+y^6}{2}.$$

67. Man beweise für $a, b \geqq 0$:

$$\left(\frac{a+b}{2}\right)\left(\frac{a^3+b^3}{2}\right)\left(\frac{a^7+b^7}{2}\right) \leqq \frac{a^{11}+b^{11}}{2}.$$

68. Man beweise für positive $a_1, \ldots, a_4$; $b_1, \ldots, b_4$:

$$\sqrt[4]{(a_1+b_1)(a_2+b_2)(a_3+b_3)(a_4+b_4)} \geqq \sqrt[4]{a_1 a_2 a_3 a_4} + \sqrt[4]{b_1 b_2 b_3 b_4}.$$

69. Man beweise für positive a_1, a_2, a_3; b_1, b_2, b_3:

$$\sqrt[3]{(a_1+b_1)(a_2+b_2)(a_3+b_3)} \geqq \sqrt[3]{a_1 a_2 a_3} + \sqrt[3]{b_1 b_2 b_3}.$$

70. Man beweise allgemein für $N = 2^n$ und positive $a_1, \ldots, a_N$; $b_1, \ldots, b_N$:

$$\sqrt[N]{(a_1+b_1)\ldots(a_N+b_N)} \geqq \sqrt[N]{a_1 \ldots a_N} + \sqrt[N]{b_1 \ldots b_N}.$$

71. Man beweise

$$a^2 + b^2 + c^2 \geqq ab + ac + bc.$$

72. Die Ungleichung

$$\prod_{\nu=0}^{n}\left(1 - \frac{x^{2^\nu}}{2}\right) \geqq 1 - x + \frac{x}{2^{n+1}} \quad (0 \leqq x \leqq 1)$$

ist zu beweisen.

73. Es sei $\dfrac{m}{n}$ ein Näherungsbruch von $\sqrt{2}$ (m, n positiv). Man beweise, daß

1. $\dfrac{m+2n}{m+n}$ eine bessere Näherung an $\sqrt{2}$ ist als $\dfrac{m}{n}$,

2. $\sqrt{2}$ zwischen $\dfrac{m}{n}$ und $\dfrac{m+2n}{m+n}$ liegt.

74. Ist $y > x > 0$ und gilt

$$0 < 2 - x^2 < \delta, \quad 0 < y^2 - 2 < \delta \quad (2 > \delta > 0),$$

so gilt auch

$$y - x < \delta.$$

75. Es sei $0 < a < b$ und man setze

$$a_1 = \frac{2\,a\,b}{a+b}\,, \qquad b_1 = \frac{a+b}{2}\,; \qquad a_2 = \frac{2\,a_1\,b_1}{a_1+b_1}\,, \qquad b_2 = \frac{a_1+b_1}{2}\,; \cdots.$$

Man beweise, daß die Intervalle $\langle a_\nu, b_\nu \rangle$ ineinandergeschachtelt sind, $\sqrt{ab}$ enthalten und gegen 0 abnehmende Längen haben.

76. Es seien

$$a_1 > 1\,, \quad a_2 = \frac{1}{2}\left(a_1 + \frac{1}{a_1}\right)\,, \quad a_3 = \frac{1}{2}\left(a_2 + \frac{1}{a_2}\right)\,, \ldots.$$

Es ist zu zeigen, daß $a_1 > a_2 > a_3 > \cdots > 1$ ist und

$$\frac{a_\nu - 1}{a_\nu + 1} = \left(\frac{a_1 - 1}{a_1 + 1}\right)^{2^{\nu-1}}$$

gilt.

77. Sind $a \sqsupset 10$ und $b \sqsupset 8$ mit einem Fehler von 2% bzw. 3% bekannt, beide Fehler auf die wahren Werte bezogen, so sind

$$a^2 b - b^2 a \quad \text{und} \quad \frac{a^3 - b^3}{a - b}$$

zwischen möglichst enge Grenzen einzuschließen.

78. Mit welcher absoluten Genauigkeit müssen $\sqrt{2}$ und π gegeben sein, damit man das Produkt $\pi\sqrt{2}$ bis auf $\frac{1}{2} \cdot 10^{-7}$ genau berechnen kann?

79. Für $a, b \geqq 0$ gilt

$$\left|\sqrt[n]{a} - \sqrt[n]{b}\right| \leqq \sqrt[n]{|a - b|}\,.$$

80. Ist für ein $d > 1$ eine Näherung x von $\sqrt{d}$ größer als $\sqrt{d} - 2$, so ist $\frac{x+d}{x+1}$ eine bessere Näherung an $\sqrt{d}$, und $\sqrt{d}$ liegt zwischen $\frac{x+d}{x+1}$ und x.

81. Sind x, y nicht negativ mit $x + y < 1$, und gilt für ein reelles h: $h \leqq x + hy$, so gilt auch $h \leqq x + y$.

82. Gilt $a = b + c$ und $ac < 0$, so folgt

$$\operatorname{sgn} a = \operatorname{sgn} b = -\operatorname{sgn} c\,, \quad |a| < |b|\,, \quad |c| < |b|\,.$$

83. Sind a_ν, b_ν $(\nu = 1, 2, \ldots, n)$ positiv und werden die a_ν unter sich und die b_ν unter sich beliebig umgeordnet, so ist $a_1 b_1 + \cdots + a_n b_n$ am größten, wenn beide Folgen gleichsinnig, und am kleinsten, wenn beide Folgen gegensinnig monoton sind.

84. Ist $0 < a < 1$, so ist die Folge $\nu a^\nu\,\frac{1-a}{1-a^\nu}$ $(\nu = 1, 2, \ldots)$ eigentlich monoton fallend.

85. Für $n \geqq 2$ und $a \geqq 0$, $b \geqq 0$ gilt

$$(a + b)^n - a^n - b^n \leqq nab(a+b)^{n-2}\,.$$

86. Gilt für ein $n \geq 2$ und alle nicht negativen a und b

$$(a + b)^n - a^n - b^n \leq \varrho \, a \, b \, (a + b)^{n-2},$$

so ist $\varrho \geq n$.

87. Man beweise für $n > 3$ (vgl. A. 46):

$$\frac{1}{n+1} > \sqrt[n]{2} - 1. \quad \text{(Y. Matsuoka.)}$$

§ 4. Der Funktionsbegriff

Eine Funktion $y = f(x)$ der unabhängigen Variablen x ist gegeben, wenn jedem Wert von x aus seinem Wertevorrat eindeutig ein Wert von y entspricht. Die Variable x ist *stetig*, wenn ihr Wertevorrat ein *Intervall* ist. Ein Intervall zwischen a und b ist *abgeschlossen*, $\langle a, b \rangle$, wenn die beiden Endpunkte a, b dazu gehören, *offen*, (a, b), wenn keiner der Endpunkte dazu gehört, halb offen, wenn nur einer der Endpunkte dazu gehört, und zwar *rechtsoffen* $\langle a, b)$, für $a < b$, wenn der rechtsseitige Endpunkt nicht dazu gehört; analog wird das *linksoffene* Intervall $(a, b \rangle$ für $a < b$ definiert. Ein Intervall kann *unendlich* oder auch nur *rechtsseitig* oder *linksseitig unendlich* sein, sonst ist es *endlich*. Die Punkte eines Intervalls, die von den Endpunkten verschieden sind, sind seine *inneren* Punkte. Ein Intervall um einen seiner inneren Punkte heißt eine *Umgebung* dieses Punktes. Eine *einseitige Umgebung* eines Punktes x ist ein Intervall mit x als einem der Endpunkte, wobei x nicht dazu gezählt wird.

Wenn a ein Element einer Menge A oder auch eine Untermenge von A ist, schreiben wir dies $a \prec A$, $A \succ a$. Das *Maximum*, Max A, einer Zahlenmenge A heißt die größte Zahl von A, falls A eine größte Zahl enthält, das *Minimum*, Min A, die kleinste Zahl aus A, sofern eine solche existiert. Für das Maximum der Werte einer Funktion $F(x)$, wenn x einen Wertevorrat W durchläuft, schreiben wir

$$\operatorname*{Max}_{x \prec W} F(x) \quad \text{oder} \quad \operatorname*{Max}_{W} f(x) \quad \text{oder} \quad \operatorname{Max} f(x) \qquad (x \prec W),$$

und analog für das Minimum. Gelegentlich wird hinter dem Symbol Max (oder Min) die Aufzählung der Elemente von A angeführt, z. B. Max $(5, 7, 17)$.

Als $\Delta f(x)$, die *Differenz* von $f(x)$, oder genauer die *erste Differenz* von $f(x)$ definiert man $\Delta f(x) = f(x + 1) - f(x)$. Δ ist ein *distributiver Operator*, es gilt für konstante a_ν

$$\Delta \sum_{\nu=1}^{n} a_\nu f_\nu(x) = \sum_{\nu=1}^{n} a_\nu \Delta f_\nu(x). \tag{a}$$

Ist $f(x) = \Delta F(x)$, so heißt $F(x)$ eine *Summenfunktion* von $f(x)$. Dann gilt für beliebige ganze $n \geq m$:

$$\sum_{\nu=m}^{n} f(a + \nu) = F(a + n + 1) - F(a + m). \tag{b}$$

Wird Δ zweimal auf $f(x)$ hintereinander angewandt, so entsteht die *zweite Differenz* von $f(x)$, $\Delta^2 f(x)$:

$$\Delta^2 f(x) = \Delta(\Delta f(x)).$$

Analog wird für $\nu \geqq 2$ rekurrent die *ν-te Differenz* Δ^ν definiert, durch

$$\Delta^\nu f(x) = \Delta(\Delta^{\nu-1} f(x)).$$

Auch Δ^ν ($\nu > 1$) ist ein distributiver Operator.

1. Man beweise

$$\frac{a + b + |b - a|}{2} = \text{Max}\,(a, b), \qquad \frac{a + b - |b - a|}{2} = \text{Min}\,(a, b).$$

2. Ist für $1 \leqq \nu \leqq n$: $m = \text{Min}\,u_\nu$, $M = \text{Max}\,u_\nu$ und $\alpha_\nu > 0$, so gilt

$$m \leqq \frac{\displaystyle\sum_{\nu=1}^{n} \alpha_\nu u_\nu}{\displaystyle\sum_{\nu=1}^{n} \alpha_\nu} \leqq M,$$

und das Gleichheitszeichen auch in nur einer dieser Relationen gilt dann und nur dann, wenn alle u_ν denselben Wert $m = M$ haben. (Natürlich braucht hier m nicht ganz zu sein.)

3. Ist $b_\nu > 0$ ($\nu = 1, \ldots, n$), so gilt:

$$\text{Min}\left(\frac{a_1}{b_1}, \ldots, \frac{a_n}{b_n}\right) \leqq \frac{a_1 + \cdots + a_n}{b_1 + \cdots + b_n} \leqq \text{Max}\left(\frac{a_1}{b_1}, \ldots, \frac{a_n}{b_n}\right).$$

Wann gelten in dieser Relation die Gleichheitszeichen?

4. Es gilt für alle x

$$a^2 \cos^2 x + b^2 \sin^2 x \geqq \text{Min}\,(a^2, b^2).$$

5. Die Funktionen $f(x)$ und $\varphi(x)$ seien so definiert, daß

$$\varphi(x) = 3x + 2$$

und
$$f(x) = 2x - 1 \quad \text{für} \quad x \leqq 1,$$
$$f(x) = 6 - 5x \quad \text{für} \quad x \geqq 1$$

ist. Man bestimme x aus $f(x) = \varphi(x)$.

6. Die Funktion $\varphi(x)$ sei gegeben durch

$$\varphi(x) = 2x - 1 \quad \text{für} \quad x \leqq 1,$$
$$\varphi(x) = 6x - 5 \quad \text{für} \quad x \geqq 1.$$

Man bestimme die Wurzeln von $\varphi(x) = 3x - 3$.

7. Die Funktion $\varphi(x)$ sei gegeben durch

$$\varphi(x) = 4x - 7 \quad \text{für} \quad x \leqq \tfrac{8}{3},$$
$$\varphi(x) = x + 1 \quad \text{für} \quad x \geqq \tfrac{8}{3}.$$

Man bestimme die Wurzeln von $(\varphi(x))^2 = 4x + 1$.

8. Für $f(x + 1) \equiv 3x^2 + 4x + 1$ bilde man $f(x - 1)$.

9. Ein Polynom zweiten Grades $f(x) = ax^2 + bx + c$ ist so zu finden, daß

$$\text{a) } \Delta f(x) = 7x - 3, \qquad \text{b) } \Delta f(x) = 4x + 7$$

ist.

10. Ein Polynom dritten Grades $f(x) = ax^3 + bx^2 + cx + d$ ist so zu finden, daß

$$\text{a) } \Delta f(x) = x^2, \qquad \text{b) } \Delta f(x) = \frac{x(x+1)}{2}$$

ist.

11. Ein Polynom vierten Grades $f(x)$ ist so zu bestimmen, daß

$$\Delta f(x) = x^3$$

wird.

12. Ein gebrochener Ausdruck in x,

$$f(x) = \frac{ax + b}{cx + d},$$

ist so zu bestimmen, daß

$$\Delta f(x) = \frac{1}{x(x+1)}$$

wird.

13. Eine Funktion von x,

$$f(x) = \frac{1}{ax^2 + bx + c}$$

ist so zu bestimmen, daß

$$\Delta f(x) = \frac{1}{x(x+1)(x+2)}$$

wird.

$$* \quad * \quad *$$

14. Liegen die ganzen Zahlen p, q zwischen n und m, $n \leqq m$, so gilt stets

$$\sum_{\nu=n}^{p} a_\nu - \sum_{\nu=q}^{m} a_\nu = \sum_{\nu=n}^{q} a_\nu - \sum_{\nu=p}^{m} a_\nu.$$

15. Für die Summe

$$\sum_{\nu=1}^{n} \nu^3$$

ist ein geschlossener Ausdruck zu finden.

16. Man berechne die Summen

$$\text{a) } \sum_{\nu=1}^{n} \nu(n - \nu + 1)^2, \qquad \text{b) } \sum_{\nu=1}^{n} (-1)^{\nu-1} \nu^3,$$

$$\text{c) } \sum_{\nu=0}^{n} \frac{1}{(a + \nu d)(a + (\nu + 1)d)} \qquad (d \neq 0).$$

17. Beweise

$$\sum_{v=1}^{n-1} \frac{\Delta a_v}{\sqrt{a_{v+1}} + \sqrt{a_v}} = \sqrt{a_n} - \sqrt{a_1}.$$

18. Für welche σ kann man eine Funktion $f(x) = \dfrac{\sigma x + b}{c x + d}$ so bestimmen, daß

$$\Delta f(x) = \frac{1}{x(x + \sigma)}$$

wird?

19. Beweise für $n \geq 2$:

$$\frac{1}{2} - \frac{1}{n+1} < \frac{1}{2^2} + \cdots + \frac{1}{n^2} < 1 - \frac{1}{n}.$$

20. Ist

$$P_n(x) = a x^n + b x^{n-1} + \cdots$$

ein Polynom n-ten Grades in x mit $a \neq 0$, so ist

$$\Delta P_n(x) = n a x^{n-1} + \cdots$$

ein Polynom $(n-1)$-ten Grades mit dem höchsten Koeffizienten $n a$.

21. Für das Polynom $P_n(x)$ der Aufgabe 20 ist die n-te Differenz gleich $n!\, a$.

22. Man zeige:

    a) $\Delta^2 f(x) = f(x+2) - 2 f(x+1) + f(x),$

    b) $f(x+2) = f(x) + 2 \Delta f(x) + \Delta^2 f(x).$

23. Man beweise

$$\Delta^n f(x) = f(x+n) - \binom{n}{1} f(x+n-1) + \binom{n}{2} f(x+n-2) - \cdots + (-1)^n f(x).$$

24. Aus n positiven Zahlen $a_1, a_2, \ldots, a_n$ bilde man:

$$\gamma = \frac{n}{\dfrac{1}{a_1} + \dfrac{1}{a_2} + \cdots\cdots + \dfrac{1}{a_n}},$$

das *harmonische Mittel* der Zahlen $a_1, a_2, \ldots, a_n$. Man beweise, daß γ zwischen der kleinsten und der größten der Zahlen $a_1, a_2, \ldots, a_n$ liegt.

§ 5. Nullfolgen

Eine Folge a_v heißt eine *Nullfolge* (NF), wenn es für jedes $\varepsilon > 0$ ein solches $N(\varepsilon)$ gibt, daß $|a_v| < \varepsilon$ gilt für $v > N(\varepsilon)$. Mit a_v ist auch $|a_v|$ eine NF. Summe und Differenz von zwei NF sind wieder NF, desgleichen das Produkt einer NF mit einer Konstanten oder einer beschränkten Folge. Jede Teilfolge einer NF ist wieder eine NF. Beispiele: q^v $(v = 1, 2, \ldots; |q| < 1)$; $\dfrac{1}{v}$ $(v = 1, 2, \ldots)$; $\sqrt{v+1} - \sqrt{v}$. Bei der letzteren wird dies eingesehen, indem sie in der Form $\dfrac{1}{\sqrt{v+1} + \sqrt{v}}$ geschrieben wird.

1. Zu den durch die folgenden Ausdrücke gegebenen Folgen ist ein $N(\varepsilon)$ so zu bestimmen, daß für alle $n > N(\varepsilon)$ der absolute Betrag des n-ten Elementes unterhalb ε liegt[1]):

$$\text{a)}\ \frac{n}{n^3 + n^2 + 1}\,, \qquad\qquad \text{b)}\ \frac{1}{\sqrt{n}}\,,$$

$$\text{c)}\ \frac{3}{\sqrt{n^2 + 1}}\,, \qquad\qquad \text{d)}\ \frac{1 + \sqrt{n}}{n^3}\,,$$

$$\text{e)}\ \frac{1}{\sqrt{n^3 + 5\,n}}\,, \qquad\qquad \text{f)}\ \left(1 + \frac{1}{n}\right)^{10} - 1\,,$$

$$\text{g)}\ \frac{\sin n + \cos^3 n}{\sqrt{n}}\,, \qquad\qquad \text{h)}\ \frac{\sin n}{2 + \sqrt[3]{n^5}}\,.$$

2. Zu den folgenden Ausdrücken ist ein $N(\varepsilon)$ von der in Aufgabe 1 verlangten Art zu bestimmen:

$$\text{a)}\ \sqrt{n^2 + 2} - \sqrt{n^2 + 1}\,, \qquad \text{b)}\ n\left(\sqrt{n^4 + 4} - n^2\right),$$

$$\text{c)}\ n^{3/2}\left(\sqrt{n^4 + 4} - n^2\right).$$

3. Man löse die Aufgabe 1 für die folgenden Ausdrücke:

$$\text{a)}\ \frac{100\,n}{n^2 - 1}\,, \qquad\qquad \text{b)}\ \frac{1}{n^3 - 5\,n}\,.$$

4. Man beweise, daß

$$\frac{n^2 + 1000\,n + 30020}{\dfrac{n^3}{7} - 1005}$$

eine NF ist.

* * *

5. Es sei

$$\text{a)}\ a_n = 2^{-n} \qquad (n = 3\,m \pm 1,\ m \text{ ganz und positiv}),$$

$$\text{b)}\ a_n = \frac{1}{n^2 + 1}\ (n = 3\,m,\ m \text{ ganz und positiv}).$$

Man beweise, daß a_n eine NF ist.

6. Man löse die Aufgabe 1 für

$$\text{a)}\ \sqrt[3]{n + 1} - \sqrt[3]{n}\,, \qquad \text{b)}\ n\left(\sqrt[3]{n^2 + 2} - \sqrt[3]{n^2 + 1}\right).$$

7. Ist a_ν eine NF, so ist auch $\sqrt{|a_\nu|}$ eine NF.

8. Man beweise aus der binomischen Entwicklung von $(1 + 1)^n$, daß

$$\frac{n^3}{2^n}$$

eine NF ist.

---

[1]) Dabei ist es keineswegs nötig, $N(\varepsilon)$ möglichst klein zu wählen; deshalb kann man an den betrachteten Ausdrücken im allgemeinen große Vereinfachungen vornehmen.

9. Sind ε_ν, δ_ν zwei NF mit positiven Elementen, so ist auch

$$\frac{\varepsilon_\nu^2 + \delta_\nu^2}{\varepsilon_\nu + \delta_\nu}$$

eine NF.

§ 6. Grenzwerte von Zahlenfolgen

Eine Folge a_ν *konvergiert* gegen den *Grenzwert* s ($a_\nu \to s$, $\lim\limits_{\nu \to \infty} a_\nu = s$), wenn $a_\nu - s = \varepsilon_\nu$ eine NF ist. Dann kann a_ν in der Form $s + \varepsilon_\nu$ geschrieben werden. Beispiel: $\sum\limits_{\nu=0}^{n} q^\nu$ strebt mit $n \to \infty$ gegen $\dfrac{1}{1-q}$, wenn $|q| < 1$ ist. Der Grenzwert einer konvergenten Folge ist durch diese Folge eindeutig bestimmt. Gilt $a_\nu \leqq b_\nu \leqq c_\nu$ und konvergieren a_ν und c_ν gegen denselben Grenzwert s, so strebt auch b_ν gegen s. Jede Teilfolge einer konvergenten Folge konvergiert gegen denselben Grenzwert. *Das allgemeine Konvergenzkriterium von Cauchy-Bolzano* lautet: Notwendig und hinreichend für die Konvergenz von a_ν ist, daß es zu jedem $\varepsilon > 0$ ein $N(\varepsilon)$ gibt, so daß $|a_\nu - a_\mu| < \varepsilon$ ist, sobald ν, $\mu > N(\varepsilon)$ gilt.

Eine Folge a_ν *konvergiert* (oder auch *divergiert*) ins *Unendliche*, $a_\nu \to \infty$, wenn für jedes C, von einem ν an, $a_\nu > C$ gilt. Dann strebt $\dfrac{1}{a_\nu}$ gegen 0. Beispiel: A^ν ($\nu = 1, 2, \ldots$) wenn $A > 1$ ist. Hinreichend für $a_\nu \to \infty$ ist, daß $\dfrac{1}{a_\nu} \to 0$ und $a_\nu > 0$ gilt.

Gilt $a_\nu \to s \neq 0$, so haben alle a_ν von einem ν an das Vorzeichen von s und es gilt $\dfrac{1}{a_\nu} \to \dfrac{1}{s}$. Werden mit endlich vielen gegebenen konvergenten Folgen die vier elementaren Rechenoperationen in endlicher Anzahl ausgeführt, so konvergiert die entstehende Folge, und man erhält ihren Grenzwert, indem man mit den Grenzwerten der gegebenen Folgen die gleichen Operationen ausführt, *sofern man nicht dabei durch 0 dividieren muß.*

1. Man bestimme für $n \to \infty$ die Grenzwerte von

a) $\dfrac{\left(2 - \dfrac{1}{\sqrt{n}}\right)^{10} - \left(1 + \dfrac{1}{n^2}\right)^{10}}{1 - \dfrac{1}{\sqrt{n}} - \dfrac{1}{n^2}}$,

b) $\dfrac{\left(3 - \dfrac{1}{\sqrt{n}}\right)\left(5 + \dfrac{1}{n^7}\right)\left(7 - \dfrac{1}{100\sqrt{n}}\right)}{\left(1 + \dfrac{1}{n} + \dfrac{1}{n^2}\right)\left(3 - \dfrac{1}{n} + \dfrac{1}{n^5}\right)\left(6 + \dfrac{1}{n^{1000}}\right)}$,

c) $\dfrac{n^2 + n}{n^2 - n}$, $\qquad$ d) $\dfrac{n^2 + 100\,n - 1000}{n^2 + 1}$,

e) $\left(100 + \dfrac{1}{n}\right)^2$, $\qquad$ f) $\dfrac{\dfrac{1}{2}\,n^3 - n^2 + 1}{3\,n^3 - n + 800}$,

g) $n^{-4}(n^4 + 1000\,n^3 - 10^6\,n^2 + 10^{12}\,n - 1)$.

2. Es gilt:

a) $\sqrt[3]{1 + \dfrac{a}{n}} \to 1 \quad (n \to \infty)$, b) $\dfrac{n}{\sqrt[5]{n^5 + 5\,n^4}} \to 1 \quad (n \to \infty)$.

3. Man zeige, daß

$$s_n = \frac{1}{n^2} + \frac{2}{n^2} + \cdots + \frac{n}{n^2} \to \frac{1}{2} \quad (n \to \infty)$$

gilt.

4. Man berechne:

a) $\operatorname*{Lim}_{n \to \infty} \left(\dfrac{1 + 2 + \cdots + n}{n + 2} - \dfrac{n}{2} \right)$, b) $\operatorname*{Lim}_{n \to \infty} \left(\dfrac{1 - 2 + 3 - 4 + \cdots - 2\,n}{\sqrt{n^2 + 1}} \right)$.

5. Man berechne für $n \to \infty$ den Grenzwert von

$$1 - \frac{1}{2} + \frac{1}{4} - \cdots + \left(-\frac{1}{2} \right)^n.$$

6. Man berechne den Grenzwert

$$\operatorname*{Lim}_{n \to \infty} \frac{1 - \left(1 - \dfrac{1}{n} \right)^5}{1 - \left(1 - \dfrac{1}{n} \right)}.$$

7. Man berechne für $n \to \infty$ die Grenzwerte von

a) $\sqrt{n}\left(\sqrt{n+1} - \sqrt{n} \right)$, b) $n\left(\sqrt{1 + \dfrac{1}{n}} - 1 \right)$,

c) $n\left(1 - \sqrt{1 - \dfrac{a}{n}} \right) \quad (n > a)$.

8. Man beweise, daß für $a_\nu \to \infty$ und $a_\nu < b_\nu$ auch

$$b_\nu \to \infty$$

gilt.

9. Man beweise die Divergenz für $n \to \infty$ von

a) $a_n = (-1)^n\,(n - 2)$, b) $a_n = (-1)^n$,

c) $a_n = [\alpha\,(n - 2)] \quad (\alpha > 0)$[1]).

$$*\quad*\quad*$$

10. Ist

$$\frac{a_n - s}{a_n + s}$$

eine NF, so gilt $a_n \to s \ (n \to \infty)$.

---

[1]) Unter $[x]$ verstehen wir hier, wie in der Zahlentheorie üblich, die größte ganze Zahl m, die in x enthalten ist, so daß also stets

$$m \leqq x < m + 1$$

gilt.

11. Es sei $R(x)$ eine beliebige rationale Funktion in x. Dann gilt für $n \to \infty$:

$$\frac{R(n+1)}{R(n)} \to 1 .$$

12. Man bestimme

$$\text{a) } \operatorname{Lim}_{n \to \infty} \prod_{\nu = 2}^{n} \left(1 - \frac{1}{\nu}\right), \quad \text{b) } \operatorname{Lim}_{n \to \infty} \prod_{\nu = 1}^{n} \left(1 + \frac{1}{\nu}\right), \quad \text{c) } \operatorname{Lim}_{n \to \infty} \prod_{\nu = 2}^{n} \left(1 - \frac{1}{\nu^2}\right).$$

13. Man berechne die Summe

$$S_n = \sum_{\nu = 1}^{n} \frac{1}{\nu(\nu + 1)(\nu + 2)}$$

und bestimme den Grenzwert

$$\operatorname{Lim}_{n \to \infty} S_n .$$

14. Man berechne den Grenzwert

$$\operatorname{Lim}_{x_\nu \to 0} \frac{(a + x_\nu)^m - a^m}{x_\nu} \quad (a \neq 0,\ m \text{ ganz positiv},\ x_\nu \neq 0).$$

15. Ist $a_\nu \to \alpha$, $\alpha > 0$, so gilt auch $\sqrt{a_\nu} \to \sqrt{\alpha}$.

16. Man berechne den Grenzwert für $n \to \infty$ von

$$n\left(1 - \sqrt[5]{1 - \frac{1}{n}}\right).$$

17. Man beweise:

$$n\left(1 - \sqrt{\left(1 - \frac{a}{n}\right)\left(1 - \frac{b}{n}\right)}\right) \to \frac{a + b}{2} \quad (n \to \infty).$$

18. Ist $a_\nu \to \alpha$, so gilt $\sqrt[3]{a_\nu} \to \sqrt[3]{\alpha}$, $\sqrt[5]{a_\nu} \to \sqrt[5]{\alpha}$.

19. Ist $a_\nu > 0$ und allgemein $a_{\nu+1} < q\,a_\nu$, $0 < q < 1$, so gilt

$$a_\nu \to 0 \quad (\nu \to \infty).$$

20. Man halbiere fortgesetzt: die Strecke $P_1 P_2$ in P_3, die Strecke $P_2 P_3$ in P_4, $P_3 P_4$ in P_5 usw. Welches ist die Grenzlage von P_ν für $\nu \to \infty$?

21. Ist allgemein $a_\nu > 0$ und $a_{\nu+1} \geqq k a_\nu$, $k > 1$, so gilt

$$a_\nu \to \infty \quad (\nu \to \infty).$$

22. Gilt $a_{2\nu} \to \alpha$ und $a_{2\nu+1} \to \alpha$, so gilt auch $a_\nu \to \alpha$.

23. Man untersuche die Konvergenz für $n \to \infty$ von

$$\text{a) } a_n = 2(n^2 \pm 1)^n n, \qquad \text{b) } a_n = n^2(1 \pm (-1)^n),$$

$$\text{c) } a_n = 2n + (-1)^n n^2 .$$

§ 7. Spezielle Sätze und Methoden in der Theorie der konvergenten Zahlenfolgen

Eine monoton wachsende Folge a_ν, d. h. eine solche mit $a_1 \leqq a_2 \leqq a_3 \leqq \ldots$ konvergiert, wenn sie beschränkt ist, d. h. wenn für ein A, $a_\nu \leqq A$ $(\nu = 1, \ldots)$ gilt. Dann gilt auch $\operatorname*{Lim}_{\nu\to\infty} a_\nu \leqq A$, und man schreibt $a_\nu \uparrow \operatorname*{Lim}_{\nu\to\infty} a_\nu$. Analoges gilt für monoton fallende Zahlenfolgen. Gilt $a_\nu \to s$, so gilt auch $|a_\nu| \to |s|$.

Die Folge $\left(1 + \dfrac{1}{\nu}\right)^\nu (\nu = 1, \ldots)$ strebt monoton wachsend gegen einen Grenzwert $e = 2{,}71828\ldots\ldots$ Gegen e strebt auch die Folge $1 + \sum\limits_{\nu=1}^{n} \dfrac{1}{\nu!}$ $(n = 1, 2, \ldots)$. Für jedes $a > 0$ gilt $\sqrt[\nu]{a} \to 1$ $(\nu \to \infty)$. Sind $a_1, \ldots, a_k$ k gegebene positive Zahlen, so gilt $\sqrt[\nu]{a_1^\nu + a_2^\nu \cdots + a_k^\nu} \to \operatorname{Max}(a_1, \ldots a_k)$. Es gilt $\sqrt[\nu]{\nu} \to 1$ $(\nu \to \infty)$. Ist $A > 1$ und k eine beliebige natürliche Zahl, so gilt $\dfrac{\nu^k}{A^\nu} \to 0$ $(\nu \to \infty)$. Für jedes x gilt $\operatorname*{Lim}_{\nu\to\infty} \dfrac{x^\nu}{\nu!} = 0$.

1. Man beweise die Divergenz für $n \to \infty$ von
$$(-1)^n \sqrt[n]{n}.$$

2. Für welche Werte von x konvergiert mit $n \to \infty$:
$$\left(\frac{1 - x^2}{1 + x^2}\right)^n ?$$

3. Man beweise

a) $\sqrt[n]{1 + \dfrac{1}{2\,n}} \to 1 \quad (n \to \infty)$,

b) $\sqrt[n]{n^2 - n + 1000} \to 1 \quad (n \to \infty)$.

4. Man berechne
$$\operatorname*{Lim}_{n\to\infty} \sqrt[n]{2 \sin^2 \frac{n^{1000}}{n+1} + \cos^2 \frac{n^{1000}}{n+1}}.$$

5. Es gilt:
$$\sqrt[2n + n\sin n]{n + 1 + n \cos n} \to 1 \quad (n \to \infty).$$

6. Man berechne
$$\operatorname*{Lim}_{n\to\infty} \frac{t+1}{t-1} \cdot \frac{t^{3n} - 1}{t^{3n} + 1} \quad (t > 0,\ t \neq 1).$$

7. Man beweise:

a) $\left(1 + \dfrac{1}{n+7}\right)^{n+7} \to e \quad (n \to \infty)$, \qquad b) $\left(1 + \dfrac{1}{n-4}\right)^n \to e \quad (n \to \infty)$,

c) $\left(1 + \dfrac{2}{n}\right)^n \to e^2 \quad (n \to \infty)$.

8. Man beweise für $n \to \infty$:

a) $\left(1 + \dfrac{1}{2\,n}\right)^n \to \sqrt{e}\,,$
b) $\left(1 - \dfrac{1}{n}\right)^n \to \dfrac{1}{e}\,,$

c) $\left(1 - \dfrac{1}{n^2}\right)^n \to 1\,,$
d) $\left(1 - \dfrac{1}{n-2}\right)^{n+5} \to \dfrac{1}{e}\,,$

e) $\left(1 + \dfrac{1}{n+1}\right)^{5n} \to e^5\,.$

$$* \quad * \quad *$$

9. Man beweise für $n \to \infty$:

a) $\left(1 + \dfrac{3}{n}\right)^n \to e^3\,,$
b) $\left(1 + \dfrac{3}{2\,n}\right)^n \to e^{3/2}\,.$

10. Man berechne

$$\operatorname*{Lim}_{n \to \infty} \left(\sqrt[m]{(n + a_1)\,(n + a_2)\ldots(n + a_m)} - n \right).$$

11. Man berechne für ein $a > 0$ die Grenzwerte für $n \to \infty$ von

a) $\dfrac{a^{2n}}{1 + a^{2n+1}}\,,$
b) $\dfrac{a^n - a^{-n}}{a^n + a^{-n}}\,,$

c) $\dfrac{a^n}{\displaystyle\prod_{\nu=1}^{n}(1 + a^\nu)}\,.$

12. Man berechne

$$\operatorname*{Lim}_{n \to \infty} \prod_{\nu=2}^{n} \frac{\nu^3 - 1}{\nu^3 + 1}\,.$$

13. Man berechne

$$\operatorname*{Lim}_{n \to \infty} \frac{1}{n}\left[\left(a + \frac{1}{n}\right)^2 + \left(a + \frac{2}{n}\right)^2 + \cdots + \left(a + \frac{n-1}{n}\right)^2\right].$$

14. Man bestimme

a) $\operatorname*{Lim}_{n \to \infty} \displaystyle\sum_{\nu=1}^{n}\left(\sqrt{1 + \frac{\nu}{n^2}} - 1\right),$
b) $\operatorname*{Lim}_{n \to \infty} \displaystyle\sum_{\nu=1}^{n}\left(\sqrt[3]{1 + \frac{\nu^2}{n^3}} - 1\right).$

15. Es sei $x_1 = \dfrac{1}{2}\left(q + \dfrac{a}{q}\right),\quad x_2 = \dfrac{1}{2}\left(x_1 + \dfrac{a}{x_1}\right),\ldots,$

$$x_{\nu+1} = \frac{1}{2}\left(x_\nu + \frac{a}{x_\nu}\right),\ldots \quad (a > 0,\, q > 0).$$

Dann beweise man die Relation

$$\frac{x_\nu - \sqrt{a}}{x_\nu + \sqrt{a}} = \left(\frac{q - \sqrt{a}}{q + \sqrt{a}}\right)^{2^\nu}. \quad (*)$$

Ferner berechne man

$$\operatorname*{Lim}_{\nu \to \infty} x_\nu\,.$$

16. Es sei

$$a_1 = \sqrt{2}, \quad a_2 = \sqrt{2 + \sqrt{2}} = \sqrt{2 + a_1}, \quad a_3 = \sqrt{2 + \sqrt{2 + \sqrt{2}}} =$$
$$= \sqrt{2 + a_2}, \ldots, \quad a_\nu = \sqrt{2 + a_{\nu-1}}, \ldots.$$

Man beweise, daß

$$a_\nu < 2 \quad (\nu = 1, \ldots) \quad (*)$$

ist, daß a_ν monoton wächst und daß die Relation

$$6 + a_\nu > 4a_{\nu+1} \quad (\nu = 1, \ldots) \quad (**)$$

gilt. Ferner zeige man, daß die Folge a_ν für $\nu \to \infty$ konvergiert, und berechne endlich ihren Grenzwert.

17. Es sei $a > 0$,

$$x_1 = \sqrt{a}, \quad x_2 = \sqrt{a + x_1}, \ldots, \quad x_{\nu+1} = \sqrt{a + x_\nu}, \ldots.$$

Man beweise die Ungleichung

$$x_\nu < 1 + \sqrt{a} \quad (*)$$

und berechne den Grenzwert

$$\operatorname*{Lim}_{\nu \to \infty} x_\nu.$$

18. Es sei $0 \leqq a \leqq \dfrac{1}{4}$,

$$x_0 = a, \quad x_1 = a + x_0^2, \ldots, \quad x_{\nu+1} = a + x_\nu^2, \ldots.$$

Man beweise, daß x_ν monoton wächst und gegen die kleinere Wurzel der Gleichung $x^2 = x - a$ konvergiert.

19. Man berechne

$$\operatorname*{Lim}_{n \to \infty} \left(\frac{\sum\limits_{\nu=1}^{k} \sqrt[n]{a_\nu}}{k} \right)^k \quad (a_\nu > 0, \ \nu = 1, \ldots, k).$$

20. Sei $x_0 \neq \pm 1$ und allgemein $a^2 + b^2 > 0$,

$$x_{\nu+1} = \frac{a + b x_\nu}{b + a x_\nu} \quad (\nu = 0, 1, 2, \ldots).$$

Es existiert

$$\operatorname*{Lim}_{\nu \to \infty} x_\nu$$

dann und nur dann, wenn

$$\frac{b - a}{b + a} \neq -1$$

ist.

21. Man bilde aus $a_1 = \alpha$ und $b_1 = \beta$ rekurrent die Zahlenfolgen a_ν und b_ν vermöge

$$a_{\nu+1} = \frac{a_\nu + b_\nu}{2}, \qquad b_{\nu+1} = \frac{a_{\nu+1} + b_\nu}{2} \qquad (\nu = 1, 2, \ldots).$$

Es sind a_ν und b_ν geschlossen durch a und b auszudrücken. Ferner berechne man

$$\operatorname*{Lim}_{\nu \to \infty} a_\nu \quad \text{und} \quad \operatorname*{Lim}_{\nu \to \infty} b_\nu.$$

22. Sind x und y zwei positive Zahlen, $x > y$, so setze man $a_0 = x$ und $b_0 = y$ und leite daraus rekurrent die Zahlenfolgen a_ν und b_ν vermöge

$$a_{\nu+1} = \frac{a_\nu + b_\nu}{2}, \qquad b_{\nu+1} = \sqrt{a_\nu b_\nu} \qquad (\nu = 0, 1, 2, \ldots)$$

her. Man beweise, daß die beiden Folgen einem gemeinsamen Grenzwert zustreben.

23. Sei $a_1 > 0$ und $k > 0$. Ist dann

$$a_{\nu+1} = \frac{k}{1 + a_\nu} \qquad (\nu = 1, 2, \ldots),$$

so strebt a_ν $(\nu \to \infty)$ gegen die positive Wurzel der Gleichung

$$x^2 + x = k.$$

24. Ist für ein $k > 0$

$$a_{\nu+1} = \frac{k}{a_\nu} - 1,$$

so strebt a_ν gegen die negative Wurzel der Gleichung

$$x^2 + x = k.$$

25. Es sei $a_{\nu+1} = 2 - \dfrac{1}{a_\nu}$. Man bestimme den Grenzwert von a_ν.

26. Man bestimme

$$\operatorname*{Lim}_{n \to \infty} \sum_{\nu=0}^{n-1} \left(\alpha + \frac{1}{n}\right)^\nu \qquad (0 < \alpha < 1).$$

27. Man beweise, daß $e < 3$ ist.

28. Man beweise, daß $\dfrac{n+1}{\sqrt[n]{n!}} < e \qquad (n = 2, 3, \ldots)$ ist.

§ 8. Unendliche Reihen

Die unendliche Reihe $(a)\ \displaystyle\sum_{\nu=1}^{\infty} a_\nu = s$ heißt *konvergent* mit der *Summe s*, wenn die Folge der Partialsummen $\displaystyle\sum_{\nu=1}^{n} a_\nu$ $(n = 1, 2 \ldots)$ einen Grenzwert s hat, sonst *divergent.* Sind $\sum\limits_{\nu=1}^{\infty} a_\nu = s$, $\sum\limits_{\nu=1}^{\infty} b_\nu = t$ zwei konvergente unendliche Reihen, so konvergiert für beliebig gewählte Konstanten c, d die Reihe $\sum\limits_{\nu=1}^{\infty} (c a_\nu + d b_\nu)$ $= cs + dt$ und hat die angegebene Summe. Im Falle der Konvergenz von (a) gilt sicher $a_\nu \to 0$, doch ist dies für die Konvergenz nicht ausreichend wie das Beispiel der *harmonischen Reihe* $\sum\limits_{\nu=1}^{\infty} \frac{1}{\nu}$ zeigt. Notwendig und hinreichend für die Konvergenz von (a) ist, daß für jedes $\varepsilon >$ und ein nur von ε abhängiges $N(\varepsilon)$ für alle $n > N(\varepsilon)$ und alle positiven p gilt: $|a_{n+1} + \cdots + a_{n+p}| \leq \varepsilon$ (*Cauchy-Bolzano*).

Erstes Vergleichskriterium: Für die Konvergenz von (a) ist *hinreichend*, daß es eine konvergente Reihe $\sum\limits_{\nu=1}^{\infty} b_\nu$ gibt, so daß $|a_\nu| \leq b_\nu$ für alle ν gilt; dann ist die b-Reihe eine *Majorante* von (a): $\sum\limits_{\nu=1}^{\infty} a_\nu \ll \sum\limits_{\nu=1}^{\infty} b_\nu$.

Zweites Vergleichskriterium: (a) konvergiert, wenn für eine geeignete konvergente Reihe $\sum\limits_{\nu=1}^{\infty} b_\nu$ mit positiven b_ν von einem ν an gilt:

$$\left| \frac{a_{\nu+1}}{a_\nu} \right| \leq \frac{b_{\nu+1}}{b_\nu}.$$

Konvergiert $\sum\limits_{\nu=1}^{\infty} |a_\nu|$, so konvergiert (a) *absolut*, sonst, wenn (a) konvergiert, ist die Konvergenz *bedingt.*

Quotientenkriterium: Gilt $a_\nu > 0$ und für ein q mit $0 < q < 1$ von einem ν an: $\frac{a_{\nu+1}}{a_\nu} \leq q$, so konvergiert (a).

Wurzelkriterium: Gilt $a_\nu \geq 0$ und für ein q mit $0 < q < 1$ von einem ν an: $\sqrt[\nu]{a_\nu} \leq q$, so konvergiert (a).

Leibnizsches Konvergenzkriterium: Ist $a_\nu \downarrow 0$, so ist $a_1 - a_2 + a_3 - \cdots$ konvergent. Es gilt, wenn s die Summe und s_n die n-te Partialsumme sind,

$$|s - s_n| \leq a_{n+1}. \tag{b}$$

1. Konvergiert $\sum\limits_{\nu=1}^{\infty} a_\nu$, so konvergiert auch $\sum\limits_{\nu=2}^{\infty} a_\nu$ und umgekehrt.

2. Konvergiert $\sum\limits_{\nu=1}^{\infty} a_\nu$, so konvergiert für beliebige Konstanten A und B die Reihe $\sum\limits_{\nu=1}^{\infty} (A a_\nu + B a_{\nu+1})$.

3. Es sei $1 > |a| > |b| > 0$. Man beweise die Konvergenz von

$$a + b + a^2 + b^2 + a^3 + b^3 + \cdots.$$

4. Ist $0 < p < 1$, so konvergiert $\sum\limits_{\nu=1}^{\infty} \sqrt[\nu]{\nu}\, p^\nu$.

5. M. beweise d. Konvergenz von $\alpha + 2\beta + 3\alpha^2 + 4\beta^2 + 5\alpha^3 + 6\beta^3 + \cdots + (2\nu - 1)\alpha^\nu + 2\nu\beta^\nu + \cdots \;(0 < \alpha < \beta < 1)$.

6. Ist $\dfrac{a_{\nu+1}}{a_\nu} \to \alpha$, $0 < \alpha < 1$, so konvergiert $\sum\limits_{\nu=1}^{\infty} a_\nu$.

7. Für $0 < p < 1$ konvergieren die Reihen $\sum\limits_{\nu=1}^{\infty} \nu\, p^\nu$, $\sum\limits_{\nu=1}^{\infty} \nu^2 p^\nu$.

8. Die Reihe $\sum\limits_{\nu=1}^{\infty} \dfrac{r^{2\nu}}{(1+r^2)^{\nu-1}}$ konvergiert für alle r. Man bestimme den Grenzwert.

9. Für welche x konvergiert $\sum\limits_{\nu=0}^{\infty} \dfrac{x^{2\nu}}{1+x^{4\nu}}$?

10. Man beweise, daß $\sum\limits_{\nu=1}^{\infty} \dfrac{q^\nu}{(1+q^\nu)^2}$ für alle $0 < q \neq 1$ konvergiert.

Die im folgenden gelegentlich ohne Text angegebenen Reihen sind auf ihre Konvergenz zn untersuchen.

11. a) $\sum\limits_{\nu=1}^{\infty} \left(\dfrac{1}{2} + \dfrac{1}{\nu}\right)^\nu$,   b) $\sum\limits_{\nu=1}^{\infty} \left(\dfrac{\nu + 200}{2\nu + 7}\right)^\nu$.

12. Gilt $a_\nu > 0$, $\sqrt[\nu]{a_\nu} \to \alpha < 1$, so konvergiert $\sum\limits_{\nu=1}^{\infty} a_\nu$.

13. a) $\sum\limits_{\nu=1}^{\infty} \dfrac{\nu^2}{2^\nu}$,   b) $\sum\limits_{\nu=1}^{\infty} \dfrac{\nu^2}{\left(2 + \dfrac{\cos \nu x}{2}\right)^\nu}$,

14. a) Konvergiert $\sum\limits_{\nu=1}^{\infty} \dfrac{1}{\nu \sqrt[\nu]{\nu}}$?

     b) Man beweise die Divergenz von $\sum\limits_{\nu=1}^{\infty} \dfrac{1}{a + \nu b}$ $(a, b > 0)$.

     c) Divergiert $\sum\limits_{\nu=2}^{\infty} \dfrac{1}{\nu + (-1)^\nu}$?

15. a) Man zeige, daß $\sum\limits_{\nu=1}^{\infty} \dfrac{1}{3\nu + (-1)^\nu \nu}$ divergiert.

     b) Konvergiert $\sum\limits_{\nu=2}^{\infty} \dfrac{1}{2\nu + \nu \sin \nu}$?

16. Konvergiert $\sum\limits_{\nu=2}^{\infty} \dfrac{1}{\nu + (-1)^\nu \sqrt{\nu}}$?

17. $\dfrac{1}{\sqrt{2} - 1} - \dfrac{1}{\sqrt{2} + 1} + \dfrac{1}{\sqrt{3} - 1} - \dfrac{1}{\sqrt{3} + 1} + \cdots$,

18. a) $\displaystyle\sum_{\nu=1}^{\infty} \frac{1}{\sqrt{\nu + \dfrac{\sin \nu^3}{\nu}}}$,   b) $\displaystyle\sum_{\nu=1}^{\infty} \frac{\sqrt{\nu+1} - \sqrt{\nu}}{\sqrt{\nu}}$,

    c) $\displaystyle\sum_{\nu=1}^{\infty} \frac{\sqrt{\nu+1} - \sqrt{\nu}}{\sqrt[3]{\nu}}$.

$$* \;*\; *$$

19. a) Man beweise, daß $\displaystyle\sum_{\nu=1}^{\infty} \frac{1}{\nu(\nu + 1)}$ konvergiert und bestimme den Wert der Summe.

    b) Man zeige, daß $\displaystyle\sum_{\nu=2}^{\infty} \frac{1}{\nu^2}$ konvergiert und daß $\dfrac{1}{2} \leqq \displaystyle\sum_{\nu=2}^{\infty} \frac{1}{\nu^2} \leqq 1$ gilt.

20. Beweise die Konvergenz von $\displaystyle\sum_{\nu=1}^{\infty} (-1)^\nu (1 - a^{1/\nu})$ $(a > 0)$.

21. Für welche s konvergiert und divergiert die Reihe $\displaystyle\sum_{\nu=1}^{\infty} \frac{(-1)^\nu}{\nu^s}$?

22. a) $\displaystyle\sum_{\nu=1}^{\infty} \frac{(-1)^\nu}{3\,\nu + (-1)^\nu \nu}$,   b) $\displaystyle\sum_{\nu=2}^{\infty} \frac{(-1)^\nu}{\nu + \cos \nu \pi}$,

    c) $\displaystyle\sum_{\nu=1}^{\infty} \frac{(-1)^\nu}{3\,\nu + 6(-1)^\nu}$,   d) $\displaystyle\sum_{\nu=2}^{\infty} \frac{(-1)^\nu}{\nu + (-1)^\nu \sqrt{\nu}}$.

23. Ist $a_\nu \downarrow 0$, so ist die Reihe $\displaystyle\sum_{\nu=1}^{\infty} a_\nu$ divergent, wenn die Reihe $\displaystyle\sum_{\nu=1}^{\infty} 2^\nu a_{2^\nu}$ divergiert.

24. Ist $a_\nu \downarrow 0$, so ist $\displaystyle\sum_{\nu=1}^{\infty} a_\nu$ konvergent, wenn $\displaystyle\sum_{\nu=1}^{\infty} 2^\nu a_{2^\nu}$ konvergiert.

25. Man beweise die Konvergenz von $\displaystyle\sum_{\nu=1}^{\infty} \frac{1}{\nu^\alpha}$ für $\alpha > 1$.

26. $\displaystyle\sum_{\nu=1}^{\infty} \frac{\nu^2 + 100\sqrt{\nu}}{\sqrt{\nu^7} - \sqrt{\nu^5}}$.

27. a) $\displaystyle\sum_{\nu=1}^{\infty} \frac{(\nu + 100)^4}{\left(\dfrac{\nu}{200} + 1\right)^7}$,   b) $\displaystyle\sum_{\nu=1}^{\infty} \frac{2 - \dfrac{\sin \nu}{\nu}}{\nu + \sqrt{\nu}}$,   c) $\displaystyle\sum_{\nu=6}^{\infty} \frac{1}{\nu\,[\nu + 4(-1)^\nu]}$.

28. Man beweise die Divergenz der Reihe $\displaystyle\sum_{\nu=2}^{\infty} \frac{(-1)^\nu}{\sqrt{\nu} + (-1)^\nu}$.

29. Beweise die Existenz von $\mathrm{Lim} \left[\displaystyle\sum_{\nu=1}^{n} \frac{1}{\nu} - \sum_{\nu=1}^{n} \frac{1}{\nu + a}\right]$ $(n \to \infty\,;\, a > 0)$.

30. Konvergiert die Reihe $\displaystyle\sum_{\nu=1}^{\infty} |a_\nu|$, so konvergiert auch $\displaystyle\sum_{\nu=2}^{\infty} |a_\nu - a_{\nu-1}|$.

31. Es konvergiere $\sum\limits_{\nu=1}^{\infty} a_\nu$, $a_\nu > 0$. Dann konvergiert auch $\sum\limits_{\nu=1}^{\infty} \sqrt{a_\nu\, a_{\nu+1}}$.

32. Konvergieren die Reihen $\sum\limits_{\nu=1}^{\infty} b_\nu$ und $\sum\limits_{\nu=1}^{\infty} a_\nu$ mit positiven Gliedern, so konvergiert auch die Reihe $\sum\limits_{\nu=1}^{\infty} a_\nu b_\nu$.

33. Man beweise $\sum\limits_{\nu=1}^{\infty} \dfrac{(-1)^\nu (2\nu+1)}{\nu(\nu+1)} = -1$.

34. Es gilt $\sum\limits_{\nu=1}^{2n} \dfrac{(-1)^{\nu-1}}{\nu} = \sum\limits_{\nu=1}^{n} \dfrac{1}{n+\nu}$.

35. Gilt $a_\nu \to a \neq 0$ ($a_\nu \neq 0$, $\nu \to \infty$), so konvergieren und divergieren die beiden Reihen

$$\sum_{\nu=1}^{\infty} |a_{\nu+1} - a_\nu|, \qquad \sum_{\nu=1}^{\infty} \left| \frac{1}{a_{\nu+1}} - \frac{1}{a_\nu} \right|$$

gleichzeitig.

36. Mit $\sum\limits_{\nu=1}^{\infty} a_\nu$, $a_\nu > 0$, divergiert auch $\sum\limits_{\nu=1}^{\infty} \dfrac{a_\nu}{1+a_\nu}$.

37. Es sei $a_\nu > 0$. Man beweise die Konvergenz der Reihe $\sum\limits_{\nu=1}^{\infty} a_\nu$, wenn $\dfrac{a_{\nu+2}}{a_\nu} \leqq \vartheta < 1$ ist, und verallgemeinere dieses Resultat.

38. Ist $a_\nu \to 0$ ($\nu \to \infty$), so sind die beiden Reihen $\sum\limits_{\nu=1}^{\infty} a_\nu$ und $\sum\limits_{\nu=1}^{\infty} (a_\nu + a_{\nu+1})$ gleichzeitig konvergent oder divergent.

39. Sind α, β, γ drei Zahlen mit $\alpha + \beta + \gamma \neq 0$ und gilt $a_\nu \to 0$ ($\nu \to \infty$), so sind die beiden Reihen $\sum\limits_{\nu=1}^{\infty} a_\nu$ und $\sum\limits_{\nu=1}^{\infty} (\alpha a_\nu + \beta a_{\nu+1} + \gamma a_{\nu+2})$ gleichzeitig konvergent und divergent.

40. Man beweise für jedes natürliche n: $\sum\limits_{\nu=n}^{\infty} \dfrac{1}{\nu^2} < \dfrac{1}{n - \dfrac{1}{2}}$.

41. Ist $a_\nu \downarrow 0$ und ist die Reihe $\sum\limits_{\nu=1}^{\infty} a_\nu$ konvergent, so gilt auch $\nu a_\nu \to 0$.

42. Es seien $a_\nu > 0$, $b_\nu \geqq 0$, $a_\nu \to 0$ und es sei $\sum\limits_{\nu=1}^{\infty} a_\nu b_\nu$ konvergent; gibt es eine Konstante c derart, daß für $\mu \geqq \nu$ stets $a_\mu/a_\nu \leqq c$ ist, so gilt: $\lim\limits_{n \to \infty} a_n \sum\limits_{\nu=1}^{n} b_\nu = 0$. (PRINGSHEIM.)

43. Man zeige, daß für $|x| < 1$ gilt: $(1-x)\sum\limits_{\nu=1}^{\infty} \nu x^\nu = \dfrac{x}{1-x}$.

§ 9. Grenzwerte von Funktionen eines stetigen Arguments

$f(x)$ ist eine *Nullfunktion* (*NF*) für $x \to \infty$, wenn $|f(x)| < \varepsilon$ für jedes $\varepsilon > 0$ von einem hinreichend großen x an gilt. $f(x) \to \alpha$ mit $x \to \infty$, wenn $f(x) = {} = \alpha + \varepsilon(x)$ ist, wo $\varepsilon(x)$ eine *NF* ist. α ist dann der *Grenzwert* von $f(x)$ und wird geschrieben: $\lim_{x \to \infty} f(x)$. Die *uneigentliche Konvergenz* gegen ∞ oder $-\infty$ wird ähnlich wie bei Folgen definiert. Ist $f(x)$ mit ins ∞ wachsendem x *monoton wachsend* und bleibt dabei beschränkt, so konvergiert $f(x)$ gegen einen endlichen Grenzwert.

Analog werden die *NF* und die Konvergenz für andere stetige Grenzübergänge in x definiert. In der einleitenden Behandlung der Infinitesimalrechnung werden die folgenden Arten von Grenzübergängen betrachtet: 1. $x \to \infty$; 2. $x \to -\infty$; 3. $x \uparrow x_0$; 4. $x \downarrow x_0$; 5. $x \to x_0$ (beidseitige Konvergenz gegen x_0.)

Zwei Funktionen $f(x)$, $g(x)$ heißen *äquivalent* für einen Grenzübergang in x, wenn dabei $\dfrac{f(x)}{g(x)}$ gegen 1 strebt, $f(x) \sim g(x)$. Zwei äquivalente Funktionen konvergieren und divergieren gleichzeitig und haben die gleichen Grenzwerte. Der Konvergenzcharakter und der Grenzwert eines Ausdrucks ändern sich nicht, wenn man einen Faktor des gesamten Ausdrucks durch einen äquivalenten ersetzt. Äquivalenzen lassen sich gliedweise multiplizieren und dividieren. Für $x \to \infty$ ist ein Polynom seinem höchsten Glied äquivalent, für $x \to 0$ ist ein Polynom seinem niedrigsten Glied äquivalent. Die meisten Sätze über das Rechnen mit konvergenten Folgen übertragen sich auf konvergente Funktionen.

1. Für $\varepsilon > 0$ ist ein $N(\varepsilon)$ so zu bestimmen, daß für $x > N(\varepsilon)$

$$\left| \frac{1}{2x + 3} \right| < \varepsilon$$

ist.

2. Für $\varepsilon > 0$ ist ein $N(\varepsilon)$ so zu bestimmen, daß für $x > N(\varepsilon)$

$$\left| \frac{x^4 - x^3 + x^2}{(x^2 + 1)^2} - 1 \right| < \varepsilon$$

ist.

3. Für $\varepsilon > 0$ ist ein $N(\varepsilon)$ so zu bestimmen, daß für $x > N(\varepsilon)$

$$\left| \frac{x^4 + 10^5 x^2 - 100 \sin^{50} x}{x^4 + 10^7 x^3 + 10^{10} x^2 + 1} - 1 \right| < \varepsilon$$

ist.

4. Für $\varepsilon > 0$ ist ein $N(\varepsilon)$ so zu bestimmen, daß für $|x| > N(\varepsilon)$

$$\left| \frac{\pi x^3 - ex}{x^3 - x^2 + x} - \pi \right| < \varepsilon$$

ist.

5. Aus $x \to \infty$ folgt $\sqrt{x} \to \infty$.

6. Man berechne die folgenden Grenzwerte:

a) $\lim\limits_{x \to \infty} \left(1 + \dfrac{1}{x^2} + \dfrac{\sqrt{x}}{x^3}\right),$

b) $\lim\limits_{x \to \infty} \left(5 - \dfrac{2\pi}{\sqrt{x}} + \dfrac{\pi^3}{\sqrt[5]{x}}\right),$

c) $\lim\limits_{x \to \infty} \dfrac{x+1}{x-1},$

d) $\lim\limits_{x \to \infty} \dfrac{x^2+1}{x^2-1},$

e) $\lim\limits_{x \to \infty} \dfrac{2x^2+1}{x^2+1},$

f) $\lim\limits_{n \to \infty} \dfrac{nx}{nx^2+a}\ (a \neq 0),$

g) $\lim\limits_{x \to \infty} \dfrac{x \sin x}{x^2+1},$

h) $\lim\limits_{x \to \infty} \left(\dfrac{2x^4+3x^2+7}{x^4-x^3+1} - 2\right),$

i) $\lim\limits_{x \to \infty} \dfrac{x^{10} + (x+1)^{10} + (x+2)^{10} + \cdots + (x+100)^{10}}{x^{10} + 10^{10}},$

k) $\lim\limits_{x \to 1} \dfrac{x^m-1}{x-1}\quad (m \text{ ganz } \neq 0),$

l) $\lim\limits_{x \to \infty} \dfrac{\left(1 + \dfrac{15}{x}\right)^{15} - 1}{\left(1 + \dfrac{15}{x}\right) - 1},$

m) $\lim\limits_{x \to 1} \dfrac{x^n-1}{x^m-1}\quad (n, m \text{ ganz}; \ m \neq 0),$

n) $\lim\limits_{x \to 1} \dfrac{(x^n-1)(x^{n-1}-1)\dots(x^{n-k+1}-1)}{(x-1)(x^2-1)\dots(x^k-1)}\quad (n, k \text{ ganz und positiv}),$

o) $\lim\limits_{h \to 0} \left(\dfrac{1}{h}\left(\dfrac{1}{(x+h)^2} - \dfrac{1}{x^2}\right)\right).$

7. Zu $\varepsilon > 0$ bestimme man ein $\delta(\varepsilon) > 0$ so, daß für alle $|x| < \delta(\varepsilon)$:

a) $\left|(1+x)^3 - 1\right| < \varepsilon,$

b) $\left|(100+x)^2 - 100^2\right| < \varepsilon,$

c) $\left|(x+2)^{10} - 2^{10}\right| < \varepsilon,$

d) $\left|(1+x)^{100} - 1\right| < \varepsilon$

wird.

8. Man beweise, daß

$$\dfrac{1 + \sqrt{x}}{1 - \sqrt{x}} \to -1 \quad (x \to \infty)$$

gilt. Ferner bestimme man ein $N(\varepsilon)$ so, daß für $x > N(\varepsilon)$, $\varepsilon > 0$

$$\left|\dfrac{1 + \sqrt{x}}{1 - \sqrt{x}} + 1\right| < \varepsilon$$

ist.

9. Man beweise

a) $\lim\limits_{h \to 0} \sqrt[n]{x+h} = \sqrt[n]{x}\quad (x > 0),$

b) $\operatorname*{Lim}_{h \to 0} \sqrt[n]{x+h} = \sqrt[n]{x}$ ($x \gtrless 0$, n ungerade).

10. Man bestimme die Grenzwerte für $x \to \infty$ von:

a) $x\left(\sqrt{\left(1+\dfrac{a}{x}\right)\left(1+\dfrac{b}{x}\right)} - 1\right)$,

b) $\sqrt[3]{x+1} - \sqrt[3]{x}$,   c) $\sqrt{x + \sqrt{x}} - \sqrt{x - \sqrt{x}}$,

d) $x^{2/3}\left(\sqrt[3]{x+1} - \sqrt[3]{x}\right)$,   e) $x^3\left(\sqrt{x^2 + \sqrt{x^4+1}} - x\sqrt{2}\right)$.

11. Es gilt

a) $\sqrt{x(x+\alpha)} - x \to \dfrac{\alpha}{2}$ $(x \to \infty)$,

b) $\sqrt{(x+a)(x+b)} - x \to \dfrac{a+b}{2}$ $(x \to \infty)$.

12. Zu $\varepsilon > 0$ bestimme man ein $\delta(\varepsilon) > 0$ derart, daß

$$\left|\sqrt{1+x} - 1\right| < \varepsilon$$

ist, sobald $|x| < \delta(\varepsilon)$ wird.

13. Man bestimme den Grenzwert für $x \to 0$ von

$$\frac{1}{x}\left(\sqrt[3]{x+1} - 1\right).$$

14. Man bestimme:

a) $\operatorname*{Lim}_{h \to 0} \dfrac{\sqrt{x+h} - \sqrt{x}}{h}$ $(x > 0)$,   b) $\operatorname*{Lim}_{h \to 0} \dfrac{\sqrt[3]{x+h} - \sqrt[3]{x}}{h}$ $(x \neq 0)$.

15. Man beweise die folgenden Äquivalenzen:

a) $\sqrt{1+x} - 1 \sim \dfrac{x}{2}$ $(x \to 0)$,

b) $\sqrt{1+x} - \sqrt{x} \sim \dfrac{1}{2\sqrt{x}}$ $(x \to \infty)$,

c) $\sqrt[5]{x+1} - \sqrt[5]{x} \sim \dfrac{1}{5} x^{-4/5}$ $(x \to \infty)$.

16. In der folgenden Äquivalenz bestimme man a und α:

$$\sqrt[4]{x+1} - \sqrt[4]{x} \sim a x^{\alpha}   (x \to \infty).$$

* * *

17. Gilt

$$ax - x^2 < x$$

für alle $x > 0$, so folgt $a \leq 1$.

18. Gilt

$$axy + by^2 \leq 0$$

für alle Zahlenpaare x, y, so folgt $a = 0$, $b \leq 0$.

19. Ist für irgendeinen Grenzübergang in x

$$f(x) \to \alpha \quad (\alpha > 0),$$

so gilt auch

$$\sqrt{f(x)} \to \sqrt{\alpha}.$$

20. Gegeben ist die Hyperbel

$$\frac{x^2}{a^2} - \frac{y^2}{b^2} = 1.$$

Man berechne die Distanz $D(x)$ eines Hyperbelpunktes x, y von der nächsten Asymptote und bestimme

$$\lim_{x \to \infty} x D(x).$$

21. Die absolut kleinste Wurzel von

$$h x^2 + a x + b = 0 \quad (a \neq 0)$$

strebt für $h \to 0$ gegen $-\dfrac{b}{a}$.

22. Es sei $a_\nu > 0$, $\nu = 1, 2, \ldots$, und

$$a_\nu \to 0 \quad (\nu \to \infty).$$

Setzen wir

$$s_n = \sum_{\nu=1}^{n} a_\nu$$

und gilt

$$s_n \to \infty \quad (n \to \infty),$$

so gilt

$$\sqrt{s_{n+1}} - \sqrt{s_n} \sim \frac{a_{n+1}}{2\sqrt{s_n}} \quad (n \to \infty).$$

23. Es gilt für $x \to \infty$:

$$\sqrt[n]{x^n + a_1 x^{n-1} + \cdots + a_n} - \sqrt[n]{x^n + b_1 x^{n-1} + \cdots + b_n} \to \frac{a_1 - b_1}{n}.$$

24. Man berechne die Grenzwerte für $x \to \infty$ von:

a) $\sqrt[3]{(x - a_1)(x - a_2)(x - a_3)} - x$,

b) $\sqrt[n]{(x + a_1) \ldots (x + a_n)} - x$.

25. Man bestimme α und β so, daß

$$\lim_{x \to \infty} \left(\sum_{\nu=1}^{n} \sqrt{a_\nu x^2 + b_\nu x + c_\nu} - \alpha x - \beta \right) = 0 \quad (a_\nu > 0)$$

ist.

26. Für welche Werte von α, β und γ konvergiert

$$\sqrt{x^4 - 2x^2 + 7x + 1} - (\alpha x^2 + \beta x + \gamma)$$

mit $x \to \infty$ gegen 0 ?

27. Man beweise

$$\sqrt[[x]]{x} \to 1 \qquad (x \to \infty).$$

28. Man bestimme

$$\operatorname*{Lim}_{\nu \to \infty} \frac{x^{\nu} f(x) + \varphi(x)}{x^{\nu} + 1}$$

für verschiedene positive Werte von x und beliebige Funktionen $f(x)$ und $\varphi(x)$.

29. Hat das Polynom $a_0 x^n + a_1 x^{n-1} + \cdots + a_n$ für alle hinreichend kleinen positiven x den Wert 0, so ist es identisch 0.

30. Sind $\alpha_1, \alpha_2, c_1, c_2$, gegebene Konstanten, derart, daß $\alpha_1 + \alpha_2 \neq 0$ ist, so gibt es zwei Konstanten c, C, so daß für jedes hinreichend große ν gilt

$$1 + \frac{\alpha_1 + \alpha_2}{\nu + C} \leqq \left(1 + \frac{\alpha_1}{\nu + c_1}\right)\left(1 + \frac{\alpha_2}{\nu + c_2}\right) \leqq 1 + \frac{\alpha_1 + \alpha_2}{\nu + c}.$$

§ 10. Stetige Funktionen

$f(x)$ ist in a *stetig*, wenn $f(x) \to f(a)$ $(x \to a)$ gilt. Gilt dies nur für die rechtsseitige (linksseitige) Konvergenz, so ist $f(x)$ in a *rechtsseitig (linksseitig) stetig*. Kann $f(x)$ in a durch eine Abänderung des Werts von $f(a)$ stetig gemacht werden, so ist die Unstetigkeit *hebbar*. Bleiben die Werte von $f(x)$ bei Annäherung an a nicht beschränkt, so ist a eine *Unendlichkeitsstelle*. Die vier elementaren Rechenoperationen mit in a stetigen Funktionen führen wieder zu solchen, sofern man nicht dabei durch 0 dividieren muß. Ist $f(x)$ in $a = g(b)$ und $g(x)$ in b stetig, so ist auch $f(g(x))$ in b stetig, Ein Polynom in x ist überall stetig.

$f(x)$ ist im Intervall J *gleichmäßig stetig*, wenn zu jedem $\varepsilon > 0$ ein $\delta(\varepsilon) > 0$ derart gehört, daß wenn $|x - y| < \delta(\varepsilon)$ ist und x und y in J liegen, dann $|f(x) - f(y)| < \varepsilon$ ist. Der einfachste Fall der gleichmäßigen Stetigkeit trifft zu, wenn $f(x)$ der *Lipschitzschen Bedingung* genügt: $|f(x) - f(y)| \leqq L|x - y|$, wo L eine von $f(x)$ abhängige Konstante ist. Eine in einem abgeschlossenen Intervall stetige Funktion ist dort gleichmäßig stetig und besitzt dort sowohl ein Maximum als auch ein Minimum. Ist $f(x)$ in $\langle a, b\rangle$ stetig, so nimmt $f(x)$ in diesem Intervall jeden zwischen $f(a)$ und $f(b)$ liegenden Wert an.

1. Es sei

$$f(x) = a_0 x^n + a_1 x^{n-1} + \cdots + a_n.$$

Man bestimme

$$\operatorname*{Lim}_{\nu \to \infty} f\left(1 + \frac{1}{\nu}\right).$$

2. Es sei $y = 2x^2$. Zu $\varepsilon > 0$ ist ein positives $\delta(\varepsilon)$ so zu bestimmen, daß für $x_1, x_2 \prec \langle 1, 2\rangle$ und $|x_1 - x_2| < \delta(\varepsilon)$ stets

$$|y_1 - y_2| < \varepsilon$$

ist.

3. Man löse die zur Aufgabe 2 analogen Aufgaben für

$$y = \frac{1}{x}, \qquad y = \frac{1}{x^2}, \qquad y = x^3.$$

4. Es sei $f(x) = x^5$. Für $x, y \prec \langle -2, 2 \rangle$ soll zu einem beliebig vorgegebenen $\varepsilon > 0$ ein $\delta(\varepsilon) > 0$ so bestimmt werden, daß aus $|x - y| < \delta$ folgt:

$$|f(x) - f(y)| < \varepsilon.$$

5. Es sei $f(x) = \dfrac{1}{x^2 + 4}$. Zu jedem $\varepsilon > 0$ ist ein $\delta(\varepsilon) > 0$ so zu bestimmen, daß aus $|x - y| < \delta(\varepsilon)$

$$|f(x) - f(y)| < \varepsilon$$

folgt.

6. Zu jedem $\varepsilon > 0$ bestimme man ein $\delta(\varepsilon) > 0$ so, daß

$$|f(x) - f(y)| < \varepsilon$$

für $|x - y| < \delta(\varepsilon)$ und $x, y \geqq 1$ ist, und zwar für

    a) $f(x) = \sqrt{x}$;

    b) $f(x) = \sqrt[3]{x}$.

7. Die Funktion $\sqrt{x}$ ist für $x = 0$ rechtsseitig stetig und für jedes $x > 0$ stetig.

8. a) Ist $f(x)$ konstant in einer Umgebung von $x = 0$, so ist $f(x)$ für $x = 0$ stetig;

    b) Ist $f(x) = 1$ für $x > 0$ und $= -1$ für $x \leqq 0$, so ist $f(x)$ für $x = 0$ unstetig;

    c) Ist $f(0) \neq g(0)$ und für alle $x \neq 0 : f(x) = g(x)$, so kann nur eine der Funktionen $f(x), g(x)$ für $x = 0$ stetig sein.

9. Gegeben sind die Funktionen

$$f(x) = \frac{\sqrt{1 + 2x} - \sqrt{1 + 55x} + \sqrt{1 + 8x}}{x + \sqrt{x} + 1},$$

$$g(x) = \frac{\sqrt{x + 1} + 2\sqrt{x + 2} + \sqrt{x + 3}}{x - 5\sqrt{x} + 6}.$$

Wo sind diese Funktionen stetig?

10. Sei $f(x)$ stetig für $x = \alpha$, und es sei $a_\nu \to \alpha$ $(\nu \to \infty)$. Man bestimme

$$\operatorname*{Lim}_{\nu \to \infty} f(a_\nu).$$

$$*\ \ ^*\ \ *$$

11. Es sei $f(x) = \sqrt{4 + x^2}$. Es ist zu beweisen, daß für alle $x \neq y$

$$|f(y) - f(x)| < |y - x|$$

gilt.

12. Man beweise, daß $f(x) = \sqrt{1 + x}$ in $\langle -1, \infty \rangle$ gleichmäßig stetig ist.

13. Das Intervall $\langle 0, 1 \rangle$ ist in so viele gleiche Teile zu zerlegen, daß in jedem Teilintervall die Schwankung von x^3 höchstens gleich $\frac{1}{180}$ beträgt[1]).

14. Es sei $\alpha < \beta$. Man beweise, daß die Gleichung

$$\frac{x^2 + 1}{x - \alpha} + \frac{x^6 + 1}{x - \beta} = 0$$

zwischen α und β wenigstens eine Wurzel hat.

15. Es seien $a_1 > 0$, $a_2 > 0$, $a_3 > 0$ und $\lambda_1 < \lambda_2 < \lambda_3$. Man beweise, daß die Gleichung

$$\frac{a_1}{x - \lambda_1} + \frac{a_2}{x - \lambda_2} + \frac{a_3}{x - \lambda_3} = 0$$

eine Wurzel zwischen λ_1 und λ_2 und eine zwischen λ_2 und λ_3 besitzt.

16. Es sei

$$\varphi(x) = \mathrm{Min}\, |x - \nu| \quad (\nu = 0, \pm 1, \pm 2, \ldots).$$

Man beweise, daß $\varphi(x)$ für jedes x existiert und untersuche, wann $\varphi(x)$ stetig ist.

17. Die Funktion

$$f(x) = x - [x]$$

ist unstetig für ganzzahlige x und stetig für nichtganzzahlige x[2]).

18. Wo ist die Funktion $[x] + [-x]$ unstetig?

19. Man beweise, daß die für jedes reelle x definierte Funktion

$$\varphi(x) = [x] + \sqrt{x - [x]}$$

für alle x stetig ist und monoton wächst.

20. Für $\varepsilon > 0$ seien x, y nichtnegativ und es sei $|y - x| \leqq \varepsilon^2$. Dann gilt

$$|\sqrt{y} - \sqrt{x}| \leqq \varepsilon.$$

21. Es sei

$$f(x) = \begin{cases} x & (x \text{ rational}) \\ 1 - x & (x \text{ irrational}) \end{cases} \quad (0 \leqq x \leqq 1).$$

Man beweise, daß $f(x)$ nur für $x = \frac{1}{2}$ stetig ist und andererseits jeden Wert zwischen 0 und 1 genau einmal annimmt.

22. Ist $f(x)$ stetig für $\alpha < x < \beta$ und gilt $\lim\limits_{x \downarrow \alpha} f(x) = \infty$, $\lim\limits_{x \uparrow \beta} f(x) = -\infty$, so nimmt $f(x)$ in (α, β) jeden Wert an.

---

[1]) Unter der *Schwankung* einer stet. Fkt. in einem abgeschlossenen Intervall J versteht man die Differenz zwischen dem größten und dem kleinsten Wert dieser Fkt. in J.

[2]) Man findet die Erklärung des Symbols $[x]$ in der Fußnote [1]) zu A 9c) § 6.

§ 11. Trigonometrische Funktionen

Der *Winkel* wird in der Analysis stets im *Winkelmaß* gemessen, sofern das Gegenteil nicht ausdrücklich vermerkt ist. Der so gemessene *analytische Winkel* läuft von $-\infty$ bis ∞, wobei den Werten des analytischen Winkels, die sich um 2π unterscheiden, derselbe *geometrische Winkel* entspricht.

Wird der Einheitskreis, also der Kreis um den Ursprung mit dem Radius 1, auf das Achsenkreuz bezogen, und faßt man den dem Punkte P auf dem Einheitskreis entsprechenden Radiusvektor ins Auge, so sind für den Winkel α aus der positiven Richtung der x-Achse in die Richtung des Halbstrahls OP, $\sin\alpha$ und $\cos\alpha$ definiert als die Ordinate bzw. die Abszisse von P. Diese Definition gilt für alle Werte des analytischen Winkels α. Sodann setzt man $\operatorname{tg}\alpha = \dfrac{\sin\alpha}{\cos\alpha}$, $\operatorname{ctg}\alpha = \dfrac{\cos\alpha}{\sin\alpha}$.

$\sin\alpha$ und $\cos\alpha$ sind *periodische Funktionen* mit der *Periode* 2π, da sie der Funktionalgleichung $f(x + 2\pi) = f(x)$ genügen. $\operatorname{tg} x$ und $\operatorname{ctg} x$ sind periodisch mit der Periode π. Ferner sind $\sin x$ und $\cos x$ *antiperiodisch* mit der *Antiperiode* π, da sie die Funktionalgleichung $f(x + \pi) = -f(x)$ genügen. $\sin x$, $\operatorname{tg} x$, $\operatorname{ctg} x$ sind *ungerade*, d. h. genügen der Funktionalgleichung $f(-x) = -f(x)$, während $\cos x$ *gerade* ist, d. h. der Funktionalgleichung $f(-x) = f(x)$ genügt. $\sin x$ und $\operatorname{tg} x$ sind monoton wachsend im Intervall $\left(-\dfrac{\pi}{2}, \dfrac{\pi}{2}\right)$, und zwar $\sin x$ von -1 bis 1 und $\operatorname{tg} x$ von $-\infty$ bis ∞. $\cos x$ und $\operatorname{ctg} x$ fallen im Intervall $(0, \pi)$ und zwar $\cos x$ von 1 bis -1 und $\operatorname{ctg} x$ von ∞ bis $-\infty$.

Die grundlegenden Formeln des ganzen trigonometrischen Formelsystems sind die *Additionstheoreme*:

$$\sin(\alpha + \beta) = \sin\alpha \cos\beta + \cos\alpha \sin\beta\,,$$

$$\cos(\alpha + \beta) = \cos\alpha \cos\beta - \sin\alpha \sin\beta\,,$$

aus denen in Verbindung mit den Anfangswerten $\sin 0 = 0$, $\cos 0 = 1$, $\sin\dfrac{\pi}{2} = 1$, $\cos\dfrac{\pi}{2} = 0$ alle übrigen algebraischen Relationen zwischen den trigonometrischen Funktionen hergeleitet werden können. Hervorzuheben seien die Relationen

$$|\sin x| \leqq |x|\,,\quad |\sin x| \leqq 1\,,\quad |\cos x| \leqq 1\,,\quad \cos x = \sin\left(\dfrac{\pi}{2} - x\right),$$

$$\operatorname{ctg} x = \operatorname{tg}\left(\dfrac{\pi}{2} - x\right),$$

sowie die Äquivalenzen

$$\sin x \sim x\ (x \to 0)\,,\ \operatorname{tg} x \sim x\ (x \to 0)\,.$$

Der Lernende sei ferner besonders auf die Formeln hingewiesen, die die Summen und Differenzen $\sin x \pm \sin y$, $\cos x \pm \cos y$ als Produkte darzustellen gestatten.

Die Stetigkeit von $\sin x$ und $\cos x$ wird durch die Ungleichungen

$$|\sin x - \sin y| \leqq |x - y|$$

besonders prägnant zum Ausdruck gebracht.

1. Es ist $\dfrac{\sin 3x}{\sin x}$ als Polynom in $\sin x$ darzustellen.

2. Es sind $\sin 2x$ und $\cos 2x$ durch $\operatorname{tg} x$ darzustellen.

3. Man bringe den Ausdruck

$$\sin(x + 2y) + \sin(2x + y)$$

auf logarithmische Form[1]).

4. Man beweise

a) $\quad 1 + \dfrac{1}{\cos \varphi} = \operatorname{ctg} \dfrac{\varphi}{2} \operatorname{tg} \varphi;$

b) $\quad \dfrac{\cos \varphi + \dfrac{1}{2}}{\cos \varphi - \dfrac{1}{2}} = \operatorname{ctg} \dfrac{\varphi}{2} \operatorname{tg} \dfrac{3\varphi}{2}\ ;$

c) $\quad \operatorname{ctg} \varphi = \dfrac{1}{2}\left(\operatorname{ctg} \dfrac{\varphi}{2} - \operatorname{tg} \dfrac{\varphi}{2}\right);$

d) $\quad \sin^2 \alpha - \sin^2 \beta = \sin(\alpha + \beta)\sin(\alpha - \beta);$

e) $\quad \dfrac{1 - \sin 2\varphi}{1 + \sin 2\varphi} = \left(\dfrac{1 - \operatorname{tg}\varphi}{1 + \operatorname{tg}\varphi}\right)^2.$

5. Man beweise

$$5 + 8\cos \varphi + 4\cos 2\varphi + \cos 3\varphi = (1 + \cos \varphi)(1 + 2\cos \varphi)^2.$$

6. Man bestimme a_0, a_1, a_2, a_3, a_4 derart, daß die Identität

$$\sin^4 x = a_0 + a_1 \cos x + a_2 \cos 2x + a_3 \cos 3x + a_4 \cos 4x$$

gilt.

7. In der Funktion

$$f_1(x) = a \cos(bx + c)$$

sind a, b, c so zu bestimmen, daß

$$\Delta f_1(x) = \sin(\alpha x + \beta), \quad \alpha \neq 0,$$

wird.

8. In der Funktion

$$f_2(x) = a \sin(bx + c)$$

sind a, b, c so zu bestimmen, daß

$$\Delta f_2(x) = \cos(\alpha x + \beta), \quad \alpha \neq 0,$$

wird.

---

[1]) Unter der *logarithmischen Form* eines trigonometrischen Ausdrucks versteht man eine solche Gestalt dieses Ausdrucks, bei der der Logarithmus des Ausdrucks ohne Nachschlagen der Numeri gefunden werden kann, also verschiedene Werte der trigonometrischen Funktionen und der Konstanten nur miteinander *multipliziert* und durch einander *dividiert* werden.

9. Die folgenden Summen sind geschlossen darzustellen:

a) $\sin\delta + \sin 2\delta + \cdots + \sin n\delta$,

b) $\cos\delta + \cos 2\delta + \cdots + \cos n\delta$.

10. Die folgenden Summen sind in geschlossener Form darzustellen:

$$\sum_{\nu=0}^{n}\sin(\alpha\nu+\beta), \quad \sum_{\nu=0}^{n}\cos(\alpha\nu+\beta).$$

11. Man bestimme α und $\varrho\,(\varrho\geqq 0)$ aus jeder der folgenden Identitäten:

a) $2\sin x + 7\cos x = \varrho\sin(x+\alpha)$,

b) $3\sin x - 6\cos x = \varrho\sin(x+\alpha)$.

12. Man beweise, daß jede der Gleichungen

a) $\operatorname{tg} x = \sin^3 x + \cos^3 x$,   b) $\operatorname{tg} x = x^7$

in jedem Intervall $\left(n\pi - \dfrac{\pi}{2},\ n\pi + \dfrac{\pi}{2}\right)$, n ganz, wenigstens eine Wurzel hat.

13. Man beweise, daß die Funktion

$$f(x) = x\cos\frac{1}{x}\quad (x\neq 0);\quad f(0)=0$$

für $x=0$ stetig ist.

14. Für welche x ist

$$\frac{1}{a^2\cos^2 x + b^2\sin^2 x}\quad (a, b\neq 0)$$

unstetig?

15. Man beweise, daß die Funktion

$$f(x) = \cos\frac{1}{x}$$

für $x=0$ unstetig ist, und daß diese Unstetigkeit nicht hebbar ist.

16. Man bestimme

a) $\underset{x\to\infty}{\operatorname{Lim}}\sin x$,   b) $\underset{x\to\infty}{\operatorname{Lim}}\sin\dfrac{1}{x}$.

17. Welches sind die Unstetigkeiten der Funktion

$$f(x) = \operatorname{tg}\frac{\pi x}{x^2-1}\,?$$

18. Es sei $\varepsilon > 0$. Man bestimme ein $N(\varepsilon)$ derart, daß

$$1 - \cos\frac{1}{n} < \varepsilon\quad (n > N(\varepsilon))$$

ist.

19. Man beweise

$$1 - \cos x \sim \frac{x^2}{2}\quad (x\to 0).$$

20. Es gilt

$$\operatorname{ctg} x \sim \left(\frac{\pi}{2} - x\right) \quad \left(x \to \frac{\pi}{2}\right).$$

21. Man beweise

$$\sin\left(\sqrt{1+x}-1\right) \sim \frac{x}{2} \quad (x \to 0).$$

22. Es gilt

$$\frac{\operatorname{tg} a\,x}{\operatorname{tg} b\,x} \to \frac{a}{b} \quad (a \neq 0,\, b \neq 0,\, x \to 0).$$

23. Man bestimme die Grenzwerte der folgenden Ausdrücke:

a) $\displaystyle \operatorname*{Lim}_{h \to 0} \frac{\operatorname{tg}(x+h) - \operatorname{tg} x}{h}$,

b) $\displaystyle \operatorname*{Lim}_{h \to 0} \frac{\dfrac{1}{\sin(x+h)} - \dfrac{1}{\sin x}}{h}$,

c) $\displaystyle \operatorname*{Lim}_{h \to 0} \frac{\sin^2(x+h) - \sin^2 x}{h}$,

d) $\displaystyle \operatorname*{Lim}_{n \to \infty} \frac{\cos\dfrac{2}{n^2} + \sin^{10}\dfrac{5}{\sqrt{n}} + \sin\left(\operatorname{tg}\dfrac{1}{n}\right) + \cos\dfrac{3}{n}\cos\left(\dfrac{1}{n}\cos\dfrac{2}{n}\right)}{5 + \sin\dfrac{1}{n} - \dfrac{\sqrt{n+1}}{n}}$,

e) $\displaystyle \operatorname*{Lim}_{x \downarrow 0} \left(\left(\sqrt{x+1} - \sqrt{x}\right)\frac{x}{\sqrt{x+1000}}\frac{\sin x}{1 - \cos x}\right)$,

f) $\displaystyle \operatorname*{Lim}_{n \to \infty} \sin\frac{100\,n}{n^2 - 1}$,

g) $\displaystyle \operatorname*{Lim}_{h \to 0} \frac{\cos^2(x+h) - \cos^2 x}{h}$,

h) $\displaystyle \operatorname*{Lim}_{x \to 0} \frac{\sqrt{1 + \operatorname{tg} x} - \sqrt{1 - \operatorname{tg} x}}{\sin x}$.

24. Man zeige, daß die Funktion

$$f(x) = \sqrt{1 + \sin^2 x}$$

für alle x stetig ist.

25. Es sei $f(x) = \cos^2 x$. Zu einem beliebig vorgegebenen $\varepsilon > 0$ ist ein $\delta(\varepsilon)$ so zu bestimmen, daß aus $|x - y| < \delta(\varepsilon)$ stets

$$|f(x) - f(y)| < \varepsilon$$

folgt.

$$* \quad * \quad *$$

26. Man beweise

$$\prod_{\nu=0}^{n} \left(1 + \frac{1}{\cos 2^\nu \varphi}\right) = \operatorname{ctg}\frac{\varphi}{2}\operatorname{tg} 2^n \varphi.$$

27. Man beweise

$$\prod_{\nu=0}^{n} \frac{\cos 3^{\nu}\varphi + \tfrac{1}{2}}{\cos 3^{\nu}\varphi - \tfrac{1}{2}} = \operatorname{ctg}\frac{\varphi}{2}\,\operatorname{tg} 3^{n+1}\frac{\varphi}{2}\,.$$

28. Man beweise, daß man im Intervall $\langle -a,\,a\rangle$ jede Funktion $f(x)$ als Summe einer ungeraden Funktion $U(x)$ und einer geraden Funktion $G(x)$ darstellen kann. (Es ist also $U(-x) = -\,U(x)$ und $G(-x) = G(x)$ verlangt.)

29. Ist $f(x)$ gerade, so gilt $\operatorname*{Lim}_{x\uparrow a} f(x) = \operatorname*{Lim}_{x\downarrow -a} f(x)$, wenn einer der Grenzwerte existiert. Ist $f(x)$ ungerade, so gilt $f(0) = 0$, sowie $\operatorname*{Lim}_{x\uparrow a} f(x) = -\operatorname*{Lim}_{x\downarrow -a} f(x)$, wenn einer der Grenzwerte existiert.

30. Man zeige, daß die Funktionen

$$\text{a)}\ y = \sin x \cos\frac{1}{x}\,, \qquad \text{b)}\ y = \sin^2 x \cos\frac{1}{x}$$

auch für $x = 0$ stetig sind, wenn sie für $x = 0$ als 0 definiert werden.

31. Man bestimme

$$\text{a)}\ \operatorname*{Lim}_{x\to 0}\frac{1}{x}\left(\sqrt[3]{1+\sin x}-1\right),$$

$$\text{b)}\ \operatorname*{Lim}_{x\to 0} x\,\frac{\sqrt{1+2x\cos\alpha+x^2}+1}{\sqrt{1+2x\cos\alpha+x^2}-1} \qquad (\cos\alpha \neq 0),$$

$$\text{c)}\ \operatorname*{Lim}_{x\to 0}\left(x^{-2}\left(\sqrt{\cos\alpha x}-\sqrt{\cos\beta x}\right)\right) \qquad (\alpha,\beta,\alpha-\beta \neq 0),$$

$$\text{d)}\ \operatorname*{Lim}_{x\to 0}\frac{\sqrt{1+x\sin x}-\cos x}{\sin^2\dfrac{x}{2}}\,,$$

$$\text{e)}\ \operatorname*{Lim}_{x\to 0} 2^n \sin\frac{x}{2^n}\,,$$

$$\text{f)}\ \operatorname*{Lim}_{n\to\infty} n\left(1-\sqrt{1-\sin\frac{1}{n}}\right),$$

$$\text{g)}\ \operatorname*{Lim}_{x\to\infty}\left(\sqrt{x^4+x}-x^2\right)\sin\frac{1}{x}\,,$$

$$\text{h)}\ \operatorname*{Lim}_{n\to\infty} n\left(1-\sqrt[3]{1+\operatorname{tg}\frac{1}{n}}\right),$$

$$\text{i)}\ \operatorname*{Lim}_{n\to\infty} n\left(1-\sqrt[3]{1-\sin\frac{1}{n}}\right),$$

$$\text{k)}\ \operatorname*{Lim}_{n\to\infty} n\sqrt{n\left(1-\sqrt{1-\sin\left(\sqrt{n+1}-\sqrt{n}\right)}\right)}\,.$$

32. Man beweise

a) $\dfrac{\sin x - \sin y}{x - y} \to 1 \qquad (x \neq y, x \to 0, y \to 0)$,

b) $\dfrac{\sin x - \sin y}{x - y} \to \cos a \qquad (x \neq y, x \to a, y \to a)$.

33. a) Ist $|\alpha| \leq \dfrac{\pi}{2}$ und sind ε_1 und ε_2 nur der Werte 0 und ± 1 fähig, so gilt

$$\varepsilon_1 \sqrt{2 + 2\,\varepsilon_2 \sin \alpha} = 2 \sin \left(\frac{\varepsilon_1 \pi}{4} + \frac{\varepsilon_1 \varepsilon_2 \alpha}{2} \right),$$

b) Wenn ε eine der Zahlen $0, \pm 1$ ist, gilt

$$\varepsilon \sqrt{2} = 2 \sin \frac{\pi}{4} \varepsilon, \qquad \sqrt{2 + \varepsilon \sqrt{2}} = 2 \sin \frac{\pi}{4} \left(1 + \frac{\varepsilon}{2} \right),$$

c) Wenn die Zahlen $\varepsilon_0, \ldots, \varepsilon_n$ nur der Werte 0 und ± 1 fähig sind, gilt

$$\varepsilon_0 \sqrt{2 + \varepsilon_1 \sqrt{2 + \varepsilon_2 \sqrt{2 + \cdots + \varepsilon_n \sqrt{2}}}} = 2 \sin \left(\frac{\pi}{4} \sum_{\nu=0}^{n} \frac{\varepsilon_0 \ldots \varepsilon_\nu}{2^\nu} \right).$$

34. Die kubische Gleichung

$$x^3 - p\,x + q = 0 \qquad \left(p > 0, \quad q^2 < \left(\frac{4}{3}\, p \right)^3 \right)$$

ist durch die Substitution $x = a \sin \xi$ mit einem geeigneten a auf die Form zu bringen:

$$3 \sin \xi - 4 \sin^3 \xi - \frac{3\,q}{a\,p} \equiv \sin 3\xi - \frac{3\,q}{a\,p} = 0.$$

35. Aus

$$\frac{2 \sqrt{\omega m}}{\omega + m} > \sin \alpha \qquad \left(\omega > 0, \quad m > 0, \quad 0 < \alpha < \frac{\pi}{2} \right)$$

folgt

$$m \,\mathrm{tg}^2 \frac{\alpha}{2} < \omega < m \,\mathrm{ctg}^2 \frac{\alpha}{2}.$$

36. Für kein α gilt

$$\cos n\alpha \to 0 \qquad (n \to \infty).$$

37. Für welche α konvergiert die Folge

$$\sin n\alpha \qquad (n \to \infty)\,?$$

38. Man berechne $\Delta \,\mathrm{ctg}\, 2^x \alpha$, $\alpha = \mathrm{const.} \neq 0$.

39. Man bestimme die Summe

$$\sum_{\nu=0}^{n} \frac{1}{\sin 2^\nu \alpha} \qquad (\alpha \neq n\pi).$$

40. Man stelle $\Delta\, 3^x \,\mathrm{ctg}\, 3^x \alpha$ für konstantes α in der Form dar

$$A\, 3^x \frac{\sin 3^x \alpha \sin (2 \cdot 3^x \alpha)}{\sin (3 \cdot 3^x \alpha)}$$

und bestimme den Zahlenkoeffizienten A.

41. Man bestimme $\Delta \dfrac{1}{2^x} \operatorname{ctg} \dfrac{\alpha}{2^x}$ und berechne mit Hilfe des erhaltenen Ausdrucks

$$\sum_{\nu=0}^{n} \frac{1}{2^{\nu+1}} \operatorname{tg} \frac{\alpha}{2^{\nu+1}} \, .$$

42. Man bestimme $\Delta \operatorname{tg} \alpha x$ und berechne mit Hilfe des erhaltenen Ausdrucks

$$\sum_{\nu=0}^{n} \frac{1}{\cos(2\alpha\nu + \alpha) + \cos\alpha} \qquad (\sin\alpha \neq 0) \, .$$

43. Man bestimme $\Delta \operatorname{ctg} \alpha x$ und berechne mit Hilfe des erhaltenen Ausdrucks

$$\sum_{\nu=0}^{n} \frac{1}{\cos(2\alpha\nu + \alpha) - \cos\alpha} \qquad (\sin\alpha \neq 0) \, .$$

44. Man berechne $\Delta \cos 2^x \alpha$ und bestimme

$$\sum_{\nu=0}^{n} \sin 2^\nu \alpha \sin(3 \cdot 2^\nu \alpha) \, .$$

45. Man summiere analog

$$\sum_{\nu=0}^{n} \sin \frac{\alpha}{2^\nu} \sin 3 \frac{\alpha}{2^\nu}$$

unter Benutzung von $\Delta \cos \dfrac{\alpha}{2^x}$.

46. Man bilde $\Delta \, 2^x \sin \dfrac{\alpha}{2^x}$ und summiere

$$\sum_{\nu=0}^{n} 2^{\nu-1} \sin \frac{\alpha}{2^{\nu-1}} \sin^2 \frac{\alpha}{2^\nu} \, .$$

47. Man bestimme

$$\Delta \frac{2^x}{\sin^2 2^x \alpha}$$

und berechne die Summe:

$$\sum_{\nu=0}^{n} 2^\nu \frac{\cos 2^\nu \alpha}{\sin^2 2^\nu \alpha} \, .$$

48. Man bestimme

$$\Delta \frac{1}{\cos x \alpha}$$

und berechne die Summe

$$\sum_{\nu=0}^{n} \frac{\sin(2\nu + 1)\dfrac{\alpha}{2}}{\cos\alpha + \cos(2\nu + 1)\alpha} \, .$$

49. Es gilt für alle φ

$$5 + 8\cos\varphi + 4\cos 2\varphi + \cos 3\varphi \geq 0 \, .$$

50. Man zeige, daß für jedes ganze $n \geqq 0$ und für alle x gilt:

$$|\sin nx| \leqq n\,|\sin x|\,.$$

51. Der Grenzwert $\underset{x\to\infty}{\mathrm{Lim}}\,(\sin(x+a) - \sin x)$ existiert nur für $a = 2\,m\pi$ für ganze m.

52. Man beweise die Identität $\left(x \neq n\,\dfrac{\pi}{2}\right)$:

$$\prod_{\nu=1}^{n} \operatorname{tg}^{2^{\nu}} \frac{x}{2^{\nu}} = \frac{2^{2^{n+1}}}{4}\,\frac{\sin^{2^{n+1}} \dfrac{x}{2^{n}}}{\sin^{2} x}\,.$$

53. Man beweise

$$2^{n}\operatorname{ctg} x = \sum_{\nu=-(2^{n-1}-1)}^{2^{n-1}-1} \operatorname{ctg}\frac{x+\nu\pi}{2^{n}} + \frac{1}{2}\left(\operatorname{ctg}\frac{x+2^{n-1}\pi}{2^{n}} + \operatorname{ctg}\frac{x-2^{n-1}\pi}{2^{n}}\right).$$

54. Ein Ausdruck von der Form $a_0 + \sum_{\nu=1}^{n}(a_\nu\cos\nu x + b_\nu\sin\nu x)$ heißt ein trigonometrisches Polynom n-ten Grades. Man zeige, daß

$$\prod_{\nu=1}^{n}(u_\nu + v_\nu\cos x + w_\nu\sin x)\,,$$

wo u_ν, v_ν, w_ν Konstanten sind, ein trigonometrisches Polynom n-ten Grades ist.

55. Es gilt für $n = 1, 2, \ldots$, wenn $x = \cos\varphi$ gesetzt wird,

$$\frac{\sin n\,\varphi}{\sin\varphi} = 2^{n-1}x^{n-1} + \cdots; \quad \cos n\,\varphi = 2^{n-1}x^{n} + \cdots,$$

wo rechts beide Male ein Polynom in x mit ganzzahligen Koeffizienten steht.

56. Man beweise die Relation, wo $\varDelta\Theta_\nu = \Theta_{\nu+1} - \Theta_\nu$ bedeutet:

$$\sum_{\nu=1}^{n-1}\sin(\Theta_\nu + \Theta_{\nu+1}) =$$

$$= -\frac{\sin^{2}\Theta_1}{\sin\varDelta\Theta_1} + \sum_{\nu=2}^{n-1}\sin^{2}\Theta_\nu\left(\frac{1}{\sin\varDelta\Theta_{\nu-1}} - \frac{1}{\sin\varDelta\Theta_\nu}\right) + \frac{\sin^{2}\Theta_n}{\sin\varDelta\Theta_{n-1}}\,.$$

57. Man beweise, daß, wenn $0 < \varDelta\Theta_1 \leqq \varDelta\Theta_2 \leqq \cdots \leqq \varDelta\Theta_{n-1} \leqq \dfrac{\pi}{2}$ gilt,

$$\frac{\sin^{2}\Theta_n}{\sin\varDelta\Theta_{n-1}} - \frac{\sin^{2}\Theta_1}{\sin\varDelta\Theta_1} \leqq \sum_{\nu=1}^{n-1}\sin(\Theta_\nu + \Theta_{\nu+1}) \leqq \frac{\cos^{2}\Theta_1}{\sin\varDelta\Theta_1} - \frac{\cos^{2}\Theta_n}{\sin\varDelta\Theta_{n-1}}$$

ist.

58. Man zeige, daß, wenn $0 < \varDelta\Theta_{n-1} \leqq \varDelta\Theta_{n-2} \leqq \cdots \leqq \varDelta\Theta_1 \leqq \dfrac{\pi}{2}$ gilt, man hat

$$\frac{\sin^{2}\Theta_n}{\sin\varDelta\Theta_{n-1}} - \frac{\sin^{2}\Theta_1}{\sin\varDelta\Theta_1} \geqq \sum_{\nu=1}^{n-1}\sin(\Theta_\nu + \Theta_{\nu+1}) \geqq \frac{\cos^{2}\Theta_1}{\sin\varDelta\Theta_1} - \frac{\cos^{2}\Theta_n}{\sin\varDelta\Theta_{n-1}}\,.$$

59. Es gilt

$$\sum_{\nu=1}^{n-1} \sin(\Theta_\nu + \Theta_{\nu+1}) = \frac{\cos^2 \Theta_1}{\sin \Delta \Theta_1} + \sum_{\nu=2}^{n-1} \cos^2 \Theta_\nu \left(\frac{1}{\sin \Delta \Theta_\nu} - \frac{1}{\sin \Delta \Theta_{\nu-1}}\right) - \frac{\cos^2 \Theta_n}{\sin \Delta \Theta_{n-1}}.$$

60. Es gilt

$$\frac{1}{2} \sum_{\nu=1}^{n-1} \cos(\Theta_\nu + \Theta_{\nu+1}) =$$

$$= -\frac{\sin 2\Theta_1}{\sin \Delta \Theta_1} + \sum_{\nu=2}^{n-1} \sin 2\Theta_\nu \left(\frac{1}{\sin \Delta \Theta_{\nu-1}} - \frac{1}{\sin \Delta \Theta_\nu}\right) + \frac{\sin 2\Theta_n}{\sin \Delta \Theta_{n-1}}.$$

61. Unter Voraussetzungen von A. 57 gilt

$$\frac{1-\sin 2\Theta_1}{\sin \Delta \Theta_1} - \frac{1-\sin 2\Theta_n}{\sin \Delta \Theta_{n-1}} \geqq \frac{1}{2} \sum_{\nu=1}^{n-1} \cos(\Theta_\nu + \Theta_{\nu+1}) \geqq \frac{1+\sin 2\Theta_n}{\sin \Delta \Theta_{n-1}} - \frac{1+\sin 2\Theta_1}{\sin \Delta \Theta_1}.$$

62. Unter Voraussetzungen von A. 58 gilt

$$\frac{1+\sin 2\Theta_n}{\sin \Delta \Theta_{n-1}} - \frac{1+\sin 2\Theta_1}{\sin \Delta \Theta_1} \geqq \frac{1}{2} \sum_{\nu=1}^{n-1} \cos(\Theta_\nu + \Theta_{\nu+1}) \geqq \frac{1-\sin 2\Theta_1}{\sin \Delta \Theta_1} - \frac{1-\sin 2\Theta_n}{\sin \Delta \Theta_{n-1}}.$$

63. Untersuche die Konvergenz oder Divergenz der folgenden Reihen:

a) $\displaystyle\sum_{\nu=1}^{\infty} \sin \vartheta^\nu \ (|\vartheta| < 1)$,   b) $\displaystyle\sum_{\nu=1}^{\infty} 2^\nu \sin 2^{-2\nu}$,   c) $\displaystyle\sum_{\nu=1}^{\infty} \frac{\operatorname{ctg} \dfrac{1}{2^\nu}}{3^\nu}$,

d) $\displaystyle\sum_{\nu=1}^{\infty} \nu^5 \sin \vartheta^\nu \ (|\vartheta| < 1)$,   e) $\displaystyle\sum_{\nu=1}^{\infty} \nu^{1000} e^{-\nu} \cos \nu$,   f) $\displaystyle\sum_{\nu=1}^{\infty} \nu \sin \frac{1}{\nu^3}$,

g) $\displaystyle\sum_{\nu=1}^{\infty} \left(1 - \cos \frac{\pi}{\nu}\right)$,   h) $\displaystyle\sum_{\nu=1}^{\infty} \frac{1 - \cos \dfrac{1}{\nu}}{\sqrt{\sin \dfrac{1}{\nu}}}$,   i) $\displaystyle\sum_{\nu=1}^{\infty} (1 - \cos \nu^{-3/2})$,

k) $\displaystyle\sum_{\nu=1}^{\infty} \frac{\nu \cos \nu \pi + 1}{\nu^{3/2}}$,   l) $\displaystyle\sum_{\nu=1}^{\infty} \frac{\sin \nu \dfrac{\pi}{2} + \sin \dfrac{1}{\nu}}{\nu}$.

64. Man bilde für $0 < x \leqq 1$

$$x_0 = \sin x, \quad x_1 = \sin x_0, \dots, x_{\nu+1} = \sin x_\nu, \dots.$$

Beweise, daß $x_\nu \downarrow 0$.

§ 12. Definition des bestimmten Integrals

Ist $f(x)$ im Intervall $\alpha \leqq x \leqq \beta$ stetig, so denke man sich dieses Intervall durch die Teilpunkte $\alpha = \alpha_0 < \alpha_1 < \cdots < \alpha_{n-1} < \alpha_n = \beta$ in n Teilintervalle $\langle \alpha_{\nu-1}, \alpha_\nu \rangle$ zerlegt und wähle im ν-ten Intervall einen beliebigen Punkt ξ_ν. Man bilde die *Zwischensumme* $\sum_\nu f(\xi_\nu)(\alpha_\nu - \alpha_{\nu-1}) = S(\tau)$, wo mit τ die obige Einteilung bezeichnet wird. Die Feinheit der Einteilung τ wird durch die Größe $l_\tau = \underset{\nu}{\mathrm{Max}}(\alpha_\nu - \alpha_{\nu-1})$ gemessen. Geht nun l_τ gegen 0, so strebt $S(\tau)$ gegen einen Grenzwert, der von der Wahl der Einteilungsfolge τ unabhängig ist und als *das Integral von* $f(x)$ *über* $\langle\alpha, \beta\rangle$ bezeichnet wird, $\int_\alpha^\beta f(x)\,dx$. $f(x)$ ist dann *der Integrand*, und α, β die untere bzw. die obere *Integrationsgrenze*, dx das *Integrationsdifferential*. Ist $f(x) > 0$ im Intervall $\langle\alpha, \beta\rangle$, so stellt dieses Integral den Flächeninhalt $|F|$ der Figur F dar, die durch die x-Achse, die zu den Abszissen α und β gehörenden Ordinaten und die Kurve $y = f(x)$ begrenzt wird. x ist die *Integrationsvariable*, auf deren Bezeichnung es natürlich nicht ankommt.

Beispiele:
$$\int_\alpha^\beta x^p\,dx = \frac{\beta^{p+1}}{p+1} - \frac{\alpha^{p+1}}{p+1} \qquad (0 < \alpha < \beta);$$

$$\int_\alpha^\beta \sin x\,dx = \cos\alpha - \cos\beta.$$

1. Eine Funktion $y = f(x)$ sei gegeben durch

$$y = \frac{x+1}{2} \quad \text{für} \quad x \prec \langle 1,3\rangle,$$

$$y = -x + 5 \quad \text{für} \quad x \prec \langle 3,4\rangle.$$

Man berechne

$$\int_1^4 f(x)\,dx.$$

2. Das Integral

$$\int_{1/2}^{\sqrt{1/2}} \sqrt{1 - x^2}\,dx$$

ist mit Hilfe der Kreislinie $x^2 + y^2 = 1$ geometrisch zu berechnen.

3. Gegeben sei eine Funktion $f(x)$ durch

$$f(x) = 2x - 2 \qquad (1 \leqq x \leqq 2),$$

$$f(x) = -2x + 6 \qquad (2 \leqq x \leqq 3).$$

Man berechne mittels einer äquidistanten Intervalleinteilung maximale und minimale $S(\tau)$ zu

$$\int_1^3 f(x)\,dx$$

für 4 und 8 Teilintervalle.

$$*\quad^*\quad*$$

4. Gegeben sei eine Funktion $y = f(x)$ durch

$$xy = 1.$$

Man berechne mittels einer äquidistanten Intervalleinteilung mit vier Teil-intervallen maximale und minimale Zwischensumme zu

$$\int_1^3 f(x)\, dx\,.$$

5. Man berechne

$$\int_1^2 \frac{1}{x^2}\, dx\,.$$

(Man benutze eine äquidistante Intervalleinteilung und wähle ξ_ν derart, daß $f(\xi_\nu) = \sqrt{f(x_{\nu-1})\,f(x_\nu)}$ ist.)

6. Man bestimme

$$\lim_{n\to\infty} \frac{1}{n} \sum_{\nu=1}^{n} \sin \frac{\nu\,\pi\,\alpha}{n}\,.$$

§ 13. Elementare Eigenschaften des Integrals

Während die obige direkte Definition von $\int_\alpha^\beta f(x)\, dx$ an $\alpha < \beta$ gebunden ist, wird für $\alpha > \beta$ dieses Integral *definiert* durch $\int_\alpha^\beta f(x)\, dz = -\int_\beta^\alpha f(x)\, dx$, so daß diese Relation dann für alle möglichen α, β gilt, wenn noch $\int_\alpha^\alpha f(x)\, dx = 0$ gesetzt wird. Dann gilt für alle Konstanten a, b:

$$\int_\alpha^\beta (a\,f(x) + b\,g(x))\, dx = a \int_\alpha^\beta f(x)\, dx + b \int_\alpha^\beta g(x)\, dx\,,$$

sowie $\int_\alpha^\beta f(x)\, dx = \int_\alpha^\gamma f(x)\, dx + \int_\gamma^\beta f(x)\, dx$, für alle α, β, γ, wenn $f(x)$ in den zu-gehörigen Intervallen stetig ist.

Ist $\alpha < \beta$ und $f(x)$ in $\langle \alpha, \beta \rangle$ positiv, so ist $\int_\alpha^\beta f(x)\, dx > 0$. Die folgenden Relationen gelten für jede Anordnung der α, β:

Der erste Mittelwertsatz der Integralrechnung

(a) $\int_\alpha^\beta f(x)\, dx = f(\xi)\,(\beta - \alpha),\ \xi \prec \langle \alpha, \beta \rangle$, wo ξ ein (im allgemeinen unbekann-ter) zwischen α und β liegender Wert ist. $\dfrac{1}{\beta - \alpha} \int_\alpha^\beta f(x)\, d\,x$ heißt *Integralmittel-wert* von $f(x)$ in $\langle \alpha, \beta \rangle$.

Der verallgemeinerte erste Mittelwertsatz der Integralrechnung

(b) $\int_\alpha^\beta u(x)\, p(x)\, dx = u(\xi) \int_\alpha^\beta p(x)\, dx,\ \xi \prec \langle \alpha, \beta \rangle$, wo über $p(x)$ vorauszusetzen ist, daß es im Intervall $\langle \alpha, \beta \rangle$ sein Vorzeichen nicht ändert, während ξ ein (im allgemeinen unbekannter) Wert aus $\langle \alpha, \beta \rangle$ ist.

Ferner gilt $\left| \int\limits_\alpha^\beta f(x)\, dx \right| \leq \left| \int\limits_\alpha^\beta |f(x)|\, dx \right|$, sowie, wenn $|f(x)| \leq \mathfrak{M}$ in $\langle \alpha, \beta \rangle$ ist, $\left| \int\limits_\alpha^\beta f(x)\, dx \right| \leq \mathfrak{M} \, |\beta - \alpha|$.

1. Ist $f(x)$ stetig und > 0 in $\langle \alpha, \beta \rangle$, so gilt

$$\int\limits_\alpha^\beta f(x)\, dx > 0.$$

2. Ist $f(x)$ stetig und $\geqq 0$ in $\alpha \leqq x \leqq \beta$ und $= 0$ nur in einem Punkt dieses Intervalls, so ist $\int\limits_\alpha^\beta f(x)\, dx > 0.$

3. Ist $f(x)$ stetig und $\geqq 0$ in $\alpha \leqq x \leqq \beta$ und $= 0$ nur in endlich vielen Punkten des Intervalls, so ist $\int\limits_\alpha^\beta f(x)\, dx > 0.$

4. Es ist der Integralmittelwert der Funktion $f(x)$ im Intervall $\langle 1, 10 \rangle$ zu bestimmen, wobei $f(x)$ folgendermaßen definiert ist: $f(x)$ ist stetig und stückweise linear in $\langle 1, 10 \rangle$; der zugehörige Streckenzug hat die Eckpunkte:

$(1, 2)$, $(3, 4)$, $(4, 2)$, $(\frac{9}{2}, 6)$, $(5, 2)$, $(\frac{11}{2}, 4)$, $(6, 2)$, $(9, 4)$ und $(10, 2)$.

5. Man beweise die Relationen:

a) $0 < \int\limits_0^{\pi/2} \sin^{n+1} x \, dx < \int\limits_0^{\pi/2} \sin^n x \, dx \,,$

b) $0 < \int\limits_0^{\pi/4} \operatorname{tg}^{n+1} x \, dx < \int\limits_0^{\pi/4} \operatorname{tg}^n x \, dx \,.$

6. Es ist zu zeigen, daß

$$0 < \int\limits_{1/2}^{1} x \sin x \, dx < \frac{7}{24}$$

ist.

7. Ist $f(x)$ stetig und $\geqq 0$ in $\langle \alpha, \beta \rangle$ und in einem Punkte dieses Intervalls positiv, so gilt

$$\int\limits_\alpha^\beta f(x)\, dx > 0.$$

8. Es seien $f(x)$ und $g(x)$ stetig in $\langle \alpha, \beta \rangle$, und in diesem ganzen Intervall sei

$$f(x) \geqq g(x).$$

Ist in irgend einem Punkte dieses Intervalles $f(x) > g(x)$, so gilt

$$\int\limits_\alpha^\beta f(x)\, dx > \int\limits_\alpha^\beta g(x)\, dx \quad (\alpha < \beta).$$

9. Man zeige, daß ξ in der Formel (a) des ersten Mittelwertsatzes *im Inneren* von (α, β) angenommen werden kann.

10. Man beweise, daß die Relation (b) durch die schärfere ersetzt werden kann:

$$\int\limits_\alpha^\beta u(x)\,p(x)\,dx = u(\xi) \int\limits_\alpha^\beta p(x)\,dx\,, \quad \xi \prec (\alpha, \beta)\,.$$

11. Ist $f(x)$ periodisch mit der Periode $p > 0$, $\not\equiv 0$ und überall stetig, so wechselt $f(x)$ im Intervall $\langle 0, p\rangle$ an wenigstens zwei Stellen das Vorzeichen, wenn $\int\limits_0^p f(x) = 0$ ist.

12. M. bew. $\displaystyle\int\limits_\alpha^\beta (x - \alpha)\,(x - \beta)\,dx = \frac{(\alpha - \beta)^3}{6}$.

§ 14. Die Ableitung

Unter der Ableitung $\dfrac{d\,f(x)}{dx} = f'(x) = D_x\,f(x)$ einer in der Umgebung von a definierten Funktion $f(x)$ versteht man den Grenzwert $\mathrm{Lim}\limits_{h \to 0} \dfrac{f(a + h) - f(a)}{h}$, wenn er existiert. Wird dieser Grenzwert nur für $h \downarrow 0$ oder $h \uparrow 0$ betrachtet, so spricht man von einseitiger (rechtsseitiger bzw. linksseitiger) Ableitung, f'_+ bzw. f'_-.

Beispiele: $(a_0 x^n + a_1 x^{n-1} + \cdots + a_{n-1} x + a_n)' = n\,a_0\,x^{n-1} +$
$\qquad + (n - 1)\,a_1\,x^{n-2} + \cdots + a_{n-1};$
$\qquad (\sin x)' = \cos x; \quad (\cos x)' = -\sin x\,,$

Für die Kurve $y = f(x)$ ist die Ableitung $f'(a)$ die Steigung der Tangente an diese Kurve im Punkte $(a, f(a))$.

Es gilt für beliebige Konstanten a, b:

$$(a f(x) + b g(x))' = a f'(x) + b g'(x)\,,$$

vorausgesetzt, daß $f(x)$ und $g(x)$ an der Stelle x differenzierbar sind.

1. Man berechne durch Grenzübergang die Ableitungen $f'(x)$ der Funktionen:

a) $f(x) = \sin (a x + b)$,

b) $f(x) = (a x + b)^n \qquad (n = 1, 2, 3, \ldots)$,

c) $f(x) = \dfrac{a x + b}{c x + d}$,

d) $f(x) = \sqrt{x + a}$ für $x + a > 0$.

2. Warum verschwindet im Falle der Aufgabe 1 c) $f'(x)$, wenn $a d - b c = 0$ ist?

3. Unter welchen Winkeln schneiden sich die Kurven[1])

$$y = 2x - 1,$$
$$y = x^2 - x\,?$$

4. Man stelle die Gleichungen der Normalen in $x = a$ für die folgenden Kurven auf:

$$a)\ y = x^2, \qquad b)\ y = x^3.$$

5. Man berechne die Ableitung der in A 4 § 13 definierten Funktion, soweit diese Ableitung existiert.

$$*\ {}^{*}\ *$$

6. Man zeige, daß die Funktion

$$y(x) = x \sin \frac{1}{x}\ (x \neq 0), \quad y(0) = 0$$

für $x = 0$ nicht differenzierbar ist.

7. Man beweise, daß die Funktion

$$y(x) = x^2 \sin \frac{1}{x} \quad (x \neq 0), \quad y(0) = 0$$

für $x = 0$ differenzierbar ist, und bestimme ihre Ableitung in diesem Punkte.

8. Es möge $f'(a)$ existieren. Man berechne den Grenzwert

$$\lim_{h \to 0} \frac{f(a + nh) - f(a + (n - 1)h)}{h} \qquad (n \neq 0, n \neq 1).$$

9. Die Funktion $\varphi(x) = [x] + \sqrt{x - [x]}$ (vgl. A 19 § 10) ist für jedes nicht-ganzzahlige x differenzierbar. Für jedes ganzzahlige x ist ihre linksseitige Ableitung gleich $\frac{1}{2}$; rechtsseitig ist die Funktion dort dagegen nicht differenzierbar.

10. Man berechne die Ableitung von

$$y = |x - \alpha|$$

für $x < \alpha$, $x = \alpha$, $x > \alpha$.

11. Es sei $x_\nu \to a$, und $f(x_\nu)$ möge existieren, ebenso wie $f(a)$, $f'(a) \neq 0$. Dann gilt $f(x_\nu) - f(a) \sim f'(a)(x_\nu - a)$.

§ 15. Der Zusammenhang zwischen der Ableitung und dem Differenzenquotienten einer Funktion

Der Rollesche Satz. Ist $f(x)$ in einem abgeschlossenen Intervall stetig, in seinem Inneren differenzierbar und verschwindet sie in seinen Endpunkten, so liegt im Inneren des Intervalls wenigstens eine Nullstelle von $f'(x)$.

---

[1]) Unter dem Winkel zweier Kurven in einem Schnittpunkt versteht man einen der beiden Winkel ihrer Tangenten in diesem Punkt.

Der Mittelwertssatz d. Differentialrechnung. Ist $f(x)$ stetig im abgeschlossenen Intervall $\langle \alpha, \beta \rangle$ und in seinem Inneren differenzierbar, so gilt für einen geeigneten inneren Punkt ξ des Intervalls

$$\frac{f(\beta) - f(\alpha)}{\beta - \alpha} = f'(\xi) = f'(\alpha + \Theta(\beta - \alpha)), \quad 0 < \Theta < 1.$$

1. Die Wurzeln der Gleichung

$$x^2 + ax + b = 0$$

werden durch $-\dfrac{a}{2}$ getrennt, wenn sie reell sind.

2. Die Gleichung

$$x^3 - 3x + c = 0$$

hat für kein c zwei Wurzeln zwischen 0 und 1.

3. Die Funktion

$$f(x) = \frac{d}{dx} (x(x-1))^2$$

hat wenigstens eine Nullstelle zwischen 0 und 1.

4. Was kann man über die Wurzeln der Ableitung des Polynoms

$$P(x) = (x-1)(x-2)(x-3)(x-4)$$

sagen, ohne diese Ableitung zu berechnen?

5. Man löse die zur A 4 analoge Aufgabe für das Polynom

$$P(x) = (x-1)^2 (x+1)^3.$$

6. Mit Hilfe des Mittelwertsatzes der Differentialrechnung beweise man die Relationen

$$\text{a)} \quad n x^{n-1} > \frac{x^n - y^n}{x - y} > n y^{n-1} \quad (x > y > 0, \quad n \text{ ganz}, \quad n > 0),$$

$$\text{b)} \quad (y - x) \cos y < \sin y - \sin x < (y - x) \cos x \quad \left(0 < x, \ y < \frac{\pi}{2} \right).$$

$$* \quad * \quad *$$

7. In der Formel

$$\frac{f(x + h) - f(x)}{h} = f'(x + \Theta h)$$

ist Θ für $f(x) = x^2$ zu berechnen und

$$\operatorname*{Lim}_{h \to 0} \Theta$$

zu bestimmen.

8. Die zur A 7 analoge Aufgabe ist für

$$f(x) = x^3$$

zu lösen.

9. Existiert $f'(x)$ in den Intervallen $(a - \varepsilon, a)$ und $(a, a + \varepsilon)$ und existiert der Grenzwert

$$\lim_{h \to 0} f'(a + h),$$

so ist dieser Grenzwert gleich $f'(a)$ — eine Ableitung kann keine hebbare Unstetigkeit haben.

10. Es sei die Funktion $f(x)$ in $\langle \alpha, \beta \rangle$ stetig und im Inneren dieses Intervalles differenzierbar. Gilt

$$\lim_{x \uparrow \beta} f'(x) = A,$$

wo A endlich ist, so hat $f(x)$ in β die linksseitige Ableitung A.

11. Die Gleichung

$$f(x) = x^n + px + q = 0$$

hat höchstens zwei reelle Wurzeln für gerade n und höchstens drei reelle Wurzeln für ungerade n.

12. Der Wert von $\sin 35°$ ist aus gegebenen Werten von $\sin \dfrac{\pi}{6}$ und $\cos \dfrac{\pi}{6}$ in Schranken einzuschließen.

13. Man schätze die Größe des Fehlers ab, mit dem der Ausdruck

$$\frac{1}{\pi + 1}$$

berechnet wird, wenn man für π den Wert 3,14 annimmt.

14. Ist $f'(x_0)$ vorhanden, so strebt für $x_1 < x_0 < x_2$ der Ausdruck

$$\frac{f(x_2) - f(x_1)}{x_2 - x_1}$$

gegen $f'(x_0)$, wenn $x_1 \uparrow x_0$ und $x_2 \downarrow x_0$ gilt.

15. Es seien $f(x)$ und $f'(x)$ stetig im Intervall $\langle 0, 1 \rangle$, und es sei dort $f'(x) \geq$ $\geq m > 0$, $f(0) = 0$. Dann ist in diesem Intervall ein Teilintervall von der Länge $\dfrac{1}{2}$ enthalten, in dem $f(x)$ durchweg $\geq \dfrac{m}{2}$ ist.

§ 16. Die Fundamentalsätze der Infinitesimalrechnung

Der erste Fundamentalsatz der Infinitesimalrechnung. Ist $f(x)$ stetig im Intervall $\langle \alpha, \beta \rangle$, so ist, für jedes c aus diesem Intervall und jedes x aus dem Innern von (α, β),

$$\frac{d}{dx} \int_c^x f(t)\, dt = f(x).$$

Als eine *Stammfunktion* oder *unbestimmtes Integral* von $f(x)$, $\int f(x)\,dx \equiv$
$\equiv \int\limits^{x} f(x)\,dx$ wird jede Funktion $F(x)$ bezeichnet, deren Ableitung $= f(x)$ ist.
In diesem Zusammenhang wird das in § 12 definierte Integral als das *bestimmte Integral* bezeichnet.

Der zweite Fundamentalsatz der Infinitesimalrechnung. Ist $f(x)$ stetig im Intervall $\langle \alpha, \beta \rangle$, so unterscheiden sich zwei Stammfunktionen von $f(x)$ in diesem Intervall um eine Konstante.

Daraus folgt das *Korollar*: Ist $F(x)$ eine Stammfunktion von $f(x)$ im Intervall $\langle \alpha, \beta \rangle$, so gilt (*) $\int\limits_{a}^{b} f(x)\,dx = F(b) - F(a) = F(x) \big|_{a}^{b}$, wenn a und b in (α, β) liegen.

$$* \quad {}^{*} \quad *$$

1. Man beweise, daß das Integral

$$\int\limits_{x^3}^{x^2} \sin x\,dx$$

eine stetige Funktion von x ist.

2. Ist $f(x)$ stetig in $\alpha \leqq x \leqq \beta$, so ist für jedes c aus $\langle \alpha, \beta \rangle$ die rechtsseitige Ableitung in α von $g(x) = \int\limits_{c}^{x} f(t)\,dt$ gleich $f(\alpha)$ und die linksseitige Ableitung in β gleich $f(\beta)$.

3. Unter den Voraussetzungen des ersten Fundamentalsatzes ist

$$\frac{d}{dx} \int\limits_{x}^{c} f(t)\,dt = -f(x),$$

wobei x auch mit α oder β zusammenfallen darf, sofern die entsprechende einseitige Ableitung betrachtet wird.

4. Die Relation (*) im obigen Korollar bleibt richtig, wenn a und b beliebig in $\langle \alpha, \beta \rangle$ liegen.

5. Man leite den Mittelwertsatz der Integralrechnung aus dem Mittelwertsatz der Differentialrechnung her.

6. Man beweise unter Benutzung der A 2, daß in der Formel (a) § 5 der Zwischenwert ξ als ein *innerer* Punkt des Intervalls zwischen α und β gewählt werden kann, wenn $\alpha \neq \beta$ ist.

§ 17. Ableitungen rationaler Verbindungen gegebener Funktionen

Die wichtigsten hierher gehörigen Formeln sind:

$$(fg)' = f'g + g'f, \qquad \left(\frac{f}{g}\right)' = \frac{f'g - g'f}{g^2},$$

die man am besten in der Form behält:

$$\frac{(fg)'}{fg} = \frac{f'}{f} + \frac{g'}{g}, \qquad \frac{\left(\dfrac{f}{g}\right)'}{\dfrac{f}{g}} = \frac{f'}{f} - \frac{g'}{g}.$$

Als eine Verallgemeinerung der ersten beachte man:

$$(a) \qquad (f_1 f_2 \ldots f_n)' = f_1 f_2 \ldots f_n \left(\frac{f_1'}{f_1} + \frac{f_2'}{f_2} + \cdots + \frac{f_n'}{f_n}\right).$$

Insbesondere gilt $\left(\dfrac{1}{f}\right)' = -\dfrac{f'}{f^2}$, $\quad (x^n)' = n\,x^{n-1} \quad (n$ ganz$)$.   Ferner

$$(\operatorname{tg} x)' = 1 + \operatorname{tg}^2 x = \frac{1}{\cos^2 x}, \qquad (\operatorname{ctg} x)' = -1 - \operatorname{ctg}^2 x = \frac{-1}{\sin^2 x}.$$

Daraus folgt weiter für unbestimmte Integrale:

$$\int x^p \, dx = \frac{x^{p+1}}{p+1}, \quad p \text{ ganz}, \ \geqq 0, \quad \int \frac{dx}{\cos^2 x} = \operatorname{tg} x, \quad \int \frac{dx}{\sin^2 x} = -\operatorname{ctg} x.$$

1. Man bilde die Ableitungen der folgenden Ausdrücke:

a) $x - \dfrac{x^2}{2} + \dfrac{x^3}{3} - \dfrac{x^4}{4}$, $\qquad$ b) $\dfrac{a\,x+b}{c\,x+d}$, $\qquad$ c) $\dfrac{x^2-1}{x^4-1}$,

d) $\dfrac{x^4-1}{x^2-1}$, $\qquad$ e) $\dfrac{(x+a)(x+b)}{x^n}$, $\qquad$ f) $\dfrac{x^n}{x^m-a^m}$,

g) $f(x)^n \ (n = 1, 2, 3, \ldots)$, $\quad$ h) $\dfrac{(x+a)^p}{(x+b)^q}$.

2. Gegeben sei eine Funktion $f(x)$ durch die folgenden Relationen:

$$f(x) = 1 + x \qquad (x \leqq 0),$$
$$f(x) = x \qquad (0 < x < 1),$$
$$f(x) = 2 - x \qquad (1 \leqq x \leqq 2),$$
$$f(x) = 3x - x^2 \qquad (x > 2).$$

Wann ist $f(x)$ stetig? Wann existiert $f'(x)$, und wann ist $f'(x)$ stetig?

3. Die Größen a, b, α, β sind so zu wählen, daß

$$[(ax + b)\sin x + (\alpha x + \beta)\cos x]' = x \cos x$$

wird.

4. Die Größen $a, b, c, \alpha, \beta, \gamma$ sind so zu wählen, daß

$$[(ax^2 + bx + c)\sin x + (\alpha x^2 + \beta x + \gamma)\cos x]' = x^2 \sin x$$

wird.

5. Man berechne

a) $(\operatorname{tg}^2 x)'$, $\qquad\qquad\qquad\qquad$ b) $(x^5 \sin^2 x + \operatorname{tg} x)'$,

c) $(\operatorname{tg} x - \operatorname{ctg} x)'$, $\qquad\qquad\qquad$ d) $\left(\dfrac{1}{3}\operatorname{tg}^3 x - \operatorname{tg} x + x\right)'$,

e) $(x^{3/2})'$.

6. Man bestimme zu den folgenden Ausdrücken zugehörige Stammfunktionen:

a) $7{,}5\,x^2$, b) $17\,x^{25}$, c) $2 - 3\,x + 7\,x^5$.

7. Man berechne die folgenden Integrale:

a) $\displaystyle\int_{-1}^{1} (x - x^2)\,dx$, b) $\displaystyle\int_{1}^{0} (1 - x + x^2 - x^3)\,dx$,

c) $\displaystyle\int_{0}^{1} (1 + x)(1 - x)(1 + x^2)\,dx$, d) $\displaystyle\int_{0}^{2} x^2 (x - 1)^2\,dx$,

e) $\displaystyle\int_{-2}^{1} (5\,x - 1)\,dx$, f) $\displaystyle\int_{6}^{1} \frac{dx}{\sqrt{x}}$

g) $\displaystyle\int_{1}^{2} \frac{dx}{\sqrt[3]{x^2}}$, h) $\displaystyle\int_{-1}^{1} x\,|\,x\,|\,dx$,

i) $\displaystyle\int_{-2}^{2} |\,x^2 - 1\,|\,dx$, k) $\displaystyle\int_{0}^{2\pi} |\,\sin x\,|\,dx$,

l) $\displaystyle\int_{0}^{2\pi} |\,\cos x\,|\,dx$.

8. Man berechne den Inhalt der Fläche, die begrenzt wird durch: 1. die Gerade $y = 0$; 2. die Geraden $x = \pm\,a$; 3. die Parabel $y = a\,x^2$ $(a > 0)$.

9. Man berechne den Inhalt der Fläche, die begrenzt wird durch: 1. die Gerade $x = a$; 2. die Gerade $y = 0$; 3. die kubische Parabel $y = a\,x^3$ $(a > 0)$.

* * *

10. Aus der Summenformel der geometrischen Reihe sind geschlossene Ausdrücke für die folgenden Summen zu berechnen:

a) $A(x) = 1 + 2\,x + 3\,x^2 + \cdots + n\,x^{n-1}$,

b) $B(x) = 1^2\,x + 2^2\,x^2 + 3^2\,x^3 + \cdots + n^2\,x^n$.

11. Man zeige, daß die Kurve $y = \dfrac{f(x)}{f'(x)}$ die x-Achse unter dem Winkel von 45 Grad schneidet, wenn an der betreffenden Stelle $f'(x) \neq 0$ und differenzierbar ist.

12. Enthält das Polynom $P(x)$ den Faktor $(x - a)^n$, so enthält das Polynom $P'(x)$ den Faktor $(x - a)^{n-1}$. Ist dabei $P(x)$ durch $(x - a)^{n+1}$ nicht teilbar, so ist $P'(x)$ durch $(x - a)^n$ nicht teilbar.

13. Die Ableitung einer rationalen Funktion

$$\frac{f(x)}{g(x)}\,,$$

wo f und g Polynome sind, enthält jeden Linearfaktor, der im Nenner der Ableitung nach Kürzung überhaupt vorkommt, wenigstens quadratisch.

14. Man berechne den Flächeninhalt des Bereichs zwischen der x-Achse, den Geraden $x = a$ und $x = b$ und der Parabel $y = A\,x^2 + B\,x + C$ und stelle ihn in der Form

$$F = \frac{b - a}{6}\,(y_0 + 4\,y_1 + y_2)$$

dar, wo y_0, y_1, y_2 die zu den Abszissen a, $\dfrac{a+b}{2}$, b gehörenden Parabelordinaten sind.

15. Man berechne den Flächeninhalt S des durch die Parabel $y = A\,x^2 + + B\,x + C$ und die Gerade $y = mx + n$ begrenzten Parabelsegments. Man zeige, daß

$$S = \frac{2}{3}\,|y_2 - y_1|\,|x_2 - x_1|$$

ist, wo x_1 und x_2 die Abszissen der Schnittpunkte und y_1 und y_2 die Ordinaten der Punkte der Parabel und der Geraden sind, die der Abszisse $x = \dfrac{1}{2}\,(x_1 + x_2)$ entsprechen.

16. Gegeben sei eine Funktion $f(x)$ durch

$$f(x) = 0 \qquad\qquad \left(0 \leqq x \leqq \frac{1}{2}\right),$$
$$f(x) = (x - 1)^2 - \frac{1}{4} \qquad \left(\frac{1}{2} \leqq x \leqq \frac{3}{2}\right),$$
$$f(x) = 0 \qquad\qquad \left(\frac{3}{2} \leqq x \leqq 2\right).$$

Wann existiert $f'(x)$? Wann ist $f'(x)$ stetig?

17. Man beweise, daß die Gleichung

$$(1 - x)\cos x - \sin x = 0$$

eine Wurzel zwischen 0 und 1 besitzt.

18. Man berechne den Inhalt des zwischen den beiden Parabeln $y^2 = 4x$. $y = 2x^2$ eingeschlossenen Flächenstücks.

19. Man beweise:

$$\frac{y - x}{\cos^2 x} \leqq \operatorname{tg} y - \operatorname{tg} x \leqq \frac{y - x}{\cos^2 y} \qquad \left(0 \leqq x, y < \frac{\pi}{2}\right).$$

20. Es sei $f(x)$ für alle x definiert und stetig, und es möge die zugehörige Kurve $y = f(x)$ ein gebrochener Streckenzug mit n Ecken sein, deren Abszissen $\alpha_1, \alpha_2, \ldots, \alpha_n$ mit

$$\alpha_1 < \alpha_2 < \cdots < \alpha_n$$

sind. Sind β_ν bzw. $\beta_{\nu+1}$ $(\nu = 1, \ldots, n)$ die Steigungen der in α_ν zusammenstoßenden Teilstrecken der Kurve, so läßt sich die Funktion $f(x)$ in der Form darstellen

$$y = \sum_{\nu=1}^{n} \frac{\beta_{\nu+1} - \beta_\nu}{2} \, |x - \alpha_\nu| + \frac{\beta_1 + \beta_{n+1}}{2} \, x + a \, ,$$

wo a eine geeignete Konstante ist.

§ 18. Umkehrung monotoner Funktionen

Ist $f(x)$ eine im Intervall $\langle \alpha, \beta \rangle$ eigentlich monotone und stetige Funktion, so hat für $A = f(\alpha)$, $B = f(\beta)$ die Gleichung $f(x) = y$ für jedes y aus $\langle A, B \rangle$ genau eine Lösung $x = \varphi(y)$, die in $\langle \alpha, \beta \rangle$ liegt. $\varphi(y)$ ist in $\langle A, B \rangle$ gleichsinnig monoton mit $f(x)$ und stetig. Ist für $x \prec \langle \alpha, \beta \rangle$, $f'(x)$ vorhanden und $\neq 0$, so ist für das entsprechende $y = f(x)$, $\varphi'(y)$ vorhanden und $= \dfrac{1}{f'(x)}$. $\varphi(y)$ ist die *inverse Funktion* von $f(x)$. Von hier aus wird für positive x und rationale r die Funktion $y = x^r$ definiert. Sie ist für alle positiven x stetig und differenzierbar, $(x^r)' = r x^{r-1}$, ferner eigentlich monoton (für $r > 0$ wachsend, für $r < 0$ fallend).

Für das x-Intervall $\left\langle -\dfrac{\pi}{2}, \dfrac{\pi}{2} \right\rangle$ ist die Umkehrung von $y = \sin x$ die Funktion $x = \arcsin y$, die in $\langle -1, 1 \rangle$ stetig und eigentlich monoton wachsend ist. Sie ist in $(-1, 1)$ differenzierbar,

$$(\arcsin x)' = \frac{1}{\sqrt{1 - x^2}}.$$

Für das x-Intervall $\left(-\dfrac{\pi}{2}, \dfrac{\pi}{2} \right)$ ist die Umkehrung der Funktion $y = \operatorname{tg} x$ die Funktion $\operatorname{arctg} y$, die im Intervall $(-\infty, \infty)$ stetig, eigentlich monoton wachsend und differenzierbar ist, $(\operatorname{arctg} x)' = \dfrac{1}{1 + x^2}$. Die Gesamtheit aller Lösungen von $\operatorname{tg} x = y$ ist durch $x = \operatorname{arctg} y + n\pi$ gegeben, wo n alle ganzen Zahlen durchläuft. Die Gesamtheit aller Lösungen von $\sin x = y$ ist durch die Werte $x = \arcsin y + 2n\pi$, $x = -\arcsin y + (2n + 1)\pi$ gegeben, wo n alle ganzen Zahlen durchläuft.

Für das x-Intervall $\langle 0, \pi \rangle$ ist die Umkehrung von $y = \cos x$ die Funktion $\arccos y$, die im Intervall $\langle -1, 1 \rangle$ stetig u. eigentlich monoton fallend und in $(-1, 1)$ differenzierbar ist,

$$(\arccos x)' = \frac{-1}{\sqrt{1 - x^2}}.$$

5*

Für das x-Intervall $(0, \pi)$ ist die Umkehrung von $y = \operatorname{ctg} x$ die Funktion $\operatorname{arc\,ctg} y$, die in $(-\infty, \infty)$ stetig, differenzierbar und eigentlich monoton fallend ist, $(\operatorname{arc\,ctg} x)' = \dfrac{-1}{1 + x^2}$. Die Gesamtheit aller Lösungen von $\operatorname{ctg} x = y$ ist durch die Werte gegeben: $\operatorname{arc\,ctg} y + n\pi$, wo n alle ganzen Zahlen durchläuft. Die Gesamtheit aller Lösungen von $\cos x = y$ ist durch die Werte gegeben: $\operatorname{arc\,cos} y + 2n\pi$, $- \operatorname{arc\,cos} y + 2n\pi$, wo n alle ganzen Zahlen durchläuft.

1. Man berechne aus den Tafeln der natürlichen Werte der trigonometrischen Funktionen

$$\operatorname{arc\,tg} 2, \quad \operatorname{arc\,tg} \frac{1}{\sqrt{2}}.$$

2. Man berechne den Grenzwert für $x \to 1$ von

$$\frac{x^{\frac{m}{n}} - 1}{x - 1} \quad (m, n > 0).$$

3. Man berechne

$$\operatorname*{Lim}_{x \to 1} \frac{\sqrt[3]{x} - 1}{\sqrt[5]{x} - 1}.$$

4. Man bestimme

$$\left(\sqrt[5]{x}\right)'.$$

5. Man bestimme jeweils ein x aus dem Intervall $\left\langle 0, \dfrac{\pi}{2} \right\rangle$, für das

     a) $\operatorname{arc\,sin} x = \operatorname{arc\,sin} \dfrac{1}{3} + \operatorname{arc\,sin} \dfrac{4}{5}$,

     b) $\operatorname{arc\,tg} x = 4 \operatorname{arc\,tg} \dfrac{1}{5} - \operatorname{arc\,tg} \dfrac{1}{239}$

gilt.

6. Man beweise

     a) $2 \operatorname{arc\,tg} 10 + \operatorname{arc\,sin} \dfrac{20}{101} = \pi$,

     b) $8 \operatorname{arc\,tg} \dfrac{1}{10} - \operatorname{arc\,tg} \dfrac{1}{239} - 4 \operatorname{arc\,tg} \dfrac{1}{515} = \dfrac{\pi}{4}$,

     c) $\operatorname{arc\,tg} \dfrac{2a - b}{b \sqrt{3}} + \operatorname{arc\,tg} \dfrac{2b - a}{a \sqrt{3}} = \dfrac{\pi}{3} \quad (a, b \neq 0)$,

     d) $5 \operatorname{arc\,tg} \dfrac{1}{7} + 2 \operatorname{arc\,tg} \dfrac{3}{79} = \dfrac{\pi}{4}$.

7. Man berechne

$$\operatorname*{Lim}_{x \to 0} \frac{\operatorname{arc\,tg} x}{x}.$$

8. Die folgenden Größen sind durch x auszudrücken:

     a) $\operatorname{arc\,cos} (\sin x)$,

     b) $\sin \operatorname{arc\,cos} \dfrac{1}{x}$.

9. Für welche x ist

a) $\arcsin x = \operatorname{arctg} \dfrac{x}{\sqrt{1 - x^2}}$,

b) $\operatorname{arctg} x = \arcsin \dfrac{x}{\sqrt{1 + x^2}}$,

c) $\sin 2 \arccos \{\operatorname{ctg}(2 \operatorname{arctg} x)\} = 0$?

10. Man beweise:

$$\arcsin x = \arccos \sqrt{1 - x^2} \quad (0 \leq x \leq 1).$$

11. Man bilde die Ableitung der folgenden Ausdrücke:

a) $\cos (2 \operatorname{arctg} x)$,   b) $\arcsin (\sin x)$,

c) $(\arcsin x)^2$,   d) $\arcsin \sqrt{1 - x^2}$,

e) $\dfrac{x^2 + 1}{2} \operatorname{arctg} x - \dfrac{x}{2}$,   f) $\sqrt{x} \operatorname{arctg} x$,

g) $x^4 \operatorname{arctg} x$.

12. Man beweise

$$\frac{y - x}{1 + y^2} < \operatorname{arctg} y - \operatorname{arctg} x < \frac{y - x}{1 + x^2} \quad (x \neq y;\ 0 < x, y).$$

$$* \quad * \quad *$$

13. Man beweise

a) $\operatorname{arctg} x + \operatorname{arctg} \dfrac{1}{x} = \dfrac{\pi}{2} \operatorname{sgn} x \quad (x \neq 0)$,

b) $\operatorname{arctg} x + \operatorname{arctg} \dfrac{1 - x}{1 + x} = \begin{cases} \dfrac{\pi}{4} & (x > -1), \\[2mm] -\dfrac{3\pi}{4} & (x < -1), \end{cases}$

c) $\operatorname{arctg} \dfrac{1 + x}{1 - x} - \operatorname{arctg} x = \begin{cases} \dfrac{\pi}{4} & (x < 1), \\[2mm] -\dfrac{3\pi}{4} & (x > 1), \end{cases}$

d) $2 \operatorname{arctg} x = \arcsin \dfrac{2 x}{1 + x^2} \quad (|x| < 1)$,

e) $\operatorname{arctg} \sqrt{\dfrac{1 - x}{1 + x}} + \dfrac{1}{2} \arcsin x = \dfrac{\pi}{4} \quad (|x| < 1)$,

f) $\operatorname{arctg} \dfrac{\alpha \cos x}{1 - \alpha \sin x} - \operatorname{arctg} \dfrac{\alpha - \sin x}{\cos x} = x \quad \left(|x| < \dfrac{\pi}{2},\ \alpha^2 < 1 \right)$.

g) $\operatorname{arctg} \dfrac{b}{a} - \operatorname{arctg} \dfrac{d}{c} = \operatorname{arctg} \dfrac{b c - a d}{a c + b d} \quad (abcd > 0)$.

14. Es sei $x^2 < 1$. Man bestimme

$$\arcsin x + 3 \arccos x + \arcsin \left(2 x \sqrt{1 - x^2} \right).$$

15. Es sei $qr = 1 + p^2$, $p + q > \dfrac{2}{\pi}$, $p + r > \dfrac{2}{\pi}$. Dann gilt

$$\operatorname{arc\,tg} \frac{1}{p} = \operatorname{arc\,tg} \frac{1}{p+q} + \operatorname{arc\,tg} \frac{1}{p+r} \quad {}^1).$$

16. Es sind ganzzahlige x, y so zu finden, daß

$$\operatorname{arc\,tg} x + \operatorname{arc\,tg} \frac{1}{y} = \operatorname{arc\,tg} 3$$

gilt.

17. Man beweise

$$\left| \int_0^a \frac{\cos bx}{1 + x^2}\, dx \right| < \frac{\pi}{2}.$$

18. Man berechne $\Delta \operatorname{arc\,tg} \alpha\, x$, $x = \text{const.}$

19. Man bestimme die Summe

$$\sum_{\nu=1}^{n} \operatorname{arc\,tg} \frac{x}{1 + (\nu + 1)\, \nu\, x^2}.$$

20. Man berechne $\Delta \operatorname{arc\,ctg} \alpha\, x$, $\alpha = \text{const.}$

21. Man bestimme die Summe

$$\sum_{\nu=1}^{n} \operatorname{arc\,ctg} \left(\frac{2}{a} + \frac{\nu(\nu+1)}{2}\, a \right) \quad (a \neq 0).$$

22. Man bestimme $\Delta \operatorname{arc\,ctg} \left(\dfrac{\alpha}{x} + \beta \right)$ und berechne mit Hilfe des so erhaltenen Ausdrucks

$$\sum_{\nu=0}^{n} \operatorname{arc\,tg}(1 + \nu + \nu^2).$$

23. Man bestimme ein $f(x)$, so daß

$$\Delta f(x) = \operatorname{arc\,tg} \frac{c}{c^2 + (a + x)(a + x - 1)}$$

gilt.

24. Ist $y = f(x)$ eine in $\langle -a, a \rangle$ definierte, stetige, eigentlich monotone Funktion, deren Werte das Intervall $\langle -A, A \rangle$ durchlaufen, und ist $f(x)$ *ungerade*, so ist auch die im Intervall $\langle -A, A \rangle$ definierte *Umkehrfunktion* von $f(x)$ *ungerade*.

---

[1]) Diese Relation rührt von *C. L. Dodgson* her, dem englischen Mathematiker, der wohl unter allen Mathematikern englischer Zunge die weiteste Popularität erlangt hat, nämlich unter dem Pseudonym *Lewis Carroll* als Verfasser des bekanntesten englischen Märchenbuches: *Alice in the Wonderland.*

§ 19. Die Kettenregel und ihre Anwendungen

Die Kettenregel für die Funktion einer Variablen liefert die Ableitung einer zusammengesetzten Funktion. Ist $F(x) = f(g(x))$, so ist $F'(x) = f'(g(x))g'(x)$, wo natürlich die Ableitungen rechts existieren und die Existenz- und Wertbereiche richtig ineinander passen müssen. Allgemeiner, wenn auch an etwas speziellere Bedingungen gebunden, ist die *Kettenregel für Funktionen mehrerer Variablen:*

Ist $F(t) = f(u(t), v(t), \ldots, w(t))$, so gilt

$$F'(t) = f'_u u'(t) + f'_v v'(t) + \cdots + f'_w w'(t),$$

wo natürlich wieder die Existenz- u. Wertbereiche richtig ineinander passen und die vorkommenden Ableitungen existieren müssen; aber darüber hinaus ist hier noch die Stetigkeit d. vorkommenden partiellen Ableitungen von f an der betreffenden Stelle zu verlangen.

Die Ableitung einer Determinante D n-ter Ordnung:

Die Ableitung von D wird erhalten, indem man für jede Zeile in D die Elemente dieser Zeile durch ihre Ableitungen ersetzt und die anderen Zeilen unverändert läßt und sodann die Summe der n so erhaltenen Determinanten bildet.

Differentiation impliziter Funktionen. Genügt eine für ein x stetige und differenzierbare Funktion $y(x)$ einer Gleichung $F(x, y) = 0$, wo die partiellen Ableitungen von F an der betreffenden Stelle vorhanden und stetig sind, so gilt dort $y'(x) = -\dfrac{F'_x}{F'_y}$, sofern dort $F'_y \neq 0$ ist.

1. Man bilde die Ableitungen der folgenden Ausdrücke:

a) $\dfrac{1}{1 + x^2}$, b) $\left(a - \dfrac{1}{x}\right)^3$, c) $\dfrac{1}{(a x^2 + b x + c)^m}$,

d) $\left(\dfrac{1}{1 - x^p}\right)^m$, e) $\dfrac{a x^2 + 2 b x + c}{\alpha x^2 + 2 \beta x + \gamma}$.

2. Man bestimme[1])

a) $(f(x^3))'$, b) $(f^k(x^2))'$, c) $\left(\dfrac{af(x) + b}{cf(x) + d}\right)'$.

3. Man bilde die Ableitungen der folgenden Ausdrücke:

a) $\sqrt{x^2 + 1} - x$, b) $x + \sqrt{1 - x^2}$, c) $\sqrt[3]{x^2 + 1}$,

d) $\sqrt{\dfrac{\alpha + \beta x}{\alpha - \beta x}}$, e) $\sqrt{\dfrac{1 - x}{1 + x}}$, f) $\sqrt{\dfrac{\alpha + \beta x^2}{\alpha - \beta x^2}}$,

---

[1]) Im folgenden wird vorausgesetzt, daß die Ableitungen der Funktionen, die nur durch ein Funktionszeichen angegeben werden, in den in Betracht kommenden Punkten existieren. Ebenso wird beim Gebrauch der Funktionszeichen der Arcus-Funktionen und später $\lg x$ stillschweigend vorausgesetzt, daß das jeweilige Argument im Existenzbereich der Funktion liegt. Ferner wird beim Gebrauch des Quadratwurzelzeichens stillschweigend vorausgesetzt, daß der Radikand $\geqq 0$ ist.

g) $\dfrac{\sqrt{\alpha+\beta x}+\sqrt{\alpha-\beta x}}{\sqrt{\alpha+\beta x}-\sqrt{\alpha-\beta x}}$,   h) $\dfrac{\sqrt{x+1}-1}{\sqrt{x+1}+1}$,   i) $x\sqrt{a+bx}$,

k) $x^{1/3}(1-x)^{2/3}(1+x)^{1/2}$,   l) $\dfrac{x}{\sqrt{a+bx}}$,

m) $(-3a+2bx^2)\sqrt[3]{(a+bx)^2}$,

n) $70\,x^2\,\sqrt{(1-x)^3}+56\,x\,\sqrt{(1-x)^5}+16\,\sqrt{(1-x)^7}$.

4. Man bilde

$$\left(f\left(\sqrt{1+x^2}\right)\right)'.$$

5. Man bilde die Ableitungen der folgenden Ausdrücke:

a) $\sin^3 x-3\sin x$,   b) $2x-\sin 2x$,   c) $\sin^2\alpha x$,

d) $\dfrac{x}{\sin x}$,   e) $\dfrac{1}{\sin x}$,   f) $9\sin x+\sin 3x$,

g) $x\pm\sin x\cos x$,   h) $\operatorname{tg} x+\dfrac{1}{\cos x}$,   i) $x^4\sin^2 x+\operatorname{tg} x$,

k) $\operatorname{tg}(1+x^2)$,   l) $\operatorname{tg}(x^2+x+1)$,   m) $\sin\alpha x\cos\beta x$,

n) $\sin^7 x$,   o) $\sin(\cos x^2)$,   p) $3\operatorname{tg} x-\operatorname{tg}^3 x$,

q) $\sin^m(ax+b)$,   r) $\operatorname{tg}^3(ax+b)$,   s) $x^5(\sin x+\operatorname{tg} x)$,

t) $(x^2-1)\left(\operatorname{ctg} x+\dfrac{\operatorname{tg} x}{x^2+1}\right)$,   u) $\dfrac{\sin x}{a+b\cos x}$,   v) $\dfrac{x}{1+\cos x}-\operatorname{tg}\dfrac{x}{2}$,

w) $\sin\cos^2\sin^3\cos^2\sin x$.

6. Man bilde die Ableitungen der folgenden Ausdrücke:

a) $\sqrt{\sin^3 x+\cos^3 x}$,   b) $\sqrt{a\cos^2 x+b\sin^2 x}$,

c) $\sqrt[5]{1\pm\sin^2 x}$,   d) $\sqrt{\sin^4 x^2+\cos^4 x^2}$,

e) $\sqrt[3]{x^{2/5}+\sin^3\dfrac{1}{x}-\operatorname{tg} x^7}$,   f) $\sqrt[4]{a\sin^2 x+b\cos^2 x}$.

7. Man berechne

$$\frac{d\sin\alpha^0}{d\alpha}.$$

8. Man bilde die Ableitungen der folgenden Ausdrücke:

a) $\sin(2\operatorname{arctg} x)$,   b) $x-a\operatorname{arctg}\dfrac{x}{a}$,   c) $\arcsin x^2$,

d) $-\dfrac{1}{a}\arcsin\dfrac{a}{x}$,   e) $\arcsin\dfrac{\alpha x+\beta}{\alpha+\beta x}$,   f) $\arcsin(3x-4x^3)$,

g) $\pm\dfrac{x}{2}\sqrt{a^2-x^2}+\dfrac{a^2}{2}\arcsin\dfrac{x}{a}$,   h) $\arcsin\dfrac{1-x^2}{1+x^2}$,

i) $\operatorname{arctg}\dfrac{\alpha+x}{1-\alpha x}$,   k) $\operatorname{arctg}\left(a\sqrt{x^2+1}\right)$,   l) $2\operatorname{arctg}\sqrt{\dfrac{x-\beta}{\alpha-x}}$,

m) $\operatorname{arctg}\left(x-\sqrt{1+x^2}\right)$,   n) $\cos(2\operatorname{arctg} x)$,   o) $\dfrac{1}{ab}\operatorname{arctg}\left(\dfrac{a}{b}\operatorname{tg} x\right)$,

p) $\arccos \dfrac{b + a\cos x}{a + b\cos x}\,(a^2 > b^2)$, q) $\arccos \sqrt{\dfrac{\cos 3x}{\cos^3 x}}$,

r) $\operatorname{arctg} \dfrac{2a + bx}{x\sqrt{4ac - b^2}}$, s) $\dfrac{3\operatorname{tg} x - \operatorname{tg}^3 x}{1 - 3\operatorname{tg}^2 x}$,

t) $\sqrt{\dfrac{1}{ab}}\,\operatorname{arctg}\left(x\sqrt{\dfrac{a}{b}}\right)$, u) $a^3\operatorname{arctg}\dfrac{x}{a} - a^2 x + \dfrac{x^3}{3}$,

v) $\dfrac{1}{\sqrt{a^2 - b^2}}\arcsin\left(\dfrac{bx - a^2}{ax - ab}\right)$, w) $\dfrac{-1}{\sqrt{x^2 - 1}} - \arccos\dfrac{1}{x}\,(x > 1)$,

x) $\dfrac{2}{\sqrt{a^2 - b^2}}\operatorname{arctg}\left(\sqrt{\dfrac{a - b}{a + b}}\,\operatorname{tg}\dfrac{x}{2}\right)(a > b > 0)$,

y) $\dfrac{2}{\sqrt{a^2 - b^2}}\operatorname{arctg}\left(\sqrt{\dfrac{a - b}{a + b}}\,\operatorname{ctg}\dfrac{x}{2}\right)(a > b > 0)$.

9. Gegeben sei die Funktion

$$f(x, y) = \frac{1}{\sqrt{(x - \alpha)^2 + (y - \beta)^2}}\,.$$

Man berechne die partiellen Ableitungen f'_x und f'_y.

10. Es sei $f(x) = x\sin\dfrac{x}{y} + 2y\cos\dfrac{y}{x}$. Man bestimme

$$x f'_x + y f'_y.$$

11. Es sei $f = x^3 + y^3 + z^3 - 3xyz$. Man bestimme

$$x f'_x + y f'_y + z f'_z.$$

12. Es sei $z = \operatorname{tg} x^2 y^3$. Man bestimme

$$3x z'_x - 2y z'_y.$$

13. Man stelle die Gleichungen der Tangenten an die Kurve

$$y^3 - 3y + x = 0$$

in den Schnittpunkten der Kurve mit der y-Achse auf.

14. Zu den durch die folgenden Gleichungen definierten Funktionen $y = f(x)$ bilde man die Ableitungen, unter der Voraussetzung ihrer Existenz:

a) $y^3 + x^3 + 3xy = 0$, b) $y^4 - 4y^3 + xy^2 - 4y + 1 = 0$,

c) $x^4 - 3(x^2 + y^2)xy + y^3 = 0$, d) $y^n = \dfrac{x + y}{x - y}$,

e) $\sqrt{x^2 + y^2} + \sqrt{x^2 - y^2} = C$, f) $x\sqrt{1 + y} + y\sqrt{1 + x} = 0$,

g) $(1 - y)\cos x - \sin x = 0$, h) $\sin y - xy = 0$,

i) $\operatorname{tg} y - xy = 0$.

15. Aus $x^2 = \dfrac{1 - y^2}{1 + y^2}$ folgt:

$$\left(\frac{dx}{dy}\right)^2 = \frac{1 - x^4}{1 - y^4}\,.$$

16. Man berechne $\quad \dfrac{\partial}{\partial t}\left[f\left(x - \dfrac{t}{\gamma}\right) + f\left(-x - \dfrac{t}{\gamma}\right)\right].$

17. Die Tangenten an die Kurven $y = af(x)$, die für verschiedene Werte von a einer festen Abszisse $x = x_0$ entsprechen, gehen alle durch einen und denselben Punkt.

18. Man bestimme den Fußpunkt des Lotes vom Punkte $(a,\, b)$ auf die Tangenten

     a) der Parabel $y^2 = 4cx$,

     b) des Kreises $x^2 + y^2 = 1$.

19. Unter welchem Winkel schneiden sich die Hyperbeln $xy = c_1$ und $x^2 - y^2 = c_2$?

$$* \quad * \quad *$$

20. Man berechne die Summen:

     a) $\sin x + 2 \sin 2x + \cdots + n \sin nx$,

     b) $\sin x + 3 \sin 3x + \cdots + (2n - 1)\sin(2n - 1)x$.

21. Aus $f(x, y, z) = 0$ folgt

$$\left(\frac{\partial x}{\partial y}\right)_{z \,=\, \text{const}} \cdot \left(\frac{\partial y}{\partial z}\right)_{x \,=\, \text{const}} \cdot \left(\frac{\partial z}{\partial x}\right)_{y \,=\, \text{const}} = -1.$$

22. Gegeben sei ein Dreieck mit den Seiten a, b, c und den gegenüberliegenden Winkeln α, β, γ. Man denke sich den Flächeninhalt F des Dreiecks als Funktion von a, b, c ausgedrückt und beweise, daß

$$\frac{\partial F}{\partial a} = R \cos \alpha$$

ist, wo R der Radius des Umkreises bedeutet.

23. Die Seiten eines Dreiecks variieren so, daß der Flächeninhalt F des Dreiecks konstant bleibt, $F = 1$. Betrachtet man (vgl. die Bezeichnungen der Aufgabe 22) a als Funktion von b und c, so gilt

$$\frac{\partial a}{\partial b} = -\frac{\cos \beta}{\cos \alpha}, \qquad \frac{\partial a}{\partial c} = -\frac{\cos \gamma}{\cos \alpha}.$$

24. Sind f und g stetige Funktionen in $\langle \alpha, \beta \rangle$ und differenzierbar in (α, β), so gilt für ein $\xi,\ \alpha < \xi < \beta$:

$$\begin{vmatrix} f(\alpha) & f(\beta) \\ g(\alpha) & g(\beta) \end{vmatrix} = (\beta - \alpha)\begin{vmatrix} f(\alpha) & f'(\xi) \\ g(\alpha) & g'(\xi) \end{vmatrix}.$$

25. Sind f, g, h stetige Funktionen in $\langle \alpha, \beta \rangle$ und differenzierbar in (α, β), so gilt für ein ξ zwischen α und β:

$$\begin{vmatrix} f(\alpha) & g(\alpha) & h(\alpha) \\ f(\beta) & g(\beta) & h(\beta) \\ f'(\xi) & g'(\xi) & h'(\xi) \end{vmatrix} = 0.$$

26. Sind $F(x)$, $G(x)$ zwei Polynome in x, derart, daß

$$\sqrt{1 - F^2} = G\sqrt{1 - x^2}$$

gilt, so ist

$$F' = nG \quad \text{oder} \quad = -nG$$

wo n den Grad von F bezeichnet.

27. Man beweise

$$\text{a)} \quad \int \sin^{n-1} x \cos (n + 1)\, x \, dx = \frac{\sin^n x \cos n x}{n}\,,$$

$$\text{b)} \quad \int \sin^{n-1} x \sin (n + 1)\, x \, dx = \frac{\sin^n x \sin n x}{n}\,,$$

$$\text{c)} \quad \int \cos^{n-1} x \cos (n + 1)\, x \, dx = \frac{\cos^n x \sin n x}{n}\,,$$

$$\text{d)} \quad \int \cos^{n-1} x \sin (n + 1)\, x \, dx = -\frac{\cos^n x \cos n x}{n}\,. \qquad \text{(Euler.)}$$

28. An die Parabel $y = 1 + x^2$ wird ein die Abszissenachse berührender Kreis vom Radius 1 herangeschoben. Wo berührt er die Parabel?

29. Wo ist die Tangente an die Kurve $y = x^n$ parallel zur Winkelhalbierenden des Hauptquadranten?

30. Man lege die Parabel $y = x^2 + bx + c$ so, daß sie durch den Punkt $\left(\frac{\pi}{2}, 1\right)$ geht und dort die Sinuslinie $y = \sin x$ berührt.

31. Die Gleichungen der Kreise vom Radius a, die das *Descartes*sche Blatt $x^3 + y^3 = 3axy$ im Punkte $x = y = \frac{3}{2}\, a$ berühren, ist aufzustellen.

32. Eine Funktion $y(x)$ genüge der Differentialgleichung[1])

$$y'' + k^2 y = 0 \qquad (k = \text{const.}).$$

Aus $y(0) = y'(0) = 0$ folgt $y(x) \equiv 0$. (Hier ist y'' eine Abkürzung von $(y')'$.)

33. Es seien die Funktionen $s(x)$ und $c(x)$ in einem in bezug auf den 0-Punkt symmetrischen offenen Intervall J stetig und differenzierbar, und es seien dort die Relationen

$$s'(x) = c(x), \quad c'(x) = -s(x), \quad s(0) = 0, \quad c(0) = 1$$

erfüllt. Man beweise, daß in J durchweg

$$s^2(x) + c^2(x) \equiv 1 \qquad (x \prec J)$$

gilt.

34. Es seien $s(x)$, $c(x)$; $s_1(x)$, $c_1(x)$ zwei Funktionenpaare, die den Bedingungen der Aufgabe **33** genügen. Man beweise, daß $s_1(x) = s(x)$, $c_1(x) = c(x)$ in J ist.

---

[1]) Unter einer Differentialgleichung versteht man eine Relation zwischen Funktionen, ihren Ableitungen und den Argumenten.

35. Man beweise, daß unter den Bedingungen der Aufgabe 33 $s(x)$ ungerade und $c(x)$ gerade ist.

36. Man beweise, daß unter den Bedingungen der Aufgabe 33 die Additionstheoreme gelten:

$$s(x + y) = s(x)\,c(y) + s(y)\,c(x), \quad c(x + y) = c(x)\,c(y) - s(x)\,s(y).$$

37. Die Ableitung einer geraden (ungeraden) Funktion ist ungerade (gerade), wenn sie in einer Umgebung des Nullpunktes existiert.

38. Ist $f(x)$ für alle x stetig und differenzierbar und antiperiodisch mit der Antiperiode p, so ist auch $f'(x)$ antiperiodisch mit der Antiperiode p.

39. Sind $f_1(x)$, $f_2(x)$ und $t(x)$ in (α, β) differenzierbar und setzt man allgemein

$$W(f_1, f_2) = \begin{vmatrix} f_1 & f_1' \\ f_2 & f_2' \end{vmatrix},$$

so gilt $W(tf_1, tf_2) = W(f_1, f_2)\,t^2$.

40. Sei $f(x)$ für alle x stetig. Dann und nur dann hängt $\int\limits_{u}^{u+p} f(x)\,dx$ von u nicht ab, wenn $f(x)$ die Periode p hat.

§ 20. Partielle Integration und Variablensubstitution

Partielle Integration für unbestimmte Integrale:

$$\int u v'\,dx = uv - \int v u'\,dx + c\,;$$

Partielle Integration für bestimmte Integrale:

$$\int\limits_{a}^{b} u v'\,dx = uv\big|_a^b - \int\limits_{a}^{b} v u'\,dx\,.$$

Variablensubstitution für unbestimmte Integrale:

$$\int\limits_{}^{\varphi(y)} f(x)\,dx = \int\limits_{}^{y} f(\varphi(y))\,\varphi'(y)\,dy + c\,.$$

Praktisch wird dies so gehandhabt, daß man für $x = \varphi(y)$, wo y die neue Int.-Variable ist, die alte Integrationsdifferential dx durch $\varphi'(y)\,dy$ ersetzt, und sodann als die neue obere Grenze die neue Variable y benutzt.

Variablensubstitution für bestimmte Integrale:

$$\int\limits_{\alpha}^{\beta} f(\varphi(x))\,\varphi'(x)\,dx = \int\limits_{\varphi(\alpha)}^{\varphi(\beta)} f(y)\,dy\,,$$

wobei zu verlangen ist, daß φ und φ' in $\langle \alpha, \beta \rangle$ stetig sind und die Werte von φ im Stetigkeitsintervall von f liegen. Dagegen ist es nicht wesentlich, daß $\varphi(x)$ in $\langle \varphi(\alpha), \varphi(\beta) \rangle$ liegt, wenn x das Intervall $\langle \alpha, \beta \rangle$ durchläuft.

1. Man berechne

a) $\int x^3 \sin x \, dx$, 　　　　　　　　b) $\int x^3 \cos x \, dx$.

2. $\int x(x+a)^m \, dx$. (Integration durch partielle Integration oder, indem man $y = x + a$ setzt.)

3. $\displaystyle\int_{-2}^{3} x(x^2 - 1) \, dx$.

4. $\displaystyle\int \frac{2x+3}{(6x+7)^3} \, dx$.

5. a) $\displaystyle\int x^4 (1+x^5)^5 \, dx$, 　　　b) $\displaystyle\int (1-x)^3 \, dx$,

c) $\displaystyle\int_{0}^{1} x^4 (1-x)^{20} \, dx$, 　　　d) $\displaystyle\int \frac{x^3}{(1+x^4)^2} \, dx$, 　　　e) $\displaystyle\int \frac{x \, dx}{1+x^4}$.

6. a) $\displaystyle\int \frac{dx}{2x^2+9}$, 　　　　　　　b) $\displaystyle\int \frac{dx}{a^2+x^2}$,

c) $\displaystyle\int_{0}^{1} \frac{dx}{1+2x\cos a + x^2}$　$(0 < |a| < \pi)$.

7. a) $\displaystyle\int \frac{dx}{\sqrt{x}+\sqrt{x+1}}$, 　　　　　b) $\displaystyle\int \frac{x \, dx}{\sqrt{a-x}}$,

c) $\displaystyle\int \frac{x^3+1}{\sqrt{5x+7}} \, dx$, 　　　　　d) $\displaystyle\int \frac{x \, dx}{\sqrt[3]{1-x}}$,

e) $\displaystyle\int \frac{(1+x)\,dx}{\sqrt{x^2+2x+2}}$, 　　　　f) $\displaystyle\int \frac{x^3 \, dx}{\sqrt{1-x^2}}$,

g) $\displaystyle\int x\sqrt{1-x^2} \, dx$, 　　　　　h) $\displaystyle\int \frac{x^3 \, dx}{\sqrt{1+x^4}}$,

i) $\displaystyle\int \frac{dx}{\sqrt{1-a^2 x^2}}$, 　　　　　k) $\displaystyle\int \frac{x^2 \, dx}{\sqrt{1-x^6}}$,

l) $\displaystyle\int \sqrt{a^2-x^2} \, dx$.

8. a) $\displaystyle\int \sin 5x \, dx$, 　　　　　　　b) $\displaystyle\int \cos^5 x \sin x \, dx$,

c) $\displaystyle\int \cos(2x+1)\pi \, dx$.

9. Man bestimme für ganze a und b:

a) $\displaystyle\int_{0}^{2\pi} \sin ax \sin bx \, dx$, 　　　　　b) $\displaystyle\int_{0}^{2\pi} \cos ax \cos bx \, dx$,

c) $\displaystyle\int_{0}^{2\pi} \sin ax \cos bx \, dx$.

10. a) $\displaystyle\int_0^{\pi/2} \cos 2x \sin 3x\, dx$,   b) $\displaystyle\int_0^{\pi/2} \sin 2x \sin 3x\, dx$,

c) $\displaystyle\int \sin(x-1)\cos 3x\, dx$,   d) $\displaystyle\int \sin^2 2x\, dx$.

11. Es sei die Funktion $y = f(x)$ gegeben durch

$$y = x + 1 \qquad (0 \le x \le 1),$$
$$y = 2 + \sin(x-1) \qquad (1 \le x \le 2),$$
$$y = (3 - x)(2 + \sin 1) \qquad (2 \le x \le 3).$$

Man berechne den Flächeninhalt des Flächenstücks, das begrenzt wird: 1. durch die Gerade $y = 0$; 2. durch die Gerade $x = 0$; 3. durch die Kurve $y = f(x)$.

12. a) $\displaystyle\int x \sin x^2\, dx$,   b) $\displaystyle\frac{\sin x}{\sqrt{\cos x}}\, dx$,

c) $\displaystyle\int \frac{\cos^3 x}{\sin^4 x}\, dx$,   d) $\displaystyle\int \sin^3 x\, dx$,

e) $\displaystyle\int \cos^5 x\, dx$,   f) $\displaystyle\int x \sin x^2 \cos^2 x^2\, dx$,

g) $\displaystyle\int \frac{\sin x \cos^4 x}{(1 + \cos^5 x)^5}\, dx$,   h) $\displaystyle\int \sqrt{1 + 3\cos^2 x}\,\sin 2x\, dx$,

i) $\displaystyle\int \sin^3 x \cos^3 x\, dx$,   k) $\displaystyle\int \frac{\operatorname{tg} x\, dx}{\cos^2 x}$.

13. a) $\displaystyle\int \sin \sqrt[4]{x-1}\, dx$,   b) $\displaystyle\int x \sin m x\, dx$,

c) $\displaystyle\int x^2 \sin 2x\, dx$,   d) $\displaystyle\int (x^2 \pm 1)\cos 2x\, dx$,

e) $\displaystyle\int (x^3 + 3x + 5)\cos 2x\, dx$,   f) $\displaystyle\int \frac{\sin \dfrac{1}{x}}{x^2}\, dx$.

14. a) $\displaystyle\int x^2 \arcsin x\, dx$,   b) $\displaystyle\int x \sqrt{1 - x^2}\, \arcsin x\, dx$,

c) $\displaystyle\int x \operatorname{arctg} x\, dx$.

15. $\displaystyle\int \frac{dx}{\sin^2 x \cos^2 x}$.

16. Im Integral $\displaystyle\int x^{-2} dx$ führe man y als neue Integrationsveränderliche ein, wobei $x = \dfrac{y}{cy + b}$ ist.

$$* \quad * \quad *$$

17. a) $\displaystyle\int \sqrt{\frac{x}{1 - x^3}}\, dx$.   b) $\displaystyle\int \frac{x\, dx}{\sqrt{(1 - x^2)(1 - k^2 x^2)}}$.

18. a) $\displaystyle\int \frac{x}{\sqrt{1-x^2}}\,\arcsin x\,dx$, b) $\displaystyle\int (\arcsin x)^2\,dx$.

19. Man beweise
$$\int\limits_{x}^{1} \frac{dx}{1+x^2} = \int\limits_{1}^{1/x} \frac{dx}{1+x^2} \quad (x>0).$$

20. Man führe das Integral
$$\int\limits_{a}^{b} f(x)\,dx$$

durch Substitution einer neuen Variablen in ein Integral mit den Grenzen α und β $(\alpha \neq \beta)$ über.

21. Man beweise
$$\int\limits_{\alpha}^{\beta} F(x)\,dx = \int\limits_{\alpha}^{\beta} F(\alpha + \beta - x)\,dx.$$

22. Es gilt $\displaystyle\int\limits_{0}^{1} x^m (1-x)^n\,dx = \int\limits_{0}^{1} x^n (1-x)^m\,dx$.

23. Kann man im Integral
$$\int\limits_{-1}^{1} \frac{dx}{1+x^2}$$

$y = \dfrac{1}{x}$ als neue Variable einführen?

24. a) $\displaystyle\int \frac{dx}{\sin^2 x \cos^4 x}$, b) $\displaystyle\int \frac{dx}{a + b\cos^2 x}$ $(ab>0)$,

c) $\displaystyle\int \frac{d\varphi}{a^2 \cos^2 \varphi + b^2 \sin^2 \varphi}$, d) $\displaystyle\int \frac{\sin x}{\cos^2 x}\,dx$, e) $\displaystyle\int \frac{\sin^n x}{\cos^{n+2} x}\,dx$.

25. $\displaystyle\int \frac{x^n}{\sqrt{a+x^2}}\,dx$ (n ungerade).

26. Man übe auf das Integral
$$\int \frac{dx}{(1+x^2)^n}$$

die Variablentransformation $x = \dfrac{1+y}{1-y}$ aus.

27. $\displaystyle\int \frac{dx}{\sin^{2m} x \cos^{2n} x}$

ist auf das Integral einer rationalen Funktion zurückzuführen.

28. a) $\displaystyle\int x\sqrt{1-x^2}\,dx$, b) $\displaystyle\int x^3 \sqrt{1-x^2}\,dx$.

29. Für die folgenden Integrale ermittle man Rekursionsformeln:

$$\text{a)} \int \operatorname{tg}^n x \, dx, \qquad\qquad \text{b)} \int x^n \cos \alpha x \, dx, \qquad\qquad \text{c)} \int x^n \sin \alpha x \, dx,$$

$$\text{d)} \int_0^1 (1 - x^2)^n \, dx, \qquad \text{e)} \int \cos^n x \, dx.$$

30. Setzt man

$$J_{p,q} = \int x^p (1 + x)^q \, dx,$$

wo p und q rational sind, so gilt

$$(p + 1) J_{p,q} + q J_{p+1, q-1} = x^{p+1} (1 + x)^q + c.$$

31. Man ermittle eine Rekursionsformel für

$$\int \frac{x^m \, dx}{(1 + x^2)^r} \qquad (m, r \neq 1 \text{ rational}).$$

32. Für

$$u_n = \int_0^{\pi/4} \operatorname{tg}^n x \, dx \qquad (n > 1)$$

gilt

$$u_n + u_{n-2} = \frac{1}{n - 1}$$

und daher

$$\frac{1}{2n + 2} < u_n < \frac{1}{2n - 2}.$$

33. Man beweise für

$$J_n = \int_0^{\pi/2} \sin^n \varphi \, d\varphi$$

die Rekursionsformel

$$J_{n+2} = \frac{n + 1}{n + 2} J_n,$$

sowie die Relationen

$$J_{2n} = \frac{(2n - 1)(2n - 3)\ldots 3}{2n(2n - 2)\ldots 2} \cdot \frac{\pi}{2}, \qquad (*)$$

$$J_{2n+1} = \frac{2n(2n - 2)\ldots 2}{(2n + 1)(2n - 1)\ldots 3}. \qquad (**)$$

34. Es gilt (vgl. A 33) für jedes natürliche n die Relation

$$(n + 1) J_n J_{n+1} = \frac{\pi}{2}.$$

35. Man beweise

$$\frac{2n(2n - 2)\ldots 2}{(2n - 1)(2n - 3)\ldots 3} \cdot \frac{2n(2n - 2)\ldots 2}{(2n + 1)(2n - 1)\ldots 3} < \frac{\pi}{2} <$$

$$< \frac{2n(2n - 2)\ldots 2}{(2n - 1)(2n - 3)\ldots 3} \cdot \frac{(2n - 2)(2n - 4)\ldots 2}{(2n - 1)(2n - 3)\ldots 3}.$$

36. Es gilt

a) $\displaystyle\prod_{\nu=1}^{n}\left(1-\frac{1}{(2\nu)^2}\right)\to\frac{2}{\pi}\quad(n\to\infty),$

b) $\displaystyle\prod_{\nu=2}^{n}\left(1-\frac{1}{(2\nu-1)^2}\right)\to\frac{\pi}{4}\quad(n\to\infty).$

37. Man beweise

$$0{,}5<\int_0^{1/2}\frac{dx}{\sqrt{1-x^{2n}}}<0{,}524\quad(n>1).$$

38. Man beweise

$$\frac{1}{2}<\int_0^1\frac{dx}{\sqrt{4-x^2+x^3}}<\frac{\pi}{6}.$$

39. Man beweise

$$\int_0^1\frac{dx}{\sqrt{4-3x+x^3}}<\frac{2}{3}.$$

40. Man beweise

$$0<\int_0^1\frac{x^{19}}{\sqrt[7]{1+x^9}}\,dx<\frac{1}{20}.$$

41. Es mögen α und φ zwischen 0 und $\dfrac{\pi}{2}$ liegen. Dann gilt

$$\varphi<\int_0^\varphi\frac{dx}{\sqrt{1-\sin^2\alpha\sin^2 x}}<\frac{\varphi}{\sqrt{1-\sin^2\alpha\sin^2\varphi}}.$$

42. Man beweise

a) $\displaystyle\int_1^a\frac{1+x^{30}}{1+x^{60}}\,dx=\frac{3\vartheta}{58},\quad 0<\vartheta<1\quad(a>1),$

b) $\displaystyle\int_0^1\frac{1+x^{30}}{1+x^{60}}\,dx=1+\frac{\vartheta}{31},\quad 0<\vartheta<1.$

43. Man bestimme den Grenzwert

$$\operatorname{Lim}_{n\to\infty}\sum_{\nu=1}^{n}\frac{n}{n^2+\nu^2}$$

durch Zurückführung der Summe auf die Zwischensumme eines bestimmten Integrals.

44. Analog bestimme man

$$\operatorname{Lim}_{n\to\infty}\sum_{\nu=1}^{n}\frac{2}{\sqrt{4n^2-\nu^2}}.$$

45. Man bestimme das Integral

$$\int \left[\frac{\cos x}{f(x)} - \frac{f'(x)\sin x}{f(x)^2} \right] dx \, .$$

46. Man führe im Integral

$$\int_0^\pi (a + b \cos x)^{-n} \, dx$$

y als neue Integrationsvariable ein, wobei

$$(a + b \cos x)\,(a - b \cos y) = a^2 - b^2 \qquad (a > |b|)$$

sein soll.

47. Es sei $f(x)$ stetig in $\langle 0,1 \rangle$. Dann gilt

$$\int_0^\pi f(\sin x)\,dx = 2 \int_0^{\pi/2} f(\sin x)\,dx \, .$$

48. Es sei $f(x)$ stetig in $\langle -a, a \rangle$. Dann gilt

$$\int_{-a}^a f(x)\,dx = \int_0^a \left(f(x) + f(-x) \right) dx \, .$$

49. Man beweise

$$\int_0^{\pi/2} \cos^m x \sin^m x \, dx = 2^{-m} \int_0^{\pi/2} \cos^m x \, dx \, .$$

50. Es sei $\varphi(x)$ stetig in $\langle 0, \pi \rangle$. Man beweise

$$\int_0^\pi x \varphi(\sin x)\,dx = \frac{\pi}{2} \int_0^\pi \varphi(\sin x)\,dx \, .$$

51. Die Gleichung

$$\sum_{\nu=1}^n a_\nu \cos \nu x = 0$$

hat stets eine Wurzel.

52. Berechne das Integral

$$\int_0^\pi \frac{x \sin x}{1 + \cos^2 x} \, dx \, .$$

53. Es gilt

$$\int_0^{\pi/2} \frac{\sin m x}{\sin x} \, dx = \frac{\pi}{2} - 2 \cos \frac{m\pi}{2} \int_0^1 \frac{x^m}{1 + x^2} \, dx \, .$$

54. Es sei

$$f_1(x) = \int\limits_0^x f(t)\, dt, \ldots, f_{\nu+1}(x) = \int\limits_0^x f_\nu(t)\, dt, \ldots .$$

Dann gilt

$$f_n(x) = \frac{1}{(n-1)!} \int\limits_0^x (x-t)^{n-1} f(t)\, dt. \quad (*)$$

55. Man beweise für eine beliebige in $\langle 0,1 \rangle$ stetige Funktion $f(x)$:

$$\text{a)} \ \int\limits_0^{\pi/2} f(\sin x)\, dx = \int\limits_0^{\pi/2} f(\cos x)\, dx, \qquad \text{b)} \ \int\limits_0^{\pi} f(\sin x)\cos x\, dx = 0.$$

56. Man bilde für die Ausdrücke

$$A_n = \frac{x^{2n+1}}{2^n n!} \int\limits_0^1 (1 - t^2)^n \cos x t\, dt$$

die Rekursionsformel (Hermite).

57. a) Sei $f(t)$ für $0 \leq t \leq a$ stetig und monoton fallend. Sei $\psi(t)$ in $\langle 0, a \rangle$ stetig und mit einer stetigen Ableitung versehen. Ferner sei $\psi(t)$ in $\langle 0, a \rangle$ monoton wachsend und beständig $\leq t$, sowie $\psi(0) = 0$. Dann gilt

$$\int\limits_0^a f(t)\, \psi'(t)\, dt \leq \int\limits_0^{\psi(a)} f(t)\, dt.$$

b) Sei $f(t)$ für $0 \leq t \leq a$ stetig und monoton fallend; $\varphi(t)$ sei in $\langle 0, a \rangle$ stetig und $0 \leq \varphi(t) \leq 1$. Für $\int\limits_0^a \varphi(t)\, dt = \lambda$ gilt:

$$\int\limits_0^a f(t)\, \varphi(t)\, dt \leq \int\limits_0^{\lambda} f(t)\, dt. \quad \text{(Steffensen)}$$

58. Unter den Voraussetzungen von A 57 b) gilt

$$\int\limits_0^a f(t)\, \varphi(t)\, dt \geq \int\limits_{a-\lambda}^a f(t)\, dt. \quad \text{(Steffensen)}$$

59. Ist $f(x)$ in $\langle 0,1 \rangle$ stetig, so gilt

$$\text{a)} \ \int\limits_0^{\pi/2} f(\sin 2t)\cos t\, dt = \int\limits_0^{\pi/2} f(\cos^2 t)\cos t\, dt = \int\limits_0^1 f(1 - x^2)\, dx,$$

$$\text{b)} \ \int\limits_0^{2\pi} f(\cos(t + t_0))\, dt = 2 \int\limits_0^{\pi} f(\cos t)\, dt = 2 \int\limits_{-\pi/2}^{\pi/2} f(\sin t)\, dt,$$

$$c)\ \int\limits_{0}^{2\pi} f(a\cos t + b\sin t)\, dt = 2\int\limits_{-\pi/2}^{\pi/2} f\big(\sqrt{a^2 + b^2}\,\sin t\big)\, dt\,.$$

60. Für beliebige Wahl von a, b, α, β gilt, wenn $f(t)$ in den in Betracht kommenden Intervallen stetig ist,

$$\int\limits_{\alpha}^{\beta} (f(x+b) - f(x+a))\, dx = \int\limits_{a}^{b} (f(x+\beta) - f(x+\alpha))\, dx\,.$$

61. Haben a, b, α, β gleiches Vorzeichen und ist $f(t)$ in den in Betracht kommenden Intervallen stetig, so gilt

$$\int\limits_{\alpha}^{\beta} (f(bx) - f(ax))\, \frac{dx}{x} = \int\limits_{a}^{b} (f(\beta x) - f(\alpha x))\, \frac{dx}{x}\,.$$

62. Es gilt für beliebige p, q

$$\int\limits_{0}^{1} [p f(q + pt) - q f(p + qt) + q f(qt) - p f(pt)]\, dt = 0\,,$$

wenn $f(t)$ in den in Betracht kommenden Intervallen stetig ist.

63. Hat $f(x)$ die Antiperiode p, so hat auch $\int\limits_{0}^{x} f(t)\, dt - \dfrac{1}{2}\int\limits_{0}^{p} f(t)\, dt$ die Antiperiode p und ist die einzige Stammfunktion von $f(t)$ mit dieser Eigenschaft.

§ 21. Der Logarithmus und die Exponentialfunktion. Allgemeine Ungleichungen

Man definiert den *natürlichen Logarithmus* $\lg x$ für $x > 0$ am einfachsten durch die Formel $\lg x = \int\limits_{1}^{x} \dfrac{dt}{t}$, woraus sofort die Relationen $\lg(xy) = \lg x + \lg y$, $\lg(x^r) = r \lg x$ (r rational), $(\lg x)' = \dfrac{1}{x}$, $\lg 1 = 0$, $\lg\left(\dfrac{1}{x}\right) = -\lg x$, $\lg x \to \infty$ $(x \to \infty)$, $\lg x \to -\infty$ $(x \downarrow 0)$ folgen. Die Umkehrung der Funktion $y = \lg x$ ist dann die Exponentialfunktion $e(x)$, die, wenn x von $-\infty$ nach ∞ geht, monoton von 0 nach ∞ wächst und den Gleichungen genügt:

$$e(x + y) = e(x)e(y)\,, \quad e(rx) = e(x)^r \quad (r\ \text{rational})\,, \quad (e(x))' = e(x)\,,$$

$$e(0) = 1\,, \quad e(-x) = \frac{1}{e(x)}\,.$$

Mit Hilfe dieser Funktion wird die *allgemeine Potenz* x^ϱ für $x > 0$ durch $x^\varrho = e(\varrho \lg x)$ definiert, woraus dann $e(x) = e^x$ folgt, sowie $(x^\varrho)' = \varrho x^{\varrho - 1}$. Man setzt ferner $\sqrt[\varrho]{x} \equiv x^{1/\varrho}$.

Aus den Ableitungsformeln folgen die Grenzwertformeln:

$$\left(1 + \frac{y}{u}\right)^u \to e^y\,(u \to \infty); \quad u\left(\sqrt[u]{x} - 1\right) \to \lg x \quad (u \to \infty).$$

Allgemeine Ungleichung zwischen dem arithmetischen und geometrischen Mittel:

$$\sum_{\nu=1}^{n} a_\nu q_\nu \geqq a_1^{q_1} \ldots a_n^{q_n} \left(a_\nu \geqq 0, q_\nu \geqq 0, \quad \sum_{\nu=1}^{n} q_\nu = 1\right).$$

Jensensche Ungleichung:

$$\sum_{\nu=1}^{n} a_\nu^\alpha b_\nu^\beta \ldots k_\nu^\varkappa \leq \left(\sum_{\nu=1}^{n} a_\nu\right)^\alpha \left(\sum_{\nu=1}^{n} b_\nu\right)^\beta \ldots \left(\sum_{\nu=1}^{n} k_\nu\right)^\varkappa$$
$$(a_\nu, \ldots, k_\nu, \alpha, \ldots, \varkappa \geqq 0, \; \alpha + \cdots + \varkappa = 1).$$

Durch Spezialisierungen folgen

Höldersche Ungleichung:

$$\sum_{\nu=1}^{n} x_\nu y_\nu \leq \left(\sum_{\nu=1}^{n} x_\nu^\varrho\right)^{1/\varrho} \left(\sum_{\nu=1}^{n} y_\nu^\sigma\right)^{1/\sigma} \left(x_\nu, y_\nu, \varrho, \sigma > 0, \; \frac{1}{\varrho} + \frac{1}{\sigma} = 1\right);$$

Minkowskische Dreiecksungleichung:

$$\left(\sum_{\nu=1}^{n} (x_\nu + y_\nu)^\varrho\right)^{1/\varrho} \leqq \left(\sum_{\nu=1}^{n} x_\nu^\varrho\right)^{1/\varrho} + \left(\sum_{\nu=1}^{n} x_\nu^\varrho\right)^{1/\varrho} \; (x_\nu, y_\nu > 0, \varrho > 1);$$

Cauchysche (auch bezeichnet als Schwarzsche) Ungleichung:

$$\left|\sum_{\nu=1}^{n} x_\nu y_\nu\right| \leqq \sqrt{\sum_{\nu=1}^{n} x_\nu^2 \sum_{\nu=1}^{n} y_\nu^2}.$$

Endlich die *Bernoullische Ungleichung im allgemeinen Fall:*

$$1 + sa < (1 + a)^s \quad (s > 1, a > -1, a \neq 0).$$

1. Man bilde die Ableitungen der folgenden Ausdrücke:

a) $x^2 \lg x$,   b) $\lg \dfrac{x+a}{x+b}$,   c) $\lg \operatorname{tg} \dfrac{x}{2}$,   d) $\lg \dfrac{a+x}{a-x}$,

e) $3 \lg (x-5) - 2 \lg (x+1)$,   f) $x \operatorname{arctg} \dfrac{x}{a} + \dfrac{a}{2} \lg (a^2 + x^2)$,

g) $\lg \dfrac{\sqrt{x^2+1}-1}{\sqrt{x^2+1}+1}$,   h) $2 \lg \sin \dfrac{x}{2} - x \operatorname{ctg} \dfrac{x}{2}$,

i) $\lg \dfrac{1-\cos kx}{1+\cos kx}$,   k) $\lg \sqrt{\dfrac{1+\sin x}{1-\sin x}}$,

l) $\lg \dfrac{x}{\sqrt{1-x^2}}$,   m) $\dfrac{1}{2} \operatorname{tg}^2 x + \lg \cos x$,

n) $\lg \sqrt{\dfrac{1-\cos x}{1+\cos x}}$,   o) $\lg \dfrac{b + a \cos x + \sqrt{b^2 - a^2} \sin x}{a + b \cos x}$,

p) $\lg \sin x - x \operatorname{ctg} x - \dfrac{x^2}{2}$,   q) $\lg (x + 1) + \sqrt{x^2 + 2\,x}$,

r) $\lg \operatorname{tg} \dfrac{x}{2} - \dfrac{x}{\sin x}$,   s) $\lg \operatorname{tg} \dfrac{x^2}{2} + \dfrac{\cos x}{\sin^4 x}$,

t) $\dfrac{1}{2} \operatorname{arctg} x + \dfrac{1}{4} \lg (1 + x^2) + \dfrac{1}{2} \lg (1 + x)$.

2. Man bilde die Ableitungen der folgenden Ausdrücke:

a) $e \left(\sqrt[3]{(\lg \sin^3 x^2)^2} \right)$,   b) $\lg (e^x + e^{-x} - 2)$,

c) $\dfrac{1}{\alpha \sqrt{ab}} \operatorname{arctg} \left(e^{\alpha x} \sqrt{\dfrac{a}{b}} \right)$,   d) $e^{\alpha x} (a \sin b\,x - b \cos b\,x)$,

e) $e^{\alpha x} (a \cos b\,x + b \sin b\,x)$,   f) $\operatorname{arctg} \dfrac{e^x - e^{-x}}{e^x + e^{-x}}$.

3. Es sei $\lg (y + 2) = e^{x^2} + 2$. Man berechne $\dfrac{dy}{dx}$.

4. Es sei $c = e^{ax + by}$. Man berechne $\dfrac{dy}{dx}$.

5. a) $\displaystyle \int \dfrac{e^x + 1}{e^x}\, dx$,   b) $\displaystyle \int e^{kx}\, dx$,   c) $\displaystyle \int x\, e^{-x}\, dx$,

d) $\displaystyle \int x\, e^{ax^2 + b}\, dx$,   e) $\displaystyle \int e^{-(a^2 - ab + b^2)x}\, dx$,   f) $\displaystyle \int x^2\, e^{ax}\, dx$,

g) $\displaystyle \int e^{ax^2 + \lg x}\, dx$,   h) $\displaystyle \int x\, e^{x^2} (1 + x^2)\, dx$.

6. Man beweise:

a) $\lg x < x - 1 \quad (x > 1)$;   b) $\dfrac{\lg x}{x^\alpha} \to 0 \quad (x \to \infty, \alpha > 0)$;

c) $x^\alpha \lg x \to 0 \quad (x \downarrow 0, \alpha > 0)$;   d) $x\, e^{-\alpha x} \to 0 \quad (\alpha > 0, x \to \infty)$.

7. Man beweise

a) $\left(1 + \dfrac{x}{n} - \dfrac{x^2}{n^2} \right)^n \to e^x \quad (n \to \infty)$,   b) $\sqrt[x]{x} \to 1 \qquad (x \to \infty)$,

c) $\left(1 + \dfrac{1}{n + \alpha} \right)^{n + \beta} \to e \quad (n \to \infty)$,   d) $(1 + x)^{1/x} \to e \quad (x \to 0)$,

e) $\left(1 + \dfrac{a}{x} \right)^x \to e^a \qquad (x \to \infty)$,   f) $\left(1 + \dfrac{a}{n^2} \right)^{bn} \to 1 \quad (n \to \infty)$.

8. Man bestimme die Grenzwerte:

a) $\displaystyle \operatorname*{Lim}_{n \to \infty} \left(1 + \dfrac{n - 2}{n^2 + 3} \right)^{\frac{n^3 - 1}{n^2 + 1}}$,

b) $\displaystyle \operatorname*{Lim}_{t \to \infty} \dfrac{(1 + \sin \pi x)^t - 1}{(1 + \sin \pi x)^t + 1}$ (als Funktion von x),

c) $\displaystyle \operatorname{Lim} \dfrac{e^{\operatorname{tg} x} - 1}{e^{\operatorname{tg} x} + 1} \quad \left(\text{für } x \downarrow \dfrac{\pi}{2} \text{ bzw. für } x \uparrow \dfrac{\pi}{2} \right)$,

d) $\displaystyle \operatorname*{Lim}_{x \to 0} \left[\sqrt{x}\, \lg (x^2 (1 + x^2)) \right]$.

9. Es gilt:
$$\frac{a^x}{x^x} \to 0 \quad (a > 0, x \to \infty).$$

10. Die Gleichung $e^x - P(x) = 0$ hat, wenn $P(x)$ ein Polynom vom Grade n ist, höchstens $n + 1$ reelle Wurzeln.

11. Man behandle das Integral $\displaystyle\int_1^t \frac{dx}{x \lg x}$ durch partielle Integration:
$$v' = \frac{1}{x}, \quad u = \frac{1}{\lg x}$$
und erkläre den sich ergebenden Widerspruch.

12. Ist
$$y = \frac{\lg (1 + x)}{(1 + x)^n},$$
so gilt
$$(1 + x) \frac{dy}{dx} + n y = (1 + x)^{-n}.$$

13. Aus
$$\prod_{\nu=1}^{n} \cos \frac{x}{2^\nu} = \frac{\sin x}{2^n \sin \dfrac{x}{2^n}}$$
bestimme man die Summe
$$\sum_{\nu=1}^{n} \frac{1}{\left(2^\nu \cos \dfrac{x}{2^\nu} \right)^2}.$$

14. Man definiere für $p > 0$, $q > 0$ die Funktionen $f_\nu(x)$, $x > 0$, sukzessive durch
$$f_1(x) = \sqrt[p]{x \sqrt[q]{x}}, \quad f_2(x) = \sqrt[p]{x \sqrt[q]{x f_1(x)}}, \dots, \quad f_{\nu+1}(x) = \sqrt[p]{x \sqrt[q]{x f_\nu(x)}}.$$
Es ist zu bestimmen
$$\operatorname{Lim}_{\nu \to \infty} f_\nu(x).$$

15. Man bestimme den Wert der Summe
$$\sum_{\nu=0}^{n} \frac{2^\nu x^{2^\nu}}{1 + x^{2^\nu}}.$$

16. Man berechne
$$\int (f(x) + f'(x)) e^x \, dx,$$
wo $f(x)$ eine gegebene stetig differenzierbare Funktion ist.

17. Es sei $a_\nu \sim b_\nu$, $b_\nu \to a \neq 1$ $(\nu \to \infty)$. Dann gilt
$$\lg a_\nu \sim \lg b_\nu \quad (\nu \to \infty).$$

18. Es gilt
$$n (\lg n)^2 \left(\sin \frac{1}{\lg n} - \sin \frac{1}{\lg(n + 1)} \right) \to 1 \quad (n \to \infty).$$

19. Für ein konstantes $a \neq 0$ und $x \to \infty$ beweise man

$$\lg x \sim \lg(x + a).$$

20. Ist $f(x)$ für $x \to \infty$ beschränkt, so gilt

$$\lg x \sim \lg(x + f(x)) \quad (x \to \infty).$$

21. Man berechne den Grenzwert:

$$\lim_{x \to \infty} (1 + x)^{1/\lg x}.$$

22. Man berechne die folgenden Grenzwerte:

a) $\displaystyle\lim_{\nu \to \infty} \nu^2 \left[\sqrt[\nu]{a} - \sqrt[\nu+1]{a} \right] \quad (a > 0)$,   b) $\displaystyle\lim_{\nu \to \infty} \nu^2 [a^{1/\nu} + a^{-1/\nu} - 2] \quad (a > 0)$,

c) $\displaystyle\lim_{x \to 0} \frac{(1 + x a^x)^{x^{-1}}}{1 + x b^x}$,   d) $\displaystyle\lim_{\nu \to \infty} \left(\frac{\sqrt[\nu]{a} + \sqrt[\nu]{b}}{2} \right)^{\nu}$,

e) $\displaystyle\lim_{\nu \to \infty} \frac{1}{k} \sum_{\varkappa=1}^{k} \sqrt[\nu]{a_\varkappa} \quad (a_1 \ldots a_k \neq 0)$,   f) $\displaystyle\lim_{x \to 0} \frac{\lg \cos \alpha x}{\lg \cos \beta x} \quad (\alpha, \beta \neq 0)$,

g) $\displaystyle\lim_{\nu \to \infty} \left(\nu^2 \lg \cos \frac{\pi}{\nu} \right)$,   h) $\displaystyle\lim_{\nu \to \infty} \left(\nu \lg \operatorname{tg} \left(\frac{\pi}{4} + \frac{\pi}{\nu} \right) \right)$,

i) $\displaystyle\lim_{x \to \pi/4} \frac{\lg \operatorname{tg} x}{1 - \operatorname{ctg} x}$,   k) $\displaystyle\lim_{x \downarrow 0} \frac{\lg x}{\lg \sin x}$,

l) $\displaystyle\lim_{x \downarrow 0} ((\sin \alpha x) \lg x)$.

23. Man bestimme die folgenden Grenzwerte:

a) $\displaystyle\lim_{x \to \infty} (a + b e^x)^{c/x} \quad (b > 0, c \neq 0)$,   b) $\displaystyle\lim_{x \to \infty} \frac{\lg (1 + e^{\alpha x})}{\lg (1 + e^{\beta x})} \quad (\alpha, \beta > 0)$.

24. Es gilt

$$0 < \int_0^{10} \frac{e^{-x}}{20 + x} \, dx < \frac{1}{20}.$$

25. Es gilt für $t > 0$

$$0 < t - \lg(1 + t) < \frac{t^2}{2}.$$

26. In der Formel des Mittelwertsatzes der Differentialrechnung [(a) § 15] bestimme man $\lim \Theta$ für $f(x) = \lg x$, $\alpha = x$, $\beta = x + h$, $h \to 0$.

27. Gegeben sei

$$\lg 960 = 6{,}86693.$$

Man berechne $\lg 961$ mit Hilfe des Mittelwertsatzes der Integralrechnung bis auf 10^{-5}.

28. Gegeben sei

$$\lg 6 = 1{,}79176 .$$

Man berechne daraus lg 6,2 wie in der Aufgabe 27. Wie groß ist der Fehler ?

29. Ist $0 < x < 1$ und $\varrho > 0$, so liegt

$$\frac{1 - x^{\varrho}}{1 - x}$$

im engeren Sinne zwischen 1 und ϱ.

30. Sei $x > y > 0$. Ist $\varrho > 1$, so gilt

$$\varrho\, y^{\varrho - 1} < \frac{x^{\varrho} - y^{\varrho}}{x - y} < \varrho\, x^{\varrho - 1} ;$$

ist aber $0 < \varrho < 1$, so gilt

$$\varrho\, x^{\varrho - 1} < \frac{x^{\varrho} - y^{\varrho}}{x - y} < \varrho\, y^{\varrho - 1} .$$

31. Man bestimme die rechtsseitige und die linksseitige Ableitung der folgenden Funktion $f(x)$ an der Stelle $x = 0$:

$$f(x) = \frac{x}{1 + e^{-1/x}} \quad (x \neq 0), \quad f(0) = 0 .$$

32. Die Gleichung

$$\operatorname{tg} x - k \lg x = 0$$

hat im Intervall $\left(\dfrac{\pi}{2} + n\pi, \ \dfrac{\pi}{2} + (n + 1)\pi \right)$ (n ganz positiv) wenigstens eine Wurzel und für $n\pi > k$ nur eine Wurzel.

33. Zwischen zwei aufeinander folgenden Nullstellen einer stetigen Funktion $f(x)$ liegt stets eine Nullstelle der Funktion

$$f'(x) + c f(x) \quad (c \text{ beliebig}).$$

34. Die Funktion $f(x)$ sei zwischen α und β stetig und die Funktion $g(x)$ in $\langle \alpha, \beta \rangle$ stetig und stetig differenzierbar. Ferner sei $g(\alpha) = g(\beta) = 0$. Dann hat die Gleichung

$$f(x)g(x) + g'(x) = 0$$

eine Wurzel zwischen α und β.

35. Man bestimme den Grenzwert:

$$\lim_{n \to \infty} \sum_{\nu = 1}^{n} \frac{1}{n + \nu} .$$

36. Man beweise die Konvergenz von $\displaystyle\sum_{\nu = 2}^{\infty} \frac{\sin \nu \frac{\pi}{2}}{\lg \nu} .$

37. Konvergiert $\displaystyle\sum_{\nu = 1}^{\infty} (-1)^{\nu} \lg \frac{\nu}{\nu + 1} ?$

38. Man beweise die Divergenz von $\sum\limits_{\nu=1}^{\infty} \lg\left(1 + \dfrac{x}{\nu}\right)$ für $x \neq 0$.

39. Es sei $s_n = \sum\limits_{\nu=1}^{n} \dfrac{1}{\nu} - \lg(1+n)$. Man finde die Reihe $\sum\limits_{\nu=1}^{\infty} a_\nu$, deren n-te Teilsumme gleich s_n ist.

40. Wann konvergieren und divergieren die Reihen $(a > 0)$

$$a) \quad \sum_{\nu=1}^{\infty} \left(\sqrt[\nu]{a} - 1\right); \qquad\qquad b) \quad \sum_{\nu=1}^{\infty} \left(\sqrt[\nu]{a} - 1\right)^2 ?$$

41. Man verifiziere die Relation

$$\lg\left(1 + \frac{1}{\nu}\right) = \frac{1}{\nu} + \frac{\Theta_\nu}{\nu^2} \quad \left(\nu = 1, 2, \ldots; \ |\Theta_n| \leq \frac{1}{2}\right)$$

und leite daraus

$$\sum_{\nu=1}^{n} \frac{1}{\nu} - \lg n \to C \quad (n \to \infty)$$

für einen endlichen Wert von C her.

Die folgenden Reihen sind in bezug auf ihre Konvergenz zu prüfen.

$$42. \ a) \ \sum_{\nu=0}^{\infty} e^{-(\nu^2-1)/(\nu^2+1)}, \quad b) \ \sum_{\nu=1}^{\infty} \left(1 - \frac{\nu - \lg \nu}{\nu^2 + \sqrt{\nu}}\right)^{3(\nu^2+1)/(\nu+2)}, \quad c) \ \sum_{\nu=1}^{\infty} \nu\, e^{-\nu^2}.$$

$$43. \quad \sum_{\nu=1}^{\infty} \frac{\sqrt{\nu+1} - \sqrt{\nu}}{\nu - \lg^2 \nu}.$$

$$44. \ a) \ \sum_{\nu=1}^{\infty} \frac{\nu \lg^2 \nu}{1 + \nu^3 \lg^4 \nu}, \qquad\qquad b) \ \sum_{\nu=1}^{\infty} \frac{1}{\sqrt{(1+\nu^3)(1+\lg^2 \nu)}}.$$

$$45. \quad \sum_{\nu=10}^{\infty} \frac{\lg(1+\nu^2)\, \mathrm{tg}\, \dfrac{2}{1+\nu^2}\, \sin \dfrac{\nu+1}{\nu^2-2}}{\sqrt{\lg\lg(\nu^3-1)}\,(e^{1/\nu} - 1)}.$$

$$46. \ a) \ \sum_{\nu=1}^{\infty} e^{-\sqrt{\nu}}, \qquad\qquad b) \ \sum_{\nu=1}^{\infty} \nu^5 e^{-\sqrt{\nu}}.$$

47. Man beweise die Konvergenz von $\sum\limits_{\nu=2}^{\infty} \lg\left(1 - \dfrac{1}{\nu^2}\right)$ und bestimme die Summe.

48. Gegen die Konstante C von A 41 konvergieren mit $n \to \infty$ die Ausdrücke

$$A_n = 1 + \frac{1}{2} + \cdots + \frac{1}{n} - \lg n$$

monoton fallend und die Ausdrücke

$$a_n = 1 + \frac{1}{2} + \cdots + \frac{1}{n-1} + \frac{1}{2n} - \lg n$$

monoton wachsend.

49. Für welche x konvergiert die Reihe $\sum\limits_{\nu=2}^{\infty}\left(\dfrac{1}{\lg^2\nu}\right)\sin\left(\sqrt{x+\nu^2}-\nu\right)$?

50. Für welche a konvergieren die Reihen:

$$\text{a) } \sum_{\nu=1}^{\infty} a^{\lg\nu}, \qquad\qquad \text{b) } \sum_{\nu=1}^{\infty} a^{\frac{1}{1}+\frac{1}{2}+\cdots+\frac{1}{\nu}} ?$$

51. Wenn die Reihen $\sum\limits_{\nu=1}^{\infty}|a_\nu|$ und $\sum\limits_{\nu=1}^{\infty}|b_\nu|$ konvergieren, so konvergiert auch $\sum\limits_{\nu=1}^{\infty}\sqrt{|a_\nu b_\nu|}$.

52. Es gilt

$$\left(\sum_{\nu=1}^{n} a_\nu b_\nu\right)^2 \leqq \sum_{\nu=1}^{n} \nu\, a_\nu^2 \sum_{\nu=1}^{n} \frac{b_\nu^2}{\nu} .$$

53. Es gilt

$$\left(\sum_{\nu=1}^{n} \frac{a_\nu}{\nu}\right)^2 \leqq \sum_{\nu=1}^{n} \nu^3 a_\nu^2 \sum_{\nu=1}^{n} \frac{1}{\nu^5} .$$

54. Wenn $\varphi(x)$, $\psi(x)$ im Intervall $\langle a, b\rangle$ $(a < b)$ stetige Funktionen bezeichnen, gilt

$$\left(\int_a^b \varphi(x)\,\psi(x)\,dx\right)^2 \leqq \int_a^b \varphi^2(x)\,dx \int_a^b \psi^2(x)\,dx . \qquad \text{(Bunjakowski)}$$

55. Es gilt

$$\left(\sum_{\nu=1}^{n} a_\nu b_\nu c_\nu\right)^4 \leqq \sum_{\nu=1}^{n} a_\nu^4 \sum_{\nu=1}^{n} b_\nu^4 \left(\sum_{\nu=1}^{n} c_\nu^2\right)^2 .$$

56. Es gilt

$$\left(\sum_{\nu=1}^{n} a_\nu b_\nu c_\nu\right)^6 \leqq \sum_{\nu=1}^{n} a_\nu^4 \sum_{\nu=1}^{n} a_\nu^2 \sum_{\nu=1}^{n} b_\nu^4 \sum_{\nu=1}^{n} b_\nu^2 \sum_{\nu=1}^{n} c_\nu^4 \sum_{\nu=1}^{n} c_\nu^2 .$$

57. Für beliebige reelle a_ν und natürliche m, n $(m < n)$ gilt

$$\left|\sum_{\nu=m}^{n} \frac{a_\nu}{\nu^{1/3}}\right|^3 \leqq \left(\sum_{\nu=m}^{n} |a_\nu|^{3/2}\right)^2 \sum_{\nu=m}^{n} \frac{1}{\nu} .$$

58. Sind $\varphi_1(x)$, $\varphi_2(x)$, $\psi_1(x)$, $\psi_2(x)$ im Intervall $\langle a, b\rangle$ $(a < b)$ stetig, so gilt

$$\left(\int_a^b \varphi_1(x)\,\psi_1(x)\,dx + \int_a^b \varphi_2(x)\,\psi_2(x)\,dx\right)^2 \leqq \int_a^b [\varphi_1^2(x) + \varphi_2^2(x)]\,dx \int_a^b [\psi_1^2(x) + \psi_2^2(x)]\,dx .$$

59. Unter ähnlichen Voraussetzungen, wie in A 58, gilt

$$\int_a^b |\varphi(x)|^\varrho\, |\psi(x)|^\sigma\, dx \leqq \left(\int_a^b |\varphi(x)|\,dx\right)^\varrho \left(\int_a^b |\psi(x)|\,dx\right)^\sigma \qquad (\sigma, \varrho > 0,\ \sigma + \varrho = 1).$$

60. Man schätze das folgende Integral ab: $\int\limits_0^{\pi/2} \sin^{1/3} x \cos^{2/3} x\,dx.$

61. Sei $A > 0$. Notwendig und hinreichend, damit

$$\sum_{\nu=1}^{n} x_\nu^2 \leqq A \quad (*)$$

gilt, ist, daß für jedes System von n Zahlen $y_1, \ldots, y_n$,

$$\left(\sum_{\nu=1}^{n} x_\nu y_\nu\right)^2 \leqq A \sum_{\nu=1}^{n} y_\nu^2 \quad (**)$$

ist.

62. Für $x > 0$, $u > v > 0$ gilt $\left(1 + \dfrac{x}{u}\right)^u > \left(1 + \dfrac{x}{v}\right)^v$ und, wenn $x \neq 1$ ist,

$$u(x^{1/u} - 1) < v(x^{1/v} - 1).$$

63. Man setze

$$x = A(y) = \int_0^y \frac{du}{1 + u^2} \quad (-\infty < y < \infty)$$

und beweise, daß $A(y)$ eine durchweg eigentlich monoton wachsende, ungerade und stetige Funktion ist.

64. Man definiere die Zahl π durch $\pi = 4A(1)$ (vgl. A 63) und beweise

$$\lim_{y \to \infty} A(y) = \frac{\pi}{2}, \quad \lim_{y \to -\infty} A(y) = -\frac{\pi}{2}.$$

65. Sei $y = t(x)$ die Umkehrfunktion von $x = A(y)$ in A 63 für $-\dfrac{\pi}{2} < x < \dfrac{\pi}{2}$. Man beweise, daß $t(x)$ eigentlich monoton wachsend, ungerade und stetig in $\left(-\dfrac{\pi}{2}, \dfrac{\pi}{2}\right)$ ist, ferner daß $t(0) = 0$, $t\left(\dfrac{\pi}{4}\right) = 1$,

$$\lim_{x \downarrow -\pi/2} t(x) = -\infty, \quad \lim_{x \uparrow \pi/2} t(x) = \infty, \quad t'(x) = 1 + t^2(x) \quad \left(-\frac{\pi}{2} < x < \frac{\pi}{2}\right)$$

gilt.

66. Man setze $s(-\pi) = s(\pi) = 0$, $c(-\pi) = c(\pi) = -1$, ferner (vgl. A 65)

$$s(x) = \frac{2t\left(\dfrac{x}{2}\right)}{1 + t^2\left(\dfrac{x}{2}\right)}, \quad c(x) = \frac{1 - t^2\left(\dfrac{x}{2}\right)}{1 + t^2\left(\dfrac{x}{2}\right)} \quad (-\pi < x < \pi).$$

Man beweise, daß $s(0) = c\left(\dfrac{\pi}{2}\right) = 0$, $c(0) = s\left(\dfrac{\pi}{2}\right) = 1$ ist; daß $s(x)$ in $(0, \pi)$ und $c(x)$ in $\left(0, \dfrac{\pi}{2}\right)$ positiv sind; ferner, daß $s(x)$ und $c(x)$ im abgeschlossenen Intervall $\langle -\pi, \pi\rangle)$ stetig sind und den Relationen genügen:

$$s'(x) = c(x), \quad c'(x) = -s(x).$$

67. Es gilt (vgl. A 63—66)

$$\frac{s(x)}{c(x)} = t(x).$$

68. Ist $\varphi(x)$ eine für alle x definierte Funktion, die für alle x und y der Funktionalgleichung $\varphi(x+y) = \varphi(x) + \varphi(y)$ genügt, so gilt für alle x und alle rationalen r:

$$\varphi(rx) = r\varphi(x).$$

69. Man beweise, daß

$$\left(\frac{1}{n}\sum_{\nu=1}^{n} a_\nu^x\right)^{1/x}$$

für positive a_ν und x mit wachsendem x monoton wächst.

§ 22. Differential- und Integralformeln mit Logarithmus- und Exponentialfunktionen. Hyperbolische Funktionen

$$(e^{ax+b})' = a\,e^{ax+b}, \quad (a^x)' = a^x \lg a \quad (a>0); \quad (u^v)' = u^v\left(u'\frac{v}{u} + v'\lg u\right);$$

$$\int e^{ax+b}\,dx = \frac{1}{a}\,e^{ax+b} \quad (a \neq 0); \quad \int a^x\,dx = \frac{1}{\lg a}\,a^x,$$

$$(\lg f(x))' = \frac{f'(x)}{f(x)}\ (f(x)>0), \quad \int \frac{f'(x)}{f(x)}\,dx = \lg|f(x)| \quad (f(x) \neq 0);$$

$$\int \frac{1}{x-a}\,dx = \lg|x-a|, \quad \int \frac{dx}{\sqrt{x^2+a}} = \lg|x+\sqrt{x^2+a}| \quad (a \neq 0);$$

$$\int \frac{dx}{\sin x} = \lg\left|\operatorname{tg}\left(\frac{x}{2}\right)\right|; \quad \int \lg x\,dx = x\lg x - x.$$

Hyperbolische Funktionen

$$\operatorname{Sin} x = \frac{e^x - e^{-x}}{2}, \quad \operatorname{Cos} x = \frac{e^x + e^{-x}}{2}, \quad \operatorname{Tg} x = \frac{\operatorname{Sin} x}{\operatorname{Cos} x}, \quad \operatorname{Ctg} x = \frac{\operatorname{Cos} x}{\operatorname{Sin} x}$$

$$\operatorname{Cos}^2 x - \operatorname{Sin}^2 x = 1, \quad (\operatorname{Sin} x)' = \operatorname{Cos} x, \quad (\operatorname{Cos} x)' = \operatorname{Sin} x.$$

Die Umkehrungen der vier hyperbolischen Funktionen werden entsprechend mit $\operatorname{Ar Sin} x$, $\operatorname{Ar Cos} x$, $\operatorname{Ar Tg} x$, $\operatorname{Ar Ctg} x$ bezeichnet.

1. Man bilde die Ableitungen von

    a) $x^{(x-1)(x-2)}$;   b) $x^{\sin x}$;   c) $\sin x^{\operatorname{tg} x}$.

2. a) $\displaystyle\int \frac{x^3\,dx}{7+2x^4}$,   b) $\displaystyle\int \frac{dx}{x+x^{-1}}$,   c) $\displaystyle\int \frac{x^5\,dx}{(1+x^3)^2}$,   d) $\displaystyle\int \frac{1-5x^4}{x-x^5}\,dx$.

3. $\displaystyle\int x^2(2-x)^{\sqrt{3}}\,dx$.

4. a) $\displaystyle\int \frac{dx}{\sqrt{x^2+x+1}}$,   b) $\displaystyle\int \frac{5x-1}{\sqrt{x^2+x+1}}\,dx$,

    c) $\displaystyle\int \frac{5x+6}{\sqrt{x^2-3x+2}}\,dx$.

5. Man berechne den Flächeninhalt der gleichseitigen Hyperbel $x^2 - y^2 = 1$ zwischen den Abszissen $x = 1$ und $x = a$, $a > 1$.

6. a) $\int (\lg x^2)^2 \, dx$,

b) $\int e^{\lg \lg x} \lg x \, dx$,

c) $\int \dfrac{dx}{x \sqrt{1 + (\lg x)^2}}$,

d) $\int \dfrac{\lg x}{x} \, e^{(\lg x)^2} \, dx$,

e) $\int \dfrac{dx}{x \lg x^n}$,

f) $\int \dfrac{\lg (a^2 + b^2 x^2)}{x^2} \, dx$.

7. Berechne:

$$\int \frac{x^n}{1 + x^2} \, dx.$$

8. $\int \dfrac{a^x}{a^x + a^{-x}} \, dx$.

9. a) $\int \dfrac{e^{\arcsin x}}{\sqrt{1 - x^2}} \, dx$,

b) $\int \dfrac{e^{\operatorname{arc tg} x/a}}{a^2 + x^2} \, dx$,

c) $\int \dfrac{x \, e^{x^2}}{1 - 2 \, e^{x^2}} \, dx$,

d) $\int \dfrac{x^2 \, e^{x^3}}{1 + 2 \, e^{x^3}} \, dx$,

e) $\int \dfrac{e^x}{\sqrt{1 + e^x}} \, dx$,

f) $\int e^{\sqrt[3]{x}} \, dx$,

g) $\int \sin x \, e^{-\cos^{100} x} \cos^{99} x \, dx$.

10. a) $\int \dfrac{\cos x \sin 2x}{3 \cos^3 x + 2} \, dx$,

b) $\int \dfrac{(\arcsin x)^2}{\sqrt{1 - x^2}} \, dx$,

c) $\int \dfrac{x}{\cos^2 x} \, dx$,

d) $\int x \operatorname{tg}^2 x \, dx$.

11. $\int \dfrac{dx}{a \sin x + b \cos x}$.

12. Man berechne

$$\int \frac{\sin x}{\sqrt{1 + r \cos x}} \, dx \quad (r \neq 0).$$

13. a) $\displaystyle\int_{-\pi/2}^{\pi/2} \dfrac{|\sin x|}{(1 - 2r \cos x + r^2)^n} \, dx$,

b) $\displaystyle\int_{-\pi/2}^{\pi/2} \dfrac{|\sin^3 x|}{(1 - 2r \cos x + r^2)^n} \, dx$.

14. Man bestimme den Grenzwert:

$$\operatorname*{Lim}_{x \to \infty} \frac{e^{\sqrt{\lg x}}}{\sqrt{x}}.$$

15. Man beweise die Relationen:

$$(y - x)a^x \lg a < a^y - a^x < (y - x)a^y \lg a \quad (y \neq x, a > 1).$$

16. Es gilt

a) $\operatorname{Cos} x \geq 1$,

b) $-1 < \operatorname{Tg} x < 1$,

c) $\operatorname{Sin} x \sim x \quad (x \to 0)$.

17. Man beweise

    a) $\operatorname{Cos} 2x = \operatorname{Sin}^2 x + \operatorname{Cos}^2 x$,   b) $\operatorname{Sin} 2x = 2 \operatorname{Sin} x \operatorname{Cos} x$.

18. Es sind die Additionsformeln für

$$\operatorname{Sin}(x+y) \quad \text{und} \quad \operatorname{Cos}(x+y)$$

herzuleiten.

19. Man löse das Gleichungssystem

$$\operatorname{Cos} x \operatorname{Cos} y = a, \qquad \operatorname{Sin} x \operatorname{Sin} y = b$$

nach x und y auf.

20. Man berechne

    a) $(\operatorname{Tg} x)'$,   b) $(\operatorname{ArTg} x)'$,   c) $\int \operatorname{Tg} x \, dx$.

21. Man bestimme den Schnittwinkel der Kurve $y = e^x$ mit der y-Achse.

22. Man berechne die Gleichungen der Normalen und Tangenten an die sogenannte *Kettenlinie* $y = a \operatorname{Cos} \dfrac{x}{a}$.

23. Unter welchen Winkeln wird die x-Achse von den Kurven

    a) $y = \lg x$,   b) $y = \sin x$

geschnitten?

$$* \quad * \quad *$$

24. a) $\displaystyle\int e^x \cos 2x \, dx$,   b) $\displaystyle\int e^x \sin 2x \, dx$,

    c) $\displaystyle\int e^x \sin^2 x \, dx$,   d) $\displaystyle\int e^x \cos^2 x \, dx$.

25. Man berechne

    a) $\displaystyle\int \frac{x e^x}{(1+x)^2} \, dx$,   b) $\displaystyle\int \frac{\cos x + \sin x}{\sqrt{\sin 2x}} \, dx$.

26. Für die folgenden Integrale stelle man Rekursionsformeln auf:

    a) $\displaystyle\int (\lg x)^n \, dx$,   b) $\displaystyle\int x^n e^x \, dx$,   c) $\displaystyle\int x^n e^{ax} \, dx$,

    d) $\displaystyle\int (a+bx)^n e^x \, dx$,   e) $\displaystyle\int \frac{x^{2n+1}}{\sqrt{1-x^2}} \, dx$,   f) $\displaystyle\int x^{2n} \arcsin x \, dx$,

    g) $\displaystyle\int \frac{dx}{x^n \sqrt{x^2 + a}}$ $(n \neq 1,\ a \neq 0)$,   h) $\displaystyle\int \frac{dx}{\sin^n x}$ $(n \neq 1)$,

    i) $\displaystyle\int \frac{dx}{\cos^n x}$ $(n \neq 1)$.

27. a) $\displaystyle\int \frac{1 + \sin x}{1 + \cos x} e^x \, dx$,   b) $\displaystyle\int \frac{dx}{\sqrt{1 + \sin x}}$.

28) Es sei $a(x) \sim b(x) \to 0$ für $x \to 0$. Dann gilt
$$(1 + a(x))^{1/b(x)} \to e \qquad (x \to 0).$$

29. a) $\int x^n (\lg x)^2\, dx \quad (n \neq -1)$, \qquad b) $\int x^n (\lg x)^3\, dx \quad (n \neq -1)$,

c) $\int \lg \dfrac{x-1}{a}\, \dfrac{dx}{x^n} \quad (n > 1)$, \qquad d) $\int x^n \operatorname{arc tg} x\, dx$.

30. Es gilt
$$\operatorname*{Lim}_{n \to \infty} \prod_{\nu=1}^{n} \operatorname{Cos} \frac{x}{2^\nu} = \frac{\operatorname{Sin} x}{x}.$$

31. Man berechne mittels der Logarithmusfunktion y aus den Gleichungen:

a) $\operatorname{Sin} y = x$, \qquad\qquad b) $\operatorname{Cos} y = x$.

32. a) $\int \operatorname{Sin}^2 x\, dx$, \qquad\qquad b) $\int \operatorname{Cos}^2 x\, dx$.

33. Man beweise für $a \neq 0$:
$$\int \frac{dx}{x^2 - a^2} = \begin{cases} -\dfrac{1}{a} \operatorname{ArTg} \dfrac{x}{a} & \text{für} \quad \dfrac{x+a}{x-a} > 0, \\[2ex] -\dfrac{1}{a} \operatorname{ArCtg} \dfrac{x}{a} & \text{für} \quad \dfrac{x+a}{x-a} < 0. \end{cases}$$

34. Man bestimme den Inhalt I der Fläche, die eingeschlossen wird von der gleichseitigen Hyperbel $x^2 - y^2 = 1$ und den beiden vom Ursprung nach den Punkten (x, y) und $(x, -y)$ gezogenen Strahlen, und drücke x und y durch diesen Inhalt aus.

35. Gilt $10^x = 1 + 10^y$, so folgt für $y \to \infty$: $x - y \to 0$.

36. Man berechne $\int \sqrt{1 + x^2}\, dx$.

37. Man berechne

a) $\int \dfrac{dx}{(1 + x^2)^{5/2}}$, \qquad\qquad b) $\int \dfrac{\sqrt{x^2 - 1}}{x^2}\, dx$.

38. Setzt man $y = \sqrt{1 - x^2}$, so gilt
$$\frac{d}{dx} \frac{ax + by + c}{\alpha x + \beta y + \gamma} = \frac{(c\beta - b\gamma)x + (a\gamma - c\alpha)y + (a\beta - b\alpha)}{y(\alpha x + \beta y + \gamma)^2}.$$

39. Es gilt für beliebige positive a, b:
$$\int_{e^\alpha}^{e^\beta} (f(x^b) - f(x^a)) \frac{dx}{x \lg x} = \int_{e^a}^{e^b} (f(x^\beta) - f(x^\alpha)) \frac{dx}{x \lg x}$$

40. Sind α_ν und p_ν $(\nu = 1, \ldots, n)$ positiv, so ist
$$f_n(x) = \frac{\displaystyle\sum_{\nu=1}^{n} \alpha_\nu\, p_\nu\, e^{\alpha_\nu x}}{\displaystyle\sum_{\nu=1}^{n} p_\nu\, e^{\alpha_\nu x}}$$

monoton wachsend.

41. Sind $a_1, \ldots, a_n$ positiv, so ist $\dfrac{d}{dx} \lg \displaystyle\sum_{\nu=1}^{n} a_\nu^x$ monoton wachsend.

§ 23. Integration rationaler Funktionen

Die drei Typen von *Partialbrüchen*:

I. $a\,x^\nu$ $(\nu = 0, 1, 2, \ldots)$;   II. $\dfrac{a}{(x-\alpha)^\nu}$ $(\nu = 1, 2, \ldots)$;

III. $\dfrac{a\,x + b}{(x^2 + \alpha\,x + \beta)^\nu}$ $(\nu = 1, 2, \ldots;\ \alpha^2 - 4\beta < 0)$.

Die zugehörigen Integrale sind:

$$\int a\,x^\nu\,dx = \frac{a}{\nu + 1}\,x^{\nu+1}; \qquad \int \frac{a\,dx}{(x-\alpha)^\nu} = \frac{-1}{\nu - 1}\,\frac{a}{(x-\alpha)^{\nu-1}} \quad (\nu > 1);$$

$$\int \frac{a\,dx}{x-\alpha} = a\,\lg|x - \alpha|\,.$$

Das Integral $\displaystyle\int \frac{(a\,x + b)\,dx}{(x^2 + \alpha\,x + \beta)^\nu}$ wird durch $x + \dfrac{a}{2} = \sqrt{\beta - \dfrac{\alpha^2}{4}}\; y$ auf die

Form gebracht: $u\displaystyle\int \frac{y\,dy}{(y^2 + 1)^\nu} + v\int \frac{dy}{(y^2 + 1)^\nu}$, wo

$$\int \frac{y\,dy}{(y^2 + 1)^\nu} = \frac{1}{2(1 - \nu)\,(y^2 + 1)^{\nu-1}} \quad (\nu = 2, 3, \ldots), \qquad \int \frac{y\,dy}{y^2 + 1} = \frac{1}{2}\,\lg(y^2 + 1)$$

ist, während, $I_\nu = \displaystyle\int \frac{dy}{(y^2 + 1)^\nu}$ gesetzt, die Rekursionsformel

$$I_{\nu+1} = \left(1 - \frac{1}{2\,\nu}\right) I_\nu + \frac{y}{2\,\nu\,(y^2 + 1)^\nu} \quad (\nu = 1, 2, \ldots)$$

gilt.

Um eine rationale Funktion $\dfrac{g(x)}{f(x)}$, wo

$$f(x) = (x - \alpha_1)^{n_1} \ldots (x - \alpha_r)^{n_r}\,(x^2 + \beta_1 x + \gamma_1)^{m_1} \ldots (x^2 + \beta_k x + \gamma_k)^{m_k}$$

mit $\beta_\nu^2 - 4\gamma_\nu < 0$ $(\nu = 1, \ldots k)$ ist, als eine Summe von Partialbrüchen der obigen drei Typen darzustellen, wird angesetzt:

$$\frac{g(x)}{f(x)} = P(x) + \sum_{\varrho=1}^{r} \sum_{\nu=1}^{n_\varrho} \frac{a_\nu^{(\varrho)}}{(x - \alpha_\varrho)^\nu} + \sum_{\varkappa=1}^{k} \sum_{\nu=1}^{m_\varkappa} \frac{b_\nu^{(\varkappa)} x + c_\nu^{(\varkappa)}}{(x^2 + \beta_\varkappa x + \gamma_\varkappa)^\nu}\,,$$

wo $P(x)$ ein Polynom in x vom Grade p ist. p ist $=$ dem Grad von $g(x)$ weniger dem Grad von $f(x)$, sofern diese Graddifferenz nicht negativ ist. Sonst ist $P(x) \equiv 0$.

In der Praxis wird gewöhnlich zuerst durch Division von $g(x)$ durch $f(x)$ erreicht, daß der Grad von $g(x)$ kleiner als der Grad von $f(x)$ wird. Dabei ergibt sich $P(x)$ vorweg und kann im obigen Ansatz weggelassen werden. Auf jeden Fall erhält man aus dem obigen Ansatz, wenn mit dem Generalnenner heraufmultipliziert wird und sodann rechts und links die Koeffizienten bei gleichen Potenzen von x verglichen werden, genau so viele Gleichungen wie es unbekannte Koeffizienten im obigen Ansatz gibt, und diese Gleichungen lassen sich stets und eindeutig auflösen.

Es seien noch explizite Ausdrücke für die Integration der Partialbrüche vom Typus III für $\nu = 1$ und $\nu = 2$ angegeben:

$$\int \frac{a\,x + b}{x^2 + \alpha\,x + \beta}\,dx = \frac{a}{2}\,\lg(x^2 + \alpha\,x + \beta) + \frac{2\,b - a\,\alpha}{(4\,\beta - \alpha^2)^{1/2}}\,\operatorname{arc\,tg}\frac{2\,x + \alpha}{(4\,\beta - \alpha^2)^{1/2}}\,;$$

$$\int \frac{a\,x + b}{(x^2 + \alpha\,x + \beta)^2}\,dx = \frac{(2\,b - a\,\alpha)\,x + (b\,\alpha - 2\,a\,\beta)}{(4\,\beta - \alpha^2)\,(x^2 + \alpha\,x + \beta)} + \frac{4\,b - 2\,a\,\alpha}{(4\,\beta - \alpha^2)^{3/2}}\,\operatorname{arc\,tg}\frac{2\,x + \alpha}{(4\,\beta - \alpha^2)^{1/2}}\,.$$

Bei den meisten der folgenden Aufgaben findet man die Partialbruchzerlegung unter *Hinweisen* und die Werte der Integrale unter *Lösungen*.

1. a) $\displaystyle\int \frac{3\,x^2 + 7\,x + 4}{x^6}\,dx,$ 　　　　b) $\displaystyle\int \frac{x^4\,dx}{(2 - x)^3},$

　c) $\displaystyle\int \frac{4\,x^2 + 1}{(5\,x + 1)^3}\,dx,$ 　　　　d) $\displaystyle\int \frac{4\,x^3 - 12\,x + 11}{(2\,x - 1)^4}\,dx,$

　e) $\displaystyle\int \frac{x + 1}{x^2 + 4\,x + 4}\,dx,$ 　　f) $\displaystyle\int \frac{x^3\,dx}{(a + b\,x)^2},$ 　　g) $\displaystyle\int \frac{x^2\,dx}{(a + b\,x)^3}.$

2. a) $\displaystyle\int \frac{x^3 + 2\,x^2 - 1}{x\,(x - 1)}\,dx,$ 　　b) $\displaystyle\int \frac{x^2 - 2\,x + 3}{x^2 - 3\,x + 2}\,dx,$ 　　c) $\displaystyle\int \frac{dx}{x\,(7 - 3\,x)},$

　d) $\displaystyle\int \frac{dx}{\alpha^2 - \beta^2\,x^2},$ 　　e) $\displaystyle\int \frac{dx}{3\,x^2 - 2}.$

3. a) $\displaystyle\int \frac{dx}{x\,(x - a)^2},$ 　　b) $\displaystyle\int \frac{dx}{(x^2 - 1)^2},$ 　　c) $\displaystyle\int \frac{(x - 2)\,dx}{x^2\,(x - 1)^2},$

　d) $\displaystyle\int \frac{(x^2 - 1)\,dx}{x^2\,(x - 2)^2},$ 　　e) $\displaystyle\int \frac{3\,x^3 + 10\,x^2 - x}{(x^2 - 1)^2}\,dx,$ 　　f) $\displaystyle\int \frac{(x - 2)\,dx}{x^2\,(x - 1)^3},$

　g) $\displaystyle\int \frac{x^3 - 2\,x^2 + 4}{x^3\,(x - 2)^2}\,dx.$

4. a) $\displaystyle\int \frac{2\,x - 3}{x\,(x^2 - 1)}\,dx,$ 　　　　b) $\displaystyle\int \frac{dx}{x\,(x - 1)\,(x + 1)},$

　c) $\displaystyle\int \frac{x^2\,dx}{(x^2 - 4)\,(x + 1)},$ 　　　　d) $\displaystyle\int \frac{x^2\,dx}{(x - 1)\,(x - 2)\,(x + 3)},$

　e) $\displaystyle\int \frac{x\,dx}{(x - 1)\,(x + 2)\,(x - 3)},$ 　　f) $\displaystyle\int \frac{(x - 4)\,dx}{(x^2 - 9)\,(x + 4)},$

　g) $\displaystyle\int \frac{(x^2 - x)\,dx}{(x - 1)\,(x - 7)\,(x + 3)},$ 　　h) $\displaystyle\int \frac{dx}{x\,(a^2 - x^2)},$

　i) $\displaystyle\int \frac{(x^2 + x + 1)\,dx}{x\,(x - 7)\,(x + 3)},$ 　　k) $\displaystyle\int \frac{x^5 + 1}{x^6 - x^4}\,dx,$

　l) $\displaystyle\int \frac{x^4 - 5\,x^3 - 30\,x^2 - 36\,x}{(x + 1)^3\,(x^2 - 4)}\,dx.$

5. a) $\displaystyle\int \frac{9\,x^2 - 3\,x + 8}{x^3 - x^2 - x + 1}\,dx,$ 　　　　b) $\displaystyle\int \frac{3\,x^2 + 4}{x^3 + x^2 - 8\,x - 12}\,dx,$

　c) $\displaystyle\int \frac{x^2 - 7}{x^3 - 2\,x^2 - 5\,x + 6}\,dx,$ 　　　　d) $\displaystyle\int \frac{2\,x^2 + 4}{x^3 + x^2 - 8\,x - 12}\,dx,$

　e) $\displaystyle\int \frac{x^2 - x + 2}{x^4 - 5\,x^2 + 4}\,dx,$ 　　　　f) $\displaystyle\int \frac{dx}{x^3 - x^4 - x^5 + x^6},$

g) $\int \dfrac{5\,x^2 - 19\,x + 18}{x^3 - 6\,x^2 + 11\,x - 6}\,dx$, 　h) $\int \dfrac{x + 1}{(x^2 - 1)\,(x^2 - 5\,x + 3)}\,dx$,

i) $\int \dfrac{dx}{x^3 + x^2 - 7}$, 　k) $\int \dfrac{x^2 - 1}{x^3 - 12\,x - 5}\,dx$.

6. a) $\int \dfrac{x\,dx}{a^2 + b^2\,x^2}$, 　b) $\int \dfrac{dx}{x^2 + x + 1}$,

c) $\int \dfrac{(1 - 2\,x)\,dx}{x^2 - 2\,x + 2}$, 　d) $\int \dfrac{(x + 1)\,dx}{x^2 + 2\,x + 4}$.

7. a) $\int \dfrac{x^4 + 1}{x^3 - x^2 + x - 1}\,dx$, 　b) $\int \dfrac{dx}{(x - 1)^2\,(x^2 + 1)}$,

c) $\int \dfrac{x + 2}{x^2(x^2 + 1)}\,dx$, 　d) $\int \dfrac{x^3}{(x^2 + 4)\,(x - 1)^2}\,dx$,

e) $\int \dfrac{3x^2 + x - 2}{(x - 1)^3\,(x^2 + 1)}\,dx$, 　f) $\int \dfrac{x^5 + 1}{x^6 + x^4}\,dx$,

g) $\int \dfrac{9\,x^2 - 14\,x + 1}{x^3 - 2\,x^2 + x - 2}\,dx$, 　h) $\int \dfrac{x + 1}{x\,(x^2 + x + 1)}\,dx$,

i) $\int \dfrac{x + 2}{x^3 + 1}\,dx$, 　k) $\int \dfrac{1 - 2\,x^2}{1 + x^3}\,dx$, 　l) $\int \dfrac{3\,x\,dx}{x^3 - 1}$,

m) $\int \dfrac{x\,dx}{(x - 1)\,(x^2 + 6\,x + 25)}$, 　n) $\int \dfrac{x^2 + 1}{x^3 + 3\,x + 1}\,dx$, o) $\int \dfrac{dx}{x^3 + 2\,x - 3}$.

8. a) $\int \dfrac{x^2\,dx}{1 - x^4}$, 　b) $\int \dfrac{x^2 + 2}{x^4 - 16}\,dx$,

c) $\int \dfrac{(x^2 + 1)\,dx}{(x - 1)\,(x - 2)\,(x^2 - x + 1)}$, 　d) $\int \dfrac{x^2\,dx}{(x + 2)\,(x + 3)\,(x^2 + 1)}$,

e) $\int \dfrac{dx}{x^2(x - 1)\,(x^2 + 1)}$, 　f) $\int \dfrac{dx}{x^3(1 + x^3)}$,

g) $\int \dfrac{dx}{\alpha^2 - \beta^2\,x^4}$ $(\alpha\beta \neq 0)$, 　h) $\int \dfrac{(x^3 + 2)\,dx}{(x^2 - 4)\,(x - 3)\,(x^2 - 3\,x + 3)}$,

i) $\int \dfrac{x^4 + 2x + 2}{(x^4 - 1)\,(x^2 + 1)}\,dx$.

9. a) $\int \dfrac{x^2\,dx}{(1 + x^2)^2}$, 　b) $\int \dfrac{dx}{(x^2 + 9)^2}$, 　c) $\int \dfrac{x^4 + 1}{(x^2 + 1)^2}\,dx$,

d) $\int \dfrac{dx}{(x + 1)\,(x^2 + 1)^2}$, 　e) $\int \dfrac{x^3\,dx}{(x^2 + 1)^3}$, 　f) $\int \dfrac{x^6\,dx}{(x^2 + 3)^3}$,

g) $\int \dfrac{2\,x - 3}{(x^2 - x + 1)^2}\,dx$, 　h) $\int \dfrac{x^7 + 2}{(x^2 + x + 1)^2}\,dx$, 　i) $\int \dfrac{dx}{(x^2 - 2)\,(x^2 + 1)^2}$,

k) $\int \dfrac{dx}{(x - 1)^2\,(x^2 + 1)^2}$, 　l) $\int \dfrac{(x^3 + 1)}{(x - 1)^3\,x^2(x + 2)\,(x^2 + 1)^2}\,dx$,

m) $\int \dfrac{dx}{x\,(x - 1)^2\,(x^2 + 9)^2}$, 　n) $\int \dfrac{x^3\,dx}{(a + b\,x^2)^3}$ $(b \neq 0)$.

10. a) $\int \dfrac{dx}{(x^3 - 1)^2}$, 　b) $\int \dfrac{x^4\,dx}{(1 + x^3)^2}$, 　c) $\int \dfrac{x^3\,dx}{(x + 1)^2\,(x^2 + x + 1)^2}$.

7*

11. a) $\displaystyle\int\frac{dx}{(x^2+1)\,(x^2+4)}$,

    b) $\displaystyle\int\frac{(x^2-1)\,dx}{(x^2+1)\,(x^2+4)}$,

c) $\displaystyle\int\frac{dx}{1+x^2+x^4}$,

    d) $\displaystyle\int\frac{dx}{x^4+1}$ (Leibniz — Joh. Bernoulli),

e) $\displaystyle\int\frac{dx}{1-x^6}$,

    f) $\displaystyle\int\frac{dx}{x^8+x^7-x^4-x^3}$,

    g) $\displaystyle\int_0^1\frac{x^2+1}{x^4+1}\,dx$.

12. a) $\displaystyle\int\frac{dx}{(x^2+a)\,(x^2+b)}$ $(a>0,\,b>0,\,a\neq b)$,

    b) $\displaystyle\int\frac{x^3\,dx}{(x^8+4)^2}$,

c) $\displaystyle\int\frac{12\,x^{15}}{(1+x^4)^2}\,dx$,

    d) $\displaystyle\int\frac{x^3\,dx}{(1+x^2)^2+9}$,

    e) $\displaystyle\int\frac{x^5\,dx}{3\,x^4+x^2-4}$.

13. $\displaystyle\int\frac{x^5}{(x^3-1)^2}\,dx$.

14. a) $\displaystyle\int\frac{dx}{x\,(x^2+4)}$,

    b) $\displaystyle\int\frac{1-x^2}{x\,(1+x^2)}\,dx$,

c) $\displaystyle\int\frac{dx}{x^4\,(1+x^3)}$,

    d) $\displaystyle\int\frac{dx}{x\,(a+b\,x^n)}$ $(b\neq 0)$.

15. a) $\displaystyle\int\frac{x\,dx}{\sqrt[3]{1-x}}$,

    b) $\displaystyle\int\frac{x}{\sqrt{x+2}}\,dx$.

16. $\displaystyle\int\frac{\sin x}{1-4\cos^2 x}\,dx$.

17. a) $\displaystyle\int\frac{x\,dx}{\sqrt{a-x}}$,

    b) $\displaystyle\int\frac{x^3\,dx}{\sqrt{1+x^4}}$.

$$*\quad *\quad *$$

18. a) $\displaystyle\int\frac{\sqrt{x}\,dx}{\sqrt{x}-1}$,

    b) $\displaystyle\int\frac{dx}{\sqrt{a^2\,x+1}}$,

    c) $\displaystyle\int\frac{dx}{(x+1)\,\sqrt{x^3}}$,

d) $\displaystyle\int\frac{dx}{\sqrt{x}+\sqrt[3]{x}}$,

    e) $\displaystyle\int\frac{x^2\,dx}{\sqrt{4+9\,x^2}}$.

19. $\displaystyle\int\frac{e^x-1}{e^x+1}\,dx$.

20. a) $\displaystyle\int\frac{dx}{x\,\lg x\,\lg\lg x}$,

    b) $\displaystyle\int x\,e^{x^2}\,e^{e^{x^2}}\,dx$,

c) $\displaystyle\int\lg(1+x^4)\,dx$,

    d) $\displaystyle\int x^{-2}\lg(a^2+b^2\,x^2)\,dx$.

21. a) $\displaystyle\int\sqrt{\operatorname{tg} x}\,dx$,

    b) $\displaystyle\int\sqrt[3]{\operatorname{tg} x}\,dx$.

22. Setzt man

$$p_n = \prod_{\nu=1}^{n} \left(1 - \frac{1}{2\nu}\right) \quad (n = 1, 2, \ldots), \quad p_0 = 1,$$

so gilt

$$\int \frac{dy}{(y^2 + 1)^n} = p_{n-1} \sum_{\nu=1}^{n-1} \frac{y}{2\nu\, p_\nu (y^2 + 1)^\nu} + p_{n-1} \operatorname{arc\,tg} y.$$

23. $\displaystyle\int \lg(1 - x^4)\, dx.$

§ 24. Anwendungen der ersten Ableitung. Monotonie

Von einer in x_0 und einer Umgebung von x_0 definierten Funktion sagen wir, sie *gehe wachsend durch* x_0, wenn für alle hinreichend kleinen positiven h: $f(x_0 - h) < f(x_0) < f(x_0 + h)$ gilt. Analog wird das monotone Fallen beim Durchgang durch x_0 definiert. Ist $f'(x_0)$ vorhanden, so ist, damit $f(x)$ wachsend durch x_0 geht, notwendig, daß $f'(x_0) \geqq 0$, und hinreichend daß $f'(x_0) > 0$ ist. Analoger Sachverhalt besteht für das monotone Fallen beim Durchgang durch x_0.

Ist $f(x)$ in $J = \langle \alpha, \beta \rangle$ stetig und in (α, β) differenzierbar, so ist, damit $f(x)$ in J monoton wächst, *notwendig und hinreichend*, daß überall in (α, β) $f'(x) \geqq 0$ gilt. Notwendig und hinreichend, damit $f(x)$ in J *eigentlich* monoton wächst, ist, wenn $f'(x)$ in (α, β) existiert, daß dort auch $f'(x) \geqq 0$ ist, ohne aber in Teilintervallen von J durchweg zu verschwinden. — Analoges gilt für das monotone Fallen in J. Ein in jedem Punkt mit einer Tangente versehener Kurvenbogen heißt *(von unten) konvex*, wenn er *oberhalb* jeder seiner Tangenten (bis auf den Berührungspunkt) liegt, und *(von unten) konkav*, wenn er *unterhalb* jeder seiner Tangenten (bis auf den Berührungspunkt) liegt. Ist $f(x)$ in (α, β) stetig und stetig differenzierbar, so ist *notwendig und hinreichend*, damit der Bogen $y = f(x)$ $(\alpha < x < \beta)$ *(von unten) konvex ist*, daß $f'(x)$ in *eigentlich monoton wächst*. Analoges Kriterium gilt für (von unten) konkave Bögen.

1. Für $x > 0$ sind die Monotonieintervalle der Funktionen $x^{1/x}$ und $\dfrac{\operatorname{tg} x}{x}$ zu bestimmen. Für $0 < x < \dfrac{\pi}{2}$ ist der Monotoniecharakter von $\dfrac{\sin x}{x}$ zu untersuchen.

2. Es gilt $\cos \dfrac{\pi}{2} z < 1 - z^2 \quad (0 < z < 1).$

3. Man bestimme die Monotonieintervalle der Funktion

$$x - \sin x.$$

4. Für welche Werte von a ist die Funktion

$$ax - \sin x$$

beständig wachsend?

5. Es gilt
$$x - \frac{x^2}{2} < \lg(1 + x) < x \quad (x > 0).$$

6. Man beweise

a) $\dfrac{1}{x + \dfrac{1}{2}} < \lg\left(1 + \dfrac{1}{x}\right) < \dfrac{1}{x} \quad (x > 0),$

b) $x < \dfrac{x}{1 - \dfrac{x}{2}} < -\lg(1 - x) < \dfrac{x}{1 - x} \quad (0 < x < 1).$

7. Man beweise, daß die folgenden Funktionen für $x > 0$ eigentlich monoton fallen:

a) $\ y = \dfrac{\lg(1 + x)}{x},$

b) $\ y = \dfrac{x}{(1 + x)\lg(1 + x)},$

die erste auch für $-1 < x < 0$.

8. Es gilt
$$x - \frac{x^3}{3} < \operatorname{arc\,tg} x \quad (x > 0).$$

9. Man untersuche die Monotonieverhältnisse bei folgenden Funktionen:

a) $(1 - x)e^x,$

b) $e^{-x}x^n \quad (x \geqq 0).$

10. Man beweise
$$e^x > 1 + x + \frac{x^2}{2} \quad (x > 0).$$

11. Man zeige, daß die Funktion
$$y = \left(1 + \frac{1}{x}\right)^x$$

für $x > 0$ und ebenso für $x < -1$ eigentlich monoton wächst.

12. Die Gleichung
$$u \lg u = x$$

hat für $x > 0$ genau eine Wurzel $u > 1$.

13. Man beweise
$$\operatorname{arc\,tg} x < x - \frac{x^3}{6} \quad (0 < x \leqq 1).$$

$$*\quad*\quad*$$

14. Man untersuche die Monotonieverhältnisse bei der Funktion
$$y = \frac{ax + b}{cx + d}.$$

15. Man beweise die folgenden Relationen:

a) $2x^3 + 3x^2 - 12x + 7 > 0 \quad (x > 1),$

b) $3x^4 + 8x^3 - 6x^2 - 24x + 19 > 0 \quad (x > 1).$

16. Es gilt

$$y(x) \equiv n(1 + x^{n-1}) - 2\frac{x^n - 1}{x - 1} \geqq 0 \quad (x \geqq 0, n \geqq 2).$$

17. Man beweise die folgenden Relationen:

a) $\quad a + \dfrac{b}{2a} > \sqrt{a^2 + b} > a + \dfrac{b}{2a} - \dfrac{1}{2a}\left(\dfrac{b}{2a}\right)^2 \quad (a, b > 0),$

b) $\quad a + b - \dfrac{2}{3}\sqrt{ab} \leqq \sqrt{a^2 + b^2} \leqq a + b \quad (a, b \geqq 0).$

18. Zwischen welchen Werten liegt

$$y = \sin x - x + \frac{x^3}{6}$$

für $|x| \leqq \dfrac{\pi}{2}$?

19. Man beweise die folgenden Ungleichungen:

a) $\quad \operatorname{tg} x > x + \dfrac{x^3}{3} \quad \left(0 < x < \dfrac{\pi}{2}\right),$

b) $\quad \dfrac{1}{3}\operatorname{tg} x + \dfrac{2}{3}\sin x > x \quad \left(0 < x < \dfrac{\pi}{2}\right).$

20. Man setze für $0 < x \leqq 1$:

$$x_0 = \operatorname{arc\,tg} x, \quad x_1 = \operatorname{arc\,tg} x_0, \dots, \quad x_{\nu+1} = \operatorname{arc\,tg} x_\nu, \dots.$$

Dann gilt $x_\nu \downarrow 0$ für $\nu \to \infty$.

21. Mittels der für $x^2 \leqq 1$ geltenden Ungleichung

$$1 \geqq \cos x \geqq 1 - \frac{x^2}{2}$$

schließe man das Integral

$$\int_{-\pi/2}^{\pi/2} \sqrt{\cos x}\, dx$$

zwischen möglichst enge Schranken ein.

22. Man beweise, daß die Gleichung $\operatorname{tg} x = x$ in jedem Intervall

$$\left(n\pi - \frac{\pi}{2}, \quad n\pi + \frac{\pi}{2}\right)$$

genau eine Lösung t_n hat, und daß $\dfrac{\sin x}{x}$ in (t_{2n}, t_{2n+1}) monoton fällt und in (t_{2n-1}, t_{2n}) monoton wächst.

23. Die kleinste positive Wurzel der Gleichung in x:

$$xy = \operatorname{tg} x$$

ist stetig in y und monoton wachsend für $1 < y < \infty$.

24. Die kleinste positive Wurzel der Gleichung in x:

$$x\,y = \sin x$$

ist eine stetige und monoton fallende Funktion von y für $0 < y < \dfrac{2}{\pi}$.

25. Es gilt

$$\pi < \frac{\sin \pi x}{x(1-x)} \leqq 4 \qquad (0 < x < 1).$$

26. Für welche x gilt die Relation

$$\lg x \leqq \sqrt{x}\,?$$

27. Man beweise die folgenden Relationen:

a) $\dfrac{2x}{2+x} < \lg(1+x) \quad (x > 0)$,

b) $\dfrac{1}{x+1} + \dfrac{1}{2(x+1)^2} < \lg\left(1 + \dfrac{1}{x}\right) < \dfrac{1}{2x^2} + \dfrac{1}{1+x} \quad (x > 0)$,

c) $x^2 > (1+x)\,(\lg(1+x))^2 \quad (x > -1, x \neq 0)$,

d) $\lg\left(1 + \dfrac{1}{x}\right) < \dfrac{1}{x} + \dfrac{1}{x+1} - \dfrac{1}{x + \dfrac{1}{2}} \quad (x > 0)$,

e) $-\lg \cos x < \dfrac{1}{2} \sin x \, \mathrm{tg}\, x \quad \left(0 < x < \dfrac{\pi}{2}\right).$

28. Man beweise, daß die Funktion

$$\frac{\lg \xi - \lg x}{\xi - x} \qquad (\xi > 0)$$

fällt, wenn x von 0 nach ξ wächst.

29. Beweise, daß wenn $\varphi(x)$ für $x > 0$ positiv und stetig differenzierbar ist, und für $x \downarrow 0$ gegen $0 = \varphi(0)$ strebt, dann für das monotone Zunehmen von $\dfrac{1}{x}\,\varphi(x)$ hinreichend ist, daß $\varphi'(x)$ monoton zunimmt.

30. Man untersuche die Wurzeln von

$$\mathrm{tg}\, x^2 = \frac{1}{2\,x^2}\,.$$

31. Für ein festes natürliches p ist

$$\operatorname*{Lim}_{n \to \infty} \left(\frac{1}{n} + \frac{1}{n+1} + \cdots + \frac{1}{p\,n}\right)$$

zu bestimmen.

32. $y \equiv \dfrac{1}{\lg(1+x)} - \dfrac{1}{x}$ fällt monoton von 1 bis 0, wenn x von -1 über 0 nach ∞ geht, sofern $y(0) = \dfrac{1}{2}$ festgesetzt wird.

33. Untersuche Konvexität und Konkavität der folgenden Kurven:

a) $y = x^3 - 4x$,   b) $y = \mathrm{tg}\, x$,   c) $y = \mathrm{arc\,tg}\, x$.

34. Man beweise die folgenden Ungleichungen:

a) $\dfrac{1+x}{1-x} > e^{2x} \quad (0 < x < 1)$,

b) $\dfrac{e}{2x+2} < e - \left(1 + \dfrac{1}{x}\right)^{x} < \dfrac{e}{2x+1} \quad (x > 0)$.

35. Der Ausdruck

$$y = (1+x)^{-1/x}$$

nimmt jeden Wert zwischen 0 und 1 genau einmal an, wenn x von -1 nach ∞ geht.

36. Man beweise, daß die Funktion von x, y:

$$A\,(x,y) = (x+y)\lg(x+y) + (x-y)\lg(x-y) - 2x\lg x$$

für $x > 0$, $x > y \neq 0$ stets positiv ist.

37. Liegt x in $\langle 0, 1\rangle$, so gilt $\dfrac{1}{x} + \dfrac{1}{1-x} \geqq 4$.

38. Liegen x und y in $\langle 0, 1\rangle$, so gilt für $x \neq y$:

$$f(x,y) \equiv \frac{1}{y-x}\left(\lg\frac{y}{1-y} - \lg\frac{x}{1-x}\right) \geqq 4\,.$$

39. Liegen x und y in $(0, 1)$, so gilt

$$y\lg\frac{y}{x} + (1-y)\lg\frac{1-y}{1-x} \geqq 2(y-x)^2\,.$$

40. Es sei

$$f(x) = \lg|1-x| - \lg(1+x)\cos\pi\alpha \quad (0 < \alpha < 1;\ 0 < x < \infty).$$

Man zeige:

a) $\underset{x\downarrow 0}{\operatorname{Lim}}\, f(x) = 0$;   b) $f(x) \sim (1 - \cos\pi\alpha)\lg x \quad (x \to \infty)$;

c) $\underset{x\to\infty}{\operatorname{Lim}}\, f(x) = \infty$;   d) $f(x) < 0$ für $0 < x < 1$;

e) $f(x)$ wächst für $x > 1$ eigentlich monoton und ändert genau einmal das Vorzeichen.

41. Man beweise, daß

a) Sin x im Intervall $(-\infty, \infty)$ monoton wächst;

b) Cos x im Intervall $(-\infty, 0\rangle$ monoton fällt und im Intervall $\langle 0, \infty)$ monoton wächst;

c) Tg x im Intervall $(-\infty, \infty)$ monoton wächst und alle Werte des Intervalls $(-1, 1)$ durchläuft;

d) Ctg x im Intervall $(-\infty, 0)$ monoton fällt von -1 nach $-\infty$ und im Intervall $(0, \infty)$ monoton fällt von ∞ bis 1.

42. Die Funktion $y = \text{Ar Sin } x$ ist eindeutig definiert als die Lösung von $x = \text{Sin } y$ und wächst eigentlich monoton.

43. Die Funktion $y = \text{Ar Cos } x$ ist eindeutig definiert als die nichtnegative Lösung der Gleichung $x = \text{Cos } y$ und wächst im Intervall $\langle 1, \infty)$ eigentlich monoton von 0 bis ∞.

44. Man diskutiere in analoger Weise die Funktionen $y = \text{Ar Tg } x$ und $y = \text{Ar Ctg } x$.

45. Die Gleichungen

$$\text{a) } e^{-x} = x + c, \qquad\qquad \text{b) } a^x = bx + c \quad (0 < a < 1, b > 0)$$

haben für jeden Wert von c genau eine reelle Wurzel.

46. Man beweise die Ungleichungen:

$$\text{a) } e^x > 1 + x \quad (x \neq 0),$$

$$\text{b) } \frac{x}{1-x} > 1 - e^{-x} \quad (x < 1,\ x \neq 0),$$

$$\text{c) } e^{-x/(1-x)} < 1 - x \quad (x < 1, x \neq 0),$$

$$\text{d) } e^x > \frac{x^\nu}{\nu!} \quad (x > 0;\ \nu = 0, 1, 2, \ldots),$$

$$\text{e) } e^x > \left(1 + \frac{x}{y}\right)^y > e^{xy/(x+y)} \quad (x, y > 0).$$

47. Für eine Folge positiver Zahlen x_ν gilt $\left(1 + \dfrac{x_\nu}{\nu}\right)^\nu \sim e^{x_\nu}$ dann und nur dann, wenn $\dfrac{x_\nu}{\sqrt{\nu}} \to 0$ ist.

48. Gilt für geeignete Konstanten $\alpha, \beta, \gamma, \delta$ und für alle $x > 0$

$$\lg(1 + x) \leqq \frac{\alpha x + \beta}{\gamma x + \delta} \leqq x,$$

so ist $\dfrac{\alpha x + \beta}{\gamma x + \delta} \equiv x$.

49. Gilt für geeignete Konstanten $\alpha, \beta, \gamma, \delta$, und für alle $x > 0$

$$\lg(1 + x) \geqq \frac{\alpha x + \beta}{\gamma x + \delta} \geqq \frac{2x}{x + 2},$$

so ist $\dfrac{\alpha x + \beta}{\gamma x + \delta} \equiv \dfrac{2x}{x + 2}$.

§ 25. Anwendungen der ersten Ableitung auf die Bestimmung der Extrema und der Grenzwerte der unbestimmten Ausdrücke

Eine in einer Umgebung des Punktes a definierte Funktion $f(x)$ hat in a ein *relatives Maximum*, wenn $f(a)$ nicht kleiner ist als alle Werte in einer gewissen Umgebung von a. Ist $f(a)$ sogar *kleiner* als alle Werte aus einer gewissen Umgebung von a, abgesehen von a selbst, so handelt es sich um ein *eigentliches relatives Maximum.* Analog werden *relatives Minimum* sowie *eigentliches relatives Minimum* definiert. Maxima und Minima heißen gemeinsam *Extrema.*

Das Maximum von $f(x)$ in einem Intervall heißt zum Unterschied von dem relativen Maximum das *absolute Maximum* und entsprechend wird das *absolute Minimum* in einem Intervall definiert.

Hat $f(x)$ in a ein relatives Extremum und existiert dort $f'(a)$, so gilt $f'(a) = 0$. Existiert $f'(x)$ in einer Umgebung von a, gilt $f'(a) = 0$ und geht $f'(a)$ *monoton wachsend* oder *monoton fallend* durch a, so hat $f(x)$ in a entsprechend *relatives Minimum* oder *relatives Maximum.*

Verallgemeinerter Mittelwertsatz der Differentialrechnung. Sind $f(x)$ und $g(x)$ in einem abgeschlossenen Intervall $J \langle a, b \rangle$ stetig und in seinem Innern differenzierbar, so gilt

$$\frac{f(b) - f(a)}{g(b) - g(a)} = \frac{f'(\xi)}{g'(\xi)}, \quad \xi = a + \Theta(b - a), \quad 0 < \Theta < 1,$$

wenn $g'(x)$ im Innern von J durchweg $\neq 0$ ist.

Bernoulli-L'Hospitalsche Regel.

Es seien $f(x)$ und $g(x)$ in einem an a anstoßenden offenen Intervall J stetig und differenzierbar und es gelte $f(x) \to 0$, $g(x) \to 0$ für $x \to a$ aus J. Verschwindet $g'(x)$ in keinem Punkte von J und gilt, wenn x aus J gegen a strebt, $\dfrac{f'(x)}{g'(x)} \to \alpha$, wo α ein eigentlicher Grenzwert oder $\pm \infty$ sein kann, so gilt auch $\dfrac{f(x)}{g(x)} \to \alpha$.

1. Man bestimme die Extrema der folgenden Funktionen:

   a) $y = x^3 - x$,   b) $y = (x - 1)^2 (x + 2)$,

   c) $y = x^3 - 3x^2 + 6x + 7$,   d) $y = a + (x - b)^4$,

   e) $y = x(1 + 10x - x^2)$ $(3 \leqq x \leqq 9)$.

2. Man bestimme das Minimum von

$$y = \sum_{\nu=1}^{n} p_\nu (x - a_\nu)^2 \quad (p_\nu > 0).$$

3. Man bestimme den kleinsten Abstand der Geraden

$$y = -x + 1, \quad z = -2x + 1$$

von der z-Achse.

4. Es sei

$$x^n + y^n = a \quad (x, y \geqq 0).$$

Wann ist xy ein Maximum?

5. Der Ellipse $\dfrac{x^2}{a^2} + \dfrac{y^2}{b^2} = 1$ schreibe man ein Rechteck mit den achsenparallelen Seiten $2x$ und $2y$ ein, dessen Inhalt ein Maximum ist.

6. Es sei

$$x + y = a \quad (x, y \geq 0).$$

Wann ist der Ausdruck $x^n + y^n$ ein Minimum?

7. Es sei

$$x + y = a \quad (x, y > 0).$$

Wann ist der Ausdruck $x^m y^n$ ein Minimum?

8. Welcher Punkt der Hyperbel $y^2 - x^2 = 1$ hat die kleinste Entfernung vom Punkte $x = 1$, $y = 0$?

9. In einen Halbkreis zeichne man ein Trapez maximalen Inhalts ein.

10. Von allen Dreiecken mit gleicher Basis c und gleichem dieser Seite gegenüberliegendem Winkel γ ist dasjenige mit dem größten Inhalt zu bestimmen.

11. Auf der Ellipse $\dfrac{x^2}{a^2} + \dfrac{y^2}{b^2} = 1$ ist ein Punkt zu finden, von dem aus die große Halbachse $\langle 0, a \rangle$ unter maximalem Winkel gesehen wird.

12. Man bestimme die Extrema der folgenden Funktionen:

a) $y = \dfrac{ax + b}{cx + d}$,

b) $y = \dfrac{x}{1 + x^2}$,

c) $y = \dfrac{(x + a)(x + b)}{(x - a)(x - b)}$,

d) $y = 2x \dfrac{\left(\dfrac{1}{2} - x\right)^2}{\left(\dfrac{1}{2} + x\right)^2} \quad \left(0 < x < \dfrac{1}{2}\right)$,

e) $y = \dfrac{x}{(x - p)(x - q)}$,

f) $y = \dfrac{x^3}{(x - 1)^2} \quad (x > 1)$,

g) $y = \dfrac{1}{x^2} + \dfrac{2}{(1 - x)^2}$,

h) $y = \sqrt[3]{(x - 1)^2 (x + 1)} \quad (|x| \leq 2)$.

13. Man beweise, daß für $a > 1$, $x \geq 1$:

$$\frac{1}{1 + x} - \frac{1}{1 + ax} \leq \frac{\sqrt{a} - 1}{\sqrt{a} + 1}$$

gilt, mit dem Gleichheitszeichen nur für $x = \dfrac{1}{\sqrt{a}}$.   (E. Hopf)

14. Man bestimme die Extrema der folgenden Ausdrücke:

a) $y = \sin x - \cos x$,

b) $y = \sin x - 3 \cos \dfrac{x}{3}$,

c) $y = \dfrac{1}{\sin \dfrac{1}{x}}$,

d) $y = \dfrac{\operatorname{tg} x}{\operatorname{tg}(x + a)}$,

e) $y = a^2 \cos^3 x + b^2 \sin^3 x$,

f) $y = a \operatorname{tg} x + b \operatorname{ctg} x \quad (ab > 0)$,

g) $y = a \sin x + \dfrac{b}{\sin x} \quad (a > b > 0)$,

h) $y = \dfrac{a}{\cos^2 x} + \dfrac{b}{\sin^2 x}$ $(a\,b > 0)$,

i) $y = \dfrac{1 - \cos x}{x^2}$,   k) $y = \sin x \sin(2\,a + x)$.

15. Man bestimme die Extrema von

$$y = x \arcsin x + \sqrt{1 - x^2}   \quad (-1 < x \leq 1).$$

16. Man bestimme die Extrema der folgenden Funktionen:

a) $y = \sqrt[5]{e^{(x(x-1))^n}}$,   b) $y = e^x + e^{-x} - 2 \cos x$,

c) $y = e^x \cos x$,   d) $y = e^{-ax} \sin b x$,   e) $y = \cos x + \operatorname{Cos} x$.

17. Man bestimme die Minima der folgenden Funktionen:

a) $y = e^{x^2} + e^{-x^2}$,   b) $y = \lg \dfrac{x + 2}{x - 3}$,   c) $y = \dfrac{x}{\lg x}$,   d) $y = \dfrac{x^2}{\lg x}$.

18. Man bestimme die Extrema von

$$y = x^n e^{-x^2}   \quad (x \geq 0).$$

19. Man bestimme die Extrema von

a) $y = x^x$ $(x > 0)$,   b) $x^{1/x}$ $(x > 0)$.

20. Man bestimme die folgenden Grenzwerte:

a) $\displaystyle \lim_{x \to a} \frac{(x - b)^n - (a - b)^n}{x - a}$,   b) $\displaystyle \lim_{x \to \infty} \frac{x^3 + 4 x^2 - 8 x + 8}{(x - 2)^2}$,

c) $\displaystyle \lim_{x \to 1} \frac{x^n - n x + n - 1}{(x - 1)^2}$,   d) $\displaystyle \lim_{x \to 1} \frac{x - (n + 1) x^{n+1} + n x^{n+2}}{(1 - x)^2}$,

e) $\displaystyle \lim_{x \to 2} \left(\frac{1}{x - 2} - \frac{5}{x^2 + x - 6} \right)$,

f) $\displaystyle \lim_{x \to 1} \left(\frac{\alpha}{1 - x^\alpha} - \frac{\beta}{1 - x^\beta} \right)$ $(\alpha \beta (\alpha - \beta) \neq 0)$.

21. Man berechne die folgenden Grenzwerte:

a) $\displaystyle \lim_{x \to 0} \frac{\sqrt{a + 2 x} - \sqrt{a + x}}{x}$ $(a > 0)$,   b) $\displaystyle \lim_{x \to 1} \frac{\sqrt{a + b x} - \sqrt{a + b}}{\sqrt{a + c x} - \sqrt{a + c}}$,

c) $\displaystyle \lim_{x \to \infty} \sqrt{\frac{1 + x^2}{x^2}}$,   d) $\displaystyle \lim_{x \to \infty} \left(x^{3/2} \left(\sqrt{x + 1} + \sqrt{x - 1} - 2 \sqrt{x} \right) \right)$,

e) $\displaystyle \lim_{x \to \infty} \left(x^2 - \sqrt{x^4 - x^2 + 1} \right)$,   f) $\displaystyle \lim_{x \to 0} \frac{\sqrt[n]{a + x} - \sqrt[n]{a - x}}{x}$ $(a > 0)$.

22. Man bestimme die folgenden Grenzwerte:

a) $\lim\limits_{x\to 0} \dfrac{\sin(x^{30}+2x)}{5x+x^{100}}$,

b) $\lim\limits_{x\to 0} \dfrac{\operatorname{tg} x - x}{x - \sin x}$,

c) $\lim\limits_{x\to 0} \dfrac{\operatorname{tg} nx - n\operatorname{tg} x}{n\sin x - \sin nx}$.

23. Man beweise

a) $1 - \cos(1-\cos x) \sim \dfrac{x^4}{8}$ $(x\to 0)$, b) $\sin x - x \sim -\dfrac{x^3}{6}$ $(x\to 0)$,

c) $\sin x - x + \dfrac{x^3}{6} \sim \dfrac{x^5}{120}$ $(x\to 0)$, d) $\operatorname{tg} x - x - \dfrac{x^3}{3} \sim \dfrac{2}{15}x^5$,

e) $\lg(1+x) - x + \dfrac{x^2}{2} \sim \dfrac{x^3}{3}$.

24. Man bestimme die folgenden Grenzwerte:

a) $\lim \dfrac{x}{x+\sin x}$ (für $x\to\infty$ und für $x\to 0$),

b) $\lim\limits_{x\to 0} \dfrac{x^3\sin x}{(1-\cos x)^2}$,

c) $\lim\limits_{x\to 0} \dfrac{\cos x - 1 + \dfrac{x^2}{2}}{x^4}$,

d) $\lim\limits_{x\to 0} \dfrac{\operatorname{arc tg} x - x}{x^3}$.

25. Man bestimme die folgenden Grenzwerte:

a) $\lim\limits_{x\to 1} \left((1-x)\operatorname{tg}\dfrac{\pi x}{2}\right)$,

b) $\lim\limits_{x\to 0} \dfrac{\sin x - x\cos x}{\sin^3 x}$,

c) $\lim\limits_{x\to\infty} \left((\sqrt{x+1}-\sqrt{x})\sqrt{\dfrac{x}{x+1000}\cdot\dfrac{\sin x}{1-\cos x}}\right)$,

d) $\lim\limits_{x\to\pi/4} \left(\operatorname{tg} 2x \operatorname{ctg}\left(\dfrac{\pi}{4}+x\right)\right)$,

e) $\lim\limits_{x\to 0} \left(\dfrac{1}{\sin x} - \operatorname{ctg} x\right)$,

f) $\lim\limits_{x\to 0} \dfrac{1}{x}\left(\operatorname{ctg} x - \dfrac{1}{x}\right)$,

g) $\lim\limits_{x\to 0} \dfrac{\dfrac{1}{\sin x} - \dfrac{1}{x}}{\sqrt{x}}$,

h) $\lim\limits_{x\to 0} \left(\dfrac{1}{x^2} - \dfrac{1}{\operatorname{tg}^2 x}\right)$,

i) $\lim\limits_{x\to 0} x^{-3}\left(\dfrac{1}{\sin x} - \dfrac{x}{6} - \dfrac{1}{x}\right)$,

k) $\lim\limits_{x\to 0} x^{-3}\left(\operatorname{ctg} x + \dfrac{x}{3} - \dfrac{1}{x}\right)$.

26. Man berechne die folgenden Grenzwerte:

a) $\lim\limits_{x\to 0} (\operatorname{ctg} x \operatorname{arc\,sin} x)$,

b) $\lim\limits_{x\to\pi/4} \dfrac{\operatorname{tg} x - 1}{\operatorname{arc\,sin} \operatorname{tg} x - \dfrac{\pi}{2}}$,

c) $\lim\limits_{x\to 0} \dfrac{\operatorname{arc\,sin} x - x - \dfrac{x^3}{6}}{x^5}$,

d) $\lim\limits_{x\to 0} \dfrac{\sin x \operatorname{arc\,sin} x - x^2}{x^6}$,

e) $\operatorname{Lim}\left(\dfrac{b+c}{2} + \dfrac{b-c}{\pi}\operatorname{arctg}\dfrac{a}{x-a}\right)\quad (x\downarrow a,\ x\uparrow a,\ a\neq 0)$,

f) $\operatorname*{Lim}_{x\to 0}\dfrac{x\sin(\sin x)-\sin^2 x}{x^6}$,   g) $\operatorname*{Lim}_{x\to\infty}\left(x^4\left(\cos\dfrac{1}{x}-1+\dfrac{1}{2x^2}\right)\right)$,

h) $\operatorname*{Lim}_{x\to 0}\left(\sqrt{\dfrac{1+x^2}{x^2}}\ \operatorname{arctg} x\right)$.

27. Man berechne die folgenden Grenzwerte:

a) $\operatorname*{Lim}_{x\downarrow 0}\dfrac{\lg\operatorname{tg} 7x}{\lg\operatorname{tg} 2x}$,   b) $\operatorname*{Lim}_{x\to 0}\dfrac{(1-\cos x)\lg(1-x)}{x\sin x^2}$,

c) $\operatorname*{Lim}_{x\to 1}\dfrac{\lg(x^{2m}+x^m-1)-m\lg x}{x^2-1}$,   d) $\operatorname*{Lim}_{x\downarrow 0}\dfrac{\lg x\operatorname{tg} x}{x\lg(x^2+10x)}$,

e) $\operatorname*{Lim}_{x\downarrow 0}\dfrac{\lg(1-\cos ax)}{\lg\operatorname{tg} bx}\quad (b>0)$,   f) $\operatorname*{Lim}_{x\to 0}\dfrac{\lg(1+x^2)}{\cos 3x-e^{-x}}$,

g) $\operatorname*{Lim}_{x\to 0}\dfrac{\lg^3(1+x)-x\sin^2 x}{(1-\cos^3 x)(1-e^{x^2})}$,   h) $\operatorname*{Lim}_{x\downarrow 0}\dfrac{\lg x}{a+b\lg\sin x}$,

i) $\operatorname*{Lim}_{x\downarrow 1}\dfrac{x^x-x}{1-x+\lg x}$,   k) $\operatorname*{Lim}_{x\to 1} x^{1/(1-x)}$.

28. Man berechne die folgenden Grenzwerte:

a) $\operatorname*{Lim}_{x\to 0}\dfrac{\lg(1+x)-\sin x}{x^2}$,   b) $\operatorname*{Lim}_{x\to 0}\left(\dfrac{1}{\lg(1+x)}-\dfrac{1}{x}\right)$,

c) $\operatorname*{Lim}_{x\to 1}\left(\dfrac{1}{\lg x}-\dfrac{\alpha}{x^\alpha-1}\right)$,   d) $\operatorname*{Lim}_{x\downarrow 0}(\lg x\lg(1-x))$,

e) $\operatorname*{Lim}_{x\to 0}\dfrac{\lg(1+\sqrt{a+x}-\sqrt{a})}{\sin(\sqrt[5]{a+x}-\sqrt[5]{a})}\quad (a>0)$,

f) $\operatorname*{Lim}_{x\to 0}\left(\dfrac{1}{x(1+x)}-\dfrac{\lg(1+x)}{x^2}\right)$,   g) $\operatorname*{Lim}_{x\to\infty}\left(x-x^2\lg\left(1+\dfrac{1}{x}\right)\right)$,

h) $\operatorname*{Lim}_{x\to\infty}\left(\sqrt[3]{1-x^3}+x\right)$.   i) $\operatorname*{Lim}_{x\to\infty}((x+1)^{2/3}-(x-1)^{2/3})$,

k) $\operatorname*{Lim}_{x\to\infty}(x^{4/3}-(x^2-1)^{2/3})$,   l) $\operatorname*{Lim}_{x\to\pi/2}\left(\operatorname{tg} x-\dfrac{1}{\cos x}\right)$.

29. Man berechne die folgenden Grenzwerte;

a) $\operatorname*{Lim}_{x\to\infty}\left(e^{-x^2}\sqrt{x^5+3x+1}\right)$,   b) $\operatorname*{Lim}_{x\to 0}\left(\dfrac{x}{e^x-x-1}-\dfrac{2}{x}\right)$.

c) $\operatorname*{Lim}_{x\to\infty}(1+e^{-x})^{\operatorname{ctg} 1/x}$,   d) $\operatorname*{Lim}_{n\to\infty}\left(1+\dfrac{n-5}{2n^2+2}\right)^{10n+150\lg n}$,

e) $\operatorname*{Lim}_{x\to 0}(1-2\sin^2 x)^{5\operatorname{ctg}^2 x}$,   f) $\operatorname*{Lim}_{x\to 0}\left(\dfrac{\operatorname{tg} x}{x}\right)^{1/x^2}$,

g) $\lim_{x \to 0} (\operatorname{ctg} x)^{\sin x}$,

h) $\lim_{x \to \infty} x\left[\left(1 + \dfrac{1}{x}\right)^x - e\right]$,

i) $\lim_{x \to a} \left(\dfrac{\operatorname{ctg} x}{\operatorname{ctg} a}\right)^{\operatorname{ctg}^3 (x-a)}$,

k) $\lim_{n \to \infty} \left(\sin \dfrac{2n+1}{3n+1}\, \pi\right)^{\operatorname{tg} \frac{n+1}{n+3} \frac{\pi}{2}}$,

l) $\lim_{x \to 0} \dfrac{x\, e^{\cos x}}{1 - \sin x - \cos x}$,

m) $\lim_{x \to \infty} \dfrac{\lg(a + b\, e^x)}{\sqrt{\alpha + \beta\, x^2}}$ $(b > 0,\, \beta > 0)$,

n) $\lim_{x \uparrow 0} (1 - 2^x)^{\sin x}$,

o) $\lim_{x \to 0} \dfrac{\lg(1 + x + x^2) + \lg(1 - x + x^2)}{x(e^x - 1)}$.

30. Man berechne die folgenden Grenzwerte:

a) $\lim_{x \to 0} \dfrac{e^x - \left(1 + x + \dfrac{x^2}{2!} + \dfrac{x^3}{3!}\right)}{x^4}$,

b) $\lim_{x \to 0} \dfrac{e^x - e^{-x} - 2x}{x - \sin x}$,

c) $\lim_{x \to 0} \dfrac{(1 + x)^n - (1 - x)^n}{e^{1+x} - e^{1-x}}$,

d) $\lim_{x \to 0} \dfrac{e^{x^2} - 1}{1 - \cos x}$,

e) $\lim_{x \to 0} \dfrac{e^{ax} - e^{-bx}}{\lg(1 + x)}$ $(a + b \neq 0)$,

f) $\lim_{x \to 0} \sqrt[3]{\dfrac{e^x - e^{\sin x}}{x - \sin x}}$,

g) $\lim_{x \to 0} \dfrac{e^{x^2} + x - 1}{1 - \sqrt{1 - x^2}}$,

h) $\lim_{x \to 0} \dfrac{2\sqrt{1 + x^2} - 2 - x^2}{(e^{x^2} - \cos x)\sin^2 x}$,

i) $\lim_{x \to a} \left((e^x - e^a)\operatorname{tg} \dfrac{\pi x}{2a}\right)$ $(a \neq 0)$.

* * *

31. In der Relation

$$\sin x - x\sqrt[3]{\cos x} \sim a\, x^\alpha \qquad (x \to 0)$$

bestimme man a und α.

32. In der Relation

$$\lg(a + b\, x^7\, e^{2x}) \sim \alpha\, x^\beta \qquad (b > 0,\, x \to \infty)$$

bestimme man α und β.

33. Man bestimme

$$\lim_{x \to \infty} (a + b\, c^x)^{1/x} \qquad (a, b > 0,\, c > 1).$$

34. Für welche Werte von x hat die Funktion

$$y = |x|^3 + |4x - 5|^3$$

ein Minimum?

35. Man bestimme das Maximum von

$$ax + by \qquad (x^2 + y^2 = 1;\, x, y, a, b > 0).$$

36. Für welche Werte von k hat die Gleichung

$$x^3 - 6x^2 + 9x + k = 0$$

genau eine reelle Wurzel?

37. Liegt γ zwischen α und β, so nimmt

$$\frac{(x - \alpha)(x - \beta)}{(x - \gamma)}$$

jeden beliebigen reellen Wert zweimal an. Sonst aber nimmt dieses Polynom gewisse Werte nicht an, die ein Intervall der Länge $4\sqrt{|\alpha - \gamma|\,|\beta - \gamma|}$ bilden.

38. Die Gleichung

$$y \equiv 12x^4 + 14x^3 + 3x^2 - 5 = 0$$

hat genau eine positive Wurzel.

39. Die Gleichung

$$y \equiv 12x^4 - 14x^3 - 3x^2 - 5 = 0$$

hat genau eine positive Wurzel.

40. Die Gleichung

$$y \equiv 12x^4 + 14x^3 - 3x^2 - 5 = 0$$

hat genau eine positive Wurzel.

41. Es sei $1 < a < 99$. Mit welchem maximalen Fehler muß man a bestimmen, damit der maximale Fehler von $\sqrt[5]{a}$ höchstens $\frac{1}{10}$ ist?

42. Wie groß ist für $0 < x \leqq 5^0$ der maximale Fehler, wenn man $\lg \sin x$ durch $\lg x$ ersetzt?

43. Man bestimme die Maxima der folgenden Funktionen:

a) $y = \dfrac{\lg \dfrac{n + x}{n - 1}}{(n + x)^m}$ $(x \geqq 0,\, n \geqq 2,\, m \geqq 1)$,

b) $y = |a \cos^2 \varphi + 2b \sin \varphi \cos \varphi|$.

44. Man bestimme die Extrema der Funktion

$$y = a \cos^2 x + b \sin^2 x.$$

45. Man beweise die Ungleichung

$$x^\delta |\lg x| \leqq \frac{1}{\delta e} \quad (0 < x < 1,\, \delta > 0).$$

46. Zwischen welchen Werten liegt

$$\left| \operatorname{ctg} x - \frac{1}{x} \right| \quad (0 < x \leqq 5^0)?$$

47. Man bestimme die Extrema von

$$y = \sin(\alpha x + \beta_1)\sin(\alpha x + \beta_2). \quad (\alpha \neq 0).$$

48. Die Funktion

$$y = 4 \cos x + \cos 2x$$

hat Extrema an denselben Stellen wie die Funktion $\cos x$.

49. Es gilt näherungsweise f. $0 < x < 1$:

a) $\sqrt{x} \sqsupset \dfrac{4}{15} + \dfrac{4}{5} x$;   b) $\sqrt{x} \sqsupset \dfrac{1}{8} + x$;

c) $\sqrt{1 + x} \sqsupset \dfrac{5\sqrt{2}+1}{8} + \left(\sqrt{2} - 1\right) x$.

Für welche Werte von x haben diese Näherungen den größten Fehler ?

50. Das Minimum der Funktion

$$y = \operatorname{tg} 3x \operatorname{ctg} 2x$$

ist für $0 < x < \dfrac{\pi}{6}$ zu bestimmen.

51. Man bestimme das Minimum der Funktion

$$y = (1 - x)^{1-x} x^x$$

für $0 < x < 1$.

52. Die Funktion

$$e^x - 1 - x$$

verschwindet nur für $x = 0$.

53. Die Gleichung

$$e^{ax} = bx \qquad (a, b > 0)$$

hat zwei, eine oder keine Wurzel, je nachdem $\dfrac{b}{a} \gtreqless e$ ist.

54. Man bestimme α und a aus der Relation

$$(1 + x)^n - (1 - x)^n \sim a x^a \qquad (x \to 0).$$

55. In den Endpunkten A und B eines Kreisbogens γ auf einem Kreis mit dem Radius 1 ziehe man die Tangenten AC und BC bis zu ihrem Schnittpunkt C und bezeichne den Inhalt des Dreiecks ABC mit $\varDelta$ und den Inhalt des Kreissegmentes zwischen γ und der Sehne AB mit λ. Dann ist

$$\operatorname*{Lim}_{x \to 0} \frac{\varDelta}{\lambda}$$

zu bestimmen, wenn die Länge von γ gegen 0 geht.

56. Es sei

$$f(x) = x^2 + x + 1.$$

Man berechne den Grenzwert für $\nu \to \infty$ und ganze ν von

$$\nu \lg \frac{f(\nu + 1)}{f(\nu)}.$$

57. Man berechne die folgenden Grenzwerte:

a) $\displaystyle \lim_{\nu \to \infty} \left[\nu \left(\lg \sin \frac{\pi}{\nu^2} - \lg \sin \frac{\pi}{\nu^2 + \nu} \right) \right]$,   b) $\displaystyle \lim_{x \to \infty} \left(\cos \frac{\alpha}{x} \right)^{x^2}$,

c) $\displaystyle \lim_{x \to 0} \frac{e^x - 1 + x^3 \sin \dfrac{p}{x}}{x}$,   d) $\displaystyle \lim_{x \to \infty} \left(\cos \frac{1}{x^2} \right)^{x^4}$,

e) $\displaystyle \lim_{x \to \infty} \left(\cos \frac{\alpha}{x} + k \sin \frac{\alpha}{x} \right)^x$,   f) $\displaystyle \lim_{x \to \infty} \left[\frac{1}{x} \left((1 + x)^{1/x} - e \right) \right]$.

58. Es sei $f(0) = 1$, $f'(x)$ existiere und sei stetig für $x = 0$. Dann gilt
$$\sqrt[x]{f(x)} \to e^{f'(0)} \qquad (x \to 0).$$

59. Man bestimme für $a, b > 0$

a) $\displaystyle \lim_{x \downarrow 0} \left(\frac{a^{1/x} + b^{1/x}}{2} \right)^x$,   b) $\displaystyle \lim_{x \to \infty} \left(\frac{a^{1/x} + b^{1/x}}{2} \right)^x$.

60. Man beweise, daß
$$f(x) = \frac{x - \lg(1 + x)}{x^2}$$

monoton fällt für $x > 0$.

61. Sei $f(x) \sim g(x)$ für $x \downarrow a$, wo $f(x)$ und $g(x)$ in ein rechtsseitigen Umgebung von a und in a stetig sind und $g(x)$ bis eventuell auf a, nicht ver-, schwindet. Dann gilt für $x \downarrow a$:
$$\int\limits_a^x f(x)\,dx \sim \int\limits_a^x g(x)\,dx.$$

§ 26. Höhere Ableitungen. Anwendungen der zweiten Ableitung

Durch Wiederholung des Differentiationsprozesses wird für jedes natürliche n die n-te Ableitung von $y = f(x)$ gebildet:
$$f^{(n)}(x) = y^{(n)} = \frac{d^n f(x)}{dx^n} = D_x^n y = D_x^n f(x),$$

wobei also gilt $f^{(p+q)}(x) = (f^{(q)}(x)^{(q)}$. Man hat insbesondere:

1. $(e^{ax})^{(n)} = a^n e^{ax}$.

2. $(\sin(x + a))^{(n)} = \sin\left(x + a + n\frac{\pi}{2} \right)$,

$(\cos(x + a))^{(n)} = \cos\left(x + a + n\frac{\pi}{2} \right)$.

3. $\dfrac{1}{n!} (x^\alpha)^{(n)} = \dbinom{\alpha}{n} x^{\alpha - n}$,

wo $\dbinom{\alpha}{n} = \dfrac{\alpha(\alpha - 1) \ldots (\alpha - n + 1)}{n!}$ $(n \geq 1)$, $\dbinom{\alpha}{0} = 1$ ist.

4. $(f(ax+b))^{(n)} = a^n f^{(n)}(ax+b)$,

$(\lg(ax+b))^{(n)} = (-1)^{n-1}(n-1)!\,\dfrac{a^n}{(ax+b)^n}$.

Es sei $f(x)$ in einem Intervall $J\,(a < x < b)$ zweimal differenzierbar. Man betrachte den Kurvenbogen $C\,(y = f(x)\,(a < x < b))$. Notwendig und hinreichend für die Konvexität (Konkavität) des Bogens C von unten ist, daß überall in $J\,f''(x) > 0\,(f''(x) < 0)$ gilt und daß $f''(x)$ in keinem Teilintervall von J durchweg verschwindet.

Punkte, in denen ein konvexer Teilbogen von C an einen konkaven anstößt, sind Wendepunkte (Inflexionspunkte) von C, die zugehörigen Tangenten Inflexionstangenten. In einem Wendepunkt von C verschwindet $f''(x)$.

Es sei $f(x)$ in einer Umgebung von a stetig und in a zweimal differenzierbar, und es sei $f'(a) = 0$. Ist dann $f''(a) > 0\,(f''(a) < 0)$, so hat $f(x)$ in a ein relatives Minimum (Maximum).

Es sei $f(x)$ in $J = (a, b)$ zweimal differenzierbar, und es sei $f'(a) = 0$ für ein a in J. Ist dann $f''(x) > 0\,(f''(x) < 0)$ überall in J, so hat $f(x)$ in a ein absolutes Minimum (Maximum).

Um einen Überblick über den Verlauf einer Funktion $f(x)$ in einem Intervall J „im Großen" zu erhalten, ist es nützlich, den Kurvenbogen $C\,(y = f(x))$ zu zeichnen, was im allgemeinen durch freihändige Verbindung geeignet gewählter Punkte von C geschieht. Hierzu hat man die Unstetigkeitspunkte von $f(x)$ und $f'(x)$ und die zugehörigen Tangenten zu bestimmen, ferner die relativen Extrema und die zugehörigen x-Werte, sowie die Wendepunkte und die Wendetangenten zu ermitteln, ferner den Konvexitätscharakter der Bögen festzustellen, in die C durch die Wendepunkte eingeteilt wird.

1. Man berechne

a) $\left(\dfrac{af(x)+b}{cf(x)+d}\right)''$,   b) $\left(\dfrac{f(x)}{g(x)}\right)''$,

c) $(u(x)v(x))''$,   d) $(u(x)v(x))^{(3)}$

und beweise

e) $\left[xf\left(\dfrac{1}{x}\right)\right]'' = x^{-3}f''\left(\dfrac{1}{x}\right)$,   f) $\left(\sqrt{x^2+\alpha}\right)'' = \alpha(x^2+\alpha)^{-3/2}$.

2. Sind $x_1, \ldots, x_n$ die n als verschieden und reell vorausgesetzten Wurzeln einer Gleichung n-ten Grades $f(x) = 0$, so gilt

$$\frac{f'^2(x) - f(x)f''(x)}{f^2(x)} = \sum_{\nu=1}^{n} \frac{1}{(x-x_\nu)^2}\,.$$

Man beweise ferner, daß dann die Gleichung

$$f'^2(x) - f(x)f''(x) = 0$$

keine reellen Wurzeln besitzt.

3. Man berechne

$$\frac{d^{50}}{dx^{50}} \sin x \cos x.$$

4. Aus der Gleichung

$$2y \log y = x \qquad (x > 0)$$

bestimme man y' und y''.

5. Aus der Gleichung

$$x = y - \operatorname{arctg} y$$

bestimme man y' und y''.

6. Aus

$$(x - a)^2 + (y - b)^2 = r^2$$

bestimme man y', y'' und $y^{(3)}$.

7. Man beweise, daß $y = \operatorname{tg} x$ der Differentialgleichung

$$y'' = (y^2)'$$

genügt.

8. Man beweise, daß die Funktion

$$y = \sin(n \arcsin x)$$

der Differentialgleichung

$$(1 - x^2)y'' - xy' + n^2 y = 0$$

genügt.

9. Man beweise, daß die Funktion

$$y = (\arcsin x)^2$$

der Differentialgleichung

$$(1 - x^2)y'' - xy' = 2$$

genügt.

10. Man beweise, daß die Funktion

$$y = e^{-x} \cos x$$

der Differentialgleichung

$$y^{(4)} + 4y = 0$$

genügt.

11. Man beweise die Relationen

a) $\displaystyle \int_a^b x f''(x)\,dx = (b f'(b) - f(b)) - (a f'(a) - f(a)),$

b) $\displaystyle f(x + 1) - 2 f(x) + f(x - 1) = \int_{x-1}^{x} \left(\int_{y}^{y+1} f''(t)\,dt \right) dy.$

12. Man berechne die n-ten Ableitungen der folgenden Ausdrücke:

a) $\dfrac{1+x}{1-x}$,   b) $\dfrac{1}{x^2-1}$.

13. Man bestimme y'' für die durch $F(x,y)=0$ gegebene Funktion $y(x)$.

14. Man diskutiere die folgenden Kurven:

a) $y=\dfrac{1}{x}+\dfrac{x^2}{2}$,   b) $y=\dfrac{a}{x-1}-\dfrac{b}{x}$ $(b>a>0)$,

c) $y=\dfrac{1}{x}+\dfrac{1}{x-1}+\dfrac{1}{x+1}$,   d) $y=\dfrac{1}{x^2}-\dfrac{1}{(x-1)^2}$,

e) $y=\dfrac{x^3}{x^2-x-2}$,   f) $y=\dfrac{9x+x^3}{x-x^3}$,

g) $T=\left(p+\dfrac{b}{v^2}\right)(v-d)$ (Van der Waalssche Gleichung, b,d positiv,

$\quad T>273,\, d<v<\infty,\, p(v)$ als Fkt. v. v f. konstantes T),

h) $y=\dfrac{x^4-1}{x}$,   i) $y=x^{5/2}-x^{1/2}$ $(x>0)$.

15. Man diskutiere die folgenden Kurven:

a) $y=\lg\dfrac{1+x}{1-x}\,(|x|<1)$,   b) $y=\dfrac{x^2}{2}-\lg x\,(x>0)$,

c) $y=\cos x^2$,   d) $y=x-\sin x$,

e) $y=\cos^3 x+\sin^3 x$,   f) $y=\sin x+\dfrac{1}{2}\sin 2x+\dfrac{1}{3}\sin 3x$,

g) $y=6\lg x-x-10\operatorname{arctg} x$, h) $y=e^{1/(1-x)}$,

i) $y=e^{-kx^2}$ $(k>0)$,   k) $y=x^2 e^{-kx^2}$ $(k,x>0)$,

l) $y=\dfrac{\sin^2 x}{2+\sin x}$,   m) $y=x^n e^{-x/a}$ $(a>1,n>1)$.

$$*\quad*\quad*$$

16. Man beweise, daß die drei ersten Ableitungen der Funktion

$$y=\arcsin(\lambda\sin x)-x\quad\left(\dfrac{1}{\sin x}>\lambda>1,\,0\leqq x\leqq\dfrac{\pi}{2}\right)$$

positiv sind.

17. Sei $x=g(y)$ die Umkehrfunktion von $y=f(x)$. Wie läßt sich $g^{(3)}(y)$ durch $f'(x)$, $f''(x)$ und $f^{(3)}(x)$ darstellen?

18. y ist gegeben durch die Gleichung

$$x^3+y^3-3axy=0\quad(a>0).$$

Man bestimme die Extrema von y.

19. Es sei $\varphi(x)=ax^3+bx^2+cx+d$, $f(x)=e^{\alpha x}$. Dann gilt

$$af^{(3)}(x)+bf''(x)+cf'(x)+df(x)=\varphi(\alpha)e^{\alpha x}.$$

20. Man beweise, daß die Funktion

$$y = \int\limits_a^x (x - z) f(z)\, dz + A + B(x - a)$$

der Differentialgleichung

$$y'' = f(x)$$

mit den „Anfangsbedingungen" $y(a) = A$, $y'(a) = B$ genügt.

21. Man bilde zur Funktion

$$\varphi(x) = \frac{f(x) - f(a)}{f'(a)} \left[1 + \frac{f(x) - f(a)}{(f'(a))^2} \left(f(a) - \frac{1}{2} f''(a) \right) \right]$$

die Ableitungen $\varphi'(a)$ und $\varphi''(a)$.

22. Man ersetze im Ausdruck

$$\frac{y^{(3)}}{y'} - \frac{3}{2} \left(\frac{y''}{y'} \right)^2$$

y durch $\dfrac{1}{y}$ und zeige, daß er unverändert bleibt.

23. Man bestimme die n-te Ableitung von

a) $y = a^{3x}$ $(a > 0)$,   b) $y = x^m \lg x$ $(m > 0)$,

c) $y = (a x + b)^m$ $(m > n)$,   d) $y = x e^x$,

e) $y = \dfrac{x}{a + b x}$,   f) $y = \sin^3 x$.

24. Man beweise die folgenden Relationen:

a) $\dfrac{1}{n!} \dfrac{d^n}{dx^n} \dfrac{\lg x}{x} = (-1)^n \dfrac{1}{x^{n+1}} \left[\lg x - 1 - \dfrac{1}{2} - \cdots - \dfrac{1}{n} \right]$,

b) $\dfrac{d^n}{dx^n} e^x \sin x = 2^{n/2} e^x \sin \left(x + \dfrac{n \pi}{4} \right)$,

c) Aus b) bestimme man die n-te Ableitung von $e^x \cos x$.

25. Es sei $P_n(x) = \dfrac{d^n}{dx^n} (x^2 - 1)^n$. Dann gilt

$$\int\limits_{-1}^{1} P_n(x) f(x)\, dx = 0,$$

wenn $f(x)$ ein Polynom vom Grade $m < n$ ist. Man beweise ferner, daß $P_n(x)$ genau n verschiedene reelle Wurzeln zwischen -1 und $+1$ besitzt.

26. Man beweise die folgende Relation

$$\frac{d^n}{dx^n} \operatorname{arc\,tg} x = (-1)^{n-1} \frac{(n-1)!}{\sqrt{(1 + x^2)^n}} \sin \left(n \operatorname{arc\,tg} \frac{1}{x} \right).$$

27. Es sei $y = \operatorname{arc\,tg} x$. Dann gilt

$$\frac{d^n y}{dx^n} = (-1)^n (n-1)! \cos^n y \sin n \left(y - \frac{\pi}{2} \right).$$

28. Es gilt
$$(xf(x))^{(n)} = x f^{(n)}(x) + n f^{(n-1)}(x).$$

29. Es gilt
$$\frac{d^n}{dx^n}\left(x^{n-1} e^{1/x}\right) = (-1)^n \frac{e^{1/x}}{x^{n+1}}.$$ (Halphen.)

30. Man beweise die Relation
$$\int u v^{(n+1)}\, dx = u v^{(n)} - u' v^{(n-1)} + \cdots + (-1)^n u^{(n)} v + (-1)^{n+1} \int u^{(n+1)} v\, dx.$$

31. Sind f und g zwei Polynome n-ten Grades in x, so ist der Ausdruck
$$f g^{(n)} - f' g^{(n-1)} + \cdots + (-1)^n f^{(n)} g$$
von x unabhängig.

32. Sei $f(x)$ ein Polynom n-ten Grades. Dann gilt
$$\int e^{-x} f(x)\, dx = - e^{-x}\left[f(x) + f'(x) + \cdots + f^{(n)}(x)\right],$$
sowie allgemein für jedes reelle α
$$\int e^{\alpha x} f(x)\, dx = e^{\alpha x}\left[\frac{f}{\alpha} - \frac{f'}{\alpha^2} + \frac{f''}{\alpha^3} - \cdots + (-1)^n \frac{f^{(n)}}{\alpha^{n+1}}\right].$$

33. Man bestimme
$$\operatorname*{Lim}_{x \to 0} \frac{1 + 2\cos^3 x - 3\sqrt{\cos 2x}}{\sin^4 x}.$$

34. Ist $f(x)$ eine *gerade* Funktion und beliebig oft differenzierbar in einer Umgebung des Nullpunktes, so verschwinden im Nullpunkt alle Ableitungen ungerader Ordnung von $f(x)$. Ist dagegen $f(x)$ *ungerade* und beliebig oft differenzierbar in einer Umgebung des Nullpunktes, so verschwinden im Nullpunkt alle Ableitungen gerader Ordnung von $f(x)$.

35. Die Gleichung in x:
$$u e^x = 1 + x + \frac{x^3}{2}$$
hat genau eine reelle Wurzel für jedes $u > 0$.

36. Für ein ganzzahliges m sei
$$f(x) = x^{-m} e^{-1/x^2}\ (x \neq 0), \quad f(0) = 0.$$
Dann ist $f(x)$ für alle x stetig, und es gilt
$$f'(0) = 0.$$
Ferner beweise man, daß die Funktion $F(x) = e^{-1/x^2}$ im Nullpunkt Ableitungen jeder Ordnung besitzt, die dort alle verschwinden. (Cauchy.)

37. Man bestimme das Integral
$$\int \left[\frac{f(x)}{f'(x)} - \frac{f''(x) f^2(x)}{(f'(x))^3}\right] dx.$$

38. Man beweise, daß, wenn $f^{(n)}(x) \equiv 0$ gilt, dann $f(x)$ ein Polynom vom Grade n ist.

39. Man beweise die Relation

$$f g^{(n)} = \sum_{\nu=0}^{n} (-1)^{\nu} \binom{n}{\nu} (f^{(\nu)} g)^{(n-\nu)}.$$

40. Man zeige, daß $\varphi(x) \equiv 6x + 3x^2 - x^3 - 6(1 + x)\, \lg(1 + x) \leqq 0$ für $x > -1$ ist, und nur $= 0$ für $x = 0$.

41. Sei für $n = 0, 1, \ldots$:

$$R_n(x) = e^x - \sum_{\nu=0}^{n} \frac{x^\nu}{\nu!}, \quad Q_n(x) = \frac{R_n(x)}{x^{n+1}} \; (x \neq 0), \quad Q_n(0) = \frac{1}{(n+1)!}.$$

Man beweise, daß $Q_n(x)$ für jedes x beliebig oft differenzierbar ist, daß $Q_n(x)$ für jedes $n = 0, 1, 2, \ldots$ durchweg stetig ist und daß

$$Q_n^{(\nu)}(0) = \frac{\nu!}{(n+1+\nu)!} \quad (\nu = 1, 2, \ldots).$$

gilt.

§ 27. Darstellungen von Kurven. Tangente und Normale

Neben den Darstellungen von ebenen Kurven in den Gestalten

$$\text{a) } y = f(x), \qquad \text{b) } x = g(y), \qquad \text{c) } F(x, y) = 0$$

ist als die Verallgemeinerung der beiden ersten Darstellungstypen noch die *Parameterdarstellung* wichtig, $x = \varphi(t)$, $y = \psi(t)$, wo der *Parameter t* ein *Parameterintervall* durchläuft, oder für Raumkurven $x = \varphi(t)$, $y = \psi(t)$, $z = \chi(t)$. Ist längs eines Kurvenbogens eine Parameterdarstellung mit stetigen Funktionen φ, ψ, χ möglich, so handelt es sich um einen *stetigen Bogen*.

Beispiele von Parameterdarstellungen:

Kreis: $x = a + r \cos t, \quad y = b + r \sin t, \quad 0 \leqq t < 2\pi$,
     r der Radius, (a, b) der Mittelpunkt.

Ellipse: $x = a \cos t, \quad y = b \sin t, \quad 0 \leqq t < 2\pi$,
     a, b Halbachsen, der Mittelpunkt im Ursprung.

Zykloide: $x = r t - r \sin t, \; y = r - r \cos t$.

Schraubenlinie: $x = \varrho \cos t, \quad y = \varrho \sin t, \quad z = \dfrac{h}{2\pi} t, \quad h$ die Ganghöhe.

Längs einer ebenen Kurve gilt $\dfrac{dy}{dx} = \dfrac{y'}{x'}$, wo die Striche die Differentiation nach dem Parameter bezeichnen. Für eine Raumkurve gilt für die Richtungskosinusse der Tangente:

$$\cos(t, x) = \frac{x'}{\sqrt{x'^2 + y'^2 + z'^2}}, \quad \cos(t, y) = \frac{y'}{\sqrt{x'^2 + y'^2 + z'^2}},$$

$$\cos(t, z) = \frac{z'}{\sqrt{x'^2 + y'^2 + z'^2}}.$$

Bei einer ebenen Kurve sind die Richtungscosinusse der Tangente und Normalen:

$$\frac{x'}{\sqrt{x'^2+y'^2}}\,, \qquad \frac{y'}{\sqrt{x'^2+y'^2}}\,, \qquad \text{bzw.} \qquad \frac{-y'}{\sqrt{x'^2+y'^2}}\,, \qquad \frac{x'}{\sqrt{x'^2+y'^2}}\,,$$

wenn die positive Tangentenrichtung im Sinne des wachsenden Parameters genommen wird und die positive Normalenrichtung daraus durch Drehung im positiven Sinne um $\frac{\pi}{2}$ entsteht.

Im Falle der Darstellung durch $F(x, y) = 0$ sind die Gleichungen der Tangente und Normalen in laufenden Koordinaten ξ, η:

$$(\xi - x)\,F'_x + (\eta - y)\,F'_y = 0\,, \quad (\xi - x)\,F'_y - (\eta - y)\,F'_x = 0\,.$$

Polarkoordinaten r, φ sind gegeben durch

$$x = r\cos\varphi\,, \quad y = r\sin\varphi\,, \quad r = \sqrt{x^2 + y^2}\,, \quad \cos\varphi = \frac{x}{r}\,, \quad \sin\varphi = \frac{y}{r}\,, \quad \operatorname{tg}\varphi = \frac{y}{x}\,.$$

Man hat dann

$$\frac{dy}{dx} = \frac{\varphi' + \dfrac{r'}{r}\operatorname{tg}\varphi}{\dfrac{r'}{r} - \varphi'\operatorname{tg}\varphi}\,.$$

1. Zur Kurve $y = 3x^{7/5}$ ist eine rationale Parameterdarstellung zu finden.

2. Für die Kurve

$$x = a\,\frac{t}{t^2 + 1}\,, \quad y = b\,\frac{t^2 - 1}{t^2 + 1}$$

ist die Gleichung zu finden.

3. Man finde eine Parameterdarstellung der Astroide $x^{2/3} + y^{2/3} = a^{2/3}$ $(a > 0)$.

4. Man finde eine Parameterdarstellung der Hyperbel

$$\frac{x^2}{a^2} - \frac{y^2}{b^2} = 1\,.$$

5. Man stelle die Gleichungen der Tangenten und Normalen einer auf ihre Hauptachsen bezogenen Hyperbel auf.

6. Man stelle die Gleichungen der Tangenten und Normalen einer auf ihre Asymptoten bezogenen gleichseitigen Hyperbel auf.

7. Der Richtungstangens der Tangente an die Kurve $x = t^3 + 1$, $y = t^2 + t + 1$ im Punkt $x = 1$, $y = 1$ ist zu bestimmen.

8. Die Gleichung und Tangente der Kurve $x = t^2 - t + 1$, $y = t^2 + t + 1$ ist zu bestimmen.

9. Man bestimme die Gleichung und Tangente der Kurven

$$(0 \leqq t \leqq \pi/2;\quad a, b > 0):$$

a) $x = \left(\dfrac{c^2}{a}\right)\cos^3 t$, $y = \left(\dfrac{c^2}{b}\right)\sin^3 t$;   b) $x = a\sin^4 t$, $y = a\cos^4 t$.

10. Man bestimme die Gleichungen der Tangente und Normalen der Kettenlinie $y = a \operatorname{Cos} \dfrac{x}{a}$ und beweise, daß die Projektion der Ordinate y eines Kurvenpunktes auf die Normale in diesem Punkt konstant $= a$ ist.

11. Tangenten und Normalen der semikubischen Parabel $y = ax^{3/2}$ $(a > 0)$.

12. Man bestimme den geometrischen Ort aller Punkte, für die das Produkt der Distanzen von zwei Punkten $\pm c$ der x-Achse konstant $= a^2$ ist (eine Lemniskate), und bestimme die Richtungen der Tangenten.

13. Man bestimme für die Parabel $x = ay^2$ die *Fußpunktkurve*, d. h. den geometrischen Ort der Fußpunkte der Lote, die von einem festen Punkt (α, β) (dem *Pol*) auf die Tangenten der Parabel gefällt werden.

14. Fußpunktkurve der Ellipse, wenn der Pol im Mittelpunkt gewählt wird.

15. Man beweise, daß die Kurve $x^{2/3} + y^{2/3} = a^{2/3}$ ständig von einer Strecke fester Länge berührt wird, deren Endpunkte längs der Koordinatenachsen gleiten.

16. Für die Kurve $x = \sin t + \dfrac{1}{2} \sin t \cos^2 t$, $y = -\dfrac{1}{2} \cos^3 t$ ist der Abschnitt der Normalen innerhalb des Hauptquadranten von konstanter Länge 1.

17. Man beweise, daß die Parabeln $y^2 = 2ux + u^2$, $y^2 = -2vx + v^2$, $uv > 0$, sich orthogonal schneiden.

18. Die Tangente an $\dfrac{x^n}{a^n} + \dfrac{y^n}{b^n} = 1$ in (x, y) ist zu bestimmen.

19. Man bestimme $\dfrac{d^2y}{dx^2}$, wenn x und y als Funktionen eines Parameters t gegeben sind.

20. Man bestimme $\dfrac{dy}{dx}$ für

$$\text{a) } x = \frac{3at}{1+t^3}, \quad y = \frac{3at^2}{1+t^3}; \qquad \text{b) } x = \frac{a-t}{a+t}, \quad y = \frac{t}{a+t}.$$

21. Man berechne dy/dx für $x = \arcsin t$, $y = \arcsin \sqrt{1 - t^2}$.

22. Es ist $\dfrac{dy}{dx}$ zu bestimmen, wenn

$$\text{a) } x = \arcsin \frac{t}{\sqrt{1+t^2}}, \qquad y = \arccos \frac{1}{\sqrt{1+t^2}};$$

$$\text{b) } x = k \sin t + \sin kt, \qquad y = k \cos t + \cos kt.$$

23. Aus der Gleichung der Zykloide $x = r(t - \sin t)$, $y = r(1 - \cos t)$ ist $\dfrac{d^2y}{dx^2}$ zu bestimmen.

24. Längs der Kurve $x = \cos t + t \sin t$, $y = \sin t - t \cos t$ bestimme man

$$\frac{dy}{dx}, \frac{d^2y}{dx^2}.$$

25. Längs der Kurve $x = t - \sin t$, $y = t - \cos t$ bestimme man $\dfrac{dy}{dx}$, $\dfrac{d^2y}{dx^2}$.

26. Bestimme $\dfrac{dy}{dx}$ für $e^x \sin y + e^y \sin x = \cos x y$.

27. Man bestimme die Tangenten zur Kurve

$$x = \frac{t^4}{4}, \quad y = \frac{t^3}{3}, \quad z = \frac{t^2}{2}.$$

In welchem Punkt ist eine Tangente parallel zur Ebene $x + y + z = 0$?

28. Man lege die Tangenten an die Raumkurve $x^2 + y^2 = 10$, $x^2 + z^2 = 25$.

29. Man bestimme die Tangente und die Normalebene zur Kurve $y^2 = 2px$, $z = 2qx$ im Punkt mit der Abszisse $x = p$.

30. Man beweise, daß alle Normalen zur Kurve

$$x = \frac{2at}{1 + t^2}, \quad y = \frac{a(1 - t^2)}{1 + t^2} \quad (a > 0)$$

durch einen festen Punkt gehen.

$$* \quad * \quad *$$

31. Man bestimme eine rationale Parameterdarstellung für die Lemniskate

$$(x^2 + y^2)^2 = a^2(x^2 - y^2).$$

32. Man suche die Parameterdarstellung des *Descartesschen Blattes* $x^3 + y^3 = 3axy$ durch den Parameter $t = \dfrac{y}{x}$. Welche Relation besteht zwischen t_1, t_2, t_3, wenn die zugehörigen Punkte des Descartesschen Blattes auf einer Geraden liegen?

33. Liegen drei Punkte P_1, P_2, P_3 der Kurve von A 32 auf einer Geraden und schneiden die Tangenten durch diese Punkte die Kurve je in P_1', P_2', P_3', so liegen diese letzten Punkte gleichfalls auf einer Geraden.

34. Ist $F(x, y)$ ein kubisches Polynom in x, y, so lege man durch den allgemeinen Punkt (x, y) der Kurve $F = 0$ eine Tangente und bestimme ihre weiteren Schnittpunkte mit der Kurve.

35. Man bestimme von der Kardioide $r = a(1 + \cos \varphi)$ diejenige Normale, die mit der Polarachse den Winkel $\dfrac{\pi}{4}$ bildet.

36. Man suche die der Zykloide entsprechenden Kurven, wenn die Rollgerade durch eine Kreislinie ersetzt wird.

37. Ein Kreis vom Radius r rollt auf der x-Achse. Ein mit dem Kreis starr verbundener Punkt im Abstand h vom Mittelpunkt beschreibt eine *verlängerte* oder *verkürzte* Zykloide, wenn $h < r$ oder $h > r$ ist. Man bestimme die Gleichungen dieser Kurven, ihre Tangenten und beweise, daß die Kurvennormalen durch den Berührungspunkt des Kreises mit der x-Achse gehen.

38. Die im Punkt $(1, 1)$ an die Kurve $y = x^n$ gelegte Tangente schneide die x-Achse in $(\xi, 0)$. Dann gilt: $\operatorname*{Lim}_{n \to 0} y(\xi) = \dfrac{1}{e}$.

39. Man lege an die Kurve $y = \cos \sqrt{x}$ im Punkt $x = 0$ die rechtsseitige Halbtangente.

40. Die Raumkurve mit der folgenden Parameterdarstellung ist eben:

$$x = at^2 + bt + c, \quad y = a_1 t^2 + b_1 t + c, \quad z = a_2 t^2 + b_2 t + c.$$

41. Die Schraubenlinie kann ohne Deformation längs ihrer selbst gleiten.

42. Man projiziere die Schraubenlinie

$$x = a \cos t, \quad y = a \sin t, \quad z = bt$$

auf die durch die z-Achse und die Winkelhalbierende des Hauptquadranten gehende Ebene.

43. Man stelle die Raumkurve $x = t$, $y = t^3$, $z = t^5$ als eine Schnittkurve von zwei Flächen dar, die außerdem noch eine Gerade gemeinsam haben.

44. Geht ein durchweg mit stetiger Tangente versehener ebener Kurvenbogen C vom Punkte A zum Punkte B, so gibt es eine Tangente an C, die parallel zu $A B$ ist.

45. Es möge ein stetiger und mit stetig sich drehender Tangente versehener doppelpunktfreier Kurvenbogen γ in O beginnen und sodann wieder in O zurücklaufen (wobei die Anfangs- und die Endtangente durchaus unabhängig orientiert sind). Wird dann längs des in O aufgeschnittenen Bogens γ der Tangentenrichtungswinkel $\Theta(P)$ als stetige Funktion des Ortes definiert, so ist längs γ die Schwankung von $\Theta(P) > \pi$, d. h. es gibt auf γ zwei Punkte P_1, P_2, derart, daß $|\Theta(P_1) - \Theta(P_2)| > \pi$ ist.

46. Es möge ein einfacher Kurvenbogen C durchweg mit stetiger Tangente versehen sein, im Mittelpunkt M einer Kreislinie K beginnen und K wenigstens in zwei verschiedenen Punkten A, B treffen. Dann gibt es auf C zwei zueinander senkrechte Tangenten.

47. Ist eine Kurve $r = r(\varphi)$ in Polarkoordinaten gegeben und ist Θ der Winkel der gerichteten Tangente mit der Polarachse beim Durchlaufen der Kurve in der Richtung der wachsenden φ, so ist $\operatorname{ctg}(\Theta - \varphi) = \dfrac{d \lg r}{d\varphi}$.

48. Unter welchen Winkeln schneiden sich die Kurven

$$r^2 = \frac{c_1^2}{\cos(2\varphi + \alpha)} \quad \text{und} \quad r^2 = \frac{c_2^2}{\cos 2\varphi} \; ?$$

§ 28. Bogenlänge

Ein *glatter Kurvenbogen* ist ein Bogen mit der Parameterdarstellung $x = \varphi(t)$, $y = \psi(t)$, $z = \chi(t)$, wo die Funktionen φ, ψ, χ im Parameterintervall stetig differenzierbar sind und nirgends alle zugleich verschwinden. Für einen solchen Bogen ist die Bogenlänge gegeben durch

$$s = \int \sqrt{x'^2 + y'^2 + z'^2}\, dt.$$

Ist die *Bogenlänge als Parameter* genommen, so gilt, wenn die Punkte die Differentiation nach der Bogenlänge bezeichnen,

$$\dot{x}^2 + \dot{y}^2 + \dot{z}^2 = 1, \quad \dot{x}\ddot{x} + \dot{y}\ddot{y} + \dot{z}\ddot{z} = 0,$$

die letzte Relation, wenn die zweiten Ableitungen der x, y, z existieren.

Unter Zugrundelegung der Polarkoordinaten r, φ gilt $s' = \sqrt{r'^2 + r^2 \varphi'^2}$.

Man bestimme:

1. Die Bogenlänge der Parabel $y^2 = 2px$ vom Scheitel bis zu $y = a$.

2. Die Bogenlänge der Kurve $y = x^{3/2}$, vom Punkt $x = 0$ an gezählt.

3. Die Bogenlänge von $y = \lg x$ von $x = 1$ an.

4. Die Bogenlänge der Kurve $y = a \lg \cos \dfrac{x}{a}$ von $(0,0)$ bis (x,y).

5. Die Bogenlänge der Kurve $x^2 + y^2 = ax$.

6. Die Bogenlänge der Astroide $x^{2/3} + y^{2/3} = a^{2/3}$ $(a > 0)$.

7. Die Bogenlänge der Kurve $x = a \cos^3 t$, $y = b \sin^3 t$ $(a, b > 0, a \neq b)$.

8. Die Bogenlänge der Cissoide $y^2 = \dfrac{x^3}{2a - x}$ $(a > 0)$.

9. Die Bogenlänge der Kurve $x = a \cos t + h \cos qt$,
$$y = a \sin t + h \sin qt \quad (a = qh, q \neq 1).$$

10. Die Bogenlänge der Kurve $y = a \lg \dfrac{a^2}{a^2 - x^2}$ $(|x| < a)$.

11. Die Bogenlänge der Kurve
$$y = 2a \lg \frac{\sqrt{a} + \sqrt{x}}{\sqrt{a} - \sqrt{x}} - 4\sqrt{ax} \quad (0 \leqq x < a).$$

12. Die Bogenlänge der Kurve
$$y = \frac{1}{2} a \lg \frac{a + \sqrt{a^2 - x^2}}{a - \sqrt{a^2 - x^2}} - \sqrt{a^2 - x^2}.$$

13. Die Bogenlänge der Kurve
$$x = a \sin t - \frac{1}{3}(a - b)\sin^3 t, \quad y = b \cos t + \frac{1}{3}(a - b)\cos^3 t \quad (a, b > 0).$$

14. Die Bogenlänge der Raumkurve $x = 2a^2 t$, $y = 3abt^2$, $z = 3b^2 t^3$.

15. Die Bogenlänge der Schnittkurve von $2\,x^3 = 3\,a^2\,y$ und $x^2 = a\,z$.

16. Die Bogenlänge der Raumkurve (konischen Spirale)

$$x = t\cos\alpha t,\, y = t\sin\alpha t,\, z = \beta t.$$

17. Die Bogenlänge der Raumkurve $x = e^t\cos t$, $y = e^t\sin t$, $z = e^t$ vom Punkt $(1, 0, 1)$ an.

18. Die Bogenlänge der Kurve $y = a\arcsin\dfrac{x}{a}$, $z = \dfrac{1}{4}\,a\lg\dfrac{a+x}{a-x}$.

19. Die Bogenlänge der Schnittkurve der Flächen $(z - y)^2 = 3\,a\,(z+y)$, $z^2 = \dfrac{9}{8}\,x^2 + y^2$.

20. Die Bogenlänge der Kurve $y = x^2$, $z = \dfrac{4}{3}\,x^{3/2}$.

21. Die Bogenlänge der Kurve $y = \dfrac{2}{3}\,x^{3/2} + 2\,x^{1/2}$, $z = \sqrt{5\,x}$.

22. Die Bogenlänge der Kurve $y = 2\sqrt{2\,x}$, $z = \lg x$.

23. Die Bogenlänge der Kurve $y = \sqrt{1 - x^2}$, $z = \dfrac{1}{4}\lg\dfrac{1+x}{1-x} - \dfrac{x}{2}$.

24. Die Bogenlänge der Kurve $\dfrac{x^2}{a^2} - \dfrac{y^2}{b^2} = 1$, $x = \dfrac{a\,(e^{z/a} + e^{-z/a})}{2}$.

25. Die Bogenlänge der Kardioide $r = a\,(1 + \cos\varphi)$.

26. Die Bogenlänge der Archimedischen Spirale $r = a\,\varphi$ vom Koordinatenursprung aus.

27. Von der hyperbolischen Spirale $r = \dfrac{a}{\varphi}$ ist die Tangente und die Bogenlänge zu bestimmen.

28. Die Bogenlänge der Kurve $r = a\,(\varphi^2 - 1)$ von $\varphi = 0$ an.

29. Die Bogenlänge der Kurve $r = \dfrac{e^\varphi - 1}{e^\varphi + 1}$ von $\varphi = 0$ an.

30. Die Parameterdarstellung der Schnittkurve der Zylinderfläche $\sqrt{x^2 + y^2} = \alpha\arctan\dfrac{y}{x}$ und des Kegels $x^2 + y^2 = z^2$ ist aufzustellen. Berechne die Bogenlänge.

$$*\quad *\quad *$$

31. Man beweise, daß die beiden logarithmischen Spiralen $r = e^\varphi$, $r = A\,e^\varphi$ $(A > 0)$ geometrisch kongruent sind.

32. Wird ein in Polarkoordinaten durch die Gleichung $r = r\,(\varphi)$ gegebener Kurvenbogen in der Richtung der wachsenden φ durchlaufen und ist Θ der Winkel aus der x-Achsenrichtung in die Tangentenrichtung, so gilt:

$$\sin(\Theta - \varphi) = \frac{r}{\sqrt{r'^2 + r^2}}.$$

33. Ist S unter den Voraussetzungen von A 32 die Distanz der Tangente vom Pol, so gilt:

$$S = \frac{r^2}{\sqrt{r'^2 + r^2}} \, .$$

34. Verbindet ein Kurvenbogen $y = y(x)$ die Punkte $x = 0$ und $x = l$ auf der x-Achse, so gilt für die Differenz $\varDelta$ zwischen der Länge dieses Bogens und l:

$$\int\limits_0^l y'^2 \, dx \geqq 2\varDelta \geqq \int\limits_0^l \frac{y'^2}{\sqrt{1 + y'^2}} \, dx \, .$$

wenn y' durchweg stetig ist.

35. Ist unter den Voraussetzungen von A 34 längs des betreffenden Bogens $|y''(x)| \leqq M$, so gilt: $\varDelta \leqq \dfrac{M^2 l^3}{6}$.

36. Ist unter den Voraussetzungen von A 34 längs des betreffenden Kurvenbogens $|y''(x)| \geqq m > 0$, so gilt:

$$\varDelta > \frac{m^2 l^3}{24 \sqrt{1 + m^2 l^3}} \, .$$

37. Seien $f(t)$, $\varphi(t)$ zweimal stetig differenzierbare Funktionen von t. Setzt man $x = f(t) - \varphi'(t)$, $y = \varphi(t) + f'(t)$ und $X = f'(t) \sin t - \varphi'(t) \cos t$, $Y = = f'(t) \cos t + \varphi'(t) \sin t$, so gilt $dX^2 + dY^2 = dx^2 + dy^2$. Man deute dies geometrisch.

38. Auf der Kugel mit dem Radius 1 um den Koordinatenursprung betrachte man eine Kurve, deren Projektion auf die (x, y)-Ebene die Gleichung in ebenen Polarkoordinaten $r = \dfrac{a}{\cos \varphi}$ hat, wenn die positive x-Achse als Polarachse angenommen wird. Bestimme die Bogenlänge der Kurve, wobei OBdA, $a > 0$ sei.

39. Man beweise, daß jeder endliche Bogen der Kurve $y = |x^3|$ ein glatter Bogen ist.

40. Man beweise, daß der Bogen einer durch $y = x \, |\varphi(x)|$ dargestellten Kurve, wenn $\varphi(x)$ eine in der Umgebung von $x = 0$ stetig und gleichmäßig beschränkt differenzierbare Funktion ist und höchstens für $x = 0$ verschwindet, in jener Umgebung des Nullpunktes glatt ist.

41. Es seien $C_1 \, [x = \varphi_1(t), \, y = \psi_1(t)]$ und $C_2 \, [x = \varphi_2(t), \, y = \psi_2(t)]$ zwei glatte Bögen für $0 \leqq t \leqq T$ derart, daß die Tangenten in den dem gleichen Parameter entsprechenden Punkten jeweils parallel und gleich orientiert sind. Wird dann für positive Konstanten α, β eine neue Kurve C_3 mit der Parameterdarstellung $x = \alpha \varphi_2 + \beta \varphi_1$, $y = \alpha \psi_1 + \beta \psi_2$ gebildet, und werden die Bogenlängen der drei Kurven von $t = 0$ bis zum allgemeinen t bzw. mit $s_1(t)$, $s_2(t)$, $s_3(t)$ bezeichnet, so gilt $s_3(t) = \alpha s_1(t) + \beta s_2(t)$.

§ 29. Potenzreihen für den Logarithmus und den Arcustangens

Es gelten für $|x| < 1$ die unendlichen Entwicklungen

$$\lg(1+x) = -\sum_{\nu=1}^{\infty} (-1)^\nu \frac{x^\nu}{\nu}, \qquad \operatorname{arctg} x = \sum_{\nu=0}^{\infty} (-1)^\nu \frac{x^{2\nu+1}}{2\nu+1}.$$

Diese Entwicklungen folgen aus den zugehörigen *Restgliedformeln*

$$\lg(1+x) - \sum_{\nu=1}^{n} (-1)^{\nu+1} \frac{x^\nu}{\nu} = (-1)^n \int_0^x \frac{t^n\,dt}{1+t} = \frac{(-1)^n}{1+\Theta x}\frac{x^{n+1}}{n+1}, \quad 0 < \Theta < 1,$$

$$\operatorname{arctg} x - \sum_{\nu=0}^{n-1} (-1)^\nu \frac{x^{2\nu+1}}{2\nu+1} = (-1)^n \int_0^x \frac{t^{2n}\,dt}{1+t} = \frac{(-1)^n}{1+\Theta x^2}\frac{x^{2n+1}}{2n+1}, \quad 0 < \Theta < 1,$$

die sich leicht durch gliedweise Integration der Summenformeln für einige endliche geometrische Reihen ergeben.

1. Man bestimme für $|x| < 1$ den Wert der Reihe:

$$\frac{x}{2} + \frac{x^2}{3} + \frac{x^3}{4} + \cdots.$$

2. Man beweise

$$|\lg(1+x) - x| \leqq x^2 \quad \left(|x| \leqq \frac{1}{2}\right).$$

3. Man bestimme den Wert der Reihe

$$\sum_{\nu=1}^{\infty} \frac{x^\nu}{2\nu-1} \quad (|x| < 1).$$

4. Man bestimme α aus der Relation

$$\lg(1+x) - \lg x - \frac{1}{x+\frac{1}{2}} \sim \alpha x^{-3} \quad (x \to \infty).$$

5. Man beweise

$$0 < x - \operatorname{arctg} x < \frac{x^3}{3} \quad (0 < x \leqq 1).$$

$$* \ ^* \ *$$

6. Die Differenz zwischen $\lg\dfrac{a}{b}$ und $\dfrac{a-b}{2}\left(\dfrac{1}{a} + \dfrac{1}{b}\right)$ ist für positive a, b und kleine $\dfrac{a}{b} - 1$ ungefähr $\dfrac{1}{6}\left(1 - \dfrac{b}{a}\right)^3$. Man präzisiere das „Ungefähr".

7. Man beweise

$$|\lg(1+x) - x| \leqq \mu x^2 \quad \left(|x| \leqq \frac{1}{2}\right).$$

mit $\mu = \lg 16 - 2 = 0{,}77259\ldots$.

§ 30. Die Taylorsche Formel

Ist die Funktion $f(x)$ $(n+1)$-mal stetig differenzierbar im Intervall $\langle a, x \rangle$, so gilt die *Taylorsche Formel mit dem Restglied $(n+1)$-ter Ordnung*:

$$f(x) - \sum_{\nu=0}^{n} \frac{(x-a)^\nu}{\nu!} f^{(\nu)}(a) \equiv R_{n+1} = \int_a^x \frac{(x-t)^n}{n!} f^{(n+1)}(t)\, dt.$$

Für dieses Restglied gilt die Lagrangesche endliche Darstellung

$$R_{n+1} = \frac{(x-a)^{n+1}}{(n+1)!} f^{(n+1)}(a + \Theta(x-a)), \quad 0 \le \Theta \le 1.$$

Die Spezialisierung der Taylorschen Formel für $a = 0$ heißt die *Maclaurinsche Formel*. Für $f(x) = (1+x)^\alpha$ ergibt sich insbesondere

$$(1+x)^\alpha = \sum_{\nu=0}^{n} \binom{\alpha}{\nu} x^{\alpha-\nu} + \binom{\alpha}{n+1} x^{n+1} (1 + \Theta x)^{\alpha-n-1}, \quad 0 \le \Theta \le 1,$$

die Binomialentwicklung mit dem Restglied. Die allgemeine Taylorsche Formel legt die Entwicklung nahe:

$$f(x) = \sum_{\nu=0}^{\infty} \frac{(x-a)^\nu}{\nu!} f^{(\nu)}(a),$$

über deren Gültigkeit im Rahmen der reellen Analysis nur in Ausnahmefällen Aussagen gemacht werden können. Doch gilt diese Formel *für alle* x, erstens für alle Polynome, ferner für e^{ax}, $\cos x$, $\sin x$, $\operatorname{Cos} x$, $\operatorname{Sin} x$. Insbesondere lauten die Maclaurinschen Entwicklungen

$$e^{ax} = \sum_{\nu=0}^{\infty} \frac{a^\nu x^\nu}{\nu!}, \quad \cos x = \sum_{\nu=0}^{\infty} (-1)^\nu \frac{x^{2\nu}}{(2\nu)!}, \quad \sin x = \sum_{\nu=0}^{\infty} (-1)^\nu \frac{x^{2\nu+1}}{(2\nu+1)!},$$

$$\operatorname{Cos} x = \sum_{\nu=0}^{\infty} \frac{x^{2\nu}}{(2\nu)!}, \quad \operatorname{Sin} x = \sum_{\nu=0}^{\infty} \frac{x^{2\nu+1}}{(2\nu+1)!}.$$

1. Man entwickle die folgenden Ausdrücke nach Potenzen von x:

a) $\dfrac{1}{x^2 + 3}$,   b) $\dfrac{1-x}{1+x}$,   c) $\dfrac{b+x}{a+x}$ $(a \neq b \neq 0)$.

d) $\sqrt{a^2 + x}$ $(a \neq 0)$,   e) $a + \dfrac{x}{2a + \dfrac{x}{2a}}$ $(a \neq 0)$,

f) $\dfrac{1+x}{\sqrt{1-x}}$,   g) $\dfrac{x^2 + x + 1}{(x-1)^2 (x-2)}$.

2. Man entwickle

$$\frac{x}{x^2 - 4}$$

nach Potenzen von $\dfrac{1}{x}$.

3. Es gilt

$$f(x) - f(0) - x f'(0) \sim \frac{x^2}{2} f''(0) \quad (x \to 0,\, f''(0) \neq 0).$$

4. Die folgenden Funktionen sind nach Potenzen von x zu entwickeln:

a) $\lg(1 + x) - x$,
b) $\lg(1 + x) - x + \dfrac{x^2}{2}$.

5. Die folgenden Funktionen sind nach Potenzen von x bis x^3 zu entwickeln:

a) $\sin(a + x)$,
b) $\sin^2 x$,
c) $\lg(1 - x + x^2)$,

d) $x \cos x - \sin x$,
e) $(x - \operatorname{tg} x) \cos x$,
f) $\operatorname{tg} x$.

6. Man entwickle die Funktion

$$\sqrt{1 + x}$$

nach Potenzen von x mit dem Restglied vierter Ordnung.

7. Man bestimme die vier ersten Glieder der *Maclaurin*schen Reihe für

a) $\sqrt[3]{x + 1}$,
b) $x^2 \operatorname{ctg} x$.

8. Man entwickle die Funktion $(1 + e^x)^3$ nach Potenzen von x.

9. Man entwickle die Funktion $\sin x$ nach Potenzen von $x - a$.

10. Man entwickle $\sin^3 x$ nach Potenzen von x.

11. Man bilde die *Maclaurin*sche Reihe für $\sin(x + \alpha) \cos(x + \alpha)$.

12. Man bestimme eine Schranke für

$$f(x) = \operatorname{ctg} x - \frac{1}{x}$$

für ein x, das einem Winkel von höchstens 5^0 entspricht.

13. Es sei $100 < a < 1000$. Mit welchem Prozentualfehler muß a bestimmt werden, wenn für

$$\sqrt[5]{a}$$

ein maximaler Fehler von höchstens $\dfrac{1}{10}$ zugelassen wird?

14. Man zerlege den Bruch $\dfrac{1}{1 - x - x^2}$ in Partialbrüche und bestimme mit

Hilfe dieser Zerlegung den Koeffizienten a_ν in der Entwicklung

$$\sum_{\nu = 0}^{\infty} a_\nu x^\nu$$

dieses Bruches.

15. Man entwickle

$$\frac{1}{1 + x + x^2 + x^3 + x^4}$$

nach Potenzen von x.

9*

16. Um welchen Betrag können sich die entsprechenden Ordinaten der Sinuslinie $y = \sin x$ und der Parabel fünften Grades

$$y = x - \frac{x^2}{6} + \frac{x^5}{120}$$

für $|x| \leqq \pi$ höchstens unterscheiden?

17. Man ersetze die Gleichung $\cos x = x^2$ näherungsweise durch eine Gleichung vierten Grades und löse diese.

18. In der Relation

$$\lg(1 + x) = x - \frac{x^2}{2} + u x^3 \quad \left(|x| \leqq \frac{1}{2}\right)$$

gilt

$$|u| \leqq \frac{7}{12}.$$

19. Es seien $f(x)$, $f'(x)$ und $f''(x)$ im Intervall $\langle x_0, x_0 + h\rangle$ stetig. Man stelle eine Formel für Θ in

$$f(x_0 + h) = f(x_0) + h f'(x_0 + \Theta h)$$

auf und zeige, daß Θ für $h \to 0$ und $f''(x_0) \neq 0$ gegen $\frac{1}{2}$ strebt.

20. Es seien f, f', f'' stetig in einer Umgebung von x. Dann gilt die Relation

$$\frac{f(x + 2h) - 2f(x + h) + f(x)}{h^2} \to f''(x) \quad (h \to 0).$$

21. Man bestimme den Grenzwert

$$\operatorname*{Lim}_{x \to \infty} x^{5/3} \left(\sqrt[3]{x + 1} + \sqrt[3]{x - 1} - 2\sqrt[3]{x}\right).$$

22. Man bestimme a und b derart, daß die Kurven

$$y = x\sqrt{\frac{1 - x}{1 + x}} \quad \text{und} \quad y = a(e^{bx} - 1)$$

in der *Maclaurin*schen Entwicklung bis zu möglichst hohen Potenzen von x miteinander übereinstimmen.

23. Man bestimme α, β, γ derart, daß die *Maclaurin*sche Entwicklung der Differenz

$$\lg(1 + x) - \frac{x(\alpha + \beta x)}{1 + \gamma x}$$

mit einer möglichst hohen Potenz von x beginnt.

24. Setzt man für $0 \leqq x \leqq \pi$

$$\sin x = \frac{x(60 - 7 x^2)}{60 + 3 x^2} + \varrho\, x^7,$$

so konvergiert ϱ gegen $\dfrac{11}{50400}$ für $x \to 0$.

25. Setzt man für $0 \leq x \leq 1$

$$\arcsin x = \frac{3\,x}{2 + \sqrt{1 - x^2}} + \varrho\, x^5,$$

so gilt für $x \to 0$:

$$\varrho \to \frac{1}{180}\,.$$

26. Aus der *Taylor*schen Formel leite man durch Einsetzen geeigneter Variablenwerte die folgenden Formeln her:

a) $f(x) = f(0) + x f'(x) - \dfrac{x^2}{2} f''(x) + \cdots + (-1)^{n+1} \dfrac{x^n}{n!} f^{(n)}(x) +$

$$+ (-1)^{n+2} \frac{x^{n+1}}{(n+1)!} f^{(n+1)}(\Theta x);$$

b) $f\left(\dfrac{x}{1+x}\right) = f(x) - \dfrac{x^2}{1+x} f'(x) + \cdots + (-1)^n \dfrac{x^{2n}}{(1+x)^n} \dfrac{f^{(n)}(x)}{n!} +$

$$+ (-1)^{n+1} \frac{x^{2n+2}}{(1+x)^{n+1}}\, \frac{f^{(n+1)}\left(\dfrac{x + \Theta\, x^2}{1+x}\right)}{(n+1)!}\,.$$

27. Sind α, β, γ Konstanten und $\neq 0$, so beweise man mit Hilfe der Binomialreihe, daß für hinreichend große $|x|$:

$$1 + \frac{\alpha\,\beta}{x+c} < \left(1 + \frac{\alpha}{x+\gamma}\right)^{\beta} < 1 + \frac{\alpha\,\beta}{x+C}$$

für geeignete c und C gilt.

28. Setzt man

$$\cos x = \frac{12 - 5\,x^2}{12 + x^2} + \varrho\, x^6,$$

so gilt $\varrho \to \dfrac{-7}{1440}$ $\quad (x \to 0)$.

29. Setzt man

$$\sqrt{x+1} = \frac{6 + 5\,x - \varrho\, x^4}{6 + 2\,x - x^2/4}\,,$$

so strebt ϱ gegen $\dfrac{5}{64}$ mit $x \to 0$.

30. Das ϱ der A 29 fällt monoton für $-1 \leq x \leq 1$ von 1 bis 0,03984 ... .

31. Man kann, wenn $a \leq x \leq B$ gilt, die Integralform des Restgliedes der *Taylor*schen Reihe ersetzen durch

$$R_{n+1} = \frac{1}{n!} \int\limits_{a}^{B} (x - t)^n_+ \, f^{(n+1)}(t)\, dt,$$

wo allgemein das Symbol a_+ die Bedeutung von $\dfrac{1}{2}\,(a + |a|)$ hat.

32. Man bestimme genaue Schranken für u in der Relation

$$\lg(1 + x) - x + \frac{x^2}{2} = u\, x^3 \quad \left(|x| \leq \frac{1}{2}\right).$$

33. Gegeben ist die Funktion

$$y(x) = \frac{1}{e^x - 1} - \frac{1}{x} \ (x \neq 0), \quad y(0) = -\frac{1}{2}.$$

a) Man beweise $\underset{x \to 0}{\mathrm{Lim}}\, y = -\frac{1}{2}$;

b) man berechne y' und y'' an der Stelle $x = 0$.

34. Die beiden Ausdrücke

$$\sqrt{\frac{s+p}{s-p}}, \quad e^{p/s}$$

stimmen „bis auf $\left(\dfrac{p}{s}\right)^{3}$" miteinander überein. $\left(\text{Ihre Differenz ist} \sim a \left(\dfrac{p}{s}\right)^{3}\right.$ für $\dfrac{p}{s} \to 0\Big)$.

35. Man entwickle $(1+x)^x$ nach Potenzen von x (bis x^3).

HINWEISE

§ 1

1. M. benutze d. Identität

$$\frac{1-q^{n+2}}{1-q} - \frac{1-q^{n+1}}{1-q} = q^{n+1}\frac{1-q}{1-q} = q^{n+1}. \quad (*)$$

3. M. benutze d. Identität

$$\frac{(n+1)(n+2)(2n+3)}{6} - \frac{n(n+1)(2n+1)}{6} = (n+1)\frac{6n+6}{6} = (n+1)^2. \quad (*)$$

4. M. setze in A 1: $q = \dfrac{a}{b}$ u. multipliziere mit b^n herauf.

§ 2

5. M. löse d. Gl. $\dfrac{u}{v} = \dfrac{1+y}{1-y}$ nach y auf: $y = \dfrac{u-v}{u+v}. \quad (*)$

6. M. multipliziere mit d. Generalnenner herauf u. vgl. d. Koeffizienten rechts u. links bei x^0, x, x^2. M. erhält:

$$2a - 2b - c = 0, \quad 3a + b = 1, \quad a + b + c = 0. \quad (*)$$

7. Wie bei A 6 erhält m. d. Gl.

$$b + 4c - 4d = 0, \quad a - 2b + 4d = 0, \quad -2a + b + c - d = 0, \quad a + d = 1. \; (*)$$

8. F. $n = 1$ erhält m., wie sofort zu verifizieren,

$$\frac{x}{1-x^2} = \frac{1}{1-x} - \frac{1}{1-x^2}. \quad (*)$$

Von da an benutze m. v. Ind.

9. u. **10.** V. Ind.

11. F. $n = 0$ erhält m., zur Einleitung d. v. Ind.,

$$1 + x = \frac{1-x^2}{1-x}. \quad (*)$$

12. F. $n = 0$ erhält m., zur Einleitung d. v. Ind.,

$$1 + \frac{2}{t + \dfrac{1}{t}} = \frac{t+1}{t-1}\frac{t^2-1}{t^2+1}. \quad (*)$$

13. F. $n = 0$ ergibt sich, zur Einleitung d. v. Ind.,

$$\frac{t + \dfrac{1}{t} + 1}{t + \dfrac{1}{t} - 1} = \frac{t+1}{t-1}\,\frac{t^3-1}{t^3+1}\,. \qquad (*)$$

14. Die Summe ist gleich

$$25 \sum_{v=10}^{100} v^2 + 20 \sum_{v=10}^{100} v + 4 \cdot 91\,.$$

16. Ist $x = \dfrac{a z + b}{c z + d}$, so ist $z = \dfrac{b - d x}{c x - a}\,. \qquad (*)$

17. Setze d. Ausdruck $= x$ u. löse nach $\sqrt{n}$ bzw. $\sqrt[3]{n}$ auf.

18. M. benutze d. Umformung

$$\frac{1}{a+b} = \frac{a-b}{a^2-b^2}\,. \qquad (*)$$

22. M. benutze

$$x^2 + x y + y^2 = \left(\frac{2x+y}{2}\right)^2 + \frac{3}{4}\,y^2\,. \qquad (*)$$

23. $x^3 + y^3 = (x + y)\,(x^2 - x y + y^2)\,. \quad (*)$

24. $x^3 + y^3 + z^3 - 3 x y z = (x + y + z)\,(x^2 + y^2 + z^2 - x y - y z - z x)\,. (*)$

25. Ist $\alpha = 0$, $\beta \neq 0$, so folgt $U = V = W = 0$. M. darf daher OBdA $\alpha \neq 0$, $\beta \neq 0$ annehmen. Dann folgt aus $U = 0$ auch $V = 0$ u. $W = 0$. Daher darf OBdA angenommen werden, daß $U \neq 0$, $V \neq 0$, $W \neq 0$ ist.

27. M. setze in A 26: $a_v = \dfrac{1}{A_v}\,.$

30. $\sin x = 2 \sin \dfrac{x}{2} \cos \dfrac{x}{2}\,. \qquad (*)$

31. F. $n = 1$ folgt, $\dfrac{x}{3} = u$ gesetzt,

$$\sin u\,(1 + 2 \cos 2 u) = \sin u\,(\cos 2 u + 2 \cos^2 u) = \sin u \cos 2 u +$$
$$+ \cos u \sin 2 u = \sin 3 u = \sin x\,. \quad (*)$$

32. F. $n = 1$ folgt, $\dfrac{x}{5} = u$ gesetzt,

$$\sin u\,(1 + 4 \cos 3 u \cos u) = \sin u + 2 \cos 3 u \sin 2 u =$$
$$= \sin u + (\sin 5 u - \sin u) = \sin 5 u = \sin x\,. \ (*)$$

33. $(1 + x)\left(1 - \dfrac{x}{2}\right) = 1 + \dfrac{x}{2}\,(1 - x)\,. \quad (*)$

34. $\dfrac{x^3 - 1}{x - 1} = x^2 + x + 1\,. \quad (*)$

35. F. $n = 1$ erhält m.

$$\frac{a_1 + b_1}{2} = \frac{\beta + \beta \cos \varphi}{2} = \frac{\beta \sin \varphi}{2 \operatorname{tg} \frac{\varphi}{2}}, \quad (*)$$

da links $\frac{\beta}{2} 2 \cos^2 \frac{\varphi}{2}$ und rechts $\dfrac{\beta}{2} \dfrac{2 \sin \frac{\varphi}{2} \cos \frac{\varphi}{2}}{\dfrac{\sin \frac{\varphi}{2}}{\cos \frac{\varphi}{2}}}$ steht. Ferner

$$\sqrt{a_2 b_1} = \sqrt{\beta \frac{\beta \sin \varphi}{2 \operatorname{tg} \frac{\varphi}{2}}} = \beta \sqrt{\cos^2 \frac{\varphi}{2}} = \beta \frac{\sin \varphi}{2 \sin \frac{\varphi}{2}} = b_2. \quad (*)$$

36. $1 - \dfrac{1}{v^2} = \dfrac{(v - 1)(v + 1)}{v^2}.$ $\quad (*)$

37. $(v + 1)^2 - (v + 1) + 1 = v^2 + v + 1.$ $\quad (*)$

38. M. führe im Produkt

$$\prod_{v=1}^{n} \frac{v + c}{v + m + c} \quad (*)$$

durch $v + m = \mu$ e. neuen Multiplikationsbuchstaben μ ein.

39. M. benutze d. Identität

$$(x + y)^4 - (x - y)^4 = 8xy(x^2 + y^2).$$

§ 3

1 c) Benutze $3x^2 - 10x + 3 = (3x - 1)(x - 3)$;

1 d) Benutze $6x^2 - 13x + 6 = (3x - 2)(2x - 3)$.

5 a) Benutze $x^2 - 3xy + 2y^2 = (x - 2y)(x - y)$;

5 b) Betrachte $(2x \pm y)^2 + 3y^2$;

5 c) Benutze $x^2 - 5xy + 6y^2 = (x - 3y)(x - 2y)$;

5 d) D. Ausdruck links ist $[(x + 1)^2 + (y + 1)^2 - 3][(x - 1)^2 + (y - 1)^2 - 1]$.

Dies $= 0$ gesetzt, liefert d. Gl. zweier Kreise, um $(1, 1)$ mit d. Radius 1 u. um $(-1, -1)$ mit d. Radius $\sqrt{3}$. Da d. Zentraldistanz $2\sqrt{2}$ d. Radiensumme $1 + \sqrt{3}$ übertrifft, liegen d. Kreise außerhalb v. einander.

7 a), 7 b), 7 c) Multipliziere mit $1 - x$ herauf u. unterscheide 2 Fälle, je nachdem ob $1 < x$ oder $1 > x$ ist;

7 d), 7 e) Multipliziere mit $3 - 2x$ herauf.

8. Unterscheide d. Fälle $-a \leqq x \leqq 0$ u. $x > 0$.

12a) Unterscheide 3 Fälle, je nachdem ob $x < 1$, $1 \leqq x \leqq 2$, $x > 2$ ist;

12b) Benutze d. Symmetrie in bezug auf x- und y-Axen.

13a), 13b), 13c), 13e) Benutze d. Symmetrie in bezug auf d. Axen;

13d) Benutze d. Symmetrie in bezug auf geeignete Geraden;

13f) Es ist $|x - y|^2 - |x + y|^2 = (x - y)^2 - (x + y)^2 = -4xy$.

14. Verwende $a_n - a_1 = (a_2 - a_1) + (a_3 - a_2) + \cdots + (a_n - a_{n-1})$. (*)

15. D. Fig. ist symmetrisch in bezug auf d. Geraden $x = 1$ u. $y = 2$. Es genügt daher $x \geqq 1$, $y \geqq 2$ anzunehmen u. daraus d. ganze Fig. durch Spiegelung herzustellen.

17. V. Ind.

19. Verwende A 18.

21. Verwende $\dfrac{1}{1 + \dfrac{1}{n-1}} = 1 - \dfrac{1}{n}$.

22. B.U.

23. M. schreibe d. Bruch aus.

24 u. 25. V. Ind.

26 u. 28. Bilde geeignete Differenzen.

29. Setze $\dfrac{\alpha}{\beta} = \tau$ u. schreibe alles auf τ um.

32. Verwende A 30.

33. Bringe alles auf d. linke Seite.

34 u. 35. Bringe alles nach links.

36. Quadrieren.

40. D. angenäherten Werte v. a liegen zwischen $\left(1 - \dfrac{2}{100}\right) a$ u. $\left(1 + \dfrac{2}{100}\right) a$.

42. x liegt zwischen $\dfrac{360}{7}$ u. 120.

44. M. führe d. Prozentualfehler θ u. θ_1 von x u. y ein.

45. M. schreibe d. gegebene Zahl $z = 10^{-\alpha} \cdot 0, a_1 a_2 \ldots a_m$, wo $a_1 > 0$ d. erste bedeutsame Ziffer v. z ist.

46. Auflösen nach $\sqrt{1 + x}$.

47 u. 48. $a(ax^2 + 2bxy + cy^2) = (ax + by)^2 + (ac - b^2)y^2$. (*)

49. OBdA sei $xyz \neq 0$, $x + y + z \neq 0$.

50. M. setze $\sqrt{a} = x$, $\sqrt{b} = y$.

51. Multipliziere d. Relation v. A 23 mit $a - b$.

52 u. 53. A 23 mit $a = 1$, $b = 1 \mp a$.

54. Setze $\sqrt[n]{1 + d} = a$.

55. Vgl. A 18.

56. Man betrachte zuerst die durch 6 teilbaren n und benutze A 55 u. A 21.

57a) OBdA sei $x > 0$, $x \geqq |y|$;

57b) OBdA sei $x \geqq y \geqq z \geqq 0$;

57c) OBdA sei $x = |x| \geqq |y| \geqq |z|$.

59. Man hat (durch v. Ind.) $|A_\nu| \leqq \nu$.

60. Drücke x u. y durch $m = \frac{1}{2}(x + y)$, $d = \frac{1}{2}(x - y)$ aus u. benutze d. binomische Entwicklung.

61. Setze $u = \frac{1}{2}(a + b)$, $v = \frac{1}{2}(c + d)$.

62. Ähnlich wie bei A 61.

63. M. wähle t so, daß $\dfrac{a + b + c + t}{4} = \dfrac{a + b + c}{3}$ ist u. wende A 62 an.

64. Benutze d. Tatsache, daß alle Produkte $(u_\mu - u_\nu)(v_\mu - v_\nu) \geqq 0$ sind.

65. OBdA sei $x_1 \geqq x_2 \geqq \ldots \geqq x_n$.

68. Analog wie bei A 61.

69. Wähle a_4 u. b_4 so, daß $\sqrt[4]{a_1 a_2 a_3 a_4} = \sqrt[3]{a_1 a_2 a_3}$ u. $\sqrt[4]{b_1 b_2 b_3 b_4} = \sqrt[3]{b_1 b_2 b_3}$ ist.

71. Betrachte $(a - b)^2 + (b - c)^2 + (c - a)^2$.

72. Nach d. Methode der v. Ind. hat m. zu zeigen, daß
$$(1 - \tfrac{1}{2} x^{2^n})(1 - x + 2^{-n} x) \geqq 1 - x + 2^{-n-1} x \quad (*)$$
ist.

73. Setze $\dfrac{m}{n} = x$ u. drücke alles durch x aus.

74. Zeige, daß $\sqrt{2 + u} + \sqrt{2 - u} \geqq 2$ $(|u| \leqq 2)$ ist.

75. Beachte, daß $\dfrac{1}{a_{n+1}}$ d. arithmetische Mittel zwischen $\dfrac{1}{a_n}$ und $\dfrac{1}{b_n}$ ist.

76. Drücke $\dfrac{a_{n+1} - 1}{a_{n+1} + 1}$ durch a_n aus.

77. M. benutze d. Darstellungen $a^2 b - b^2 a = ab(a - b)$, $\dfrac{a^3 - b^3}{a - b} = a^2 + ba + b^2$. D. Schranken f. a u. b sind bzw. $a_1 = \dfrac{10}{1{,}02}$, $a_2 = \dfrac{10}{0{,}98}$, $b_1 = \dfrac{8}{1{,}03}$, $b_2 = \dfrac{8}{0{,}97}$: $a_1 = 9{,}80392$; $a_2 = 10{,}20409$; $b_1 = 7{,}76699$; $b_2 = 8{,}24743$.

79. OBdA sei $a \geqq b \geqq 0$, $a = b + c$, $c \geqq 0$.

80. Vgl. LA 73.

81. Leite zuerst her: $x + y - h \geqq y(1 - h)$ (*) u. $h - 1 \leqq (h - 1)y$ (**).

82. OBdA sei $a > 0, c < 0$.

83. OBdA $a_1 \leqq a_2 \leqq \ldots \leqq a_n$.

84. Aus A 58, wenn man die Folge der Reziproken betrachtet.

85. V. Ind.

86. M. vereinfache d. Ungl. für ϱ u. setze $b = 0$.

87. M. leite nach d. Methode von L A 21 (*) $\left(1 + \dfrac{1}{n+1}\right)^n > \left(1 + \dfrac{1}{n}\right)^{n-1}$ her.

§ 4

1. M. unterscheide drei Fälle: 1) $a = b$, 2) $a < b$, 3) $a > b$.

2. M. hat (*) $m\,\alpha_\nu \leqq u_\nu \alpha_\nu \leqq M\,\alpha_\nu$.

3. Folgt aus A 2 nach Einführung geeigneter Bezeichnungen.

4. M. setze $\mathrm{Min}\,(a^2, b^2) = m$.

5., 6., 7. M. unterscheide zwei Fälle je nach d. x-Intervall.

8. M. ersetze in d. gegebenen Relation x durch $x - 2$.

9. $\varDelta (ax^2 + bx + c) = 2ax + a + b$.

10. $\varDelta (ax^3 + bx^2 + cx + d) = 3ax^2 + (3a + 2b)x + a + b + c$.

11. $\varDelta (ax^4 + bx^3 + cx^2 + dx + e) = 4ax^3 + (6a + 3b)x^2 +$
$+ (4a + 3b + 2c)x + a + b + c + d$.

12. Da sicher $c \neq 0$, setze m. $\dfrac{a}{c} = \alpha$, $\dfrac{b}{c} = \beta$, $\dfrac{d}{c} = \gamma$ u. beachte

$$\varDelta \frac{\alpha x + \beta}{x + \gamma} = \varDelta \frac{\beta - \alpha\gamma}{x + \gamma} = \frac{\alpha\gamma - \beta}{(x + \gamma)(x + \gamma + 1)} \, .$$

13. M. setze $1/a = \alpha$ und bezeichne mit $-u, -v$ d. beiden Wurzeln v. $ax^2 + bx + c$.

14. M. beachte, daß OBdA $n < p < q < m$ angenommen werden kann.

15. M. benutze A 11 u. (b).

16a) M. benutze A 10, A 11 u. (b);

16b) Die Summe ist gleich $\displaystyle\sum_{\nu=1}^{n} \nu^3 - 16 \sum_{\nu=1}^{[n/2]} \nu^3$;

16c) M. benutze L 12 u. (b).

18. Vgl. H 12.

19. Benutze (*) $\dfrac{1}{\nu(\nu + 1)} < \dfrac{1}{\nu^2} < \dfrac{1}{\nu(\nu - 1)} \, .$

20., 21. V. Ind.

23. M. schreibe d. Beh. in d. Form $\Delta f(x) = \sum\limits_{\nu=0}^{n} (-1)^\nu \binom{n}{\nu} f(x + n - \nu)$ u. benutze d. v. Ind. sowie A 42, § 2.

24. M. setze $M = \mathrm{Max}\,(a_1, \dots, a_n)$, $m = \mathrm{Min}\,(a_1, \dots, a_n)$.

§ 5

1 a) $\dfrac{n}{n^3 + n^2 + 1} < \dfrac{n}{n^3} = \dfrac{1}{n^2}$;

1 c) $\dfrac{3}{\sqrt{n^2 + 1}} < \dfrac{3}{n}$;   **1 d)** $\dfrac{1 + \sqrt{n}}{n^3} \leqq \dfrac{2}{n^{5/2}}$;

1 f) $\left(1 + \dfrac{1}{n}\right)^{10} - 1 = \dfrac{1}{n}\left[\left(1 + \dfrac{1}{n}\right)^9 + \left(1 + \dfrac{1}{n}\right)^8 + \cdots + \left(1 + \dfrac{1}{n}\right) + 1\right]$;

1 g) $\left|\dfrac{\sin n + \cos^3 n}{\sqrt{n}}\right| < \dfrac{2}{\sqrt{n}}$;   **1 h)** $\left|\dfrac{\sin n}{2 + \sqrt[3]{n^5}}\right| < \dfrac{1}{n^{5/3}}$.

2 a) $\sqrt{n^2 + 2} - \sqrt{n^2 + 1} = \dfrac{1}{\sqrt{n^2 + 2} + \sqrt{n^2 + 1}}$;

2 b) $n\left(\sqrt{n^4 + 4} - n^2\right) = \dfrac{4n}{\sqrt{n^4 + 4} + n^2}$.

3 a) $\dfrac{100\,n}{n^2 - 1} < \dfrac{100}{n - 1}$;   **3 b)** $\dfrac{1}{n^3 - 5\,n} < \dfrac{1}{n}$ $(n > 2)$.

4. $\dfrac{n^2 + 1000\,n + 30020}{\dfrac{n^3}{7} - 1005} < \dfrac{32\,n^2}{n^3 - 8000} < \dfrac{32}{n - 8000}$ $(n > 8000)$.

5. M. beweise allgemein: Sind $a_1, a_2, \dots$; $b_1, b_2, \dots$; $c_1, c_2, \dots$ 3 NF, so ist auch d. Folge (*) $a_1, b_1, c_1, a_2, b_2, c_2, \dots$ e. NF.

6. M. benutze (*) $a^3 - b^3 = (a - b)\,(a^2 + ab + b^2)$.

8. Es gilt $(1 + 1)^n > \binom{n}{4}$ $(n \geqq 4)$.

9. M. setze $\mathrm{Max}\,(\varepsilon_\nu, \delta_\nu) = \alpha_\nu$ u. überlege, daß auch α_ν e. NF ist.

§ 6

1 c) M. kürze d. Zähler u. Nenner durch n^2.

2 a) M. forme $\sqrt[3]{1 + \dfrac{a}{n}} - 1$ um mit Hilfe v. $a - b = \dfrac{a^3 - b^3}{a^2 + ab + b^2}$;

2 b) M. setze $1 + \dfrac{5}{n} = x$ u. benutze $a - b = \dfrac{a^5 - b^5}{a^4 + a^3 b + \cdots + a b^3 + b^4}$ (*).

4 a) D. Minuend ist $= \dfrac{n(n + 1)}{2(n + 2)}$;   **4 b)** D. Zähler ist $= -\,n$.

9a), b) M. betrachte d. Teilfolgen mit geraden u. ungeraden n.

10. M. setze $\varepsilon_n = \dfrac{a_n - s}{a_n + s}$ u. drücke a_n durch ε_n aus.

11. Es genügt, d. Beh. f. e. Polynom zu beweisen, da daraus d. allgemeine Beh. durch Division folgt. M. setze $R(x) = a_0 x^k + a_1 x^{k-1} + \cdots + a_k,\ a_0 \neq 0$.

12a) D. Produkt ist $= \dfrac{1}{n}$.

13. $S_n = \dfrac{1}{4} - \dfrac{1}{2(n+1)(n+2)}$.   (*)

14. Vgl. A 6.   16. M. beweise zuerst $\sqrt[5]{1 - \dfrac{1}{n}} \to 1$ $(n \to \infty)$ (*).

18. M. unterscheide d. drei Fälle $\alpha > 0$, $\alpha < 0$, $\alpha = 0$.

20. M. bezeichne d. Abszisse v. P_ν auf d. Zahlengeraden mit x_ν u. beachte, daß $x_{\nu+1} = \dfrac{x_\nu + x_{\nu-1}}{2}$ gilt. M. setze sodann $x_{\nu+1} - x_\nu = \delta_\nu$ u. benutze (b) in § 4.

§ 7

1. M. betrachte d. Teilfolgen mit $n = 2\nu$ u. $n = 2\nu + 1$.

7a) M. setze $m = n + 7$;   7b) M. setze $n - 4 = m$;

7c) M. benutze $1 + \dfrac{2}{n} = \left(1 + \dfrac{1}{n}\right)\left(1 + \dfrac{1}{n+1}\right)$.

8b) $1 - \dfrac{1}{n} = \dfrac{1}{1 + \dfrac{1}{n-1}}$;   8c) Verwende d. B.U. v. § 3;

8d) M. setze $n - 3 = m$; 8e) $n + 1 = m$; 9a) Analog zu 7c);

9b) Aus 9a).

10. M. benutze $\sqrt[m]{(n+a_1)\dots(n+a_m)} - n = n\left[\sqrt[m]{\left(1 + \dfrac{a_1}{n}\right)\dots\left(1 + \dfrac{a_m}{n}\right)} - 1\right]$ u. verfahre analog zur L A 17 § 6, wobei $a_1 + \cdots + a_m = s$ u.

$$A_n = \left(1 + \frac{a_1}{n}\right)\dots\left(1 + \frac{a_m}{n}\right) = 1 + \frac{s}{n} + \frac{\varepsilon_n}{n} \quad \text{mit} \quad \varepsilon_n \to 0$$

zu setzen ist.

11a), b), c) M. unterscheide d. Fälle $a < 1$, $a = 1$, $a > 1$.   12. A 37 § 2.

13. $\dfrac{1}{n}\left[\left(a + \dfrac{1}{n}\right)^2 + \cdots + \left(a + \dfrac{n-1}{n}\right)^2\right] =$

$$= \frac{1}{n}\left[(n-1)a^2 + \frac{2a}{n}\sum_{\nu=1}^{n-1}\nu + \frac{1}{n^2}\sum_{\nu=1}^{n-1}\nu^2\right].$$

14a) M. zeige zuerst $\dfrac{1}{1 + \sqrt{1 + \dfrac{\nu}{n^2}}} = \dfrac{1}{2} - \dfrac{\nu}{n^2}\theta_\nu,\quad 0 < \theta_\nu < \dfrac{1}{8}$.   (*)

14b) M. setze $\sqrt[3]{1 + \dfrac{v^2}{n^3}} = r$ u. beweise zuerst:

$$\frac{1}{1 + r + r^2} = \frac{1}{3} - \frac{v^2}{n^3}\,\theta_v, \quad 0 < \theta_v < \frac{1}{9}. \quad (*)$$

Ferner benutze m.

$$v^4 < v(v+1)(v+2)(v+3) =$$

$$= \frac{1}{5}\left[v(v+1)(v+2)(v+3)(v+4) - (v-1)v(v+1)(v+2)(v+3)\right]. \quad (**)$$

15. M. bilde $x_{v+1} \pm \sqrt{a}$.   16. D. ersten Beh. durch v. Ind.

17. M. beweise (*) sowie d. monotone Wachsen d. x_v durch v. Ind.

18. D. Monotonie durch v. Ind. M. zeige ebenso, daß $x_v < \frac{1}{2}$ ist.

20. M. setze $y_v = \dfrac{x_v - 1}{x_v + 1}$ u. leite d. Rekursionsformel f. y_v her.

21. M. führe $a_v - b_v = c_v$ ein u. drücke alles durch d. a_v u. c_v aus.

22. M. beweise zuerst d. monotone Fallen d. a_v u. d. monotone Wachsen d. b_v m. Hilfe d. Relationen $a_{v+1} - b_{v+1} = \frac{1}{2}\left(\sqrt{a_v} - \sqrt{b_v}\right)^2$ (*),

$$a_{v+1} - a_v = \frac{b_v - a_v}{2} \;(**) \quad \text{u.} \quad b_{v+1} - b_v = \sqrt{b_v}\left(\sqrt{a_v} - \sqrt{b_v}\right)(*_*^*).$$

23. Seien $\alpha, \beta, \alpha > 0 > \beta$, d. Wurzeln d. Gleichung $x^2 + x - k = 0$, so setze m. $x_v = \dfrac{a_v - \alpha}{a_v - \beta}$ u. schreibe alles auf x_v um. Ferner zeige m., daß $\left|\dfrac{\alpha}{\beta}\right| < 1$ ist.

24. M. überlege, daß d. rekurrente Relation in diejenige d. A 23 übergeht, wenn m. a_{v+1} mit a_v vertauscht.

25. M. führe $x_v = \dfrac{1}{a_v - 1}$ ein u. schreibe alles auf x_v um.

26. M. zeige, daß $\left(\alpha + \dfrac{1}{n}\right)^n \to 0 \quad (n \to \infty)$ ist.

27. M. benutze, daß $1 + \displaystyle\sum_{v=1}^{n} \frac{1}{v!} \uparrow e$ ist.

28. M. beweise $\dfrac{(n+1)^n}{n!} \equiv a_n < e^n$.

§ 8

5, 7. Wurzelkriterium.

9. M. unterscheide d. Fälle $|x| < 1$, $|x| = 1$ u. $|x| > 1$. F. $|x| > 1$ setze m. $\dfrac{1}{x} = y$.

10. M. benutze A 9.

14a), 14b), 14c) D. erste Vergleichskriterium u. d. harmonische Reihe als Vergleichsreihe.

16. M. zeige, daß $\dfrac{\nu+(-1)^{\nu}\sqrt{\nu}}{\nu} < \dfrac{2+\sqrt{2}}{2}$ $(\nu \geq 2)$ ist.

17. M. betrachte d. $2n$-te Partialsumme u. fasse je zwei Glieder zusammen.

19a), 19b) Vgl. L 19 § 4.

22. M. subtrahiere gliedweise d. sicher konv. Reihe $\displaystyle\sum_{\nu=1}^{\infty} \dfrac{(-1)^{\nu}}{3\,\nu}$ bzw. $\displaystyle\sum_{\nu=1}^{\infty} \dfrac{(-1)^{\nu}}{\nu}$.

23 u. 24. M. verfahre wie beim üblichen Beweis d. Div. d. harmonischen Reihe.

26. M. vgl. d. Reihe mit d. Reihe $\displaystyle\sum_{\nu=1}^{\infty} \dfrac{1}{\nu^{3/2}}$.

27. M. verfahre ähnlich wie bei A 26.

28. M. vgl. d. gegebene Reihe mit $\displaystyle\sum_{\nu=1}^{\infty} \dfrac{(-1)^{\nu}}{\sqrt{\nu}}$ u. vgl. A 16.

29. $\displaystyle\sum_{\nu=1}^{n} \dfrac{1}{\nu} - \sum_{\nu=1}^{n} \dfrac{1}{\nu+a} = a \sum_{\nu=1}^{n} \dfrac{1}{\nu(\nu+a)}$.

30. $|a_{\nu}-a_{\nu-1}| \leq |a_{\nu}| + |a_{\nu-1}|$.

31. $\sqrt{a_{\nu}a_{\nu+1}} \leq \dfrac{1}{2}\,(a_{\nu}+a_{\nu+1})$.

32. $\sqrt{a_{\nu}b_{\nu}} \leq \dfrac{1}{2}\,(a_{\nu}+b_{\nu})$.

33. M. zerlege d. allgemeine Glied in d. Summe v. zwei einfachen Brüchen.

34. V. Ind.

35. $\left|\dfrac{1}{a_{\nu+1}} - \dfrac{1}{a_{\nu}}\right| = \dfrac{|a_{\nu+1}-a_{\nu}|}{|a_{\nu+1}a_{\nu}|}$.

36. M. betrachte zuerst d. $a_{\nu} \geq 1$.

38 u. 39. M. bilde die n-ten Partialsummen.

40. $\dfrac{1}{\nu^2} < \dfrac{1}{\nu^2 - \dfrac{1}{4}}$.

41. M. benutze, daß $\displaystyle\sum_{\mu=\nu/2}^{\nu} a_{\mu} \to 0$ $(\nu \to \infty)$ gilt.

42. OBdA sei $\displaystyle\sum_{\nu=1}^{\infty} b_{\nu}$ div. Zu jedem hinreichend großen n bestimme m. d. größte $m = m(n)$, so, daß $\displaystyle\sum_{\nu=m}^{n} b_{\nu} \geq \sum_{\nu=1}^{m-1} b_{\nu}$, $\quad 2\displaystyle\sum_{\nu=m}^{n} b_{\nu} \geq \sum_{\nu=1}^{n} b_{\nu}$ gilt u. beachte, daß $m(n) \to \infty$ mit $n \to \infty$ ist.

$$\S\ 9$$

2. $\quad \dfrac{x^4 - x^3 + x^2}{(x^2 + 1)^2} - 1 = \dfrac{-x^3 - x^2 - 1}{(x^2 + 1)^2}\ .$

3. $\quad \dfrac{x^4 + 10^5 x^2 - 100 \sin^{50} x}{x^4 + 10^7 x^3 + 10^{10} x^2 + 1} - 1 = -\ \dfrac{10^7 x^3 + (10^{10} - 10^5)\,x^2 + 100 \sin^{50} x + 1}{x^4 + 10^7 x^3 + 10^{10} x^2 + 1}\ .$

4. $\quad \dfrac{\pi x^3 - e\,x}{x^3 - x^2 + x} - \pi = \dfrac{\pi x - (e + \pi)}{x^2 - x + 1}\ .$

6c) $\quad \dfrac{x + 1}{x - 1} = \dfrac{1 + \dfrac{1}{x}}{1 - \dfrac{1}{x}}\ ;$

6f) $\quad x = 0$ u. $x \neq 0$ gesondert zu betrachten;

6g) $\quad \dfrac{x \sin x}{x^2 + 1} = \dfrac{\dfrac{\sin x}{x}}{1 + \dfrac{1}{x^2}}\ ;$

6h) $\quad \dfrac{2 x^4 + 3 x^2 + 7}{x^4 - x^3 + 1} - 2 = \dfrac{2 x^3 + 3 x^2 + 5}{x^4 - x^3 + 1}\ ;$

6i) $\quad$ Äquivalenzen f. Zähler u. Nenner zu benutzen;

6k) $\quad \dfrac{x^m - 1}{x - 1} = x^{m-1} + x^{m-2} + \cdots + x + 1$ f. $m > 0$, sonst setze m. $m = -n$,

$$\dfrac{x^m - 1}{x - 1} = \dfrac{-1}{x}\,\dfrac{x^n - 1}{x - 1}\ ;$$

6l) $\quad$ M. setze $1 + \dfrac{15}{x} = y \to 1$;

6m) $\quad$ M. dividiere im Zähler u. Nenner durch $x - 1$;

6n) $\quad$ M. schreibe d. Beh. v. 6k) als Äquivalenz $x^m - 1 \sim m(x - 1)$ f. $x \to 1$;

6o) $\quad \dfrac{1}{h}\left(\dfrac{1}{(x + h)^2} - \dfrac{1}{x^2}\right) = -\ \dfrac{2 x + h}{x^2 (x + h)^2}\ .$

7a) $\quad (1 + x)^3 - 1 = 3 x + 3 x^2 + x^3$;

7b) $\quad (100 + x)^2 - 100^2 = 200 x + x^2.$

8. $\quad \dfrac{1 + \sqrt{x}}{1 - \sqrt{x}} + 1 = \dfrac{2}{1 - \sqrt{x}}\ .$

9a) $\quad$ M. setze $\sqrt[n]{x} = a,\quad \sqrt[n]{x + h} = b$ u. wähle $|h| < x$;

9b) $\quad$ Es genügt, $x \leqq 0$ zu betrachten.

10a) $\quad x\left[\sqrt{\left(1 + \dfrac{a}{x}\right)\left(1 + \dfrac{b}{x}\right)} - 1\right] = \dfrac{a + b + \dfrac{a b}{x}}{1 + \sqrt{\left(1 + \dfrac{a}{x}\right)\left(1 + \dfrac{b}{x}\right)}}\ ;$

10b), 10d) $\quad \sqrt[3]{x + 1} - \sqrt[3]{x} = \dfrac{1}{(x + 1)^{2/3} + x^{1/3}(x + 1)^{1/3} + x^{2/3}}\ ;$

10 e) $x^3\left(\sqrt{x^2+\sqrt{x^4+1}}-x\sqrt{2}\right)=x^3\,\dfrac{\sqrt{x^4+1}-x^2}{\sqrt{x^2+\sqrt{x^4+1}}+x\sqrt{2}}\,.$

11 b) $x+a=y$ gesetzt, 11 a) anzuwenden.

13. M. setze $\sqrt[3]{1+x}=y\to 1$.

18. M. setze $x=0$, $y=1$; sodann $y=\pm 1$, $x>0$.

20. Aus Symmetriegründen sei $x>0$, $y>0$. Ist d. Gl. d. Asymptote $\dfrac{x}{a}-\dfrac{y}{b}=0$, so liefert d. Hessesche Normalform

$$D(x)=\frac{\left|\dfrac{x}{a}-\dfrac{y}{b}\right|}{\sqrt{\dfrac{1}{a^2}+\dfrac{1}{b^2}}}=\frac{|bx-ay|}{\sqrt{a^2+b^2}}\,.$$

21. Unter d. beiden Gleichungswurzeln $\dfrac{-a\pm\sqrt{a^2-4hb}}{2h}$ ist d. absolut kleinste diejenige, wo d. Vorzeichen bei d. Wurzel dasjenige v. a ist, d. h.

$$\frac{-a+\sqrt{a^2-4hb}\,\operatorname{sgn} a}{2h}=\frac{-2hb}{h\left(\sqrt{a^2-4hb}\,\operatorname{sgn} a+a\right)}\,.$$

23. M. setze $A=\sqrt[n]{x^n+a_1x^{n-1}+\cdots+a_n}$, $B=\sqrt[n]{x^n+b_1x^{n-1}+\cdots+b_n}$.

24 a), 24 b). Aus A 23.

25. Wegen $\sqrt{ax^2+bx+c}-\alpha x-\beta=\dfrac{(a-\alpha^2)x^2+(b-2\alpha\beta)x+c-\beta^2}{\sqrt{ax^2+bx+e}+\alpha x+\beta}=$

$=\dfrac{(a-\alpha^2)x+(b-2\alpha\beta)+\dfrac{c-\beta^2}{x}}{\sqrt{a+\dfrac{b}{x}+\dfrac{c}{x^2}}+\alpha+\dfrac{\beta}{x}}$ erhalten wir e. endlichen Grenzwert nur,

wenn $a=\alpha^2$ ist, u. zwar $\dfrac{b-2\alpha\beta}{2\alpha}$. Setzt m. f. $a>0$: $\alpha=\sqrt{a},\beta=\dfrac{b}{2\sqrt{a}}$, so

gilt $\sqrt{ax^2+bx+c}=\sqrt{a}\,x+\dfrac{b}{2\sqrt{a}}+\varepsilon(x)$, wo $\varepsilon(x)$ e. NF ist.

26. $\sqrt{x^4-2x^2+7x+1}-(\alpha x^2+\beta x+\gamma)=$

$=\dfrac{(1-\alpha^2)x^4-2\alpha\beta x^3-(\beta^2+2\alpha\gamma+2)x^2+(7-2\beta\gamma)x+1-\gamma^2}{x^2\left[\sqrt{1-\dfrac{2}{x^2}+\dfrac{7}{x^3}+\dfrac{1}{x^4}}+\alpha+\dfrac{\beta}{x}+\dfrac{\gamma}{x^2}\right]}\,.$

27. M. setze $[x]=n$, so daß $n\leqq x<n+1$ ist.

28. M. unterscheide d. Werte $x<1$, $x=1$, $x>1$.

29. Sei a_m d. letzte Koeffizient $\neq 0$; dann auch f. alle hinreichend kleinen pos. x:

$$a_0x^{n-m}+\cdots+a_{m-1}x+a_m=0.$$

30. Schreibt m. d. Produkt in d. Form

$$1+\frac{\alpha_1+\alpha_2}{\nu+\gamma_\nu}\,,\quad\text{so ist}\quad\gamma_\nu=\frac{(\alpha_1c_1+\alpha_2c_2-\alpha_1\alpha_2)\nu+(\alpha_1+\alpha_2)c_1c_2}{(\alpha_1+\alpha_2)\nu+\alpha_1c_2+\alpha_2c_1+\alpha_1\alpha_2}\,.$$

§ 10

3 u. 4. M. leite d. entsprechenden Lipschitzschen Bedingungen her.

5. M. überlege, daß $\dfrac{|x|}{x^2+4} = \dfrac{\frac{1}{2}}{\dfrac{|x|+\dfrac{4}{|x|}}{2}} \leqq \dfrac{1}{2}\,\dfrac{1}{\sqrt{|x|\,\dfrac{4}{|x|}}}$ ist.

6. M. leite jeweils d. Lipschitzsche Bedingung her.

13. M. leite f. d. Intervall $\langle 0,1\rangle$ eine Lipschitzsche Bedingung her.

14. Es genügt, d. Beh. f. d. mit $(x-\alpha)(x-\beta)$ heraufmultiplizierte Gl. zu bew.

15. Ähnlich wie bei A 14.

16. M. untersuche $\varphi(x)$ f. e. allgemeines Intervall $n \leqq x \leqq n+1$ mit ganzem n.

18. M. bestimme die Funktion $[x]+[-x]$ f. ganzzahlige u. nicht ganzzahlige x.

19. F. nicht ganzzahlige x setze m. $x = n+h$, wo n ganz u. $0 < h < 1$ ist.

21. M. bestimme d. Grenzwert v. $f(x)$ f. $x \to a$ f. rationale u. irrationale a, indem m. im ersten Fall x durch irrationale, im zweiten durch rationale Werte laufen läßt.

§ 11

4 a) $\quad 1 + \dfrac{1}{\cos\varphi} = \dfrac{1 + \left(\cos^2\dfrac{\varphi}{2} - \sin^2\dfrac{\varphi}{2}\right)}{\cos\varphi} = 2\,\dfrac{\cos^2\dfrac{\varphi}{2}}{\cos\varphi}\;;$

4 b) $\quad \dfrac{\cos\varphi + \dfrac{1}{2}}{\cos\varphi - \dfrac{1}{2}} = \dfrac{\cos\varphi + (1+\cos\varphi)}{\cos\varphi - (1-\cos\varphi)} = \dfrac{\cos\varphi + 2\cos^2\dfrac{\varphi}{2}}{\cos\varphi - 2\sin^2\dfrac{\varphi}{2}} =$

$$= \dfrac{\sin\varphi\cos\varphi + 2\sin\varphi\cos^2\dfrac{\varphi}{2}}{\sin\varphi\cos\varphi - 2\sin\varphi\sin^2\dfrac{\varphi}{2}}\,.$$

5. M. benutze, $x = \cos\varphi$ gesetzt:

$$\cos 2\varphi = 2x^2 - 1, \quad \cos 3\varphi = \cos\varphi\cos 2\varphi - \sin\varphi\sin 2\varphi = x(2x^2-1) -$$

$$- x\cdot 2\sin^2\varphi = x[2x^2 - 1 - 2(1-x^2)] = x(4x^2 - 3).$$

6. $\sin^2 x = \dfrac{1}{2}(1-\cos 2x), \quad \cos^2 x = \dfrac{1}{2}(1+\cos 2x)$.

7. $\Delta a\cos(bx+c) = a[\cos(bx+b+c) - \cos(bx+c)] =$

$$= -2a\sin\dfrac{b}{2}\cos\left(bx+c+\dfrac{b}{2}\right).$$

8. M. ersetze in L 7 x durch $\dfrac{\pi}{2\alpha} - x$.

11. M. hat d. Gl. zu lösen:

$$2 = \varrho \cos\alpha, \qquad 7 = \varrho \sin\alpha, \quad bzw.$$
$$3 = \varrho \cos\alpha, \quad -6 = \varrho \sin\alpha.$$

12. M. betrachte d. Fkt. $\operatorname{tg} x - \cos^3 x - \sin^3 x$, $\operatorname{tg} x - x^7$ in d. Pkt. $a_n = = n\pi - \dfrac{\pi}{2} + \varepsilon$, $b_n = n\pi + \dfrac{\pi}{2} - \varepsilon$ f. e. hinreichend kleines pos. ε.

17. $\operatorname{tg} x$ ist unstetig f. $\sin x = 0$, $x = m\pi$.

21. M. beachte, daß $y = \sqrt{1+x} - 1 \sim \dfrac{x}{2}$ nach A 15a) § 9 und gegen 0 strebt.

23a) $\operatorname{tg}(x+h) - \operatorname{tg} x = \dfrac{\sin(x+h)\cos x - \sin x \cos(x+h)}{\cos x \cos(x+h)} = \dfrac{\sin h}{\cos x \cos(x+h)}$;

23e) M. beachte, daß $\sqrt{x+1} - \sqrt{x} \to 1$, $\sqrt{x+1000} \to \sqrt{1000}$ ist, sowie A 19;

23g) M. führe durch $y = \dfrac{\pi}{2} - x$ d. A. auf A 23c) zurück.

26. V. Ind. u. A 4a).

27. V. Ind. u. A 4b).

31a) Aus L 13 § 9;

31c) $\sqrt{\cos\alpha x} - \sqrt{\cos\beta x} = \dfrac{\cos\alpha x - \cos\beta x}{\sqrt{\cos\alpha x} + \sqrt{\cos\beta x}} = \dfrac{(1 - \cos\beta x) - (1 - \cos\alpha x)}{\sqrt{\cos\alpha x} + \sqrt{\cos\beta x}}$;

31d) $\sqrt{1 + x\sin x} - \cos x = \dfrac{1 + x\sin x - \cos^2 x}{\sqrt{1 + x\sin x} + \cos x} =$

$$= \dfrac{(x + \sin x)\sin x}{\sqrt{1 + x\sin x} + \cos x} \sim \dfrac{x(x+x)}{1+1} = x^2 ;$$

31k) Sei $y = \sin\left(\sqrt{n+1} - \sqrt{n}\right) \sim \sqrt{n+1} - \sqrt{n} \sim \dfrac{1}{2\sqrt{n}}$, wegen 7a) § 6.

36. M. betrachte $\cos(n-1)\alpha - \cos(n+1)\alpha = 2\sin\alpha\sin n\alpha$.

37. $\sin(n+1)\alpha - \sin(n-1)\alpha = 2\sin\alpha\cos n\alpha$.

38. $\operatorname{ctg} 2u - \operatorname{ctg} u = \dfrac{\cos 2u \sin u - \sin 2u \cos u}{\sin u \sin 2u} = \dfrac{-1}{\sin 2u}$.

40. M. leite zuerst her: $3\cos 3u \sin u - \cos u \sin 3u =$

$$= \dfrac{3}{2}(\sin 4u - \sin 2u) - \dfrac{1}{2}(\sin 4u + \sin 2u) = \sin 4u - 2\sin 2u =$$
$$= 2\cos 2u \sin 2u - 2\sin 2u = -4\sin 2u \sin^2 u.$$

Sodann verifiziere m.

$$3\operatorname{ctg} 3u - \operatorname{ctg} u = \dfrac{3\cos 3u \sin u - \cos u \sin 3u}{\sin u \sin 3u} = -4\,\dfrac{\sin u \sin 2u}{\sin 3u} .$$

41. M. verifiziere $\dfrac{1}{2}\,\mathrm{ctg}\,u - \mathrm{ctg}\,2u = \dfrac{\sin 2u \cos u - 2\cos 2u \sin u}{2\sin u \sin 2u} =$

$$= \frac{\sin u - \cos 2u \sin u}{2\sin u \sin 2u} = \frac{1 - \cos 2u}{2\sin 2u} = \frac{1}{2}\,\mathrm{tg}\,u.$$

42. M. benutze $\ \mathrm{tg}\,(u+h) - \mathrm{tg}\,u =$

$$= \frac{\sin(u+h)\cos u - \cos(u+h)\sin u}{\cos u \cos(u+h)} = \frac{\sin h}{\cos u \cos(u+h)} = \frac{2\sin h}{\cos(2u+h) + \cos h}\,\cdot$$

43. $\mathrm{ctg}\,(u+h) - \mathrm{ctg}\,u = \dfrac{-2\sin h}{2\sin u \sin(u+h)} = \dfrac{2\sin h}{\cos(2u+h) - \cos h}\,\cdot$

44. $\cos 2u - \cos u = -2\sin\dfrac{u}{2}\sin\dfrac{3u}{2}\,.$

46. $2\sin u - \sin 2u = 2\sin u\,(1 - \cos u) = 2\sin u \sin^2\dfrac{u}{2}\,.$

47. $\dfrac{2}{\sin^2 2u} - \dfrac{1}{\sin^2 u} = \dfrac{1 - 2\cos^2 u}{2\sin^2 u \cos^2 u} = -\dfrac{2\cos 2u}{\sin^2 2u}\,\cdot$

50. V. Ind., da f. $n = 0$ u. $n = 1$ klar.

52. F. $n = 1:\ \ \mathrm{tg}\,x = \dfrac{2\sin^2 x}{\sin 2x}\,,\quad \mathrm{tg}^2\dfrac{x}{2} = 4\,\dfrac{\sin^4\dfrac{x}{2}}{\sin^2 x}\,.$ V. Ind.

53. F. $n = 1$ hat man (vgl. H 41)

$$2\,\mathrm{ctg}\,x = \mathrm{ctg}\,\frac{x}{2} + \frac{1}{2}\left(\mathrm{ctg}\,\frac{x+\pi}{2} + \mathrm{ctg}\,\frac{x-\pi}{2}\right) = \mathrm{ctg}\,\frac{x}{2} + \mathrm{ctg}\,\frac{x+\pi}{2}\,. \quad (*)$$

54. M. benutze d. Formeln wie

$$\cos \mu x \cos \nu x = \frac{1}{2}\left(\cos(\mu+\nu)x + \cos(\mu-\nu)x\right)$$

u. d. analogen Formeln f. Produkte $\sin \mu x \sin \nu x$, $\sin \mu x \cos \nu x$.

55. D. Beh. f. $n = 1$ klar, f. $n = 2$ folgt aus

$$\sin 2\varphi = 2\sin\varphi\cos\varphi, \quad \cos 2\varphi = 2\cos^2\varphi - 1.$$

V. Ind. v. $n - 1$ auf n.

56.
$$\sum_{\nu=2}^{n-1}\sin^2\Theta_\nu\left(\frac{1}{\sin(\Theta_\nu - \Theta_{\nu-1})} - \frac{1}{\sin(\Theta_{\nu+1} - \Theta_\nu)}\right) = \sum_{\nu=2}^{n-1}\frac{\sin^2\Theta_\nu}{\sin(\Theta_\nu - \Theta_{\nu-1})} -$$

$$-\sum_{\nu=2}^{n-1}\frac{\sin^2\Theta_\nu}{\sin(\Theta_{\nu+1} - \Theta_\nu)} = \sum_{\nu=2}^{n-1}\frac{\sin^2\Theta_\nu}{\sin(\Theta_\nu - \Theta_{\nu-1})} - \sum_{\nu=3}^{n}\frac{\sin^2\Theta_{\nu-1}}{\sin(\Theta_\nu - \Theta_{\nu-1})} =$$

$$= \frac{\sin^2\Theta_1}{\sin(\Theta_2 - \Theta_1)} - \frac{\sin^2\Theta_n}{\sin(\Theta_n - \Theta_{n-1})} + \sum_{\nu=2}^{n}\frac{\sin^2\Theta_\nu - \sin^2\Theta_{\nu-1}}{\sin(\Theta_\nu - \Theta_{\nu-1})}\,.$$

59. M. setze in A 56, statt Θ_ν, $\dfrac{\pi}{2} - \Theta_\nu$.

60. Ersetzt m. in A 56 jedes Θ_ν durch $\dfrac{\pi}{4} + \Theta_\nu$, so folgt, wegen

$$\sin^2\!\left(\Theta + \frac{\pi}{4}\right) = \left(\sqrt{2}\sin\Theta + \sqrt{2}\cos\Theta\right)^2 = 2(1 + \sin 2\Theta),$$

$$\frac{1}{2}\sum_{\nu=1}^{n-1}\cos(\Theta_\nu+\Theta_{\nu+1})=-\frac{1+\sin 2\,\Theta_1}{\sin\varDelta\,\Theta_1}+$$

$$+\sum_{\nu=2}^{n-1}(1+\sin 2\,\Theta_\nu)\left(\frac{1}{\sin\varDelta\,\Theta_{\nu-1}}-\frac{1}{\sin\varDelta\,\Theta_\nu}\right)+\frac{1+\sin 2\,\Theta_n}{\sin\varDelta\,\Theta_{n-1}}\,. \qquad (*)$$

61. M. beachte, daß d. Klammerausdrücke rechts in (*) v. HA 60 $\geqq 0$ sind.

62. M. beachte, daß d. Klammerausdrücke rechts in (*) v. HA 60 $\leqq 0$ sind.

63a) $|\sin x|\leqq|x|$;

63c) $\operatorname{ctg} x\sim\dfrac{1}{x}\ (x\to 0)$;

63d) M. benutze, daß $\sqrt[\nu]{\nu^5}\,|\vartheta|^\nu\to|\vartheta|$ und daher $<\dfrac{1+|\vartheta|}{2}$ f. $\nu>n_0$ ist;

63f) L 25 § 8.

63g) $1-\cos x\sim\dfrac{x^2}{2}\quad(x\to 0)$.

63h) D. allgemeine Glied d. Reihe ist, f. $\nu\to\infty$, $\sim\dfrac{\dfrac{1}{2\nu^2}}{\sqrt{\dfrac{1}{\nu}}}=\dfrac{1}{2\,\nu^{3/2}}$.

64. Wegen $\sin x<x\ \left(0<x<\dfrac{\pi}{2}\right)$ sind x_ν monoton abnehmend u. >0.

§ 12

1. M. berechne d. Flächeninhalt d. zugehörigen Figur, d. sich auch zwei Trapezen zusammensetzt. Zeichnung!

2. Zeichnung!

3. D. größten Werte v. $f(x)$ in d. Teilintervallen v. $\langle 1;2\rangle$ sind in d. Endpunkten d. Intervalle, d. kleinsten in d. Anfangspunkten. In d. Teilintervallen von $\langle 2,3\rangle$ ist es umgekehrt.

4. F. $f(x)=\dfrac{1}{x}$ sind d. größten Werte jeweils in d. Anfangspunkten d. Intervalle, d. kleinsten in d. Endpunkten.

5. Sei d. ν-te Teilpunkt

$$\alpha_\nu=1+\frac{\nu}{n}\,,\quad f(\xi_\nu)=\sqrt{\frac{1}{\alpha_{\nu-1}^2\,\alpha_\nu^2}}=\frac{1}{\alpha_{\nu-1}\,\alpha_\nu}=\frac{n^2}{(n+\nu)(n+\nu-1)}\,.$$

6. M. benutze A 9a) § 11.

§ 13

1. M-W-Satz.

2 u. 3) M. benutze e. Teilintervall $\gamma \leqq x \leqq \delta$ v. $\langle \alpha, \beta \rangle$, in dem $f(x)$ durchweg > 0 ist.

4. $\displaystyle\int_{1}^{10} = \int_{1}^{3} + \int_{3}^{4} + \int_{4}^{9/2} + \int_{9/2}^{5} + \int_{5}^{11/2} + \int_{11/2}^{6} + \int_{6}^{9} + \int_{9}^{10}$, wobei jedes d. Teilintegrale d.
Fläche e. Trapezes ist.

5a) A 3 sowie d. Betrachtung d. Differenz $\displaystyle\int_{0}^{\pi/2} (\sin^n x - \sin^{n+1} x)\, dx$.

6. M. benutze $x \sin x < x^2 \left(\dfrac{1}{2} \leqq x \leqq 1 \right)$.

7. Durch Verengerung d. Intervalls auf A 1 zurückführen.

8. M. betrachte $\displaystyle\int_{\alpha}^{\beta} (f(x) - g(x))\, dx = \int_{\alpha}^{\beta} f(x)\, dx - \int_{\alpha}^{\beta} g(x)\, dx$.

9. M. beachte, daß wie beim üblichen Beweis d. ersten M-W-S. OBdA $\alpha < \beta$ vorausgesetzt werden kann. Sei in $\langle \alpha, \beta \rangle$ Max $f(x) = f(x_1)$ u. Min $f(x) = f(x_2)$.

M. benutze $f(x_2) \leqq A \equiv \dfrac{1}{\beta - \alpha} \displaystyle\int_{\beta}^{\alpha} f(x)\, dx \leqq f(x_1)$.

10. OBdA sei $\alpha < \beta$ u. $p(x) \geqq 0$, $\displaystyle\int_{\alpha}^{\beta} p(x)\, dx > 0$. In Bezeichnungen v. A 9

ist $f(x_2) \leqq A = \dfrac{1}{\displaystyle\int_{\alpha}^{\beta} p(x)\, dx} \displaystyle\int_{\beta}^{\alpha} p(x) f(x)\, dx \leqq f(x_1)$.

§ 14

1 b) M. setze $ax + b = u$, $\quad ax + b + ah = v \to u$;

1 d) Vgl. L 14a) § 9.

3. M. benutze $\operatorname{tg}(u - v) = \dfrac{\operatorname{tg} u - \operatorname{tg} v}{1 + \operatorname{tg} u \operatorname{tg} v}$.

8. M. kann schreiben

$$\frac{f(a + nh) - f(a + (n-1)h)}{h} = n \frac{f(a + nh) - f(a)}{nh} - (n-1) \frac{f(a + (n-1)h) - f(a)}{(n-1)h}.$$

§ 15

1.—5. M. wende d. Rolleschen Satz an.

6 b) M. überlege, daß stets $(y - x)\cos y \leqq (y - x)\cos x$ gilt, solange x u. y in $\left(0, \dfrac{\pi}{2} \right)$ liegen.

7. M. bestimme Θ aus d. Relation $\dfrac{(x+h)^2 - x^2}{h} = 2(x + \Theta h)$.

8. $\dfrac{(x+h)^3 - x^3}{h} = 3(x + \Theta h)^2$. M. unterscheide d. Fälle $\begin{cases} x \neq 0, \\ x = 0. \end{cases}$

9. M. benutze $\dfrac{f(a + h) - f(a)}{h} = f'(a + \Theta h)$.

10. M. benutze $\dfrac{f(\beta + h) - f(\beta)}{h} = f'(\beta + \Theta h), \quad h < 0,\ 0 < \Theta < 1.$ (*)

11. D. Rollesche Satz auf $f'(x) = nx^{n-1} + p$ anwenden!

12. M. benutze, daß $\sin\dfrac{\pi}{6} = \dfrac{1}{2}$, $\cos\dfrac{\pi}{6} = \sqrt{\dfrac{3}{4}}$ u. damit auch $\cos x \leqq \sqrt{\dfrac{3}{4}}$ ist f. x zwischen $30°$ u. $35°$. Ferner sind d. $30°$ u. $35°$ entsprechenden Bogenmaße $0{,}5176$ u. $0{,}6014$.

13. $f(x) = \dfrac{1}{x+1}$ gesetzt, ist d. M-W-S anzuwenden auf $f(x)$ u. $\alpha = \pi$, $\beta = 3{,}14$. M. bestimme zu dem Zweck zuerst $f'(x)$ als

$$\operatorname*{Lim}_{h\to 0} \frac{1}{h}\left(\frac{1}{x+h+1} - \frac{1}{x+1}\right) = \operatorname*{Lim}_{h\to 0} \frac{-1}{(x+1)(x+h+1)} \to \frac{-1}{(x+1)^2}.$$

14. M. kann setzen $x_1 = x_0 - h$, $x_2 = x_0 + k$, wo $h > 0$, $k > 0$, u. beide gegen 0 streben. Sodann gilt $f(x_1) = f(x_0) - hf'(x_0) + h\varepsilon$, $f(x_2) = f(x_0) + kf'(x_0) + k\delta$, wo ε u. δ beide gegen 0 streben.

§ 16

1. M. benutze $\displaystyle\int_{x^2}^{x^3} \sin x\,dx = \int_{0}^{x^3} \sin x\,dx - \int_{0}^{x^2} \sin x\,dx$.

4. M. benutze $\displaystyle\int_{\alpha}^{\alpha+h} f(x)\,dx = hf(\xi),\ \alpha < \xi < \alpha + h$.

6. M. beachte A 10 § 13.

§ 17

1c) $\left(\dfrac{1}{x^2+1}\right)'$;

1d) $(x^2 + 1)'$;

1g) M. wende (a) an.

2. Es ist $f'(x) = 1$ $(x < 0)$, $f'(x) = 1$ $(0 < x < 1)$,

$f'(x) = -1$ $(1 < x < 2)$, $f'(x) = 3 - 2x$ $(x > 2)$.

3. $[(ax + b)\sin x + (\alpha x + \beta)\cos x]' =$

$$= (-\alpha x - \beta + a)\sin x + (ax + b + \alpha)\cos x.$$

4. $[(a x^2 + b x + c) \sin x + (\alpha x^2 + \beta x + \gamma) \cos x]' =$

$= (-\alpha x^2 - \beta x + 2 a x - \gamma + b) \sin x + (a x^2 + b x + 2 \alpha x + c + \beta) \cos x.$

5a), 5b) M. verwende L 1g);

5e) M. beachte L 1d) § 14.

7a) $\left(\dfrac{x^2}{2} - \dfrac{x^3}{3} \right) \Big|_{-1}^{1}$;

7b) $\left(x - \dfrac{x^2}{2} + \dfrac{x^3}{3} - \dfrac{x^4}{4} \right) \Big|_{1}^{0}$;

7c) $\displaystyle\int_{0}^{1} (1 - x^4)\, dx = \left(x - \dfrac{x^5}{5} \right) \Big|_{0}^{1}$;

7f) M. beachte L 8 1d) § 14;

7g) M. beachte, daß nach L 14b) § 9, $(x^{1/3})' = \dfrac{1}{3\, x^{2/3}}$.

7h) $\displaystyle\int_{-1}^{1} = \int_{0}^{1} x^2\, dx - \int_{-1}^{0} x^2\, dx;$

7i) $\displaystyle\int_{-2}^{2} = \int_{-2}^{-1} (x^2 - 1)\, dx + \int_{-1}^{1} (1 - x^2)\, dx + \int_{1}^{2} (x^2 - 1)\, dx;$

7k) $\displaystyle\int_{0}^{2\pi} |\sin x|\, dx = \int_{0}^{\pi} \sin x\, dx - \int_{\pi}^{2\pi} \sin x\, dx;$

7l) $\displaystyle\int_{0}^{2\pi} |\cos x|\, dx = \int_{0}^{\pi/2} \cos x\, dx - \int_{\pi/2}^{3\pi/2} \cos x\, dx + \int_{3\pi/2}^{2\pi} \cos x\, dx.$

8. $2 \displaystyle\int_{0}^{a} a x^2\, dx.$

10a) $A(x) = (x + x^2 + \cdots + x^n)'$;

10b) $B(x) = x(x A(x))'.$

11. $f'(x)^2 y' = f'(x)^2 - f(x) (f'(x))'.$

12. $P(x) = (x - a)^n P_1(x), \quad P_1(a) \neq 0.$

13. M. setze $l = x - a$ f. e. Faktor v. $g(x)$, $g(x) = l^n g_1(x)$, $g_1(a) \neq 0$, wo OBdA $f(x)$ durch l nicht teilbar angenommen wird.

14. $\displaystyle\int_{a}^{b} (A x^2 + B x + C)\, dx = \left(\dfrac{A}{3} x^3 + \dfrac{B}{2} x^2 + C x \right) \Big|_{a}^{b}.$

15. Vgl. A 2 § 13. M. hat $F(x) \equiv A x^2 + B x + C - m x - n = A (x - x_1) (x - x_2)$. Andererseits ist der gesuchte Flächeninhalt

$$\int\limits_{x_1}^{x_2} (A\,x^2 + B\,x + C)\,dx - \int\limits_{x_1}^{x_2} (m\,x + n)\,dx = \int\limits_{x_1}^{x_2} F(x)\,dx.$$

16. $f'(x) = 0 \ \left(0 < x < \dfrac{1}{2}\right), \quad f'(x) = 2x - 2 \ \left(\dfrac{1}{2} < x < \dfrac{3}{2}\right),$

$$f'(x) = 0 \ \left(\dfrac{3}{2} < x < 2\right).$$

17. $(1 - x)\cos x - \sin x = ((1 - x)\sin x)'.$

18. D. Schnittpunkte entsprechen d. Abszissen 0 u. 1.

19. M. wende d. M-W-S d. Diff.-Rechnung an. Ferner kann OBdA $y > x$ angenommen werden.

20. M. bestimme d. Ableitung d. angegebenen Ausdrucks in d. offenen Intervallen $(\alpha_\mu, \alpha_{\mu+1})$.

§ 18

2. M. setze $x^{1/n} = y$ u. beachte, daß mit $x \to 1$ auch $y \to 1$ ist.

3. M. setze $x^{1/15} = y$.

5a) M. setze $\arcsin \dfrac{1}{3} = \varphi, \quad \arcsin \dfrac{4}{5} = \psi;$

5b) $\operatorname{arctg} \dfrac{1}{5} = \varphi, \quad \operatorname{arctg} \dfrac{1}{239} = \psi.$

6a) M. setze $\operatorname{arctg} 10 = \varphi, \quad \arcsin \dfrac{20}{101} = \psi$ u. verwende LA 2 § 11;

6b) M. setze $\operatorname{arctg} \dfrac{1}{10} = \varphi, \quad \operatorname{arctg} \dfrac{1}{239} = \psi, \quad \operatorname{arctg} \dfrac{1}{515} = \chi, \quad 2\varphi - \chi = \omega,$ bestimme $\operatorname{tg} \omega$, verwende LA 5b) und überlege, daß d. Ausdruck > 0 und $< \pi$ ist;

6c) $\operatorname{arctg} \dfrac{2a - b}{b\sqrt{3}} = \varphi, \quad \operatorname{arctg} \dfrac{2b - a}{a\sqrt{3}} = \psi;$ um zu zeigen, daß d. Summe im Intervall $x \left(-\dfrac{\pi}{2}, \dfrac{\pi}{2}\right)$ liegt, kann m. OBdA $2a > b$, $2b > a$ annehmen.

6d) $\operatorname{arctg} \dfrac{1}{7} = \varphi, \quad \operatorname{arctg} \dfrac{3}{79} = \psi.$

7. $\operatorname{arctg} x = y \to 0.$

11a) $\cos(2\operatorname{arctg} x) = \dfrac{1 - x^2}{1 + x^2};$

11b) Ist $-\dfrac{\pi}{2} < x - 2n\pi < \dfrac{\pi}{2}$, so ist $\arcsin(\sin x) = x - 2n\pi$. Ist aber

$$-\dfrac{\pi}{2} < x - (2n + 1)\pi < \dfrac{\pi}{2}, \text{ so ist } \arcsin(\sin x) = (2n + 1)\pi - x;$$

11d) $\arcsin \sqrt{1 - x^2}$ liegt zwischen 0 u. $\dfrac{\pi}{2}$, daher $= \arccos |x|$.

12. OBdA sei $y > x$.

13f) Sei $\operatorname{arc tg} \dfrac{\alpha \cos x}{1 - \alpha \sin x} = \varphi$, $\operatorname{arc tg} \dfrac{\alpha - \sin x}{\cos x} = \psi$, $\operatorname{tg}(\varphi - \psi) = \operatorname{tg} x$.

14. M. setze $\arcsin x = \varphi$ u. beachte, daß

$$\arcsin 2x\sqrt{1 - x^2} = \begin{cases} 2\varphi, & |\varphi| < \dfrac{\pi}{4}, \\[2mm] \pi - 2\varphi, & \varphi > \dfrac{\pi}{4}, \\[2mm] -\pi - 2\varphi, & \varphi < -\dfrac{\pi}{4} \end{cases}$$

ist.

18. u. 20. $\operatorname{arc tg} u - \operatorname{arc tg} v = \operatorname{arc tg} \dfrac{u - v}{1 + uv}$,

$$\operatorname{arc ctg} u - \operatorname{arc ctg} v = \operatorname{arc ctg} \dfrac{1 + uv}{v - u},$$

19. $\operatorname{arc tg} \dfrac{x}{1 + (\nu + 1)\,\nu x^2} = \operatorname{arc tg} x(\nu + 1) - \operatorname{arc tg} x\nu$.

21. $\operatorname{arc ctg}\left(\dfrac{2}{a} + \dfrac{\nu(\nu + 1)}{2}\,a\right) = \operatorname{arc ctg}\left[-\dfrac{a}{2}\,(\nu + 1)\right] - \operatorname{arc ctg}\left[-\dfrac{a}{2}\,\nu\right]$.

22. $\Delta \operatorname{arc ctg}\left(\dfrac{\alpha}{x} + \beta\right) = \operatorname{arc tg} \dfrac{\alpha}{x(x + 1) + (\alpha + \beta x)\,(\alpha + \beta + \beta x)}$.

23. M. spezialisiere d. Resultat v. H 22.

§ 19

3g) M. schreibe d. Ausdruck in d. Form $\dfrac{u + 1}{u - 1}$ u. verwende LA 3d);

3k) M. setze $u = x^{1/3}(1 - x)^{2/3}(1 + x)^{1/2}$.

5v) M. beachte, daß $1 + \cos x = 2\cos^2 \dfrac{x}{2}$ ist.

7. $\sin \alpha^\circ = \sin \dfrac{\pi\alpha}{180}$.

8a) $\sin (2 \operatorname{arc tg} x) = \dfrac{2x}{1 + x^2}$;

8i) $\operatorname{arc tg} \alpha + \operatorname{arc tg} x$;

8n) $\cos (2 \operatorname{arc tg} x) = \dfrac{1 - x^2}{1 + x^2}$;

8p) $\dfrac{-(a^2 - b^2)\sin x}{(a + b\cos x)^2} \cdot \dfrac{-1}{\sqrt{1 - \left(\dfrac{b + a\cos x}{a + b\cos x}\right)^2}}$;

d. Bedingung $a^2 \geqq b^2$ ist f. d. Existenz v. arc cos notwendig;

8q) $\cos 3x = 4\cos^3 x - 3\cos x$.

8r) $\dfrac{2a+bx}{x\sqrt{4ac-b^2}} = u$ gesetzt, $\quad \dfrac{1}{1+u^2} = \dfrac{(4ac-b^2)x^2}{4a(cx^2+bx+a)}$.

8v) $1 - \left(\dfrac{bx-a^2}{ax-ab}\right)^2 = \dfrac{(a^2-b^2)(x^2-a^2)}{a^2(x-b)^2}$.

8x), y) Nach Diff. alles durch $\cos x$ ausdrücken!

13. D. Schnittpunkte sind $(0,0)$; $\left(0, \sqrt{3}\right)$; $\left(0, -\sqrt{3}\right)$.

14e) $\quad \dfrac{x}{y} \dfrac{\dfrac{1}{\sqrt{x^2+y^2}} + \dfrac{1}{\sqrt{x^2-y^2}}}{\dfrac{1}{\sqrt{x^2-y^2}} - \dfrac{1}{\sqrt{x^2+y^2}}}$.

15. M. hat $1+x^2 = \dfrac{2}{1+y^2}$; $\quad (1+x^2)(1+y^2) - 2 = 0$;

$$y^2 = \frac{1-x^2}{1+x^2} \; ; \quad \frac{dx}{dy} = -\frac{2y(1+x^2)}{2x(1+y^2)} = \frac{y}{x}\frac{2}{(1+y^2)^2} .$$

18. D. Fußpunkt d. Lotes v. Pkt. (a, b) auf d. Gerade $Ax + By = C$ ist

$$\left(u = \frac{AC + B^2a - ABb}{A^2 + B^2} \; ; \quad v = \frac{BC + A^2b - ABa}{A^2 + B^2}\right).$$

D. Tangente zur Kurve $y = y(x)$ hat im Pkt. (x, y) d. Kurve d. Gl.

$$\eta - y - y'(\xi - x) = 0, \quad \eta - y'\xi = y - y'x.$$

Daher erhält m. f. d. Koordinaten u, v d. Fußpkts. d. Lotes, wegen

$$A = -y', \quad B = 1, \quad C = y - y'x:$$

$$u = \frac{y'^2x + a - yy' + by'}{y'^2 + 1}, \qquad v = \frac{y + by'^2 - y'x + ay'}{y'^2 + 1} .$$

19. D. Steigungen sind bzw. $-\dfrac{c_1}{x^2} = -\dfrac{y}{x}$ u. $\dfrac{x}{y}$.

20. Durch Diff. d. Formeln 28a) bzw. 28b) v. § 2.

22. M. benutze $F = \dfrac{1}{2}bc\sin\alpha$, $\quad 2bc\cos\alpha = b^2 + c^2 - a^2$.

23. M. benutze $\sin\alpha = \dfrac{2}{bc}$ (*) u. $\cos\alpha = \dfrac{b^2+c^2-a^2}{2bc}$ (**).

24. u. 25. MWS.

26. M. bew., daß $\dfrac{FF'}{G} = (x^2-1)G' + xG$ (*) ist.

28. F. d. Berührungspkt. (x, y) gilt, d. Abszisse d. Kreismittelpkts. mit a bezeichnet, $y = 1 + x^2$, $(y-1)^2 + (x-a)^2 = 1$. sowie aus d. Übereinstimmung d. Steigungen $2x = -\dfrac{x-a}{y-1}$, $2xy - x - a = 0$.

31. OBdA darf m. $a = 1$ annehmen.

32. M. zeige, daß $k^2y^2 + y'^2$ konstant ist.

33. M. bew. zuerst d. Konstanz v. $s^2(x) + c^2(x)$.

34. M. betrachte d. Ausdruck $D(x) = (s - s_1)^2 + (c - c_1)^2$.

35. M. betrachte $s_1(x) = - s(-x),\; c_1(x) = c(-x)$.

36. M. betrachte d. Ausdruck

$$D(x, y) = [s(x + y) - s(x)\,c(y) - c(x)\,s(y)]^2 + [c(x + y) - c(x)\,c(y) +$$
$$+ s(x)\,s(y)]^2.$$

§ 20

1a)
$$\int x^3 \sin x\, dx = - x^3 \cos x + 3 \int x^2 \cos x\, dx,$$
$$\int x^2 \cos x\, dx = x^2 \sin x - 2 \int x \sin x\, dx,$$
$$\int x \sin x\, dx = - x \cos x + \int \cos x\, dx = \sin x - x \cos x;$$

1b)
$$\int x^3 \cos x\, dx = x^3 \sin x - 3 \int x^2 \sin x\, dx,$$
$$\int x^2 \sin x\, dx = - x^2 \cos x + 2 \int x \cos x\, dx,$$
$$\int x \cos x\, dx = x \sin x - \int \sin x = \cos x + x \sin x.$$

2. $\quad u = x,\quad v' = (x + a)^m,\quad v = \dfrac{(x + a)^{m+1}}{m + 1}.$

3. $\quad y = x^2 - 1,\quad dy = 2x\, dx,\quad x\, dx = \dfrac{dy}{2}.$

4. $\quad y = 6x + 7,\quad 2x + 3 = \dfrac{y + 2}{3},\quad dx = \dfrac{dy}{6}.$

5a) $\quad y = 1 + x^5,\quad x^4\, dx = \dfrac{dy}{5};$

5b) $\quad y = 1 - x,\quad dx = - dy;$

5c) $\quad 1 - x = y,\quad dx = - dy,$
$$x^4 = (1 - y)^4 = 1 - 4y + 6y^2 - 4y^3 + y^4;$$

5d) $\quad 1 + x^4 = y,\quad x^3\, dx = \dfrac{dy}{4};$

5e) $\quad x^2 = y,\quad x\, dx = \dfrac{dy}{2}.$

6a) $\quad x = \dfrac{3y}{\sqrt{2}},\quad dx = \dfrac{3}{\sqrt{2}}\, dy;$

6b) $\quad x = ay,\quad dx = a\, dy;$

6c) $\quad 1 + 2x \cos a + x^2 = (x + \cos a)^2 + \sin^2 a,$
$$x + \cos a = y \sin a,\quad dx = \sin a\, dy.$$

7a) $\dfrac{1}{\sqrt{x} + \sqrt{x+1}} = \sqrt{x+1} - \sqrt{x}$;

7b) $\sqrt{a-x} = y$, $x = a - y^2$, $dx = -2\,y\,dy$;

7c) $\sqrt{5x+7} = y$, $x = \dfrac{y^2 - 7}{5}$, $dx = \dfrac{2}{5}\,y\,dy$;

7d) $y = 1 - x$, $dx = -dy$;

7e) $x^2 + 2x + 2 = y$, $(1+x)\,dx = \dfrac{dy}{2}$;

7f) $1 - x^2 = y$, $x\,dx = -\dfrac{dy}{2}$, $x^3\,dx = \dfrac{y-1}{2}\,dy$;

7g) $1 - x^2 = y$, $x\,dx = -\dfrac{dy}{2}$;

7h) $1 + x^4 = y$, $x^3\,dx = \dfrac{dy}{4}$;

7i) $x = \dfrac{y}{a}$, $dx = \dfrac{dy}{a}$;

7k) $x^3 = y$, $x^2\,dx = \dfrac{dy}{3}$;

7l) $x = a \sin \varphi$, $dx = a \cos \varphi\,d\varphi$.

8a) $5x = y$, $dx = \dfrac{dy}{5}$;

8b) $y = \cos x$, $\sin x\,dx = -dy$;

8c) $(2x + 1)\,\pi = y$, $dx = \dfrac{dy}{2\pi}$.

9a) $\sin ax \sin bx = \dfrac{1}{2}\left(\cos(a-b)x - \cos(a+b)x\right)$;

9b) $\cos ax \cos bx = \dfrac{1}{2}\left(\cos(a-b)x + \cos(a+b)x\right)$;

9c) $\sin ax \cos bx = \dfrac{1}{2}\left(\sin(a+b)x + \sin(a-b)x\right)$.

10a) $\cos 2x \cos 3x = \dfrac{1}{2}\left(\cos 5x + \cos x\right)$;

10b) $\sin 2x \sin 3x = \dfrac{1}{2}\left(\cos x - \cos 5x\right)$;

10c) $\sin(x-1)\cos 3x = \dfrac{1}{2}\left(\sin(4x-1) - \sin(2x+1)\right)$;

10d) $\sin^2 x = \dfrac{1}{2}\left(1 - \cos 2x\right)$.

11. $\displaystyle\int_0^1 (x+1)\,dx + \int_1^2 \left(2 + \sin(x-1)\right)dx + \int_2^3 (3-x)(2 + \sin 1)\,dx$.

12a) $x^2 = y$, $x\,dx = \dfrac{dy}{2}$;

12b) $y = \cos x$, $\sin x\, dx = -\, dy$;

12c), e) $y = \sin x$, $\cos x\, dx = dy$;

12d) $y = \cos x$;

12f) $y = \cos x^2$, $x \sin x^2\, dx = -\dfrac{dy}{2}$;

12g) $1 + \cos^5 x = y$, $\sin x \cos^4 x\, dx = -\dfrac{dy}{5}$;

12h) $1 + 3\cos^2 x = y$, $y' = -\,3\sin 2x$, $\sin 2x\, dx = -\dfrac{dy}{3}$;

12i) $\sin^3 x \cos^3 x = \dfrac{1}{8}\sin^3 2x$;

12k) $\operatorname{tg} x = y$, $y' = \dfrac{1}{\cos^2 x}$, $\dfrac{dx}{\cos^2 x} = dy$.

13a) $y = \sqrt[4]{x-1}$, $x = y^4 + 1$, $dx = 4y^3\, dy$, LA 1;

13b) — 13e) Partielle Int.;

13f) $\dfrac{1}{x} = y$, $\dfrac{dx}{x^2} = -\, dy$.

14a)—14b) $\arcsin x = y$, $x = \sin y$, $dx = \cos y\, dy$ u. L 12d);

14c) Partielle Int.

15. M. füge im Zähler d. Faktor $\cos^2 x + \sin^2 x$ hinzu.

16. $\dfrac{dx}{dy} = \dfrac{b}{(cy+b)^2}$, $dx = \dfrac{b}{(cy+b)^2}\, dy$.

17a) $y = x^{3/2}$, $x^3 = y^2$, $x = y^{2/3}$, $dx = \dfrac{2}{3}\dfrac{dy}{y^{1/3}}$;

17b) $x = \sin \varphi$.

18a) M. benutze $\dfrac{x}{\sqrt{1-x^2}} = \left(-\sqrt{1-x^2}\right)'$ u. int. partiell.;

18b) Partielle int. u. 18a), $v' = 1$, $u = (\arcsin x)^2$.

19. $y = \dfrac{1}{x}$, $dx = -\dfrac{dy}{y^2}$.

20. $x = \dfrac{a-b}{\alpha-\beta}\, y + \dfrac{\alpha b - a\beta}{\alpha - \beta}$.

21. $x = \alpha + \beta - y$.

24a)—24c) $y = \operatorname{tg} x$;

24d) $\cos x = y$.

25. $n = 2m + 1$, $a + x^2 = y$, $x\, dx = \dfrac{1}{2}\, dy$.

26. $dx = \dfrac{2}{(1-y)^2}\, dy$, $1 + x^2 = \dfrac{2 + 2y^2}{(1-y)^2}$.

27. $\operatorname{tg} x = y$.

28a), 28b) $x = \sin y$, $\cos y = u$.

29b)—29d) Partielle Int.

31. M. benutze $\dfrac{(2-2r)x}{(1+x^2)^r} = \left(\dfrac{1}{(1+x^2)^{r-1}}\right)'$.

32. Vgl. L 29a) u. d. Ungl. d. A 5b).

33. M. benutze

$$I_n - I_{n+2} = \frac{1}{n+1} \int\limits_0^{\pi/2} (\sin^{n+1} x)' \cos x\, dx$$

u. verifiziere d. Werte durch v. Ind.

35. M. beachte, daß wegen A 5a, § 13 u. A 9, § 13

$$I_{2n+1} < I_{2n} < I_{2n-1} \quad (*) \quad \text{gilt.}$$

36a) D. Beh. läuft hinaus auf

$$\frac{\dfrac{\pi}{2}}{\dfrac{2^2 \cdot 4^2 \ldots (2n)^2}{3^2 \cdot 5^2 \ldots (2n-1)^2 (2n+1)}} \to 1;$$

36b) D. Beh. läuft hinaus auf

$$\frac{\dfrac{\pi}{2}}{\dfrac{2^2 \cdot 4^2 \ldots (2n-2)^2 \, 2n}{3^2 \cdot 5^2 \ldots (2n-1)^2}} \to 1.$$

37. M. beachte, daß d. Radikand zwischen 1 u. $1 - x^2$ liegt.

39. M. beachte, daß $4 - 3x + x^3 > 4 - 3x \ (0 < x \leq 1)$ ist.

42a) M. führe $y = \dfrac{1}{x}$ als neue Int.-Variable ein.

44. M. betrachte d. Int. $\displaystyle\int\limits_0^1 \frac{2\, dx}{\sqrt{4-x^2}} = 2 \int\limits_0^{1/2} \frac{dy}{\sqrt{1-y^2}} = 2 \arcsin \frac{1}{2} = \frac{\pi}{3}$.

46. M. folgere zuerst, daß $\dfrac{\sin y}{\sin x} = \dfrac{a - b\cos y}{\sqrt{a^2 - b^2}}$ (*) ist.

49. M. führe $2x = y$ als neue Int.-Variable ein.

50. M. führe $y = \pi - x$ als neue Int.-Variable ein.

51. M. bilde d. Int. $\displaystyle\int\limits_0^{2\pi} \sum_{\nu=1}^{n} a_\nu \cos \nu x\, dx$

52. M. benutze A 47 u. 50 u. setze $\cos x = y$.

53. M. bew. zuerst d. Beh. f. $m = 0$ u. $m = 1$ u. schließe dann v. m auf $m + 2$.

54. V. Ind.

56. 2-malige partielle Int., $\cos x t = \left(\dfrac{\sin x t}{x}\right)'_t, \quad \sin t x = \left(\dfrac{-\cos x t}{x}\right)'_t, \quad n \geqq 0.$

57a) M. beachte, daß $\psi'(t) \geqq 0$ in $\langle 0, a\rangle$ ist, wie aus d. monotonen Wachsen unmittelbar folgt, u. betrachte d. Differenz

$$D(a) = \int\limits_0^{\psi(a)} f(t)\, dt - \int\limits_0^a f(t)\, \psi'(t)\, dt.$$

58. M. ersetze in A 57a) $f(t)$ durch $-f(a-t)$ u. setze

$$\psi(t) = \int\limits_{a-t}^a \varphi(t)\, dt, \quad \psi(a) = \int\limits_0^a \varphi(t)\, dt = \lambda.$$

Wegen $0 \leqq \varphi(t) \leqq 1$ ist $0 \leqq \psi(t) \leqq t$.

59a) Durch Variablensubstitution $u = \dfrac{\pi}{4} - t$ bew. m.

$$(*)\quad \int\limits_0^{\pi/2} f(\sin 2t)\cos t\, dt = \sqrt{2} \int\limits_0^{\pi/4} f(\cos 2u)\cos u\, du;$$

59b) M. überlege, daß $t_0 = 0$ gesetzt u. d. Int.-Grenzen durch $-\pi, \pi$ ersetzt werden können;

59c) M. setze $a = r\cos\alpha, \quad b = r\sin\alpha, \quad r = \sqrt{a^2 + b^2}$ u. benutze A 59b).

60. M. führe in den 4 einzelnen Int. neue Int.-Variablen ein, u. zwar

$$u = x + b, \quad u = x + a, \quad u = x + \beta, \quad u = x + \alpha.$$

61. M. führe neue Int.-Variablen ein: $u = bx, \ u = ax, \ u = \beta x, \ u = \alpha x.$

63. M. forme d. Ausdruck $u(x) + u(x + p)$ f. $u(x) = \int\limits_0^x f(t)\, dt + c$ um.

§ 21

1c) $\dfrac{\dfrac{1}{2}\,\dfrac{1}{\cos^2\frac{x}{2}}}{\operatorname{tg}\frac{x}{2}};$

1e) $\dfrac{3}{x-5} - \dfrac{2}{x+1};$

1f) $\operatorname{arctg}\dfrac{x}{a} + \dfrac{1}{a}\,\dfrac{x}{1+\dfrac{x^2}{a^2}} + \dfrac{ax}{a^2 + x^2};$

1g) $\left(\dfrac{x}{\sqrt{x^2+1}-1} - \dfrac{x}{\sqrt{x^2+1}+1}\right)\dfrac{1}{\sqrt{x^2+1}};$

1h) $\dfrac{\cos \dfrac{x}{2}}{\sin \dfrac{x}{2}} - \operatorname{ctg} \dfrac{x}{2} + \dfrac{x}{2\sin^2 \dfrac{x}{2}}$;

1i) $k\left(\dfrac{\sin kx}{1 + \cos kx} + \dfrac{\sin kx}{1 - \cos kx}\right)$;

1k) $\dfrac{\cos x}{2(1 + \sin x)} + \dfrac{\cos x}{2(1 - \sin x)}$;

1l) $\dfrac{1}{x} + \dfrac{x}{1 - x^2}$;   1m) $\dfrac{\operatorname{tg} x}{\cos^2 x} - \dfrac{\sin x}{\cos x}$;

1n) Aus 1i) f. $k = 1$;

1o) $\dfrac{-a\sin x + r\cos x}{b + a\cos x + r\sin x} + \dfrac{b\sin x}{a + b\cos x} = \dfrac{Z}{N}$ f. $\sqrt{b^2 - a^2} = r$;

1p) $\dfrac{\cos x}{\sin x} - \operatorname{ctg} x - x + \dfrac{x}{\sin^2 x}$;

1q) $\dfrac{1}{x + 1} + \dfrac{x + 1}{\sqrt{x^2 + 2x}}$;   1r)   vgl. 1c);

1s) $\dfrac{\dfrac{x}{\cos^2 \dfrac{x}{2}}}{\operatorname{tg} \dfrac{x^2}{2}} - \dfrac{1}{\sin^3 x} - 4\,\dfrac{\cos^2 x}{\sin^5 x}$;

1t) $\dfrac{1}{2(1 + x^2)} + \dfrac{x}{2(1 + x^2)} + \dfrac{1}{2(1 + x)}$.

2b) $\dfrac{e^x - e^{-x}}{e^x + e^{-x} - 2}$;   2c) $\dfrac{\alpha \sqrt{\dfrac{a}{b}}}{\alpha \sqrt{ab}}\left(1 + \dfrac{a}{b}\,e^{2\alpha x}\right)^{-1} e^{\alpha x}$;

2d) $\alpha e^{\alpha x}(a\sin bx - b\cos bx) + e^x(ab\cos bx + b^2\sin bx)$;

2e) $\alpha e^{\alpha x}(a\cos bx + b\sin bx) + e^{\alpha x}(b^2\cos bx - ab\sin bx)$;

2f) $\left[1 + \left(\dfrac{e^x - e^{-x}}{e^x + e^{-x}}\right)^2\right]^{-1} \dfrac{(e^x + e^{-x})^2 - (e^x - e^{-x})^2}{(e^x + e^{-x})^2}$.

4. $ax + by = \lg c$.

5c) Partielle Int.

5d) $y = ax^2 + b$, $dy = 2ax\,dx$, $x\,dx = \dfrac{dy}{2a}$.

5f) Partielle Int.

5g) $\int x e^{ax^2}\,dx$ aus 5d) f. $b = 0$.

5h) $x^2 + 1 = y$, $x\,dx = \dfrac{dy}{2}$.

6b) Sei $\dfrac{1}{n} < \alpha$ f. e. ganzes pos. n .

7. M. logarithmiere d. zu bew. Relationen.

8d) $\quad x = \dfrac{1}{y}, \quad y \to \infty$

10. V. Ind.

13. Logarithmieren u. zweimal diff.

14. Sei $f_\nu = x^{u_\nu}$, dann $u_{\nu+1} = \dfrac{u_\nu}{pq} + \dfrac{1}{p} + \dfrac{1}{pq}$.

15. M. beginne wie bei A 13 u. benutze A 11 § 2.

18. Es ist $\dfrac{\lg(n+1)}{\lg n} - 1 = \dfrac{\lg\left(1 + \dfrac{1}{n}\right)}{\lg n} \to 0$.

22a), b) M. setze $a = e^\alpha$, $\alpha = \lg a$;

22c) Da $1 + x b^x \to 1$, genügt es, $\dfrac{\lg(1 + x a^x)}{x}$ zu betrachten;

22d) M. setze $a = e^\alpha$, $\alpha = \lg a$, $b = e^\beta$, $\beta = \lg b$, $\dfrac{\sqrt[\nu]{a} + \sqrt[\nu]{b}}{2} - 1 = \varepsilon_\nu$;

22f) M. setze
$$\cos \alpha x = 1 - \varepsilon(x), \quad \varepsilon(x) \sim \dfrac{\alpha^2 x^2}{2}, \quad \cos \beta x = 1 - \delta(x), \quad \delta(x) \sim \dfrac{\beta^2 x^2}{2};$$

22h) $\quad \text{tg}\left(\dfrac{\pi}{4} + \dfrac{\pi}{\nu}\right) - 1 \equiv \varepsilon_\nu$;

22i) $\quad x = \dfrac{\pi}{4} + y, \quad y \to 0$ u. verfahre wie bei 22h);

22k) M. setze $\dfrac{\sin x}{x} = a(x) \to 1$.

24. M. wende d. verallgemeinerten MWS d. Int.-Rechnung an.

25. M. verwende $t - \lg(1 + t) = \displaystyle\int_0^t dx - \int_0^t \dfrac{dx}{1 + x} = \int_0^t \dfrac{x\,dx}{1 + x}$.

26. $\quad \Theta = \dfrac{1}{\lg\left(1 + \dfrac{h}{x}\right)} - \dfrac{x}{h}$.

M. setze $\dfrac{h}{x} = y \to 0$ und benutze f. $y - \lg(y + 1)$ d. Darstellung

$$y - \lg(y + 1) = y - \int_1^{1+y} \dfrac{dt}{t} = \int_1^{1+y} \left(1 - \dfrac{1}{t}\right) dt = \int_0^y \dfrac{u\,du}{1 + u},$$

auf d. d. verallgemeinerte MWS d. Int.-Rechnung anzuwenden ist.

27. Es ist $\lg 961 - \lg 960 = \displaystyle\int_{960}^{961} \dfrac{dt}{t} = \int_0^1 \dfrac{du}{960 + u}$.

Daher

$$\lg 961 = \lg 960 + \dfrac{1}{960} - \left(\int_0^1 \dfrac{du}{960} - \int_0^1 \dfrac{du}{960 + u}\right).$$

32. Zwischenwertsatz. F. d. Untersuchung d. Monotonie benutze m. f.

$$n\pi + \frac{\pi}{2} < x < (n+1)\pi + \frac{\pi}{2}$$

d. Relation

$$\operatorname{tg} x - k \lg x = \int\limits_{n\pi}^{x} (1 + \operatorname{tg}^2 t)\,dt - \int\limits_{n\pi}^{x} \frac{dt}{t} - k \lg n\pi.$$

33. M. wende d. Rolleschen Satz auf d. Fkt. $f(x)\,e^{cx} \equiv g(x)$ an.

34. M. betrachte d. Fkt. $G(x) = g(x)\,e^{\int\limits^{x} f(x)\,dx}$.

35. $\quad \displaystyle\sum_{\nu=1}^{n} \frac{1}{n+\nu} = \frac{1}{n}\sum_{\nu=1}^{n}\frac{1}{1+\dfrac{\nu}{n}} \equiv S_n .$

36. Da $\sin n\pi$ verschwindet, genügt es, $\nu = 2\mu + 1$ zu setzen und

$$\sin(2\mu + 1)\frac{\pi}{2} = (-1)^{\mu}$$

zu beachten.

41. M. benutze A 39, sowie A 25.

43. $\sqrt{\nu+1} - \sqrt{\nu} \sim \dfrac{1}{2\sqrt{\nu}}$.

45. M. benutze A 6 b).

46 a), b) A 6 d).

47. LA 36 § 2.

48. $\quad A_n - A_{n-1} = \dfrac{1}{n} + \lg\left(1 - \dfrac{1}{n}\right) = -\int\limits_{0}^{1/n} \dfrac{t\,dt}{1-t}$.

$$a_{n+1} - a_n = \frac{1}{2}\left(\frac{1}{n} + \frac{1}{n+1}\right) - \lg\left(1 + \frac{1}{n}\right).$$

49. $\quad \sin\left(\sqrt{x+\nu^3} - \nu^{3/2}\right) \sim \left(\sqrt{x+\nu^3} - \nu^{3/2}\right) = \dfrac{x}{\sqrt{x+\nu^3} + \nu^{3/2}} \sim \dfrac{x}{2\,\nu^{3/2}}$.

50 a) $a = e^{\lg a}$;

50 b) A 41.

51. Ungl. zwischen d. geometr. u. d. arithm. Mittel.

52. u. 53. D. Cauchysche Ungl.

54. M. benutze e. Folge äquidistanter Intervalleinteilungen mit d. Intervalllänge $\varDelta = \dfrac{b-a}{n}$ u. bilde d. entsprechenden Zwischensummen f. d. 3 Integrale.

55. M. wende zwei mal d. Cauchysche Ungl. an.

56. M. beachte d. fehlende Symmetrie in d. Ungl. A 55.

58. M. benutze d. äquidistante Intervallzerlegung in n Intervalle d. Länge $\Delta = \dfrac{b-a}{n}$ u. leite d. entsprechende Ungl. f. Zwischensummen aus d. Cauchyschen Ungl. mit je $2n$ Variablen ab.

59. M. approximiere d. Int. durch Zwischensummen u. benutze d. Höldersche Ungl.

61. Um (*) aus (**) herzuleiten, wähle m. d. y_ν geeignet in Abhängigkeit v. d. x_ν.

62. D. allgemeine Bernoullische Ungl. u. A 30.

63. M. wende d. ersten MWS d. Int.-Rechnung auf $A\,(y)$ an.

64. M. benutze A 19 § 20.

67. M. setze $\dfrac{s(x)}{c(x)} = \tau(x)$, diff. $\tau(x)$ u. benutze A 34 § 19, um zu bew., daß f. $\tau(x)$ alle Eigenschaften d. A 65 zutreffen.

68. M. leite zuerst her

$$\varphi(x-y) = \varphi(x) - \varphi(y) \quad (1), \qquad \varphi(0) = 0 \quad (2),$$
$$\varphi(x_1 + \cdots + x_n) = \varphi(x_1) + \cdots + \varphi(x_n) \quad (3).$$

69. M. wende für $y > x \geqq 0$, $\varrho = \dfrac{y}{x}$, $\sigma = \dfrac{y}{y-x}$ d. Höldersche Ungl. an.

§ 22

2a)　$y = 7 + 2\,x^4,\; x^3\,dx = \dfrac{dy}{8}$;

2c)　$1 + x^2 = y,\quad x\,dx = \dfrac{dy}{2}$;

2d)　$y = x - x^5,\quad dy = (1 - 5\,x^4)\,dx$.

3.　　$2 - x = y,\quad dx = -\,dy$.

4a), b)　$x = -\dfrac{1}{2} + \sqrt{\dfrac{3}{4}\,y},\quad dx = \sqrt{\dfrac{3}{4}}\,dy$;

4c)　$x = \dfrac{3}{2} + \dfrac{y}{2}$.

5.　　$\displaystyle\int_{1}^{a} \sqrt{x^2 - 1}\,dx$,　partielle Int.

6c)　$\lg|x| = y,\quad dy = \dfrac{dx}{x}$;

6d)　$y = (\lg x)^2;\quad \dfrac{dy}{2} = \dfrac{\lg x}{x}\,dx$.

6e)　$\lg x = y$.

7. D. Fälle e. geraden ($n = 2m$) u. e. ungeraden n ($n = 2m + 1$) sind getrennt zu behandeln.

8. $\quad a^{2x} = y, \quad a^{2x}\,dx = \dfrac{dy}{\lg a^2}\,.$

9a) $\quad \arcsin x = y;$

9b) $\quad \operatorname{arc tg} \dfrac{x}{a} = y;$

9c) $\quad 1 - 2\,e^{x^2} = y;$

9d) $\quad 1 + 2\,e^{x^3} = y;$

9e) $\quad 1 + e^x = y;$

9f) $\quad \sqrt[3]{x} = y, \quad$ u. L 5f), § 21;

9g) $\quad -\cos^{100} x = y\,.$

10a) $\quad 3\cos^3 x + 2 = y;$

10b) $\quad \arcsin x = y;$

10c), d) Partielle Int.

11. M. bringe d. Nenner auf d. Form $r\sin(x + \alpha)$.

12. $\quad 1 + r\cos x = y\,.$

13a), b) $1 - 2\,r\cos x + r^2 = y\,.$

14. M. stelle $\sqrt{x}$ als Exponentielle dar.

15. $a^y - a^x = (y - x)\,a^\xi \lg a, \quad \xi \prec (x, y).$

16a) $\quad \dfrac{a + b}{2} \geqq \sqrt{ab} \quad (a, b \geqq 0).$

24a), 24b) Partielle Int., indem beide Aufgaben zugleich behandelt werden.

24c), 24d) $\sin^2 x = \dfrac{1 - \cos 2x}{2}\,; \quad \cos^2 x = \dfrac{1 + \cos 2x}{2}\,.$

25b) $\quad \dfrac{\pi}{4} - x = t, \quad \sin t = z.$

26a)—26i) M. bezeichne jeweils d. betreffende Int. m. I_n u. wende partielle Int. an.

27a) M. drücke d. Faktor bei e^x durch $\operatorname{tg}\dfrac{x}{2}$ aus u. bringe d. Int. auf d. Form v. A 16 § 21;

27b) $1 + \sin x = \left(\sin \dfrac{x}{2} + \cos \dfrac{x}{2}\right)^2.$

28. M. logarithmiere d. betreffenden Ausdruck u. benutze geeignete Äquivalenzen.

29a) M. int. zweimal partiell. Vgl. L 7

29b) M. int. partiell u. benutze 29a);

29c), 29d) M. int. partiell. Vgl. L 7.

30. M. setze $P_n = \prod\limits_{\nu=1}^{n} \operatorname{Cos} \dfrac{x}{2^\nu}$ u. bilde $P_n \operatorname{Sin} \dfrac{x}{2^n}$ unter Benutzung v. 17 b).

32a), 32b) Beide Aufgaben zusammen behandeln u. 2 lineare Kombinationen bilden, die sich sofort int. lassen.

33. M. benutze $\dfrac{1}{x^2 - a^2} = \dfrac{1}{2a}\left(\dfrac{1}{x-a} - \dfrac{1}{x+a}\right).$

34. $J = xy - 2\int\limits_{1}^{x} \sqrt{x^2 - 1}\, dx$, im Int. wird e. neue Variable durch $x = \operatorname{Cos} u$ eingeführt u. 32a) benutzt.

36. Partielle Int.

37a) Führt m. e. neue. neue Variable u durch $x = \operatorname{Sin} u$ u. sodann $z = \operatorname{Tg} u$ ein, so wird d. Int. rational. Dies läuft auf d. Einführung v. z durch $z = \dfrac{x}{\sqrt{1 + x^2}}$ hinaus;

37b) D. gleiche Substitution wie in A 34.

39. M. führe e. neue Variable $y = \lg x$ ein u. setze $f(e^y) \equiv g(y)$.

41. OBdA darf m. a_ν in d. Form e^{α_ν} mit pos. ν annehmen, da d. Ersetzung von x durch $x + u$ f. jedes konstantes u erlaubt ist.

§ 23

1b) $\quad \dfrac{x^4}{(2-x)^3} = \dfrac{24}{2-x} - \dfrac{32}{(2-x)^2} + \dfrac{16}{(2-x)^3} - x - 6;$

1c) F. $y = 5x + 1$ folgt

$$\dfrac{4x^2 + 1}{(5x+1)^3} = \dfrac{1}{25}\dfrac{4y^2 - 8y + 29}{y^3} = \dfrac{1}{25}\left(\dfrac{4}{5x+1} - \dfrac{8}{(5x+1)^2} + \dfrac{29}{(5x+1)^3}\right);$$

1d) f. $y = 2x - 1$ folgt

$$\dfrac{4x^3 - 12x + 1}{(2x-1)^4} = \dfrac{y^3 + 3y^2 - 9y + 11}{2y^4} = \dfrac{1}{2}\left(\dfrac{1}{y} + \dfrac{3}{y^2} - \dfrac{9}{y^3} + \dfrac{11}{y^4}\right)$$
$$= \dfrac{1}{2}\left(\dfrac{1}{2x-1} + \dfrac{3}{(2x-1)^2} - \dfrac{9}{(2x-1)^3} + \dfrac{11}{(2x-1)^4}\right);$$

1e) $\quad \dfrac{x+1}{x^2 + 4x + 4} = \dfrac{1}{x+2} - \dfrac{1}{(x+2)^2};$

1f) F. $y = bx + a$ folgt

$$\dfrac{x^3}{(a+bx)^2} = \dfrac{1}{b^3}\dfrac{(y-a)^3}{y^2} = \dfrac{1}{b^3}\left(bx - 2a + \dfrac{3a^2}{a+bx} - \dfrac{a^3}{(a+bx)^2}\right);$$

1g) F. $y = bx + a$ folgt

$$\dfrac{x^2}{(a+bx)^3} = \dfrac{1}{b^2}\dfrac{(y-a)^2}{y^3} = \dfrac{1}{b^2}\left(\dfrac{1}{y} - \dfrac{2a}{y^2} + \dfrac{a^2}{y^3}\right).$$

2a) $\quad \dfrac{x^3 + 2x^2 - 1}{x(x-1)} = \dfrac{1}{x} + \dfrac{2}{x-1} + 3 + x;$

2b) $\quad \dfrac{x^2 - 2x + 3}{x^2 - 3x + 2} = \dfrac{3}{x-2} - \dfrac{2}{x-1} + 1;$

2c) $\quad \dfrac{1}{x(7-3x)} = \dfrac{1}{7}\left(\dfrac{1}{x} + \dfrac{3}{7-3x}\right);$

2d) $\quad \dfrac{1}{\alpha^2 - \beta^2 x^2} = \dfrac{1}{2\alpha}\left(\dfrac{1}{\beta x + \alpha} - \dfrac{1}{\beta x - \alpha}\right);$

2e) $\quad \dfrac{1}{3x^2 - 2} = \dfrac{1}{2\sqrt{6}}\left(\dfrac{1}{x - \sqrt{\dfrac{2}{3}}} - \dfrac{1}{x + \sqrt{\dfrac{2}{3}}}\right);$

3a) $\quad \dfrac{1}{x(x-a)^2} = \dfrac{1}{a^2 x} - \dfrac{1}{a^2(x-a)} + \dfrac{1}{a(x-a)^2};$

3b) $\quad \dfrac{1}{(x^2-1)^2} = \dfrac{1}{4}\left(\dfrac{1}{x+1} - \dfrac{1}{x-1} + \dfrac{1}{(x+1)^2} + \dfrac{1}{(x-1)^2}\right);$

3c) $\quad \dfrac{x-2}{x^2(x-1)^2} = -\dfrac{3}{x} + \dfrac{3}{x-1} - \dfrac{2}{x^2} - \dfrac{1}{(x-1)^2};$

3d) $\quad \dfrac{x^2-1}{x^2(x-2)^2} = \dfrac{1}{4}\left(\dfrac{1}{x-2} - \dfrac{1}{x} - \dfrac{1}{x^2} + \dfrac{3}{(x-2)^2}\right);$

3e) $\quad \dfrac{3x^3 + 10x^2 - x}{(x+1)^2(x-1)^2} = \dfrac{4}{x-1} - \dfrac{1}{x+1} + \dfrac{2}{(x+1)^2} + \dfrac{3}{(x-1)^2};$

3f) $\quad \dfrac{x-2}{x^2(x-1)^3} = \dfrac{5}{x} - \dfrac{5}{x-1} + \dfrac{2}{x^2} + \dfrac{3}{(x-1)^2} - \dfrac{1}{(x-1)^3};$

3g) $\quad \dfrac{x^3 - 2x^2 + 4}{x^3(x-2)^2} = \dfrac{1}{4}\left(\dfrac{1}{x} - \dfrac{1}{x-2} + \dfrac{4}{x^2} + \dfrac{4}{x^3} + \dfrac{2}{(x-2)^2}\right).$

4a) $\quad \dfrac{2x-3}{x(x^2-1)} = \dfrac{3}{x} - \dfrac{1}{2}\dfrac{1}{x-1} - \dfrac{5}{2}\dfrac{1}{x+1};$

4b) $\quad \dfrac{1}{x(x^2-1)} = \dfrac{1}{2}\left(\dfrac{1}{x+1} + \dfrac{1}{x-1} - \dfrac{2}{x}\right);$

4c) $\quad \dfrac{x^2}{(x^2-4)(x+1)} = \dfrac{1}{x+2} + \dfrac{1}{3(x-2)} - \dfrac{1}{3(x+1)};$

4d) $\quad \dfrac{x^2}{(x-1)(x-2)(x+3)} = \dfrac{1}{20}\left(\dfrac{16}{x-2} + \dfrac{9}{x+3} - \dfrac{5}{x-1}\right);$

4e) $\quad \dfrac{x}{(x-1)(x+2)(x-3)} = \dfrac{1}{30}\left(\dfrac{9}{x-3} - \dfrac{5}{x-1} - \dfrac{4}{x+2}\right);$

4f) $\quad \dfrac{x-4}{(x^2-9)(x+4)} = \dfrac{1}{42}\left(\dfrac{49}{x+3} - \dfrac{1}{x-3} - \dfrac{48}{x+4}\right);$

4g) $\quad \dfrac{x^2-x}{(x-1)(x+3)(x-7)} = \dfrac{1}{10}\left(\dfrac{7}{x-7} + \dfrac{3}{x+3}\right);$

4h) $\quad \dfrac{1}{x(a^2-x^2)} = \dfrac{1}{2a^2}\left(\dfrac{2}{x} - \dfrac{1}{x-a} - \dfrac{1}{x+a}\right);$

4i) $\quad \dfrac{x^2 + x + 1}{x\,(x - 7)\,(x + 3)} = \dfrac{1}{210}\left(\dfrac{49}{x + 3} - \dfrac{10}{x} + \dfrac{171}{x - 7}\right)$;

4k) $\quad \dfrac{x^5 + 1}{x^6 - x^4} = \dfrac{1}{x - 1} - \dfrac{1}{x^2} - \dfrac{1}{x^4}$;

4l) $\quad \dfrac{x^4 - 5x^3 - 30x^2 - 36x}{(x + 1)^3\,(x^2 - 4)} = \dfrac{2}{x + 2} - \dfrac{2}{x - 2} + \dfrac{1}{x + 1} + \dfrac{1}{(x + 1)^2} - \dfrac{4}{(x + 1)^3}$;

5a) $\quad \dfrac{9x^2 - 3x + 8}{x^3 - x^2 - x + 1} = \dfrac{4}{x - 1} + \dfrac{5}{x + 1} + \dfrac{7}{(x - 1)^2}$;

5b) $\quad \dfrac{3x^2 + 4}{x^3 + x^2 - 8x - 12} = \dfrac{1}{25}\left(\dfrac{31}{x - 3} + \dfrac{44}{x + 2} - \dfrac{80}{(x + 2)^2}\right)$;

5c) $\quad \dfrac{x^2 - 7}{x^3 - 2x^2 - 5x + 6} = \dfrac{1}{5}\left(\dfrac{5}{x - 1} - \dfrac{1}{x + 2} + \dfrac{1}{x - 3}\right)$;

5d) $\quad \dfrac{2x^2 + 4}{(x - 3)\,(x + 2)^2} = \dfrac{1}{75}\left(\dfrac{84}{x + 2} + \dfrac{66}{x - 3} - \dfrac{180}{(x + 2)^2}\right)$;

5e) $\quad \dfrac{x^2 - x + 2}{x^4 - 5x^2 + 4} = \dfrac{1}{3}\left(\dfrac{2}{x + 1} - \dfrac{1}{x - 1} - \dfrac{2}{x + 2} + \dfrac{1}{x - 2}\right)$;

5f) $\quad \dfrac{1}{x^3\,(x - 1)^2\,(x + 1)} = \dfrac{2}{x} - \dfrac{7}{4\,(x - 1)} - \dfrac{1}{4\,(x + 1)} + \dfrac{1}{x^2} + \dfrac{1}{x^3} + \dfrac{1}{2\,(x - 1)^2}$;

5g) $\quad \dfrac{5x^2 - 19x + 18}{x^3 - 6x^2 + 11x - 6} = \dfrac{2}{x - 1} + \dfrac{3}{x - 3}$;

5h) $\quad \dfrac{x + 1}{(x^2 - 1)\,(x^2 - 5x + 3)} = -\dfrac{1}{x - 1} + \dfrac{1}{\sqrt{13}}\left(\dfrac{\sqrt{13} - 3}{2x - 5 - \sqrt{13}} + \dfrac{\sqrt{13} + 3}{2x - 5 + \sqrt{13}}\right)$;

5i) $\quad \dfrac{1}{x^3 + x^2 - 7} = \dfrac{0{,}089}{x - 1{,}631} + \dfrac{0{,}379 - 0{,}089\,x}{x^2 + 2{,}631\,x + 4{,}291}$;

5k) $\quad \dfrac{x^2 - 1}{x^3 - 12x - 5} = \dfrac{0{,}072}{x + 0{,}423} + \dfrac{0{,}440}{x - 3{,}656} + \dfrac{0{,}488}{x + 3{,}234}$.

6a)—6d) Direkte Anwendung der expliziten Formel.

7a) $\quad \dfrac{x^4 + 1}{x^3 - x^2 + x - 1} = \dfrac{1}{x - 1} - \dfrac{x + 1}{x^2 + 1} + x + 1$;

7b) $\quad \dfrac{1}{(x - 1)^2\,(x^2 + 1)} = \dfrac{1}{2}\left(\dfrac{x}{x^2 + 1} + \dfrac{1}{(x - 1)^2} - \dfrac{1}{x - 1}\right)$;

7c) $\quad \dfrac{x + 2}{x^2\,(x^2 + 1)} = \dfrac{1}{x} + \dfrac{2}{x^2} - \dfrac{x + 2}{x^2 + 1}$;

7d) $\quad \dfrac{x^3}{(x - 1)^2\,(x^2 + 4)} = \dfrac{1}{50}\left(\dfrac{26}{x - 1} + \dfrac{10}{(x - 1)^2} + \dfrac{24x + 64}{x^2 + 4}\right)$;

7e) $\quad \dfrac{3x^2 + x - 2}{(x - 1)^3\,(x^2 + 1)} = \dfrac{1}{2}\left(\dfrac{3x - 2}{x^2 + 1} - \dfrac{3}{x - 1} + \dfrac{5}{(x - 1)^2} + \dfrac{2}{(x - 1)^3}\right)$;

7f) $\quad \dfrac{x^5 + 1}{x^6 + x^4} = \dfrac{x + 1}{x^2 + 1} - \dfrac{1}{x^2} + \dfrac{1}{x^4}$;

7g) $\quad \dfrac{9x^2 - 14x + 1}{x^3 - 2x^2 + x - 2} = \dfrac{1}{5}\left(\dfrac{9}{x - 2} + \dfrac{36x + 2}{x^2 + 1}\right)$;

7h)　$\dfrac{x+1}{x(x^2+x+1)} = \dfrac{1}{x} - \dfrac{x}{x^2+x+1}$;

7i)　$\dfrac{x+2}{x^3+1} = \dfrac{1}{3}\left(\dfrac{1}{x+1} + \dfrac{5-x}{x^2-x+1}\right)$;

7k)　$\dfrac{1-2x^2}{x^3+1} = -\dfrac{1}{3}\left(\dfrac{1}{x+1} + \dfrac{5x-4}{x^2-x+1}\right)$;

7l)　$\dfrac{3x}{x^3-1} = \dfrac{1}{x-1} + \dfrac{1-x}{x^2+x+1}$;

7m)　$\dfrac{x}{(x-1)(x^2+6x+25)} = \dfrac{1}{32}\left(\dfrac{1}{x-1} + \dfrac{25-x}{x^2+6x+25}\right)$;

7n) D. Integrand ist e. logarithmische Abl.

7o)　$\dfrac{1}{x^3+2x-3} = \dfrac{1}{5}\left(\dfrac{1}{x-1} - \dfrac{x+2}{x^2+x+3}\right)$.

8a)　$\dfrac{x^2}{1-x^4} = \dfrac{1}{4}\left(\dfrac{1}{x+1} - \dfrac{1}{x-1} - \dfrac{2}{x^2+1}\right)$;

8b)　$\dfrac{x^2+2}{x^4-16} = \dfrac{1}{16}\left(\dfrac{3}{x-2} - \dfrac{3}{x+2} + \dfrac{4}{x^2+4}\right)$;

8c)　$\dfrac{x^2+1}{(x-1)(x-2)(x^2-x+1)} = \dfrac{1}{3}\left(\dfrac{5}{x-2} - \dfrac{6}{x-1} + \dfrac{x-2}{x^2-x+1}\right)$;

8d)　$\dfrac{x^2}{(x+2)(x+3)(x^2+1)} = \dfrac{1}{10}\left(\dfrac{8}{x+2} - \dfrac{9}{x+3} + \dfrac{x-1}{x^2+1}\right)$;

8e)　$\dfrac{1}{x^2(x-1)(x^2+1)} = \dfrac{1}{2}\left(\dfrac{1}{x-1} - \dfrac{2}{x} - \dfrac{2}{x^2} + \dfrac{x+1}{x^2+1}\right)$;

8f)　$\dfrac{1}{x^3(1+x^3)} = \dfrac{1}{3}\left(\dfrac{3}{x^2} - \dfrac{1}{x+1} + \dfrac{x-2}{x^2-x+1}\right)$;

8g)　$\sqrt[4]{\dfrac{\alpha^2}{\beta^2}} = p$ gesetzt, gilt f. $\alpha > 0$, $\beta > 0$:

$$\dfrac{1}{\alpha^2-\beta^2 x^4} = \dfrac{-1}{4\alpha\sqrt{\alpha\beta}}\left(\dfrac{1}{x-p} - \dfrac{1}{x+p} - \dfrac{2p}{x^2+p^2}\right);$$

8h)　$\dfrac{x^3+2}{(x^2-4)(x-3)(x^2-3x+3)} = \dfrac{29}{15}\dfrac{1}{x-3} - \dfrac{5}{2}\dfrac{1}{x-2} - \dfrac{3}{130}\dfrac{1}{x+2} +$

$$+ \dfrac{1}{39}\dfrac{23x-21}{x^2-3x+3} ;$$

8i)　$\dfrac{x^4+2x+2}{(x^4-1)(x^2+1)} = \dfrac{1}{8}\left[\dfrac{5}{x-1} - \dfrac{1}{x+1} - \dfrac{8x+12}{(x^2+1)^2} - \dfrac{4x-2}{x^2+1}\right]$;

9a)　$\dfrac{x^2}{(x^2+1)^2} = \dfrac{1}{x^2+1} - \dfrac{1}{(x^2+1)^2}$;

9c)　$\dfrac{x^4+1}{(x^2+1)^2} = 1 - \dfrac{2}{x^2+1} + \dfrac{2}{(x^2+1)^2}$;

9d)　$\dfrac{1}{(x+1)(x^2+1)^2} = \dfrac{1}{4}\left(\dfrac{1}{x+1} - \dfrac{x-1}{x^2+1} - 2\dfrac{x-1}{(x^2+1)^2}\right)$;

9e) $\displaystyle\int \frac{x^3}{(x^2+1)^3}$ wird, $y = 1 + x^2$ eingeführt, zu $\displaystyle\frac{1}{2}\int \frac{(y-1)\,dy}{y^3}$;

9f) $\displaystyle\frac{x^6}{(x^2+3)^3} = 1 - \frac{9}{x^2+3} + \frac{27}{(x^2+3)^2} - \frac{27}{(x^2+3)^3}$;

9g) Spezialisierung der allgemeinen Formel.

9h) $\displaystyle\frac{x^7+2}{(x^2+x+1)^2} = x^3 - 2x^2 + x + 2 - \frac{4x+2}{x^2+x+1} + \frac{x+2}{(x^2+x+1)^2}$;

9i) $\displaystyle\frac{1}{(x^2-2)(x^2+1)^2} = \frac{1}{18\sqrt{2}}\left(\frac{1}{x-\sqrt{2}} - \frac{1}{x+\sqrt{2}}\right) - \frac{1}{3(x^2+1)^2} - \frac{1}{9(x^2+1)}$;

9k) $\displaystyle\frac{1}{(x-1)^2(x^2+1)^2} = \frac{1}{4}\left(\frac{1}{(x-1)^2} - \frac{2}{x-1} + \frac{2x+1}{x^2+1} + \frac{2x}{(x^2+1)^2}\right)$;

9l) $\displaystyle\frac{x^3+1}{(x-1)^3 x^2(x+2)(x^2+1)^2} = \frac{49}{54}\frac{1}{x-1} - \frac{17}{36}\frac{1}{(x-1)^2} + \frac{1}{6}\frac{1}{(x-1)^3} -$

$\displaystyle\qquad\quad - \frac{5}{4}\frac{1}{x} - \frac{1}{2}\frac{1}{x^2} + \frac{7}{2700}\frac{1}{x+2} + \frac{1}{100}\frac{34x+7}{x^2+1} + \frac{1}{10}\frac{2x+1}{(x^2+1)^2}$;

9m) $\displaystyle\frac{1}{x(x-1)^2(x^2+9)^2} = \frac{1}{81}\frac{1}{x} - \frac{7}{500}\frac{1}{x-1} + \frac{1}{100}\frac{1}{(x-1)^2} +$

$\displaystyle\qquad\quad + \frac{1}{40500}\frac{67x+162}{x^2+9} + \frac{1}{450}\frac{4x+9}{(x^2+9)^2}$;

9n) $\displaystyle\int \frac{x^3\,dx}{(a+bx^2)^3} = \frac{1}{2b^2}\int \frac{(y-a)\,dy}{y^3}$ f. $y = a + bx^2$.

10a) $\displaystyle\frac{1}{(x-1)^2(x^2+x+1)^2} = \frac{1}{9}\left(\frac{-2}{x-1} + \frac{1}{(x-1)^2} + \frac{2x+3}{x^2+x+1} + \frac{3x+3}{(x^2+x+1)^2}\right)$;

10b) $\displaystyle\frac{x^4}{(x^3+1)^2} = \frac{1}{9}\left(\frac{-2}{x+1} + \frac{1}{(x+1)^2} - \frac{3}{(x^2-x+1)^2} + \frac{2x+4}{x^2-x+1}\right)$;

10c) $\displaystyle\frac{x^3}{(x+1)^2(x^2+x+1)^2} = \frac{1}{x+1} - \frac{1}{(x+1)^2} + \frac{1-x}{x^2+x+1} - \frac{x+1}{(x^2+x+1)^2}$.

11a) $\displaystyle\frac{1}{(x^2+1)(x^2+4)} = \frac{1}{3}\left(\frac{1}{x^2+1} - \frac{1}{x^2+4}\right)$;

11b) $\displaystyle\frac{x^2-1}{(x^2+1)(x^2+4)} = \frac{1}{3}\left(\frac{5}{x^2+4} - \frac{2}{x^2+1}\right)$;

11c) $\displaystyle\frac{1}{x^4+x^2+1} = \frac{1}{2}\left(\frac{x+1}{x^2+x+1} - \frac{x-1}{x^2-x+1}\right)$;

11d) $\displaystyle\frac{1}{x^4+1} = \frac{1}{2\sqrt{2}}\left(\frac{x+\sqrt{2}}{x^2+\sqrt{2}\,x+1} - \frac{x-\sqrt{2}}{x^2-\sqrt{2}\,x+1}\right)$;

11e) $\displaystyle\frac{1}{1-x^6} = \frac{1}{6}\left(\frac{1}{x+1} - \frac{1}{x-1} - \frac{x-2}{x^2-x+1} + \frac{x+2}{x^2+x+1}\right)$;

11f) $\displaystyle\frac{1}{x^8+x^7-x^4-x^3} = -\frac{1}{x} + \frac{1}{x^2} - \frac{1}{x^3} +$

$\displaystyle\qquad\quad + \frac{1}{8}\left(\frac{1}{x-1} + \frac{9}{x+1} + \frac{2}{(x+1)^2} - \frac{2x+2}{x^2+1}\right)$;

11g) $\dfrac{x^2+1}{x^4+1} = \dfrac{1}{2}\left(\dfrac{1}{x^2+\sqrt{2}\,x+1} + \dfrac{1}{x^2-\sqrt{2}\,x+1}\right).$

12a) $\dfrac{1}{(x^2+a)(x^2+b)} = \dfrac{1}{b-a}\left(\dfrac{1}{x^2+a} - \dfrac{1}{x^2+b}\right);$

12b) $\displaystyle\int \dfrac{x^3\,dx}{(x^8+4)^2}$ wird, $y = \dfrac{1}{2}\,x^4$ gesetzt, zu $\dfrac{1}{32}\displaystyle\int \dfrac{dy}{(y^2+1)^2};$

12c) $\displaystyle\int \dfrac{12x^{15}dx}{(x^4+1)^2}$ wird, $x^4+1 = y$ gesetzt, zu $3\displaystyle\int \dfrac{(y-1)^3\,dy}{y^2};$

12d) $\displaystyle\int \dfrac{x^3dx}{(1+x^2)^2+9}$ wird, $y = \dfrac{1+x^2}{3}$ gesetzt, zu $\dfrac{1}{6}\displaystyle\int \dfrac{(3y-1)\,dy}{y^2+1};$

12e) $\displaystyle\int \dfrac{x^5dx}{3x^4+x^2-4}$ wird, $x^2 = y$ gesetzt, zu $\dfrac{1}{2}\displaystyle\int \dfrac{y^2dy}{3y^2+y-4};$

$$\dfrac{y^2}{3y^2+y-4} = \dfrac{1}{3} + \dfrac{1}{7}\,\dfrac{1}{y-1} - \dfrac{16}{63}\,\dfrac{1}{y+\dfrac{4}{3}}.$$

13. $\displaystyle\int \dfrac{x^5dx}{(x^3-1)^2}$ wird, $x^3-1 = y$ gesetzt, zu $\dfrac{1}{3}\displaystyle\int \dfrac{y+1}{y^2}\,dy.$

14a) $\displaystyle\int \dfrac{dx}{x\,(x^2+4)}$ wird, $x^2+4 = y$ gesetzt, zu $\dfrac{1}{2}\displaystyle\int \dfrac{dy}{y\,(y-4)};$

14b) $\displaystyle\int \dfrac{1-x^2}{x(1+x^2)}\,dx$ wird, $x^2 = y$ gesetzt, zu $\dfrac{1}{2}\displaystyle\int \dfrac{(1-y)\,dy}{y(1+y)};$

14c) $\displaystyle\int \dfrac{dx}{x^4(1+x^3)}$ wird, $x^3 = y$ gesetzt, zu $\dfrac{1}{3}\displaystyle\int \dfrac{dy}{y^2(y+1)};$

14d) $\displaystyle\int \dfrac{dx}{x(a+b\,x^n)}$ wird, $y = b\,x^n$ gesetzt, zu $\dfrac{1}{n}\displaystyle\int \dfrac{dy}{y(y+a)}.$

15a) $\displaystyle\int \dfrac{x\,dx}{\sqrt[3]{1-x}}$ wird, $y = (1-x)^{1/3}$ gesetzt, zu $3\displaystyle\int (y^3-1)\,y\,dy;$

15b) $\displaystyle\int \dfrac{x\,dx}{\sqrt{x+2}}$ wird, $y = \sqrt{x+2}$ gesetzt, zu $2\displaystyle\int (y^2-2)\,dy.$

16. $\displaystyle\int \dfrac{\sin x\,dx}{1-4\cos^2 x}$ wird, $y = \cos x$ gesetzt, zu $\displaystyle\int \dfrac{dy}{4y^2-1}.$

17a) $\displaystyle\int \dfrac{x\,dx}{\sqrt{a-x}}$ wird, $\sqrt{a-x} = y$ gesetzt, zu $2\displaystyle\int (y^2-a)\,dy;$

17b) $\displaystyle\int \dfrac{x^3\,dx}{\sqrt{1+x^4}}$ wird, $\sqrt{1+x^4} = y$ gesetzt, zu $\dfrac{1}{2}\displaystyle\int dy.$

18a) $\displaystyle\int \dfrac{\sqrt{x}}{\sqrt{x}-1}\,dx$ wird, $\sqrt{x} = y$ gesetzt, zu $2\displaystyle\int \dfrac{y^2dy}{y-1};$

18c) $\displaystyle\int \dfrac{dx}{(x+1)\sqrt{x^3}}$ wird, $\sqrt{x} = y$ gesetzt, zu $2\displaystyle\int \dfrac{dy}{y^2(1+y^2)};$

18d) $\displaystyle\int \dfrac{dx}{\sqrt{x}+\sqrt[3]{x}}$ wird, $\sqrt[6]{x}+1 = y$ gesetzt, zu $6\displaystyle\int \dfrac{(y-1)^3\,dy}{y};$

18e) $\quad J = \dfrac{27}{4} \displaystyle\int \dfrac{x^2\, dx}{\sqrt{4 + 9x^2}}$ wird, $\dfrac{3x}{2} = y$ gesetzt, zu $\displaystyle\int \dfrac{y^2\, dy}{\sqrt{y^2 + 1}}$.

Weiter durch partielle Int. behandeln!

19. $\quad \displaystyle\int \dfrac{e^x - 1}{e^x + 1}\, dx$ wird, $e^x = y$ gesetzt, zu $\displaystyle\int \dfrac{(y - 1)\, dy}{y(y + 1)}$.

20a) M. führe $y = \lg \lg x$ als neue Int.-Variable ein;

20b) M. führe $y = e^{x^2}$ als neue Int.-Variable ein;

20c) M. int. partiell.

21a) $\quad \displaystyle\int \sqrt{\operatorname{tg} x}\, dx$ wird f. $y = \sqrt{\operatorname{tg} x}$ zu $2 \displaystyle\int \dfrac{y^2\, dy}{y^4 + 1}$ v. hier aus benutze m. LA 11g) u. 11d);

21b) $\quad \displaystyle\int \sqrt[3]{\operatorname{tg} x}\, dx$ wird f. $y = \operatorname{tg}^{2/3} x$ zu $\dfrac{3}{2} \displaystyle\int \dfrac{y\, dy}{y^3 + 1}$, wo

$$\dfrac{y}{y^3 + 1} = \dfrac{1}{3}\left(\dfrac{y + 1}{y^2 - y + 1} - \dfrac{1}{y + 1} \right) \text{ ist.}$$

23. Partielle Int. liefert

$$\int \lg(1 - x^4)\, dx = x \lg(1 - x^4) + 4 \int \dfrac{x^4}{1 - x^4}\, dx. \text{ Vgl. A 11d).}$$

§ 24

1. $(\lg x^{1/x})' = \left(\dfrac{\lg x}{x}\right)' = \dfrac{1 - \lg x}{x^2}, \quad x^2 \left(\dfrac{\operatorname{tg} x}{x}\right)' = \dfrac{x}{\cos^2 x} - \operatorname{tg} x =$

$\qquad = \dfrac{1}{2\cos^2 x}(2x - \sin 2x), \quad \dfrac{x^2}{\cos x}\left(\dfrac{\sin x}{x}\right)' = x - \operatorname{tg} x.$

2. D. Beh. ist äquivalent mit

$$1 - \cos \dfrac{\pi}{2} z = 2 \sin^2 \dfrac{\pi}{4} z > z^2, \quad \left(\dfrac{\sin \dfrac{\pi z}{4}}{\dfrac{\pi z}{4}} \right)^2 > \dfrac{8}{\pi^2}.$$

6a) F. $y = \dfrac{1}{x}$ wird d. Beh. zu $y > \lg(1 + y) > \dfrac{2y}{y + 2}$;

6b) M. setze in 6a) $y = \dfrac{1}{1 + x}, \quad x = \dfrac{1 - y}{y} \quad (0 < y < 1).$

7a) $y' = \dfrac{x - (1 + x)\lg(1 + x)}{x^2(1 + x)}$;

7b) M. bilde $\left(\dfrac{1}{y}\right)'$.

10. $\left(e^x - 1 - x - \dfrac{x^2}{2}\right)' = e^x - 1 - x, \quad (e^x - 1 - x)' = e^x - 1.$

11. $x = \dfrac{1}{y}$ u. A 7a).

15a) $y = 2x^3 + 3x^2 - 12x + 7$ gesetzt, hat m. $y(1) = 0$,

$$y'(x) = 6x^2 + 6x - 12 = 6(x+2)(x-1);$$

15b) $y = 3x^4 + 8x^3 - 6x^2 - 24x + 19$ gesetzt, folgt $y(1) = 0$,

$$y' = 12(x^3 + 2x^2 - x - 2) = 12(x-1)(x+1)(x+2).$$

16. $y(x) = n + nx^{n-1} - 2(1 + x + \cdots + x^{n-1})$, $y(1) = 0$,

$$y'(x) = n(n-1)x^{n-2} - 2(1 + 2x + 3x^2 + \cdots + (n-1)x^{n-2}).$$

17a) M. setze $\dfrac{b}{a^2} = x$ u. dividiere durch a. D. Beh. wird zu

$$1 + \frac{x}{2} > \sqrt{1+x} > 1 + \frac{x}{2} - \frac{x^2}{8};$$

Man beachte, daß $1 + \dfrac{x}{2} - \dfrac{x^2}{8} < 0$ f. $x \geqq 8$ ist.

17b) M. setze $\dfrac{b}{a} = x$ u. dividiere durch a:

$$1 + x - \frac{2}{3}\sqrt{x} \leqq \sqrt{1+x^2} \leqq 1 + x.$$

18. $y' = \cos x - 1 + \dfrac{x^2}{2} = z$, $z' = x - \sin x$.

19a) $\left(\operatorname{tg} x - x - \dfrac{x^3}{3}\right)' = 1 + \operatorname{tg}^2 x - 1 - x^2 = \operatorname{tg}^2 x - x^2;$

19b) $\left(\dfrac{1}{3}\operatorname{tg} x + \dfrac{2}{3}\sin x - x\right)' = \dfrac{1}{3}\operatorname{tg}^2 x + \dfrac{2}{3}(\cos x - 1) =$

$$= \frac{1}{3}\left(\operatorname{tg}^2 x - 4\sin^2\frac{x}{2}\right) = \frac{1}{3}\left(\operatorname{tg} x + 2\sin\frac{x}{2}\right) 2\sin\frac{x}{2}\left(\frac{\cos\frac{x}{2}}{\cos x} - 1\right).$$

20. Zur endgültigen Berechnung d. Grenzwertes verwende m. A 13.

21. Vgl. A 10d) § 20 u. beachte, daß d. untere Schranke f. $\cos x$ nur bis $x = \sqrt{2}$ brauchbar ist.

22. M. benutze d. Relationen

$$\cos^2 x(\operatorname{tg} x - x)' = \sin^2 x, \quad \frac{x^2}{\cos x}\left(\frac{\sin x}{x}\right)' = x - \operatorname{tg} x.$$

23. Vgl. LA 1.

25. $x = \dfrac{1}{2} + \dfrac{z}{2}$ gesetzt, gilt $y \equiv \dfrac{\sin \pi x}{x(1-x)} = 4\cos\dfrac{\pi z}{2}\Big/(1-z^2)$,

und es genügt, z aus $(0, 1)$ zu betrachten.

F. d. obere Schranke ist d. Ungl. $\dfrac{\sin\dfrac{\pi z}{4}}{z} \geqq \sqrt{\dfrac{1}{2}}$ zu benutzen, f. d. untere d.

Ausdruck $u = 4\cos\dfrac{\pi z}{2} - \pi(1 - z^2)$ zu betrachten.

26. M. benutze in HA 1 d. Resultat über $\dfrac{\lg x}{x}$ u. setze $\sqrt{x} = y$.

27 a) Aus 6 a);

27 b) Linksseitig aus 6 a), rechtsseitige Ungl. wird f. $x = \dfrac{1}{y}$ zu

$$z(y) \equiv \lg(1+y) - \frac{y^2}{2} - \frac{y}{1+y} < 0 \quad (y > 0);$$

27 c) Es genügt, $y(x) = \dfrac{x}{\sqrt{1+x}} - \lg(1+x)$ gesetzt, zu bew., daß $y(x)$ monoton wächst in $\langle -1, \infty)$, da $y(0) = 0$ ist;

27 d) F. $1 + \dfrac{1}{x} = y$ wird d. Beh. zu

$$z(y) \equiv \lg y - y + 2 + \frac{1}{y} - \frac{4}{y+1} < 0 \quad (y > 1), \ z(1) = 0;$$

27 e) $y \equiv \dfrac{1}{2} \sin x \operatorname{tg} x + \lg \cos x$ gesetzt, gilt $\dfrac{2 \cos^2 x}{\sin x} y' = (1 - \cos x)^2 \geqq 0.$

28. Benutze nach Diff. $\lg \xi - \lg x = \displaystyle\int_x^\xi \frac{dt}{t}$.

29. M. schätze f. $x > \varepsilon > 0$ d. Int. $\displaystyle\int_\varepsilon^x \varphi'(t)\,dt = \varphi(x) - \varphi(\varepsilon)$ ab.

31. M. benutze f. jeden Term A 6 a).

32. A 27 c).

34 a) $y = (1-x)e^{2x} - (1+x), \quad y' = (1-2x)e^{2x} - 1 = z, \quad z' = -4\,x\,e^{2x};$

34 b) Vgl. 27 d) u. 6 a).

35. Vgl. A 11.

36. M. beachte, daß $\dfrac{\delta A}{\delta y} = \lg \dfrac{x+y}{x-y}$ d. Vorzeichen v. y hat.

37. Ungl. zwischen d. arithmetischen u. geometrischen Mittel.

38. Da $f(x,y)$ symmetrisch in x, y ist, darf $1 > y > x > 0$ angenommen werden. Man setze $(y-x)f(x,y) - 4(y-x) = G(x,y).$

39. M. setze $H(x,y) = y \lg \dfrac{y}{x} + (1-y) \lg \dfrac{1-y}{1-x} - 2(y-x)^2$, so daß:

$$x(1-x)H_x' = (y-x)(4x(1-x) - 1).$$

40 b) Vgl. A 17 § 21.

46 a) $y = e^x - x - 1, \quad y' = e^x - 1;$

46 b) $y \equiv x - (1-x)(1-e^{-x}) = 2x - 1 + e^{-x}(1-x),$

$$y' = 2 + e^{-x}(x-2) = e^{-x}(x - 2 + 2e^x) \equiv e^{-x}z,$$

$$z = 2e^x + x - 2, \quad z' = 2e^x + 1, \quad z(0) = 0;$$

46 c) $y = -\dfrac{x}{1-x} - \lg(1-x), \quad y' = \dfrac{-x}{(1-x)^2};$

46d) V. Ind.;

46e) Nach Logarithmieren setze m. $\dfrac{x}{y} = z$. Aus 46a) u. 7b).

47. $\lg\left[\left(1 + \dfrac{x_\nu}{\nu}\right)^\nu e^{-x_\nu}\right] = \nu\,\lg\left(1 + \dfrac{x_\nu}{\nu}\right) - x_\nu$.

M. stelle dies mit Hilfe d. Int. $\lg(1 + x) - x = -\displaystyle\int_0^x \dfrac{t\,dt}{1 + t}$ dar, setze $x_\nu = \sqrt{\nu}\,y_\nu$ u. führe e. neue Int.-Variable $u = \sqrt{\nu}\,t$ ein:

$$\nu\,\lg\left(1 + \dfrac{x_\nu}{\nu}\right) - x_\nu = -\int_0^{y_\nu} \dfrac{u\,du}{1 + \dfrac{u}{\sqrt{\nu}}}.$$

48. M. beachte, daß aus d. angegebenen Relation f. $x \to 0$ u. $x \to \infty$ folgt

$$\lim_{x \to 0} \dfrac{1}{x}\,\dfrac{\alpha x + \beta}{\gamma x + \delta} = 1, \quad \lim_{x \to \infty} \dfrac{\alpha x + \beta}{\gamma x + \delta} = \infty.$$

49. M. beachte, daß $\displaystyle\lim_{x \to 0} \dfrac{1}{x}\,\dfrac{\alpha x + \beta}{\gamma x + \delta} = 1$ gelten muß.

§ 25

1b) $y' = 3(x^2 - 1) = 3(x - 1)(x + 1)$;

1c) $y' = 3((x - 1)^2 + 1)$;

1d) $y' = 4(x - b)^3$;

1e) $y' = 3\left(x + \dfrac{\sqrt{103} - 10}{3}\right)\left(\dfrac{\sqrt{103} + 10}{3} - x\right)$.

2. $y' = \displaystyle\sum_{\nu=1}^{n} 2p_\nu(x - a_\nu) = 2\sum_{\nu=1}^{n} p_\nu\left(x - \dfrac{\displaystyle\sum_{\nu=1}^{n} p_\nu a_\nu}{\displaystyle\sum_{\nu=1}^{n} p_\nu}\right)$.

3. D. absolute Minimum v. $u(x, y, z) = \sqrt{x^2 + (1 - x)^2 + (z + 2x - 1)^2}$ zuerst f. festes z u. sodann d. Minimum d. Ausdrucks f. alle z. Es genügt, d. Minimum v. u^2 zu suchen.

4. M. suche d. Minimum von $x^n y^n$ u. benutze d. Ungl. zwischen d. arithmetischen u. d. geometrischen Mittel.

5. Es ist xy zum Minimum zu machen, wenn $\dfrac{x^2}{a^2} + \dfrac{y^2}{b^2} = 1$ ist, d. h.

$$y = b\sqrt{1 - \dfrac{x^2}{a^2}}\,; \quad \dfrac{d}{dx}\left(b x\sqrt{1 - \dfrac{x^2}{a^2}}\right) = \dfrac{b}{a\sqrt{a^2 - x^2}}(a^2 - 2x^2).$$

6. D. Minimum v. $u = x^n + (a - x)^n$, $u' = n[x^{n-1} - (a - x)^{n-1}]$.

7. D. Minimum v. $u = x^m(a - x)^n$,

$$u' = x^{m-1}(a - x)^{n-1}(m\,a - (m + n)x).$$

8. Minimum v.
$$u^2 = y^2 + (x-1)^2 = x^2 + (x-1)^2 + 1 =$$
$$= 2x^2 - 2x + 2; \quad \frac{du^2}{dx} = 4\left(x - \frac{1}{2}\right).$$

9. Handelt es sich um d. Halbkreis um d. Ursprung mit d. Radius 1, u. zwar d. oberen Halbkreis, so ist d. Trapezinhalt $y(1+x)$, wenn (x, y) d. obere rechte Ecke ist. M. hat d. Maximum

$$u = (1+x)\sqrt{1-x^2}, \quad u' = \frac{1-x-2x^2}{\sqrt{1-x^2}} = \sqrt{\frac{1+x}{1-x}}\,(1-2x).$$

10. Da d. fragliche Flächeninhalt in den üblichen Bezeichnungen f. variablen Winkel α gleich

$$\frac{c^2}{2\sin\gamma}\sin\alpha\sin(\alpha+\gamma),$$

hat m. $\sin\alpha\sin(\alpha+\gamma)$ zum Maximum zu machen, wo $0 < \alpha < \pi - \gamma$ ist.

11. Wählt m. d. Abszisse d. gesuchten Pkts. als unabhängige Variable, so wird d. Minimum v. $z = \operatorname{arctg}\dfrac{x}{y} + \operatorname{arctg}\dfrac{a-x}{y}$ gesucht.

$$z = \operatorname{arctg}\frac{\dfrac{x}{y} + \dfrac{a-x}{y}}{1 - \dfrac{x(a-x)}{y^2}} = \operatorname{arctg} au, \quad u = \frac{y}{y^2 + x^2 - ax}.$$

Da z e. monoton wachsende Fkt. v. u ist, genügt es, Min u aufzusuchen. M. beachte, daß längs d. Ellipse $y' = \dfrac{dy}{dx} = -\dfrac{x}{y}\dfrac{b^2}{a^2}$ u. $c^2 = a^2 - b^2$ gilt.

12c) $y' = -2(a+b)\dfrac{x^2 - ab}{(x-a)^2(x-b)^2}$;

12d) $\dfrac{\left(\dfrac{1}{2}+x\right)^3}{(1-2x)}\,y' = \left(\sqrt{\dfrac{5}{4}} - 1 - x\right)\left(x + 1 + \sqrt{\dfrac{5}{4}}\right)$;

12e) $y' = -\dfrac{x^2 - pq}{(x-p)^2(x-q)^2}$ oder, indem m. 1 v. Ausdruck in A 12c) abzieht;

12f) $y' = \dfrac{x^2}{(x-1)^3}\,(x-3)$;

12g) $y' = 2\dfrac{\sqrt[3]{4}\,x^2 + \sqrt[3]{2}\,x(1-x) + (1-x)^2}{[x(1-x)]^2}\dfrac{(\sqrt[3]{2}+1)\,x - 1}{x(1-x)}$;

12h) Es genügt, d. Extrema v. $y = (x-1)^2(x+1)$ aufzusuchen.
$$y' = 3x^2 - 2x - 1 = (x-1)(3x+1).$$

13. D. Beweis gelingt einfacher ohne Differentialrechnung, indem m. alle Terme nach rechts bringt u. umformt.

14b) $\dfrac{1}{2}y' = \dfrac{1}{2}\left(\cos x + \sin\dfrac{x}{3}\right) = \sin\left(\dfrac{\pi}{4} - \dfrac{x}{3}\right)\cos\left(\dfrac{2x}{3} - \dfrac{\pi}{4}\right).$

14c) Extrema v. $\sin y$ f. $y = \dfrac{1}{x}$.

14d) $2 \operatorname{tg}^2(x + a) \cos^2 x \cos^2(x + a)\, y' = \sin(2x + 2a) - \sin 2x =$
$$= 2 \sin a \cos(2x + a).$$

14e) Sei $a^2 = r \sin \alpha$, $b^2 = r \cos \alpha$, dann $y' = \dfrac{3r}{2} \sin 2x \sin(x - \alpha)$,
$$\left(r > 0, \ \ 0 < \alpha < \frac{\pi}{2} \right).$$

14f) OBdA $a > 0$, $b > 0$. M. untersuche erst d. Extrema v.
$$z = ax + \frac{b}{x}, \quad z' = a - \frac{b}{x^2} = \frac{a}{x^2}\left(x - \sqrt{\frac{b}{a}} \right)\left(x + \sqrt{\frac{b}{a}} \right).$$

14g) M. unterscheide d. Extrema v. $z = ax + \dfrac{b}{x}$ f. $|x| \leqq 1$;
$$z' = \frac{a}{x^2}\left(x - \sqrt{\frac{b}{a}} \right)\left(x + \sqrt{\frac{b}{a}} \right);$$

14h) OBdA $a > 0$, $b > 0$, $\cos x \neq 0$, $\sin x \neq 0$;
$$y' = \frac{a\left(\operatorname{tg}^2 x + \sqrt{\dfrac{b}{a}} \right)}{2 \sin^2 x \operatorname{tg} x}\left(\operatorname{tg} x - \sqrt[4]{\frac{b}{a}} \right)\left(\operatorname{tg} x + \sqrt[4]{\frac{b}{a}} \right);$$

14i) $x^3 \left(\dfrac{1 - \cos x}{x^2} \right)' = 2\left(\dfrac{x}{2} - \operatorname{tg} \dfrac{x}{2} \right) \sin x$.

14k) $y' = \sin(2x + 2a)$.

15. $y' = \operatorname{arc\,sin} x$.

16a) Es genügt, d. Extrema v. $z = x^n(x - 1)^n$ zu bestimmen:
$$z' = 2n\, x^{n-1}(x - 1)^{n-1}\left(x - \frac{1}{2} \right).$$

M. unterscheide zwischen den Fällen e. geraden u. e. ungeraden n;

16b) $y' \equiv u = e^x - e^{-x} + 2 \sin x$, $u' = e^x + e^{-x} + 2 \cos x$.

M. zeige zuerst, daß u' stets > 0 bleibt;

16c) $y' = e^x(\cos x - \sin x) = \sqrt{2}\, e^x \sin\left(\dfrac{\pi}{4} - x \right)$;

16d) $y' = e^{-ax}(b \cos bx - a \sin bx) = r\, e^{-ax} \sin(\alpha - bx)$ f. $b = r \sin \alpha$, $a = r \cos \alpha$, $r \geqq 0$;

16e) Da y gerade ist, sei OBdA $x \geqq 0$. $2y' \equiv u = e^x - e^{-x} - 2 \sin x$, $u' = e^x + e^{-x} - 2 \cos x$. M. zeige, daß $u'(x) > 0$ $(x \neq 0)$ ist.

17a) $y' = 2x(e^{x^2} - e^{-x^2}) = 2x\, e^{-x^2}(e^{2x^2} - 1)$;

17b) Es genügt, $z = \dfrac{x + 2}{x - 3}$ zu betrachten;

17c) $y' = \dfrac{\lg x - 1}{(\lg x)^2} = \dfrac{\lg\left(\dfrac{x}{e}\right)}{(\lg x)^2}$;

17d) $y = 2\,\dfrac{x^2}{\lg x^2}$, $x^2 = z$.

18) $y' = x^{n-1} e^{-x^2} (n - 2x^2)$.

19a), 19b) M. suche d. Extrema d. Logarithmen.

21b) M. benutze im Zähler und Nenner die Formel $\sqrt{x} - \sqrt{y} = \dfrac{x - y}{\sqrt{x} + \sqrt{y}}$;

21d), 21e) M. setze $y = \dfrac{1}{x} \to 0$.

23a) M. setze $1 - \cos x = y \sim \dfrac{x^2}{2} \to 0$;

23d) M. beachte, daß $\dfrac{\operatorname{tg} x + x}{x} \to 2$ gilt.

24c) 23b).

25a) $(1 - x)\operatorname{tg}\dfrac{\pi x}{2} = \dfrac{1 - x}{\operatorname{ctg}\dfrac{\pi x}{2}}$.

26c) D. Zähler mit Z bezeichnet, gibt $Z' = \dfrac{1}{\sqrt{1 - x^2}} - 1 - \dfrac{x^2}{2} = U$,

$$U' = \dfrac{x}{(1 - x^2)^{3/2}} - x = x\,\dfrac{1 - (1 - x^2)^{3/2}}{(1 - x^2)^{3/2}} = \dfrac{x(1 - (1 - x^2)^3)}{(1 - x^2)^{3/2} + (1 - x^2)^3} \sim \dfrac{x}{2}\,(3x^2 + \cdots);$$

26d) M. benutze aus LA 23c) $\sin x = x - \dfrac{x^3}{6} + \dfrac{x^5}{120} + \varepsilon(x)\,x^5$,

$\varepsilon(x) \to 0 \; (x \to 0)$ u. aus LA 26c);

$$\arcsin x = x + \dfrac{x^3}{6} + \dfrac{3x^5}{40} + \delta(x)\,x^5, \quad \delta(x) \to 0 \; (x \to 0);$$

26f) M. benutze $\sin x = x - \dfrac{x^3}{6} + \dfrac{x^5}{120} + \varepsilon(x)\,x^5, \quad \varepsilon \to 0$;

26g) $\dfrac{1}{x} = y \to 0$.

27g) M. benutze, daß f. $x \to 0$, $1 - e^{x^2} \sim -x^2$ u., wegen 23c) u. 23e),

$1 - \cos^3 x = (1 - \cos x)(1 + \cos x + \cos^2 x) \sim \dfrac{3}{2} x^2$, $\sin x = x - \dfrac{x^3}{6} + \varepsilon x^4$,

$\sin^2 x = x^2 + \delta x^4, \; \varepsilon \to 0, \; \delta \to -\dfrac{1}{3}$, $\lg^3(1 + x) = x^3 + \eta x^4, \; \eta \to -\dfrac{3}{2}$.

28g)—28k) $x = \dfrac{1}{y}$, $y \to 0$;

28l) $y = \dfrac{\pi}{2} - x$.

29b) $e^x - x - 1 \sim \dfrac{x^2}{2}$;

29f) $\operatorname{tg} x - x = u(x), \quad \dfrac{u(x)}{x^3} \to \dfrac{1}{3}$;

12*

29h) $x = \dfrac{1}{y}$, $y \downarrow 0$;

29n) $2^x - 1 \sim x \lg 2$;

30b) $x - \sin x \sim \dfrac{x^3}{6}$ (A 23c);

30h) $\lim\limits_{x \to 0} \dfrac{e^{x^2} - \cos x}{x^2} = \lim\limits_{x \to 0} \dfrac{2\,x\,e^{x^2} + \sin x}{2\,x} = 1 + \dfrac{1}{2}$,

$$e^x - \cos x \sim \frac{3}{2}\,x^2, \quad \sin x \sim x.$$

31. M. betrachte $\sin^3 x - x^3 \cos x = \sin^3 x - x^3 + 2 x^3 \sin^2 \dfrac{x}{2}$ u. wende A 23c) an.

34. $y = (x^2)^{3/2} + ((4x - 5)^2)^{3/2}$.

36. Sei $f(x) = x^3 - 6x^2 + 9x$ u. m (lokales) Min., M (lokales) Max. von f. Dann (Fig.!) f. $k < - M$ oder $k > - m$.

37. OBdA sei $\gamma = 0$. M. setze $y = \dfrac{(x - \alpha)\,(x - \beta)}{x}$, $x^2 y' = x^2 - \alpha \beta$. F. $\alpha\beta > 0$ darf OBdA $\alpha > 0$, $\beta > 0$ angenommen werden, da m. somit x durch $-x$ ersetzen kann.

39. M. betrachte $\dfrac{y}{x^4}$.

41. F. e. gegebenes k, $1 > k > 0$, bestimme m. Max $\left| \sqrt[5]{a + x} - \sqrt[5]{a} \right|$ f. $-k \leqq x \leqq k$. Sei $\sqrt[5]{a + x} - \sqrt[5]{a} = f(x)$.

43a) $\dfrac{1}{m}\,(n + x)^{m+1}\,y' = \dfrac{1}{m} - \lg \dfrac{n + x}{n - 1} = \lg \dfrac{(n - 1)\,\alpha}{n + x}$, f. $\alpha = e^{1/m}$;

43b) M. untersuche d. Extrema v.

$$y = a \cos^2 \varphi + 2 b \sin \varphi \cos \varphi, \quad y' = 2 b \cos 2\varphi - a \sin 2\varphi.$$

44. $y = a + (b - a) \sin^2 x$.

45. M. setze $\lg x = -y$, $y > 0$, so daß d. Beh. zu $z(y) \equiv y\,e^{-\delta y} \equiv \dfrac{1}{\delta e}\,(y \geqq 0)$ wird.

46. M. suche, da $y = \operatorname{ctg} x - \dfrac{1}{x}$ ungerade ist, d. Extrema v. y f. $0 < x \leqq \dfrac{\pi}{36}$.

49a) M. setze $\sqrt{x} = y$, $0 \leqq y \leqq 1$. Es sind d. Extrema v.

$$z(y) = y - \frac{4}{15} - \frac{4}{5}\,y^2$$

zu finden;

49b) M. setze $\sqrt{x} = y$ u. suche d. Extrema v.

$$z(y) = y^2 - y + \frac{1}{8}, \quad y' = 2\left(y - \frac{1}{2}\right);$$

49c) M. setze $\sqrt{1+x}=y$, $1 \leq y \leq \sqrt{2}$, u. suche d. Extrema v.

$$z(y) = \left(\sqrt{2}-1\right)y^2 - y + \frac{9-3\sqrt{2}}{8}\,.$$

50. $\quad y' = \dfrac{3\cos 2x}{\cos^2 3x \sin 2x} - \dfrac{2\sin 3x}{\cos 3x \sin^2 2x}\,,$

$$\frac{1}{6}\,y'\cos^2 3x \sin^2 2x = \frac{1}{2}\cos 2x \sin 2x - \frac{1}{3}\sin 3x \cos 3x =$$

$$= \frac{\sin 4x}{4} - \frac{\sin 6x}{6} = x\left(\frac{\sin 4x}{4x} - \frac{\sin 6x}{6x}\right).$$

51. M. betrachte

$$z(x) = \lg y = (1-x)\lg(1-x) + x\lg x,$$

$$z'(x) = \lg x - \lg(1-x) = \lg\frac{x}{1-x}\,.$$

53. M. setze $\dfrac{b}{a} = c$, $ax = y$, so daß d. Gl. zu $z \equiv e^y - cy = 0$ wird.

55. $\quad \varDelta = \operatorname{tg}\dfrac{\gamma}{2}\sin^2\dfrac{\gamma}{2}$, $\quad \lambda = \dfrac{1}{2}(\gamma - \sin\gamma)$. M. benutze A 23b).

56. $\quad u_\nu = \nu \lg\dfrac{f(\nu+1)}{f(\nu)} = \nu \lg\left(1 + \dfrac{f(\nu+1)-f(\nu)}{f(\nu)}\right),$

$$f(\nu+1) - f(\nu) = 2\nu + 2\,.$$

57a) M. beweise allgemein: ist ε_ν e. NF, so gilt:

$$(*) \quad \lg\sin\varepsilon_\nu - \lg\varepsilon_\nu \sim -\frac{\varepsilon_\nu^2}{6}\,.$$

59a), b) OBdA $a > b > 0$. Für 59b) vgl. d. zweite Grenzwertformel in d. Einleitung zu § 21.

60. $\quad (1+x)x^3 f'(x) \equiv g(x) = 2(1+x)\lg(1+x) - 2x - x^2,$

$$g(0) = 0, \quad \frac{1}{2}g'(x) = \lg(1+x) - x < 0 \quad (x > 0);$$

61. M. setze $\displaystyle\int_a^x f(x)\,dx = F(x)$, $\displaystyle\int_a^x g(x)\,dx = G(x)$.

§ 26

1a) $\quad \left(\dfrac{af(x)+b}{cf(x)+d}\right)' = \dfrac{ad-bc}{(cf(x)+d)^2}\,f'(x);$

1b) $\quad \left(\dfrac{f'g - g'f}{g^2}\right)';$

1c) $\quad (uv' + u'v)';$

1d) $\quad$ M. benutze 1c).

2. OBdA $f(x) = (x - x_1) \ldots (x - x_n)$,

$$\frac{f'(x)}{f(x)} = \frac{1}{x - x_1} + \cdots + \frac{1}{x - x_n}\,.$$

3. $\qquad (\sin x \cos x)^{(50)} = \dfrac{1}{2}\,(\sin 2x)^{(50)}\,.$

4. $\qquad \dfrac{dy}{dx} = \dfrac{1}{\dfrac{dx}{dy}} = \dfrac{1}{2 + 2\lg y}\,.$

5. $\qquad \dfrac{dy}{dx} = \dfrac{1}{1 - \dfrac{1}{1 + y^2}} = 1 + \dfrac{1}{y^2}\,.$

6. $\qquad \dfrac{dy}{dx} = -\dfrac{2(x - a)}{2(y - b)} = -\dfrac{x - a}{y - b}\,.$

8. u. 9. M. setze $\varphi = \arcsin x$ u. bezeichne d. Abl. nach x mit Strichen.

10. Sei allgemeiner $y = e^x \cos(x + a)$,

$$y' = e^x\big(\cos(x + a) - \sin(x + a)\big) = \sqrt{2}\,e^x\Big(\cos\frac{\pi}{4}\cos(x + a) - \sin\frac{\pi}{4}\sin(x + a)\Big) =$$

$$= \sqrt{2}\,e^x \cos\Big(x + a + \frac{\pi}{4}\Big)\,.$$

11a) M. sieht sofort, daß d. Relation f. $b = a$ zutrifft;

11b) $\displaystyle\int\limits_{y}^{y+1} f''(t)\,dt = f'(y + 1) - f'(y)\,.$

12a) $\dfrac{1 + x}{1 - x} = \dfrac{2}{1 - x} - 1;$

12b) $\dfrac{1}{x^2 - 1} = \dfrac{1}{2}\Big(\dfrac{1}{x - 1} - \dfrac{1}{x + 1}\Big)\,.$

13. $\qquad y'' = -\dfrac{\partial}{\partial x}\Big(\dfrac{F'_x}{F'_y}\Big) + \dfrac{F'_x}{F'_y}\dfrac{\partial}{\partial y}\Big(\dfrac{F'_x}{F'_y}\Big)\,.$

14a) $\quad y' = x - \dfrac{1}{x^2}\,,\quad y'' = 1 + \dfrac{2}{x^3}\,,\quad y' = 0 \text{ f. } x = 1,\quad y'' = 0$

$$\text{f. } x = x_0 = -\sqrt[3]{2}\,;$$

14b) $\quad y' = \dfrac{b}{x^2} - \dfrac{a}{(x - 1)^2}\,,\quad y'' = 2\Big(\dfrac{a}{(x - 1)^3} - \dfrac{b}{x^3}\Big),\quad y = 0 \text{ f. } x = x_0 =$

$$= \frac{b}{b - a}\,,\ y' = 0 \text{ f. } x = x_1' = \frac{1}{1 + \sqrt{\dfrac{a}{b}}}\ \text{ u. }\ x = x_1'' = \frac{1}{1 - \sqrt{\dfrac{a}{b}}}\,,$$

$$y'' = 0 \text{ f. } x = x_2 = \frac{1}{1 - \sqrt[3]{\dfrac{a}{b}}}\,;$$

14c) $y' = -\left(\dfrac{1}{x^2} + \dfrac{1}{(x-1)^2} + \dfrac{1}{(x+1)^2}\right), \quad y'' = \dfrac{2}{x^3} + \dfrac{2}{(x-1)^3} + \dfrac{2}{(x+1)^3},$

$y' < 0, \quad y'' = 0 \quad \text{f.} \quad x = \pm x_1, \quad 3x_1^6 + 3x_1^4 + 3x_1^2 - 1 = 0,$

$0 < x_1 < \dfrac{1}{\sqrt{3}}\,;$

14d) $y' = 2\left(\dfrac{1}{(x-1)^3} - \dfrac{1}{x^3}\right), \quad y'' = 6\left(\dfrac{1}{x^4} - \dfrac{1}{(x-1)^4}\right),$

$y = 0 \quad \text{u.} \quad y'' = 0 \quad \text{f.} \quad x = \dfrac{1}{2}, \quad y' \neq 0\,;$

14e) $y' = \dfrac{x^2(x^2 - 2x - 6)}{(x^2 - x - 2)^2}, \quad y'' = \dfrac{6x(x^2 + 2x + 4)}{(x^2 - x - 2)^3} = y\,\dfrac{6(x^2 + 2x + 4)}{x^2(x^2 - x - 2)^2},$

$y = 0 \quad \text{f.} \quad x = 0, \quad y' = 0 \quad \text{f.} \quad x = 0, \quad \text{f.} \quad x = 1 + \sqrt{7} \quad \text{u. f.}$

$x = 1 - \sqrt{7}, \quad y'' = 0 \quad \text{f.} \quad x = 0, \quad y'' \sim -3x \quad (x \to 0)\,;$

14f) $y' = \dfrac{20x}{(x^2 - 1)^2}, \quad y'' = \dfrac{-20(3x^2 + 1)}{(x^2 - 1)^3}, \quad y \text{ u. } y'' \text{ bleiben } \neq 0, \quad y' = 0$

in $x = 0\,;$

14g) $p(v) = -\dfrac{b}{v^2} + \dfrac{T}{v - d}, \quad \dfrac{(v-d)^2}{b}\,p'(v) \equiv z(v) = \dfrac{2(v-d)^2}{v^3} - \dfrac{T}{b},$

$z'(v) = \dfrac{2(v-d)(3d-v)}{v^4}\,.$

Sei $P = \dfrac{8}{27d} - \dfrac{T}{b}$, so daß $z(3d) = P$ ist. D. Fälle $P > 0$, $P = 0$, $P < 0$.

14h) $y' = 3x^2 + \dfrac{1}{x^2}, \quad y'' = 6\,\dfrac{x^4 - \dfrac{1}{3}}{x^3}, \quad y' > 0, \quad y = 0 \quad \text{f.} \quad x = \pm 1,$

$y'' = 0 \quad \text{f.} \quad x = \pm \sqrt[4]{\dfrac{1}{3}}\,,$

d. Kurve ist symmetrisch in bezug auf d. Ursprung.

14i) $y' = \dfrac{5x^2 - 1}{2\sqrt{x}}, \quad y'' = \dfrac{15x^2 + 1}{4x\sqrt{x}}, \quad y'' > 0, \quad y' = 0 \quad \text{f.} \quad x = \sqrt{\dfrac{1}{5}}\,,$

$y' < 0 \quad \text{f.} \quad x < \sqrt{\dfrac{1}{5}}, \quad y' > 0 \quad \text{f.} \quad x > \sqrt{\dfrac{1}{5}}\,.$

15a) $-1 < x < 1, \quad y' = \dfrac{1}{1+x} + \dfrac{1}{1-x} = \dfrac{2}{1 - x^2},$

$y'' = \dfrac{-1}{(1+x)^2} + \dfrac{1}{(1-x)^2} = \dfrac{4x}{(x^2 - 1)^2}, \quad -y' > 0, \quad y'' = 0 \quad \text{f.} \quad x = 0,$

$y'' < 0 \quad \text{f.} \quad x < 0 \quad \text{u.} \quad y'' > 0 \quad \text{f.} \quad x > 0\,;$

d. Kurve symmetrisch in bezug auf d. Ursprung.

15b) $y' = x - \dfrac{1}{x}, \quad y'' = 1 + \dfrac{1}{x^2} > 0, \quad y' = 0 \quad \text{f.} \quad x = 1\,;$

15c) $y' = -2x\sin x^2,\quad -y'' = 2\sin x^2 + 4x^2\cos x^2,$

$y' = 0$ f. $x = 0$ u. $x = \sqrt{n\pi};\quad y'' = 0$ f. $x = 0$

u. ferner f. $\operatorname{tg} x^2 = -2x^2$, so daß d. Lösungen leicht zu diskutieren sind. D. Kurve ist symmetrisch zur y-Achse, so daß $x > 0$ angenommen werden kann;

15d) $y' = 1 - \cos x,\quad y'' = \sin x,\quad y' \geqq 0,\quad y'' = 0$ f. $x = n\pi;$

15e) $y = \dfrac{1}{\sqrt{2}}\sin\left(x + \dfrac{\pi}{4}\right)(2 - \sin 2x),$

periodisch mit der Periode 2π,

$$y' = \frac{3}{2}\sin 2x(\sin x - \cos x) = \frac{3}{\sqrt{2}}\sin 2x \sin\left(x - \frac{\pi}{4}\right),$$

$$y'' = 3\sqrt{2}\sin\left(x + \frac{\pi}{4}\right)\left(\frac{3}{2}\sin 2x - 1\right) =$$

$$= 9\sqrt{2}\sin\left(x + \frac{\pi}{4}\right)\sin(x - x_0)\cos(x + x_0),$$

$$x_0 = \frac{1}{2}\arcsin\frac{2}{3} = 20°\,54{,}3'.$$

$$y' = 0 \text{ f. } x = 0,\ \frac{\pi}{4},\ \frac{\pi}{2},\ \pi,\ \frac{5\pi}{4},\ \frac{3\pi}{2}\,;\quad y = 0 \text{ f. } x = \frac{3\pi}{4},\ \frac{7\pi}{4},$$

$$y'\left(\frac{3\pi}{4}\right) = \frac{-3}{\sqrt{2}},\quad y'\left(\frac{7\pi}{4}\right) = \frac{3}{\sqrt{2}}\,;$$

$$y(0) = 1 = \text{Max},\quad y\left(\frac{\pi}{4}\right) = \frac{1}{\sqrt{2}} = \text{Min},\quad y\left(\frac{\pi}{2}\right) = 1 = \text{Max},$$

$$y(\pi) = -1 = \text{Min},\quad y\left(\frac{5\pi}{4}\right) = \frac{-1}{\sqrt{2}} = \text{Max},$$

$$y\left(\frac{3\pi}{2}\right) = -1 = \text{Min};$$

15f) $y = \dfrac{1}{3}\sin x[(1 + 2\cos x)^2 + (1 - \cos x)],$

$$y' = 2\cos 2x\left(\cos x + \frac{1}{2}\right) = 4\cos 2x \cos\left(\frac{x}{2} + \frac{\pi}{6}\right)\cos\left(\frac{x}{2} - \frac{\pi}{6}\right),$$

$$y'' = -2\sin x(6\cos^2 x + 2\cos x - 1).\quad \text{Wurzeln v.}$$

$$6z^2 + 2z - 1 = 0 \quad \text{sind} \quad \frac{\pm 1}{\sqrt{7} \pm 1} = \begin{cases} 0{,}2743 = \cos x_1, \\ -0{,}6076 = \cos x_2, \end{cases}$$

$$x_1 = 74°\,54{,}5' = 1{,}3074,\quad x_2 = 127°\,25{,}2' = 2{,}2239.$$

y periodisch mit d. Periode 2π, d. Kurve symmetrisch in bezug auf d. Pkt. $x = \pi$, $y = 0$. Es genügt, $0 \leqq x < 2\pi$ zu betrachten;

15g) $y = 6\lg x - x - 10\operatorname{arctg} x,\quad x(1 + x^2)y' = (1 - x)(x - 2)(x - 3),$

$$-\frac{1}{2}x^2(1 + x^2)^2 y'' = 3x^4 - 10x^3 + 6x^2 + 3 =$$

$$= (x - x_1)(x - x_2)\,p(x),$$

$$p(x) > 0,\quad 1 < x_1 < 2 < x_2 < 3;$$

15h) $y' = \dfrac{y}{(1-x)^2}$, $y'' = \dfrac{3-2x}{(1-x)^4}\,y$, $y > 0$, $y' > 0$, $y'' = 0$ f.

$x = \dfrac{3}{2}$, $y'' > 0$ f. $x < \dfrac{3}{2}$, $y'' < 0$ f. $x > \dfrac{3}{2}$;

15i) $y' = -2\,k\,x\,y$, $y'' = 4\,k^2\left(x^2 - \dfrac{1}{2\,k}\right)y$,

$y' > 0$ f. $x < 0$, $y' < 0$ f. $x > 0$, $y'' = 0$ f. $x = \pm\sqrt{\dfrac{1}{2\,k}}$,

$y'' < 0$ f. $|x| < \sqrt{\dfrac{1}{2\,k}}$, $y'' > 0$ f. $|x| > \sqrt{\dfrac{1}{2\,k}}$,

d. Kurve symmetrisch in bezug auf d. y-Achse;

15k) $y \geqq 0$ u. $= 0$ f. $x = 0$,   gerade Fkt. v. x,

$$y' = -2\,k\,x\left(x - \frac{1}{\sqrt{k}}\right)\left(x + \frac{1}{\sqrt{k}}\right)e^{-kx^2},$$

$$y'' = 4\,k^2\left(x^2 - \frac{5+\sqrt{17}}{4\,k}\right)\left(x^2 - \frac{5-\sqrt{17}}{4\,k}\right)e^{-kx^2};$$

15l) $2(2 + \sin x)^2\,y' = (4 + \sin x)\sin 2x$,

$$y''(2 + \sin x)^3 = -(\sin^4 x + 6\sin^3 x + 16\sin^2 x - 8).$$

D. Gl. $z^4 + 6z^3 + 16z^2 - 8 = 0$ hat e. Wurzel in $\langle 0,1\rangle$, p_0, mit $0{,}7 > p_0 > 0{,}6$ u. e. Wurzel in $(-1,0)$, q_0, mit $-0{,}8 > q_0 > -0{,}9$. Wegen d. Periode 2π sei OBdA $0 \leqq x < 2\pi$;

15m) $a\,y' = (a\,n - x)\,x^{n-1}\,e^{-x/a}$,

$$a^2\,y'' = (x^2 - 2\,a\,n\,x + a^2\,n(n-1))\,x^{n-2}\,e^{-x/a},$$

$y' = 0$ f. $x = 0$ u. $x = a\,n$, $y'' = 0$ f. $x = a\left(n \pm \sqrt{n}\right)$

u., wenn $n > 2$, f. $x = 0$. M. unterscheide d. Fälle e. geraden u. ungeraden n.

16. $y' = \dfrac{\lambda \cos x}{\sqrt{1 - \lambda^2 \sin^2 x}} - 1$, $y'' = \dfrac{\lambda(\lambda^2 - 1)\sin x}{\sqrt{(1 - \lambda^2 \sin^2)^3}}$.

17. $g' = \dfrac{1}{f'}$, $g'' = \left(\dfrac{1}{f'}\right)_x' \dfrac{1}{f'} = \dfrac{-f''}{f'^3}$.

18. $\dfrac{dy}{dx} = -\dfrac{x^2 - a\,y}{y^2 - a\,x}$,   ferner, f. $y' = 0$:

$$-(y^2 - a\,x)^2\,y'' = 2x(y^2 - a\,x) - (y^2 - a\,x)'\,(x^2 - a\,y) = 2x(y^2 - a\,x).$$

20. $y' = \left(x\int\limits_a^x f(z)\,dz\right)' - \left(\int\limits_a^x z\,f(z)\,dz\right)'$.

21. $\varphi'(x) = \dfrac{f'(x)}{f'(a)}\left[1 + \dfrac{f(x) - f(a)}{f'(a)^2}\left(f(a) - \dfrac{1}{2}f''(a)\right)\right] +$

$$+ \frac{f(x) - f(a)}{f'(a)}\,\frac{f'(x)}{f'(a)^2}\left(f(a) - \frac{1}{2}f''(a)\right) =$$

$$= \frac{f'(x)}{f'(a)}\left\{1 + 2\frac{f(x) - f(a)}{f'(a)^2}\left(f(a) - \frac{1}{2}f''(a)\right)\right\}, \quad \varphi'(a) = 1.$$

22.   F. $z = \dfrac{1}{y}$ gilt $z' = \dfrac{-y'}{y^2}$, $z'' = \dfrac{2\,y'^2 - y\,y''}{y^3}$,

$$\frac{z''}{z'} = \frac{y''}{y'} - 2\,\frac{y'}{y}\,, \quad \frac{3}{2}\left(\frac{z''}{z'}\right)^2 = \frac{3}{2}\left(\frac{y''}{y'}\right)^2 - 6\,\frac{y''}{y} + 6\,\frac{y'^2}{y^2}\,.$$

23a) $y = e^{(3\,\lg a)\,x}$;

23b) $y' = x^{m-1} + m\,x^{m-1}\lg x = x^{m-1}(1 + m\lg x) = m\,x^{m-1}\left(\lg x + \dfrac{1}{m}\right).$

Daher d. Aufgabe verallgemeinern:

$$z = \frac{x^m}{m!}\,(\lg x + a)\,, \quad z' = \frac{x^{m-1}}{(m-1)!}\left(\lg x + a + \frac{1}{m}\right);$$

23d) $(x\,e^x)' = (x+1)\,e^x$. Allgemeiner $((x+a)\,e^x)' = (a + x + 1)\,e^x$;

23e) $y = \dfrac{1}{b}\left(1 - \dfrac{\dfrac{a}{b}}{\dfrac{a}{b} + x}\right), \quad y' = \dfrac{\dfrac{a}{b^2}}{\left(\dfrac{a}{b} + x\right)^2}$;

23f) $\sin^3 x = \dfrac{3}{4}\sin x - \dfrac{1}{4}\sin 3x$.

24a), b) V. Ind;

24c) $e^x \cos x = \dfrac{1}{2}\,(e^x \sin x)''$ nach 24b).

25. M. setze $(x^2 - 1)^n = Q$ u. int. n-mal partiell. M. beachte, daß f. $0 < k < n$ $Q^{(k)}(x)$ verschwindet f. $x = 1$ u. $x = -1$.

26.—30. V. Ind. Bei A 26 u. 27 darf OBdA $x > 0$ angenommen werden.

31. Aus A 30.

32. V. Ind.

35. $u = e^{-x}\left(1 + x + \dfrac{x^2}{2}\right), \quad u' = -\dfrac{x^2}{2}\,e^{-x}.$

36. F. $y = \dfrac{1}{x}$, $|y| \to \infty$ ist $f(x) = \dfrac{y^m}{e^{y^2}} \to 0$ $(|y| \to \infty)$, woraus d. Stetigkeit v. $f(x)$ folgt.

37. M. int. $\displaystyle\int \frac{f^2 f''}{f'^3}\,dx$ partiell.

38. V. Ind.

39. V. Ind. M. schreibe d. Formel f. ein n, und zwar f. f u. g u. sodann f. f' u. g, differenziere d. erste u. subtrahiere d. zweite. M. benutze dabei d. Relation

$$\binom{n}{\nu - 1} + \binom{n}{\nu} = \binom{n+1}{\nu}.$$

40. $\varphi'(x) = 6x - 3x^2 - 6\lg(1+x), \quad \varphi''(x) = \dfrac{-6x^2}{1+x}\,.$

41. M. verifiziere d. Relationen

(a) $R_n'(x) = R_{n-1}(x)$ $(n \geqq 1)$,

(b) $Q_n(x) - Q_n(0) = x\, Q_{n+1}(x)$ $(n \geqq 0,\, x \neq 0)$,

(c) $x\, Q_n'(x) = Q_{n-1}(x) - (n+1)\, Q_n(x)$ $(n \geqq 0,\, x \neq 0)$,

(*) $Q_n'(x) = Q_n(x) - (n+1)\, Q_{n+1}(x)$ $(x \neq 0)$.

§ 27

4. M. setze $\dfrac{x}{a} - \dfrac{y}{b} = t$.

8. Elimination v. t.

10. D. Projektion ist $y \cos \operatorname{arctg} y'$.

13, 14. Sind x, y d. Koordinaten d. Berührungspkts., so gilt f. d. Koordinaten u, v d. Lotes v. (α, β) auf d. entsprechende Tangente allgemein

$$v - y = y'(u - x), \quad v - \beta = -\frac{1}{y'}(u - \alpha).$$

16. $x' = \cos t + \dfrac{1}{2}\cos^3 t - \cos t \sin^2 t = \dfrac{3}{2}\cos^3 t,\quad y' = \dfrac{3}{2}\sin t \cos^2 t$, u. d. Richtungskosinusse d. Tangente sind $\cos t,\ \sin t$.

19. $\dfrac{d}{dx}\dfrac{y'}{x'} = \dfrac{1}{x'}\dfrac{d}{dt}\left(\dfrac{y'}{x'}\right).$

21. $\left(\arcsin \sqrt{1 - t^2}\right)' = \dfrac{-t}{\sqrt{1 - t^2}\,\sqrt{1 - (1 - t^2)}} = \dfrac{-t}{|t|}\dfrac{1}{\sqrt{1 - t^2}}.$

22a) $\left(\arcsin \dfrac{t}{\sqrt{1 + t^2}}\right)' = \dfrac{1}{1 + t^2},\quad \left(\arccos \dfrac{1}{\sqrt{1 + t^2}}\right)' = \dfrac{t}{\sqrt{t^2}}\dfrac{1}{1 + t^2};$

22b) $x' = k(\cos t + \cos k t),\quad y' = -k(\sin t + \sin k t).$

23. Vgl. LA 19. $y' = r \sin t,\quad x' = r(1 - \cos t),$

$$y'' = r \cos t, \quad x'' = r \sin t.$$

24. $x' = t \cos t,\quad y' = t \sin t,\quad x'' = \cos t - t \sin t,$

$$y'' = \sin t + t \cos t.$$

25. $x' = 1 - \cos t,\quad y' = 1 + \sin t,\quad x'' = \sin t,\quad y'' = \cos t.$

28. $y = \pm \sqrt{10 - x^2},\quad z = \pm \sqrt{25 - x^2},\quad \dfrac{dy}{dx} = \dfrac{\mp x}{\sqrt{10 - x^2}} = -\dfrac{x}{y},$

$$\frac{dz}{dx} = \frac{\pm x}{\sqrt{25 - x^2}} = -\frac{x}{z},$$

29. $\dfrac{dy}{dx} = \pm \sqrt{\dfrac{p}{2x}} = \dfrac{p}{y},\quad \dfrac{dz}{dx} = 2q.$

31. M. setze zuerst $y = tx$.

34. M. setze d. Tangente mit d. Berührungspkt. (x, y) in d. Parameterform $\xi = x + \tau F'_y$, $\eta = y - \tau F'_x$ an, wo τ d. längs d. Tangente variierende Parameter ist, u. leite e. lineare Gl. f. τ her.

35. $\quad \dfrac{r'}{r} = \dfrac{-\sin \varphi}{1 + \cos \varphi} = -\operatorname{tg} \dfrac{\varphi}{2}, \quad \dfrac{1 + \dfrac{r'}{r}\operatorname{tg}\varphi}{\dfrac{r'}{r} - \operatorname{tg}\varphi} = \operatorname{ctg}\left(-\dfrac{3\,\varphi}{2}\right).$

36. Es werde d. Rollgerade durch d. Kreis K mit d. Radius R um d. Ursprung ersetzt u. m. wähle als Parameter d. Winkel t, d. d. Radius nach dem Berührungspkt. P mit d. y-Richtung bildet. D. sich absollende Kreis K möge d. Radius r haben. Rollt k außerhalb K im pos. Sinne aus d. $t = 0$ entsprechenden Lage ab, so bewegt sich sein Mittelpkt. M im Abstand $R + r$ um d. Ursprung u. gelangt in d. Lage M_t. Rollt k im pos. Sinne ab aus d. vertikalen Lage, so dreht sich sein Radius nach dem $t = 0$ entsprechenden Berührungspkt. um $\dfrac{R}{r}\,t$ u. bildet in d. neuen Lage mit d. neg. y-Richtung d. Winkel

$$t + \frac{R}{r}\,t = \frac{R + r}{r}\,t,$$

sein Endpkt. hat daher d. Koordinaten

$$x_1 = r \sin \frac{R + r}{r}\,t, \quad y_1 = -r \cos \frac{R + r}{r}\,t$$

in bezug auf d. parallel in M_t verschobene Achsenkreuz.

37. M. benutze das bei d. gewöhnlichen Zykloide übliche Rechenschema.

Wird d. Rollwinkel mit t bezeichnet, so ist d. Abszisse d. Mittelpkts. rt u. Ordinate r, während d. entsprechende Pkt. d. gewöhnlichen Zykloide d. Koordinaten $x_1 = rt - r \sin t$, $y_1 = r - r \cos t$ hat. M. teile d. Verbindungsstrecke d. beiden Pkt. im Verhältnis $\dfrac{h}{r - h}$.

42. D. Projektionswinkel ist $t - \dfrac{\pi}{4}$.

47. M. setze $\dfrac{d \lg r}{d\varphi} = \dfrac{r'}{r} = \operatorname{tg}\psi$.

48. D. Tangentensteigung f. d. erste Kurve ist, da

$$\frac{r'}{r} = \frac{d \lg r}{d\varphi} = \frac{d\left[-\dfrac{1}{2}\lg\cos(2\,\varphi + \alpha)\right]}{d\varphi} = \operatorname{tg}(2\,\varphi + \alpha),$$

$$\frac{1 + \operatorname{tg}(2\,\varphi + \alpha)\operatorname{tg}\varphi}{\operatorname{tg}(2\,\varphi + \alpha) - \operatorname{tg}\varphi} = \operatorname{ctg}(\varphi + \alpha).$$

§ 28

1. y als Parameter benutzen. Vgl. LA 36, § 22.

2. $\dfrac{dy}{dx} = \dfrac{3}{2}\sqrt{x}, \quad s = \displaystyle\int_0^x \sqrt{1 + \dfrac{9}{4}x}\, dx,$

3. $\displaystyle\int_1^x \sqrt{1 + \dfrac{1}{x^2}}\, dx, \quad 1 + x^2 = u, \quad du = 2\, x\, dx, \quad \sqrt{u} = v, \quad du = 2\, v\, dv.$

5. M. suche e. Darstellung durch d. Parameter t mit Hilfe d. Ansatzes $y = tx$.

6. Vgl. d. Darstellung v. L 3 § 27: $x = a \cos^3 t, \quad y = a \sin^3 t,$
$$x' = -3\, a \sin t \cos^2 t, \quad y' = 3\, a \cos t \sin^2 t.$$

8. $y' = \sqrt{\dfrac{x}{2a-x}\,\dfrac{3a-x}{2a-x}}, \quad s' = a\sqrt{\dfrac{8a-3x}{(2a-x)^3}}, \quad z = \sqrt{\dfrac{8a-3x}{2a-x}},$
$$x = \dfrac{2z^2-8}{z^2-3}\, a, \quad dx = \dfrac{4azdz}{(z^2-3)^2}, \quad 2a - x = \dfrac{2a}{z^2-3}.$$

9. $s'^2 = 2\, a^2 (1 + \cos(q-1)\, t).$

10. $s' = \dfrac{a^2 + x^2}{a^2 - x^2}.$

11. $y' = \dfrac{2\sqrt{a\,x}}{a - x}.$

12. $\dfrac{dy}{dx} = -\dfrac{\sqrt{a^2 - x^2}}{x}, \quad s'^2 = \dfrac{a^2}{x^2}.$

14. $s'^2 = 4\, a^4 + 36\, a^2 b^2 t^2 + 81\, b^4 t^4.$

15. $(s_x')^2 = \dfrac{4\, x^4}{a^4} + \dfrac{4\, x^2}{a^2} + 1.$

16. $s'^2 = 1 + \beta^2 + \alpha^2 t^2, \quad z = \dfrac{\alpha t}{\sqrt{1 + \beta^2}}.$

19. $z - y = 3\, at, \quad z + y = 3\, at^2, \quad x = 2\sqrt{2}\, a\, t^{3/2}, \quad s'^2 = \dfrac{9\, a^2}{2}(1 + 2\, t)^2.$

21. $y' = \sqrt{x} + \dfrac{1}{\sqrt{x}}, \quad z' = \dfrac{1}{2}\sqrt{\dfrac{5}{x}}.$

22. $y' = \sqrt{\dfrac{2}{x}}, \quad z' = \dfrac{1}{x}.$

23. $y' = \dfrac{-x}{\sqrt{1-x^2}}, \quad z' = \dfrac{1}{2}\dfrac{x^2}{1-x^2}.$

24. $x = a \operatorname{Cos}\dfrac{z}{a}, \quad y = b \operatorname{Sin}\dfrac{z}{a}; \quad s'^2 = \operatorname{Sin}^2\dfrac{z}{a} + \dfrac{b^2}{a^2}\operatorname{Cos}^2\dfrac{z}{a} + 1.$

25. $r' = -a \sin\varphi, \quad s'^2 = 2\, a^2(1 + \cos\varphi).$

27. $s'^2 = a^2 \left(\dfrac{1}{\varphi^4} + \dfrac{1}{\varphi^2} \right)$; $\dfrac{1}{\varphi^2} = t$ als neue Int.-Variable einführen.

29. $r' = \dfrac{2\,e^\varphi}{(e^\varphi + 1)^2}$, $s' = 1 - \left(\dfrac{e^\varphi - 1}{e^\varphi + 1} \right)'$.

30. $\operatorname{arc tg} \dfrac{y}{x} = \varphi$, $x = \alpha\,\varphi \cos \varphi$, $y = \alpha\,\varphi \sin \varphi$, $z = \alpha\,\varphi$.

$$x' = \alpha \cos \varphi - \alpha\,\varphi \sin \varphi, \quad y' = \alpha \sin \varphi + \alpha\,\varphi \cos \varphi, \quad z' = \alpha.$$

35. M. beachte, daß nach d. Rolleschen Satz y' zwischen 0 u. l e. Nullstelle ξ besitzen muß.

38. Die Kurve liegt in d. Ebene $x = a$. Wegen $y = a \operatorname{tg} \varphi$, $z = \sqrt{1 - r^2}$ folgt:

$$y' = \frac{a}{\cos^2 \varphi}, \quad z' = \frac{-a^2 \sin \varphi}{\sqrt{\cos^2 \varphi - a^2 \cos^2 \varphi}}, \quad ds^2 = \frac{a^2 (1 - a^2)}{(\cos^2 \varphi - a^2) \cos^2 \varphi}.$$

39. Es genügt zu bew., daß $\dfrac{dy}{dx}$ überall stet. ist.

40. M. setze $\varepsilon_1 = \operatorname{sgn} \varphi(x)$ f. $x > 0$ u. $\varepsilon_2 = \operatorname{sgn} \varphi(x)$ f. $x < 0$.

§ 29

1. u. 2. M. vgl. d. Reihe mit d. Reihe f. $\lg(1 + x)$.

3. M. betrachte $\lg(1 + x) - \lg(1 - x)$.

4. M. setze $\dfrac{1}{x} = y \downarrow 0$.

5. M. benutze d. Potenzreihe f. $\operatorname{arc tg} x$.

6. M. führe $x = \dfrac{a - b}{a} = 1 - \dfrac{b}{a}$ ein, $\dfrac{a}{b} = \dfrac{1}{1 - x}$,

$$x + \frac{x^2}{2(1 - x)} = \frac{a - b}{2} \left(\frac{1}{a} + \frac{1}{b} \right) \text{ u. benutze d. Restgliedformel f. } \lg(1 - x).$$

7. M. benutze d. unendliche Reihe f. $\lg(1 + x)$.

§ 30

1a)–1f) D. Binomialentwicklung, bzw. d. geometrische Reihe.

1g) $\dfrac{x^2 + x + 1}{(x - 1)^2 (x - 2)} = \dfrac{7}{x - 2} - \dfrac{3}{(x - 1)^2} - \dfrac{6}{x - 1}$.

2. $\dfrac{x}{x^2 - 4} = -\dfrac{x}{4} \cdot \dfrac{1}{1 - \dfrac{x^2}{4}}$.

3. Taylorsche Formel mit d. Restglied zweiter Ordnung in d. Θ-Form, wenn $f''(x)$ stetig in d. Umgebung v. $x = 0$ u. $f''(0) \neq 0$ ist. Sonst d. Bernoulli-l'Hospitalsche Regel.

5a) $\quad \sin(a + x) = (\sin a)\cos x + (\cos a)\sin x;$

5b) $\quad \sin^2 x = \dfrac{1}{2} - \dfrac{1}{2}\cos 2x;$

5c) $\quad 1 - x + x^2 = \dfrac{1 + x^3}{1 + x};$

5e) Vgl. 5d);

5f) $\quad \operatorname{tg} 0 = 0, \quad (\operatorname{tg} x)'_0 = 1, \quad (\operatorname{tg} x)''_0 = 0, \quad (\operatorname{tg} x)^{(3)}_0 = 2.$

7b) M. bestimme zuerst d. 4 ersten Terme d. Maclaurinschen Reihe f.

$$\frac{x}{\sin x} = \frac{1}{\dfrac{\sin x}{x}}.$$

8. $\quad (1 + e^x)^3 = 1 + 3e^x + 3e^{2x} + e^{3x}.$

9. $\quad \sin x = \cos a \sin(x - a) + \sin a \cos(x - a).$

10. $\quad \sin^3 x = \dfrac{3}{4}\sin x - \dfrac{1}{4}\sin 3x.$

11. $\quad \dfrac{1}{2}\sin(2x + 2a) = \dfrac{1}{2}\cos 2a \sin 2x + \dfrac{1}{2}\sin 2a \cos 2x.$

12. F. $x > 0$ ist $f'(x) = \dfrac{\sin^2 x - x^2}{x^2 \sin^2 x} < 0$, so daß $f(x)$ fällt v. Grenzwert 0 f. $x \to 0$ an.

13. Es gilt nach d. MWS:

$$\left| (a + h)^{1/5} - a^{1/5} \right| \leq \frac{|h|}{5}(a + \Theta h)^{-4/5}.$$

14. $\quad \dfrac{1}{1 - x - x^2} = \dfrac{1}{\sqrt{5}}\left(\dfrac{1}{x_1 - x} - \dfrac{1}{x_2 - x}\right), \quad x_1 = \dfrac{-1 + \sqrt{5}}{2}, \quad x_2 = \dfrac{-1 - \sqrt{5}}{2}.$

16. $\quad f(x) = \sin x - \left(x - \dfrac{x^3}{6} + \dfrac{x^5}{120}\right),$

$\qquad f(0) = f'(0) = f''(0) = f^{(3)}(0) = f^{(4)}(0) = 0, \quad f^{(5)}(x) = \sin x - x.$

Da $f(x)$ ungerade ist, genügt es, $0 \leqq x \leqq \pi$ zu betrachten.

18. M. benutze, daß $\lg(1 + x) = x - \dfrac{x^2}{2} + x^3\left(\dfrac{1}{3} - \dfrac{x}{4(1 + \Theta x)}\right)$ ist.

19. $\quad f(x_0 + h) = f(x_0) + h f'(x_0) + \dfrac{h^2}{2}f''(x_0 + \Theta_1 h),$

$\qquad f'(x_0 + k) = f'(x_0) + k f''(x_0 + \Theta_2 k).$

20.
$$f(x + 2h) = f(x) + 2hf'(x) + 2h^2 f''(x + \Theta_1 2h),$$

$$f(x + h) = f(x) + hf'(x) + \frac{h^2}{2} f''(x + \Theta_2 h).$$

21. M. setze $\dfrac{1}{x} = y \downarrow 0$.

22.
$$a(e^{bx} - 1) = ab\left(x + b\frac{x^2}{2} + b^2\frac{x^3}{6} + \cdots\right), \quad x\sqrt{\frac{1-x}{1+x}} = \frac{x - x^2}{\sqrt{1 - x^2}} =$$

$$= (x - x^2)\left(1 + \frac{x^2}{2} + \frac{3}{8}x^4 + \frac{5}{16}x^6 \cdots\right) = x - x^2 + \frac{x^3}{2} - \cdots.$$

23. Da sich x herausheben muß, folgt

$$\alpha = 1, \quad x\frac{1 + \beta x}{1 + \gamma x} = x + (\beta - \gamma)x^2 - (\beta - \gamma)\gamma x^3 + \cdots.$$

24. Aus d. Taylorschen Formel mit d. Restglied

$$\sin x = x - \frac{x^3}{6} + \frac{x^5}{120} - \frac{x^7}{120 \cdot 6 \cdot 7}\cos\Theta_1 x.$$

$$\frac{x(60 - 7x^2)}{60 + 3x^2} = x\left(1 - \frac{7}{60}x^2\right)\left(1 - \frac{x^2}{20} + \frac{x^4}{400} - \frac{x^6}{20^3\left(1 + \Theta\,\frac{x}{20}\right)}\right) =$$

$$= x - \frac{x^3}{6} + \frac{x^5}{120} - \frac{x^7}{400}\left(\frac{7}{60} + \frac{1}{20\left(1 + \Theta\,\frac{x^2}{20}\right)}\right) + \frac{7x^9}{60 \cdot 20^3\left(1 + \Theta\,\frac{x^2}{20}\right)}.$$

25. M. setze $\sqrt{1 - x^2} = r$, so daß $r' = \dfrac{-x}{r}$ ist u. bestimmt d. Grenzwert nach d. Bernoulli-l'Hospitalschen Regel.

26a) M. setze in d. Taylorsche Entwicklung v. $f(x + h)$ nach Potenzen v. h f. h d. Wert $-x$ ein;

26b) M. ersetze h in H A 26a) durch $-\dfrac{x^2}{1 + x}$ u. im Restglied Θ durch $1 - \Theta$.

27. M. verwende d. Binomialformel mit d. Restglied zweiter Ordnung.

$$(1 + u)^\beta = 1 + \beta u + \frac{\beta(\beta - 1)}{2}u^2(1 + \Theta u)^{\beta - 2}.$$

28. Es gilt

$$\frac{12 - 5x^2}{12 + x^2} - 1 = \frac{-6x^2}{12 + x^2}, \quad \frac{-6x^2}{12 + x^2} + \frac{x^2}{2} = \frac{x^4}{24 + 2x^2},$$

$$\frac{x^4}{24 + 2x^2} - \frac{x^4}{24} = \frac{-x^6}{24(12 + x^2)}.$$

M. benutze ferner

$$\cos x = 1 - \frac{x^2}{2} + \frac{x^4}{24} - \frac{x^6}{720}\cos\Theta x.$$

29. $f(\varrho) = \dfrac{24 + 20\,x - 4\,\varrho\,x^4}{24 + 8\,x - x^2}$ gesetzt, gilt

$$f(\varrho) - \left(1 + \frac{x}{2}\right) = \frac{-6\,x^2 + x^3 - 8\,\varrho\,x^4}{48 + 16\,x - 2\,x^2} \equiv f_1(\varrho),$$

$$f_1(\varrho) - \left(\frac{-x^2}{8} + \frac{x^3}{16}\right) = \frac{-(10 + 64\,\varrho)\,x^4 + x^5}{16\,(24 + 8\,x - x^2)}.$$

30. Wird $r = \sqrt{1 + x}$ gesetzt, so folgt durch direkte Differentiation $\dfrac{8}{3}\,x^5 r\,\varrho'(x) = B(x) - A(x)r$, wo $B(x) = 64 + 72\,x + 12\,x^2 - x^3$, $A(x) = 64 + 40\,x$ u. $B^2 - A^2(1 + x) = (x - 24)\,x^5$ ist. Ferner ist $\varrho(-1) = 1$, $\varrho(1) = 0{,}0398 \ldots \sqsupset \dfrac{1}{25}$.

32. F. $u = \dfrac{\lg(1 + x) - x + \dfrac{x^2}{2}}{x^3}$ gilt

$$x^4 u'(x) = \frac{x^3}{1 + x} - 3\left(\lg(1 + x) - x + \frac{x^2}{2}\right) \equiv g(x), \quad g'(x) = \frac{-x^3}{(1 + x)^2}.$$

33. M. beachte, daß in d. Bezeichnungen v. A 41 § 26

$$y(x) = -\,\frac{Q_1(x)}{Q_0(x)}$$

u. nach jener Aufgabe $Q_0(0) = 1$, $Q_0'(0) = \dfrac{1}{2}$, $Q_0''(0) = \dfrac{1}{3}$, $Q_1(0) = \dfrac{1}{2}$, $Q_1'(0) = \dfrac{1}{6}$, $Q_1''(0) = \dfrac{1}{12}$ ist.

34. Sei $\dfrac{p}{s} = x$. Dann gilt

$$f(x) \equiv \left(\frac{1 + x}{1 - x}\right)^{1/2} = \frac{1 + x}{(1 - x^2)^{1/2}} = 1 + x + \frac{x^2}{2} + \frac{x^3}{2} + (x^4),$$

wo (x^4) höhere x-Potenzen enthält, v. d. vierten an.

35. M. setze $u = \dfrac{x}{1 + x} + \lg(1 + x)$, so daß

$$f' = f\,u, \quad f'' = f\,(u^2 + u'), \quad f''' = f\,(u^3 + 3\,u\,u' + u'').$$

LÖSUNGEN

§ 1

1. F. $n = 1$ unmittelbar. Wenn d. Relation f. e. n wahr ist, folgt durch gliedweise Addition v. (*) d. entsprechende Relation f. $n + 1$.

2. F. $n = 1$ unmittelbar. Wenn f. e. n d. Relation wahr ist, folgt durch gliedweise Addition v. $\dfrac{(n+1)(n+2)}{2} - \dfrac{n(n+1)}{2} = n + 1$ d. Beh. f. $n + 1$.

3. F. $n = 1$ unmittelbar. Wenn f. e. n wahr, folgt d. Gültigkeit f. $n + 1$ durch gliedweise Addition v. (*).

4. M. erhält $\dfrac{a^{n+1} - b^{n+1}}{a - b} = a^n + a^{n-1}b + \cdots + b^n$. Ersetzt m. hier n durch $n - 1$, so folgt d. Beh.

5. F. $n = 1$ nichts zu bew., f. $n = 2$ ist d. Beh. in d. Grundeigenschaft IV 1 enthalten. Wird d. Beh. f. e. n als wahr angenommen, so ist *entweder* $a_{n+1} \geqq a_1, \ldots, a_{n+1} \geqq a_n$, und dann ist a_{n+1} d. größte unter d. $a_1, \ldots, a_{n+1}$, *oder* d. größte unter d. $a_1, \ldots, a_n$ ist zugleich d. größte unter d. $a_1, \ldots, a_{n+1}$. D. Existenz d. kleinsten Zahl wird durch e. symmetrische Überlegung bew.

6. Betrachtet m. d. untereinander verschiedenen Zahlen d. Menge, d. $\leqq n_1$ sind, so ist ihre Anzahl endlich, höchstens n_1. Daher folgt d. Beh. aus A 5.

7. Gibt es natürliche Zahlen $n > v_0$, für d. d. Aussage E nicht zutrifft, so sei n_0 d. nach A 6 existierende kleinste unter diesen Zahlen. Dann ist $n_0 > v_0$, daher trifft E f. $n = n_0 - 1$ zu, dann aber nach Voraussetzung auch f. $n = (n_0 - 1) + 1 = n_0$, entgegen d. Annahme.

8. Sei d. Beh. wahr für e. n. Gilt dann $a_n < a_{n+1}$, so wende m. d. Grundeigenschaft IV 2 auf a_1, a_n, a_{n+1} an.

§ 2

1.   a) $x = 0$, $x = 1$,   b) $x = 0$, $y = 0$,

   c) unmöglich, da 2 Geraden sich nicht nur in zwei Punkten schneiden können.

2. $x^2 - 5x + 6 = (x - 2)(x - 3)$, $x^2 - 6xy + 8y^2 = (x - 2y)(x - 4y)$.

3. $x = \dfrac{b - dy}{cy - a}$, $x = \dfrac{b + ay}{by - a}$.

4. Ausrechnung: $x^2 + y^2 + z^2 - xy - yz - zx$.

5. $y = \dfrac{2}{x^3 - 3x}$, $\quad y = \dfrac{-72}{x^4 - 25x^2 + 72}$.

6. $a = \dfrac{1}{6}$, $\quad b = \dfrac{1}{2}$, $\quad c = -\dfrac{2}{3}$.

7. $a = \dfrac{12}{25}$, $\quad b = \dfrac{32}{25}$, $\quad c = \dfrac{1}{5}$, $\quad d = \dfrac{13}{25}$.

8. Beim Übergang v. $n - 1$ zu n nimmt d. rechte Seite um

$$\frac{1}{1 - x^{2^{n-1}}} - \frac{1}{1 - x^{2^n}} = \frac{1 + x^{2^{n-1}}}{1 - x^{2^n}} - \frac{1}{1 - x^{2^n}} = \frac{x^{2^{n-1}}}{1 - x^{2^n}}.$$

zu, und dies ist gerade d. links hinzukommende Glied.

9. F. $n = 1$ klar. Beim Übergang von $n - 1$ zu n nimmt d. linke Seite um $\lambda_n + \lambda_{n+1}$ zu und d. rechte um

$$\lambda_n \left(\frac{\lambda_n + \lambda_{n+1}}{\lambda_n - \lambda_{n+1}} - \frac{\lambda_{n-1} + \lambda_n}{\lambda_{n-1} - \lambda_n} \right) - \lambda_{n+1} \frac{\lambda_n + \lambda_{n+1}}{\lambda_n - \lambda_{n+1}} + \lambda_n \frac{\lambda_{n-1} + \lambda_n}{\lambda_{n-1} - \lambda_n} = \lambda_n + \lambda_{n+1}.$$

10. F. $n = 1$ klar. Beim Übergang von $n - 1$ zu n nimmt d. rechte Seite zu um

$$\eta_n \left(\frac{\alpha_n}{\eta_n - \eta_{n+1}} - \frac{\alpha_{n-1}}{\eta_{n-1} - \eta_n} \right) - \eta_{n+1} \frac{\alpha_n}{\eta_n - \eta_{n+1}} + \eta_n \frac{\alpha_{n-1}}{\eta_{n-1} - \eta_n} = \alpha_n.$$

11. Beim Übergang v. $n - 1$ zu n multipliziert sich d. rechte Seite mit

$$\frac{1 - x^{2^{n+1}}}{1 - x^{2^n}} = 1 + x^{2^n}.$$

12. Beim Übergang v. $n - 1$ zu n multipliziert sich d. rechte Seite mit

$$\frac{\dfrac{t^{2^{n+1}} - 1}{t^{2^{n+1}} + 1}}{\dfrac{t^{2^n} - 1}{t^{2^n} + 1}} = 1 + \frac{2}{t^{2^n} + t^{-2^n}},$$

wie aus (*) folgt, wenn dort t durch t^{2^n} ersetzt wird.

13. Beim Übergang von $n - 1$ zu n multipliziert sich d. rechte Seite mit

$$\frac{\dfrac{t^{3^{n+1}} - 1}{t^{3^{n+1}} + 1}}{\dfrac{t^{3^n} - 1}{t^{3^n} + 1}} = \frac{t^{3^n} + t^{-3^n} + 1}{t^{3^n} + t^{-3^n} - 1};$$

dies folgt aus (*), wenn dort t durch t^{3^n} ersetzt wird.

14. $\dfrac{25}{6}(100 \cdot 101 \cdot 201 - 9 \cdot 10 \cdot 19) + \dfrac{20}{2}(100 \cdot 101 - 9 \cdot 10) + 364 = 8\,552\,089$.

15. D. Ausdruck von x durch y wird unbestimmt, wenn $cy - a = b - dy = 0$, und dann ist auf jeden Fall $ad - bc = 0$. In diesem Fall hat aber y in d. Tat f. *jedes* x d. festen Wert $\dfrac{a}{c} = \dfrac{b}{d}$.

16. Aus d. Rationalität von x würde wegen (*) diejenige von z folgen.

17. Potenziert m. $\sqrt{n} = x - \sqrt{m}$ bzw. $\sqrt[3]{n} = x - \sqrt{m}$ u. löst nach $\sqrt{m}$ auf, so folgt

$$\text{a) } \sqrt{m} = \frac{x^2 + m - n}{2x}, \qquad \text{b) } \sqrt{m} = \frac{x^3 + 3mx - n}{3x^2 + m}.$$

18. $\dfrac{1}{a_2 - a_1}\left(\sqrt{a_2} - \sqrt{a_1} + \sqrt{a_3} - \sqrt{a_2} + \cdots + \sqrt{a_n} - \sqrt{a_{n-1}}\right) =$

$$= \frac{\sqrt{a_n} - \sqrt{a_1}}{a_2 - a_1} = (n-1)\,\frac{\sqrt{a_n} - \sqrt{a_1}}{a_n - a_1} = \frac{n-1}{\sqrt{a_n} + \sqrt{a_1}}.$$

19. Ausrechnung: $a^2 d - 3\,abc + 2\,b^3$.

20a) $x^2 + 2xy + 2y^2 = (x+y)^2 + y^2$;

20b) $(x+y)^2 + (2y)^2$;

20c) $\left(\sqrt{2}\,x - \dfrac{5\sqrt{2}}{4}\,y\right)^2 + \left(\sqrt{\dfrac{31}{8}}\,y\right)^2.$

21. $\left(\sqrt{5}\,x - \dfrac{2}{\sqrt{5}}\right)^2 + \left(\dfrac{6}{\sqrt{5}}\right)^2.$

22. Da in (*) beide Summanden rechts $= 0$ sind, müßte $y = 0$, $x + \dfrac{y}{2} = 0$ sein.

23. Wäre $x + y \neq 0$, so müßte nach (*) $x^2 - xy + y^2 = 0$ sein, d. h., nach A 22, $x = y = 0$ und somit $x + y = 0$.

24. Denn sonst wäre nach (*)

$$0 = x^2 + y^2 + z^2 - xy - yz - zx = \tfrac{1}{2}(x-y)^2 + \tfrac{1}{2}(y-z)^2 + \tfrac{1}{2}(z-x)^2 = 0.$$

25. Unter d. Annahme $\alpha\beta\,UVW \neq 0$ folgt

$$\frac{\alpha}{\beta} = -\frac{V}{U}, \quad \frac{\alpha}{\beta} = -\frac{U}{W}, \quad \frac{\alpha}{\beta} = -\frac{W}{V}, \quad \left(\frac{\alpha}{\beta}\right)^3 = -1, \quad \frac{\alpha}{\beta} = -1.$$

26. Beim Übergang von $n - 1$ zu n vermehrt sich d. rechte Seite um

$$\frac{a_1 \ldots a_{n-1}}{(a_1 + x)\ldots(a_{n-1} + x)} - \frac{a_1 \ldots a_n}{(a_1 + x)\ldots(a_n + x)} = \frac{x\,a_1 \ldots a_{n-1}}{(a_1 + x)\ldots(a_n + x)}.$$

27. F. $a_\nu = \dfrac{1}{A_\nu}$ ergibt sich als der Wert der Summe durch Heraufmultiplizieren

$$\frac{1}{x}\left(\frac{1}{1 + A_1 x} - \frac{1}{(1 + A_1 x)\ldots(1 + A_n x)}\right).$$

28. Beim Übergang v. $n - 1$ zu n vergrößert sich d. rechte Seite bei a) bzw. b) um

$$\frac{\sin\left(n + \dfrac{1}{2}\right)x}{2\sin\dfrac{1}{2}x} - \frac{\sin\left(n - \dfrac{1}{2}\right)x}{2\sin\dfrac{1}{2}x} = \cos nx,$$

$$\frac{\sin 2nx}{2\sin x} - \frac{\sin 2(n-1)x}{2\sin x} = \cos(2n - 1)\,x.$$

29. Beim Übergang von $n - 1$ zu n addiert sich rechts

$$\left(\sum_{v=1}^{n} a_v\right)^2 - \left(\sum_{v=1}^{n-1} a_v\right)^2 + a_n^2 = 2 a_n^2 + 2 a_n \left(\sum_{v=1}^{n-1} a_v\right) = 2 u_n.$$

30. Beim Übergang von $n - 1$ zu n multipliziert sich d. rechte Seite mit

$$\frac{\dfrac{1}{2} \sin 2^{-n+1} x}{\sin 2^{-n} x} = \cos 2^{-n} x,$$

wegen (*). Zugleich liefert (*) d. Beh. für $n = 1$.

31. Beim Übergang von $n - 1$ zu n multipliziert sich d. linke Seite wegen (*) mit

$$\frac{\dfrac{1}{3} \sin 3^{-n+1} x}{\sin 3^{-n} x} = \frac{1}{3} \left(1 + 2 \cos 2 \cdot 3^{-n} x\right).$$

32. Beim Übergang von $n - 1$ zu n multipliziert sich d. linke Seite mit

$$\frac{\dfrac{1}{5} \sin 5^{-n+1} x}{\sin 5^{-n} x} = \frac{1}{5} \left(1 + 4 \cos 3 \cdot 5^{-n} x \cos 5^{-n} x\right).$$

33. Beim Übergang v. $n - 1$ zu n multipliziert sich d. linke Seite wegen (*) mit

$$(1 + x^{2n}) \left(1 - \frac{1}{2} x^{2n}\right) = 1 + \frac{1}{2} x^{2n} (1 - x^{2n}).$$

34. Beim Übergang v. $n - 1$ zu n multipliziert sich d. linke Seite mit

$$\frac{x^{3^n} - 1}{x^{3^{n-1}} - 1} = x^{2 \cdot 3^{n-1}} + x^{3^{n-1}} + 1.$$

35. Wird d. Beh. als f. $n - 1$ richtig angenommen, so folgt, $2^{-n} \varphi = \psi$ gesetzt,

$$a_{n+1} = \frac{1}{2} (a_n + b_n) = 2^{-n} \beta (1 + \cos 2\psi) \frac{\sin \varphi}{\sin 2\psi} = 2^{-n} \beta \frac{\sin 2\psi}{\operatorname{tg} \psi} \frac{\sin \varphi}{\sin 2\psi},$$

$$a_{n+1} = 2^{-n} \beta \frac{\sin \varphi}{\operatorname{tg} \psi},$$

$$b_{n+1} = \sqrt{a_{n+1} b_n} = 2^{-n+1} \beta \sin \varphi \sqrt{\frac{1}{2} \frac{\cos \psi}{\sin \psi} \frac{1}{\sin 2\psi}} =$$

$$= 2^{-n+1} \beta \sin \varphi \sqrt{\frac{\cos \psi}{4 \cos \psi \sin^2 \psi}} = 2^{-n} \beta \frac{\sin \varphi}{\sin \psi}.$$

36.
$$\frac{\displaystyle\prod_{v=2}^{n} (v-1) \prod_{v=2}^{n} (v+1)}{\displaystyle\prod_{v=2}^{n} v^2} = \frac{\displaystyle\prod_{\mu=1}^{n-1} \mu \prod_{\mu=3}^{n+1} \mu}{\displaystyle\prod_{\mu=2}^{n} \mu^2} = \frac{n+1}{2n}.$$

37.
$$\prod_{v=2}^{n} \frac{(v-1)(v^2+v+1)}{(v+1)(v^2-v+1)} = \frac{\displaystyle\prod_{\mu=1}^{n-1} \mu \prod_{\mu=2}^{n} (\mu^2 + \mu + 1)}{\displaystyle\prod_{\mu=3}^{n+1} \mu \prod_{\mu=1}^{n-1} (\mu^2 + \mu + 1)} =$$

$$= \frac{2}{n(n+1)} \frac{n^2 + n + 1}{3}.$$

38. D. Produkt (*) verwandelt sich in

$$\prod_{\mu=m+1}^{n+m} \frac{\mu - m + c}{\mu + c} = \prod_{\nu=m+1}^{n+m} \frac{\nu - m + c}{\nu + c}.$$

39. Wegen (*) ist d. Voraussetzung äquivalent mit

$$(a + b)^4 - (a - b)^4 = (c + d)^4 - (c - d)^4$$

und d. Beh. mit

$$(x + y)^4 - (x - y)^4 = (z + u)^4 - (z - u)^4.$$

Daher folgt d. Beh. aus

$$x + y = 2\,(a + b), \quad x - y = 2\,(c + d), \quad z + u = 2\,(a - b), \quad z - u = 2\,(c - d).$$

40. D. Beh. folgt durch Multiplikation d. Formeln $(x_{n+1} = x_1)$:

$$1 - y_\nu = \frac{2\,x_{\nu+1}}{x_\nu + x_{\nu+1}}, \quad 1 + y_\nu = \frac{2\,x_\nu}{x_\nu + x_{\nu+1}}.$$

41. F. $\nu = 0$ aus Definition. F. $\nu \geqq 1$ aus

$$\binom{n}{\nu + 1} = \frac{n\,(n-1) \ldots (n - \nu + 1)\,(n - \nu)}{(\nu + 1)\,\nu!}, \quad \binom{n+1}{\nu + 1} = \frac{(n+1)\,n\,(n-1) \ldots (n - \nu + 1)}{(\nu + 1)\,\nu!}.$$

42. Folgt wegen A 41 aus

$$\binom{n}{\nu} + \binom{n}{\nu + 1} = \binom{n}{\nu} + \binom{n}{\nu}\frac{n - \nu}{\nu + 1} = \binom{n}{\nu}\frac{n + 1}{\nu + 1}.$$

§ 3

1a) $x < 1$;   1b) $x > -7{,}5$;   1c) $x > 3$ oder $x < \dfrac{1}{3}$; $x = 3$ oder $x = \dfrac{1}{3}$;

$3 > x > \dfrac{1}{3}$;   1d) $x > \dfrac{3}{2}$ oder $x < \dfrac{2}{3}$; $x = \dfrac{2}{3}$ oder $x = \dfrac{3}{2}$;

$\dfrac{2}{3} < x < \dfrac{3}{2}$.

2a), 2b), 2c) D. Koordinaten. d. Pkt. d. in d. Zeichnungen (Fig. 1. 2, 3) schraffierten Gebiete.

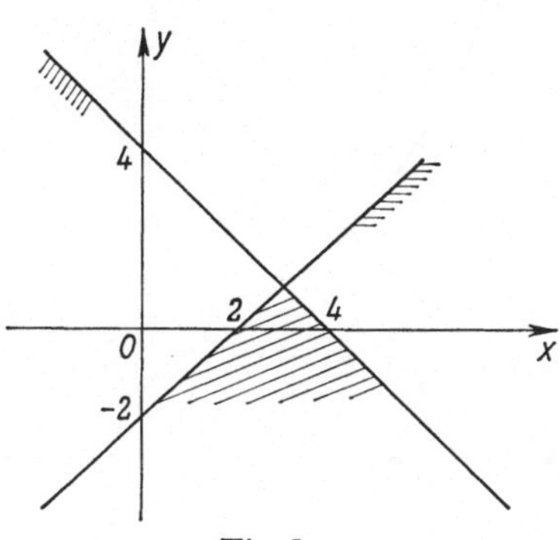

Fig. 1.

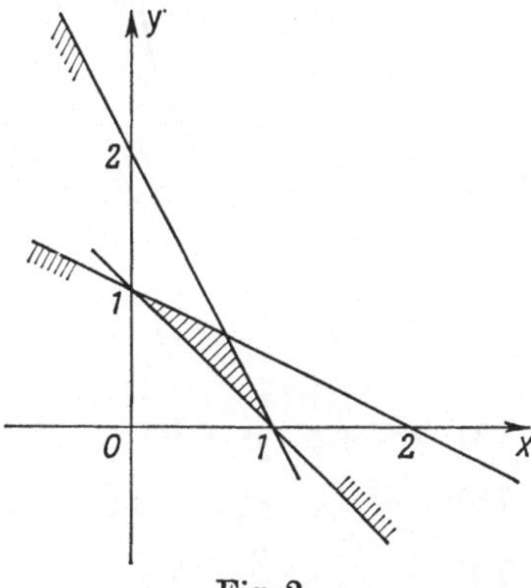

Fig. 2.

3a) $x \leqq \alpha$, $\beta \leqq x \leqq \gamma$, $x \geqq \delta$;   3b) $x \leqq \alpha$, $\beta \leqq x < \gamma$, $x > \delta$.

4. $y > \dfrac{x^2}{4} - 1$, d. h. d. Pkt. (x, y) liegt oberhalb d. Parabel $y = \dfrac{x^2}{4} - 1$.

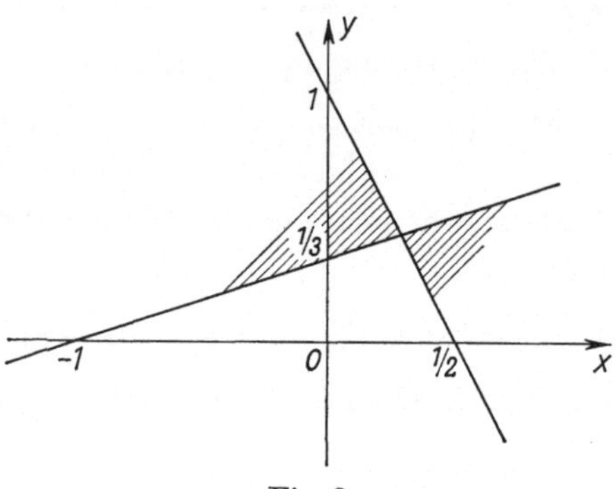

Fig. 3.

5a) $\dfrac{x}{y} > 2$ oder $\dfrac{x}{y} < 1$; $x = 2y$ oder $x = y$; $1 < \dfrac{x}{y} < 2$;

5b) F. alle x, y nicht neg.; $= 0$ nur f. $x = y = 0$ (Vgl. H 22 § 2.);

5c) $\dfrac{x}{y} < 2$ oder $\dfrac{x}{y} > 3$; $x = 2y$ oder $x = 3y$, $2 < \dfrac{x}{y} < 3$;

5d) D. inneren u. Randpkte beider Kreisscheiben.

6. D. in d. Zeichnung (Fig. 4) schraffierte Gebiet.

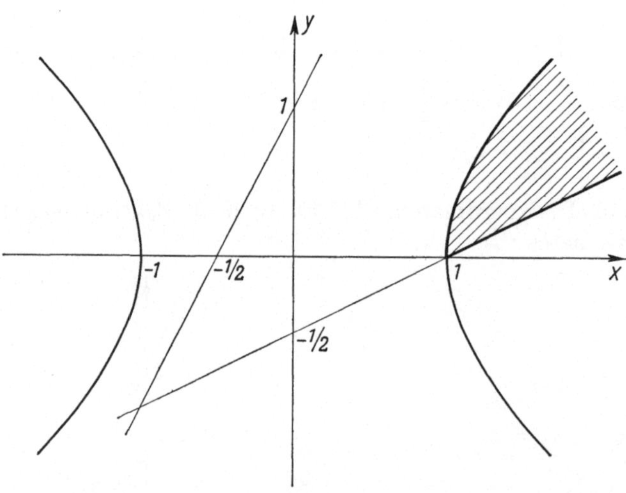

Fig. 4.

7a) $0 < x < \dfrac{1}{2}$ oder $x > 1$;

7b) $x < 0$, $0 < x < 1$;   7c) $0 \geqq x$ oder $1 < x \leqq 3$;

7d) $\dfrac{3}{4} < x < \dfrac{5}{6}$.   7e) $x < \dfrac{7}{6}$ oder $x > \dfrac{3}{2}$.

8. F. $-a \leqq x \leqq 0$ klar, f. $x > 0$ muß $x^2 - x - a < 0$ sein u. daher $x < \frac{1}{2} + \sqrt{\frac{1}{4} + a}$.

9. Aus $y = \sqrt{a+x} > x$ folgt $a + y > a + x$, $\sqrt{a+y} > \sqrt{a+x} = y$.

10. F. $a > 0$: a bzw. 0; f. $a < 0$: 0 bzw. a.

11. Da $|x - \alpha|^2 = x^2 - 2\alpha x + \alpha^2$ u. d. Wurzel stets $\geqq 0$.

12a) 3 Fälle: $x < 1$, $y = 2(1 - x) + (x - 2)$, $y = -x$;
$$1 \leqq x \leqq 2, \ y = 2(x - 1) + (x - 2), \ y = 3x - 4;$$
$$x > 2, \ y = 2(x - 1) - (x - 2), \ y = x.$$

D. Ort besteht aus d. Geradensegment $y = 3x - 4$ ($1 \leqq x \leqq 2$) sowie aus d. Halbstrahlen $y = x$ ($x > 2$), $y = -x$ ($x < 1$) (vgl. Fig. 5);

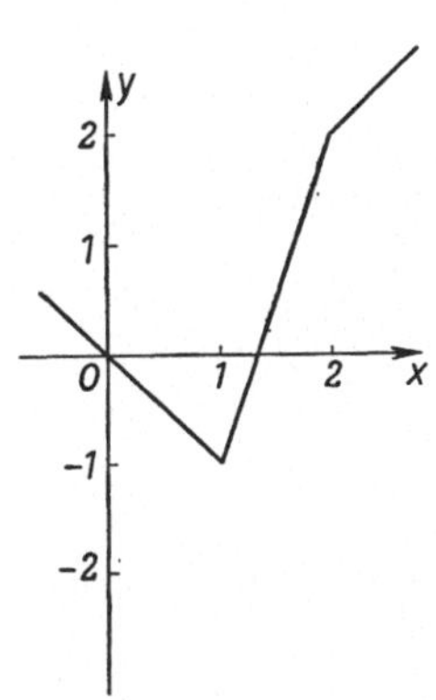

Fig. 5.

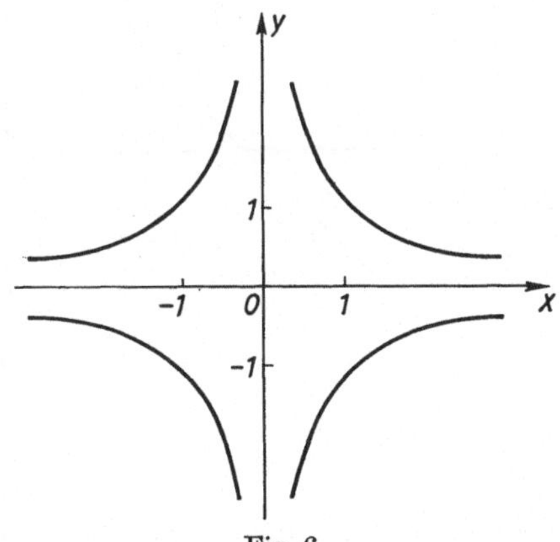

Fig. 6.

12b) D. Ort besteht aus d. beiden Hyperbeln $xy = 1$ u. $xy = -1$ (vgl. Fig. 6).

13a) D. Äußere d. Ellipse $\dfrac{x^2}{\frac{1}{2}} + y^2 = 1$;

13b) D. Innere d. Rhombus d. Fig. 7;

13c) D. Innere d. Rhombus d. Fig. 8;

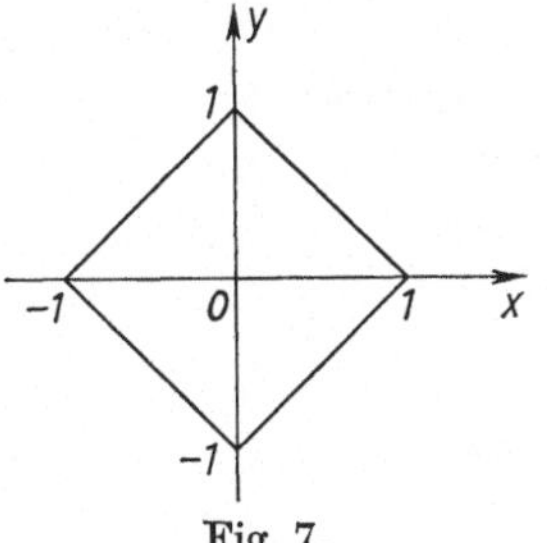

Fig. 7.

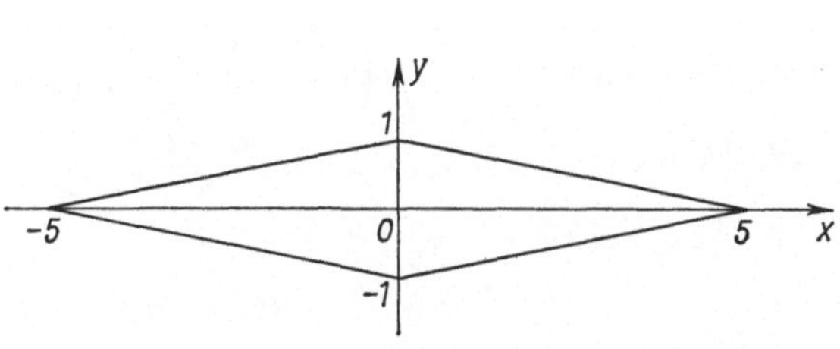

Fig. 8.

13d) Aus 13b) durch Verschiebung um 1 nach rechts u. um 1 nach unten herleitbar;

13e) D. außerhalb d. beiden Parabeln $x^2 - 2y = 1$ u. $x^2 + 2y = 1$ liegenden Pkt;

13f) D. Pkt. außerhalb d. beiden Zweige d. Hyperbel $xy = -1/4$.

14. Wenn d. Summe (*) mit nichtneg. Summanden $= 0$ ist, ist jeder Summand $= 0$.

15. D. schraffierte Gebiet in d. Fig. 9.

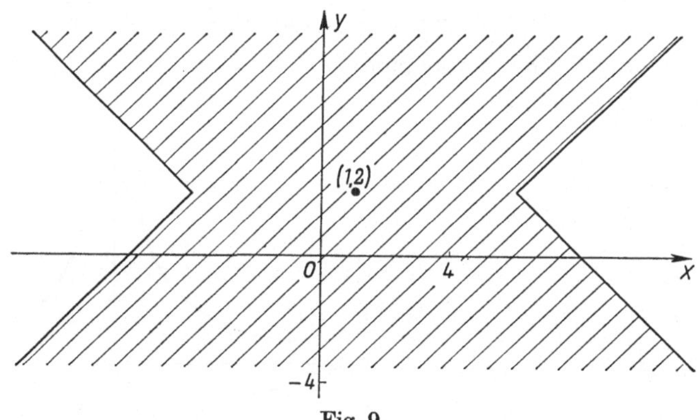

Fig. 9.

16. Es genügt zu zeigen: $10^n < 2^x$, $10^{3n} < 2^{3x}$, $10^{3n} < 2^{10n}$, $10^3 < 2^{10} = 1024$.

17. F. $n = 10$ aus $32^2 > 1000$. Wenn f. n richtig, dann

$$2 \cdot 2^n > 2n^3 = (n+1)^3 \cdot 2 \left(1 + \frac{1}{n}\right)^{-3},$$

$$2 \cdot 2^n > (n+1)^3 \cdot 2 \left(1 + \frac{1}{10}\right)^{-3} > (n+1)^3.$$

18. Aus d. B. U., wenn a durch $-a$ ersetzt wird.

19. Denn f. $n > 1$ nach A 18

$$\alpha_1 \left(\frac{\alpha_2}{\alpha_1}\right)^n = \alpha_1 \left(1 - \left(1 - \frac{\alpha_2}{\alpha_1}\right)\right)^n > \alpha_1 \left(1 - n\left(1 - \frac{\alpha_2}{\alpha_1}\right)\right).$$

20. Aus A 18 f. $a = \frac{1}{n^2}$.

21. Beh. wird $\left(1 + \frac{1}{n}\right)^n \left(1 - \frac{1}{n}\right)^{n-1} > 1$ u. folgt aus A 20.

22. Ersetze in d. B.U. a durch $\frac{a-1}{n}$.

23. Ausgeschrieben wird d. Beh. zu

$$na^{n-1} > a^{n-1} + a^{n-2}b + \cdots + ab^{n-1} > nb^{n-1},$$

wo jedes Glied d. Summe $\leqq a^{n-1}$ u. $\geqq b^{n-1}$ ist.

24. F. $n = 1$ gilt d. Gleichheitszeichen. Beim Übergang v. n zu $n + 1$ multipliziert sich d. rechte Seite mit

$$\frac{1 + \alpha_1 + \cdots + \alpha_n + \alpha_{n+1}}{1 + \alpha_1 + \cdots + \alpha_n} = 1 + \frac{\alpha_{n+1}}{1 + \alpha_1 + \cdots + \alpha_n} < 1 + \alpha_{n+1}.$$

25. Analog wie bei A 24 aus

$$\frac{1 - \alpha_1 - \cdots - \alpha_{n+1}}{1 - \alpha_1 - \cdots - \alpha_n} = 1 - \frac{\alpha_{n+1}}{1 - \alpha_1 - \cdots - \alpha_n} < 1 - \alpha_{n+1},$$

solange $1 - \alpha_1 - \cdots - \alpha_n > 0$. Sonst trivial.

26. Wegen $\quad \dfrac{a + c}{b + d} - \dfrac{a}{b} = \dfrac{bc - ad}{b(b + d)}, \qquad \dfrac{c}{d} - \dfrac{a + c}{b + d} = \dfrac{bc - ad}{d(b + d)}.$

27. Läuft auf $a^2 + b^2 - 2ab = (a - b)^2 \geqq 0$ hinaus.

28. $\quad \dfrac{a^\nu}{1 + a^{2\nu}} - \dfrac{a^{\nu+1}}{1 + a^{2\nu+2}} = a^\nu \dfrac{(1 - a)(1 - a^{2\nu+1})}{(1 + a^{2\nu})(1 + a^{2\nu+2})} > 1.$

29. F. $\dfrac{\alpha}{\beta} = \tau$ wird d. Beh. nach Division durch $|\beta|$, wegen $-1 \leqq \tau \leqq r$, zu $1 + \tau \leqq \dfrac{1 + r}{1 - r}(1 - |\tau|)$. Da f. $\tau < 0$, $1 + \tau = 1 - |\tau|$ ist, sei OBdA $\tau \geqq 0$. Dann folgt d. Beh. aus

$$\frac{1 + \tau}{1 - \tau} - \frac{1 + r}{1 - r} = \frac{2(\tau - r)}{(1 - \tau)(1 - r)}.$$

30. $\quad \dfrac{x^2 + y^2}{2} - \left(\dfrac{x + y}{2}\right)^2 = \left(\dfrac{x - y}{2}\right)^2.$

31. $\quad \dfrac{x^4 + y^4}{2} = \dfrac{(x^2)^2 + (y^2)^2}{2} \geqq \left(\dfrac{x^2 + y^2}{2}\right)^2 \geqq \left(\dfrac{x + y}{2}\right)^4.$

32. $\quad \dfrac{x^8 + y^8}{2} = \dfrac{(x^4)^2 + (y^4)^2}{2} \geqq \left(\dfrac{x^4 + y^4}{2}\right)^2 \geqq \left(\dfrac{x + y}{2}\right)^8.$

33. $\quad 4(x^3 + y^3) - (x + y)^3 = 3x^3 - 3x^2 y - 3y^2 x + 3y^3 =$
$$= 3(x - y)(x^2 - y^2) \geqq 0.$$

34. Aus $(a^7 - b^7)(a^2 - b^2) \geqq 0$.

35. Aus $(a^2 + b^2)(\alpha^2 + \beta^2) - (a\alpha + b\beta)^2 = (a\beta - b\alpha)^2$.

36. D. Beh. geht durch Quadrieren über in

$$a\alpha + b\beta + a\beta + b\alpha \geqq a\alpha + b\beta + 2\sqrt{a\alpha b\beta}$$

u. folgt aus d. Ungl. zwischen d. arithmetischen u. geometrischen Mittel.

37. Liegt zwischen $\sqrt{0{,}301025}$ u. $\sqrt{0{,}301035}$, d. h. zwischen $0{,}5486\,5745$ u. $0{,}5486\,6657$.

38. 19, da 18 d. Charakteristik v. $63 \cdot \mathrm{Log}\, 2 = 18{,}96 \ldots$ ist.

39. $\quad 100\,\dfrac{\pi - \dfrac{22}{7}}{\pi} \sqsupset -\,0{,}040257 \ldots.$

40. D. angenäherten Werte v. ab liegen zwischen $\left(1 - \frac{2}{100}\right)\left(1 - \frac{3}{100}\right) ab$ u. $\left(1 + \frac{2}{100}\right)\left(1 + \frac{3}{100}\right) ab$, so daß d. Fehler v. ab zwischen $0{,}0506\,ab$ u. $-0{,}0494\,ab$ liegen. F. $a + b$ erhält m. als maximalen Fehler $\frac{2a + 3b}{100}$.

41. $a = x\left(1 + \frac{9\theta}{100}\right)$, wo $|\theta| \leq 1$ ist, daher ist $\frac{9\theta x}{100}$ d. Fehler v. a u. relativ zu a, $\frac{9\theta}{100 + 9\theta}$. Da d. reziproke Ausdruck dann $1 + \frac{100}{9\theta}$ ist, ist er entweder $\geq 1 + \frac{100}{9}$ oder $\leq 1 - \frac{100}{9}$. Daher liegt d. gesuchte Fehler zwischen d. Grenzen $0{,}08257$ u. $-0{,}09891$.

42. Da 72 zwischen $0{,}6\,x$ und $1{,}4\,x$ liegt, liegt x zwischen $\frac{360}{7}$ u. 120. Analog liegt y zwischen 120 u. 200. Daher liegt $2x + 3y - 594$ zwischen 246 u. $-131 - \frac{1}{7}$.

43. x liegt zwischen $\frac{10^4}{104}$ u. $\frac{10^4}{96}$, y zwischen $\frac{7500}{104}$ u. $\frac{7500}{96}$. F. xy ergeben sich d. Grenzen $8138{,}021 \ldots$ u. $6934{,}171 \ldots$.

44. Wenn d. angenäherten Werte x bzw. y mit d. prozentualen Maximalfehler τ berechnet werden, hat m. f. $|\theta| \leq \tau$, $|\theta_1| \leq \tau$:

$$x = a\left(1 + \frac{\theta}{100}\right), \quad y = b\left(1 + \frac{\theta_1}{100}\right), \quad \frac{a}{b} \cdot \frac{1 + \frac{\tau}{100}}{1 - \frac{\tau}{100}} \geq \frac{x}{y} \geq \frac{a}{b} \cdot \frac{1 - \frac{\tau}{100}}{1 + \frac{\tau}{100}}.$$

D. absolute Fehler ist höchstens $\frac{2\tau}{100 - \tau} \cdot \frac{a}{b} \leq 10^{-3}$, woraus

$$\frac{2\tau}{100 - \tau} \leq 2{,}5 \cdot 10^{-3}, \quad \tau \leq 0{,}1248 \ldots \text{ folgt.}$$

45. Ist d. gegebene Zahl $z = 10^\alpha \cdot 0{,}a_1 a_2 \ldots a_m$, wo $a_1 > 0$ d. erste bedeutsame Ziffer ist, so liegt $10^{-\alpha} \cdot z$ zwischen $0{,}a_1 \ldots a_m \pm \frac{\frac{1}{2}}{10^m}$. D. Prozentualfehler ist höchstens $\frac{\frac{1}{2} \cdot 10^{-m}}{0{,}a_1 \ldots a_m} < \frac{\frac{1}{2}}{10^{m-1}}$.

46a) D. Beh. ist äquivalent mit

$$\frac{2 + 2x}{2 + x} < \sqrt{1 + x} < 1 + \frac{x}{2}, \quad \frac{4(1 + x)^2}{(2 + x)^2} < 1 + x < 1 + x + \frac{x^2}{4},$$

$$4 + 4x < (2 + x)^2;$$

46b) D. Beh. links ist äquivalent mit $(3 + 2x)^3 < (1 + x)(3 + x)^3$ u. folgt durch direkte Ausrechnung. D. Beh. rechts folgt aus d. B. U.

47.
$$a x^2 + 2b x y + c y^2 = \left(\frac{ax + by}{\sqrt{a}}\right)^2 + \left(y \cdot \sqrt{\frac{ac - b^2}{a}}\right)^2.$$

48. In (*) in HA 47 f. $y = 0$, $\operatorname{sgn} f = \operatorname{sgn} a$, u. f. $ax + by = 0$, $\operatorname{sgn} f = -\operatorname{sgn} a$.

49. OBdA darf angenommen werden, daß es unter x, y, z Zahlen verschiedener Vorzeichen gibt, daher auch daß $x(x + y + z) > 0$ ist. *Bemerkung.* Diese verallgemeinerungsfähige Schlußweise geht auf *Grommer* zurück, während die Beh. natürlich auch sofort aus d. Betrachtung v. $(x + y)^2 + (y + z)^2 + (z + x)^2$ folgt.

50. a) folgt aus $x^3 + y^3 - xy(x + y) = (x^2 - y^2)(x - y) \geq 0$ und

b) aus $\quad x^2 + y^2 \leq (x + y)^2$, für pos. x, y.

51. Es entsteht d. Relation

$$n b^{n-1}(a - b) < a^n - b^n < n a^{n-1}(a - b),$$

d. aber dann f. $a \geq b$ gilt. Ersetzt m. hier n durch $n + 1$ u. löst rechts nach b^{n+1} auf, so folgt d. Beh.

52. Nach A 23 folgt $\dfrac{1 - (1 - a)^n}{a} > n(1 - a)^{n-1} > n(1 - a)^n$, was, nach $(1 - a)^n$ aufgelöst, d. Beh. liefert.

53. Aus A 23 analog wie A 52.

54. D. Beh. wird zu $a > \left(1 - \dfrac{a^n - 1}{n a^n}\right)^{-1} > 1 + \dfrac{a^n - 1}{n a^n}$. D. rechtsseitige Beh. folgt aus A 7 b) u. d. linksseitige aus A 23 f. $b = 1$.

55. $\qquad \left(1 + \dfrac{1}{6n}\right)^{-1} = \dfrac{6n}{6n + 1} = 1 - \dfrac{1}{6n + 1}$,

u. nach A 18 $\quad \left(1 + \dfrac{1}{6n}\right)^{-n} > 1 - \dfrac{n}{6n + 1} = \dfrac{5n + 1}{6n + 1} = \dfrac{n + \dfrac{1}{5}}{n + \dfrac{1}{6}} \cdot \dfrac{5}{6} > \dfrac{5}{6}$.

56. Nach A 55 $\left(1 + \dfrac{1}{6n}\right)^{6n} < \left(\dfrac{6}{5}\right)^6 = 2{,}985984$. Sodann d. Beh. aus A 21.

57 a) Reduziert sich auf

$$(x + y) + (x - y) = 2x = 2 \operatorname{Max}(|x|, |y|) \geq |x| + |y|;$$

57 b) F. $x \geq y \geq z \geq 0$ reduziert sich d. Beh. auf

$$(x + y + z) + (x + y - z) + (x - y + z) + |x - y - z| \geq 2x + 2y + 2z.$$

D. Ausdruck links f. $x > y + z$ wird zu $4x > 2x + 2y + 2z$ u. f. $x \leq y + z$ zu $2x + 2y + 2z$;

57 c) Wenn $|x| = x \geq |y| \geq |z|$ ist, wird d. Relation f. pos. y u. z trivial; f. neg. y u. z wird sie zu $|x + y + z| + x - y - z \geq 2x$; f. $y \geq 0 \geq z$ wird sie zu $x + y + z + x + y - z \geq x + y + y + z + x + z$ u. endlich f. $z \geq 0 \geq y$ zu $x + y + z + x - y + z \geq x + y + x + z - y - z$.

58. Folgt aus $n(n + 1)(s_{n+1} - s_n) = (a_{n+1} - a_n) + (a_{n+1} - a_{n-1}) + \cdots + (a_{n+1} - a_1)$.

59. M. hat $|a_{\nu+1} - a_\nu| = \dfrac{1}{\nu(\nu+1)} \,|\,\nu(A_{\nu+1} - A_\nu) - A_\nu\,| \leq \dfrac{\nu+\nu}{\nu(\nu+1)}$.

60. In $\dfrac{x^n + y^n}{2} = m^n + \dbinom{n}{2} m^{n-2} d^2 + \dbinom{n}{4} m^{n-4} d^4 + \cdots$ sind rechts alle Terme $\geqq 0$.

61. Wegen A 30, 3 mal angewandt,
$$\left(\frac{a+b+c+d}{4}\right)^2 = \left(\frac{u+v}{2}\right)^2 \leqq \frac{u^2+v^2}{2} \leqq \frac{1}{2}\left(\frac{a^2+b^2}{2} + \frac{c^2+d^2}{2}\right).$$

62. Wie bei A 61 führt m. $u = \dfrac{x+y}{2}$ u. $v = \dfrac{z+t}{2}$ ein u. erhält nach A 60
$$\left(\frac{x+y+z+t}{4}\right)^n = \left(\frac{u+v}{2}\right)^n \leqq \frac{u^n+v^n}{2} \leqq \frac{1}{2}\left(\frac{x^n+y^n}{2} + \frac{z^n+t^n}{2}\right).$$

63. M. setze in A 62 f. $n = 3: x = a, y = b, z = c, t = \dfrac{a+b+c}{3}$. Dann folgt $\dfrac{x+y+z+t}{4} = \dfrac{a+b+c}{3}$ u. d. Beh. folgt unmittelbar.

64. Bringt m. alles auf d. linke Seite u. multipliziert mit $2n^2$, so steht links
$$\sum_{\mu,\,\nu=1}^{n} (u_\mu - u_\nu)(v_\mu - v_\nu) \geqq 0.$$

65. Dann aus A 64, wenn dort $u_\nu = x^p$, $v_\nu = x^q$ gesetzt wird.

66. u. 67. Durch zweimalige Anwendung v. A 65.

68. Durch dreimalige Anwendung v. A 36, $\sqrt{a_1 a_2} = u_1$, $\sqrt{a_3 a_4} = u_2$, $\sqrt{b_1 b_2} = v_1$, $\sqrt{b_3 b_4} = v_2$ gesetzt,
$$\sqrt[4]{a_1 \ldots a_4} + \sqrt[4]{b_1 \ldots b_4} = \sqrt{u_1 u_2} + \sqrt{v_1 v_2} \leqq \sqrt{(u_1+u_2)(v_1+v_2)} \leqq$$
$$\sqrt{\sqrt{(a_1+b_1)(a_2+b_2)} \cdot \sqrt{(a_3+b_3)(a_4+b_4)}}.$$

69. M. setze $a_4 = \sqrt[3]{a_1 a_2 a_3}$, $b_4 = \sqrt[3]{b_1 b_2 b_3}$ u. benutze A 68.

70. V. Ind. nach n nach d. Schema d. L 68.

71. $(a-b)^2 + (b-c)^2 + (c-a)^2 = 2(a^2 + b^2 + c^2 - ab - ac - bc)$.

72. Setzt m. in (*) $2^n = m$, so läuft (*) hinaus auf
$$1 - x + \frac{x}{m} - \frac{1}{2} x^m \left(1 - x + \frac{x}{m}\right) \geqq 1 - x + \frac{x}{2m}, \qquad \frac{x}{m} \geqq x^m(1-x) + \frac{x^{m+1}}{m},$$
$$x(1 - x^m) \geqq m\, x^m (1-x),$$
was sofort aus A 23 folgt.

73. F. $\dfrac{m}{n} = x$ ist $\dfrac{m+2n}{m+n} = \dfrac{x+2}{x+1}$. Aus $\dfrac{x+2}{x+1} - \sqrt{2} = -\dfrac{x - \sqrt{2}}{(1+\sqrt{2})(x+1)}$ folgen beide Beh.

74. $\left(\sqrt{2+u} + \sqrt{2-u}\right)^2 = 4 + 2\sqrt{4-u^2} \geqq 4$. Aus $x > \sqrt{2-\delta}$, $y < \sqrt{2+\delta}$ folgt $y - x < \sqrt{2+\delta} - \sqrt{2-\delta} = \dfrac{2\delta}{\sqrt{2+\delta} + \sqrt{2-\delta}} \leqq \delta$.

75. Wegen $\dfrac{1}{a_{n+1}} = \dfrac{1}{2}\left(\dfrac{1}{a_n} + \dfrac{1}{b_n}\right)$ liegt $\dfrac{1}{a_{n+1}}$ zwischen $\dfrac{1}{a_n}$ und $\dfrac{1}{b_n}$, daher a_{n+1} in (a_n, b_n), wenn $a_n \neq b_n$ ist. Ebenso liegt b_{n+1} in (a_n, b_n), wenn $a_n \neq b_n$ ist. Ferner ist $a_{n+1} - b_{n+1} = -\dfrac{1}{2}\dfrac{(a_n - b_n)^2}{a_n + b_n} < 0$, wenn $a_n - b_n \neq 0$ ist, u. ferner $b_{n+1} - a_{n+1} \leq \dfrac{1}{2}\,|b_n - a_n|$, woraus, wegen $a_{n+1} b_{n+1} = a_n b_n = ab$, alle Beh. folgen.

76. Aus $\dfrac{a_{n+1} - 1}{a_{n+1} + 1} = \dfrac{(a_n - 1)^2}{(a_n + 1)^2}$ folgt d. beh. Formel durch v. Ind. Daher sind alle $a_n > 1$. Sodann folgt aus $a_n - a_{n+1} = \dfrac{1}{2}\left(a_n - \dfrac{1}{a_n}\right) > 0$ d. Monotonie.

77. $118{,}521 < a^2 b - b^2 a < 205{,}101;\quad 232{,}589 < \dfrac{a^3 - b^3}{a - b} < 256{,}302.$

78. Ist d. absolute Fehler bei π und $\sqrt{2}$, $\leq \varepsilon$, so ist ε so zu bestimmen, daß $(\pi + 2)\varepsilon + \varepsilon^2 \leq \dfrac{1}{2}\cdot 10^{-7}$ ist. Wegen $\pi + \sqrt{2} = 4{,}5558\ldots$ genügt es, $\varepsilon \leq \dfrac{10^{-7}}{9}$ zu wählen. Daher genügt $\varepsilon = 10^{-8}$.

79. D. Beh. folgt aus $\sqrt[n]{b + c} \leq \sqrt[n]{b} + \sqrt[n]{c}\ (b \geq 0, c \geq 0)$.

80. Folgt aus $\dfrac{x + d}{x + 1} - \sqrt{d} = -\dfrac{(\sqrt{d} - 1)(x - \sqrt{d})}{x + 1}$.

81. (*) folgt aus $x + y - h \geq x + y - (x + hy)$, (**) aus $h - 1 < x + hy - x - y$. Wegen $y < 1$ muß nach (**) $h \leq 1$ sein, und nach (*) $x + y \geq h$.

82. Es folgt $b > a > 0$, $-c = |c| = b - a < b$.

83. OBdA sei $a_1 \leq a_2 \leq \ldots \leq a_n$. Aus d. Identität

$$a_i b_i + a_k b_k - a_i b_k - a_k b_i = (a_i - a_k)(b_i - b_k)$$

folgt, daß d. Summe nicht verkleinert wird, wenn f. $i < k$, $b_i > b_k$ man b_i mit b_k vertauscht. D. Beh. folgt durch wiederholte Anwendung dieser Bemerkung.

84. Da $a^{-\nu}$ mit ν monoton wächst, folgt d. Beh. aus A 58.

85. Aus $(a + b)^n \leq a^n + b^n + nab(a + b)^{n-2}$ folgt durch Multiplikation mit $a + b$:

$$(a + b)^{n+1} \leq a^{n+1} + b^{n+1} + nab(a + b)^{n-1} + ab(a^{n-1} + b^{n-1}),$$

u. wegen $a^{n-1} + b^{n-1} \leq (a + b)^{n-1}$ folgt d. Beh.

86. Nach d. Annahme gilt

$$\varrho(a + b)^{n-2} \geq \binom{n}{1} a^{n-2} + \binom{n}{2} a^{n-3} b + \cdots + \binom{n}{1} b^{n-2}\ \text{u. f. } b = 0,\ \varrho a^{n-2} \geq n a^{n-2}.$$

87. D. Beh. ist äquivalent mit $\left(1 + \dfrac{1}{n + 1}\right)^n > 2\ (n > 3)$ u. folgt aus (*), da sie f. $n = 4$ gilt. (*) aber reduziert sich auf

$$\left(1 + \dfrac{1}{n + 1}\right)^n > \left(1 - \dfrac{1}{n + 1}\right)^{1-n},\quad \left(1 - \dfrac{1}{(n + 1)^2}\right)^n > 1 - \dfrac{1}{n + 1},$$

u. dies folgt aus d. B.U.

§ 4

1. F. $a = b$ haben alle Ausdrücke rechts u. links d. Wert a. F. $a < b$ ist $|b - a| = b - a$ u. f. $a > b$ ist $|b - a| = a - b$.

2. Folgt durch gliedweise Addition d. (*) f. $\nu = 1, \ldots, n$ u. Division durch $\sum\limits_{\nu=1}^{n} \alpha_\nu$. Damit d. Gleichheitszeichen möglich ist, muß es in allen entsprechenden Relationen gelten.

3. M. setze $\dfrac{a_\nu}{b_\nu} = u_\nu$, $b_\nu = \alpha_\nu$, u. wende A 2 an. Das Gleichheitszeichen gilt dann und nur dannn, wenn alle Brüche $\dfrac{a_\nu}{b_\nu}$ einander gleich sind.

4. Folgt durch Addition v. $a^2 \cos^2 x \gtreqless m \cos^2 x$, $b^2 \sin^2 x \gtreqless m \sin^2 x$.

5. F. $x \leqq 1$ folgt aus $3x + 2 = 2x - 1$, daß $x = -3$ ist. F. $x > 1$ folgt aus $3x + 2 = 6 - 5x$, daß $x = \dfrac{1}{2}$ wäre, was unmöglich ist.

6. F. $x \leqq 1$ folgt aus $3x - 3 = 2x - 1$, daß $x = 2$, was unmöglich ist. F. $x > 1$ folgt aus $3x - 3 = 6x - 5$, daß $x = \dfrac{2}{3}$, was auch unmöglich ist.

7. F. $x \leqq \dfrac{8}{3}$ folgt aus $(4x - 7)^2 - 4x - 1 = 0$, daß $x = \dfrac{1}{8}\left(15 \pm \sqrt{33}\right)$ u. beide Werte $< \dfrac{8}{3}$, da $\sqrt{33} < 6$. F. $x > \dfrac{8}{3}$ folgt aus $(x + 1)^2 - 4x - 1 = 0$, daß $x = 0$ oder $x = 2$, was unmöglich ist.

8. $f(x - 1) = 3(x - 2)^2 + 4(x - 2) + 1 = 3x^2 - 8x + 5$.

9. Aus $2ax + a + b = 7x - 3$ folgt $a = 3{,}5$ u. $b = -6{,}5$. Aus $2ax + a + b = 4x + 7$ folgt $a = 2$, $b = 5$.

10. F. a) folgt aus $3ax^2 + (3a + 2b)x + a + b + c = x^2$, daß $a = \dfrac{1}{3}$, $b = -\dfrac{1}{2}$, $c = \dfrac{1}{6}$, u. e. Summenfunktion v. x^2 ist z. B. $\dfrac{1}{6}x(x - 1)(2x - 1)$. F. b) folgt analog: $a = \dfrac{1}{6}$, $b = 0$, $c = -\dfrac{1}{6}$, u. e. Summenfunktion v. $\dfrac{1}{2}x(x + 1)$ ist z. B. $\dfrac{1}{6}x(x^2 - 1)$.

11. Aus $4ax^3 + (6a + 3b)x^2 + (4a + 3b + 2c)x + a + b + c + d = x^3$ folgt: $a = \dfrac{1}{4}$, $b = -\dfrac{1}{2}$, $c = \dfrac{1}{4}$, $d = 0$ u. e. Summenfunktion v. x^3 ist z. B. $\left(\dfrac{1}{2}x(x - 1)\right)^2$.

12. M. erhält $\alpha\gamma - \beta = 1$, $\gamma = 0$, $\beta = -1$, u. e. Summenfunktion ist z. B. $-\dfrac{1}{x}$.

13. Wegen

$$\Delta\left(\frac{\alpha}{(x+u)\,(x+v)}\right) = -2\alpha\,\frac{x+\tfrac{1}{2}\,(1+u+v)}{(x+u)\,(x+v)\,(x+u+1)\,(x+v+1)} = \frac{1}{x\,(x+1)\,(x+2)}$$

folgt, daß u u. v sicher reell sind u. daher OBdA $u < v$ angenommen werden kann. Daher kann $\tfrac{1}{2}\,(1+u+v)$ nur gleich v oder $u+1$ oder $v+1$ sein. Im ersten Fall folgt $u = 0$, $v = 1$. Im dritten Fall erhalten wir aber $u = v + 1 > v$, während sich d. zweite Fall auf d. ersten reduziert. So folgt $\alpha = -\tfrac{1}{2}$, $u = 0$, $v = 1$.

14. Folgt aus $\displaystyle\sum_{\nu=n}^{q} = \sum_{\nu=n}^{p} + \sum_{\nu=p}^{q}$; $\displaystyle\sum_{\nu=p}^{m} = \sum_{\nu=p}^{q} + \sum_{\nu=q}^{m}$.

15. Wegen d. Formel (b) u. A 11 ist d. gesuchte Ausdruck $\dfrac{1}{6}\,n\,(n+1)\,(2\,n+1)$.

16a) Wegen $\displaystyle\sum_{\nu=1}^{n} \nu\,(n-\nu+1)^2 = (n+1)^2 \sum_{\nu=1}^{n} \nu - 2\,(n+1) \sum_{\nu=1}^{n} \nu^2 + \sum_{\nu=1}^{n} \nu^3$ ergibt sich $\dfrac{1}{12}\,n\,(n+2)\,(n+1)^2$;

16b) F. $n = 2\,k$: $-k^2\,(4\,k+3)$, f. $n = 2\,k+1$: $(k+1)^2\,(4\,k+1)$;

16c) Da e. Summenfunktion von $\dfrac{1}{(\alpha+x)(\alpha+x+1)}$ z. B. $\dfrac{-1}{\alpha+x}$ ist, folgs aus (b), wenn $\alpha = \dfrac{a}{d}$ gesetzt wird, $\dfrac{1}{d^2}\left(\dfrac{1}{\alpha} - \dfrac{1}{\alpha+n+1}\right) = \dfrac{n+1}{a\,(a+d\,(n+1))}$.

17. Folgt aus $\dfrac{\Delta a_\nu}{\sqrt{a_{\nu+1}} + \sqrt{a_\nu}} = \sqrt{a_{\nu+1}} - \sqrt{a_\nu}$ durch direkte Summation.

18. Wie bei A 12 folgt aus $\dfrac{\alpha\gamma - \beta}{(x+\gamma)\,(x+\gamma+1)} = \dfrac{1}{x\,(x+\delta)}$, daß γ entweder $= 0$ oder $= -1$ ist. F. σ erhält m. entsprechend 1 oder -1 u., wegen $\alpha\,\gamma - \beta = 1$, f. entsprechende Summenfunktionen $-\dfrac{1}{x}$ oder $-\dfrac{1}{x-1}$.

19. Durch Summation v. (*) v. 2 bis n u. unter Benutzung v. A 12 folgt

$$\frac{1}{2} - \frac{1}{n+1} = \sum_{\nu=2}^{n} \frac{1}{\nu\,(\nu+1)} < \sum_{\nu=2}^{n} \frac{1}{\nu^2} < \sum_{\nu=2}^{n} \frac{1}{\nu\,(\nu-1)} = 1 - \frac{1}{n}.$$

20. F. $n = 1$ klar, da $\Delta x = 1$. Sei f. $n - 1$ wahr. Dann nach (a)

$$\Delta\,(a\,x^n + b\,x^{n-1} + \cdots) = a\,\Delta x^n + \Delta\,(b\,x^{n-1} + \cdots) =$$
$$= a\,(n\,x^{n-1} + \cdots) + (n-1)\,b\,x^{n-2} + \cdots.$$

21. F. $n = 1$ klar. Wegen A 20 $\Delta^n P_n(x) = \Delta^{n-1}(\Delta P_n(x)) =$
$$= \Delta^{n-1}(n\,a\,x^{n-1} + \cdots) = (n-1)!\,n\,a.$$

22a) $\Delta\,(f(x+1) - f(x)) = (f(x+2) - f(x+1)) - (f(x+1) - f(x))$;

22b) $f(x) + 2\,(f(x+1) - f(x)) + (f(x) - 2f(x+1) + f(x+2)) = f(x+2)$.

23. F. $n = 1, 2$ ist d. Beh. nach A 22 klar. Sie sei f. $n - 1$ richtig. M. hat

$$\Delta^n f(x) = \Delta(\Delta^{n-1} f(x)) = \Delta \sum_{\nu=0}^{n-1} (-1)^\nu \binom{n-1}{\nu} f(x + n - 1 - \nu) =$$

$$= \sum_{\nu=0}^{n-1} (-1)^\nu \binom{n-1}{\nu} f(x + n - \nu) - \left(\sum_{\nu=0}^{n-1} (-1)^\nu \binom{n-1}{\nu} f(x + n - \nu - 1) \right).$$

Führt m. in d. zweiten Summe $\nu + 1 = \mu$ als neue Summationsvariable ein, so wird diese Summe zu

$$\sum_{\mu=1}^{n} (-1)^{\mu-1} \binom{n-1}{\mu-1} f(x + n - \mu).$$

Schreibt m. hier f. μ wieder ν, so folgt

$$\Delta^n f(x) = f(x + n) + (-1)^n f(x) + \sum_{\nu=1}^{n-1} (-1)^\nu \left[\binom{n-1}{\nu} + \binom{n-1}{\nu-1} \right] f(x + n - \nu),$$

u. d. Beh. folgt aus A 42 § 2.

24. D. Beh. ist damit äquivalent, daß $\dfrac{1}{\gamma}$ zwischen $\dfrac{1}{m}$ u. $\dfrac{1}{M}$ liegt, d. h. daß d. arithmetische Mittel d. Zahlen $\dfrac{1}{a_\nu}$ zwischen d. größten u. d. kleinsten dieser Zahlen liegt, was aus d. Definition unmittelbar folgt.

<h2 style="text-align:center">§ 5</h2>

1a) $N(\varepsilon) = \dfrac{1}{\sqrt{\varepsilon}}$;   1b) $\dfrac{1}{\varepsilon^2}$;   1c) $\dfrac{3}{\varepsilon}$;   1d) $\left(\dfrac{2}{\varepsilon} \right)^{2/5}$;

1e) $\dfrac{1}{\varepsilon^{2/3}}$;   1f) $\left(1 + \dfrac{1}{n} \right)^{10} - 1 < \dfrac{2^{10}}{n}$, $N(\varepsilon) = \dfrac{2^{10}}{\varepsilon}$;

1g) $\left(\dfrac{2}{\varepsilon} \right)^2$;   1h) $\varepsilon^{-3/5}$.

2a) $\sqrt{n^2 + 2} - \sqrt{n^2 + 1} < \dfrac{1}{2n}$, $N(\varepsilon) = \dfrac{1}{2\varepsilon}$;

2b) $n \left(\sqrt{n^4 + 4} - n^2 \right) < \dfrac{4n}{2n^2}$, $N(\varepsilon) = \dfrac{2}{\varepsilon}$;

2c) $n^{3/2} \left(\sqrt{n^4 + 4} - n^2 \right) = \dfrac{4 n^{3/2}}{\sqrt{n^4 + 4} + n^2} < \dfrac{2}{\sqrt{n}}$, $N(\varepsilon) = \left(\dfrac{2}{\varepsilon} \right)^2$.

3a) $N(\varepsilon) = 1 + \dfrac{100}{\varepsilon}$;   3b) $N(\varepsilon) = \dfrac{1}{\varepsilon} + 2$.

4. $N(\varepsilon) = 8000 + \dfrac{32}{\varepsilon}$.

5. Ist f. e. $\varepsilon > 0$ f. d. Folge $a_1, a_2, \ldots$ d. zugehörige $N(\varepsilon)$ etwa $N_1(\varepsilon)$ u. analog f. d. Folgen $b_1, b_2 \ldots$; $c_1, c_2 \ldots$: $N_2(\varepsilon)$, $N_3(\varepsilon)$, so kann m. f. d. Folge (*) setzen: $N(\varepsilon) = 3 \operatorname{Max} N_i(\varepsilon)$.

6a) Nach (*) gilt $\quad \sqrt[3]{n+1} - \sqrt[3]{n} = \dfrac{1}{\sqrt[3]{(n+1)^2} + \sqrt[3]{n(n+1)} + \sqrt[3]{n^2}} < \dfrac{1}{3\,n^{2/3}}\,.$

Daher ist d. zugehörige $N(\varepsilon) = \left(\dfrac{1}{3\,\varepsilon}\right)^{3/2};$

6b) Nach (*) gilt

$$n\left(\sqrt[3]{n^2+2} - \sqrt[3]{n^2+1}\right) = \dfrac{n}{\sqrt[3]{(n^2+2)^2} + \sqrt[3]{(n^2+1)(n^2+2)} + \sqrt[3]{(n^2+1)^2}} < \dfrac{n}{3\,n^{4/3}}\,.$$

Daher $N(\varepsilon) = (3\,\varepsilon)^{-3}.$

7. $\sqrt{|a_\nu|}$ ist $< \varepsilon$, $\varepsilon > 0$, sobald $|a_\nu| < \varepsilon^2$ ist.

8. $\dfrac{n^3}{\dbinom{n}{4}} = \dfrac{24\,n^2}{(n-1)(n-2)(n-3)} < \dfrac{24\cdot 2\cdot 2}{n-1}$ f. $n > 6$. Daher $N(\varepsilon) = 6 + \dfrac{96}{\varepsilon},$

9. Folgt aus $\dfrac{\varepsilon_\nu^2 + \delta_\nu^2}{\varepsilon_\nu + \delta_\nu} < \dfrac{2\,\alpha_\nu^2}{\alpha_\nu} = 2\,\alpha_\nu.$

§ 6

1a) $\dfrac{2^{10} - 1^{10}}{1} = 2^{10} - 1;$ $\qquad$ 1b) $\dfrac{3\cdot 5\cdot 7}{1\cdot 3\cdot 6} = \dfrac{35}{6};$ $\qquad$ 1c) $\dfrac{1 + \dfrac{1}{n}}{1 - \dfrac{1}{n}} \to 1;$

1d) $1;$ $\qquad$ 1e) $100^2;$ $\qquad$ 1f) $\dfrac{\dfrac{1}{2} - \dfrac{1}{n} + \dfrac{1}{n^3}}{3 - \dfrac{1}{n^2} + \dfrac{800}{n^3}} \to \dfrac{1}{6}\,.$

2a) $\dfrac{\dfrac{a}{n}}{\sqrt{1+a/n}^{\,2} + \sqrt{1+a/n} + 1} \to 0;$

2b) $\dfrac{1}{\sqrt[5]{x}} - 1 = \dfrac{5}{n\,x^{1/5}}\dfrac{1}{1 + \sqrt[5]{x} + \cdots + \sqrt[5]{x^4}} \to 0.$

3. $s_n - \dfrac{1}{2} = \dfrac{n(n+1)}{2n^2} - \dfrac{1}{2} = \dfrac{1}{2n} \to 0.$

4a) $\dfrac{n(n+1)}{2(n+2)} - \dfrac{n}{2} = -\dfrac{n}{2(n+2)} = -\dfrac{1}{2}\dfrac{1}{1 + \dfrac{2}{n}} \to -\dfrac{1}{2},$

4b) $(1-2) + (3-4) + \cdots + (2n-1-2n) = -n,$

$$\dfrac{n}{\sqrt{n^2+1}} = \dfrac{1}{\sqrt{1 + \dfrac{1}{n^2}}}, \quad \dfrac{1}{\sqrt{1 + \dfrac{1}{n^2}}} - 1 = \dfrac{-1}{n^2}\dfrac{1}{\sqrt{1 + \dfrac{1}{n^2}} + 1 + \dfrac{1}{n^2}} \to 0.$$

5. $1 - \dfrac{1}{2} + \cdots + \left(-\dfrac{1}{2}\right)^n = \dfrac{1 - \left(-\dfrac{1}{2}\right)^{n+1}}{1 + \dfrac{1}{2}} \to \dfrac{2}{3}\,.$

6. $1 + \left(1 - \dfrac{1}{n}\right) + \cdots + \left(1 - \dfrac{1}{n}\right)^4 \to 5.$

7a) $\sqrt{n}\left(\sqrt{n+1}-\sqrt{n}\right)=\dfrac{\sqrt{n}}{\sqrt{n+1}+\sqrt{n}}=\dfrac{1}{1+\sqrt{1+\dfrac{1}{n}}}\to\dfrac{1}{2}$;

7b) $n\left(\sqrt{1+\dfrac{1}{n}}-1\right)=\sqrt{n}\left(\sqrt{n+1}-\sqrt{n}\right)\to\dfrac{1}{2}$;

7c) $n\left(1-\sqrt{1-\dfrac{a}{n}}\right)=\dfrac{n\dfrac{a}{n}}{1+\sqrt{1-\dfrac{a}{n}}}\to\dfrac{a}{2}$.

8. Aus $a_\nu>C$ folgt auch $b_\nu>C$.

9a) F. $n=2m$, $a_{2m}=2m-2\to\infty$;

f. $n=2m+1$, $a_{2m+1}=-(2m-1)\to-\infty$.

9b) F. $n=2m$, $a_{2m}=1\to1$; f. $n=2m+1$, $a_{2m+1}=-1\to-1$.

9c) $[\alpha(n-2)]>\alpha n-2\alpha-1\to\infty$.

10. $a_n=\dfrac{1+\varepsilon_n}{1-\varepsilon_n}\,s\to\dfrac{1}{1}\cdot s=s$.

11. Es ist

$$\dfrac{R(n+1)}{R(n)}=\dfrac{a_0(n+1)^k+\cdots+a_k}{a_0\,n^k+\cdots+a_k}=\dfrac{a_0\left(1+\dfrac{1}{n}\right)^k+\dfrac{a_1}{n}\left(1+\dfrac{1}{n}\right)^{k-1}+\cdots+\dfrac{a_k}{n^k}}{a_0+\dfrac{a_1}{n}+\cdots+\dfrac{a_k}{n^k}}\to1.$$

12a) D. Produkt $\displaystyle\prod_{\nu=2}^{n}=\dfrac{1}{n}\to0$;

12b) D. Produkt $\displaystyle\prod_{\nu=1}^{n}=n+1\to\infty$;

12c) D. Produkt $\dfrac{n+1}{2n}=\dfrac{1}{2}\left(1+\dfrac{1}{n}\right)\to\dfrac{1}{2}$.

13. Nach A 13 § 4 ist $\dfrac{-1}{2x(x+1)}$ e. Summenfunktion v. $\dfrac{1}{x(x+1)(x+2)}$.

Wegen d. Formel (b) v. § 4 folgt (*) u. $S_n\to\dfrac{1}{4}$.

14. Setzt m. $b=a+x_\nu$, so folgt

$$\dfrac{(a+x_\nu)^m-a^m}{x_\nu}=b^{m-1}+ab^{m-2}+\cdots+a^{m-1}\to m\,a^{m-1}.$$

15. $\left|\sqrt{a_\nu}-\sqrt{\alpha}\right|=\dfrac{|a-\alpha_\nu|}{\sqrt{a_\nu}+\sqrt{\alpha}}<\dfrac{1}{\sqrt{\alpha}}\,|a_\nu-\alpha|\to0$.

16. Aus

$$1 - \sqrt[5]{1 - \frac{1}{n}} = \frac{\frac{1}{n}}{1 + \sqrt[5]{1 - \frac{1}{n}} + \cdots + \sqrt[5]{\left(1 - \frac{1}{n}\right)^4}} < \frac{1}{n} \to 0$$

folgt (*). Sodann

$$n\left(1 - \sqrt[5]{1 - \frac{1}{n}}\right) = \frac{1}{1 + \sqrt[5]{1 - \frac{1}{n}} + \cdots + \sqrt[5]{\left(1 - \frac{1}{n}\right)^4}} \to \frac{1}{5}.$$

17. $n\left(1 - \sqrt{\left(1 - \frac{a}{n}\right)\left(1 - \frac{b}{n}\right)}\right) = \dfrac{a + b - \dfrac{a\,b}{n}}{1 + \sqrt{\left(1 - \dfrac{a}{n}\right)\left(1 - \dfrac{b}{n}\right)}} \to \dfrac{a + b}{2}.$

18. F. $\alpha > 0$, $\quad \left|\sqrt[3]{a_\nu} - \sqrt[3]{\alpha}\right| = \dfrac{|a - \alpha|}{\sqrt[3]{a_\nu^2} + \sqrt[3]{a_\nu \alpha} + \sqrt[3]{\alpha^2}} < \dfrac{|a_\nu - \alpha|}{\sqrt[3]{\alpha^2}} \to 0$;

   f. $\alpha < 0$, $\quad$ aus $-\sqrt[3]{a_\nu} = \sqrt[3]{-a_\nu} \to \sqrt[3]{-\alpha} = -\sqrt[3]{\alpha}$;

   f. $\alpha = 0$, $\quad \sqrt[3]{|a_\nu|} < \varepsilon$, sobald $|a_\nu| < \varepsilon^3$. Analog f. $\sqrt[5]{a_\nu}$.

19. Folgt aus $a_\nu < q^{\nu-1} a_1$, da $q^\nu \to 0$ $\quad (\nu \to \infty)$.

20. Aus $x_{\nu+1} = \dfrac{x_\nu + x_{\nu-1}}{2}$ folgt $\delta_n = -\dfrac{\delta_{n-1}}{2}$, $\delta_n = \left(-\dfrac{1}{2}\right)^{n-1} \delta_1$. Daher nach A 5:

$$x_{n+1} - x_1 = \sum_{\nu=1}^{n} \delta_\nu = \delta_1 \sum_{\nu=1}^{n} \left(-\frac{1}{2}\right)^{\nu-1} \to \frac{2}{3} \delta_1, \quad x_n \to x_1 + \frac{2}{3} \delta_1 = \frac{1}{3} x_1 + \frac{2}{3} x_2,$$

so daß d. Grenzlage v. P_n d. Strecke $P_1 P_2$ im Verhältnis $\dfrac{1}{2}$ teilt.

21. Denn aus $a_{\nu+1} > k a_\nu$ folgt $a_\nu > k^\nu \dfrac{a_1}{k} \to \infty$.

22. Ist $|a_{2\nu} - \alpha| < \varepsilon$ f. $\nu > N_1(\varepsilon)$ u. $|a_{2\nu+1} - \alpha| < \varepsilon$ f. $\nu > N_2(\varepsilon)$, so gilt $|a_\nu - \alpha| < \varepsilon$ f. $\nu > 2(N_1(\varepsilon) + N_2(\varepsilon)) + 1$.

23a) $a_n > n$ f. $n > 1$ u. daher $a_n \to \infty$;

23b) Im Falle d. Pluszeichens f. gerade n, $a_n = 2n^2 \to \infty$, u. f. ungerade n, $a_n = 0$. Im Falle d. Minuszeichens vertauschen sich d. beiden Unterfälle; Div.;

23c) F. gerade n, $2n + n^2 \to \infty$, f. ungerade n, $2n - n^2 \to -\infty$, Div., jedoch keine bestimmte.

§ 7

1. F. $n = 2\nu$ ist $(-1)^n \sqrt[n]{n} \to 1$, f. $n = 2\nu + 1$ ist $(-1)^n \sqrt[n]{n} \to -1$.

2. F. $0 < x \le 1$ ist $\left|\dfrac{1 - x^2}{1 + x^2}\right| < 1$, ebenso f. $x^2 > 1$. Daher f. $x \ne 0$ Konv. gegen 0. F. $x = 0$ Konv. gegen 1.

3a) $1 < \sqrt[n]{1 + \dfrac{1}{2n}} < \sqrt[n]{2} \to 1$;

3b) $1 < \sqrt[n]{n^2 - n + 1000} < \sqrt[n]{1001}\left(\sqrt[n]{n}\right)^2 \to 1$.

4. Wegen $1 \leqq 2\sin^2 x + \cos^2 x \leqq 2$ f. alle x liegt d. Wurzel zwischen 1 u. $\sqrt[n]{2} \to 1$.

5. D. Radikand liegt zwischen 1 u. $3n$, daher liegt wegen $2n + n\sin n \geqq n$ d. ganze Ausdruck zwischen 1 u. $\sqrt[n]{3n} \to 1$.

6. F. $t < 1$ gilt $t^{3^n} \to 0$, d. Grenzwert ist $= -\dfrac{t+1}{t-1}$.

F. $t > 1$ ist $\dfrac{t^{3^n} - 1}{t^{3^n} + 1} = \dfrac{1 - \left(\dfrac{1}{t}\right)^{3^n}}{1 + \left(\dfrac{1}{t}\right)^{3^n}} \to 1$, u. d. Grenzwert ist $\dfrac{t+1}{t-1}$.

7a) Folgt aus Definition;   7b) $\left(1 + \dfrac{1}{m}\right)^{m+4} = \left(1 + \dfrac{1}{m}\right)^m \left(1 + \dfrac{1}{m}\right)^4 \to e$;

7c) $\left(1 + \dfrac{2}{n}\right)^n = \left(1 + \dfrac{1}{n}\right)^n \left(1 + \dfrac{1}{n+1}\right)^n \to e^2$.

8a) Folgt aus $\left(1 + \dfrac{1}{2n}\right)^{2n} \to e$ u. A 15 § 6;

8b) $\left(1 - \dfrac{1}{n}\right)^n = \left(1 + \dfrac{1}{n-1}\right)^{-n} \to \dfrac{1}{e}$;

8c) $1 > \left(1 - \dfrac{1}{n^2}\right)^n \geqq 1 - \dfrac{n}{n^2} = 1 - \dfrac{1}{n} \to 1$;

8d) $\left(1 - \dfrac{1}{m+1}\right)^{m+8} = \left(1 + \dfrac{1}{m}\right)^{-m-8} \to \dfrac{1}{e}$;

8e) $\left(1 + \dfrac{1}{m}\right)^{5m-5} = \left(\left(1 + \dfrac{1}{m}\right)^m\right)^5 \left(1 + \dfrac{1}{m}\right)^{-5} \to e^5$.

9a) $\left(1 + \dfrac{3}{n}\right)^n = \left(1 + \dfrac{1}{n}\right)^n \left(1 + \dfrac{1}{n+1}\right)^n \left(1 + \dfrac{1}{n+2}\right)^n \to e^3$;

9b) Aus 9a) folgt $\left(1 + \dfrac{3}{2n}\right)^{2n} \to e^3$ u. aus A 15 § 6 d. Beh.

10. $n\left[\sqrt[m]{A_n} - 1\right] = n\dfrac{\dfrac{(s + \varepsilon_n)}{n}}{1 + \sqrt[m]{A_n} + \sqrt[m]{A_n^2} + \cdots + \sqrt[m]{A_n^{m-1}}} \to \dfrac{s}{m} = \dfrac{a_1 + \cdots + a_m}{m}$.

11a) F. $0 < a < 1$ strebt d. Zähler gegen 0 u. d. Nenner gegen 1; f. $a = 1$ d. Wert $\dfrac{1}{2}$; f. $a > 1$, nach Division im Zähler u. Nenner durch a^{2n}, $\dfrac{1}{a + a^{-2n}} \to \dfrac{1}{a}$;

11b) F. $a < 1$ nach Kürzen mit a^{-n}, $\dfrac{a^{2n} - 1}{a^{2n} + 1} \to -1$; f. $a = 1$ d. Wert 0; f. $a > 1$ nach Kürzen mit a^n, $\dfrac{1 - a^{-2n}}{1 + a^{-2n}} \to 1$;

11c) F. $a < 1$ ist d. Ausdruck $< a^n \to 0$: f. $a = 1$ ist er $= 2^{-n} \to 0$: f. $a > 1$ ist er $< \dfrac{a^n}{\prod\limits_{\nu=1}^{n} a^\nu} = a^{-\frac{(n^2-n)}{2}} \to 0$.

12. $\dfrac{2}{3}\dfrac{n^2+n+1}{n^2+n} = \dfrac{2}{3}\dfrac{1+\dfrac{1}{n}+\dfrac{1}{n^2}}{1+\dfrac{1}{n}} \to \dfrac{2}{3}.$

13. $\dfrac{1}{n}\Big[(n-1)a^2 + \dfrac{2a}{n}\dfrac{n(n-1)}{2} + \dfrac{1}{6n^2}n(n-1)(2n-1)\Big] =$

$$= a^2\Big(1-\dfrac{1}{n}\Big) + a\Big(1-\dfrac{1}{n}\Big) + \dfrac{1}{6}\Big(1-\dfrac{1}{n}\Big)\Big(2-\dfrac{1}{n}\Big) \to a^2 + a + \dfrac{1}{3}.$$

14a) $\quad 0 > \dfrac{1}{1+\sqrt{1+\dfrac{v}{n^2}}} - \dfrac{1}{2} = \dfrac{1-\sqrt{1+\dfrac{v}{n^2}}}{2\Big(1+\sqrt{1+\dfrac{v}{n^2}}\Big)} =$

$$= -\dfrac{v}{2n^2}\dfrac{1}{\Big(1+\sqrt{1+\dfrac{v}{n^2}}\Big)^2} > \dfrac{-v}{8n^2},$$

$$\sqrt{1+\dfrac{v}{n^2}} - 1 = \dfrac{v}{n^2}\dfrac{1}{1+\sqrt{1+\dfrac{v}{n^2}}} = \dfrac{v}{2n^2} - \dfrac{v^2}{n^4}\theta_v,$$

$$\sum_{v=1}^{n}\Big(\sqrt{1+\dfrac{v}{n^2}}-1\Big) = \dfrac{n(n+1)}{4n^2} - \dfrac{1}{n^4}\sum_{v=1}^{n}v^2\theta_v.$$

D. Summe rechts ist absolut $\leq \dfrac{1}{48}n(n+1)(2n+1) \leq \dfrac{1}{8}n^3$. Daher

$$\Big|\sum_{v=1}^{n}\Big(\sqrt{1+\dfrac{v}{n^2}}-1\Big) - \dfrac{1}{4}\Big| \leq \dfrac{1}{4n} + \dfrac{1}{8n} \to 0.$$

14b) $\quad \dfrac{1}{3} - \dfrac{1}{1+r+r^2} = \dfrac{r-1+r^2-1}{3(1+r+r^2)} = \dfrac{v^2}{3n^3}\dfrac{2+r}{(1+r+r^2)^2} <$

$$< \dfrac{v^2}{3n^3}\dfrac{1+r+r^2}{(1+r+r^2)^2} = \dfrac{v^2}{3n^2}\dfrac{1}{1+r+r^2} < \dfrac{v^2}{9n^3};$$

$$r-1 = \dfrac{v^2}{n^3}\dfrac{1}{1+r+r^2} = \dfrac{v^2}{3n^3} - \dfrac{v^4}{n^6}\theta_v,$$

$$\sum_{v=1}^{n}(r-1) = \dfrac{1}{3n^3}\sum_{v=1}^{n}v^2 - \dfrac{1}{n^6}\sum_{v=1}^{n}v^4\theta_v.$$

Ferner folgt aus (**) $\sum_{v=1}^{n}v^4 < \dfrac{1}{5}n(n+1)(n+2)(n+3)(n+4) \leq 24n^5$, daher

$$\Big|\sum_{v=1}^{n}(r-1) - \dfrac{n(n+1)(2n+1)}{18n^3}\Big| < \dfrac{24}{9}\dfrac{1}{n}, \quad \sum_{v=1}^{n}(r-1) \to \dfrac{1}{9}.$$

15. $x_{v+1} \pm \sqrt{a} = \dfrac{1}{2}\Big((\sqrt{x_v})^2 \pm 2\sqrt{a} + \Big(\sqrt{\dfrac{a}{x_v}}\Big)^2\Big) = \dfrac{1}{2}\Big(\sqrt{x_v} \pm \sqrt{\dfrac{a}{x_v}}\Big)^2,$

$$\dfrac{x_{v+1}-\sqrt{a}}{x_{v+1}+\sqrt{a}} = \Bigg(\dfrac{\sqrt{x_v}-\sqrt{\dfrac{a}{x_v}}}{\sqrt{x_v}+\sqrt{\dfrac{a}{x_v}}}\Bigg)^2 = \Big(\dfrac{x_v-\sqrt{a}}{x_v+\sqrt{a}}\Big)^2,$$

u. durch Iteration (*) und sodann

$$\frac{x_\nu - \sqrt{a}}{x_\nu + \sqrt{a}} \to 0, \quad x_\nu \to a, \quad \text{wegen} \quad |q - \sqrt{a}| < q + \sqrt{a}.$$

16. (*) folgt durch v. Ind. Aus $a_\nu > a_{\nu-1}$ folgt $\sqrt{2 + a_\nu} = a_{\nu+1} > \sqrt{2 + a_{\nu-1}} = a_\nu$. Da $a_2 > a_1$, folgt, daß $a_\nu \uparrow x \leqq 2$. Aus $a_\nu = \sqrt{2 + a_{\nu-1}}$ folgt dann $x = \sqrt{2 + x}$, $x^2 - x - 2 = 0$, so daß $x > 0$ d. Wert 2 hat. (**) läuft auf $6 + a_\nu > 4\sqrt{2 + a_\nu}$, oder, quadriert, auf $(a_\nu - 2)^2 > 0$ hinaus.

17. (*) folgt durch v. Ind., da aus $x_\nu < 1 + \sqrt{a}$ auch $x_{\nu+1} < \sqrt{a + 1 + \sqrt{a}} < 1 + \sqrt{a}$ folgt. D. Monotonie folgt wie bei A 16, so daß $x_\nu \uparrow x \leqq 1 + \sqrt{a}$. Sodann folgt aus $x_{\nu+1} = \sqrt{a + x_\nu}, x^2 - x - a = 0$, $x = \frac{1}{2} \pm \sqrt{\frac{1}{4} + a}$. Wegen $\frac{1}{2} - \sqrt{\frac{1}{4} + a} < 0$ ist $x = \frac{1}{2} + \sqrt{\frac{1}{4} + a}$.

18. D. Monotonie durch v. Ind. Ist $x_\nu \leqq \frac{1}{2}$, so folgt $x_{\nu+1} \leqq a + \frac{1}{4} \leqq \frac{1}{2}$, so daß alle $x_\nu \leqq \frac{1}{2}$. Daher $x_\nu \uparrow x \leqq \frac{1}{2}$ u. $x = a + x^2$, $x = \frac{1}{2} \pm \sqrt{\frac{1}{4} - a}$, daher $x = \frac{1}{2} - \sqrt{\frac{1}{4} - a}$.

19.
$$\left(\frac{1}{k} \sum_{\nu=1}^{k} 1\right)^k = 1.$$

20. M. erhält $y_{\nu+1} = \gamma y_\nu$, $\gamma = \frac{b - a}{b + a}$, woraus f. $|\gamma| < 1$, $|\gamma| > 1$ bzw. folgt $y_\nu \to 0$, $\frac{1}{y_\nu} \to 0$ u. $x_\nu \to 1$, $x_\nu \to -1$; f. $\gamma = 1$ folgt $y_\nu = y_0$, $x_\nu = x_0$; f. $\gamma = -1$ sind die x_ν abwechselnd gleich x_0 u. $\frac{1}{x_0}$.

21. $a_{\nu+1} = a_\nu - \frac{c_\nu}{2}$, $c_{\nu+1} = \frac{a_{\nu+1} - b_\nu}{2} = \frac{c_\nu}{4}$. $c_n = 4^{1-n} c_1 = 4^{1-n}(\alpha - \beta)$,

$$a_n = a_{n-1} - \frac{1}{2} c_{n-1} = a_{n-1} - 2^{3-2n}(\alpha - \beta) =$$

$$= a_1 - \sum_{\nu=2}^{n} 2^{3-2\nu}(\alpha - \beta) = \alpha - (\alpha - \beta)\left(\frac{\frac{1}{2} - 2^{1-2n}}{1 - \frac{1}{4}}\right) =$$

$$= \alpha - \frac{1}{3}(\alpha - \beta)(2 - 2^{3-2n}) = \frac{\alpha}{3}(1 + 2^{3-2n}) + \frac{\beta}{3}(2 - 2^{3-2n}) \to \frac{1}{3}(\alpha + 2\beta).$$

b_ν hat denselben Grenzwert.

22. Aus (*) folgt, da auch $a_0 > b_0$, daß ständig $a_\nu > b_\nu$, aus (**), daß a_ν monoton fällt, u. aus (***) das monotone Wachsen d. b_ν. Wegen $a_\nu > b_0$, $b_\nu < a_0$ folgt $a_\nu \downarrow a$, $b_\nu \uparrow b$ u. aus (**) $0 = \frac{1}{2}(b - a)$, $a = b$.

23.
$$a_{\nu+1} - \alpha = \frac{k - \alpha - \alpha^2 - \alpha(a_\nu - \alpha)}{1 + a_\nu} = \frac{-\alpha}{1 + a_\nu}(a_\nu - \alpha),$$

$$\frac{a_{\nu+1} - \alpha}{a_{\nu+1} - \beta} = \frac{\alpha}{\beta} \frac{a_\nu - \alpha}{a_\nu - \beta}, \quad \frac{a_n - \alpha}{a_n - \beta} = \left(\frac{\alpha}{\beta}\right)^{n-1} \frac{a_1 - \alpha}{a_1 - \beta}.$$

Aus $\alpha + \beta = -1$, $-\beta = \alpha + 1$ folgt, daß $\left|\dfrac{\alpha}{\beta}\right| = \dfrac{\alpha}{\alpha+1} < 1$ u. daher

$\dfrac{a_n - \alpha}{a_n - \beta} \to 0$, woraus d. Beh.

24. Aus d. angegebenen Bemerkung folgt d. Relation

$$\frac{a_\nu - \beta}{a_\nu - \alpha} = \frac{\beta}{\alpha}\frac{a_{\nu+1} - \beta}{a_{\nu+1} - \alpha}, \qquad \frac{a_{\nu+1} - \beta}{a_{\nu+1} - \alpha} = \frac{\alpha}{\beta}\frac{a_\nu - \beta}{a_\nu - \alpha},$$

$$\frac{a_n - \beta}{a_n - \alpha} = \left(\frac{\alpha}{\beta}\right)^{n-1}\frac{a_1 - \beta}{a_1 - \alpha} \to 0, \quad a_n \to \beta.$$

25.
$$a_{\nu+1} - 1 = 1 - \frac{1}{a_\nu} = \frac{a_\nu - 1}{a_\nu},$$

$$\frac{1}{a_{\nu+1} - 1} = 1 + \frac{1}{a_\nu - 1}, \quad \frac{1}{a_n - 1} = \frac{1}{a_1 - 1} + n - 1, \quad \frac{1}{a_n - 1} \to \infty, \quad a_n \to 1.$$

26.
$$\sum_{\nu=0}^{n-1}\left(\alpha + \frac{1}{n}\right)^\nu = \frac{1 - \left(\alpha + \dfrac{1}{n}\right)^n}{1 - \dfrac{1}{n} - \alpha}.$$

Sei $0 < \varepsilon < 1 - \alpha$, dann gilt f. $n > \dfrac{1}{\varepsilon}$:

$$\alpha + \frac{1}{n} < \alpha + \varepsilon < 1, \quad \left(\alpha + \frac{1}{n}\right)^n < (\alpha + \varepsilon)^n \to 0,$$

so daß d. Grenzwert $= \dfrac{1}{1 - \alpha}$ ist.

27. F. $n > 4$: $1 + \displaystyle\sum_{\nu=1}^{n}\frac{1}{\nu!} = 2 + \frac{1}{2} + \frac{1}{6} + \sum_{\nu=4}^{n}\frac{1}{\nu!} < 2 + \frac{2}{3} + \sum_{\nu=4}^{n}2^{1-\nu} =$

$$= 2 + \frac{2}{3} + 2\left(\frac{1}{8} - 2^{-n}\right) < 2 + \frac{2}{3} + \frac{1}{4} = 2\frac{11}{12}, \text{ so daß } e \leqq 2\frac{11}{12} \text{ ist.}$$

28.
$$\frac{a_n}{a_{n-1}} = \left(\frac{(n+1)^n}{n^{n-1}}\right)\frac{(n-1)!}{n!} = \left(1 + \frac{1}{n}\right)^n < e,$$

daher
$$a_n = \frac{a_n}{a_{n-1}}\frac{a_{n-1}}{a_{n-2}} \cdots \frac{a_1}{a_0} < e^n.$$

§ 8

1. Ist s_n d. n-te Partiaisumme d. ersten Reihe, so ist $s_n - a_1$ d. $(n-1)$-te Partialsumme d. zweiten.

2. Da $\displaystyle\sum_{\nu=1}^{\infty} a_{\nu+1} = \sum_{\mu=2}^{\infty} a_\mu$ ist.

3. Ist $t = \mathrm{Max}\left(\sqrt{|a|}, \sqrt{|b|}\right)$, so ist $(1 + t) + \displaystyle\sum_{\nu=2}^{\infty}(t^\nu + t^\nu)$ e. Majorante d. gegebenen Reihe.

4. Da d. Folge $\overset{\nu}{\sqrt{\nu}}$ konv. u. daher beschränkt ist, gilt f. e. c: $\overset{\nu}{\sqrt{\nu}} < c$ $(\nu = 1, 2, \ldots)$, dann ist aber $c \sum\limits_{\nu=0}^{\infty} p^{\nu}$ e. Majorante d. gegebenen Reihe.

5. Ist $t = \sqrt{\beta}$, so ist d. ν-te Wurzel a. d. ν-ten Glied d. gegebenen Reihe $\leq \overset{\nu}{\sqrt{\nu}}\, t \to t$ u. daher $< \dfrac{1+t}{2} < 1$ v. e. ν an.

6. Denn dann gilt v. e. ν an: $\dfrac{|a_{\nu+1}|}{|a_{\nu}|} < \dfrac{1+\alpha}{2}$.

7. $\overset{\nu}{\sqrt{\nu}}\, p \to p < 1$, $\quad \overset{\nu}{\sqrt{\nu}}\, p < \dfrac{1+p}{2}$, $\quad \overset{\nu}{\sqrt{\nu^2}}\, p \to p$, $\quad \overset{\nu}{\sqrt{\nu^2}}\, p < \dfrac{1+p}{2}$ v. e. ν an.

8. Setzt man $q = \dfrac{r^2}{1+r^2}$, wo q stets < 1 ist, so ist d. Reihe
$$r^2(1 + q + q^2 + \cdots) = \frac{r^2}{1-q} = r^2(1 + r^2).$$

9. F. $|x| < 1$ ist $\sum\limits_{\nu=0}^{\infty} (x^2)^{\nu}$ e. konv. Majorante; $f\,|x| > 1$ ist $\dfrac{x^{2\nu}}{1+x^{4\nu}} = \dfrac{y^{2\nu}}{1+y^{4\nu}}$ u. $\sum\limits_{\nu=0}^{\infty} (y^2)^{\nu}$ e. konv. Majorante; f. $|x| = 1$ Div.

10. M. setze $\sqrt{q} = x$ u. benutze A 9.

11. D. ν-ten Wurzeln aus d. ν-ten Glied streben in beiden Fällen gegen $\dfrac{1}{2}$ u. sind v. e. ν an $< \dfrac{2}{3}$.

12. V. e. ν an gilt $\sqrt{a_{\nu}} < \dfrac{1+\alpha}{2}$.

13a) Aus A 12, da d. $\sqrt{\dfrac{\nu^2}{2^{\nu}}} \to \dfrac{1}{2}$;

13b) Von einem ν an gilt $\dfrac{\overset{\nu}{\sqrt{\nu^2}}}{2 + \dfrac{\cos \nu x}{2}} < \dfrac{1}{2}\left(1 + \dfrac{2}{3}\right)$.

14a) Nein. Es ist $\dfrac{1}{\nu} \leq c\, \dfrac{1}{\nu \overset{\nu}{\sqrt{\nu}}}$, wenn c d. Schranke aus L 4 ist;

14b) Folgt aus $\dfrac{1}{\nu} \leq \dfrac{a+b}{a+\nu b}$;

14c) Ja, wegen $\dfrac{1}{\nu} \leq \dfrac{2}{[\nu + (-1)^{\nu}]}$ $(\nu \geq 2)$.

15a) Wegen $\dfrac{1}{\nu} \leq \dfrac{4}{3\nu + (-1)^{\nu}\nu}$;

15b) Nein, wegen $\dfrac{1}{\nu} \leq \dfrac{3}{2\nu + \nu \sin \nu}$.

16. Nein, wegen $\dfrac{1}{\nu} \leq \dfrac{\dfrac{2+\sqrt{2}}{2}}{\nu + (-1)^{\nu}\sqrt{\nu}}$.

17. Div., da $2n$-te Partialsumme s_{2n} ist:

$$\sum_{\nu=2}^{n}\left(\frac{1}{\sqrt{\nu}-1}-\frac{1}{\sqrt{\nu}+1}\right)=\sum_{\nu=2}^{n}\frac{2}{\nu-1}\geq\sum_{\nu=1}^{n-1}\frac{1}{\nu}\to\infty.$$

18a) $\quad\sqrt{\nu+\dfrac{\sin\nu}{\nu}}<\sqrt{\nu+1}<2\sqrt{\nu}\quad(\nu\geq1).$ Div.;

18b) $\quad\dfrac{\sqrt{\nu+1}-\sqrt{\nu}}{\sqrt{\nu}}=\dfrac{1}{\sqrt{\nu}(\sqrt{\nu+1}+\sqrt{\nu})}>\dfrac{1}{2\sqrt{\nu}\sqrt{\nu+1}}\geq\dfrac{1}{4\nu}.$ Div.;

18c) $\quad\dfrac{\sqrt{\nu+1}-\sqrt{\nu}}{\sqrt[3]{\nu}}\geq\dfrac{\sqrt{\nu+1}-\sqrt{\nu}}{\sqrt{\nu}}\quad(\nu\geq2).$ Div.

19a) $\quad\displaystyle\sum_{\nu=1}^{n}\frac{1}{\nu(\nu+1)}=\sum_{\nu=1}^{n}\left(\frac{1}{\nu}-\frac{1}{\nu+1}\right)=1-\frac{1}{n+1}\to1;$

19b) $\quad1-\dfrac{1}{n}\geq\displaystyle\sum_{\nu=2}^{n}\frac{1}{\nu^2}\geq\dfrac{1}{2}-\dfrac{1}{n+1}.$

20. Da $a^{1/\nu}\downarrow1$ f. $a\geq1$ u. $a^{1/\nu}\uparrow1$ f. $0<a<1$, ist $1-a^{1/\nu}\uparrow0$ bzw. $1-a^{1/\nu}\downarrow0$, so daß d. Leibnizsche Kriterium anwendbar ist.

21. Da $\nu^{-s}\to0$ gelten muß, ist f. d. Konv. $s>0$ notwendig, u. dies ist nach d. Leibnizschen Kriterium auch hinreichend.

22a) Aus

$$\sum_{\nu=1}^{\infty}\frac{(-1)^{\nu}}{3\nu+(-1)^{\nu}\nu}=\sum_{\nu=1}^{\infty}\frac{(-1)^{\nu}}{3\nu}-\frac{1}{3}\sum_{\nu=1}^{\infty}\frac{1}{3\nu+(-1)^{\nu}\nu},$$

da d. letzte Reihe divergiert (s. A 15a), folgt d. Divergens d. gegebenen Reihe;

22b) $\quad\displaystyle\sum_{\nu=2}^{\infty}\frac{(-1)^{\nu}}{\nu+\cos\nu\pi}=\sum_{\nu=2}^{\infty}\frac{(-1)^{\nu}}{\nu}-\sum_{\nu=2}^{\infty}\frac{1}{\nu(\nu+(-1)^{\nu})}.$ Da d. letzte Reihe

durch $\displaystyle\sum_{\nu=2}^{\infty}\frac{1}{\nu(\nu-1)}$ majorisiert wird, folgt d. Konv.;

22c) $\quad\displaystyle\sum_{\nu=2}^{\infty}\frac{(-1)^{\nu}}{3\nu+6(-1)^{\nu}}=\sum_{\nu=1}^{\infty}\frac{(-1)^{\nu}}{3\nu}-2\sum_{\nu=1}^{\infty}\frac{1}{\nu(3\nu+6(-1)^{\nu})}$ Konv.;

22d) $\quad\displaystyle\sum_{\nu=2}^{\infty}\frac{(-1)^{\nu}}{\nu+(-1)^{\nu}\sqrt{\nu}}=\sum_{\nu=2}^{\infty}\frac{(-1)^{\nu}}{\nu}-\frac{1}{\nu(\sqrt{\nu}+(-1)^{\nu})}.$ Conv., da d. letzte
Reihe conv. (Vgl. A 25.)

23. Folgt aus

$$2a_2+4a_4+8a_8+\cdots\leqslant2[a_2+(a_3+a_4)+(a_5+\cdots+a_8)+\cdots]$$

24. Folgt aus

$$(a_2+a_3)+(a_4+\cdots+a_7)+(a_8+\cdots+a_{15})+\cdots\leqslant2a_2+4a_4+8a_8+\cdots$$

25. $\displaystyle\sum_{v=1}^{\infty} 2^v \frac{1}{2^{v\alpha}} = \sum_{v=1}^{\infty} \frac{1}{2^{(\alpha-1)v}}$ konv., wenn $2^{\alpha-1} > 1$, $\alpha > 1$ ist. F. $\alpha = 1$ u. erst recht f. $\alpha < 1$ Div., wegen d. Div. d. harmonischen Reihe.

26. Wegen $\dfrac{v^2 + 100\sqrt{v}}{\sqrt{v^7} - \sqrt{v^5}}\, v^{3/2} = \dfrac{1 + \dfrac{100}{\sqrt{v^{3/2}}}}{1 - \dfrac{1}{v}} \to 1$ wird d. Reihe f. e. C majorisiert durch $\displaystyle\sum_{v=1}^{\infty} \frac{C}{v^{3/2}}$.

27a) Konv. wegen $\dfrac{(v + 100)^4\, v^3}{\left(\dfrac{v}{200} + 1\right)^7} \to 200^7$;

27b) Div., wegen $\dfrac{\left(2 - \dfrac{\sin v}{v}\right) v}{v + \sqrt{v}} \to 2$, $\dfrac{2 - \dfrac{\sin v}{v}}{v + \sqrt{v}} > \dfrac{1}{v}$ v. e. v an;

27c) Konv. wegen $\dfrac{v^2}{v[v + 4(-1)^v]} \to 1$.

28. $\displaystyle\sum_{v=1}^{\infty} \frac{(-1)^v}{\sqrt{v} + (-1)^v} = \sum_{v=1}^{\infty} \frac{(-1)^v}{\sqrt{v}} - \sum_{v=1}^{\infty} \frac{1}{\sqrt{v}(\sqrt{v} + (-1)^v)}$. Da d. letzte Reihe nach A 16 div. u. d. zweite konv., div. d. gegebene Reihe.

29. $\displaystyle\sum_{v=1}^{\infty} \frac{1}{v(v + a)}$ konv., da $\ll \displaystyle\sum_{v=1}^{\infty} \frac{1}{v^2}$.

30. $\displaystyle\sum_{v=2}^{n} |a_v - a_{v-1}| \leq \sum_{v=2}^{n} |a_v| + \sum_{\mu=1}^{n-1} |a_\mu| < \sum_{v=1}^{\infty} 2\,|a_v|.$

Daher ist d. monoton wachsende Folge links beschränkt u. daher konv.

31. $\displaystyle\sum_{v=1}^{\infty} \sqrt{a_v a_{v+1}} \ll \frac{1}{2}\left(\sum_{v=1}^{\infty} a_v + \sum_{v=1}^{\infty} a_{v+1}\right).$

32. $\displaystyle\sum_{v=1}^{\infty} \sqrt{a_v b_v} \ll \frac{1}{2}\left(\sum_{v=1}^{\infty} a_v + \sum_{v=1}^{\infty} b_v\right).$

33. $\dfrac{2v + 1}{v(v + 1)} = \dfrac{1}{v} + \dfrac{1}{v + 1}$, daher

$$\sum_{v=1}^{n} (-1)^v \frac{2v + 1}{v(v + 1)} = -1 + \frac{(-1)^n}{n + 1} \to -1.$$

34. Ist d. Beh. f. e. n wahr, so folgt

$$\sum_{v=1}^{2n+2} \frac{(-1)^{v-1}}{v} = \sum_{v=1}^{n} \frac{1}{n + v} + \frac{1}{2n + 1} - \frac{1}{2(n + 1)} =$$

$$= \sum_{v=2}^{n+1} \frac{1}{n + v} + \frac{1}{n + 1} - \frac{1}{2(n + 1)} = \sum_{v=1}^{n+1} \frac{1}{n + 1 + v} .$$

35. Ist $0 < c < |a_\nu| \leqq C$ f. $\nu > N$, so folgt

$$\left| \frac{1}{a_{\nu+1}} - \frac{1}{a_\nu} \right| \leqq \frac{1}{c^2} |a_{\nu+1} - a_\nu|, \qquad |a_{\nu+1} - a_\nu| \leqq C^2 \left| \frac{1}{a_{\nu+1}} - \frac{1}{a_\nu} \right|.$$

36. F. $a_\nu \geqq 1$ ist $\dfrac{a_\nu}{a_\nu + 1} = \dfrac{1}{1 + \dfrac{1}{a_\nu}} \geqq \dfrac{1}{2}$, so daß d. Div. klar ist, wenn es ∞

viele solche a_ν gibt. Und wenn v. e. ν an $a_\nu < 1$, $\dfrac{2 a_\nu}{1 + a_\nu} > a_\nu$ wäre, würde aus d.

Konv. v. $\displaystyle\sum_{\nu=1}^{\infty} \frac{a_\nu}{1 + a_\nu}$ d. Konv. v. $\displaystyle\sum_{\nu=1}^{\infty} a_\nu$ folgen.

37. D. Reihen $a_1 + a_3 + a_5 + \cdots$, $a_2 + a_4 + a_6 + \cdots$ konv. nach d. Quotientenkriterium. Allgemeiner würde f. e. festes ganzes $k > 1$ bereits $\left| \dfrac{a_{\nu+k}}{a_\nu} \right| \leqq \vartheta < 1$ genügen.

38. $\displaystyle\sum_{\nu=1}^{n} (a_\nu + a_{\nu+1}) - 2 \sum_{\nu=1}^{n} a_\nu = a_{n+1} - a_1 \to -a_1.$

39. $\displaystyle\sum_{\nu=1}^{n} (\alpha\, a_\nu + \beta\, a_{\nu+1} + \gamma\, a_{\nu+2}) - (\alpha + \beta + \gamma) \sum_{\nu=1}^{n} a_\nu =$

$$= \beta (a_{n+1} - a_1) + \gamma (a_{n+1} + a_{n+2} - a_1 - a_2) \to -\beta a_1 - \gamma (a_1 + a_2).$$

40. $\displaystyle\sum_{\nu=n}^{\infty} \frac{1}{\nu^2} < \sum_{\nu=n}^{\infty} \left(\frac{1}{\nu - \dfrac{1}{2}} - \frac{1}{\nu + \dfrac{1}{2}} \right) = \frac{1}{n - \dfrac{1}{2}}.$

41. Folgt aus $\displaystyle\sum_{\mu=\nu/2}^{\nu} a_\nu > \frac{\nu - 1}{2} a_\nu = \nu a_\nu \left(\frac{1}{2} - \frac{1}{2\nu} \right).$

42. Nach Cauchy-Bolzano ist $2c \displaystyle\sum_{\nu=m(n)}^{n} a_\nu b_\nu \to 0$ mit $n \to \infty$; andererseits ist

$$2c \sum_{\nu=m}^{n} a_\nu b_\nu > a_n \cdot 2 \sum_{\nu=m}^{n} b_\nu > a_n \sum_{\nu=1}^{n} b_\nu \to 0.$$

43. $\displaystyle\sum_{\nu=1}^{\infty} \nu x^\nu - \sum_{\nu=1}^{\infty} \nu x^{\nu+1} = \sum_{\nu=1}^{\infty} \nu x^\nu - \sum_{\nu=2}^{\infty} (\nu - 1) x^\nu =$

$$= x + \sum_{\nu=2}^{\infty} x^\nu = \frac{x}{1 - x}.$$

§ 9

1. $\quad \dfrac{1}{2x + 3} < \varepsilon$ folgt aus $x > \dfrac{1}{2\varepsilon} = N(\varepsilon).$

2. Wegen $\dfrac{x^3 + x^2 + 1}{(x^2 + 1)^2} < \dfrac{3 x^3}{x^4}$ f. $x > 1$ genügt es, $\dfrac{3}{x} < \varepsilon$, $x > \dfrac{3}{\varepsilon}$ u. $x > 1$ zu wählen.

3. F. $x \geqq 1$ gilt

$$0 < \frac{10^7 x^3 + (10^{10} - 10^5)\, x^2 + 100 \sin^{50} x + 1}{x^4 + 10^7 x^3 + 10^{10} x^2 + 1} < \frac{2 \cdot 10^{10}\, x^3}{x^4} = \frac{2 \cdot 10^{10}}{x}\,.$$

u. es genügt daher, $\dfrac{2 \cdot 10^{10}}{x} < \varepsilon$, $x > \dfrac{2 \cdot 10^{10}}{\varepsilon}$ zu machen.

4. F. $x > 1$ ist $0 < \dfrac{\pi x - (e + \pi)}{x^2 - x + 1} < \dfrac{\pi (x - 1)}{(x - 1)^2} = \dfrac{\pi}{x - 1}\,.$ Daher kann m. $N(\varepsilon) = \dfrac{\pi}{\varepsilon} + 1$ setzen.

5. Es ist $\sqrt{x} > C$, $C > 0$, sobald $x > C^2$ gilt.

6a) 1;   6b) 5;   6c) 1;   6d) 1;   6e) 2;

6f) 0 f. $x = 0$, $\dfrac{1}{x}$ f. $x \neq 0$;

6g) 0;

6h) $\dfrac{2 x^3 + 3 x^2 + 5}{x^4 - x^3 + 1} \sim \dfrac{2 x^3}{x^4} = \dfrac{2}{x} \to 0$;

6i) D. Ausdruck $\sim \dfrac{101\, x^{10}}{x^{10}} = 101$; d. Grenzwert 101;

6k) m;   6l) 15;   6m) n/m;

6n) $\sim \dfrac{n(n-1)\ldots(n-k+1)\,(x-1)^k}{k(k-1)\ldots(x-1)^k}$;   d. Grenzwert $\dbinom{n}{k}$;

6o) $-\dfrac{2x}{x^4} = \dfrac{-2}{x^3}$.

7a) F. $|x| < \delta(\varepsilon) \leqq 1$ gilt $|3 x + 3 x^2 + x^3| \leqq 7\,|x|$, $\delta(\varepsilon) = \mathrm{Min}\left(1, \dfrac{\varepsilon}{7}\right)$;

7b) F. $|x| \leqq 1$ gilt $|200 x + x^2| \leqq 201\,|x|$, $\delta(\varepsilon) = \mathrm{Min}\left(1, \dfrac{\varepsilon}{201}\right)$;

7c) $|(x + 2)^{10} - 2^{10}| = \left| x^{10} + \dbinom{10}{1} 2 \cdot x^9 + \cdots + \dbinom{10}{9} 2^9 x \right| \leqq$

$\leqq |x| \left(1 + \dbinom{10}{1} 2 + \cdots + \dbinom{10}{9} 2^9\right) \leqq 3^{10}\,|x|$ f. $|x| \leqq 1$. Daher $\delta(\varepsilon) =$

$= \mathrm{Min}\left(1, \dfrac{\varepsilon}{3^{10}}\right)$;

7d) $|(1 + x)^{100} - 1| = \left|\dbinom{100}{1} x + \cdots + \dbinom{100}{99} x^{99} + x^{100}\right| \leqq 2^{100}\,|x|$ f. $|x| \leqq 1$. Daher $\delta(\varepsilon) = \mathrm{Min}\left(1, \dfrac{\varepsilon}{2^{100}}\right)$.

8. F. $x > 4$ gilt $\left|\dfrac{2}{1 - \sqrt{x}}\right| = \dfrac{2}{\sqrt{x} - 1} < \dfrac{4}{\sqrt{x}}$, $N(\varepsilon) = \mathrm{Max}\left(4, \dfrac{16}{\varepsilon^2}\right)$.

9a) $\left| b - a \right| = \left| \dfrac{a^n - b^n}{a^{n-1} + a^{n-2}b + \cdots + b^{n-1}} \right| =$

$\qquad = \dfrac{h}{a^{n-1} + a^{n-2}b + \cdots + b^{n-1}} < \dfrac{|h|}{a^{n-1}} < \varepsilon, \quad \varepsilon > 0,$

daher $\quad |b - a| < \varepsilon$ f. $|h| \leqq x^{(n-1)/n}\,\varepsilon$;

9b) F. $x = 0$ gilt $\sqrt[n]{a} < \varepsilon$, sobald $|h| < \varepsilon^n$ ist. F. $x < 0$ setze m. $x = -y$, dann nach 9a)

$$\sqrt[n]{y + h} \to \sqrt[n]{y}, \quad -\sqrt[n]{x + h} \to -\sqrt[n]{x}, \quad \sqrt[n]{x + h} \to \sqrt[n]{x}.$$

10a) $\quad \dfrac{a + b + \dfrac{ab}{x}}{1 + \sqrt{\left(1 + \dfrac{a}{x}\right)\left(1 + \dfrac{b}{x}\right)}} \to \dfrac{a + b}{2}$, da nach 9a)

$$\sqrt{\left(1 + \dfrac{a}{x}\right)\left(1 + \dfrac{b}{x}\right)} \to 1, \text{ wenn m. dort } \dfrac{a + b}{x} + \dfrac{ab}{x^2} = h \text{ setzt;}$$

10b) 0;

10c) $\quad \sqrt{x + \sqrt{x}} - \sqrt{x - \sqrt{x}} = \dfrac{2\sqrt{x}}{\sqrt{x + \sqrt{x}} + \sqrt{x - \sqrt{x}}} =$

$$= \dfrac{2}{\sqrt{1 + \dfrac{1}{\sqrt{x}}} + \sqrt{1 - \dfrac{1}{\sqrt{x}}}} \to \dfrac{2}{2} = 1;$$

10d) $\quad x^{2/3}\left(\sqrt[3]{x + 1} - \sqrt[3]{x}\right) = \dfrac{x^{2/3}}{(x + 1)^{2/3} + x^{1/3}(x + 1)^{1/3} + x^{2/3}} =$

$$= \dfrac{1}{\sqrt[3]{\left(1 + \dfrac{1}{x}\right)^2} + \sqrt[3]{1 + \dfrac{1}{x}} + 1} \to \dfrac{1}{3};$$

10e) $\quad \dfrac{x^3\left(\sqrt{x^4 + 1} - x^2\right)}{\sqrt{x^2 + \sqrt{x^4 + 1}} + x\sqrt{2}} = \dfrac{x^3}{\left(\sqrt{x^2 + \sqrt{x^4 + 1}} + x\sqrt{2}\right)\left(\sqrt{x^4 + 1} + x^2\right)} =$

$$= \dfrac{1}{\left(\sqrt{1 + \sqrt{1 + \dfrac{1}{x^4}}} + \sqrt{2}\right)\left(\sqrt{1 + \dfrac{1}{x^4}} + 1\right)} \to \dfrac{1}{2\sqrt{2} \cdot 2} = \dfrac{\sqrt{2}}{8}.$$

11a) $\quad \sqrt{x(x + \alpha)} - x = \dfrac{\alpha x}{\sqrt{x(x + \alpha)} + x} = \dfrac{\alpha}{\sqrt{1 + \dfrac{\alpha}{x}} + 1} \to \dfrac{\alpha}{2};$

11b) $\quad \sqrt{(x + a)(x + b)} - x = \sqrt{y(y + b - a)} - (y - a) \to \dfrac{b - a}{2} + a = \dfrac{a + b}{2}.$

12. $\quad \left| \sqrt{1 + x} - 1 \right| = \dfrac{|x|}{\sqrt{1 + x} + 1} < |x|.$ Daher $\delta(\varepsilon) = \varepsilon$ möglich.

13. $\quad \dfrac{1}{x}\left(\sqrt[3]{1 + x} - 1\right) = \dfrac{\dfrac{x}{x}}{1 + y + y^2} \to \dfrac{1}{3}.$

14a) $\quad \dfrac{\sqrt{x+h}-\sqrt{x}}{h} = \dfrac{1}{\sqrt{x+h}+\sqrt{x}} \to \dfrac{2}{\sqrt{x}}\,;$

14b) $\quad \dfrac{\sqrt[3]{x+h}-\sqrt[3]{x}}{h} = \dfrac{1}{(x+h)^{2/3}+x^{1/3}(x+h)^{1/3}+x^{2/3}} \to \dfrac{1}{3\,x^{2/3}}\,.$

15a) $\quad \dfrac{\sqrt{1+x}-1}{\dfrac{x}{2}} = \dfrac{2}{\sqrt{1+x}+1} \to 1\,;$

15b) $\quad \dfrac{\sqrt{x+1}-\sqrt{x}}{\dfrac{1}{2\sqrt{x}}} = \dfrac{2\sqrt{x}}{\sqrt{x+1}+\sqrt{x}} = \dfrac{2}{\sqrt{1+\dfrac{1}{x}}+1} \to 1\,;$

15c) $\quad \dfrac{\sqrt[5]{x+1}-\sqrt[5]{x}}{\dfrac{1}{5}\,x^{-4/5}} = \dfrac{5\,x^{4/5}}{(x+1)^{4/5}+(x+1)^{3/5}x^{1/5}+\cdots+x^{4/5}} =$

$$= \dfrac{5}{\left(1+\dfrac{1}{x}\right)^{4/5}+\cdots+1} \to 1\,.$$

16. $\quad \dfrac{\sqrt[4]{x+1}-\sqrt[4]{x}}{a\,x^{\alpha}} = \dfrac{\dfrac{1}{a}\,x^{-\alpha}}{(x+1)^{3/4}+(x+1)^{2/4}x^{1/4}+\cdots+x^{3/4}}\,.$

F. $\alpha = -\dfrac{3}{4}$ wird dies zu

$$\dfrac{\dfrac{1}{a}}{\left(1+\dfrac{1}{x}\right)^{3/4}+\left(1+\dfrac{1}{x}\right)^{2/4}+\left(1+\dfrac{1}{x}\right)^{1/4}+1} \to \dfrac{1}{4a}\,, \quad a = \dfrac{1}{4}\,.$$

17. Nach Division durch $x > 0$ folgt $a - x < 1$, woran f. $x \downarrow 0$ d. Beh.

18. F. $x = 0$, $y = 1$ folgt $b \leqq 0$. F. $y = 1$, $a \leqq -\dfrac{b}{x}$ u. f. $y = -1$, $a \geqq \dfrac{b}{x}$, woraus f. $x \to \infty$ $a = 0$ folgt.

19. $\quad \left|\sqrt{f(x)}-\sqrt{\alpha}\right| = \dfrac{|f(x)-\alpha)|}{\sqrt{f(x)}+\sqrt{\alpha}} < \dfrac{1}{\sqrt{\alpha}}\,|f(x)-\alpha|\,.$

20. $\quad b\,x\,\dfrac{x-\sqrt{x^2-a^2}}{\sqrt{a^2+b^2}} = \dfrac{b}{\sqrt{a^2+b^2}}\,\dfrac{a^2 x}{x+\sqrt{x^2-a^2}} =$

$$= \dfrac{a^2 b}{\sqrt{a^2+b^2}}\,\dfrac{1}{1+\sqrt{1-\dfrac{a^2}{x^2}}} \to \dfrac{a^2 b}{2\sqrt{a^2+b^2}}\,.$$

21. $\quad -\dfrac{2bh}{h\left(\sqrt{a^2-4hb}\,\operatorname{sgn}a+a\right)} = \dfrac{-2b}{\sqrt{a^2-4hb}\,\operatorname{sgn}a+a} \to -\dfrac{b}{a}\,.$

22. $\quad 2\sqrt{s_n}\,\dfrac{\sqrt{s_{n+1}}-\sqrt{s_n}}{a_{n+1}} = \dfrac{2}{1+\sqrt{\dfrac{s_{n+1}}{s_n}}} = \dfrac{2}{1+\sqrt{1+\dfrac{a_{n+1}}{s_n}}} \to 1\,.$

23. $A - B = \dfrac{(a_1 - b_1)\, x^{n-1} + \cdots + a_n - b_n}{A^{n-1} + A^{n-2} B + \cdots + B^{n-1}} =$

$$= \frac{a_1 - b_1 + \dfrac{a_2 - b_2}{x} + \cdots + \dfrac{a_n - b_n}{x^{n-1}}}{\left(\dfrac{A}{x}\right)^{n-1} + \left(\dfrac{A}{x}\right)^{n-2} \left(\dfrac{B}{x}\right) \cdots + \left(\dfrac{B}{x}\right)^{n-1}}.$$

Wegen $\dfrac{A}{x} = \sqrt[n]{1 + \dfrac{a_1}{x} + \cdots + \dfrac{a_n}{x^n}} \to 1$, $\dfrac{B}{x} \to 1$ folgt $A - B \to \dfrac{a_1 - b_1}{n}$.

24a) Aus A 23 f. $n = 3$, da b_1 durch 0 u. a_1 durch $-(a_1 + a_2 + a_1)$ zu ersetzen ist, $-\dfrac{a_1 + a_2 + a_3}{3}$;

24b) Aus A 23, da b_1 durch 0 u. a_1 durch $a_1 + \cdots + a_n$ zu ersetzen ist, $\dfrac{a_1 + \cdots + a_n}{n}$.

25. Aus $\sqrt{a_\nu x^2 + b_\nu x + c_\nu} = \sqrt{a_\nu}\, x + \dfrac{b_\nu}{2\sqrt{a_\nu}} + \varepsilon_\nu(x)$, wo alle $\varepsilon_\nu(x)$ NF sind, folgt $\alpha = \sum_{\nu=1}^{n} \sqrt{a_\nu}$, $\beta = \dfrac{1}{2} \sum_{\nu=1}^{n} \dfrac{b_\nu}{\sqrt{a_\nu}}$.

26. Da d. Ordnung d. Nenners höchstens d. v. x^2 ist, muß $\alpha = 1$, $2\alpha\beta = 0$, $\beta = 0$ sein. D. Nenner ist $\sim 2x^2$. Daher auch $\beta^2 + 2\gamma + 2 = 0$, $\gamma = -1$. Wir erhalten $\sqrt{x^4 - 2x^2 + 7x + 1} - (x^2 - 1) \to 0$ $(x \to \infty)$.

27. $\sqrt[n]{n} \leqq \sqrt[[x[]{x} < \sqrt[n]{n+1} \leqq \sqrt[n]{2n} = \sqrt[n]{2}\,\sqrt[n]{n}$. Aus $\sqrt[n]{2} \to 1$, $\sqrt[n]{n} \to 1$.

28. F. $0 < x < 1 : \varphi(x)$; f. $x = 1 : \dfrac{f(x) + \varphi(x)}{2}$, f. $x > 1 : \dfrac{f(x) + \dfrac{\varphi(x)}{x^\nu}}{1 + \dfrac{1}{x^\nu}} \to f(x)$.

29. F. $x \downarrow 0$ folgt, daß dennoch auch $a_m = 0$.

30. Kürzt m. im Zähler u. Nenner v. γ_ν mit ν, so sieht m., daß γ_ν gegen d. Grenzwert $\dfrac{\alpha_1 c_1 + \alpha_2 c_2 - \alpha_1 \alpha_2}{\alpha_1 + \alpha_2}$ konv. Daher liegt γ_ν zwischen zwei festen konstanten Schranken c, C u. f. hinreichend große ν folgt d. Beh.

§ 10

1. Wegen d. Stet. d. Polynoms $f(x)$ gilt

$$f\left(1 + \frac{1}{n}\right) \to f(1) = a_0 + a_1 + \cdots + a_n.$$

2. Es gilt f. $x_1, x_2 \prec \langle 1, 2 \rangle$:

$$|2x_1^2 - 2x_2^2| = 2\,|x_1 + x_2|\,|x_1 - x_2| \leqq 2(2+2)\,|x_1 - x_2| = 8\,|x_1 - x_2|,$$

$$\delta(\varepsilon) = \frac{\varepsilon}{8}.$$

3. $\left|\dfrac{1}{x_1} - \dfrac{1}{x_2}\right| = \dfrac{1}{|x_1 x_2|}\,|x_1 - x_2| \leqq |x_1 - x_2|, \quad \delta(\varepsilon) = \varepsilon;$

$\left|\dfrac{1}{x_1^2} - \dfrac{1}{x_2^2}\right| = \left|\dfrac{1}{x_1 x_2^2} + \dfrac{1}{x_2 x_1^2}\right|\,|x_1 - x_2| \leqq 2\,|x_1 - x_2|, \quad \delta(\varepsilon) = \dfrac{\varepsilon}{2};$

$|x_1^3 - x_2^3| = |x_1^2 + x_1 x_2 + x_2^3|\,|x_1 - x_2| \leqq 12\,|x_1 - x_2|, \quad \delta(\varepsilon) = \dfrac{\varepsilon}{12}.$

4. $|x^5 - y^5| = |x^4 + x^3 y + x^2 y^2 + x y^3 + y^4|\,|x - y| \leqq 80\,|x - y|,$

$$\delta(\varepsilon) = \dfrac{\varepsilon}{80}.$$

5. $\left|\dfrac{1}{x^2 + 4} - \dfrac{1}{y^2 + 4}\right| = \dfrac{|x + y|}{(x^2 + 4)(y^2 + 4)}\,|x - y|.$ Wegen

$$\dfrac{|x + y|}{(x^2 + 4)(y^2 + 4)} \leqq \dfrac{|x|}{x^2 + 4}\,\dfrac{1}{y^2 + 4} + \dfrac{|y|}{y^2 + 4}\,\dfrac{1}{x^2 + 4} \leqq$$

$$\leqq \dfrac{1}{y^2 + 4}\,\dfrac{1}{|x| + \dfrac{4}{|x|}} + \dfrac{1}{x^2 + 4}\,\dfrac{1}{|y| + \dfrac{4}{|y|}} \leqq \dfrac{1}{4}\,\dfrac{1}{y^2 + 4} + \dfrac{1}{4}\,\dfrac{1}{x^2 + 4} \leqq$$

$$\leqq \dfrac{1}{16} + \dfrac{1}{16} = \dfrac{1}{8} \text{ folgt } \left|\dfrac{1}{x^2 + 4} - \dfrac{1}{y^2 + 4}\right| \leqq \dfrac{|x - y|}{8}, \quad \delta(\varepsilon) = 8\,\varepsilon.$$

6a) $|\sqrt{x} - \sqrt{y}| = \dfrac{|x - y|}{\sqrt{x} + \sqrt{y}} \leqq \dfrac{1}{2}\,|x - y|, \quad \delta(\varepsilon) = 2\,\varepsilon.$

6b $|\sqrt[3]{x} - \sqrt[3]{y}| = \dfrac{|x - y|}{\sqrt[3]{x^2} + \sqrt[3]{xy} + \sqrt[3]{y^2}} < \dfrac{1}{3}\,|x - y|, \delta(\varepsilon) = 3\,\varepsilon;$

7. F. $x > 0$ folgt d. Beh. aus A 9a) § 9, f. $x = 0$ ist $\sqrt{x} < \varepsilon$, sobald $0 < x < \varepsilon^2$ ist.

8a) D. Lipschitzbedingung ist in e. Umgebung v. 0 sogar mit $L = 0$ erfüllt;

8b) $\underset{x \downarrow 0}{\operatorname{Lim}} f(x) = 1 \neq f(0);$

8c) Sonst wäre $f(x) - g(x)$ stet., während $f(x) - g(x) \to 0 \neq f(0) - g(0)$, wenn $x \to 0$ ist.

9. D. Nenner v. $f(x)$ existiert u. ist stet. nur f. $x \geqq 0$ u. dafür sind auch alle Terme im Zähler stet., nach A 7. Beim Nenner v. $g(x)$ sind f. $x \geqq 0$ d. Werte $\sqrt{x} = 2$, $x = 4$ u. $\sqrt{x} = 3$, $x = 9$ auszunehmen.

10. $f(a_\nu) \to f(\lim a_\nu) = f(\alpha).$

11. $\left|\sqrt{4 + y^2} - \sqrt{4 + x^2}\right| = \dfrac{|y + x|\,|y - x|}{\sqrt{4 + y^2} + \sqrt{y + x^2}}.$

Wegen $\sqrt{4 + y^2} + \sqrt{4 + x^2} > |y| + |x|$ folgt d. Beh.

12. Im Intervall $< -1, 1 >$ ist $\sqrt{1 + x}$ stet., daher auch gleichmäßig stet. F. $0 \leqq x, y < \infty$ gilt $\left|\sqrt{1 + y} - \sqrt{1 + x}\right| = \dfrac{|y - x|}{\sqrt{1 + y} + \sqrt{1 + x}} \leqq \dfrac{1}{2}\,|y - x|$, so daß auch f. $\langle 0, \infty \rangle$ d. gleichmäßige Stet. klar ist.

13. $|x^3 - y^3| = |x^2 + xy + y^2|\,|x - y| \leqq 3\,|x - y|.$ Daher genügt es, $\langle 0, 1 \rangle$ in 540 gleiche Teile zu zerlegen.

14. D. Polynom $f(x) = (x - \alpha)(x^6 + 1) + (x - \beta)(x^2 + 1)$ hat f. $x = \beta$ d. pos. Wert $(\beta - \alpha)(\beta^6 + 1)$ u. f. $x = \alpha$ d. neg. Wert $(\alpha - \beta)(\alpha^2 + 1)$, muß daher dazwischen auch 0 werden.

15. $f(x) \equiv a_1(x - \lambda_2)(x - \lambda_3) + a_2(x - \lambda_1)(x - \lambda_3) + a_3(x - \lambda_1)(x - \lambda_2)$ hat f. $x = \lambda_1, \lambda_2, \lambda_3$ bzw. d. Werte:

$$a_1(\lambda_1 - \lambda_2)(\lambda_1 - \lambda_3) > 0, \quad a_2(\lambda_2 - \lambda_1)(\lambda_2 - \lambda_3) < 0,$$
$$a_3(\lambda_3 - \lambda_1)(\lambda_3 - \lambda_2) > 0,$$

so daß in (λ_1, λ_2) u. (λ_2, λ_3) je e. Wurzel liegen muß.

16. Sei $n \leq x \leq n + 1$. F. $x \leq n + \dfrac{1}{2}$ ist $\varphi(x) = x - n$ u. strebt f. $x \downarrow n$ gegen 0 und f. $x \uparrow n + \dfrac{1}{2}$ gegen $\dfrac{1}{2}$. F. $x > n + \dfrac{1}{2}$ ist $\varphi(x) = n + 1 - x$ u. strebt f. $x \downarrow n + \dfrac{1}{2}$ gegen $\dfrac{1}{2}$ u. f. $x \uparrow n + 1$ gegen 0. Daher $\varphi(x)$ immer stet.

17. F. nicht ganzzahlige x aus $n < x < n + 1$ ist $f(x) = x - n$ u. stet. Andererseits ist $\lim\limits_{x \downarrow n} f(x) = 0$, $\lim\limits_{x \uparrow n} f(x) = 1$.

18. Sei n ganz. F. $n < x < n + 1$ ist $[x] = n$, $[-x] = -n - 1$,

$$[x] + [-x] = -1. \quad \text{F. } x = n \text{ ist } [x] = n, \ [-x] = -n, \ [x] + [-x] = 0.$$

Daher ist d. betrachtete Fkt. gleich -1 bis auf d. ganzzahligen Pkt., wo sie d. Wert 0 hat u. damit unstetig ist.

19. Sei n ganz. F. $x = n$ ist $\varphi(x) = n$. F. $x = n + h$, $0 < h < 1$, ist $\varphi(x) = n + \sqrt{h}$ u. wächst mit gegen 1 wachsendem h monoton u. stet. gegen $n + 1 = \varphi(n + 1)$. Mit $h \downarrow 0$ fällt sie gegen $n = \varphi(n)$, so daß sie auch f. $x = n$ stet. ist.

20. Folgt aus A 79 § 3.

21. F. e. rationales $a \neq \tfrac{1}{2}, f(a) = a$, möge x gegen a über irrationale Werte streben. Dann $f(x) = 1 - x \to 1 - a$ u. dies ist $\neq a$. F. $a = \tfrac{1}{2}$ ist d. Grenzwert $= \tfrac{1}{2}$ sowohl f. rationale als auch f. irrationale x. F. e. irrationales a, $f(a) = 1 - a$, gilt f. rationale $x \to a : f(x) = x \to a \neq 1 - a$. Daher besteht d. Stet. nur f. $a = \tfrac{1}{2}$. Ist w rational, $0 < w < 1$, so ist $f(w) = w$. Ist w irrational, $0 < w < 1$, so ist $f(1 - w) = w$.

22. F. jedes a gibt es in d. Nähe v. α e. Pkt. x_0 aus (α, β) mit $f(x_0) > a$ u. in d. Nähe v. β e. Pkt. x_1 aus (α, β) mit $f(x_1) < a$.

<h2 style="text-align:center">§ 11</h2>

1.
$$\sin 3x = \sin(2x + x) = \sin 2x \cos x + \cos 2x \sin x =$$
$$= 2 \sin x \cos^2 x + (1 - 2 \sin^2 x) \sin x,$$
$$\frac{\sin 3x}{\sin x} = 2 \cos^2 x + 1 - 2 \sin^2 x = 3 - 4 \sin^2 x.$$

15*

2. $\quad \sin 2x = 2 \sin x \cos x = 2 \operatorname{tg} x \cos^2 x = \dfrac{2 \operatorname{tg} x}{\dfrac{\sin^2 x + \cos^2 x}{\cos^2 x}} = \dfrac{2 \operatorname{tg} x}{1 + \operatorname{tg}^2 x}\,,$

$\quad \cos 2x = \cos^2 x - \sin^2 x = \dfrac{1 - \operatorname{tg}^2 x}{\dfrac{\sin^2 x + \cos^2 x}{\cos^2 x}} = \dfrac{1 - \operatorname{tg}^2 x}{1 + \operatorname{tg}^2 x}\,.$

3. $\quad \sin(x + 2y) + \sin(2x + y) = 2 \sin \dfrac{3}{2}(x + y) \cos \dfrac{1}{2}(x - y)\,.$

4a) $\quad \dfrac{2 \cos^2 \dfrac{\varphi}{2}}{\cos \varphi} = 2 \dfrac{\cos^2 \dfrac{\varphi}{2}}{2 \cos \dfrac{\varphi}{2} \sin \dfrac{\varphi}{2}} \operatorname{tg} \varphi = \operatorname{ctg} \dfrac{\varphi}{2} \operatorname{tg} \varphi;$

4b) $\quad \dfrac{\sin \varphi \cos \varphi + 2 \sin \varphi \cos^2 \dfrac{\varphi}{2}}{\sin \varphi \cos \varphi - 2 \sin \varphi \sin^2 \dfrac{\varphi}{2}} = \dfrac{2 \sin \dfrac{\varphi}{2} \cos \dfrac{\varphi}{2} \cos \varphi + 2 \sin \varphi \cos^2 \dfrac{\varphi}{2}}{2 \sin \dfrac{\varphi}{2} \cos \dfrac{\varphi}{2} \cos \varphi - 2 \sin \varphi \sin^2 \dfrac{\varphi}{2}} =$

$\qquad = \dfrac{\cos \dfrac{\varphi}{2} \sin \dfrac{\varphi}{2} \cos \varphi + \sin \varphi \cos \dfrac{\varphi}{2}}{\sin \dfrac{\varphi}{2} \cos \dfrac{\varphi}{2} \cos \varphi - \sin \dfrac{\varphi}{2} \sin \varphi} = \operatorname{ctg} \dfrac{\varphi}{2} \dfrac{\sin \dfrac{3\varphi}{2}}{\cos \dfrac{3\varphi}{2}};$

4c) $\quad \operatorname{ctg} \dfrac{\varphi}{2} - \operatorname{tg} \dfrac{\varphi}{2} = \dfrac{\cos^2 \dfrac{\varphi}{2} - \sin^2 \dfrac{\varphi}{2}}{\cos \dfrac{\varphi}{2} \sin \dfrac{\varphi}{2}} = \dfrac{2 \cos \varphi}{\sin \varphi};$

4d) $\quad \sin^2 \alpha - \sin^2 \beta = (\sin \alpha - \sin \beta)(\sin \alpha + \sin \beta) =$

$\qquad = 4 \sin \dfrac{\alpha - \beta}{2} \cos \dfrac{\alpha + \beta}{2} \sin \dfrac{\alpha + \beta}{2} \cos \dfrac{\alpha - \beta}{2};$

4e) D. Bruch links ist $\dfrac{(\cos \varphi - \sin \varphi)^2}{(\cos \varphi + \sin \varphi)^2}\,.$

5. $\quad 5 + 8x + 4(2x^2 - 1) + 4x^3 - 3x = 1 + 5x + 8x^2 + 4x^3 =$

$\qquad = (1 + x)(1 + 2x)^2\,.$

6. $\quad \sin^4 x = \dfrac{1}{4}(1 - \cos 2x)^2 = \dfrac{1}{4}(1 - 2 \cos 2x + \cos^2 2x) =$

$\qquad = \dfrac{1}{4} - \dfrac{1}{2} \cos 2x + \dfrac{1}{8}(1 + \cos 4x) = \dfrac{3}{8} - \dfrac{1}{2} \cos 2x + \dfrac{1}{8} \cos 4x\,.$

7. Aus $\quad -2a \sin \dfrac{b}{2} = 1, \quad bx + c + \dfrac{b}{2} \equiv \alpha x + \beta, \quad b = \alpha, \quad c = \beta - \dfrac{\alpha}{2}$ folgt

$$f_1(x) = \dfrac{-1}{2 \sin \dfrac{\alpha}{2}} \cos \left(\alpha x + \beta - \dfrac{\alpha}{2} \right).$$

8. Aus $f_1(x + 1) - f_1(x) = \sin(\alpha x + \beta)$ folgt

$$f_1 \left(\dfrac{\pi}{2\alpha} - x + 1 \right) - f_1 \left(\dfrac{\pi}{2\alpha} - x \right) = \sin \left(\dfrac{\pi}{2} - \alpha x + \beta \right) = \cos(\alpha x - \beta),$$

u. daher, wenn $f_1(x)$ aus L 7 eingeführt u. β durch $-\beta$ ersetzt wird,

$$\frac{-1}{2\sin\frac{\alpha}{2}}\cos\left(\frac{\pi}{2}-\alpha x-\beta+\frac{\alpha}{2}\right)+\frac{1}{2\sin\frac{\alpha}{2}}\cos\left(\frac{\pi}{2}-\alpha x-\beta-\frac{\alpha}{2}\right)=\cos(\alpha x+\beta),$$

$$\frac{-1}{2\sin\frac{\alpha}{2}}\sin\left(\alpha x+\beta-\frac{\alpha}{2}\right)+\frac{1}{2\sin\frac{\alpha}{2}}\sin\left(\alpha x+\beta+\frac{\alpha}{2}\right)=\cos(\alpha x+\beta),$$

woraus

$$f_2(x)=\frac{1}{2\sin\frac{\alpha}{2}}\sin\left(\alpha x+\beta-\frac{\alpha}{2}\right).$$

9a) Aus L 7 f. $\alpha=\delta$, $\beta=0$ u. (b) v. § 4 mit $a=0$ folgt

$$\sum_{\nu=m}^{n}\sin\nu\delta=f_1(n+1)-f_1(m)=\frac{-1}{2\sin\frac{\delta}{2}}\left[\cos\left(n\delta+\frac{\delta}{2}\right)-\cos\left(m\delta-\frac{\delta}{2}\right)\right],$$

$$\sum_{\nu=1}^{n}\sin\nu\delta=\frac{1}{2\sin\frac{\delta}{2}}\left[\cos\frac{\delta}{2}-\cos\left(n+\frac{1}{2}\right)\delta\right];$$

9b) Aus L 8 f. $\alpha=\delta$ u. $\beta=0$ u. (b) v. § 4 mit $a=0$:

$$\sum_{\nu=1}^{n}\cos\nu\delta=\frac{1}{2\sin\frac{\delta}{2}}\left[\sin\left(n+\frac{1}{2}\right)\delta-\sin\frac{\delta}{2}\right].$$

10. Aus L 7, L 8 u. (b) v. § 4 mit $a=0$:

$$\sum_{\nu=0}^{n}\sin(\alpha\nu+\beta)=\frac{1}{2\sin\frac{\alpha}{2}}\left[\cos\left(\beta-\frac{\alpha}{2}\right)-\cos\left(\beta+\left(n+\frac{1}{2}\right)\alpha\right)\right],$$

$$\sum_{\nu=0}^{n}\cos(\alpha\nu+\beta)=\frac{1}{2\sin\frac{\alpha}{2}}\left[\sin\left(\beta+\left(n+\frac{1}{2}\right)\alpha\right)-\sin\left(\beta-\frac{\alpha}{2}\right)\right].$$

11. $\quad\varrho=\sqrt{4+49}=\sqrt{53}$, $\quad\operatorname{tg}\alpha=\frac{7}{2}$, $\quad 0<\alpha<\frac{\pi}{2}$,

$\quad\varrho=\sqrt{9+36}=\sqrt{45}$, $\quad\operatorname{tg}\alpha=-2$, $\quad -\frac{\pi}{2}<\alpha<0$.

12. $\quad \operatorname{tg} a_n-\cos^3 a_n-\sin^3 a_n=-\operatorname{tg}\left(\frac{\pi}{2}-\varepsilon\right)\pm\sin^3\varepsilon\pm\cos^3\varepsilon$

ist f. hinreichend kleine ε neg.;

$$\operatorname{tg} b_n-\cos^3 b_n-\sin^3 b_n=\operatorname{tg}\left(\frac{\pi}{2}-\varepsilon\right)\pm\sin^3\varepsilon\pm\cos^3\varepsilon$$

ist f. hinreichend kleine ε pos. Analog f. $\operatorname{tg} a_n-a_n^7$, $\operatorname{tg} b_n-b_n^7$.

13. $f(x)\to 0$ $(x\to 0)$ folgt aus $\left|x\cos\frac{1}{x}\right|\leqq|x|$.

14. D. Nenner ist stet. u. $\geqq \mathrm{Min}\,(a^2, b^2)$. Stets st.

15. F.

$$\frac{1}{(2\,n+1)\,\pi} \leqq x \leqq \frac{1}{2\,n\,\pi}$$

durchläuft $\cos\dfrac{1}{x}$ f. jedes n sämtliche Werte aus $\langle -1, 1\rangle$.

16a) Kein Grenzwert vorhanden. **16b)** 0.

17. D. gesuchten Unstet. sind gegeben durch

$$\frac{x\,\pi}{x^2-1} = m\,\pi, \quad x^2 - \frac{1}{m}\,x - 1 = 0, \quad x = \frac{1}{2\,m} \pm \sqrt{\frac{1}{4\,m^2} + 1}\,.$$

18. Wegen $1 - \cos x = 2\sin^2\dfrac{x}{2} \leqq \dfrac{x^2}{2}$ genügt es, $N(\varepsilon) = \sqrt{2\,\varepsilon}$ zu wählen.

19. $1 - \cos x = 2\sin^2\dfrac{x}{2} \sim 2\left(\dfrac{x}{2}\right)^2 = \dfrac{x^2}{2}\,.$

20. Aus $\mathrm{ctg}\,x = \mathrm{tg}\left(\dfrac{\pi}{2} - x\right).$

21. $\qquad \sin y \sim y \sim \dfrac{x}{2}\,.$

22. $\qquad \dfrac{\mathrm{tg}\,a\,x}{\mathrm{tg}\,b\,x} \sim \dfrac{a\,x}{b\,x} = \dfrac{a}{b}\,.$

23a) $\qquad \dfrac{\sin h}{h}\,\dfrac{1}{\cos x \cos(x+h)} \to \dfrac{1}{\cos^2 x}\,;$

23b) $\quad \dfrac{1}{h}\left(\dfrac{1}{\sin(x+h)} - \dfrac{1}{\sin x}\right) \sim \dfrac{-1}{h}\,\dfrac{\sin(x+h) - \sin x}{\sin x \sin(x+h)} =$

$$= \frac{-2}{h}\,\frac{\sin\dfrac{h}{2}\cos\left(x+\dfrac{h}{2}\right)}{\sin x \sin(x+h)} \sim \frac{-2\,\dfrac{h}{2}}{h}\,\frac{\cos x}{\sin^2 x} = \frac{-\cos x}{\sin^2 x}\,;$$

23c) Nach A 4 d) § 11 gilt $\dfrac{\sin^2(x+h) - \sin^2 x}{h} = \dfrac{\sin h}{h}\sin(2\,x+h) \to \sin 2\,x;$

23d) $\qquad \dfrac{1+0+0+1}{5} = \dfrac{2}{5}\,;$

23e) $\qquad \sim \dfrac{x}{\sqrt{1000}} \cdot \dfrac{x}{\dfrac{x^2}{2}} = \dfrac{2}{\sqrt{1000}}\,;$

23f) $\quad 0$ wegen $\dfrac{100\,n}{n^2-1} \sim \dfrac{100}{n}\,;$

23g) Nach A 23c) gilt

$$\frac{\sin^2(y-h) - \sin^2 y}{h} \to -\sin 2\,y = -\sin 2\,x;$$

23h) $\qquad \dfrac{\sqrt{1+\mathrm{tg}\,x} - \sqrt{1-\mathrm{tg}\,x}}{\sin x} = \dfrac{2\,\mathrm{tg}\,x}{\sin x\,(\sqrt{1+\mathrm{tg}\,x} + \sqrt{1-\mathrm{tg}\,x})} \sim \dfrac{2\,x}{x\cdot 2} = 1\,.$

24. Folgt daraus, daß $\sqrt{y}$ f. $y > 0$ u. $y = 1 + \sin^2 x \geqq 1$ stet. sind.

25. $\quad |\cos^2 x - \cos^2 y| = |\cos x + \cos y|\,|\cos x - \cos y| \leqq$

$$\leqq (1+1)\,2\left|\sin\frac{x-y}{2}\right|\left|\sin\frac{x+y}{2}\right| \leqq 4\sin\left|\frac{x-y}{2}\right| \leqq 2\,|x-y|, \quad \delta(\varepsilon) = \frac{\varepsilon}{2}.$$

26. F. $n = 0$ aus A 4a). Beim Übergang von $n-1$ zu n multipliziert sich d. Produkt mit

$$\left(1 + \frac{1}{\cos 2^n \varphi}\right) = \operatorname{ctg} 2^{n-1}\varphi \operatorname{tg} 2^n \varphi.$$

Mit demselben Faktor multipliziert sich d. Ausdruck rechts in d. Beh.

27. F. $n = 0$ aus A 4b). Beim Übergang v. $n-1$ zu n ist d. neue Faktor im Produkt

$$= \frac{\cos 3^n \varphi + \dfrac{1}{2}}{\cos 3^n \varphi - \dfrac{1}{2}} = \operatorname{ctg}\frac{1}{2}\,3^n \varphi \operatorname{tg}\frac{1}{2}\,3^{n+1}\varphi,$$

u. mit d. gleichen Faktor multipliziert sich d. Ausdruck rechts in d. Beh.

28. $\quad U(x) = \dfrac{1}{2}\,(f(x) - f(-x)),\; G(x) = \dfrac{1}{2}\,(f(x) + f(-x)).$

29. $\quad$ Aus $f(-x) = f(x)$ bzw. $f(-x) = -f(x).$

30a) $\quad$ Folgt aus $\left|\sin x \cos\dfrac{1}{x}\right| \leqq |\sin x| \leqq |x|$;

30b) $\quad$ Folgt aus $\left|\sin^2 x \cos\dfrac{1}{x}\right| \leqq |\sin^2 x| \leqq x^2.$

31a) $\quad \sqrt[3]{1 + \sin x} - 1 \sim \dfrac{1}{3}\sin x \sim \dfrac{x}{3}$;

31b) D. Zähler $\to 2$, d. Nenner $\sim x\cos\alpha + \dfrac{1}{2}\,x^2 \sim x\cos\alpha.\;\dfrac{2}{\cos\alpha}$;

31c) $\quad \dfrac{1}{\sqrt{\cos\alpha x} + \sqrt{\cos\beta x}}\left[\beta^2\dfrac{1-\cos\beta x}{\beta^2 x^2} - \alpha^2\dfrac{1-\cos\alpha x}{\alpha^2 x^2}\right] \to$

$$\to \frac{1}{1+1}\left[\beta^2\cdot\frac{1}{2} - \alpha^2\cdot\frac{1}{2}\right] = \frac{\beta^2 - \alpha^2}{4}\;;$$

31d) $\quad \dfrac{x^2}{\sin^2\dfrac{x}{2}} \sim \dfrac{x^2}{\dfrac{x^2}{4}} = 4$;

31e) F. $x \neq 0$, $2^n \sin\dfrac{x}{2^n} \sim 2^n\cdot\dfrac{x}{2^n} = x$. D. Grenzwert x, auch f. $x = 0$;

31f) $\quad n\left(1 - \sqrt{1 - \sin\dfrac{1}{n}}\right) \sim n\cdot\dfrac{1}{2}\cdot\sin\dfrac{1}{n} \sim \dfrac{n}{2n} = \dfrac{1}{2}$;

31g) $\quad \left(\sqrt{x^4 + x} - x^2\right)\sin\dfrac{1}{x} \sim \dfrac{x}{\sqrt{x^4 + x} + x^2}\cdot\dfrac{1}{x} \to 0$;

31h) $n \dfrac{-\operatorname{tg}\dfrac{1}{n}}{1+\left(1+\operatorname{tg}\dfrac{1}{n}\right)^{1/3}+\left(1+\operatorname{tg}\dfrac{1}{n}\right)^{2/3}} \sim n\cdot\dfrac{-\dfrac{1}{n}}{3}=\dfrac{-1}{3}\,;$

31i)   Aus 31a) f. $x=-\dfrac{1}{n}:\dfrac{1}{3}\,;$

31k) $n\left(1-\sqrt{1-y}\right)\sim n\cdot\dfrac{y}{2}\sim\dfrac{\sqrt{n}}{4}\,;\ \infty\,.$

32a)   Aus 32b);

32b) $\dfrac{\sin x-\sin y}{x-y}=\dfrac{\sin\dfrac{x-y}{2}}{\dfrac{x-y}{2}}\cdot\cos\dfrac{x+y}{2}\to\cos a\,.$

33a)   OBdA sei $\varepsilon_1\varepsilon_2\neq 0$. F. $\varepsilon_1=-1$ kann wegen d. Ungeradheit v. $\sin x$ durch ε_1 durchdividiert werden, während ε_2 in α hereingenommen werden kann. Daher OBdA $\varepsilon_1=\varepsilon_2=1$.

Da $\sin\left(\dfrac{\pi}{4}+\dfrac{\alpha}{2}\right)\geqq 0$ ist, folgt d. Beh. aus

$$\sin^2\left(\frac{\pi}{4}+\frac{\alpha}{2}\right)=\left(\sqrt{\frac{1}{2}}\cos\frac{\alpha}{2}+\sqrt{\frac{1}{2}}\sin\frac{\alpha}{2}\right)^2=$$

$$=\frac{1}{2}\left(1+2\sin\frac{\alpha}{2}\cos\frac{\alpha}{2}\right)=\frac{1}{2}\left(1+\sin\alpha\right);$$

33b)   Aus 33a) f. $\alpha=\dfrac{\pi}{4}$, $\ \varepsilon_1=1$, $\ \varepsilon_2=\varepsilon$;

33c)   F. $\varepsilon_0=0$ klar. OBdA $\varepsilon_0=1$. Sei bereits bew.

$$\varepsilon_1\sqrt{2+\varepsilon_2\sqrt{2+\cdots+\varepsilon_n\sqrt{2}}}=2\sin\left(\frac{\pi}{4}\sum_{\nu=1}^{n-1}\frac{\varepsilon_1\ldots\varepsilon_{\nu+1}}{2^{\nu-1}}\right).$$

Wird hier d. Arg. d. Sinus mit φ bezeichnet, so folgt aus LA 33a)

$$\sqrt{2+2\sin\varphi}=2\sin\left(\frac{\pi}{2}+\frac{\varphi}{2}\right).$$

Hier d. Arg. d. Sinus wie in d. Beh.

34. $a=2\sqrt{\dfrac{p}{3}}\,.$

35.   M. setze $\dfrac{\omega}{m}=x^2$, $x>0$. Dann kann d. Ausgangsungl. geschrieben werden $x^2-\dfrac{2}{\sin\alpha}x+1<0$, so daß x zwischen d. beiden Wurzeln d. Polynoms links liegt, d. h. $\dfrac{1+\cos\alpha}{\sin\alpha}=\operatorname{ctg}\dfrac{\alpha}{2}$ u. $\dfrac{1-\cos\alpha}{\sin\alpha}=\operatorname{tg}\dfrac{\alpha}{2}$. Daher $\operatorname{tg}\dfrac{\alpha}{2}<x<\operatorname{ctg}\dfrac{\alpha}{2}$, womit d. Beh. bewiesen ist.

36.   Aus $\cos n\alpha\to 0$ würde folgen $\sin\alpha\sin n\alpha\to 0$. Da zugleich $\cos n\alpha\to 0$, $\sin n\alpha\to 0$ gleichzeitig unmöglich ist, da ja d. Quadratsumme $=1$ ist, folgt

$\sin \alpha = 0$, $\alpha = \nu \pi$. Dann aber $\cos n\alpha = \cos n\nu\pi = (-1)^{n\nu}$, u. dies ist nicht $\to 0$.

37. Aus $\sin n\alpha \to 0$ würde folgen $\sin \alpha \cos n\alpha \to 0$. Da $\cos n\alpha \to 0$ unmöglich ist, folgt $\sin \alpha = 0$, $\alpha = \nu\pi$, $\sin n\nu\pi = \sin n\alpha = 0$. Dann u. nur dann, wenn α ein Vielfaches v. π ist.

38. $\qquad \Delta \operatorname{ctg} 2^x \alpha = \operatorname{ctg} 2 \cdot 2^x \alpha - \operatorname{ctg} 2^x \alpha = \dfrac{-1}{\sin 2^{x+1}\alpha}$.

39. Nach (b) § 4 ist $\displaystyle\sum_{\nu=1}^{n} \dfrac{1}{\sin 2^\nu \alpha} = -(\operatorname{ctg} 2^n \alpha - \operatorname{ctg} \alpha)$.

40. $3^x \alpha = u$ gesetzt, folgt

$$\Delta 3^x \operatorname{ctg} 3^x \alpha = -4 \cdot 3^x \frac{\sin u \sin 2u}{\sin 3u}, \qquad A = -4.$$

41. Setzt m. $u = \dfrac{\alpha}{2^{x+1}}$ so folgt

$$\Delta \frac{1}{2^x} \operatorname{ctg} \frac{\alpha}{2^x} = \frac{1}{2^x}\left(\frac{1}{2} \operatorname{ctg} u - \operatorname{ctg} 2u\right) = \frac{1}{2^{x+1}} \operatorname{tg} u = \frac{1}{2^{x+1}} \operatorname{tg} \frac{\alpha}{2^{x+1}}.$$

Sodann folgt aus (b) § 4

$$\sum_{\nu=0}^{n} \frac{1}{2^{\nu+1}} \operatorname{tg} \frac{\alpha}{2^{\nu+1}} = \frac{1}{2^{n+1}} \operatorname{ctg} \frac{\alpha}{2^{n+1}} - \operatorname{ctg} \alpha.$$

42. $\qquad \Delta \operatorname{tg} \alpha x = \operatorname{tg}(\alpha x + \alpha) - \operatorname{tg} \alpha = \dfrac{2 \sin \alpha}{\cos(2\alpha x + \alpha) + \cos \alpha}$,

$$\sum_{\nu=0}^{n} \frac{1}{\cos(2\alpha\nu + \alpha) + \cos \alpha} = \frac{1}{2\sin\alpha}[\operatorname{tg}(n+1)\alpha - 0] = \frac{\operatorname{tg}(n+1)\alpha}{2\sin\alpha}.$$

43. $\qquad \Delta \operatorname{ctg} \alpha = \operatorname{ctg}(\alpha x + \alpha) - \operatorname{ctg} \alpha x = \dfrac{2\sin\alpha}{\cos(2\alpha x + \alpha) - \cos\alpha}$,

$$\sum_{\nu=1}^{n} \frac{1}{\cos(2\alpha\nu + \alpha) - \cos\alpha} = \frac{1}{2\sin\alpha}[\operatorname{ctg}(n+1)\alpha - \operatorname{ctg}\alpha].$$

44. $\qquad \Delta \cos 2^x \alpha = \cos 2^{x+1}\alpha - \cos 2^x \alpha = -2\sin 2^{x-1}\alpha \sin 3 \cdot 2^{x-1}\alpha$,

$$\sum_{\nu=0}^{n} \sin 2^\nu \alpha \sin 3 \cdot 2^\nu \alpha = -\frac{1}{2}[\cos 2^{n+2}\alpha - \cos 2\alpha].$$

45. $\qquad \Delta \cos 2^{-x}\alpha = \cos 2^{-x-1}\alpha - \cos 2^{-x}\alpha = 2\sin 2^{-x-2}\alpha \sin 3 \cdot 2^{-x-2}\alpha$,

$$\sum_{\nu=0}^{n} \sin \frac{\alpha}{2^\nu} \sin 3 \frac{\alpha}{2^\nu} = \frac{1}{2}[\cos 2^{-n+1}\alpha - \cos 4\alpha].$$

46. $\qquad \Delta 2^x \sin \dfrac{\alpha}{2^x} = 2^x\left(2\sin \dfrac{\alpha}{2^{x+1}} - \sin \dfrac{\alpha}{2^x}\right) = 2^{x+1}\sin \dfrac{\alpha}{2^{x+1}} \sin^2 \dfrac{\alpha}{2^{x+2}}$,

$$\sum_{\nu=0}^{n} 2^{\nu-1} \sin \frac{\alpha}{2^{\nu-1}} \sin^2 \frac{\alpha}{2^\nu} = 2^{n-1}\sin \frac{\alpha}{2^{n-1}} - \frac{1}{4}\sin 4\alpha.$$

47.
$$\Delta \frac{2^x}{\sin^2 2^x \alpha} = 2^x \left(\frac{2}{\sin^2 2^{x+1}\alpha} - \frac{1}{\sin^2 2^x \alpha} \right) = - \frac{2^{x+1} \cos 2^{x+1}\alpha}{\sin^2 2^{x+1}\alpha}.$$

$$\sum_{\nu=1}^{n} \frac{2^\nu \cos 2^\nu \alpha}{\sin^2 2^\nu \alpha} = \frac{1}{\sin^2 \alpha} - \frac{2^n}{\sin^2 2^n \alpha}.$$

48.
$$\Delta \frac{1}{\cos x\alpha} = \frac{1}{\cos(x\alpha + \alpha)} - \frac{1}{\cos x\alpha} = \frac{\cos x\alpha - \cos(x\alpha + \alpha)}{\cos x\alpha \cos(x\alpha + \alpha)} =$$

$$= \frac{2 \sin \dfrac{\alpha}{2} \sin\left(x\alpha + \dfrac{\alpha}{2}\right)}{\cos x\alpha \cos(x\alpha + \alpha)} = \frac{4 \sin \dfrac{\alpha}{2} \sin\left(x\alpha + \dfrac{\alpha}{2}\right)}{\cos(2x\alpha + \alpha) + \cos \alpha},$$

$$\sum_{\nu=0}^{n} \frac{\sin(2\nu + 1)\dfrac{\alpha}{2}}{\cos(2\nu + 1)\alpha + \cos \alpha} = \frac{1}{4 \sin \dfrac{\alpha}{2}} \left[\frac{1}{\cos(n+1)\alpha} - 1 \right].$$

49. Folgt aus A 5.

50.
$$\sin nx = \sin(n-2)x + 2\sin x \sin(n-1)x,$$
$$|\sin nx| \leqq |\sin(n-2)x| + 2|\sin x| \leqq (n-2)|\sin x| + 2|\sin x|.$$

51. $\sin(x+a) - \sin x = 2\sin a \cos\left(x + \dfrac{a}{2}\right)$. Da $\cos\left(x + \dfrac{a}{2}\right)$ f. $x \to \infty$

keinen Grenzwert hat, kommt nur $\sin \dfrac{a}{2} = 0$, $a = 2m\pi$, m ganz, in Frage.

52. Beim Übergang v. $n-1$ zu n multipliziert sich d. Produkt mit

$$\operatorname{tg}^{2^n} \frac{x}{2^n} = \left(\frac{2 \sin^2 \dfrac{x}{2^n}}{\sin \dfrac{x}{2^{n-1}}} \right)^{2^n} \quad \text{u. d. Ausdruck rechts mit } 2^{2^n} \frac{\sin^{2^{n+1}} \dfrac{x}{2^n}}{\sin^{2^n} \dfrac{x}{2^{n-1}}}.$$

53. D. Beh. f. $n-1$ als richtig angenommen lautet, wenn x durch $\dfrac{x}{2}$ ersetzt wird,

$$2^{n-1} \operatorname{ctg} \frac{x}{2} = \sum_{\nu=-(2^{n-2}-1)}^{2^{n-2}-1} \operatorname{ctg} \frac{x + 2\nu\pi}{2^n} + \frac{1}{2}\left(\operatorname{ctg} \frac{x + 2^{n-1}\pi}{2^n} + \operatorname{ctg} \frac{x - 2^{n-1}\pi}{2^n} \right),$$

u. wenn hier $x + \pi$ statt x geschrieben wird,

$$2^{n-1} \operatorname{ctg} \frac{x+\pi}{2} = \sum_{\nu=-(2^{n-2}-1)}^{2^{n-2}-1} \operatorname{ctg} \frac{x + (2\nu+1)\pi}{2^n} +$$

$$+ \frac{1}{2}\left(\operatorname{ctg} \frac{x + (2^{n-1}+1)\pi}{2^n} + \operatorname{ctg} \frac{x - (2^{n-1}-1)\pi}{2^n} \right),$$

wo d. letzte Term $= \operatorname{ctg} \dfrac{x - (2^{n-1}-1)\pi}{2^n}$ ist, da d. Argumentdifferenz bei den

beiden Summanden gleich π ist. Daraus durch Addition, wegen (*),

$$2^n \operatorname{ctg} x = \sum_{\nu=-(2^{n-1}-2)}^{2^{n-1}-1} \operatorname{ctg} \frac{x + \nu\pi}{2^n} + \operatorname{ctg} \frac{x - (2^{n-1}-1)\pi}{2^n} +$$

$$+ \frac{1}{2}\left(\operatorname{ctg} \frac{x + 2^{n-1}\pi}{2^n} + \operatorname{ctg} \frac{x - 2^{n-1}\pi}{2^n} \right),$$

wie beh.

54. Wenn d. Beh. f. $n - 1$ wahr ist, enthält $\prod\limits_{\nu=1}^{n-1}$ die Glieder $\cos \nu x$, $\sin \nu x$, wo ν zwischen 0 u. $n - 1$ läuft. Nach Multiplikation mit $u_n + v_n \cos x +$ $+ w_n \sin x$ u. Reduktion treten die Glieder $\sin \nu x$, $\sin(\nu \pm 1)x$, $\cos \nu x$, $\cos(\nu \pm 1)x$ auf.

55.
$$\sin n\varphi - \sin(n-2)\varphi = 2\sin\varphi\cos(n-1)\varphi,$$
$$\frac{\sin n\varphi}{\sin\varphi} = \frac{\sin(n-2)\varphi}{\sin\varphi} + 2\cos(n-1)\varphi,$$
$$\cos n\varphi + \cos(n-2)\varphi = 2\cos\varphi\cos(n-1)\varphi,$$
$$\cos n\varphi = -\cos(n-2)\varphi + 2x\cos(n-1)\varphi.$$

56. Aus A 4d) folgt f. d. Ausdruck rechts in HA 56
$$\frac{\sin^2\Theta_1}{\sin(\Theta_2 - \Theta_1)} - \frac{\sin^2\Theta_n}{\sin(\Theta_n - \Theta_{n-1})} + \sum_{\nu=2}^{n} \sin(\Theta_\nu + \Theta_{\nu-1}),$$
u. dies liefert d. Beh., wenn in d. Summe d. Summationsbuchstabe ν durch $\mu + 1$ ersetzt, u. sodann statt μ wieder ν geschrieben wird.

57. Unter d. Annahme sind d. Differenzen in der Formel d. A 56,
$$\frac{1}{\sin\varDelta\Theta_{\nu-1}} - \frac{1}{\sin\varDelta\Theta_\nu},$$
≥ 0 u. daher d. Summe rechts ≥ 0, woraus d. untere Schranke d. Beh. folgt. Ersetzt m. alle $\sin^2\Theta_\nu$ durch 1, so wird d. Summe rechts vergrößert zu
$$\frac{1}{\sin\varDelta\Theta_1} - \frac{1}{\sin\varDelta\Theta_{n-1}},$$
woraus d. obere Schranke folgt.

58. Da d. Klammerdifferenzen in d. Summe rechts in A 56 ≤ 0 sind, ergibt sich e. obere Grenze, wenn sie alle durch 0 ersetzt werden, u. e. untere Grenze, wenn alle $\sin^2\Theta_\nu$ durch 1 ersetzt werden. Im zweiten Falle erhält m.
$$-\frac{\sin^2\Theta_1}{\sin\varDelta\Theta_1} + \left(\frac{1}{\sin\varDelta\Theta_1} - \frac{1}{\sin\varDelta\Theta_{n-1}}\right) + \frac{\sin\Theta_n}{\sin\varDelta\Theta_{n-1}} = \frac{\cos^2\Theta_1}{\sin\varDelta\Theta_1} - \frac{\cos^2\Theta_n}{\sin\varDelta\Theta_{n-1}}.$$

59. Während d. linke Seite sich nicht ändert, geht rechts jeder Sinus in d. Zählern in d. Cosinus über, während d. Nenner sich mit -1 multiplizieren.

60. Werden rechts in (*) d. Klammern aufgemacht, so heben sich d. Glieder mit d. Zähler 1 heraus u. es bleibt d. Beh.

61. D. untere Schranke folgt aus (*) v. HA 60 durch Weglassen v. $\sum\limits_{\nu=2}^{n-1}$, d. obere, wenn in dieser Summe alle Faktoren $(1 + \sin 2\Theta_\nu)$ durch 2 ersetzt werden.

62. D. obere Schranke folgt aus (*) von HA 60 durch Weglassen d. Summe rechts, d. untere, wenn in dieser Summe alle $(1 + \sin 2\Theta_\nu)$ durch 2 ersetzt werden.

63a) $\displaystyle\sum_{\nu=1}^{\infty} \sin \vartheta^{\nu} \ll \sum_{\nu=1}^{\infty} |\vartheta|^{\nu}$ konv.   63b) $\displaystyle\ll \sum_{\nu=1}^{\infty} \left(\frac{1}{2}\right)^{\nu}$ konv.;

63c) $\operatorname{ctg} 2^{-\nu} \sim 2^{\nu}$, $\left(\operatorname{ctg}\dfrac{1}{2^{\nu}}\right) 3^{-\nu} < c \left(\dfrac{2}{3}\right)^{\nu}$ $(\nu > n_0)$;

63d) $|\nu^5 \sin \vartheta^{\nu}| \leqq \nu^5 |\vartheta|^{\nu}$ konv., da $\displaystyle\sum_{\nu=1}^{\infty} \nu^5 |\vartheta|^{\nu}$ konv. nach d. Wurzelkriterium;

63e) $\displaystyle\ll \sum_{\nu=1}^{\infty} \nu^{1000}\, \mathrm{e}^{-\nu}$, daher konv. nach dem Wurzelkriterium;

63f) $\displaystyle\ll \sum_{\nu=1}^{\infty} \nu\,\frac{1}{\nu^3}$ konv.;

63g) $\displaystyle\ll \sum_{\nu=1}^{\infty} c \left(\frac{\pi}{\nu}\right)^2$ f. e. $c > 0$, konv.;

63h) $\displaystyle\ll \sum_{\nu=1}^{\infty} \frac{c}{\nu^{3/2}}$ f. e. geeignetes $c > 0$, konv.;

63i)   D. allgemeine Glied d. Reihe ist

$$\sim \frac{1}{2\,\nu^3} \quad \text{daher d. Reihe} \ll c \sum_{\nu=1}^{\infty} \frac{1}{\nu^3}\,, \quad \text{konv.}$$

63k) $\displaystyle\sum_{\nu=1}^{\infty} \frac{(-1)^{\nu}}{\nu^{1/2}} + \sum_{\nu=1}^{\infty} \frac{1}{\nu^{3/2}}$, wo d. erste Reihe konv. nach dem Leibnizschen Kriterium u. d. zweite nach A 25 § 8;

63l) $\displaystyle\sum_{\nu=1}^{\infty} \frac{(-1)^{\nu-1}}{2\nu-1} + \sum_{\nu=1}^{\infty} \frac{\sin \dfrac{1}{\nu}}{\nu}$, wo d. erste Reihe konv. nach d. Leibnizschen Kriterium u. d. zweite $\displaystyle\ll \sum_{\nu-1}^{\infty} \frac{1}{\nu^2}$.

64. Es gilt $x_{\nu} \downarrow x$, $x \geqq 0$. Aus $x_{\nu+1} = \sin x_{\nu}$ folgt $x = \sin x$, was f. $1 > x \geqq 0$ nur f. $x = 0$ gilt.

§ 12

1. $\displaystyle\int_1^3 = 2 \cdot \frac{1+2}{2} = 3$, $\displaystyle\int_3^4 = 1 \cdot \frac{2+1}{2} = \frac{3}{2}$, $\displaystyle\int_1^4 = 4{,}5$.

2. $\displaystyle\int_{1/2}^{1}$ ist d. Flächeninhalt d. halben Kreissegments, d. zum Winkel $\dfrac{\pi}{3}$ gehört, also $\dfrac{\pi}{3} - \dfrac{1}{2} \cdot \dfrac{1}{2}\, \sqrt{\dfrac{3}{4}} = \dfrac{\pi}{3} - \dfrac{1}{8} \sqrt{3}$. $\displaystyle\int_{\sqrt{1/2}}^{1}$ entspricht analog dem Winkel $\dfrac{\pi}{4}$ u. ist

$$\frac{\pi}{4} - \frac{1}{2} \cdot \sqrt{\frac{1}{2}} \cdot \sqrt{\frac{1}{2}} = \frac{\pi}{4} - \frac{1}{4}.$$

Daher $\displaystyle\int_{1/2}^{\sqrt{1/2}} = \frac{\pi}{12} + \frac{1}{4} - \frac{1}{8}\sqrt{3} = 0{,}29504$.

3. F. e. Einteilung in 4 Intervalle

$$\frac{1}{2}\left(f(1{,}5) + f(2) + f(2) + f(2{,}5)\right) = \frac{1}{2}(1 + 2 + 2 + 1) = 3,$$

$$\frac{1}{2}\left(f(1) + f(1{,}5) + f(2{,}5) + f(3)\right) = \frac{1}{2}(0 + 1 + 1 + 0) = 1.$$

F. e. Einteilung in 8 Intervalle

$$\frac{1}{4}\left[f(1{,}25) + f(1{,}5) + f(1{,}75) + f(2) + f(2) + f(2{,}25) + f(2{,}5) + f(2{,}75)\right] =$$

$$= \frac{1}{4}\left[0{,}5 + 1 + 1{,}5 + 2 + 2 + 1{,}5 + 1 + 0{,}5\right] = 2{,}5,$$

$$\frac{1}{4}\left[f(1) + f(1{,}25) + f(1{,}5) + f(1{,}75) + f(2{,}25) + f(2{,}5) + f(2{,}75) + f(3)\right] =$$

$$= \frac{1}{4}\left[0 + 0{,}5 + 1 + 1{,}5 + 1{,}5 + 1 + 0{,}5 + 0\right] = 1{,}5.$$

4.
$$\frac{1}{2}\left(\frac{1}{1} + \frac{1}{1{,}5} + \frac{1}{2} + \frac{1}{2{,}5}\right) = 1{,}28333\ldots$$

$$\frac{1}{2}\left(\frac{1}{1{,}5} + \frac{1}{2} + \frac{1}{2{,}5} + \frac{1}{3}\right) = 0{,}95.$$

5.
$$\frac{1}{n}\sum_{\nu=1}^{n}\frac{n^2}{(n+\nu)(n+\nu-1)} = n\sum_{\nu=1}^{n}\left(\frac{1}{n+\nu-1} - \frac{1}{n+\nu}\right) = n\left(\frac{1}{n} - \frac{1}{2n}\right) = \frac{1}{2}.$$

6. Aus A 9a) § 11 folgt f. $\delta = \dfrac{\pi\alpha}{n}$

$$\sum_{\nu=1}^{n}\sin\nu\delta = \frac{1}{2\sin\dfrac{\pi\alpha}{2n}}\left(\cos\frac{\delta}{2} - \cos\left(n + \frac{1}{2}\right)\frac{\pi\alpha}{n}\right),$$

$$\frac{1}{n}\sum_{\nu=1}^{n}\sin\nu\delta = \frac{1}{\pi\alpha}\frac{\dfrac{\pi\alpha}{2n}}{\sin\dfrac{\pi\alpha}{2n}}\left(\cos\frac{\delta}{2} - \cos\left(1 + \frac{1}{2n}\right)\pi\alpha\right) \to \frac{1 - \cos\pi\alpha}{\pi\alpha}.$$

Daher $\displaystyle\int_{0}^{1}\sin x\,\pi\alpha\,dx = \frac{1 - \cos\pi\alpha}{\pi\alpha}$.

§ 13

1.
$$\int_{\alpha}^{\beta} f(x)\,dx = f(\xi)(\beta - \alpha) > 0.$$

2.
$$\int_{\alpha}^{\beta} f(x)\,dx = \int_{\alpha}^{\gamma} f(x)\,dx + \int_{\delta}^{\beta} f(x)\,dx + \int_{\gamma}^{\delta} f(x)\,dx \geqq \int_{\gamma}^{\delta} f(x)\,dx > 0.$$

3. Wie bei A 2.

4.
$$\int_1^3 = 2\cdot 3 = 6, \quad \int_3^4 = 1\cdot 3 = 3, \quad \int_4^{4,5} = \frac{1}{2}\cdot 4 = 2, \quad \int_{4,5}^5 = \frac{1}{2}\cdot 4 = 2,$$

$$\int_5^{5,5} = \frac{1}{2}\cdot 3 = 1,5, \quad \int_{5,5}^6 = \frac{1}{2}\cdot 3 = 1,5, \quad \int_6^9 = 3\cdot 3 = 9, \quad \int_9^{10} = 1\cdot 3 = 3,$$

$$\int_1^{10} = 28.$$

5a) D. erste Ungleich. aus A 3. Ferner, gleichfalls aus A 3,

$$\int_0^{\pi/2} \sin^n x\, dx - \int_0^{\pi/2} \sin^{n+1} x\, dx = \int_0^{\pi/2} \sin^n x\,(1 - \sin x)\, dx \geqq 0.$$

5b) Wie 5a).

6. D. linksseitige Ungleich. aus A 2. Wie bei 5a) folgt

$$\int_{1/2}^1 x \sin x\, dx < \int_{1/2}^1 x^2\, dx = \frac{1^3}{3} - \frac{\left(\frac{1}{2}\right)^3}{3} = \frac{7}{24}.$$

7. Ist $f(x)$ in e. Punkt v. $\langle \alpha, \beta \rangle$ stetig u. pos., so gibt es e. Teilintervall $\gamma \leqq x \leqq \delta$, wo $f(x) > 0$ ist. Dann

$$\int_\alpha^\beta f(x)\, dx = \int_\alpha^\gamma f(x)\, dx + \int_\delta^\beta f(x)\, dx + \int_\gamma^\delta f(x)\, dx \geqq \int_\gamma^\delta f(x)\, dx > 0,$$

nach A 1.

8. $\int_\alpha^\beta (f - g)\, dx \geqq 0$. Ist in e. Punkt v. $\langle \alpha, \beta \rangle$ $f(x) > g(x)$, $f(x) - g(x) > 0$, so folgt d. Beh. aus A 7.

9. Ist $f(x_2) < A < f(x_1)$, so wird d. Wert A in e. inneren Punkt ξ d. Intervalls $\langle x_1, x_2 \rangle \prec \langle \alpha, \beta \rangle$ angenommen, wie behauptet. Sei $A = f(x_1) = M$, dann $\int_\alpha^\beta f(x)\, dx = \int_\alpha^\beta M\, dx$. Da $f(x) \leqq M$ ist, folgt dann aus A 8, daß in (α, β) durchweg $f(x) = M$ ist u. als ξ kann $\frac{\alpha + \beta}{2}$ gewählt werden. Ebenso ist d. Fall $A = f(x_2)$ zu erledigen.

10. Wie bei A 10, ist f. $f(x_1) < A < f(x_2)$ d. Beh. klar. Wäre $A = f(x_1) = M$ so hätte m.: $\int_\alpha^\beta f(x)\, p(x)\, dx = \int_\alpha^\beta M p(x)\, dx$, was wegen $f(x)\, p(x) \leqq M p(x)$ nach A 8 nur möglich ist, wenn in $\langle \alpha, \beta \rangle$ durchweg $f(x)\, p(x) = M p(x)$ ist. Dann kann aber $\xi = \frac{\alpha + \beta}{2}$ gewählt werden. Analog schließt m. f. $A = f(x_2)$.

11. E. Vorzeichenwechsel in $(0, p)$ ist sicher vorhanden. Gibt es in $(0, p)$ keine weiteren, so ist für hinreichend kleine h, $f(h) f(p - h) < 0$ und es liegt f. $x = 0$ e. Vorzeichenwechsel vor.

12. $\displaystyle \int_{\alpha}^{\beta} (x - \alpha)(x - \beta)\, dx = \frac{\beta^3 - \alpha^3}{3} - (\alpha + \beta) \frac{\beta^2 - \alpha^2}{2} + \alpha\beta(\beta - \alpha).$

§ 14

1a) $\displaystyle \frac{\sin(a(x + h) + b) - \sin(ax + b)}{h} = \frac{2 \sin \dfrac{a\,h}{2} \cos\left(ax + b + \dfrac{a\,h}{2}\right)}{h} =$

$$= a\, \frac{\sin \dfrac{a\,h}{2}}{\dfrac{a\,h}{2}} \cos\left(ax + b + \frac{a\,h}{2}\right) \to a \cos(ax + b),$$

wenn $a \neq 0$ ist, sonst trivial;

1b) $\displaystyle \frac{(a(x + h) + b)^n - (ax + b)^n}{h} =$

$$= a(u^{n-1} + \cdots + v^{n-1}) \to a \cdot n\, u^{n-1} = a\, n\, (ax + b)^{n-1};$$

1c) $\displaystyle \frac{1}{h}\left(\frac{ax + ah + b}{cx + ch + d} - \frac{ax + b}{cx + d}\right) = \frac{ad - bc}{(cx + d)(cx + ch + d)} \to \frac{ad - bc}{(cx + d)^2};$

1d) $\displaystyle \frac{\sqrt{x + a + h} - \sqrt{x + a}}{h} = \frac{1}{\sqrt{x + a + h} + \sqrt{x + a}} \to \frac{1}{2\sqrt{x + a}}.$

2. F. $ad - be = 0$ ist $\dfrac{ax + b}{cx + d}$ eine Konstante, $= \dfrac{a}{c} = \dfrac{b}{d}$, u. d. Ableitung e. Konstanten ist stets 0.

3. D. Steigung d. e. Kurve ist 2, diejenige d. anderen $2x - 1$. F. d. tg des Winkels d. beiden Kurven folgt $\dfrac{2x - 3}{1 + 4x - 2} = \dfrac{2x - 3}{4x - 1}.$

4. D. Steigungen d. Tangenten sind $2x$, $3x^2$, diejenigen d. Normalen $\dfrac{-1}{2x}$, $\dfrac{-1}{3x^2}$. Daher d. Gl. d. Normalen in laufenden Koordinaten ξ, η:

$$\frac{\eta - x^2}{\xi - x} = -\frac{1}{2x}, \qquad \frac{\eta - x^3}{\xi - x} = -\frac{1}{3x^2}.$$

5. Die Ableitungen bis auf d. Punkte 1, 3, 4, $\dfrac{9}{2}$, 5, $\dfrac{11}{2}$, 6, 9 u. 10 sind in den entsprechenden Intervallen: In $(1,3)$ 1, in $(3,4)$ -2, in $\left(4, \dfrac{9}{2}\right)$ 8, in $\left(\dfrac{9}{2}, 5\right) -8$, in $\left(5, \dfrac{11}{2}\right)$ 4, in $\left(\dfrac{11}{2}, 6\right) -4$, in $(6,9)$ $\dfrac{2}{3}$, in $(9,10)$ -2. In d. ausgeschlossenen Pkt. existieren nur d. einseitigen Ableitungen.

6. Denn hier ist

$$\frac{f(a + h) - f(a)}{h} = \frac{h \sin \dfrac{1}{h}}{h} = \sin \frac{1}{h},$$

u. dies hat f. $h \to 0$ keinen Grenzwert.

7. Hier ist

$$\frac{f(a+h)-f(a)}{h}=\frac{h^2\sin\frac{1}{h}}{h}=h\sin\frac{1}{h}\,,$$

u. dies ist absolut $\leqq|h|$ u. strebt mit h gegen 0.

8. D. Ausdruck rechts in HA 8 strebt mit $h\to0$ gegen

$$nf'(a)-(n-1)f'(a)=f'(a)\,.$$

9. Für ganze n, $n<x<n+1$ ist

$$\varphi'(x)=\frac{1}{2\,\sqrt{x-n}}\,;$$

für $x=n$, $h>0$ ist $\varphi(n+h)-\varphi(n)=\sqrt{h}$, so daß $\varphi'_+(n)=\infty$ ist.
Für $x=n$, $h<0$ ist

$$\varphi(n+h)-\varphi(n)=-1+\sqrt{1+h}\,,\quad\frac{\varphi(n+h)-\varphi(n)}{h}=\frac{1}{\sqrt{1+h}+1}\,,\quad\varphi(n)=\frac{1}{2}\,.$$

10.
$$y'=\begin{cases}-1,&x<\alpha\\1,&x>\alpha,\end{cases}$$

y' nicht vorhanden für $x=\alpha$.

11. Folgt aus

$$\frac{f(a+h)-f(a)}{f'(a)\,h}\to1\,,\quad\frac{f(x_\nu)-f(a)}{f'(a)\,(x_\nu-a)}\to1\quad(h\to0,\ x_\nu\to a)\,.$$

§ 15

1. Sind x_1, x_2 d. reellen Wurzeln v. x^2+ax+b so muß d. einzige Wurzel $-\frac{a}{2}$ d. Abl. zwischen x_1 u. x_2 liegen.

2. Sonst müßte d. Abl. $3x^2-3$ eine Wurzel in $(0,1)$ haben.

3. Denn $x^2(x-1)^2$ verschwindet in 0 u. 1.

4. Es liegt je e. Wurzel in $(1,2)$, $(2,3)$ u. $(3,4)$, u. zwar genau e., da $P'(x)$ v. Grade 3 ist.

5. Es liegt e. Wurzel v. $P'(x)$ in $(-1,1)$.

6a) $\dfrac{x^n-y^n}{x-y}=n\,\xi^{n-1}$, $y<\xi<x$, dies liegt aber zwischen nx^{n-1} u. ny^{n-1}.

6b) $\dfrac{\sin y-\sin x}{y-x}=\cos\xi$, $\xi\prec\langle x,y\rangle$.

Da $\cos\xi$ zwischen $\cos x$ u. $\cos y$ liegt, liegt $(y-x)\cos\xi$ zwischen $(y-x)\cos x$ u. $(y-x)\cos y$.

7. $\quad 2x+h=2x+2\,\Theta\,h$, $\quad\Theta=\dfrac{1}{2}$.

8.
$$h^2 + 3hx + 3x^2 = 3x^2 + 6\,\Theta\,hx + 3\,\Theta^2 h^2,$$

$$3x(1 - 2\,\Theta) + h = 3\,\Theta^2 h, \quad \Theta = \frac{1}{2} + \frac{h}{6x} - \frac{h}{2x}\,\Theta^2, \quad \text{wenn } x \neq 0.$$

Wegen $|\Theta| \leqq 1$ folgt $\Theta \to \frac{1}{2}\ (x \neq 0)$; f. $x = 0$ ergibt sich

$$h^2 = 3\,\Theta^2 h^2, \quad \Theta = \frac{1}{\sqrt{3}}.$$

9. Denn da $\Theta h \to 0$ mit $h \to 0$ gilt, ist d. Grenzwert von $f'(a + k)\ (k \to 0)$ zugleich d. Grenzwert v. $\frac{1}{h}(f(a + h) - f(a))$.

10. Hat d. Ausdruck rechts in (*) d. Grenzwert A, so gilt dasselbe f. d. Ausdruck links.

11. Hätte $f(x)$ drei Wurzeln f. gerade n, so müßte $x^{n-1} = -\frac{p}{n}$ wenigstens 2 Wurzeln haben, was f. ungerades $n - 1$ nicht zutrifft. Hätte $f(x)$ 4 Wurzeln f. ungerades n, so müßte $x^{n-1} = -\frac{p}{n}$ wenigstens drei Wurzeln haben, was f. gerades $n - 1$ nicht zutrifft.

12.
$$0 < \frac{\sin 35° - \sin 30°}{0{,}0838} = \cos \xi < 0{,}8660.$$

$$\sin 35° = \frac{1}{2} + 0{,}0838\,\Theta. \quad 0{,}8660 = 0{,}5 + 0{,}0726\,\Theta, \quad 0 < \Theta < 1.$$

13.
$$f(\pi) - f(3{,}14) = \frac{-(\pi - 3{,}14)}{(\xi + 1)^2}.$$

Dies ist absolut
$$< \frac{\pi - 3{,}14}{4{,}14^2} < \frac{0{,}0016}{17{,}1396} < 0{,}0001.$$

14. Wir erhalten

$$\left|\frac{f(x_2) - f(x_1)}{x_2 - x_1} - f'(x_0)\right| = \left|\frac{\varepsilon h + \delta k}{h + k}\right| \leqq \text{Max}\,(|\varepsilon|, |\delta|),$$

da $h > 0$, $k > 0$. U. d. Ausdruck rechts geht gegen 0.

15. F. jedes $x \geqq \frac{1}{2}$ gilt $\dfrac{f(x) - f(0)}{x - 0} = \dfrac{f(x)}{x} = f'(\xi) \geqq m$, $f(x) \geqq mx \geqq \dfrac{m}{2}$.

§ 16

1. Setzt m. $F(y) = \displaystyle\int_0^y \sin x\,dx$, wo $F(y)$ f. alle y stet. ist, so gilt

$$\int_{x^2}^{x^3} \sin x\,dx = F(x^3) - F(x^2),$$

wo alles stet. ist.

2. $\quad \dfrac{1}{h} \displaystyle\int\limits_{\alpha}^{\alpha+h} f(x)\,dx = f(\xi) \to f(\alpha)$ mit $h \downarrow 0$. F. β analog.

3. Folgt aus $\displaystyle\int\limits_{x}^{c} f(t)\,dt = (-1)\int\limits_{c}^{x} f(t)\,dt$.

4. Folgt aus (*) f. $a \downarrow \alpha$ oder $a \uparrow \beta$, $b \downarrow \alpha$ oder $b \uparrow \beta$, da $\displaystyle\int\limits_{a}^{b} f(t)\,dt$ stet. f. $a \prec \langle \alpha, \beta \rangle$, $b \prec \langle \alpha, \beta \rangle$ ist.

5. Sei $F(x)$ e. Stammfkt. v. $f(x)$, dann

$$\int\limits_{\alpha}^{\beta} f(x)\,dx = F(\beta) - F(\alpha) = (\beta - \alpha)\,F'(\xi) = (\beta - \alpha)\,f(\xi), \quad \alpha \leq \xi \leq \beta.$$

6. In LA 2 kann nach A 9 § 13 $\alpha < \xi < \beta$ vorausgesetzt werden.

§ 17

1 a) $\quad 1 - x + x^2 - x^3$;

1 b) $\quad \dfrac{ad - bc}{(cx + d)^2}$;

1 c) $\quad \dfrac{-2x}{(x^2 + 1)^2}$;

1 d) $\quad 2x$;

1 e) $\quad \dfrac{(2 - n)\, x^2 - (n - 1)\,(\alpha + b)\, x - n\,ab}{x^{n+1}}$;

1 f) $\quad \dfrac{(n - m)\, x^m - n\,a^m}{(x^m - a^m)^2}\, x^{n-1}$;

1 g) $\quad n\, f'(x)\, f(x)^{n-1}$.

1 h) $\quad \dfrac{(p - q)\, x + p\,b - q\,a}{(x + b)^{q+1}}\, (x + a)^{p-1}$;

2. $f(x) \to 1 \ (x \uparrow 0)$, $\quad f(x) \to 0 \ (x \downarrow 0)$, unstet. f. $x = 0$;

$\quad f(x) \to 1 \ (x \to 1)$ stet. f. $x = 1$;

$\quad f(x) \to 2 \ (x \downarrow 2)$ unstet. f. $x = 2$;

$\quad f'(x) \to -1 \ (x \downarrow 1)$, $\quad f'(x) \to 1 \ (x \uparrow 1)$, $f'(x)$ existiert nicht f. $x = 1$, wohl aber $f_+(1) = -1$ u. $f'_-(1) = 1$.

3. $\alpha = 0$, $\quad a = 1$, $\quad \beta = 1$, $\quad b = 0$; $\quad (x \sin x + \cos x)' = x \cos x$.

4. $a = c = \beta = 0$, $\quad \alpha = -1$,

$\quad b = \gamma = 2$; $\quad (2x \sin x + (2 - x^2) \cos x)' = x^2 \sin x$.

5a) $2\operatorname{tg} x(1 + \operatorname{tg}^2 x)$;

5b) $5x^4 \sin^2 x + 2x^5 \sin x \cos x + 1 + \operatorname{tg}^2 x$;

5c) $\operatorname{tg}^2 x + \operatorname{ctg}^2 x + 2$;

5d) $\operatorname{tg}^2 x(1 + \operatorname{tg}^2 x) - \operatorname{tg}^2 x = \operatorname{tg}^4 x$;

5e) $\left(x\sqrt{x}\right)' = \sqrt{x} + x\dfrac{1}{2\sqrt{x}} = \dfrac{3}{2}\sqrt{x}$.

6a) $2{,}5\, x^3$; 6b) $\dfrac{17}{26}\, x^{26}$;

6c) $2x - 1{,}5\, x^2 + \dfrac{7}{6}\, x^6$.

7a) $-\dfrac{2}{3}$; 7b) $-\dfrac{7}{12}$;

7c) $\dfrac{4}{5}$; 7d) $\dfrac{16}{15}$;

7e) $-10{,}5$; 7f) $2\left(1 - \sqrt{6}\right)$;

7g) $3\left(\sqrt[3]{2} - 1\right)$; 7h) 0;

7i) 4; 7k) 4;

7l) 4.

8. $\quad \dfrac{2a}{3}\, x^3\big|_0^a = \dfrac{2a^4}{3}$.

9. $\quad \dfrac{1}{4}\, a^5$.

10a) $A(x) = \left(\dfrac{x - x^{n+1}}{1 - x}\right)' = \dfrac{1 - (n+1)x^n + n x^{n+1}}{(1 - x)^2}$;

10b) $B(x) = \left(\dfrac{x - (n+1)x^{n+1} + n x^{n+2}}{(1 - x)^2}\right)' =$

$\qquad = \dfrac{1 + x - (n+1)^2 x^n + (2n^2 + 2n - 1)x^{n+1} - n^2 x^{n+2}}{(1 - x)^3}$.

11. $\quad$ F. $f(x) = 0$ folgt $y' = 1$, sofern $(f'(x))'$ existiert.

12. $\quad P'(x) = (x - a)^{n-1}Q(x)$,

$\qquad Q(x) = n\,P_1(x) + (x - a)\,P_1'(x) \quad$ u. $\quad Q(a) = n\,P_1(a) \neq 0$.

13. $\quad \left(\dfrac{f}{g}\right)' = \dfrac{f'\,l^n g_1 - f(n\,l^{n-1} g_1 + l^n g_1')}{l^{2n} g_1^2} = \dfrac{f' l g_1 - n f g_1 - f l g_1'}{l^{n+1} g_1^2}$.

14. $\quad y_0 = A\,a^2 + B\,a + C, \quad y_2 = A\,b^2 + B\,b + C$,

$\qquad 4y_1 = A(a + b)^2 + 2B(a + b) + 4C$,

$\qquad y_0 + 4y_1 + y_2 = 2A(a^2 + ab + b^2) + 3B(a + b) + 6C$,

$\qquad \dfrac{1}{6}(b - a)(y_0 + 4y_1 + y_2) = \dfrac{A}{3}(b^3 - a^3) + \dfrac{B}{2}(b^2 - a^2) + C(b - a)$.

16*

15. $$\int\limits_{x_1}^{x_2} F(x)\,dx = A\int\limits_{x_1}^{x_2} (x-x_1)(x-x_2)\,dx = \frac{A}{6}(x_1-x_2)^3;\ \text{andererseits gilt}$$

$$y_1 - y_2 = F\left(\frac{x_1+x_2}{2}\right) = A\,\frac{x_2-x_1}{2}\,\frac{x_1-x_2}{2};\quad y_2-y_1 = \frac{A}{4}(x_2-x_1)^2.$$

16. $f(x)$ ist stet. u. $= 0$ in $0,\ \dfrac{1}{2},\ \dfrac{3}{2},\ 2$. F. $x \downarrow \dfrac{1}{2}$ ist

$$\frac{f(x)-f\left(\frac{1}{2}\right)}{x-\frac{1}{2}} = x-\frac{3}{2} \to -1,\ \text{f. } x\uparrow\frac{3}{2}\ \text{ist}\quad \frac{f(x)-f\left(\frac{3}{2}\right)}{x-\frac{3}{2}} = x-\frac{1}{2} \to 1.$$

Daher $f_-'\left(\dfrac{1}{2}\right)=0,\ \ f_+'\left(\dfrac{1}{2}\right)=-1,\ \ f_-'\left(\dfrac{3}{2}\right)=1,\ \ f_+'\left(\dfrac{3}{2}\right)=0.$ Im *Innern* d.
Intervalle ist $f'(x)$ stet.

17. Da $(1-x)\sin x$ Wurzeln in 0 u. 1 hat, aus d. Rolleschen Satz.

18. $$2\int\limits_0^1 (\sqrt{x}-x^2)\,dx = 2\left(\frac{2}{3}x^{3/2} - \frac{1}{3}x^3\right)\Big|_0^1 = \frac{2}{3}\,.$$

19. $$\operatorname{tg} y - \operatorname{tg} x = \frac{y-x}{\cos^2\xi}\,,\quad \frac{1}{\cos^2 x} \leqq \frac{1}{\cos^2\xi} \leqq \frac{1}{\cos^2 y}\,.$$

20. D. Ausdruck y ist stet. als Summe stet. Fkt. Im Intervall $\alpha_\mu < x < \alpha_{\mu+1}$

$$\text{ist } y' = \sum_{v=1}^{\mu} \frac{\beta_{v+1}-\beta_v}{2} - \sum_{v=\mu+1}^{n} \frac{\beta_{v+1}-\beta_v}{2} + \frac{\beta_1+\beta_{n+1}}{2} =$$

$$= \frac{\beta_{\mu+1}-\beta_1}{2} - \frac{\beta_{n+1}-\beta_{\mu+1}}{2} + \frac{\beta_1+\beta_{n+1}}{2} = \beta_{\mu+1},$$

u. dasselbe gilt f. $\mu = 0$ u. $\mu = n$, d. h. d. Intervalle $(-\infty, \alpha_1)$, (α_n, ∞).
Daher ist $f(x) - y$ konstant in den offenen Intervallen zwischen den aufein-
anderfolgenden α_v u. daher wegen Stet. konstant.

§ 18

1. $$63°\,26'\,5{,}8'' = 1{,}107\,148\,641;$$
$$35°\,15'\,51{,}8'' = 0{,}615\,479\,695.$$

2. $$\frac{y^m-1}{y^n-1} \to \frac{m}{n}\quad (\text{L 6m}) \ \S\,9).$$

3. $$\frac{y^5-1}{y^3-1} \to \frac{5}{3}\,.$$

4. $$\frac{1}{3}\,x^{-2/3}.$$

5a) $$x = \sin(\varphi+\psi) = \frac{1}{3}\sqrt{1-\frac{16}{25}} + \frac{4}{5}\sqrt{1-\frac{1}{3}} = \frac{1}{5} + \frac{4}{5}\sqrt{\frac{2}{3}}\,;$$

5 b) $\quad x = \mathrm{tg}\,(4\,\varphi + \psi), \quad \mathrm{tg}\,2\,\varphi = \dfrac{\dfrac{2}{5}}{1 - \dfrac{1}{25}} = \dfrac{10}{24} = \dfrac{5}{12}\,, \quad \mathrm{tg}\,4\,\varphi = \dfrac{\dfrac{5}{6}}{1 - \dfrac{25}{144}} =$

$$= \dfrac{5 \cdot 24}{119} = \dfrac{120}{119}\,.$$

$$x = \dfrac{\dfrac{120}{119} - \dfrac{1}{239}}{1 + \dfrac{120}{119 \cdot 239}} = \dfrac{120 \cdot 239 - 119}{119 \cdot 239 + 120} = \dfrac{119 \cdot 239 + 239 - 119}{119 \cdot 239 + 120} = 1,$$

6 a) $\quad \sin 2\,\varphi = \dfrac{2 \cdot 10}{100 + 1} = \sin\psi \quad \cos 2\,\varphi = \dfrac{1 - 100}{1 + 100} < 0, \quad 2\,\varphi = \pi - \psi,$

da $0 < 2\,\mathrm{arc\,tg}\,10 + \mathrm{arc\,sin}\,\dfrac{20}{101} < 3\,\pi$ ist;

6 b) $\quad \mathrm{tg}\,2\,\varphi = \dfrac{\dfrac{1}{5}}{1 - \dfrac{1}{100}} = \dfrac{20}{99}\,, \quad \mathrm{tg}\,\omega = \dfrac{\dfrac{20}{99} - \dfrac{1}{515}}{1 + \dfrac{20}{99 \cdot 515}} = \dfrac{20 \cdot 515 - 99}{99 \cdot 515 + 20} =$

$$= \dfrac{10\,201}{51\,005} = \dfrac{1}{5}\,, \quad \mathrm{tg}\,(4\,\omega - \psi) = 1, \quad 4\,\omega - \psi = \dfrac{\pi}{4}\,,$$

da $8\,\mathrm{arc\,tg}\,\dfrac{1}{10} - \mathrm{arc\,tg}\,\dfrac{1}{239} - \mathrm{arc\,tg}\,\dfrac{1}{515}$ zwischen $6\,\mathrm{arc\,tg}\,\dfrac{1}{10}$ und $8\,\mathrm{arc\,tg}\,\dfrac{1}{10}$ liegt, also zwischen 0 und 1;

6 c) $\quad \mathrm{tg}\,(\varphi + \psi) = \dfrac{1}{\sqrt{3}}\,\dfrac{\dfrac{2a - b}{b} + \dfrac{2b - a}{a}}{1 - \dfrac{(2a - b)\,(2b - a)}{3ab}} = \sqrt{3}$, während, $\dfrac{a}{b} = x$ gesetzt,

d. Ausdruck links $< \dfrac{2a - b}{b\sqrt{3}} + \dfrac{2b - a}{a\sqrt{3}} = \dfrac{2}{\sqrt{3}}\left(x + \dfrac{1}{x} - 1\right)$ ist, und dies für $\dfrac{1}{2} < x < 2$ sicher $< \dfrac{3}{\sqrt{3}} = \sqrt{3}$ bleibt;

6 d) $\quad \mathrm{tg}\,2\,\varphi = \dfrac{\dfrac{2}{7}}{1 - \dfrac{1}{49}} = \dfrac{7}{24}\,;$

$$\mathrm{tg}\,(2\,\varphi + \psi) = \dfrac{\dfrac{7}{24} + \dfrac{3}{79}}{1 - \dfrac{7}{632}} = \dfrac{7 \cdot 79 + 3 \cdot 24}{3 \cdot 625} = \dfrac{1}{3}\,;$$

$$\mathrm{tg}\,(4\,\varphi + 2\,\psi) = \dfrac{\dfrac{2}{3}}{1 - \dfrac{1}{9}} = \dfrac{3}{4}\,, \quad \mathrm{tg}\,(5\,\varphi + 2\,\psi) = \dfrac{\dfrac{3}{4} + \dfrac{1}{7}}{1 - \dfrac{3}{28}} = 1;$$

andererseits ist d. Summe > 0 u. $< \dfrac{5}{7} + \dfrac{6}{79} < 1\,.$

7. $\quad \dfrac{y}{\mathrm{tg}\,y} \to 1\,.$

8a) $\dfrac{\pi}{2} - x$;

8b) $\sqrt{1 - \dfrac{1}{x^2}}$.

9a) $-1 < x < 1$;

9b) $-\infty < x < \infty$;

9c) Sei $\operatorname{arctg} x = u$, $\operatorname{ctg} 2u = v$, $\arccos v = w$. Dann
$$w = 0, \frac{\pi}{2},\ \pi;\ v = 0,\ \pm 1;$$
$$u = \pm \frac{\pi}{4},\ \pm \frac{\pi}{8},\ \pm \frac{3\pi}{8};\ \text{daher endlich}\ x = \pm 1,\ \pm \sqrt{2} \pm 1.$$

10. $\varphi = \arcsin x$, $0 \leqq \varphi \leqq \dfrac{\pi}{2}$, $x = \sin \varphi$, $0 \leqq \sqrt{1 - x^2} = \cos \varphi$.

11a) $\dfrac{-4x}{(1 + x^2)^2}$;

11b) Im ersten Fall 1, im zweiten -1, f. $x = n\pi$ keine Ableitung, sondern nur einseitige Ableitungen;

11c) $\dfrac{2 \arcsin x}{\sqrt{1 - x^2}}$;

11d) $\dfrac{-1}{\sqrt{1 - x^2}}$ f. $x > 0$, $\dfrac{1}{\sqrt{1 - x^2}}$ f. $x < 0$, f. $x = 0$ nur einseitige Ableitungen;

11e) $x \operatorname{arctg} x$;

11f) $\dfrac{\operatorname{arctg} x}{2\sqrt{x}} + \dfrac{\sqrt{x}}{1 + x^2}$;

11g) $4 x^3 \operatorname{arctg} x + \dfrac{x^4}{1 + x^2}$.

12. $\dfrac{1}{1 + y^2} < \dfrac{\operatorname{arctg} y - \operatorname{arctg} x}{y - x} = \dfrac{1}{1 + \xi^2} < \dfrac{1}{1 + x^2}$, da $x < \xi < y$ ist.

13a) Da $\operatorname{arctg} x$ ungerade ist, genügt es, $x > 0$ zu betrachten. Ist dann
$$\operatorname{arctg} x = \varphi,\ 0 < \varphi < \frac{\pi}{2},\ x = \operatorname{tg} \varphi,\ \frac{1}{x} = \operatorname{ctg} \varphi = \operatorname{tg}\left(\frac{\pi}{2} - \varphi\right),$$
$0 < \dfrac{\pi}{2} - \varphi < \dfrac{\pi}{2}$, so ist $\dfrac{\pi}{2} - \varphi = \operatorname{arctg} \dfrac{1}{x}$, woraus d. Beh. folgt;

13b) Sei $x = \operatorname{tg} \varphi$, $-\dfrac{\pi}{2} < \varphi < \dfrac{\pi}{2}$. Dann $\dfrac{1 - x}{1 + x} = \operatorname{tg}\left(\dfrac{\pi}{4} - \varphi\right)$. Hier liegt $\dfrac{\pi}{4} - \varphi$ zwischen $-\dfrac{\pi}{2}$ u. $\dfrac{\pi}{2}$ f. $\varphi > -\dfrac{\pi}{4}$, $x > -1$; daher $\dfrac{\pi}{4} - \varphi = \operatorname{arctg} \dfrac{1 - x}{1 + x}$. Wenn $\dfrac{\pi}{4} - \varphi > \dfrac{\pi}{2}$ ist, dann ist $\operatorname{arctg} \dfrac{1 - x}{1 + x} = \dfrac{\pi}{4} - \varphi - \pi$, u. dies ist d. Fall f. $x < -1$;

13c) $x = \operatorname{tg}\varphi$, $\quad -\dfrac{\pi}{2} < \varphi < \dfrac{\pi}{2}$, $\quad \dfrac{1+x}{1-x} = \operatorname{tg}\left(\dfrac{\pi}{4}+\varphi\right)$, $\quad$ daher gilt $\dfrac{\pi}{4}+\varphi$

$= \operatorname{arctg}\dfrac{1+x}{1-x}$, wenn $\varphi < \dfrac{\pi}{4}$, $x < 1$, u. $\varphi - \dfrac{3\pi}{4} = \operatorname{arctg}\dfrac{1+x}{1-x}$, wenn $\varphi > \dfrac{\pi}{4}$,

$x > 1$ ist;

13d) Da $2\operatorname{arctg} x$ im arcsin-Bereich, also in $\left(-\dfrac{\pi}{2}, \dfrac{\pi}{2}\right)$ liegen soll, liegt

$\operatorname{arctg} x$ in $\left(-\dfrac{\pi}{4}, \dfrac{\pi}{4}\right)$, daher $|x| < 1$;

13e) $\quad \dfrac{1}{2}\operatorname{arcsin} x = \varphi$, $x = \sin 2\varphi$, $|\varphi| \leqq \dfrac{\pi}{4}$,

$$\dfrac{1-x}{1+x} = \left(\dfrac{1-\operatorname{tg}\varphi}{1+\operatorname{tg}\varphi}\right)^2, \quad \operatorname{tg}\left(\dfrac{\pi}{4}-\varphi\right) = \dfrac{1-\operatorname{tg}\varphi}{1+\operatorname{tg}\varphi} = \sqrt{\dfrac{1-x}{1+x}},$$

da $|\operatorname{tg}| < 1$. Daraus Beh.;

13f) Sind φ u. ψ vom gleichen Vorzeichen, so ist $\varphi - \psi$ in $\left(-\dfrac{\pi}{2}, \dfrac{\pi}{2}\right)$ gelegen,

daher $\varphi - \psi = x$. Sei $\varphi > 0 > \psi$, $\psi = -\psi'$. Damit $\varphi + \psi' > \dfrac{\pi}{2}$ ist, muß

$\psi' > \dfrac{\pi}{2} - \varphi$, $\operatorname{tg}\psi' > \operatorname{tg}\left(\dfrac{\pi}{2}-\varphi\right) = \dfrac{1}{\operatorname{tg}\varphi}$, $\operatorname{tg}\psi'\operatorname{tg}\varphi > 1$ sein. Dies bedeutet

aber $\dfrac{\alpha\cos x}{1-\alpha\sin x} \cdot \dfrac{\sin x - \alpha}{\cos x} > 1$ u. wenn m. auf beiden Seiten 1 addiert,

$\dfrac{1-\alpha^2}{1-\alpha\sin x} > 2$, $\quad 1-\alpha\sin x > 0$, $\quad \alpha^2 + 1 - 2\alpha\sin x < 0$, $\quad$ was unmöglich ist,

da die Diskriminante d. quadratischen Polynoms in bezug auf $\alpha \leqq 0$ ist.

Im Falle $\psi > 0 > \varphi$ erhält m. analog d. Bedingung $\dfrac{\alpha - \sin x}{\cos x} \cdot \dfrac{\cos x}{\alpha\sin x - 1} > 1$,

$\dfrac{1-\alpha^2}{1-\alpha\sin x} > 2$, d. h. wieder $\alpha^2 + 1 - 2\alpha\sin x < 0$. Daher gilt 13f) immer;

13g) $\quad \dfrac{\dfrac{b}{a} - \dfrac{d}{c}}{1 + \dfrac{bd}{ae}} = \dfrac{bc-ad}{ac+bd}$, während $-\dfrac{\pi}{2} < \operatorname{arctg}\dfrac{b}{a} - \operatorname{arctg}\dfrac{d}{e} < \dfrac{\pi}{2}$ ist.

14. $\quad \operatorname{arccos} x = \dfrac{\pi}{2} - \varphi$. Je in d. drei Fällen $\dfrac{3\pi}{2}$, $\dfrac{5\pi}{2} - 4\varphi$, $\dfrac{\pi}{2} - 4\varphi$.

15. $\quad \varrho \equiv \operatorname{arctg}\dfrac{1}{p+q} + \operatorname{arctg}\dfrac{1}{p+r} = \operatorname{arctg}\dfrac{p+q+p+r}{(p+q)(p+r)-1}$.

Andererseits $r = \dfrac{1+p^2}{q}$, $\quad p+r = \dfrac{1+pq+p^2}{q}$.

Daher $\operatorname{tg}\varrho = \dfrac{qp + q^2 + 1 + pq + p^2}{(p+q)(1+pq+p^2)-q} = \dfrac{1}{p}$, während d. Summe rechts in A15

pos. u. $< \dfrac{1}{p+q} + \dfrac{1}{p+r} < \pi$ ist.

16. D. Bedingung läuft auf $\dfrac{xy+1}{y-x} = 3$, $10 = (3-x)(3+y)$ hinaus. Da

durch Vertauschung von x, y mit $-y$, $-x$ die Gl. in sich übergeht, braucht bei

jeder Zerlegung von $10 = pq$ nur eine Reihenfolge p, q betrachtet zu werden.

Die 4 Zerlegungen sind: $10 = 2 \cdot 5 = (-2)(-5) = 1 \cdot 10 = (-1)(-10)$. Es ergeben sich dafür die Werte:

$$\begin{cases} x = 1 & 5 & 2 & 4 & -2 & 8 & -7 & 13 \\ y = 2 & -8 & 7 & -13 & -1 & -5 & -2 & -4 \,. \end{cases}$$

Es müssen aber dann die Wertepaare $\dfrac{-2}{-1}$ u. $\dfrac{-7}{-2}$ ausgeschlossen werden, für d. d. Summe nicht im Intervall $\left(0, \dfrac{\pi}{2}\right)$ liegt.

17. $\left| \displaystyle\int_0^a \frac{\cos a\,x}{1+x^2}\,dx \right| \le \displaystyle\int_0^{|a|} \frac{dx}{1+x^2} = \operatorname{arc\,tg}|a| < \dfrac{\pi}{2}\,.$

18. $\varDelta \operatorname{arc\,tg} \alpha\,x = \dfrac{\alpha}{1 + \alpha^2\,x(x+1)}\,.$

19. $\operatorname{arc\,tg}(n+1)\,x - \operatorname{arc\,tg} x = \operatorname{arc\,tg} \dfrac{n\,x}{1+(n+1)\,x^2}\,.$

20. $\operatorname{arc\,ctg} \dfrac{1 + \alpha^2\,x(x+1)}{-\alpha} = \operatorname{arc\,ctg}\left(-\dfrac{1}{\alpha} - \alpha\,x(x+1)\right).$

21. $\operatorname{arc\,ctg}\left[-\dfrac{a}{2}(n+1)\right] - \operatorname{arc\,ctg}\left(-\dfrac{a}{2}\right) = \operatorname{arc\,ctg} \dfrac{4 + a^2(n+1)}{2\,a\,n}\,.$

22. F. $\beta = 0$, $\alpha = 1$, $x = \nu$ folgt,

$$\operatorname{arc\,tg}(1 + \nu + \nu^2) = \operatorname{arc\,ctg}\frac{1}{\nu+1} - \operatorname{arc\,ctg}\frac{1}{\nu}\,,$$

$$\sum_{\nu=1}^{n} = \operatorname{arc\,ctg}\frac{1}{n+1} - \operatorname{arc\,ctg} 1 = \operatorname{arc\,ctg}\frac{n+2}{n}\,.$$

23. $f(x) = \dfrac{(a-1)^2 + c^2}{c\,x} + \dfrac{a-1}{c}\,.$

24. Ist d. Umkehrfkt. v. $y = f(x)$ etwa $x = F(y)$, so folgt aus $y_1 = f(-x) = = -f(x)$, $-y_1 = f(x)$, daß $x = F(-y_1)$, da $-A \le -y_1 \le A$ ist, u. andererseits $-x = F(y_1)$, woraus $F(-y_1) = -F(y_1)$ folgt u. y_1 kann jeden Wert aus $\langle -A, A\rangle$ annehmen.

§ 19

1a) $\dfrac{-2x}{(1+x^2)^2}\,;$

1b) $\dfrac{3}{x^2}\left(a - \dfrac{1}{x}\right)^2;$

1c) $\dfrac{-m(2a\,x + b)}{(a\,x^2 + b\,x + c)^{m+1}}\,;$

1d) $\dfrac{m\,p\,x^{p-1}}{(1-x^p)^{m+1}}\,;$

1e) $2\,\dfrac{(a\,\beta - b\,\alpha)\,x^2 + 2(a\,\gamma - c\,\alpha)\,x + b\,\gamma - c\,\beta}{(\alpha\,x^2 + 2\,\beta\,x + \gamma)^2}\,.$

2a) $3\,x^2 f'(x^3);$

2b) $2\,k\,x\,f^{k-1}(x^2)\,f'(x^2);$

2c) $\dfrac{(a\,d - b\,c)f'(x)}{(c\,f(x) + d)^2}\,.$

3a) $\dfrac{x}{\sqrt{x^2+1}} - 1 = -\dfrac{\sqrt{x^2+1}-x}{\sqrt{x^2+1}}$; 3b) $1 - \dfrac{x}{\sqrt{1-x^2}}$;

3c) $\dfrac{2}{3}\,\dfrac{x}{(x^2+1)^{2/3}}$; 3d) $\dfrac{\alpha\beta}{\sqrt{\alpha^2-\beta^2 x^2}}\,\dfrac{1}{\alpha-\beta x}$;

3e) $\dfrac{-1}{\sqrt{1-x^2}\,(1+x)}$; 3f) $\dfrac{2\alpha\beta x}{\sqrt{\alpha^2-\beta^2 x^4}\,(\alpha-\beta x^2)}$;

3g) $\dfrac{-2}{(u-1)^2}\,u' = \dfrac{-2\alpha\beta}{\sqrt{\alpha^2-\beta^2 x^2}\,(\alpha-\beta x)\left(\sqrt{\dfrac{\alpha+\beta x}{\alpha-\beta x}}-1\right)^2} =$

$$= \dfrac{-2\alpha\beta}{\sqrt{\alpha^2-\beta^2 x^2}\,(\sqrt{\alpha+\beta x}-\sqrt{\alpha-\beta x})^2} = \dfrac{\alpha\beta}{\sqrt{\alpha^2-\beta^2 x^2}\,(\sqrt{\alpha^2-\beta^2 x^2}-1)}\; ;$$

3h) $\dfrac{1}{(\sqrt{x+1}+1)^2\sqrt{x+1}}$;

3i) $\sqrt{a+bx} + \dfrac{bx}{2\sqrt{a+bx}} = \dfrac{2a+3bx}{2\sqrt{a+bx}}$;

3k) $\dfrac{u}{3x} + \dfrac{u}{2(1+x)} - \dfrac{2u}{3(1-x)} = \dfrac{2-x-9x^2}{6x(1-x^2)}\,u$;

3l) $\dfrac{2a+bx}{2\sqrt{a+bx^3}}$;

3m) $b\,\dfrac{\dfrac{16}{3}bx^2+4ax-2a}{\sqrt[3]{a+bx}}$;

3n) $-105x^2\sqrt{1-x}$.

4. $\dfrac{x}{\sqrt{1+x^2}}\,f'\!\left(\sqrt{1+x^2}\right)$.

5a) $3(\sin^2 x-1)\cos x = -3\cos^3 x$;

5b) $2(1-\cos 2x) = 4\sin^2 x$;

5c) $2\alpha\sin\alpha x\cos\alpha x = \alpha\sin 2\alpha x$;

5d) $\dfrac{\sin x - x\cos x}{\sin^2 x}$; 5e) $\dfrac{-\cos x}{\sin^2 x}$;

5f) $9\cos x + 3\cos 3x$;

5g) $1 \pm \cos^2 x \mp \sin^2 x = 1 \pm \cos 2x$;

5h) $\dfrac{1+\sin x}{\cos^2 x}$;

5i) $4x^3\sin^2 x + 2x^4\sin x\cos x + \dfrac{1}{\cos^2 x}$;

5k) $\dfrac{2x}{\cos^2(1+x^2)}$; 5l) $\dfrac{2x+1}{\cos^2(1+x+x^2)}$;

5m) $\alpha\cos\alpha x\cos\beta x - \beta\sin\alpha x\sin\beta x$;

5n) $7\sin^6 x\cos x$; 5o) $-2x\sin x^2\cos(\cos x^2)$;

5p)　　$3(1 + \operatorname{tg}^2 x) - 3 \operatorname{tg}^2 x (1 + \operatorname{tg}^2 x) = 3(1 - \operatorname{tg}^4 x);$

5q)　　$m a \sin^{m-1}(ax + b) \cos(ax + b);$

5r)　　$\dfrac{3 a \operatorname{tg}^2(ax + b)}{\cos^2(ax + b)};$

5s)　　$5 x^4 (\sin x + \operatorname{tg} x) + x^5 \left(\cos x + \dfrac{1}{\cos^2 x}\right);$

5t)　　$2 x \operatorname{ctg} x - \dfrac{x^2 - 1}{\sin^2 x} + \dfrac{4 x}{(x^2 + 1)^2} \operatorname{tg} x + \dfrac{x^2 - 1}{x^2 + 1} \dfrac{1}{\cos^2 x};$

5u)　　$\dfrac{a \cos x + b}{(a + b \cos x)^2};$　　　　　　　5v)　　$\dfrac{x \sin x}{(1 + \cos x)^2} = \dfrac{x \sin \frac{x}{2}}{2 \cos^3 \frac{x}{2}};$

5w)　　$(\cos \cos^2 \sin^3 \cos^2 \sin x)(2 \cos \sin^3 \cos^2 \sin x) \cdot$

　　　　$\cdot (-\sin \sin^3 \cos^2 \sin \mathrm{x})(3 \sin^2 \cos^2 \sin x)(\cos \cos^2 \sin x) \cdot$

　　　　$\cdot (2 \cos \sin x)(-\sin \sin x)(\cos x).$

6a)　　$\dfrac{3}{2} \dfrac{\sin x \cos x (\sin x - \cos x)}{\sqrt{\sin^3 x + \cos^3 x}};$　　　　6b)　　$\dfrac{(b - a) \sin x \cos x}{\sqrt{a \cos^2 x + b \sin^2 x}};$

6c)　　$\dfrac{2}{5} \dfrac{\pm \sin x \cos x}{(\sqrt[5]{1 \pm \sin^2 x})^4};$　　　　6d)　　$\dfrac{- x \sin 4 x^2}{\sqrt{\sin^4 x^2 + \cos^4 x^2}};$

6e)　　$\dfrac{\dfrac{2}{15} x^{-3/5} - \dfrac{1}{x^2} \sin^2 \dfrac{1}{x} \cos \dfrac{1}{x} - \dfrac{7 x^6}{3 \cos^2 x^7}}{\sqrt[3]{\left(x^{2/5} + \sin^3 \dfrac{1}{x} - \operatorname{tg} x^7\right)^2}};$

6f)　　$\dfrac{(a - b) \sin x \cos x}{2 \sqrt[4]{(a \sin^2 x + b \cos^2 x)^3}}.$

7.　　$\dfrac{\pi}{180} \cos \dfrac{\pi \alpha}{180} = \dfrac{\pi}{180} \cos \alpha^0.$

8a)　　$\dfrac{2(1 - x^2)}{(1 + x^2)^2};$　　　　　　8b)　　$1 - \dfrac{1}{1 + \dfrac{x^2}{a^2}} = \dfrac{x^2}{x^2 + a^2};$

8c)　　$\dfrac{2 x}{\sqrt{1 - x^4}};$　　　　　　　8d)　　$\dfrac{\dfrac{1}{x^2}}{\sqrt{1 - \dfrac{a^2}{x^2}}} = \dfrac{1}{x \sqrt{x^2 - a^2}};$

8e)　　$\dfrac{\alpha^2 - \beta^2}{(\alpha + \beta x)^2} \dfrac{1}{\sqrt{1 - \left(\dfrac{\alpha x + \beta}{\alpha + \beta x}\right)^2}} = \dfrac{1}{\alpha + \beta x} \sqrt{\dfrac{\alpha^2 - \beta^2}{1 - x^2}};$

8f)　　$\dfrac{3}{\sqrt{1 - x^2}};$　　　　　　　8g)　　$\dfrac{a^2 \pm (a^2 - 2 x^2)}{2 \sqrt{a^2 - x^2}};$

8h)　　$\dfrac{- 4 x}{(1 + x^2)^2 \sqrt{1 - \left(\dfrac{1 - x^2}{1 + x^2}\right)^2}} = \dfrac{- 4 x}{(1 + x^2) \sqrt{4 x^2}} = \dfrac{- 2 \operatorname{sgn} x}{1 + x^2};$

8i) $\quad \dfrac{1+\alpha^2}{(1-\alpha x)^2}\dfrac{1}{1+\left(\dfrac{\alpha+x}{1-\alpha x}\right)^2}=\dfrac{1+\alpha^2}{(1-\alpha x)^2+(\alpha+x)^2}=\dfrac{1}{1+x^2}\;;$

8k) $\quad \dfrac{2\,a\,x}{\sqrt{x^2+1}}\dfrac{1}{1+a^2+a^2x^2}\;;$
8l) $\quad \dfrac{1}{\sqrt{(\alpha-x)\,(x-\beta)}}\;;$

8m) $\quad \dfrac{1}{2(1+x^2)}\;;$
8n) $\quad \dfrac{-4x}{(1+x^2)^2}\;;$

8o) $\quad \dfrac{1}{a^2\sin^2 x+b^2\cos^2 x}\;;$

8p) $\quad \dfrac{(a^2-b^2)\sin x}{a+b\cos x}\dfrac{1}{\sqrt{(a^2-b^2)\sin^2 x}}=\dfrac{\sqrt{a^2-b^2}\,\operatorname{sgn}\sin x}{a+b\cos x}\;;$

8q) $\quad \dfrac{3\,\operatorname{tg} x}{|\sin x|\,\sqrt{12\cos^2 x-9}}\;;$
8r) $\quad \dfrac{-\sqrt{4\,a\,c-b^2}}{2(c\,x^2+b\,x+a)}\;;$

8s) $\quad 3\,\dfrac{(1+\operatorname{tg}^2 x)^3}{(1-3\operatorname{tg}^2 x)^2}\;;$
8t) $\quad \dfrac{\operatorname{sgn} b}{a\,x^2+b}\;;$

8u) $\quad \dfrac{x^4}{a^2+x^2}\;;$
8v) $\quad \dfrac{\operatorname{sgn} a}{|x-b|\sqrt{x^2-a^2}}\;;$

8w) $\quad \dfrac{1}{x(x^2-1)\sqrt{x^2-1}}\;;$
8x) $\quad \dfrac{1}{a+b\cos x}\;;$

8y) $\quad \dfrac{1}{a-b\cos x}\;.$

9. $\quad f'_x=\dfrac{x-a}{\sqrt{(x-a)^2+(y-b)^2}^{\,3}}\;;\qquad f'_y=\dfrac{y-b}{\sqrt{(x-a)^2+(y-b)^2}^{\,3}}\;.$

10. $x f'_x+y f'_y=f(x,y)\,.$

11. $x f'_x+y f'_y+z f'_z=3 f\,.$

12. $\quad 0\,.$

13. $\quad \xi-3\eta=0\text{ f. }y=0;\qquad 6\eta+\xi=\pm 6\sqrt{3}\text{ f. }y=\pm\sqrt{3}\,.$

14a) $\quad -\dfrac{x^2+y}{y^2+x}\;;$
14b) $\quad \dfrac{-y^2}{4y^3-12y^2+2xy-4}\;;$

14c) $\quad -\dfrac{4\,x^3-9\,x^2 y-3\,y^3}{3\,y^2-9\,x y^2-3\,x^3}\;;$
14d) $\quad \dfrac{1-y^n}{n\,x\,y^{n-1}-(n+1)\,y^n-1}\;;$

14e) $\quad \dfrac{x\,(x^2+\sqrt{x^4-y^4})}{y^3}\;;$
14f) $\quad -\sqrt{\dfrac{1+y}{1+x}}\,\dfrac{2\sqrt{(1+x)\,(1+y)}+y}{2\sqrt{(1+x)\,(1+y)}+x}\;;$

14g) $\quad (y-1)\operatorname{tg} x-1\;;$
14h) $\quad \dfrac{y}{\cos y-x}\;;$

14i) $\quad \dfrac{y}{1-x+x^2y^2}\;.$

15. $\quad \left(\dfrac{dx}{dy}\right)^2=\dfrac{y^2}{x^2}\dfrac{4}{(1+y^2)^4}=\dfrac{1-x^2}{1+x^2}\dfrac{1+y^2}{1-y^2}\dfrac{1}{(1+y^2)^2}\,(1+x^2)^2=\dfrac{1-x^4}{1-y^4}\,.$

16. $\quad -\dfrac{1}{\gamma}\,f'\left(x-\dfrac{t}{\gamma}\right)-\dfrac{1}{\gamma}\,f'\left(-x-\dfrac{t}{\gamma}\right)\,.$

17. D. Gl. d. Tangenten sind

$$\eta - af(x_0) - af'(x_0)\,(\xi - x_0) = 0.$$

F. $\eta = 0$ liefern sie $\xi = x_0 - \dfrac{f(x_0)}{f'(x_0)}$, unabhängig v. a.

18a) Da $y = \pm 2\sqrt{cx}$, $y' = \pm \dfrac{\sqrt{c}}{\sqrt{x}} = \dfrac{2c}{y}$ ist, folgt

$$u = \frac{2(a-c)\,x + by}{2(x+c)}\,, \qquad v = \frac{xy + ay + 2bc}{2(x+c)}\,.$$

18b) Da $y' = -\dfrac{x}{y}$, folgt

$$u = ay^2 - bxy + x, \qquad v = bx^2 - axy + y.$$

19. Da d. Produkt d. Steigungen $= -1$ ist, ist d. Winkel ein rechter.

20a)
$$-\left(\frac{\sin\left(n+\frac{1}{2}\right)x}{2\sin\frac{x}{2}}\right)' = \frac{2\cos\frac{x}{2}\sin\left(n+\frac{1}{2}\right)x - (2n+1)\sin\frac{x}{2}\cos\left(n+\frac{1}{2}\right)x}{4\sin^2\frac{x}{2}}\,;$$

20b)
$$-\left(\frac{\sin 2nx}{2\sin x}\right)' = \frac{\cos x\,\sin 2nx - 2n\cos 2nx\,\sin x}{2\sin^2 x}\,.$$

21.
$$\left(\frac{\partial x}{\partial y}\right)_{z=\text{const.}} = -\frac{f'_y}{f'_x}\,, \quad \left(\frac{\partial y}{\partial z}\right)_{x=\text{const.}} = -\frac{f'_z}{f'_y}\,, \quad \left(\frac{\partial z}{\partial x}\right)_{y=\text{coust.}} = -\frac{f'_x}{f'_z}\,.$$

22. F. konstante b, c ist $\dfrac{\partial F}{\partial \alpha} = \dfrac{bc}{2}\cos\alpha$. Aus $2bc\cos\alpha = b^2 + c^2 - a^2$ folgt,

nach a differenziert, $-2bc\sin\alpha\,\dfrac{d\alpha}{da} = -2a$, $\dfrac{d\alpha}{da} = \dfrac{a}{bc\sin\alpha}$. Daher

$$\frac{dF}{da} = \frac{bc}{2}\cos\alpha\cdot\frac{a}{bc\sin\alpha} = \frac{a}{2\sin\alpha}\cos\alpha = R\cos\alpha.$$

23. (*) u. (**) partiell nach b differenziert, liefern:

$$\frac{\partial\alpha}{\partial b} = -\frac{2}{b^2 c\cos\alpha}\,, \quad \sin\alpha\,\frac{\partial\alpha}{\partial b} = \frac{a}{bc}\frac{\partial a}{\partial b} - \frac{1}{2c} + \frac{c^2 - a^2}{2b^2 c}\,,$$

$$\frac{a}{bc}\frac{\partial a}{\partial b} = \frac{b}{2bc} + \frac{a^2 - c^2}{2b^2 c} - \frac{2\,\mathrm{tg}\,\alpha}{b^2 c}\,,$$

$$\frac{\partial a}{\partial b} = \frac{b^2 + a^2 - c^2 - 4\,\mathrm{tg}\,\alpha}{2ab} = \cos\gamma - \sin\gamma\,\mathrm{tg}\,\alpha = \frac{\cos(\alpha+\gamma)}{\cos\alpha} = \frac{-\cos\beta}{\cos\alpha}\,.$$

24. Da f.

$$F(x) = \begin{vmatrix} f(\alpha) & f(x) \\ g(\alpha) & g(x) \end{vmatrix},$$

$F(\alpha) = 0$ ist, liefert d. MWS, auf d. Intervall $\langle\alpha, \beta\rangle$ angewandt,

$$F(\beta) = (\beta - \alpha)\,F'(\xi) = \begin{vmatrix} f(\alpha) & f'(\xi) \\ g(\alpha) & g'(\xi) \end{vmatrix}, \quad \xi \prec (\alpha, \beta).$$

25. $F(x) = \begin{vmatrix} f(\alpha) & g(\alpha) & h(\alpha) \\ f(\beta) & g(\beta) & h(\beta) \\ f(x) & g(x) & h(x) \end{vmatrix}$ gesetzt,

$F(\alpha) = F(\beta) = 0$, so daß nach d. MWS $F'(\xi) = 0$ f. $\xi \prec (\alpha, \beta)$.

26. Wegen $F^2 = 1 + (x^2 - 1)\,G^2$ (**) folgt durch Differenzieren $2\,F\,F' = 2x\,G^2 + (x^2 - 1)\,2\,G\,G'$, woraus (*) folgt. Da kein Linearfaktor v. G in F steckt, gilt $F' = G\,P$ f. e. Polynom P. Wegen (**) hat G oder $-G$ d. Grad $n - 1$ u. denselben höchsten Koeffizienten a wie $F(x)$, so daß $\pm\,G(x) = a\,x^{n-1} + \cdots$, $F(x) = a\,x^n + \cdots$, $F'(x) = n\,a\,x^{n-1} + \cdots$, u. $P(x) \equiv \pm\,n$ ist.

27. $(\sin^n x \cos n\,x)' = n\,\sin^{n-1} x\,(\cos n\,x \cos x - \sin n\,x \sin x)$;

$(\sin^n x \sin n\,x)' = n\,\sin^{n-1} x\,(\cos x \sin n\,x + \sin x \cos n\,x)$;

$(\cos^n x \sin n\,x)' = n\,\cos^{n-1} x\,(-\sin x \sin n\,x + \cos x \cos n\,x)$;

$(\cos^n x \cos n\,x)' = n\,\cos^{n-1} x\,(-\sin x \cos n\,x - \cos x \sin n\,x)$.

28. Nach Elimination v. y folgt
$$x^4 - 1 + (x - a)^2 = 0, \qquad 2x^3 + x - a = 0$$
u. durch Elimination v. $x - a$
$$x^4 - 1 + 4x^6 = 0, \qquad 4x^6 + x^4 = 1.$$
Da d. Polynom $4z^3 + z^2$ f. pos. z monoton v. 0 bis ∞ wächst, verschwindet es f. genau e. Wert v. $z = x^2$, u. m. hat 2 Lösungen f. x.

29. F. $n\,x^{n-1} = 1$, $x = n^{-\frac{1}{n-1}}$.

30. Aus $\dfrac{\pi^2}{4} + b\,\dfrac{\pi}{2} + c = 1$, $2\left(\dfrac{\pi}{2}\right) + b = 0$ folgt $b = -\pi$, $c = 1 + \dfrac{\pi^2}{4}$.

31. D. Koordinaten d. Berührungspkts. sind $\left(\dfrac{3}{2}, \dfrac{3}{2}\right)$ u. d. Tangentensteigung ergibt sich als -1, daher ist d. Normalensteigung 1, so daß, wenn m. v. Berührungspkt. aus d. Strecke 1 normal abträgt, m. zu d. Koordinaten $\pm\sqrt{\dfrac{1}{2}}$ addieren muß. D. Mittelpkts.-Koordinaten d. beiden berührenden Kreise sind
$$\left(\frac{3}{2} + \sqrt{\frac{1}{2}},\ \frac{3}{2} + \sqrt{\frac{1}{2}}\right),\ \left(\frac{3}{2} - \sqrt{\frac{1}{2}},\ \frac{3}{2} - \sqrt{\frac{1}{2}}\right).$$

32. $\dfrac{d}{dx}(k^2 y^2 + y'^2) = 2\,y'\,(k^2 y + y'') = 0$, während d. konstante Wert von $k^2 y^2 + y'^2$ sich f. $x = 0$ als 0 ergibt.

33. $(s^2(x) + c^2(x))' = 2\,(s\,s' + c\,c') = 0$.

D. konstante Wert ist f. $x = 0$ als 1 zu ermitteln.

34. $\dfrac{1}{2}\,D'(x) = (s - s_1)\,(s' - s_1') + (c - c_1)\,(c' - c_1') = 0$.

D. konstante Wert v. $D(x)$ ist f. $x = 0$ als 0 bestimmt.

35. Es ist $s_1'(x) = -\,(s(-x))' = s'(-x) = c(-x) = c_1,$

$$c_1'(x) = -\,c'(-x) = s(-x) = -\,s_1.$$

Daher genügen s, c, s_1, c_1 d. Bedingungen d. A 34 u. es folgt $s_1(x) = s(x)$, $c_1(x) = c(x)$.

36. D. Abl. v. $D(x, y)$ nach x u. y sind identisch 0. Daher hängt D weder v. x noch v. y ab, u. d. konstante Wert ist f. $x = y = 0$ als 0 erkennbar.

37. Wird $f'(x) = g(x)$ gesetzt, so folgt aus $f(-x) = f(x)$:

$$(f(-x))' = -\,f'(-x) = f'(x), \quad g(-x) = -\,g(x);$$

ist aber $f(-x) = -\,f(x)$, so folgt

$$(f(-x))' = -\,f'(-x) = -\,f'(x), \quad g(-x) = g(x).$$

38. Unmittelbar durch Diff. d. Gl. $f(x + p) = -\,f(x).$

39.
$$\begin{vmatrix} tf_1 & (tf_1)' \\ tf_2 & (tf_2)' \end{vmatrix} = t \begin{vmatrix} f_1 & t'f_1 + tf_1' \\ f_2 & t'f_2 + tf_2' \end{vmatrix} = t \begin{vmatrix} f_1 & tf_1' \\ f_2 & tf_2' \end{vmatrix}.$$

40. Wegen A 3 § 16 folgt aus $\dfrac{d}{du} \displaystyle\int_u^{u+p} f(x)\,dx = f(u + p) - f(u).$

§ 20

1 a) $\quad (6x - x^3)\cos x + (3x^2 - 6)\sin x;$

1 b) $\quad (3x^2 - 6)\cos x + (x^3 - 6x)\sin x.$

2. $\quad \dfrac{x(x+a)^{m+1}}{m+1} - \dfrac{1}{m+1}\displaystyle\int (x+a)^{m+1}\,dx = \dfrac{x(x+a)^{m+1}}{m+1} - \dfrac{(x+a)^{m+2}}{(m+1)(m+2)}.$

3. $\quad \dfrac{1}{4}(x^2 - 1)^2 \Big|_{-2}^{3} = 16 - \dfrac{9}{4} = 13\dfrac{3}{4}.$

4. $\quad \dfrac{1}{18}\displaystyle\int \dfrac{y+2}{y^3}\,dy = \dfrac{1}{18}\int y^{-2}\,dy + \dfrac{1}{9}\int y^{-3}\,dy = \dfrac{-1}{18(6x+7)} - \dfrac{1}{18(6x+7)^2}.$

5 a) $\quad \dfrac{1}{5}\displaystyle\int y^5\,dy = \dfrac{1}{30}y^6 = \dfrac{1}{30}(1 + x^5)^6;$

5 b) $\quad -\displaystyle\int y^3\,dy = \dfrac{-y^4}{4} = -\dfrac{-(1-x)^4}{4};$

5 c) $\quad -\dfrac{(1-x)^{21}}{21} + \dfrac{2(1-x)^{22}}{11} - \dfrac{6(1-x)^{23}}{23} + \dfrac{(1-x)^{24}}{6} - \dfrac{(1-x)^{25}}{25};$

5 d) $\quad \dfrac{1}{4}\displaystyle\int \dfrac{dy}{y^2} = \dfrac{-1}{4(1+x^4)};$

5 e) $\quad \dfrac{1}{2}\operatorname{arc\,tg} x^2.$

6a) $\quad \dfrac{3}{\sqrt{2}} \dfrac{1}{9} \displaystyle\int \dfrac{dy}{y^2+1} = \dfrac{1}{3\sqrt{2}} \operatorname{arc\,tg} \dfrac{\sqrt{2}\,x}{3}$;

6b) $\quad \dfrac{1}{a} \displaystyle\int \dfrac{dy}{1+y^2} = \dfrac{1}{a} \operatorname{arc\,tg} \dfrac{x}{a}$;

6c) $\quad \dfrac{1}{\sin a} \displaystyle\int \dfrac{dy}{1+y^2} = \dfrac{1}{\sin a} \operatorname{arc\,tg} \dfrac{x+\cos a}{\sin a}$.

7a) $\quad \dfrac{2}{3}\big((x+1)\sqrt{x+1} - x\sqrt{x}\,\big)$;

7b) $\quad -2\displaystyle\int \dfrac{(a-y^2)\,y\,dy}{y} = -2\,a\,y + \dfrac{2}{3} y^3 = -\dfrac{2}{3}(x+2a)\sqrt{a-x}$;

7c) $\quad \dfrac{2}{5}\displaystyle\int\left[\left(\dfrac{y^2-7}{5}\right)^3 + 1\right]dy = \dfrac{2}{625}\displaystyle\int [y^6 - 21\,y^4 + 147\,y^2 - 218]\,dy =$

$\qquad = \dfrac{2\sqrt{5x+7}}{625}\left[\dfrac{(5x+7)^3}{7} - 21\,\dfrac{(5x+7)^2}{5} + 147\,\dfrac{5x+7}{3} - 218\right]$;

7d) $\quad \displaystyle\int \dfrac{y-1}{y^{1/3}}\,dy = \dfrac{3}{5}(1-x)^{5/3} - \dfrac{3}{2}(1-x)^{2/3}$;

7e) $\quad \dfrac{1}{2}\displaystyle\int \dfrac{dy}{\sqrt{y}} = \sqrt{x^2+2x+2}$;

7f) $\quad \dfrac{1}{2}\displaystyle\int \dfrac{y-1}{\sqrt{y}}\,dy = \dfrac{1}{2}\left(\dfrac{2}{3}y^{3/2} - 2y^{1/2}\right) = \left[\dfrac{1-x^2}{3} - 1\right]\sqrt{1-x^2}$;

7g) $\quad -\dfrac{1}{2}\displaystyle\int y^{1/2}\,dy = -\dfrac{1}{3}(1-x^2)\sqrt{1-x^2}$;

7h) $\quad \dfrac{1}{4}\displaystyle\int \dfrac{dy}{y^{1/2}} = \dfrac{1}{2}\sqrt{1+x^4}$;

7i) $\quad \dfrac{1}{a}\displaystyle\int \dfrac{dy}{\sqrt{a^2-y^2}} = \dfrac{1}{a}\operatorname{arc\,sin} a\,x$;

7k) $\quad \dfrac{1}{3}\operatorname{arc\,sin} x^3$;

7l) $\quad a^2\displaystyle\int \cos^2\varphi\,d\varphi = \dfrac{a^2}{2}\displaystyle\int(\cos 2\varphi + 1)\,d\varphi = \dfrac{a^2}{4}\sin 2\varphi + \dfrac{a^2}{2}\varphi =$

$\qquad = \dfrac{1}{2}x\sqrt{a^2-x^2} + \dfrac{a^2}{2}\operatorname{arc\,sin}\dfrac{x}{a}$.

8a) $\quad -\dfrac{1}{5}\cos 5x$; $\qquad\qquad$ 8b) $\quad -\displaystyle\int y^5\,dy = -\dfrac{\cos^6 x}{6}$;

8c) $\quad \dfrac{1}{2\pi}\sin(2x+1)\pi$.

9a) $\quad 0$, wenn $a+b \neq 0$, $a-b \neq 0$ oder $a = b = 0$;

$\qquad \pi$, wenn $a-b = 0$, $a+b \neq 0$;

$\qquad -\pi$, wenn $a+b = 0$, $a-b \neq 0$;

9b) $\quad 0$, wenn $a+b \neq 0$, $a-b \neq 0$; π, wenn $a+b = 0$ oder $a-b = 0$, aber nicht beides zugleich; 2π, wenn $a = b = 0$;

9c)   0.

10a) $\dfrac{3}{5}$;   10b) $\dfrac{2}{5}$;

10c) $-\dfrac{1}{8}\cos(4x-1)+\dfrac{1}{4}\cos(2x+1);$

10d) $\dfrac{x}{2}-\dfrac{1}{8}\sin 4x \equiv \dfrac{x}{2}-\dfrac{1}{2}\sin x\cos x\cos 2x.$

11. $\dfrac{3}{2}+2-\cos(x-1)\big|_1^2-(2+\sin 1)\dfrac{(x-3)^2}{2}\Big|_2^3=$

$$=4{,}5-\cos 1+1+\dfrac{1}{2}\sin 1 = 5{,}5-\cos 1+\dfrac{1}{2}\sin 1.$$

12a) $-\dfrac{1}{2}\cos x^2;$ 12b) $-2\sqrt{\cos x};$

12c) $\displaystyle\int \dfrac{1-y^2}{y^4}\,dy = -\dfrac{1}{3}\dfrac{1}{\sin^3 x}+\dfrac{1}{\sin x};$

12d) $\displaystyle\int (y^2-1)\,dy = \dfrac{\cos^3 x}{3}-\cos x;$

12e) $\displaystyle\int (1-y^2)^2\,dy = \dfrac{\sin^5 x}{5}-\dfrac{2}{3}\sin^3 x+\sin x;$

12f) $-\dfrac{1}{2}\displaystyle\int y^2\,dy = -\dfrac{1}{6}\cos^3 x^2;$

12g) $-\dfrac{1}{5}\displaystyle\int y^{-5}\,dy = \dfrac{1}{20}\dfrac{1}{(1+\cos^5 x)^4};$

12h) $-\dfrac{1}{3}\displaystyle\int y^{1/2}\,dy = -\dfrac{2}{9}\sqrt{1+3\cos^2 x}^{\,3};$

12i) $y=\cos 2x, \quad dy = -2\sin 2x\,dx;$

$$-\dfrac{1}{16}\int (1-y^2)\,dy = \dfrac{\cos^3 2x}{48}-\dfrac{\cos 2x}{16};$$

12k) $\dfrac{1}{2}\operatorname{tg}^2 x.$

13a) $4\displaystyle\int y^3\sin y\,dy = 4(6y-y^3)\cos y + 4(3y^2-6)\sin y;$

13b) $\dfrac{-x\cos mx}{m}+\dfrac{1}{m}\displaystyle\int \cos mx\,dx = \dfrac{-x}{m}\cos mx+\dfrac{1}{m^2}\sin mx;$

13c) $-\dfrac{x^2\cos 2x}{2}+\displaystyle\int x\cos 2x\,dx = -\dfrac{x^2\cos 2x}{2}+\dfrac{x\sin 2x}{2}-$

$$-\dfrac{1}{2}\int \sin 2x\,dx = \left(\dfrac{1}{4}-\dfrac{x^2}{2}\right)\cos 2x+\dfrac{x}{2}\sin 2x;$$

13d) $\dfrac{(x^2\pm 1)\sin 2x}{2}-\displaystyle\int x\sin 2x\,dx = \dfrac{(x^2\pm 1)\sin 2x}{2}+\dfrac{x\cos 2x}{2}-$

$$-\dfrac{1}{2}\int \cos 2x\,dx = \left(\dfrac{x^2}{2}\pm\dfrac{1}{2}-\dfrac{1}{4}\right)\sin 2x+\dfrac{x}{2}\cos 2x;$$

13e) $\dfrac{x^3 + 3x + 5}{2} \sin 2x - \dfrac{3}{2} \displaystyle\int (x^2 + 1) \sin 2x\, dx =$

$$= \frac{x^3 + 3x + 5}{2} \sin 2x + \frac{3}{4} (x^2 + 1) \cos 2x - \frac{3}{2} \int x \cos 2x\, dx =$$

$$= \frac{2x^3 + 3x + 10}{4} \sin 2x + \frac{6x^2 + 3}{8} \cos 2x;$$

13f) $\cos \dfrac{1}{x}$.

14a) $\displaystyle\int y \sin^2 y \cos y\, dy = \frac{1}{3} \int y (\sin^3 y)'\, dy = \frac{1}{3} y \sin^3 y - \frac{1}{9} \cos^3 y + \frac{1}{3} \cos y;$

14b) $\displaystyle\int y \sin y \cos^2 y\, dy = \frac{-1}{3} y \cos^3 y - \frac{1}{9} \sin^3 y + \frac{1}{3} \sin y;$

14c) $\dfrac{x^2 + 1}{2} \operatorname{arctg} x - \dfrac{1}{2} \displaystyle\int \frac{x^2 + 1}{x^2 + 1}\, dx = \dfrac{x^2 + 1}{2} \operatorname{arctg} x - \dfrac{x}{2}$.

15. $\displaystyle\int \frac{dx}{\cos^2 x} + \int \frac{dx}{\sin^2 x} = \operatorname{tg} x - \operatorname{ctg} x$.

16. $b \displaystyle\int \frac{dy}{y^2}$.

17a) $\dfrac{2}{3} \displaystyle\int \frac{y^{1/3}}{\sqrt{1 - y^2}} \frac{dy}{y^{1/3}} = \frac{2}{3} \arcsin y = \frac{2}{3} \arcsin x^{3/2};$

17b) $\displaystyle\int \frac{\sin \varphi \cos \varphi\, d\varphi}{\cos \varphi \sqrt{1 - k^2 \sin^2 \varphi}} = \int \frac{\sin \varphi\, d\varphi}{\sqrt{1 - k^2 + k^2 \cos^2 \varphi}}, \quad \frac{k}{\sqrt{1 - k^2}} \cos \varphi = y,$

$$\sin \varphi\, d\varphi = -\frac{\sqrt{1 - k^2}}{k} dy, \quad -\frac{\sqrt{1 - k^2}}{k} \frac{1}{\sqrt{1 - k^2}} \int \frac{dy}{\sqrt{1 + y^2}} =$$

$$= -\frac{1}{k} \lg \left(y + \sqrt{y^2 + 1} \right).$$

18a) $-\sqrt{1 - x^2} \arcsin x + \displaystyle\int \frac{\sqrt{1 - x^2}}{\sqrt{1 - x^2}}\, dx = x - \sqrt{1 - x^2} \arcsin x;$

18b) $x (\arcsin x)^2 - 2 \displaystyle\int \frac{x}{\sqrt{1 - x^2}} \arcsin x\, dx =$

$$= x (\arcsin x)^2 + 2 \sqrt{1 - x^2} \arcsin x - 2x.$$

19. $\displaystyle\int\limits_x^1 \frac{dx}{1 + x^2} = \int\limits_y^1 \frac{-\dfrac{dy}{y^2}}{1 + \left(\dfrac{1}{y}\right)^2} = \int\limits_1^y \frac{dy}{1 + y^2} = \int\limits_1^{1/x} \frac{dt}{1 + t^2} = \int\limits_1^{1/x} \frac{dx}{1 + x^2}$.

20. $\dfrac{a - b}{\alpha - \beta} \displaystyle\int\limits_\alpha^\beta f \left(\frac{a - b}{\alpha - \beta} y + \frac{\alpha b - a\beta}{\alpha - \beta} \right) dy$.

21. $\displaystyle\int\limits_\alpha^\beta F(x)\, dx = -\int\limits_\beta^\alpha F(\alpha + \beta - y)\, dy = \int\limits_\alpha^\beta F(\beta + \alpha - x)\, dx$.

22. $y = 1 - x$, $\displaystyle\int_0^1 x^m (1-x)^n \, dx = -\int_1^0 y^n (1-y)^m \, dy = \int_0^1 x^n (1-x)^m \, dx.$

23. Nein, da $\dfrac{1}{x}$ im Int.-Intervall unstetig ist.

24 a) $\displaystyle 4 \int \frac{\dfrac{dx}{\cos^2 x}}{\sin^2 2x} = 4 \int \frac{dy}{\left(\dfrac{2y}{1+y^2}\right)^2} =$

$$= \int \frac{1 + 2y^2 + y^4}{y^2} \, dy = -\operatorname{ctg} x + 2 \operatorname{tg} x + \frac{1}{3} \operatorname{tg}^3 x;$$

24 b) $\displaystyle \int \frac{\dfrac{dx}{\cos^2 x}}{b + \dfrac{a}{\cos^2 x}} = \operatorname{sgn} a \int \frac{dy}{|b| + |a| \, (1+y^2)} ;\quad \frac{\sqrt{|a|}}{\sqrt{|b+a|}} \, y = z,$

$$\operatorname{sgn} a \, \sqrt{\frac{b+a}{a}} \, \frac{1}{|b+a|} \int \frac{dz}{1+z^2} = \frac{\operatorname{sgn} a}{\sqrt{a\,(a+b)}} \operatorname{arc\,tg}\left(\sqrt{\frac{a}{a+b}} \operatorname{tg} x\right);$$

24 c) $\displaystyle \int \frac{dy}{a^2 + b^2 y^2} = \frac{1}{a^2} \left|\frac{a}{b}\right| \int \frac{dz}{1+z^2} = \frac{1}{|a\,b|} \operatorname{arc\,tg} z =$

$$= \frac{1}{|a\,b|} \operatorname{arc\,tg}\left(\left|\frac{b}{a}\right| \operatorname{tg} x\right), \quad y = \left|\frac{a}{b}\right| z;$$

24 d) $\displaystyle -\int \frac{dy}{y^2} = \frac{1}{y} = \frac{1}{\cos x} ;$

24 e) $\displaystyle \int \operatorname{tg}^n x \, \frac{dx}{\cos^2 x} = \int^{\operatorname{tg} x} y^n \, dy = \frac{\operatorname{tg}^{n+1} x}{n+1} \cdot$

25. $\displaystyle \frac{1}{2} \int \frac{(y-a)^m \, dy}{\sqrt{y}} = \frac{1}{2} \int \sum_{\nu=0}^m \binom{m}{\nu} (-a)^{m-\nu} y^{\nu-1/2} \, dy =$

$$= \sum_{\nu=0}^m \frac{1}{2\nu+1} \binom{m}{\nu} y^{\nu+1/2} (-a)^{m-\nu} .$$

26. $\displaystyle \frac{1}{2^{n-1}} \int \frac{(1-y)^{2n-2}}{(1+y^2)^n} \, dy .$

27. $\displaystyle \int \frac{\dfrac{dx}{\cos^2 x}}{\operatorname{tg}^{2m} x \, (\cos^2 x)^{n-m-1}} = \int \frac{dy}{y^{2m} \, (1+y^2)^{m-n+1}} \cdot$

28 a) $\displaystyle \int \sin y \cos^2 y \, dy = -\int u^2 \, du = -\frac{\cos^3 y}{3} = -\frac{\sqrt{1-x^2}^3}{3} ;$

28 b) $\displaystyle \int \sin^3 y \cos^2 y \, dy = -\int u^2 \, (1-u^2) \, du = \frac{u^5}{5} - \frac{u^3}{3} =$

$$= \sqrt{1-x^2} \left(\frac{(1-x^2)^2}{5} + \frac{x^2-1}{3}\right).$$

29 a) $\quad \int \operatorname{tg}^n x\, dx = T_n, \quad \operatorname{tg} x = y, \quad T_n + T_{n+2} = \int \operatorname{tg}^n x\,(1 + \operatorname{tg}^2 x)\, dx =$

$$= \int y^n\, dy = \frac{\operatorname{tg}^{n+1} x}{n+1}\,;$$

29 b), c) $\quad C_n \equiv \int x^n \cos \alpha x\, dx; \quad S_n \equiv \int x^n \sin \alpha x\, dx;$

$$C_n = \frac{1}{\alpha} x^n \sin \alpha x - \frac{n}{\alpha} \int x^{n-1} \sin \alpha x\, dx =$$

$$= \frac{1}{\alpha} x^n \sin \alpha x - \frac{n}{\alpha} S_{n-1};$$

$$S_n = \frac{-1}{\alpha} x^n \cos \alpha x + \frac{n}{\alpha} \int x^{n-1} \cos \alpha x\, dx =$$

$$= \frac{-1}{\alpha} x^n \cos \alpha x + \frac{n}{\alpha} C_{n-1};$$

$$C_n = \frac{1}{\alpha} x^n \sin \alpha x + \frac{n}{\alpha^2} x^{n-1} \cos \alpha x - \frac{n(n-1)}{\alpha^2} C_{n-2},$$

$$S_n = \frac{-1}{\alpha} x^n \cos \alpha x + \frac{n}{\alpha^2} x^{n-1} \sin \alpha x - \frac{n(n-1)}{\alpha^2} S_{n-2};$$

29 d) $\quad X_n \equiv \int\limits_0^1 (x)'\,(1 - x^2)^n\, dx = x(1 - x^2)^n \big|_0^1 + 2n \int\limits_0^1 x^2 (1 - x^2)^{n-1}\, dx,$

$$\frac{1}{2n} X_n = \int\limits_0^1 (1 - x^2)^{n-1}(1 - (1 - x^2))\, dx = X_{n-1} - X_n\,,$$

$$X_n = \frac{2n}{2n+1} X_{n-1};$$

29 e) $\quad \int \cos^n x\, dx \equiv U_n = \int \cos^{n-1} x\,(\sin x)'\, dx =$

$$= \cos^{n-1} x \sin x + (n-1) \int \cos^{n-2} x \sin^2 x\, dx =$$

$$= \cos^{n-1} x \sin x + (n-1)\left[\int \cos^{n-2} x\, dx - \int \cos^n x\, dx \right],$$

$$n U_n = (n-1) U_{n-1} + \cos^{n-1} x \sin x\,.$$

30. $\quad (p+1) I_{p,q} + q I_{p+1,\,q-1} = \int \left[(p+1) x^p (1+x)^q + q x^{p+1} (1+x)^{q-1} \right] dx =$

$$= \int (x^{p+1} (1+x)^q)'\, dx = x^{p+1}(1+x)^q + C.$$

31. $\quad \int \dfrac{x^m\, dx}{(1 + x^2)^r} \equiv G_{m,r} = \dfrac{x^{m-1}}{2 - 2r}\, \dfrac{1}{(1 + x^2)^{r-1}} - \dfrac{m-1}{2 - 2r}\, G_{m-2,\,r-1}.$

32. $\quad \int\limits_0^{\pi/4} \operatorname{tg}^n x\, dx + \int\limits_0^{\pi/4} \operatorname{tg}^{n-2} x\, dx = \dfrac{\operatorname{tg}^{n-1} x}{n-1} \Big|_0^{\pi/4} = \dfrac{1}{n-1}\,,$

$$\frac{1}{n-1} < 2\, u_{n-2}\,, \qquad \frac{1}{2n-2} < u_{n-2}\,, \qquad \frac{1}{2n+2} < u_n\,,$$

$$\frac{1}{n-1} > 2 u_n\,, \qquad \frac{1}{2n-2} > u_n\,.$$

33. $\quad I_n - I_{n+2} = \dfrac{\sin^{n+1} x \cos x}{n+1} \bigg|_0^{\pi/2} + \dfrac{1}{n+1} \displaystyle\int_0^{\pi/2} \sin^{n+2} x \, dx = \dfrac{1}{n+1} I_{n+2}\,.$

Wegen $\quad I_0 = \dfrac{\pi}{2}, \quad I_1 = 1 \quad$ u. $\quad \dfrac{I_{2n+2}}{I_{2n}} = \dfrac{2n+1}{2n+2} \quad$ u. $\quad \dfrac{I_{2n+1}}{I_{2n-1}} = \dfrac{2n}{2n+1}$
folgen (*), (**).

34. Folgt durch Multiplikation v. (*) u. (**) v. A 33 f. gerade u. ungerade n.

35. Wegen (*) folgt d. Beh. durch Multiplikation mit

$$\frac{2n(2n-2)\ldots 2}{(2n-1)(2n-3)\ldots 3}\,.$$

36a) D. Quotient links liegt nach A 35 zwischen 1 u. $\dfrac{2n+1}{2n} \to 1$;

36b) D. Klammerausdruck unterscheidet sich v. demjenigen in A 36a) um d. Faktor $\dfrac{2n+1}{2n} \to 1$.

37. $\quad 0{,}5 = \displaystyle\int_0^{1/2} dx < \int_0^{1/2} \frac{dx}{\sqrt{1-x^{2n}}} < \int_0^{1/2} \frac{dx}{\sqrt{1-x^2}} = \frac{\pi}{6} < 0{,}524\,.$

38. $\quad 0{,}5 = \displaystyle\int_0^1 \frac{dx}{2} < \int_0^1 \frac{dx}{\sqrt{4-x^2+x^3}} < \int_0^1 \frac{dx}{\sqrt{4-x^2}}\,,$

u. d. Integral rechts wird f. $x = 2y$ zu

$$\frac{2}{2} \int_0^{1/2} \frac{dy}{\sqrt{1-y^2}} = \frac{\pi}{6}\,.$$

39. $\quad \displaystyle\int_0^1 \frac{dx}{\sqrt{4-3x}} = \frac{2}{3}\sqrt{4-3x}\,\bigg|_1^0 = \frac{2}{3}\,.$

40. $\quad \displaystyle\int < \int_0^1 x^{19}\, dx = \frac{1}{20}\,.$

41. Da d. Integrand zwischen 1 u. $\dfrac{1}{\sqrt{1-\sin^2\alpha \sin^2\varphi}}$ liegt.

42a) $\quad \displaystyle\int = \int_{1/a}^1 y^{28}\,\frac{1+y^{30}}{1+y^{60}}\,dy < \int_0^1 y^{28}(1+y^{30})\,dy = \frac{1}{29} + \frac{1}{59} < \frac{3}{58}$;

42b) $\quad 0 < \displaystyle\int_0^1 \frac{1+x^{30}}{1+x^{60}}\,dx - 1 = \int_0^1 \frac{x^{30}-x^{60}}{1+x^{60}}\,dx < \int_0^1 x^{30}\,dx = \frac{1}{31}\,.$

43. Zum Int. $\displaystyle\int_0^1 \frac{dx}{1+x^2} = \operatorname{arc\,tg} 1 = \frac{\pi}{4}$ bei äquidistanter Intervalleinteilung

in n Intervalle gehört d. Zwischensumme

$$\sum_{\nu=1}^{n} \frac{1}{1 + \dfrac{\nu^2}{n^2}} \cdot \frac{1}{n} = \sum_{\nu} \frac{n}{n^2 + \nu^2} \to \frac{\pi}{4}\,.$$

44. Zum Int.

$$\int_0^1 \frac{2\,dx}{\sqrt{4 - x^2}} = \frac{\pi}{3}$$

gehört bei Unterteilung in n Intervalle d. Länge $\dfrac{1}{n}$ d. Zwischensumme

$$\sum_{\nu=1}^{n} \frac{2}{\sqrt{4 - \left(\dfrac{\nu}{n}\right)^2}} \cdot \frac{1}{n} = \sum_{\nu=1}^{n} \frac{2}{\sqrt{4\,n^2 - \nu^2}} \to \frac{\pi}{3}\,.$$

45. $\dfrac{\sin x}{f(x)}$,

46. Aus d. gegebenen Relation folgt

$$\cos x = \frac{a \cos y - b}{a - b \cos y}, \quad 1 - \cos^2 x = \sin^2 x = (a^2 - b^2)\, \frac{\sin^2 y}{(a - b \cos y)^2}\,.$$

y durchläuft monoton d. Intervall $\langle 0, \pi \rangle$ wenn x d. Intervall $\langle 0, \pi \rangle$ durchläuft. Da $\sin y \geqq 0$ ist, folgt (*). Ferner

$$\frac{dx}{dy} = \frac{\sin y}{\sin x}\, \frac{a + b \cos x}{a - b \cos y}\,,$$

$$\int = -\int_{\pi}^{0} \frac{(a + b \cos x) \sin y\, dy}{(a + b \cos x)^n \sin x\, (a - b \cos y)} = \frac{1}{\sqrt{a^2 - b^2}} \int_0^{\pi} \frac{dy}{(a + b \cos x)^{n-1}} =$$

$$= \frac{1}{(a^2 - b^2)^{n-1/2}} \int_0^{\pi} (a - b \cos y)^{n-1}\, dy\,.$$

47. $\displaystyle \int_0^{\pi} - \int_0^{\pi/2} = \int_{\pi/2}^{\pi} f(\sin x)\, dx$, f. $y = \pi - x$ ist dies

$$= -\int_{\pi/2}^{0} f(\sin y)\, dy = \int_0^{\pi/2} f(\sin x)\, dx\,.$$

48. $\displaystyle \int_{-a}^{a} - \int_0^{a} = \int_{-a}^{0} f(x)\, dx = -\int_{a}^{0} f(-y)\, dy = \int_0^{a} f(-x)\, dx\,.$

49. $\displaystyle \int_0^{\pi/2} = 2^{-m} \int_0^{\pi/2} \sin^m 2x\, dx = 2^{-m-1} \int_0^{\pi} \sin^m y\, dy\,,$

u. d. Beh. folgt aus A 47.

50.
$$\int_0^\pi x\,\varphi(\sin x)\,dx = -\int_\pi^0 (\pi - y)\,\varphi(\sin y)\,dy = \int_0^\pi (\pi - x)\,\varphi(\sin x)\,dx\,.$$

Durch Addition u. Halbieren d. Resultat.

51. D. Int. ist $=0$, so daß d. Summe nicht stets pos. oder stets neg. sein kann.

52.
$$\int_0^\pi = \frac{\pi}{2}\int_0^\pi \frac{\sin x}{1 + \cos^2 x}\,dx = \pi\int_0^{\pi/2} \frac{\sin x\,dx}{1 + \cos^2 x} = \pi\int_0^1 \frac{dy}{1 + y^2} = \frac{\pi^2}{4}\,.$$

53. Für $m = 0$: $0 = \dfrac{\pi}{2} - 2\cdot 1\cdot \dfrac{\pi}{4}\,.$

Für $m = 1$: $\dfrac{\pi}{2} = \dfrac{\pi}{2} - 2\cdot 0\,.$

Beim Übergang v. m zu $m + 2$ addiert sich links

$$\int_0^{\pi/2} \frac{\sin(m + 2)x - \sin mx}{\sin x}\,dx = 2\int_0^{\pi/2} \cos(m + 1)x\,dx = \frac{2}{m + 1}\sin(m + 1)\frac{\pi}{2}\,,$$

und rechts, wegen $\cos(m + 2)\dfrac{\pi}{2} = -\cos m\dfrac{\pi}{2}$,

$$2\left[\cos m\,\frac{\pi}{2}\int_0^1 \frac{x^m\,dx}{1 + x^2} - \cos(m + 2)\frac{\pi}{2}\int_0^1 \frac{x^{m+2}\,dx}{1 + x^2}\right] = 2\cos m\,\frac{\pi}{2}\int_0^1 \frac{x^m + x^{m+2}}{1 + x^2}\,dx =$$

$$= \frac{2}{m + 1}\cos m\,\frac{\pi}{2} = \frac{2}{m + 1}\cos\left(-m\,\frac{\pi}{2}\right) = \frac{2}{m + 1}\sin\left(\frac{\pi}{2} + m\,\frac{\pi}{2}\right) = \sin(m + 1)\frac{\pi}{2}\,.$$

54. $f'_n = f_{n-1}$, andererseits, d. Ausdruck rechts in (*) mit $g_n(x)$ bezeichnet.

$$g_n(x) = \frac{(-1)^{n-1}}{(n - 1)!}\sum_{\nu = 0}^{n-1}\binom{n - 1}{\nu}x^\nu\,(-1)^\nu\int_0^x t^{n-1-\nu} f(t)\,dt\,,$$

$$g'_n(x) = \frac{(-1)^{n-1}}{(n - 1)!}\sum_{\nu = 1}^{n-1}\nu\binom{n - 1}{\nu}x^{\nu-1}\,(-1)^\nu\int_0^x t^{n-1-\nu} f(t)\,dt +$$

$$+ \frac{(-1)^{n-1}}{(n - 1)!}\sum_{\nu = 0}^{n-1}\binom{n - 1}{\nu}x^\nu\,(-1)^\nu x^{n-1-\nu} f(x)\,.$$

D. zweite Summe ist $\dfrac{(-1)^{n-1}}{(n - 1)!}x^{n-1} f(x)(1 - 1)^{n-1} = 0$ u. d. erste wird, wegen

$$\nu\binom{n - 1}{\nu} = (n - 1)\binom{n - 2}{\nu - 1},$$

zu $$\frac{(-1)^{n-2}}{(n - 2)!}\sum_{\nu = 1}^{n-1}\binom{n - 2}{\nu - 1}x^{\nu-1}(-1)^{\nu-1}\int_0^x t^{n-1-\nu} f(t)\,dt =$$

$$= \frac{(-1)^{n-2}}{(n - 2)!}\sum_{\mu = 0}^{n-2}\binom{n - 2}{\mu}x^\mu\,(-1)^\mu\int_0^x t^{n-2-\mu} f(t)\,dt = g_{n-1}(x)\,.$$

Aus $f'_n = f_{n-1}$, $g'_n = g_{n-1}$, wenn $f_{n-1} = g_{n-1}$ vorausgesetzt wird, folgt $f_n -$ $- g_n =$ const., u. da d. Gleichheit f. $x = 0$ gilt, d. Beh.

55a) folgt aus A 21 f. $\alpha = 0$, $\beta = \dfrac{\pi}{2}$;

55b) Aus A 21 f. $\alpha = 0$, $\beta = \pi$ folgt

$$\int_0^\pi f(\sin x)\cos x\,dx = -\int_0^\pi f(\sin x)\cos x\,dx,$$

woraus d. Beh.

56.
$$\int_0^1 (1 - t^2)^{n+2}\cos x\,t\,dt = \frac{2\,(n+2)}{x}\int_0^1 t(1 - t^2)^{n+1}\sin x\,t\,dt =$$

$$= \frac{2\,(n+2)}{x^2}\int_0^1 (1 - t^2)^n [(2\,n + 3)\,(1 - t^2) - 2\,(n + 1)]\cos x\,t\,dt,$$

$$A_{n+2} = (2\,n + 3)\,A_{n+1} - x^2 A_n.$$

57a) $\quad D'(a) = \psi'(a)[f(\psi(a)) - f(a)] \geqq 0$, da $\psi(a) \leqq a$, $f(\psi(a)) \geqq f(a)$ ist;

57b) F. $\psi(t) = \int_0^t \varphi(t)\,dt$ sind d. Annahmen v. A 57a) über $\psi(t)$ erfüllt. Wegen $\psi'(t) = \varphi(t)$, $\lambda = \psi(a)$ folgt d. Beh.

58. M. erhält

$$-\int_0^a f(a - t)\,\varphi(a - t)\,dt \leqq -\int_0^\lambda f(a - t)\,dt.$$

F. $a - t = u$ folgt

$$\int_0^a f(u)\,\varphi(u)\,du \geqq \int_{a-\lambda}^a f(u)\,du.$$

59a) $\quad \displaystyle\int_0^{\pi/2} f(\sin 2\,t)\cos t\,dt = \int_{-\pi/4}^{\pi/4} f(\cos 2\,u)\cos\left(\frac{\pi}{4} - u\right)du =$

$$= \sqrt{\frac{1}{2}}\left[\int_{-\pi/4}^{\pi/4} f(\cos 2\,u)\cos u\,du + \int_{-\pi/4}^{\pi/4} f(\cos 2\,u)\sin u\,du\right].$$

Da d. erste Integrand gerade u. d. zweite ungerade ist, folgt (*) aus A 48. Wird rechts in (*) $x = \sqrt{2}\sin u$ als neue Int.-Variable eingeführt, so ergibt sich

$$\sqrt{2}\int_0^1 f(1 - x^2)\,\frac{dx}{\sqrt{2}} = \int_0^1 f(1 - x^2)\,dx.$$

Im zweiten Int. d. Aufgabe führe m. $x = \sin t$ als neue Int.-Variable ein u. es folgt unmittelbar d. Beh.;

59b) Nach A 48 ist d. Int. links

$$\int\limits_{-\pi}^{\pi} f(\cos t)\, dt = 2\int\limits_{0}^{\pi} f(\cos u)\, du\,.$$

Wird hier $v = \dfrac{\pi}{2} - u$ als neue Int.-Variable eingeführt, so folgt weiter

$$\int\limits_{-\pi}^{\pi} f(\cos u)\, du = 2\int\limits_{-\pi/2}^{\pi/2} f(\sin u)\, du\,;$$

59c) $\quad \displaystyle\int\limits_{0}^{2\pi} f(a\cos t + b\sin t)\, dt = \int\limits_{0}^{2\pi} f(r\cos(t-\alpha))\, dt = 2\int\limits_{-\pi/2}^{\pi/2} f(r\sin t)\, dt$, wie beh.

60. D. zu bew. Relation reduziert sich auf

$$\int\limits_{\alpha+b}^{\beta+b} f(u)\, du - \int\limits_{\alpha+a}^{\beta+a} f(u)\, du - \int\limits_{a+\beta}^{b+\beta} f(u)\, du + \int\limits_{a+\alpha}^{b+\alpha} f(u)\, du = 0\,,$$

d. h.
$$\int\limits_{\alpha+b}^{\beta+b} + \int\limits_{\alpha+a}^{\alpha+b} = \int\limits_{\alpha+a}^{\beta+a} + \int\limits_{\beta+a}^{\beta+b} = \int\limits_{\alpha+a}^{\beta+b}\,.$$

61. D. zu bew. Relation wird zu

$$\int\limits_{b\alpha}^{b\beta} - \int\limits_{a\alpha}^{a\beta} = \int\limits_{a\beta}^{b\beta} - \int\limits_{a\alpha}^{b\alpha}\,, \qquad \int\limits_{a\alpha}^{b\alpha} + \int\limits_{b\alpha}^{b\beta} = \int\limits_{a\alpha}^{a\beta} + \int\limits_{a\beta}^{b\beta} = \int\limits_{a\alpha}^{b\beta}\,.$$

62. Zerlegt m. d. Int. in 4 Integrale über d. einzelnen Summenterme u. führt neue Int.-Variable u. durch $u = pt$, $u = qt$, $u = qt$, $u = pt$ ein, so ergibt sich d. Relation:

$$\int\limits_{0}^{p} (f(t+q) - f(t))\, dt - \int\limits_{0}^{q} (f(t+p) - f(t))\, dt = 0\,,$$

d. aus A 60 durch Spezialisierung hervorgeht.

63. Wird f. e. Konstante c, $u(x) = \displaystyle\int\limits_{0}^{x} f(t)\, dt + c$ angesetzt, so gilt

$$u(x) + u(x+p) = \int\limits_{0}^{x} f(t)\, dt + \int\limits_{p}^{x+p} f(t)\, dt + \int\limits_{0}^{p} f(t)\, dt + 2c\,.$$

Da aber f. $w = t - p$,

$$\int\limits_{p}^{x+p} f(t)\, dt = \int\limits_{0}^{x} f(w+p)\, dw = -\int\limits_{0}^{x} f(w)\, dw = -\int\limits_{0}^{x} f(t)\, dt$$

ist, folgt

$$u(x) + u(x+p) = 2c + \int\limits_{0}^{p} f(t)\, dt$$

und dies ist 0 nur f.

$$c = -\frac{1}{2}\int\limits_0^p f(t)\,dt.$$

§ 21

1a) $2\,x\lg x + x;$

1b) $\dfrac{1}{x+a} - \dfrac{1}{x+b} = \dfrac{b-a}{(x+a)\,(x+b)};$

1c) $\dfrac{1}{\sin x};$

1d) $\dfrac{2a}{a^2-x^2};$

1e) $\dfrac{x+13}{(x-5)\,(x+1)};$

1f) $\operatorname{arctg}\dfrac{x}{a} + \dfrac{2ax}{a^2+x^2};$

1g) $\dfrac{2}{x\sqrt{x^2+1}};$

1h) $\dfrac{x}{2\sin^2\dfrac{x}{2}} = \dfrac{x}{1-\cos x};$

1i) $\dfrac{2k}{\sin kx};$

1k) $\dfrac{1}{\cos x};$

1l) $\dfrac{1}{x(1-x^2)};$

1m) $\operatorname{tg}^3 x;$

1n) $\dfrac{1}{\sin x};$

1o) $N = (b + a\cos x + r\sin x)\,(a + b\cos x),$

$Z = r\,(a\cos x + r\sin x + b),\qquad \dfrac{\sqrt{b^2-a^2}}{a+b\cos x};$

1p) $x\operatorname{ctg}^2 x;$

1q) $\dfrac{x^2+2x+1+\sqrt{x^2+2x}}{(x+1)\sqrt{x^2+2x}};$

1r) $\dfrac{x\cos x}{\sin^2 x};$

1s) $\dfrac{2x}{\sin x^2} - \dfrac{1+3\cos^2 x}{\sin^5 x};$

1t) $\dfrac{x^2+x+1}{(1+x)\,(1+x^2)}.$

2a) $\dfrac{4\,x\operatorname{ctg} x^2}{\sqrt[3]{3\lg\sin x^2}}\,e^{(3\lg\sin x^2)^{2/3}};$

2b) $\dfrac{e^x+1}{e^x-1};$

2c) $\dfrac{e^{\alpha x}}{b+a\,e^{2\alpha x}} = \dfrac{1}{a\,e^{\alpha x}+b\,e^{-\alpha x}};$

2d) $e^{\alpha x}[b\,(a-\alpha)\cos bx + (b^2+a\alpha)\sin bx];$

2e) $e^{\alpha x}[(b^2+a\alpha)\cos bx + b\,(\alpha-a)\sin bx];$

2f) $\dfrac{2}{e^{2x}+e^{-2x}}.$

3. $2x\,(y+2)\,e^{x^2};$

4. $-\dfrac{a}{b}.$

5a) $\quad x - e^{-x};$

5b) $\quad \dfrac{1}{k}\, e^{kx};$

5c) $\quad -e^{-x}(x+1);$

5d) $\quad \dfrac{1}{2a}\, e^{ax^2+b};$

5e) $\quad \dfrac{-1}{a^2-ab+b^2}\, e^{-(a^2-ab+b^2)x};$

5f) $\quad \left(\dfrac{x^2}{a} - 2\,\dfrac{x}{a^2} + \dfrac{2}{a^3}\right) e^{ax};$

5g) $\quad \dfrac{1}{2a}\, e^{a x^2};$

5h) $\quad \dfrac{1}{2e}\displaystyle\int y\, e^y\, dy = \dfrac{1}{2}\, x^2\, e^{x^2}.$

6a) $\quad \lg x = \displaystyle\int_1^x \dfrac{dt}{t} = \dfrac{x-1}{\xi}, \quad 1 \leqq \xi \leqq x;$

6b) $\quad \dfrac{\lg x}{x^\alpha} = \dfrac{n\lg\sqrt[n]{x}}{x^\alpha} < n\,x^{1/n-\alpha} \to 0;$

6c) Folgt aus 6b) f. $x = \dfrac{1}{y}, \quad y \to \infty;$

6d) M. setze in 6b) $y = \lg x, \quad x^\alpha = e^{-\alpha y}.$

7a) $\quad \lg\left(1 + \dfrac{x}{n} - \dfrac{x^2}{n^2}\right) \sim \dfrac{x}{n} - \dfrac{x^2}{n^2} \sim \dfrac{x}{n}, \quad n\lg\left(1 + \dfrac{x}{n} - \dfrac{x^2}{n^2}\right) \sim x;$

7b) $\quad \dfrac{\lg x}{x} \to 0 \quad \text{(nach 6b)};$

7c) $\quad \lg\left(1 + \dfrac{1}{n+\alpha}\right) \sim \dfrac{1}{n+\alpha}, \quad \lg\left(1 + \dfrac{1}{n+\alpha}\right)^{n+\beta} \sim \dfrac{n+\beta}{n+\alpha} \to 1;$

7d) $\quad \lg(1+x) \sim x, \quad \lg(1+x)^{1/x} \sim \dfrac{x}{x} = 1;$

7e) $\quad \lg\left(1 + \dfrac{a}{x}\right) \sim \dfrac{a}{x}, \quad \lg\left(1 + \dfrac{a}{x}\right)^x \sim \dfrac{ax}{x} = a;$

7f) $\quad \lg\left(1 + \dfrac{a}{n^2}\right) \sim \dfrac{a}{n^2}, \quad \lg\left(1 + \dfrac{a}{n^2}\right)^{bn} \sim \dfrac{bn}{an^2} \to 0.$

8a) $\quad \lg\left(1 + \dfrac{n-2}{n^2+3}\right) \sim \dfrac{n-2}{n^2+3} \sim \dfrac{1}{n},$

$\qquad \lg\left(1 + \dfrac{n-2}{n^2+3}\right)^{\frac{n^3-1}{n^2+1}} \sim \dfrac{n^3-1}{(n^2+1)n} \to 1;$

8b) F. ganze $x, 0$; f. $\sin \pi x > 0, 1$; f. $\sin \pi x < 0, -1$;

8c) 1 f. $x\uparrow\dfrac{\pi}{2}$; $\quad -1$ f. $x\downarrow\dfrac{\pi}{2}$;

8d) $\quad \dfrac{-2\lg y + \lg\left(1 + \dfrac{1}{y^2}\right)}{\sqrt{y}} \to 0.$

9. $\quad \dfrac{a^x}{x^x} = \left(\dfrac{a}{x}\right)^x < \dfrac{1}{2^x} \to 0 \quad (x \to \infty, x > 2a).$

10. F. $n = 0$, $P(x) \equiv c$, hat $e^x - c$ höchstens 1 Wurzel, da sonst $e^x = (e^x - c)'$ wenigstens 1 Wurzel haben müßte. Sei d. Beh. f. Polynome v.

Grade $n - 1$ wahr: Hätte $e^x - P(x)$ etwa $n + 2$ Wurzeln, so müßte $e^x - P'(x)$ wenigstens $n + 1$ Wurzeln haben, während $P'(x)$ v. Grad $n - 1$ ist.

11. $\qquad \int\limits^{t} \frac{dx}{x \lg x} = \lg x \, \frac{1}{\lg x} \Big|^{t} + \int\limits^{t} \frac{dx}{x \lg x}$.

Da d. ausintegrierte Term $\equiv 1$ ist, erscheint d. Relation widerspruchsvoll. F. unbestimmte Int. ist jedoch e. additive Konstante erlaubt. D. untere Grenze 1 darf m. aber nicht benutzen, da dort d. Integrand *unstetig* ist.

12. $\qquad y' = (1 + x)^{-n-1}(1 - n \lg(1 + x))$.

13. $\qquad \sum\limits_{\nu=1}^{n} \lg \cos \frac{x}{2^\nu} = \lg \sin x - \lg 2^n - \lg \sin \frac{x}{2^n}$,

$$-\sum_{\nu=1}^{n} \frac{1}{2^\nu} \operatorname{tg} \frac{x}{2^\nu} = \operatorname{ctg} x - \frac{1}{2^n} \operatorname{ctg} \frac{x}{2^n},$$

$$-\sum_{\nu=1}^{n} \frac{1}{\left(2^\nu \cos \dfrac{x}{2^\nu}\right)^2} = -\frac{1}{\sin^2 x} + \frac{1}{2^{2n}} \frac{1}{\sin^2 \dfrac{x}{2^n}}.$$

14. Sei $(pq)^\nu u_\nu = v_\nu$, dann

$$v_{\nu+1} - v_\nu = \left(\frac{1}{p} + \frac{1}{pq}\right)(pq)^{\nu+1}, \text{ wegen } u_1 = \frac{1}{p} + \frac{1}{pq}, \qquad v_1 = (pq)\left(\frac{1}{p} + \frac{1}{pq}\right),$$

folgt

$$v_n = u_1 \sum_{\nu=1}^{n} (pq)^\nu = pq\, u_1 \frac{(pq)^n - 1}{pq - 1}, \qquad u_n = u_1 \frac{1 - \dfrac{1}{(pq)^n}}{1 - \dfrac{1}{pq}},$$

wenn $pq \neq 1$ ist.

F. $pq = 1$ aber $v_n = u_n = n u_1$, $f_n = (x^{u_1})^n$. Ist $pq = 1$, so ist d. Grenzwert 0, 1 oder ∞, je nachdem, ob $x^{u_1} < 1$, $= 1$ oder > 1 ist. Ist $pq < 1$, so ist $u_n \to -\infty$ u. d. Grenzwert 0, 1 oder ∞, je nachdem, ob $x > 1$, $= 1$ oder < 1 ist. Ist $pq > 1$, so ist d. Grenzwert $x^{\frac{pq\, u_1}{pq-1}}$.

15. $\qquad \sum\limits_{\nu=0}^{n} \lg(1 + x^{2^\nu}) = \lg(1 - x^{2^{n+1}}) - \lg(1 - x)$,

$$\sum_{\nu=0}^{n} \frac{2^\nu x^{2^\nu - 1}}{1 + x^{2^\nu}} = \frac{-2^{n+1} x^{2^{n+1} - 1}}{1 - x^{2^{n+1}}} + \frac{1}{1 - x},$$

$$\sum_{\nu=0}^{n} \frac{2^\nu x^{2^\nu}}{1 + x^{2^\nu}} = \frac{x}{1 - x} - \frac{2^{n+1} x^{2^{n+1}}}{1 - x^{2^{n+1}}}.$$

16. $\qquad f(x)\, e^x + c$.

17. $\qquad \lg b_\nu \to \lg a, \quad \lg b_\nu \sim \lg a, \quad \lg a_\nu \to \lg a, \quad \lg a_\nu \sim \lg a$.

18. Sei $D \equiv \sin \dfrac{1}{\lg n} - \sin \dfrac{1}{\lg(n+1)}$. Dann ist

$$D = 2 \sin \frac{1}{2}\left(\frac{1}{\lg n} - \frac{1}{\lg(n+1)}\right)\cos\frac{1}{2}\left(\frac{1}{\lg n} + \frac{1}{\lg(n+1)}\right),$$

$$\cos\frac{1}{2}\left(\frac{1}{\lg n} + \frac{1}{\lg(n+1)}\right) \to 1,$$

$$\frac{1}{\lg n} - \frac{1}{\lg(n+1)} = \frac{\lg\left(1 + \dfrac{1}{n}\right)}{(\lg n)(\lg(n+1))} \sim \frac{1}{n\,(\lg n)^2}, \qquad D \sim \frac{1}{n\,(\lg n)^2},$$

woraus d. Beh.

19. $\quad \dfrac{\lg(x+a)}{\lg x} - 1 = \dfrac{\lg\left(1 + \dfrac{a}{x}\right)}{\lg x} \sim \dfrac{a}{x \lg x} \to 0$.

20. $\quad \dfrac{\lg(x + f(x))}{\lg x} - 1 = \dfrac{\lg\left(1 + \dfrac{f(x)}{x}\right)}{\lg x} \to 0$.

21. $\quad \lg(1+x)^{1/\lg x} = \dfrac{\lg(x+1)}{\lg x} \to 1$, d. Grenzwert e.

22a) α, da $e^{\alpha/\nu} - e^{\alpha/(\nu+1)} = e^{\alpha/(\nu+1)}\left(e^{\frac{\alpha}{\nu(\nu+1)}} - 1\right) \sim \dfrac{\alpha}{\nu(\nu+1)} \sim \dfrac{\alpha}{\nu^2}$;

22b) $\nu^2 e^{-1/\nu}(e^{1/\nu} - 1)^2 \sim \nu^2 \cdot 1 \cdot \left(\dfrac{1}{\nu}\right)^2 = 1$;

22c) e, da $\dfrac{\lg(1 + x a^x)}{x} \sim \dfrac{x a^x}{x} \to 1$;

22d) $\nu \varepsilon_\nu = \dfrac{\nu}{2}(e^{\alpha/\nu} - 1 + e^{\beta/\nu} - 1) \to \dfrac{\alpha + \beta}{2}$, daher

$$\lg\left[\left(\frac{\sqrt[\nu]{a} + \sqrt[\nu]{b}}{2}\right)^\nu\right] = \nu \lg(1 + \varepsilon_\nu) \sim \nu \varepsilon_\nu \to \frac{\alpha + \beta}{2} \quad \text{d. Grenzwert: } e^{(\alpha+\beta)/2} = \sqrt{ab};$$

22e) $\dfrac{1}{k}\displaystyle\sum_{\varkappa=1}^{k} \operatorname*{Lim}_{\nu\to\infty} \sqrt[\nu]{a_k} = 1$;

22f) $\lg\cos\alpha x = \lg(1 - \varepsilon(x)) \sim -\varepsilon(x) \sim -\dfrac{\alpha^2 x^2}{2}$, $\quad \lg\cos\beta x \sim -\dfrac{\beta^2 x^2}{2}$,

d. Grenzwert $\dfrac{\alpha^2}{\beta^2}$;

22g) Wie bei 22f) $\lg\cos\dfrac{\pi}{\nu} \sim \dfrac{-\pi^2}{2\nu^2}$, d. Grenzwert $-\dfrac{\pi^2}{2}$;

22h) $\varepsilon_\nu = \dfrac{1 + \operatorname{tg}\dfrac{\pi}{\nu}}{1 - \operatorname{tg}\dfrac{\pi}{\nu}} - 1 = \dfrac{2\operatorname{tg}\dfrac{\pi}{\nu}}{1 - \operatorname{tg}\dfrac{\pi}{\nu}} \sim 2\dfrac{\pi}{\nu}$,

$$\lg\operatorname{tg}\left(\frac{\pi}{4} + \frac{\pi}{\nu}\right) \sim \varepsilon_\nu \sim 2\frac{\pi}{\nu}, \quad \text{d. Grenzwert } 2\pi;$$

22i) $\operatorname{tg}\left(\dfrac{\pi}{4} + y\right) - 1 \sim 2y$, $\quad 1 - \operatorname{ctg} x = \dfrac{\operatorname{tg} x - 1}{\operatorname{tg} x} \sim 2y$, d. Grenzwert 1;

22k) $\quad \dfrac{\lg x}{\lg x + \lg a\,(x)} = \dfrac{1}{1 + \dfrac{\lg a\,(x)}{\lg x}} \to 1\,;$

221) $\quad \alpha\,\dfrac{\sin \alpha x}{\alpha x}\,x \lg x \to 0\,.$

23a) $\quad (a + b\,e^x)^{c/x} = e^c\,(a\,e^{-x} + b)^{c/x} \to e^c\,.$

23b) $\quad \dfrac{\alpha}{\beta}\,,$ da $\lg(1 + e^{\alpha x}) = \alpha x + \lg(1 + e^{-\alpha x}) \sim \alpha x,\ \lg(1 + e^{\beta x}) \sim \beta x$ ist.

24. $\quad \displaystyle\int_0^{10} \dfrac{e^{-x}}{20 + x}\,dx = \dfrac{1}{20 + \xi}\int_0^{10} e^{-x}\,dx = \dfrac{1}{20 + \xi}\,(1 - e^{-10}),\ \ \xi > 0\,.$

25. $\quad 0 < \displaystyle\int_0^t \dfrac{x\,dx}{1 + x} < \int_0^t x\,dx = \dfrac{t^2}{2}\,.$

26. $\quad \Theta = \dfrac{1}{\lg(1 + y)} - \dfrac{1}{y} = \dfrac{y - \lg(1 + y)}{y\,\lg(1 + y)} \sim \dfrac{y - \lg(1 + y)}{y^2}\,.$

F. $y - \lg(1 + y)$ gilt $\displaystyle\int_0^y \dfrac{u}{1 + u}\,du = \dfrac{1}{1 + \xi}\int_0^y u\,du = \dfrac{y^2}{2(1 + \xi)}\quad$ wo $\ \xi$ in $\langle 0, y\rangle$ liegt. Daher folgt

$$\dfrac{y - \lg(1 + y)}{y^2} \to \dfrac{1}{2}\,,\quad \Theta \to \dfrac{1}{2}\,.$$

27. Es folgt aus $\dfrac{1}{960} = 0{,}0010417\ldots$, daß $\lg 961 - 6{,}86797$ e. Fehler $\leqq 0{,}68 \cdot 10^{-5}$ hat.

Nun ist aber

$$0 < \int_0^1 \dfrac{u\,du}{960(960 + u)} < \dfrac{1}{960^2} = 1{,}085 \cdot 10^{-6}\,,$$

so daß d. Fehler von $\lg 961 = 6{,}86797$ höchstens $0{,}68 \cdot 10^{-5}$ ist.

28. $\lg 6{,}2 - 1{,}79176 - \dfrac{0{,}2}{6} = \displaystyle\int_6^{6,2}\dfrac{dt}{t} - \int_6^{6,2}\dfrac{dt}{6} = \int_0^{0,2}\dfrac{du}{6 + u} - \int_0^{0,2}\dfrac{du}{6} = -\dfrac{1}{6}\int_0^{0,2}\dfrac{u\,du}{6 + u}\,.$

Dieser Fehler ist aber

$$= -\dfrac{1}{6} \cdot \dfrac{1}{6 + \xi}\int_0^{0,2} u\,du = \dfrac{0{,}2^2}{12(6 + \xi)}$$

und daher zu groß. M. benutze deshalb

$$\int_0^{0,2}\dfrac{u\,du}{6 + u} - \int_0^{0,2}\dfrac{u\,du}{6} = -\int_0^{0,2}\dfrac{u^2\,du}{6(6 + u)}\,,$$

$$\int_0^{0,2}\dfrac{u^2\,du}{6 + u} - \int_0^{0,2}\dfrac{u^2\,du}{6} = -\int_0^{0,2}\dfrac{u^3\,du}{6(6 + u)} = \dfrac{-1}{6(6 + \xi)}\int_0^{0,2} u^3\,du = \dfrac{-4 \cdot 10^{-4}}{6(6 + \xi)} = -\Theta\,\dfrac{10^{-4}}{9}\,.$$

Daher, f. e. Θ zwischen 0 u. 1:

$$\lg 6{,}2 - 1{,}79176 - \frac{0{,}2}{6} + \frac{0{,}04}{72} - \frac{0{,}008}{648} = -\Theta\,\frac{10^{-6}}{3{,}24},$$

u. endlich f. e. Θ mit $0 < \Theta < 1$:

$$\lg 6{,}2 = 1{,}82455 + \Theta_1 \cdot 5{,}4 \cdot 10^{-6}.$$

29. $\quad Q = \dfrac{1 - x^\varrho}{1 - x} = \varrho\,\xi^{\varrho-1} \quad (1 > \xi > x),$

$\qquad$ I: $\varrho > 1$: $x^\varrho < x$, $\quad Q > 1$, $\quad \varrho - 1 > 0$, $\quad \xi^{\varrho-1} < 1$, $\quad Q < \varrho$,

$\qquad$ II: $\varrho < 1$: $x^\varrho > x$, $\quad Q < 1$, $\quad \varrho - 1 < 0$, $\quad \xi^{\varrho-1} > 1$, $\quad Q > \varrho$.

30. $\quad \dfrac{x^\varrho - y^\varrho}{x - y} = \varrho\,\xi^{\varrho-1}, \quad x > \xi > y.$

$\qquad$ I: $0 < \varrho < 1$: $x^{\varrho-1} < \xi^{\varrho-1} < y^{\varrho-1}$;

$\qquad$ II: $\varrho > 1$: $y^{\varrho-1} < \xi^{\varrho-1} < x^{\varrho-1}$.

31. $\quad \dfrac{f(x)}{x} = \dfrac{1}{1 + e^{-1/x}}, \quad$ F. $x \downarrow 0 : e^{-1/x} \to 0,$

$\qquad D_+ f = 1.$ F. $x \uparrow 0 : e^{-1/x} \to \infty, \quad D_- f = 0.$

32. F. $x \downarrow n\pi + \dfrac{\pi}{2}$ gilt $\operatorname{tg} x \to -\infty$, $\operatorname{tg} x - k \lg x \to -\infty$. F. $x \uparrow (n+1)\pi +$

$+ \dfrac{\pi}{2}$ gilt $\operatorname{tg} x \to \infty$, daher wenigstens e. Wurzel in $\left(n\pi + \dfrac{\pi}{2},\, (n+1)\pi + \dfrac{\pi}{2} \right)$.

Ferner,

$$\operatorname{tg} x - k \lg x + k \lg n\pi = \int\limits_{n\pi}^{x} \left(1 + \operatorname{tg}^2 t - \frac{k}{t} \right) dt,$$

u. f. $n\pi > k$ ist d. Integrand pos. u. d. Fkt. eigentlich monoton wachsend.

33. Zwischen zwei Nullstellen v. $f(x)$, daher auch v. $g(x)$, liegt e. von $g'(x)$ $= (f'(x) + cf(x))e^{cx}$, daher auch v. $f' + cf$.

34. $G(x)$ ist in $\langle \alpha, \beta \rangle$ stetig u. in (α, β) differenzierbar:

$$G'(x) = (f(x)g(x) + g'(x)) \exp\left(\int\limits^{x} g(x) \right).$$

Da d. zweite Faktor $\neq 0$ zwischen α u. β, hat dort d. erste e. Nullstelle.

35. S_n ist d. Zwischensumme d. Fkt. $\dfrac{1}{1 + x}$ f. d. Intervall $\langle 0, 1 \rangle$ f. d. äquidistante Einteilung in n Teilintervalle. Daher

$$S_n \to \int\limits_{0}^{1} \frac{dx}{1 + x} = \lg(1 + x) \Big|_0^1 = \lg 2.$$

36. $\quad \displaystyle\sum_{\mu=1}^{\infty} \frac{(-1)^\mu}{\lg(2\mu + 1)}$ konv. nach d. Leibnizschen Kriterium.

37. Ja, da $-\lg\dfrac{\nu}{\nu+1} = -\lg\left(1 - \dfrac{1}{\nu+1}\right)\downarrow 0$.

38. Wegen $\lg\left(1 + \dfrac{x}{\nu}\right) \sim \dfrac{x}{\nu}$.

39. $\displaystyle\sum_{\nu=1}^{\infty}\left(\dfrac{1}{\nu} - \lg\left(1 + \dfrac{1}{\nu}\right)\right)$.

40. D. erste div., d. zweite konv., wegen $\sqrt[\nu]{a} - 1 \sim \dfrac{\lg a}{\nu}$, $\left(\sqrt[\nu]{a} - 1\right)^2 \sim \dfrac{(\lg a)^2}{\nu^2}$.

41. $|\Theta_\nu| \leqq \dfrac{1}{2}$ folgt aus A 25, daher konv. d. Reihe

$$\sum_{\nu=1}^{\infty}\frac{\Theta_\nu}{\nu^2} = C \quad\text{u.}\quad 1 + \frac{1}{2} + \cdots + \frac{1}{n} - \lg(n+1) \to C \quad (n \to \infty).$$

42a) $\dfrac{\nu^2-1}{\nu^2+1} \to 1$, $\quad e^{-\frac{\nu^2-1}{\nu^2+1}} \to \dfrac{1}{e} \neq 0$. Div.;

42b) $\dfrac{3(\nu^2+1)}{\nu+2}\lg\left(1 - \dfrac{\nu-\lg\nu}{\nu^2+\sqrt{\nu}}\right) \sim \dfrac{-3\nu}{\nu} = -3$,

d. allgemeine Glied $\to e^{-3}$; div.;

42c) $\dfrac{a_{\nu+1}}{a_\nu} = \dfrac{(\nu+1)\,e^{-(\nu+1)^2}}{\nu\,e^{-\nu^2}} = \left(1 + \dfrac{1}{\nu}\right)e^{-(2\nu+1)} \to 0$, konv.

43. $a_\nu \sim \dfrac{1}{2}\dfrac{1}{\nu^{3/2}}$. Konv.

44a) $a_\nu \sim \dfrac{1}{\nu^2(\lg\nu)^2}$, konv.;

44b) $a_\nu \sim \dfrac{1}{\nu^{3/2}\lg\nu}$, konv.

45. $a_\nu \sim \dfrac{(\lg\nu^2)\left(\dfrac{2}{1+\nu^2}\right)\dfrac{\nu+1}{\nu^2+2}}{\left[\lg\left(\lg\nu^3 + \lg\left(1 - \dfrac{1}{\nu^3}\right)\right)\right]^{1/2}\dfrac{1}{\nu}} \sim \dfrac{\dfrac{4\lg\nu}{\nu^3}}{\sqrt{\lg\lg\nu}\,\dfrac{1}{\nu}} =$

$$= \frac{4\lg\nu}{\sqrt{(\lg\lg\nu)}\sqrt{\nu}}\frac{1}{\nu^{3/2}} < \frac{1}{\nu^{3/2}} \ \text{v. e. } \nu \text{ an. Konv.}$$

46a) $\sqrt{\nu^4}\,e^{-\sqrt{\nu}} \to 0$, $\quad e^{-\sqrt{\nu}} < \dfrac{1}{\nu^2}$, $\quad$ v. e. ν an. Konv.;

46b) $\sqrt{\nu^{14}}\,e^{-\sqrt{\nu}} \to 0$, $\quad \nu^5 e^{-\sqrt{\nu}} < \dfrac{1}{\nu^2}$, $\quad$ v. e. ν an. Konv.

47. $\displaystyle\sum_{\nu=2}^{n}\lg\left(1 - \dfrac{1}{\nu^2}\right) = \lg\prod_{\nu=2}^{n}\left(1 - \dfrac{1}{\nu^2}\right) = \lg\dfrac{n+1}{2n} \to \lg\dfrac{1}{2}$.

48. $A_n - A_{n-1} < 0$, A_n monoton fallend.

$$a_{n+1} - a_n = \frac{1}{n} - \int_0^{1/n}\frac{dt}{1+t} - \frac{1}{2n(n+1)} = \int_0^{1/n}\left(1 - \frac{1}{1+t}\right)dt - \frac{1}{2n(n+1)} =$$

$$= \int_0^{1/n}\frac{t\,dt}{1+t} - \frac{1}{2n(n+1)} > \int_0^{1/n}\frac{t\,dt}{1+\frac{1}{n}} - \frac{1}{2n(n+1)} = 0, \quad a_n \text{ monoton wachsend.}$$

49. $a_\nu \sim \dfrac{x}{2\,\nu^{3/2}(\lg \nu)^2}\cdot$ Konv.

50a) $\quad a_\nu = e^{\lg\nu\lg a} = \nu^{\lg a}$, konv. f. $\lg a < -1$, $a < \dfrac{1}{e}$, div. f. $a \geqq \dfrac{1}{e}$;

50b) $a_\nu = \nu^{\lg a}\,a^{c+\varepsilon_\nu}$, $\varepsilon_\nu \to 0$; $a_\nu \sim a_0\,\nu^{\lg a}$, gleiche Konv.-Bedingung wie bei 50a).

51. $\quad 2\displaystyle\sum_{\nu=1}^{n}\sqrt{|a_\nu b_\nu|} \leqq \sum_{\nu=1}^{n}|a_\nu| + \sum_{\nu=1}^{n}|b_\nu| \leqq \sum_{\nu=1}^{\infty}|a_\nu| + \sum_{\nu=1}^{\infty}|b_\nu|.$

52. $\quad \left(\displaystyle\sum_{\nu=1}^{n} a_\nu b_\nu\right)^2 = \sum_{\nu=1}^{n}\left(\sqrt{\nu}\,a_\nu\right)\left(\frac{b_\nu}{\sqrt{\nu}}\right) \leqq \sum_{\nu=1}^{n}\nu\,a_\nu^2 \sum_{\nu=1}^{n}\frac{b_\nu^2}{\nu}.$

53. $\quad \left(\displaystyle\sum_{\nu=1}^{n}\frac{a_\nu}{\nu}\right)^2 = \sum_{\nu=1}^{n}\left(\nu^{3/2}\,a_\nu\,\frac{1}{\nu^{5/2}}\right)^2 \leqq \sum_{\nu=1}^{n}\nu^3\,a_\nu^2 \sum_{\nu=1}^{n}\frac{1}{\nu^5}.$

54. Nach d. Cauchyschen Ungl. gilt

$$\left[\frac{1}{n}\sum_{\nu=1}^{n}\varphi(a+\nu\varDelta)\,\psi(a+\nu\varDelta)\right]^2 \leqq \frac{1}{n}\sum_{\nu=1}^{n}\varphi^2(a+\nu\varDelta)\,\frac{1}{n}\sum_{\nu=1}^{n}\psi^2(a+\nu\varDelta),$$

u. f. $n \to \infty$ daraus d. Beh.

55. $\quad \left(\displaystyle\sum_{\nu=1}^{n}(a_\nu b_\nu)c_\nu\right)^2 \leqq \sum_{\nu=1}^{n}a_\nu^2 b_\nu^2 \sum_{\nu=1}^{n}c_\nu^2 \leqq \sqrt{\sum_{\nu=1}^{n}a_\nu^4 \sum_{\nu=1}^{n}b_\nu^4 \sum_{\nu=1}^{n}c_\nu^2}.$

56. M. schreibe d. Ungl. v. A 55 auf beide analogen Weisen, unter Auszeichnung v. a_ν bzw. b_ν anstatt c_ν u. multipliziere alle drei miteinander.

57. M. benutze d. Höldersche Ungl. f.

$$x_\nu = a_\nu, \quad y_\nu = \frac{1}{\nu^{1/3}}, \quad \varrho = \frac{3}{2}, \quad \sigma = 3.$$

58. M. setze in d. Cauchyschen Ungl. f. je $2n$ Variablenpaare

$$x_\nu = \varphi_1(a+\nu\varDelta), \quad x_{n+\nu} = \varphi_2(a+\nu\varDelta);$$
$$y_\nu = \psi_1(a+\nu\varDelta), \quad y_{n+\nu} = \psi_2(a+\nu\varDelta) \quad (\nu = 1, \ldots, n).$$

Aus d. Relation:

$$\left[\frac{1}{n}\sum_{\nu=1}^{n}\varphi_1(a+\nu\varDelta)\,\psi_1(a+\nu\varDelta) + \frac{1}{n}\sum_{\nu=1}^{n}\varphi_2(a+\nu\varDelta)\,\psi_2(a+\nu\varDelta)\right]^2 \leqq$$

$$\leqq \left[\frac{1}{n}\sum_{\nu=1}^{n}\varphi_1^2(a+\nu\varDelta) + \frac{1}{n}\sum_{\nu=1}^{n}\varphi_2^2(a+\nu\varDelta)\right] \times$$

$$\times \left[\frac{1}{n}\sum_{\nu=1}^{n}\psi_1^2(a+\nu\varDelta) + \frac{1}{n}\sum_{\nu=1}^{n}\psi_2^2(a+\nu\varDelta)\right]$$

folgt f. $n \to \infty$ d. Beh.

59. M. setze in d. Hölderschen Ungl. f. $\Delta = \dfrac{b-a}{n}$,

$$x_\nu = |\varphi(a+\nu\Delta)|^\varrho, \quad y_\nu = |\psi(a+\nu\Delta)|^\sigma.$$

u. ersetze dort ϱ durch $\dfrac{1}{\varrho}$ u. σ durch $\dfrac{1}{\sigma}$. Aus

$$\frac{1}{n}\sum_{\nu=1}^{n}|\varphi(a+\nu\Delta)|^\varrho\,|\psi(a+\nu\Delta)|^\sigma \leq \left[\frac{1}{n}\sum_{\nu=1}^{n}\varphi(a+\nu\Delta)\right]^\varrho\left[\frac{1}{n}\sum_{\nu=1}^{n}\psi(a+\nu\Delta)\right]$$

folgt d. Beh. f. $n \to \infty$.

60. Aus A 59 f. $\varrho = \dfrac{1}{3}$, $\sigma = \dfrac{2}{3}$ folgt

$$\int\limits_{0}^{\pi/2}\sin^{1/3}x\cos^{2/3}x\,dx \leq \left(\int\limits_{0}^{\pi/2}\sin x\,dx\right)^{1/3}\left(\int\limits_{0}^{\pi/2}\cos x\,dx\right)^{2/3} = 1.$$

61. (**) folgt aus (*) vermöge d. Cauchyschen Ungl.; gilt umgekehrt (**) u.

ist $\displaystyle\sum_{\nu=1}^{n} x_\nu^2 \equiv x \neq 0$, so setze m. $y_\nu = \dfrac{x_\nu}{\sqrt{x}}$, dann folgt aus (**)

$$\left(\sum_{\nu=1}^{n}\frac{x_\nu^2}{\sqrt{x}}\right)^2 \leq A \sum_{\nu=1}^{n} y_\nu^2 = A, \quad x \leq A.$$

62. M. setze $a = \dfrac{x}{u}$, $s = \dfrac{u}{v}$, dann

$$1 + \frac{u}{v}\frac{x}{u} < \left(1+\frac{x}{u}\right)^{u/v}, \quad \left(1+\frac{x}{v}\right)^v < \left(1+\frac{x}{u}\right)^u.$$

D. zweite Ungl. wird, $x^{1/u} = y$, $\dfrac{u}{v} = \varrho$ gesetzt, zu $\varrho(y-1) < y^\varrho - 1$, oder

$$\frac{y^\varrho - 1}{y-1} < \varrho \quad (y<1), \qquad \frac{y^\varrho - 1}{y-1} > \varrho \quad (y>1).$$

Dies folgt aus A 30, wenn man dort im ersten Fall x durch 1 ersetzt u. im zweiten Fall x durch y u. y durch 1 ersetzt.

63. F. $y_2 > y_1$ ist

$$A(y_2) - A(y_1) = \int\limits_{y_1}^{y_2}\frac{du}{1+u^2} = \frac{y_2 - y_1}{1+\xi^2}, \quad y_1 < \xi < y_2,$$

woraus d. Stet. u. d. eigentliche Monotonie folgt. Ferner f. $v = -u$

$$A(-y) = \int\limits_{0}^{-y}\frac{du}{1+u^2} = -\int\limits_{0}^{y}\frac{dv}{1+v^2} = -A(y).$$

64. F. $y\uparrow\infty$:

$$\int\limits_{0}^{y}\frac{du}{1+u^2} = \int\limits_{0}^{1}\frac{du}{1+u^2} + \int\limits_{1}^{y}\frac{du}{1+u^2} = \int\limits_{0}^{1}\frac{du}{1+u^2} + \int\limits_{1/y}^{1}\frac{du}{1+u^2} \to 2\int\limits_{0}^{1}\frac{du}{1+u^2} = \frac{\pi}{2}.$$

F. $y\downarrow -\infty$: $\quad A(y) = -A(-y) \to -\dfrac{\pi}{2}$.

65. Folgt aus d. allgemeinen Sätzen über d. Umkehrung v. stet. monotonen Fkt.

66. D. Werte f. 0 u. $\frac{\pi}{2}$ unmittelbar aus A 65. Ferner, f. $x \uparrow \pi$, $t\left(\frac{x}{2}\right) \to \infty$ u. $s(x) \to 0$, $c(x) \to -1$.

$$s(x) > 0 \ (0 < x < \pi) \text{ folgt aus } t(x) > 0 \ \left(0 < x < \frac{\pi}{2}\right),$$

$$c(x) > 0 \ \left(0 < x < \frac{\pi}{2}\right) \text{ folgt aus } 0 < t(x) < 1 \ \left(0 < x < \frac{\pi}{4}\right).$$

Endlich, wegen $\dfrac{dt(x)}{dx} = 1 + t^2$,

$$s' = \frac{2(1-t^2)}{(1+t^2)^2}\frac{dt\left(\frac{x}{2}\right)}{dx} = \frac{1-t^2}{1+t^2} = c, \qquad c' = \frac{-4t}{(1+t^2)^2}\frac{dt\left(\frac{x}{2}\right)}{dx} = \frac{-2t}{1+t^2} = -s.$$

67.
$$(\tau(x))' = \left(\frac{s(x)}{c(x)}\right)' = \left(\frac{2t\left(\frac{x}{2}\right)}{1-t^2\left(\frac{x}{2}\right)}\right) = \frac{2(1+t^2)}{(1-t^2)^2}\frac{dt\left(\frac{x}{2}\right)}{dx} = \left(\frac{1+t^2}{1-t^2}\right)^2 = \frac{1}{c(x)^2} =$$

$$= \frac{s^2 + c^2}{c^2} = 1 + \tau(x)^2.$$

Wegen A 66 ist $\tau(0) = 0$, $\quad \tau(-x) = -\tau(x)$ in $\left(-\frac{\pi}{2}, \frac{\pi}{2}\right)$

$$\tau(x) \to \infty \quad \left(x \uparrow \frac{\pi}{2}\right), \quad \tau(x) \to -\infty \left(x \downarrow -\frac{\pi}{2}\right).$$

M. bilde nun

$$\sigma(x) = \frac{2\tau\left(\frac{x}{2}\right)}{1 + \tau^2\left(\frac{x}{2}\right)}, \qquad \gamma(x) = \frac{1 - \tau^2\left(\frac{x}{2}\right)}{1 + \tau\left(\frac{x}{2}\right)}.$$

Nach LA 4 gilt $\sigma(0) = 0$, $\gamma(0) = 1$, $\sigma'(x) = \gamma(x)$, $\gamma'(x) = -\sigma(x)$. Aus A 34 § 19 folgt $\sigma(x) = s(x)$, $\gamma(x) = c(x)$, u. f. $0 < x < \frac{\pi}{2}$:

$$\frac{2\tau(x)}{1+\tau^2(x)} = \frac{2t(x)}{1+t^2(x)}, \qquad \frac{1-\tau^2(x)}{1+\tau^2(x)} = \frac{1-t^2(x)}{1+t^2(x)}.$$

Aus d. zweiten Relation folgt $t^2 = \tau^2$, u. sodann aus d. ersten $t(x) = \tau(x)$.

68. (1) folgt aus d. Gl. $\varphi(x-y) + \varphi(y) = \varphi(x)$, daher auch (2); (3) folgt unmittelbar durch v. Ind. Daher $\varphi(nx) = n\varphi(x)$, $\varphi(mx) = m\varphi(x)$, f. ganze pos. n u. ganze m. Ist $r = \frac{m}{n}$, so gilt

$$\varphi(nrx) = n\varphi(rx) = m\varphi(x), \quad \varphi(rx) = \frac{m}{n}\varphi(x).$$

69. Es gilt

$$\sum_{\nu=1}^{n} a_\nu^x \leqq \left(\sum_{\nu=1}^{n} 1\right)^{1/\sigma}\left(\sum_{\nu=1}^{n} a_\nu^{x\varrho}\right)^{1/\varrho} = n^{(y-x)/y}\left(\sum_{\nu=1}^{n} a_\nu^y\right)^{x/y}, \quad \left(\frac{\sum_{\nu=1}^{n} a_\nu^x}{n}\right)^{1/x} \leqq \left(\frac{\sum_{\nu=1}^{n} a_\nu^y}{n}\right)^{1/y}.$$

$$\S\ 22$$

1 a) $\quad x^{(x-1)\,(x-2)} \left(\dfrac{(x-1)\,(x-2)}{x} + (2x-3)\lg x \right);$

1 b) $\quad x^{\sin x} \left(\dfrac{\sin x}{x} + \cos x \lg x \right);$

1 c) $\quad (\sin x)^{\operatorname{tg} x} \left(1 + \dfrac{\lg x}{\cos^2 x} \right).$

2 a) $\quad \dfrac{1}{8} \lg (7 + 2x^4);$

2 b) $\quad \dfrac{1}{2} \lg(1 + x^2);$

2 c) $\quad \dfrac{1}{3} \displaystyle\int \dfrac{y-1}{y^2}\, dy = \dfrac{1}{3}\left(\dfrac{1}{y} + \lg y \right) = \dfrac{1}{3}\left(\dfrac{1}{x^3+1} + \lg(x^3+1) \right);$

2 d) $\quad \lg |x - x^5|.$

3. $\quad \displaystyle\int y^{\sqrt{3}}(2-y)^2\, dy = \int \left(4\,y^{\sqrt{3}} - 4\,y^{\sqrt{3}+1} + y^{\sqrt{3}+2} \right) dx =$

$$= \frac{4}{\sqrt{3}+1}(2-x)^{\sqrt{3}+1} - \frac{4}{\sqrt{3}+2}(2-x)^{\sqrt{3}+2} + \frac{1}{\sqrt{3}+3}(2-x)^{\sqrt{3}+3}.$$

4 a) $\quad \sqrt{\dfrac{3}{4}}\,\sqrt{\dfrac{4}{3}}\,\displaystyle\int \dfrac{dx}{\sqrt{y^2+1}} = \lg\left(y + \sqrt{y^2+1} \right) =$

$$= \lg\left(x + \frac{1}{2} + \sqrt{x^2 + x + 1} \right) + c;$$

4 b) $\quad \displaystyle\int \dfrac{5\sqrt{\dfrac{3}{4}}\,y - \dfrac{7}{2}}{\sqrt{y^2+1}}\, dy = \dfrac{5\sqrt{3}}{2}\sqrt{y^2+1} - \dfrac{7}{2}\lg\left(y + \sqrt{y^2+1} \right) =$

$$= 5\sqrt{x^2 + x + 1} - \frac{7}{2}\lg\left(x + \frac{1}{2} + \sqrt{x^2 + x + 1} \right) + c;$$

4 c) $\quad \displaystyle\int \dfrac{\dfrac{5}{2}\,y + \dfrac{27}{2}}{\sqrt{y^2-1}}\, dy = \dfrac{5}{2}\sqrt{y^2-1} + \dfrac{27}{2}\lg\left(y + \sqrt{y^2-1} \right) =$

$$= 5\sqrt{(x-2)\,(x-1)} + \frac{27}{2}\lg\left(x - \frac{3}{2} + \sqrt{(x-1)\,(x-2)} \right) + c.$$

5. $\quad \displaystyle\int_1^a \sqrt{x^2-1}\, dx = x\sqrt{x^2-1}\,\Big|_1^a - \int_1^a \dfrac{(x^2-1)+1}{\sqrt{x^2-1}}\, dx =$

$$= a\sqrt{a^2-1} - \int_1^a \sqrt{x^2-1}\, dx - \int_1^a \frac{dx}{\sqrt{x^2-1}},$$

$$2\int_1^a \sqrt{x^2-1}\, dx = a\sqrt{a^2-1} - \lg\left(a + \sqrt{a^2-1} \right).$$

6 a) $\quad 4\displaystyle\int (\lg x)^2\, dx = 4\left[x(\lg x)^2 - 2\int \lg x\, dx \right] = 4x(\lg x)^2 - 8x\lg x + 8x;$

18*

6b) $\int (\lg x)\lg x\,dx$ wie in 6a);

6c) $\int \dfrac{dx}{\sqrt{1+y^2}} = \lg\left(\lg x + \sqrt{(\lg x)^2 + 1}\right);$

6d) $\dfrac{1}{2}\int e^y\,dy = \dfrac{1}{2}\,e^{(\lg x)^2} = \dfrac{1}{2}\,x^{\lg x};$

6e) $\dfrac{1}{\pi}\int \dfrac{dy}{y} = \dfrac{1}{\pi}\,\lg\,|\lg x|\,;$

6f) $\displaystyle\int \frac{\lg(a^2 + b^2 x^2)}{x^2}\,dx = -\,\frac{\lg(a^2 + b^2 x^2)}{x} + 2\,b^2\int \frac{dx}{a^2 + b^2 x^2} =$

$$= -\,\frac{\lg(a^2 + b^2 x^2)}{x} + \frac{2\,b}{a}\,\mathrm{arc\,tg}\,\frac{b}{a}\,x\,.$$

7. $\displaystyle\int \frac{x^{2m+1}\,dx}{1 + x^2}$ f. $y = x^2 + 1$ wird zu

$$\frac{1}{2}\int \frac{(y-1)^m}{y}\,dy = \frac{1}{2}\sum_{\mu=0}^{m-1}\binom{m}{\mu}(-1)^\mu \int y^{m-1-\mu}\,dy + \frac{(-1)^m}{2}\int \frac{dy}{y} =$$

$$= \sum_{\mu=0}^{m-1}\binom{m}{\mu}\frac{(-1)^\mu y^{n-\mu}}{2(m-\mu)} + \frac{(-1)^m}{2}\,\lg y =$$

$$= \sum_{\mu=0}^{m-1}\binom{m}{\mu}(-1)^{m-\mu}\frac{(x^2+1)^{m-\mu}}{2(m-\mu)} + \frac{(-1)^m}{2}\,\lg(x^2 + 1)\,.$$

$$\int \frac{x^{2m}}{1 + x^2}\,dx = (-1)^m\,\mathrm{arc\,tg}\,x + \int \frac{x^{2m} - (-1)^m}{x^2 + 1}\,dx =$$

$$= (-1)^m\,\mathrm{arc\,tg}\,x + \sum_{\mu=0}^{m-1}(-1)^{m-\mu}\frac{x^{2\mu+1}}{2\mu+1}\,.$$

8. $\displaystyle\int \frac{a^{2x}}{1 + a^{2x}}\,dx = \frac{1}{\lg a^2}\int \frac{dy}{1 + y} = \frac{1}{\lg a^2}\,\lg(1 + a^{2x})\,.$

9a) $e^{\arcsin x};$ 9b) $\dfrac{1}{a}\,e^{\mathrm{arc\,tg}\,x/a};$

9c) $-\dfrac{1}{4}\,\lg\,|1 - 2\,e^{x^2}|\,;$ 9d) $\dfrac{1}{6}\,\lg(1 + 2\,e^{x^3});$

9e) $2\sqrt{1 + e^x}\,;$

9f) $3\int e^y\,y^2\,dy = e^y(3\,y^2 - 6\,y + 6);$

9g) $\dfrac{1}{100}\int e^y\,dy = \dfrac{1}{100}\,e^{-\cos^{100} x}\,.$

10a) $\dfrac{2}{9}\int \dfrac{dy}{y} = \dfrac{2}{9}\,\lg\,|3\cos^3 x + 2|\,;$

10b) $\dfrac{1}{3}\,(\arcsin x)^3\,;$

10c) $\displaystyle\int \frac{x\,dx}{\cos^2 x} = x\,\mathrm{tg}\,x - \int \mathrm{tg}\,x\,dx = x\,\mathrm{tg}\,x + \lg\,|\cos x|\,;$

10d) $\quad \int x\,\mathrm{tg}^2\,x\,dx = x\,(\mathrm{tg}\,x - x) - \int (\mathrm{tg}\,x - x)\,dx = x\,\mathrm{tg}\,x + \lg|\cos x| + \dfrac{x^2}{2}\,.$

11. M. hat mit $r = \sqrt{a^2 + b^2}$, $\cos\alpha = \dfrac{a}{r}$, $\sin\alpha = \dfrac{b}{r}$:

$$\frac{1}{r}\int \frac{d(x + \alpha)}{\sin(x + \alpha)} = \frac{1}{\sqrt{a^2 + b^2}}\,\lg\left|\mathrm{tg}\,\frac{x + \alpha}{2}\right|\,.$$

12. $\quad -\dfrac{2}{r}\sqrt{1 + r\cos x}\,.$

13a) F. $r \neq 0$:

$$\int\limits_{-\pi/2}^{\pi/2} = 2\int\limits_{0}^{\pi/2}\frac{\sin x\,dx}{y^n} = \frac{1}{r}\int\limits_{(1-r)^2}^{1+r^2}\frac{dy}{y^n} = \begin{cases} \dfrac{1}{r}\lg\dfrac{1+r^2}{(1-r)^2} & n = 1; \\[2ex] \dfrac{1}{(1-n)\,r}\left[\dfrac{1}{(1+r^2)^{n-1}} - \dfrac{1}{(1-r)^{2n-2}}\right]; \end{cases}$$

13b) $\quad \dfrac{1}{r}\int\limits_{(1-r)^2}^{1+r^2}\dfrac{\sin^2 x\,dy}{y^n} = \dfrac{1+r^2}{2\,r^3}\int\limits_{(1-r)^2}^{1+r^2}\dfrac{dy}{y^{n-1}} - \dfrac{1}{4\,r^3}\int\limits_{(1-r)^2}^{1+r^2}\dfrac{dy}{y^{n-2}} - \dfrac{(1-r^2)^2}{4\,r^3}\int\limits_{(1-r)^2}^{1-r^2}\dfrac{dy}{y^n}\,.$

D. weitere Ausrechnung enthält Logarithmen f. $n = 2, 3$.

14. $\quad e^{\sqrt{\lg x} - \frac{1}{2}\lg x} \to 0$, da $\sqrt{\lg x} - \dfrac{1}{2}\lg x = \sqrt{\lg x}\left(1 - \dfrac{1}{2}\sqrt{\lg x}\right) \to -\infty.$

15. Da bei Vertauschung v. x u. y d. Relation in sich übergeht, darf OBdA $y > x$ angenommen werden. Dann aber $a^x < a^\xi < a^y$ u. $\lg a > 0$.

16a) $\quad \dfrac{e^x + e^{-x}}{2} \geqq \sqrt{e^x\,e^{-x}}\,;$

16b) $\quad \mathrm{Tg}\,x + 1 = \dfrac{2\,e^x}{e^x + e^{-x}} > 0, \quad \mathrm{Tg}\,x - 1 = \dfrac{-2\,e^{-x}}{e^x + e^{-x}} < 0;$

16c) $\quad \dfrac{e^x - e^{-x}}{2} = \dfrac{e^{2x} - 1}{2\,e^x} \sim \dfrac{2\,x}{2} = x.$

17a) $\quad \dfrac{e^{2x} + e^{-2x}}{2} = \left(\dfrac{e^x - e^{-x}}{2}\right)^2 + \left(\dfrac{e^x + e^{-x}}{2}\right)^2;$

17b) $\quad \dfrac{e^{2x} - e^{-2x}}{2} = 2\,\dfrac{e^x - e^{-x}}{2}\,\dfrac{e^x + e^{-x}}{2}\,.$

18. $\mathrm{Sin}\,(x + y) = \dfrac{1}{2}\,(e^{x+y} - e^{-x-y}) = \dfrac{e^x - e^{-x}}{2}\,\dfrac{e^y + e^{-y}}{2} + \dfrac{e^x + e^{-x}}{2}\,\dfrac{e^y - e^{-y}}{2} =$

$$= \mathrm{Sin}\,x\,\mathrm{Cos}\,y + \mathrm{Sin}\,y\,\mathrm{Cos}\,x.$$

$\mathrm{Cos}\,(x + y) = \dfrac{1}{2}\,(e^{x+y} + e^{-x-y}) = \dfrac{e^x + e^{-x}}{2}\,\dfrac{e^y + e^{-y}}{2} + \dfrac{e^x - e^{-x}}{2}\,\dfrac{e^y - e^{-y}}{2} =$

$$= \mathrm{Cos}\,x\,\mathrm{Cos}\,y + \mathrm{Sin}\,x\,\mathrm{Sin}\,y.$$

19. Sei $u = e^x$, $v = e^y$. Dann sind d. aufzulösenden Gln.

$$(u^2 + 1)\,(v^2 + 1) = 4auv, \quad (u^2 - 1)\,(v^2 - 1) = 4buv,$$

oder durch Addition u. Subtraktion:

$$u^2v^2 + 1 = 2\,(a + b)\,uv, \quad u^2 + v^2 = 2\,(a - b)\,uv.$$

Aus d. ersten Gl. bestimme m. uv u. sodann aus d. zweiten $u^2 + v^2$; sodann daraus u, v:

$$uv = a + b \pm \sqrt{(a+b)^2 - 1}; \quad (u+v)^2 = u^2 + v^2 + 2uv = 2(a-b+1)uv;$$

$$(u-v)^2 = u^2 + v^2 - 2uv = 2(a-b-1)uv.$$

$$u = \frac{1}{2}\left[\sqrt{2a - 2b + 2} + \sqrt{2a - 2b - 2}\right]\sqrt{a + b \pm \sqrt{(a+b)^2 - 1}};$$

$$v = \frac{1}{2}\left[\sqrt{2a + 2b + 2} - \sqrt{2a - 2b - 2}\right]\sqrt{a + b \pm \sqrt{(a+b)^2 - 1}}.$$

20a) $\left(\dfrac{\operatorname{Sin} x}{\operatorname{Cos} x}\right)' = \dfrac{\operatorname{Cos}^2 x - \operatorname{Sin}^2 x}{\operatorname{Cos}^2 x} = \dfrac{1}{\operatorname{Cos}^2 x} = 1 - \operatorname{Tg}^2 x;$

20b) $(\operatorname{ArTg} x)' = \dfrac{1}{1 - x^2};$

20c) $\displaystyle\int \operatorname{Tg} x\, dx = \lg \operatorname{Cos} x.$

21. $\operatorname{arctg} 1 = \dfrac{\pi}{4}.$

22. $\eta - \xi \operatorname{Sin}\dfrac{x}{a} = \operatorname{Cos}\dfrac{x}{a} - x \operatorname{Sin}\dfrac{x}{a}$ (Tangente);

$$\eta \operatorname{Sin}\dfrac{x}{a} + \xi = \operatorname{Sin}\dfrac{x}{a} \operatorname{Cos}\dfrac{x}{a} + x \quad \text{(Normale).}$$

23a) $\operatorname{arctg}\dfrac{1}{x};$

23b) $\operatorname{arctg} \cos x.$

24a), 24b) $\displaystyle\int e^x \cos 2x\, dx = e^x \cos 2x + 2\int e^x \sin 2x\, dx,$

$$\int e^x \sin 2x\, dx = e^x \sin 2x - 2\int e^x \cos 2x\, dx,$$

woraus $\displaystyle\int e^x \cos 2x\, dx = \dfrac{1}{5} e^x (\cos 2x + 2\sin 2x);$

$$\int e^x \sin 2x\, dx = \dfrac{1}{5} e^x (-2\cos 2x + \sin 2x);$$

24c) $\dfrac{1}{10} e^x (5 - 2\cos 2x - 4\sin 2x);$

24d) $\dfrac{1}{10} e^x (5 + 2\cos 2x + 4\sin 2x).$

25a)   Partielle Int. liefert:

$$\int = -\frac{x e^x}{1 + x} + \int \frac{(1+x)e^x}{(1+x)}\, dx = \frac{e^x}{1 + x};$$

25b) $\displaystyle\int = \sqrt{2}\int \frac{\cos\left(\dfrac{\pi}{4} - x\right)}{\sqrt{\cos\left(\dfrac{\pi}{2} - 2x\right)}}\, dx = -\sqrt{2}\int \frac{\cos t\, dt}{\sqrt{\cos 2t}} =$

$$= -\sqrt{2}\int \frac{\cos t\, dt}{\sqrt{1 - 2\sin^2 t}} = \sqrt{2}\int \frac{dz}{\sqrt{1 - 2z^2}}, \quad z = \sin t = \sin\left(\frac{\pi}{4} - x\right),$$

$$\arcsin\left(\sqrt{2}\sin\left(\frac{\pi}{4} - x\right)\right).$$

26a) $I_n = x(\lg x)^n - n\,I_{n-1}$;

26b) $I_n = x^n\,e^x - n\,I_{n-1}$;

26c) $I_n = \dfrac{x^n}{a}\,e^{ax} - \dfrac{n}{a}\,I_{n-1}$;

26d) $I_n = (a+bx)^n\,e^x - b\,n\,I_{n-1}$;

26e) $I_n = \dfrac{2\,n}{2\,n+1}\,I_{n-1} - \dfrac{1}{2\,n+1}\,x^{2n}\sqrt{1-x^2}$;

26f) $I_n = \dfrac{x^{2n+1}}{2\,n+1}\,\arcsin x - \dfrac{1}{2\,n+1}\displaystyle\int \dfrac{x^{2n+1}}{\sqrt{1-x^2}}\,dx$, und dies ist, unter

Benutzung d. L 26e),

$$\dfrac{2\,n(2\,n-1)}{(2\,n+1)^2}\,I_{n-1} + \left(\dfrac{x^{2n+1}}{2\,n+1} - \dfrac{2\,n}{(2\,n+1)^2}\,x^{2n-1}\right)\arcsin x + \dfrac{x^{2n+1}}{(2\,n+1)^2}\sqrt{1-x^2};$$

26g) $I_n = \dfrac{1}{a}\left(\dfrac{1}{n-1} - 1\right)I_{n-2} + \dfrac{1}{a}\,\dfrac{x^{1-n}}{1-n}\sqrt{x^2+a}$;

26h) $I_n = \dfrac{1}{1-n}\,\dfrac{\cos x}{\sin^{n-1}x} + \dfrac{n-2}{n-1}\,I_{n-2}$;

26i) $I_n = \dfrac{1}{n-1}\,\dfrac{\sin x}{\cos^{n-1}x} + \dfrac{n-2}{n-1}\,I_{n-2}$.

27a) $e^x\,\operatorname{tg}\dfrac{x}{2}$;

27b) $\displaystyle\int = \int \dfrac{dx}{\sin\dfrac{x}{2} + \cos\dfrac{x}{2}} = \int \dfrac{\sqrt{\dfrac{1}{2}}\,dx}{\sin\left(\dfrac{x}{2}+\dfrac{\pi}{4}\right)} = \sqrt{2}\,\lg\left|\operatorname{tg}\left(\dfrac{x}{4}+\dfrac{\pi}{8}\right)\right|$.

28. $\dfrac{1}{b(x)}\,\lg(1+a(x)) \sim \dfrac{a(x)}{b(x)} \to 1$.

29a) $\displaystyle\int x^n(\lg x)^2\,dx = \dfrac{x^{n+1}}{n+1}(\lg x)^2 - \dfrac{2}{n+1}\int x^n \lg x\,dx$,

$\dfrac{-2}{n+1}\displaystyle\int x^n \lg x\,dx = -\dfrac{2}{n+1}\,\dfrac{1}{n+1}\,x^{n+1}\lg x + \dfrac{2}{(n+1)^2}\int x^n\,dx$,

$\displaystyle\int x^n(\lg x)^2\,dx = \dfrac{x^{n+1}}{n+1}\left((\lg x)^2 - \dfrac{2\lg x}{n+1} + \dfrac{2}{(n+1)^2}\right)$;

29b) $\displaystyle\int x^n(\lg x)^3\,dx = \dfrac{x^{n+1}}{n+1}(\lg x)^3 - \dfrac{3}{n+1}\int x^n(\lg x)^2\,dx =$

$$= \dfrac{x^{n+1}}{n+1}\left[(\lg x)^3 - 3\,\dfrac{(\lg x)^2}{n+1} + \dfrac{6\lg x}{(n+1)^2} - \dfrac{6}{(n+1)^3}\right];$$

29c) $\displaystyle\int \lg\dfrac{x-1}{a}\,\dfrac{dx}{x^n} = \dfrac{1}{1-n}\,\dfrac{1}{x^{n-1}}\,\lg\dfrac{x-1}{a} + \dfrac{1}{n-1}\int\dfrac{dx}{(x-1)\,x^{n-1}}$,

$\displaystyle\int \dfrac{dx}{(x-1)\,x^{n-1}} - \int\dfrac{dx}{x-1} = -\int\left(\dfrac{1}{x} + \dfrac{1}{x^2} + \ldots + \dfrac{1}{x^{n-1}}\right)dx =$

$$= -\lg|x| + \sum_{\nu=2}^{n-1}\dfrac{1}{\nu-1}\,\dfrac{1}{x^{\nu-1}},$$

daher schließlich

$$\int \lg \frac{x-1}{a}\,\frac{dx}{x^n} = \frac{1}{1-n}\,\frac{1}{x^{n-1}}\lg\frac{x-1}{a} + \frac{1}{n-1}\lg\left|\frac{x-1}{x}\right| +$$
$$+ \sum_{\nu=2}^{n-1}\frac{1}{1-\nu}\,\frac{1}{x^{\nu-1}}\,;$$

29 d) $\displaystyle\int x^n \operatorname{arc\,tg} x = \frac{x^{n+1}}{n+1}\operatorname{arc\,tg} x - \frac{1}{n+1}\int \frac{x^{n+1}\,dx}{1+x^2}\,;$

f. $n = 2m$, $1+x^2 = y$, $x\,dx = \tfrac{1}{2}\,dy$:

$$\int \frac{x^{n+1}\,dx}{1+x^2} = \frac{1}{2}\int \frac{(y-1)^m\,dy}{y} = \frac{1}{2}\sum_{\nu=1}^{m}\binom{m}{\nu}(-1)^{m-\nu}\int y^{\nu-1}\,dy + \frac{(-1)^m}{2}\lg y =$$
$$= \frac{(-1)^m}{2}\lg(1+x^2) + \frac{1}{2}\sum_{\nu=1}^{m}\frac{(-1)^{m-\nu}}{\nu}\binom{m}{\nu}y^\nu\,;$$

f. $n = 2m-1$:

$$\int \frac{x^{2m}\,dx}{x^2+1} = (-1)^m \operatorname{arc\,tg} x + \int \sum_{\nu=0}^{m-1}(-1)^{m-\nu}x^{2\nu}\,dx =$$
$$= \sum_{\nu=0}^{m-1}(-1)^{m-\nu}\frac{x^{2\nu+1}}{2\nu+1} + (-1)^m \operatorname{arc\,tg} x.$$

30. $\displaystyle P_n \operatorname{Sin}\frac{x}{2^n} = \frac{1}{2}P_{n-1}\operatorname{Sin}\frac{x}{2^{n-1}} = \frac{1}{2^2}P_{n-2}\operatorname{Sin}\frac{x}{2^{n-2}} =$

$$= \frac{1}{2^{n-1}}P_1 \operatorname{Sin}\frac{x}{2} = \frac{1}{2^n}\operatorname{Sin} x, \qquad P_n = \frac{\operatorname{Sin} x}{2^n \operatorname{Sin}\dfrac{x}{2^n}}\,.$$

Da aber $\operatorname{Sin}\dfrac{x}{2^n} \sim \dfrac{x}{2^n}$ f. $n \to \infty$ ist, folgt d. Beh.

31 a) $e^y - e^{-y} = 2x$, $(e^y)^2 - 2x\,e^y - 1 = 0$, $y = \lg\!\left(x+\sqrt{x^2+1}\right)$, da $x - \sqrt{x^2+1}$ neg. ist;

31 b) $e^y + e^{-y} = 2x$, $(e^y)^2 - 2x + 1 = 0$, $y = \lg\left|x \pm \sqrt{x^2-1}\right|$.

32 a) $\displaystyle\int \operatorname{Cos}^2 x\,dx - \int \operatorname{Sin}^2 x\,dx = \int dx = x;\quad \int \operatorname{Cos}^2 x\,dx + \int \operatorname{Sin}^2 x\,dx =$

$\displaystyle = \int \operatorname{Cos} 2x\,dx = \frac{1}{2}\operatorname{Sin} 2x;\quad \int \operatorname{Cos}^2 x\,dx = \frac{2x + \operatorname{Sin} 2x}{4}\,;$

$\displaystyle\int \operatorname{Sin}^2 x\,dx = \frac{\operatorname{Sin} 2x - 2x}{4}\,.$

33. $\displaystyle\int \frac{dx}{x^2-a^2} = \frac{1}{2a}\lg\left|\frac{x-a}{x+a}\right| \equiv y.$ Sei $\dfrac{x-a}{x+a} \equiv z > 0$, $y = \dfrac{1}{2a}\lg z$,

$$\operatorname{Tg}(-a y) = \frac{e^{-ay} + e^{ay}}{e^{-ay} - e^{ay}} = \frac{\dfrac{1}{\sqrt{z}}+\sqrt{z}}{\dfrac{1}{\sqrt{z}}-\sqrt{z}} = \frac{1+z}{1-z} = \frac{x}{a}\,;$$

F. $z < 0$, $y = \dfrac{1}{2a}\lg(-z)$, $\displaystyle \operatorname{Ctg}(-a y) = \frac{\dfrac{1}{\sqrt{-z}}-\sqrt{-z}}{\dfrac{1}{\sqrt{-z}}+\sqrt{-z}} = \frac{1+z}{1-z} = \frac{x}{a}\,.$

34. $x = \operatorname{Cos} u, \quad y = \sqrt{x^2 - 1} = \operatorname{Sin} u, \quad dx = \operatorname{Sin} u\, du.$

$$\int_1^x \sqrt{x^2 - 1}\, dx = \int_0^u \operatorname{Sin}^2 u\, du = \frac{\operatorname{Sin} 2u - 2u}{4} = \frac{\operatorname{Cos} u \operatorname{Sin} u - u}{2} = \frac{xy - u}{2},$$

$I = u = \operatorname{Ar} \operatorname{Cos} x = \operatorname{Ar} \operatorname{Sin} y.$

35. $10^{x-y} = 1 + 10^{-y} \to 1, \quad x - y \to 0.$

36. $\displaystyle \int \sqrt{1 + x^2}\, dx = x\sqrt{1 + x^2} - \int \frac{(x^2 + 1) - 1}{\sqrt{1 + x^2}}\, dx =$

$$= x\sqrt{1 + x^2} - \int \sqrt{1 + x^2}\, dx + \int \frac{dx}{\sqrt{1 + x^2}},$$

$$2\int \sqrt{1 + x^2}\, dx = x\sqrt{1 + x^2} + \lg\left(x + \sqrt{1 + x^2}\right).$$

37a) Aus $z = \dfrac{x}{\sqrt{1 + x^2}}$ folgt $dz = \dfrac{dx}{(1 + x^2)^{3/2}}$, ferner

$$z^2 = \frac{x^2}{1 + x^2}, \quad 1 - z^2 = \frac{1}{1 + x^2} \text{ daher } \int \frac{dx}{(1 + x^2)^{5/2}} =$$

$$= \int (1 - z^2)\, dz = z - \frac{z^3}{3} = \frac{x}{3\sqrt{1 + x^2}}\left(3 - \frac{x^2}{1 + x^2}\right) = \frac{x(3 + 2x^2)}{3(1 + x^2)^{3/2}};$$

37b) $\displaystyle \int \frac{\sqrt{x^2 - 1}}{x^2}\, dx = \int \operatorname{Tg}^2 u\, du = \int [(\operatorname{Tg} u)' - 1]\, du = \operatorname{Tg} u - u =$

$$= \frac{\sqrt{x^2 - 1}}{x} - \operatorname{Ar} \operatorname{Cos} x = \frac{\sqrt{x^2 - 1}}{x} - \lg\left(x + \sqrt{x^2 - 1}\right) + c.$$

38. Wegen $\dfrac{dy}{dx} = \dfrac{-x}{\sqrt{1 - x^2}} = -\dfrac{x}{y}$ folgt

$$\frac{d}{dx}\frac{ax + by + c}{\alpha x + \beta y + \gamma} = \frac{\left(a - \dfrac{bx}{y}\right)(\alpha x + \beta y + \gamma) - \left(\alpha - \beta\dfrac{x}{y}\right)(ax + by + c)}{(\alpha x + \beta y + \gamma)^2} =$$

$$= \frac{(ay - bx)(\alpha x + \beta y + \gamma) - (\alpha y - \beta x)(ax + by + c)}{y(\alpha x + \beta y + \gamma)^2} \equiv \frac{z}{y(\alpha x + \beta y + \gamma)^2},$$

$$z = (c\beta - b\gamma)x + (a\gamma - c\alpha)y + (a\beta - b\alpha)(x^2 + y^2),$$

woraus wegen $x^2 + y^2 = 1$ d. Beh.

39. D. Beh. wird

$$\int_\alpha^\beta (g(by) - g(ay))\frac{dy}{y} = \int_a^b (g(\beta y) - g(\alpha y))\frac{dy}{y},$$

d. h. d. Beh. v. A 61 § 20.

40. Man bezeichne den Zähler u. Nenner von $f_n(x)$ mit Z bzw. N und führe

n Variablen x_ν ein, die alle $= x$ sind, so daß $Z = \displaystyle\sum_{\nu=1}^n \alpha_\nu p_\nu e^{\alpha_\nu x_\nu}, \; N = \sum_{\nu=1}^n p_\nu e^{\alpha_\nu x_\nu}$

gesetzt werden kann. Dann gilt f. $T(x) = N^2 f_n'(x)$:

$$T = \sum_{\mu=1}^{n} \alpha_\mu\, e^{\alpha_\mu x_\mu} \left(\alpha_\mu p_\mu \sum_{\nu \neq \mu} p_\nu\, e^{\alpha_\nu x_\nu} - p_\mu \sum_{\nu \neq \mu} \alpha_\nu\, p_\nu\, e^{\alpha_\nu x_\nu} \right) =$$

$$= \sum_{\mu,\nu} \alpha_\mu\, p_\mu (\alpha_\mu - \alpha_\nu)\, p_\nu\, e^{(\alpha_\nu + \alpha_\mu) x} = \sum_{\mu,\nu} p_\mu\, p_\nu\, \alpha_\mu (\alpha_\mu - \alpha_\nu)\, e^{(\alpha_\nu + \alpha_\mu) x} =$$

$$= -\sum_{\mu,\nu} p_\mu\, p_\nu\, \alpha_\nu (\alpha_\mu - \alpha_\nu)\, e^{(\alpha_\nu + \alpha_\mu) x} = \tfrac{1}{2} \sum_{\mu,\nu} p_\mu\, p_\nu (\alpha_\mu - \alpha_\nu)^2\, e^{(\alpha_\mu + \alpha_\nu) x} \geqq 0 \,.$$

41. Folgt aus A 40, da die Abl. d. Gestalt hat:

$$\frac{\displaystyle\sum_{\nu=1}^{n} \alpha_\nu\, e^{\alpha_\nu x}}{\displaystyle\sum_{\nu=1}^{n} e^{\alpha_\nu x}} \,.$$

§ 23

1a) $\dfrac{-1}{x^3} - \dfrac{7}{4}\, \dfrac{1}{x^4} - \dfrac{4}{5}\, \dfrac{1}{x^5}$;

1b) $\dfrac{-x^2}{2} - 6x - 24 \lg |x - 2| + \dfrac{32}{x - 2} + \dfrac{8}{(x - 2)^2}$;

1c) $\dfrac{1}{125} \left(4 \lg |5x + 1| + \dfrac{8}{5x + 1} - \dfrac{29}{2(5x + 1)^2} \right)$;

1d) $\dfrac{1}{4} \lg |2x - 1| - \dfrac{3}{4}\, \dfrac{1}{2x - 1} + \dfrac{9}{8}\, \dfrac{1}{(2x - 1)^2} - \dfrac{11}{12}\, \dfrac{1}{(2x - 1)^3}$;

1e) $\lg |x + 2| + \dfrac{1}{x + 2}$;

1f) $\dfrac{1}{b^3} \left(\dfrac{b x^2}{2} - 2 a x + \dfrac{3 a^2}{b} \lg |a + b x| + \dfrac{a^3}{b}\, \dfrac{1}{a + b x} \right)$;

1g) $\dfrac{1}{b^3} \left(\lg |a + b x| + \dfrac{2 a}{a + b x} - \dfrac{a^2}{2}\, \dfrac{1}{(a + b x)^2} \right)$.

2a) $\lg |x(x - 1)^2| + 3x + \dfrac{x^2}{2}$;

2b) $x + \lg \left| \dfrac{(x - 2)^3}{(x - 1)^2} \right|$;

2c) $\dfrac{1}{7} \lg \left| \dfrac{x}{3x - 7} \right|$;

2d) $\dfrac{1}{2 \alpha \beta} \lg \left| \dfrac{\beta x + \alpha}{\beta x - \alpha} \right|$;

2e) $\dfrac{1}{2 \sqrt{6}} \lg \left| \dfrac{x - \sqrt{\tfrac{2}{3}}}{x + \sqrt{\tfrac{2}{3}}} \right|$.

3a) $\dfrac{1}{a^2}\lg\left|\dfrac{x}{x-a}\right| - \dfrac{1}{a(x-a)}$;

3b) $\dfrac{1}{4}\left(\lg\left|\dfrac{x+1}{x-1}\right| - \dfrac{1}{x+1} - \dfrac{1}{x-1}\right)$;

3c) $3\lg\left|\dfrac{x-1}{x}\right| + \dfrac{2}{x} + \dfrac{1}{x-1}$;

3d) $\dfrac{1}{4}\lg\left|\dfrac{x-2}{x}\right| + \dfrac{1}{4x} - \dfrac{3}{4(x-2)}$;

3e) $\lg\left|\dfrac{(x-1)^4}{x+1}\right| - \dfrac{2}{x+1} - \dfrac{3}{x-1}$;

3f) $5\lg\left|\dfrac{x}{x-1}\right| - \dfrac{2}{x} - \dfrac{3}{x-1} + \dfrac{1}{2(x-1)^2}$;

3g) $\dfrac{1}{4}\lg\left|\dfrac{x}{x-2}\right| - \dfrac{1}{x} - \dfrac{1}{2(x-2)} - \dfrac{1}{2x^2}$.

4a) $\dfrac{1}{2}\lg\left|\dfrac{x^6}{(x-1)(x+1)^5}\right|$;   4b) $\dfrac{1}{2}\lg\left|\dfrac{x^2-1}{x^2}\right|$;

4c) $\dfrac{1}{3}\lg\left|\dfrac{(x+2)^3(x-2)}{x+1}\right|$;   4d) $\dfrac{1}{20}\lg\left|\dfrac{(x+3)^9(x-2)^{16}}{(x-1)^5}\right|$;

4e) $\dfrac{1}{30}\lg\left|\dfrac{(x-3)^9}{(x-1)^5(x+2)^4}\right|$;   4f) $\dfrac{1}{42}\lg\left|\dfrac{(x+3)^{49}}{(x-3)(x+4)^{48}}\right|$;

4g) $\dfrac{1}{10}\lg\left|(x-7)^7(x+3)^3\right|$;   4h) $\dfrac{1}{2a^2}\lg\left|\dfrac{x^2}{x^2-a^2}\right|$;

4i) $\dfrac{1}{210}\lg\left|\dfrac{(x+3)^{49}(x-7)^{171}}{x^{10}}\right|$;   4k) $\lg|x-1| + \dfrac{1}{3x^3} + \dfrac{1}{x}$;

4l) $\lg\left|\dfrac{(x+1)(x+2)^2}{(x-2)^2}\right| - \dfrac{1}{x+1} + \dfrac{2}{(x+1)^2}$.

5a) $\lg\left|(x-1)^4(x+1)^5\right| - \dfrac{7}{x-1}$;

5b) $\dfrac{1}{25}\lg\left|(x+2)^{44}(x-3)^{31}\right| + \dfrac{\tfrac{16}{5}}{x+2}$;

5c) $\dfrac{1}{5}\lg\left|\dfrac{(x-1)^5(x-3)}{x+2}\right|$;

5d) $\dfrac{1}{75}\lg\left|(x+2)^{84}(x-3)^{66}\right| + \dfrac{\tfrac{12}{5}}{x+2}$;

5e) $\dfrac{1}{3}\lg\left|\dfrac{(x+1)^2(x-2)}{(x-1)(x+2)^2}\right|$;

5f) $\dfrac{1}{4}\lg\left|\dfrac{x^8}{(x-1)^7(x+1)}\right| - \dfrac{1}{x} - \dfrac{1}{2x^2} - \dfrac{1}{2(x-1)}$;

5g) $\lg\left|(x-1)^2(x-3)^3\right|$;

5h) $\dfrac{1}{2\sqrt{13}}\lg\left|\dfrac{\left(x-\dfrac{5+\sqrt{13}}{2}\right)^{\sqrt{13}-3}\left(x-\dfrac{5-\sqrt{13}}{2}\right)^{\sqrt{13}+3}}{(x-1)^{2\sqrt{13}}}\right|$;

5i) $0{,}089 \lg |x - 1{,}631| - 0{,}045 \lg (x^2 + 2{,}631\, x + 4{,}291) +$

         $+\, 0{,}310 \operatorname{arctg} (0{,}625\, x + 0{,}822);$

5k) $0{,}440 \lg |x - 3{,}656| + 0{,}488 \lg |x + 3{,}234| + 0{,}072 \lg |x + 0{,}423|.$

6a) $\dfrac{1}{2\,b^2} \lg (a^2 + b^2 x^2) \quad (b \neq 0);$

6b) $\dfrac{2}{\sqrt{3}} \operatorname{arctg} \dfrac{2x + 1}{\sqrt{3}};$

6c) $-\lg (x^2 - 2\,x + 2) - \operatorname{arctg}(x - 1);$

6d) $\dfrac{1}{2} \lg (x^2 + 2\,x + 4).$

7a) $\dfrac{x^2}{2} + x + \lg |x - 1| - \dfrac{1}{2} \lg (x^2 + 1) - \operatorname{arctg} x;$

7b) $\dfrac{1}{4} \lg (x^2 + 1) - \dfrac{1}{2} \lg |x - 1| - \dfrac{1}{2\,(x - 1)};$

7c) $\lg |x| - \dfrac{2}{x} - \dfrac{1}{2} \lg (x^2 + 1) - 2 \operatorname{arctg} x;$

7d) $\dfrac{13}{25} \lg |x - 1| - \dfrac{\frac{1}{5}}{x - 1} + \dfrac{6}{25} \lg (x^2 + 4) + \dfrac{16}{25} \operatorname{arctg} \dfrac{x}{2};$

7e) $-\dfrac{3}{2} \lg |x - 1| - \dfrac{5}{2} \dfrac{1}{x - 1} - \dfrac{1}{2} \dfrac{1}{(x - 1)^2} + \dfrac{3}{4} \lg (x^2 + 1) - \operatorname{arctg} x;$

7f) $\dfrac{1}{2} \lg (x^2 + 1) + \operatorname{arctg} x + \dfrac{1}{x} - \dfrac{\frac{1}{3}}{x^3};$

7g) $\dfrac{9}{5} \lg |x - 2| + \dfrac{18}{5} \lg (x^2 + 1) + \dfrac{2}{5} \operatorname{arctg} x;$

7h) $\lg |x| + \dfrac{1}{2} \lg (x^2 + x + 1) - \dfrac{1}{\sqrt{3}} \operatorname{arctg} \dfrac{2x + 1}{\sqrt{3}};$

7i) $\dfrac{1}{3} \lg |x + 1| - \dfrac{1}{6} \lg (x^2 - x + 1) + \sqrt{3} \operatorname{arctg} \dfrac{2x - 1}{\sqrt{3}};$

7k) $-\dfrac{1}{3} \lg |x + 1| - \dfrac{5}{6} \lg (x^2 - x + 1) + \operatorname{arctg} \dfrac{2x - 1}{\sqrt{3}};$

7l) $\lg |x - 1| - \dfrac{1}{2} \lg (x^2 + x + 1) + \sqrt{3} \operatorname{arctg} \dfrac{2x + 1}{\sqrt{3}};$

7m) $\dfrac{1}{32} \lg |x - 1| - \dfrac{1}{64} \lg (x^2 + 6\,x + 25) + \dfrac{7}{32} \operatorname{arctg} \dfrac{x + 3}{4};$

7n) $\dfrac{1}{3} \lg (x^3 + 3\,x + 1);$

7o) $\dfrac{1}{5} \lg |x - 1| - \dfrac{1}{10} \lg (x^2 + x + 3) - \dfrac{3}{5\sqrt{11}} \operatorname{arctg} \dfrac{2x + 1}{\sqrt{11}}.$

8a) $\dfrac{1}{4} \lg \left| \dfrac{x + 1}{x - 1} \right| - \dfrac{1}{2} \operatorname{arctg} x;$

8b) $\quad \dfrac{3}{16}\lg\left|\dfrac{x-2}{x+2}\right|+\dfrac{1}{8}\operatorname{arctg}\dfrac{x}{2}\,;$

8c) $\quad \dfrac{1}{3}\lg\left|\dfrac{(x-2)^5}{(x-1)^6}\right|+\dfrac{1}{6}\lg(x^2-x+1)-\dfrac{1}{\sqrt{3}}\operatorname{arctg}\dfrac{2x-1}{\sqrt{3}}\,;$

8d) $\quad \dfrac{1}{10}\lg\left|\dfrac{(x+2)^8}{(x+3)^9}\right|+\dfrac{1}{20}\lg(x^2+1)-\dfrac{1}{10}\operatorname{arctg}x\,;$

8e) $\quad \dfrac{1}{2}\lg\left|\dfrac{x-1}{x^2}\right|+\dfrac{1}{x}+\dfrac{1}{4}\lg(x^2+1)+\dfrac{1}{2}\operatorname{arctg}x\,;$

8f) $\quad -\dfrac{1}{3}\lg|x+1|-\dfrac{1}{x}+\dfrac{1}{6}\lg(x^2-x+1)-\dfrac{1}{\sqrt{3}}\operatorname{arctg}\dfrac{2x-1}{\sqrt{3}}\,;$

8g) $\quad \dfrac{1}{2\,\alpha\sqrt{\alpha\beta}}\left(\operatorname{arctg}\left(\sqrt{\dfrac{\beta}{\alpha}}\,x\right)-\dfrac{1}{2}\lg\left|\dfrac{x-\sqrt{\dfrac{\alpha}{\beta}}}{x+\sqrt{\dfrac{\alpha}{\beta}}}\right|\right)\,;$

8h) $\quad \dfrac{29}{15}\lg|x-3|-\dfrac{5}{2}\lg|x-2|-\dfrac{3}{130}\lg|x+2|+$

$$\qquad\qquad +\dfrac{23}{78}\lg(x^2-3x+3)-\dfrac{9}{13\sqrt{3}}\operatorname{arctg}\left(\dfrac{2x-3}{\sqrt{3}}\right)\,;$$

8i) $\quad \dfrac{1}{8}\left[\lg\left|\dfrac{(x-1)^5}{x+1}\right|-2\lg(x^2+1)+2\operatorname{arctg}x+\right.$

$$\qquad\qquad \left. +\dfrac{4}{1+x^2}-6\operatorname{arctg}x-\dfrac{6x}{x^2+1}\right]=$$

$$=\dfrac{1}{8}\left[\lg\left|\dfrac{(x-1)^5}{x+1}\right|-2\lg(x^2+1)-4\operatorname{arctg}x-\dfrac{6x-4}{x^2+1}\right].$$

9a) $\quad \dfrac{1}{2}\left(\operatorname{arctg}x-\dfrac{x}{1+x^2}\right)\,;$

9b) $\quad \dfrac{1}{54}\left(\operatorname{arctg}\dfrac{x}{3}+\dfrac{3x}{x^2+9}\right)\,;$

9c) $\quad x+\dfrac{x}{x^2+1}-\operatorname{arctg}x\,;$

9d) $\quad \dfrac{1}{4}\lg|x+1|-\dfrac{1}{8}\lg(x^2+1)+\dfrac{1}{2}\operatorname{arctg}x+\dfrac{1}{4}\dfrac{1+x}{1+x^2}=$

$$\qquad\qquad =\dfrac{1}{8}\left[2\lg|x+1|-\lg(x^2+1)+4\operatorname{arctg}x+\dfrac{2+2x}{1+x^2}\right]\,;$$

9e) $\quad \dfrac{1}{4}\left(\dfrac{1}{(1+x^2)^2}-\dfrac{2}{1+x^2}\right)\,;$

9f) $\quad x-\dfrac{15}{8}\sqrt{3}\operatorname{arctg}\dfrac{x}{\sqrt{3}}+\dfrac{27}{8}\dfrac{x}{x^2+3}-\dfrac{9}{4}\dfrac{x}{(x^2+3)^2}\,;$

9g) $\quad -\dfrac{4x+1}{3(x^2-x+1)}-\dfrac{8}{3\sqrt{3}}\operatorname{arctg}\dfrac{2x-1}{\sqrt{3}}\,;$

9h) $\quad \dfrac{x^4}{4}-\dfrac{2}{3}x^3+\dfrac{x^2}{2}+2x-2\lg(x^2+x+1)+$

$$\qquad\qquad +\dfrac{x}{x^2+x+1}+\dfrac{2}{\sqrt{3}}\operatorname{arctg}\dfrac{2x+1}{\sqrt{3}}\,;$$

9i)　　$\dfrac{1}{18\sqrt{2}}\,\lg\left|\dfrac{x-\sqrt{2}}{x+\sqrt{2}}\right| - \dfrac{5}{18}\,\mathrm{arctg}\,x - \dfrac{1}{6}\dfrac{x}{1+x^2}$;

9k)　　$-\dfrac{1}{2}\lg|x-1| - \dfrac{1}{4}\dfrac{1}{x-1} + \dfrac{1}{4}\lg(x^2+1) + \dfrac{1}{4}\,\mathrm{arctg}\,x - \dfrac{1}{4}\dfrac{1}{x^2+1}$;

9l)　　$\dfrac{49}{54}\lg|x-1| - \dfrac{5}{4}\lg|x| + \dfrac{7}{2700}\lg|x+2| + \dfrac{17}{36}\dfrac{1}{x-1} -$

$\qquad - \dfrac{1}{12}\dfrac{1}{(x-1)^2} + \dfrac{1}{2}\dfrac{1}{x} + \dfrac{17}{100}\lg(x^2+1) + \dfrac{3}{25}\,\mathrm{arctg}\,x - \dfrac{1}{20}\dfrac{x}{x^2+1}$;

9m)　　$\dfrac{1}{81}\lg|x| - \dfrac{7}{500}\lg|x-1| - \dfrac{1}{100}\dfrac{1}{x-1} + \dfrac{67}{81\,000}\lg(x^2+9) +$

$\qquad\qquad + \dfrac{1}{900}\dfrac{x-4}{x^2+9} + \dfrac{23}{13\,500}\,\mathrm{arctg}\,\dfrac{x}{3}$;

9n)　　$\dfrac{-(a+2bx^2)}{4\,b^2(a+bx)^2}$.

10a)　　$\dfrac{1}{9}\Big(-2\lg|x-1| - \dfrac{1}{x-1} +$

$\qquad\qquad + \lg(x^2+x+1) + 2\sqrt{3}\,\mathrm{arctg}\,\dfrac{2x-1}{\sqrt{3}} + \dfrac{x-1}{x^2+x+1}\Big)$;

10b)　　$\dfrac{1}{9}\Big(-2\lg|x+1| - \dfrac{1}{x+1} +$

$\qquad\qquad + \lg(x^2-x+1) + 2\sqrt{3}\,\mathrm{arctg}\,\dfrac{2x-1}{\sqrt{3}} - \dfrac{2x-1}{x^2-x+1}\Big)$;

10c)　　$\lg|x+1| + \dfrac{1}{x+1} - \dfrac{1}{2}\lg(x^2+x+1) + \dfrac{7}{9}\sqrt{3}\,\mathrm{arctg}\,\dfrac{2x+1}{\sqrt{3}} + \dfrac{1}{3}\dfrac{1-x}{x^2+x+1}$.

11a)　　$\dfrac{1}{3}\Big(\mathrm{arctg}\,x - \dfrac{1}{2}\,\mathrm{arctg}\,\dfrac{x}{2}\Big)$;

11b)　　$\dfrac{1}{6}\Big(5\,\mathrm{arctg}\,\dfrac{x}{2} - 4\,\mathrm{arctg}\,x\Big)$;

11c)　　$\dfrac{1}{4}\lg\dfrac{x^2+x+1}{x^2-x+1} + \dfrac{1}{2\sqrt{3}}\Big(\mathrm{arctg}\,\dfrac{2x-1}{\sqrt{3}} + \mathrm{arctg}\,\dfrac{2x+1}{\sqrt{3}}\Big)$;

11d)　　$\dfrac{1}{4\sqrt{2}}\Big(\lg\dfrac{x^2+\sqrt{2}x+1}{x^2-\sqrt{2}x+1} + 2\Big(\mathrm{arctg}\,\dfrac{2x+\sqrt{2}}{\sqrt{2}} + \mathrm{arctg}\,\dfrac{2x-\sqrt{2}}{\sqrt{2}}\Big)\Big)$;

11e)　　$\dfrac{1}{6}\Big(\lg\left|\dfrac{x+1}{x-1}\right| - \dfrac{1}{2}\lg\dfrac{x^2-x+1}{x^2+x+1} + \sqrt{3}\Big(\mathrm{arctg}\,\dfrac{2x+1}{\sqrt{3}} - \mathrm{arctg}\,\dfrac{2x-1}{\sqrt{3}}\Big)\Big)$;

11f)　　$-\lg|x| + \dfrac{1}{8}\lg|x-1| + \dfrac{9}{8}\lg|x+1| - \dfrac{1}{x} + \dfrac{1}{2}\dfrac{1}{x^2} - \dfrac{1}{4}\dfrac{1}{x+1} -$

$\qquad - \dfrac{1}{8}\lg(x^2+1) - \dfrac{1}{4}\,\mathrm{arctg}\,x$.

11g)　　$\sqrt{2}\Big(\mathrm{arctg}\,\dfrac{2x+\sqrt{2}}{\sqrt{2}} + \mathrm{arctg}\,\dfrac{2x-\sqrt{2}}{\sqrt{2}}\Big)\Big|_0^1$

12a)　　$\dfrac{1}{b-a}\Big(\dfrac{1}{\sqrt{a}}\,\mathrm{arctg}\,\dfrac{x}{\sqrt{a}} - \dfrac{1}{\sqrt{b}}\,\mathrm{arctg}\,\dfrac{x}{\sqrt{b}}\Big)$;

12b) $\dfrac{1}{64}\left(\operatorname{arctg}\dfrac{x^4}{2}+\dfrac{x^8+4}{2\,x^4}\right)$

12c) $\dfrac{1}{2}x^8-2x^4+9\lg|x^4+1|+\dfrac{3}{x^4+1}\ ;$

12d) $\dfrac{1}{4}\lg((1+x^2)^2+9)-\dfrac{1}{6}\operatorname{arctg}\dfrac{x^2+1}{3}\ ;$

12e) $-\dfrac{1}{14}\lg|x^2-1|-\dfrac{8}{63}\lg(3x^2+4)+\dfrac{1}{6}x^2.$

13. $\dfrac{1}{3}\left(\lg|x^3-1|-\dfrac{1}{x^3-1}\right).$

14a) $\dfrac{1}{8}\lg\dfrac{x^2}{x^2+4}\ ;$ **14b)** $\dfrac{1}{2}\lg\dfrac{x^2}{(x^2+1)^2}\ ;$

14c) $\dfrac{1}{3}\lg\left|\dfrac{x^3+1}{x^3}\right|-\dfrac{1}{3x^3}\ ;$ **14d)** $\dfrac{1}{na}\lg\left|\dfrac{b\,x^n}{b\,x^n+a}\right|.$

15a) $\dfrac{3}{5}(1-x)^{5/3}-\dfrac{3}{2}(1-x)^{2/3};$ **15b)** $\dfrac{2}{3}(x-1)\sqrt{x+2}.$

16. $\dfrac{1}{4}\lg\left|\dfrac{2\cos x-1}{2\cos x+1}\right|.$

17a) $\dfrac{2}{3}(a-x)^{3/2}-2a(a-x)^{1/2};$ **17b)** $\dfrac{1}{2}\sqrt{1+x^4}.$

18a) $x+2\sqrt{x}+2\lg\left|\sqrt{x}-1\right|;$

18b) $\dfrac{2}{a^2}\sqrt{a^2x+1};$

18c) $\dfrac{2}{(y^2+1)y^2}=2\left(\dfrac{1}{y^2}-\dfrac{1}{y^2+1}\right),\quad \int=-\dfrac{2}{\sqrt{x}}-2\operatorname{arctg}\sqrt{x};$

18d) $2\sqrt{x}-3\sqrt[3]{x}+6\sqrt[6]{x}-6\lg\left(1+\sqrt[6]{x}\right);$

18e) $\text{Int.}=\displaystyle\int\dfrac{y\cdot y\,dy}{\sqrt{y^2+1}}=y\sqrt{y^2+1}-\int\sqrt{y^2+1}\,dy=$

$=\dfrac{1}{2}y\sqrt{y^2+1}-\dfrac{1}{2}\lg\left(y+\sqrt{y^2+1}\right)=\dfrac{3x}{8}\sqrt{9x^2+4}-\dfrac{1}{2}\lg\left(3x+\sqrt{9x^2+4}\right);$

$\displaystyle\int=\dfrac{1}{18}x\sqrt{9x^2+4}-\dfrac{2}{27}\lg\left(3x+\sqrt{9x^2+4}\right).$

19. $\lg\dfrac{(e^x+1)^2}{e^x}.$

20a) $\lg\lg\lg x;$ **20b)** $\dfrac{1}{2}e\,e^{x^2};$

20c) $x\lg|1+x^4|-4x+4\displaystyle\int\dfrac{dx}{1+x^4}$ wo d. letzte Int. durch L 11d) ge-
geben ist;

20d) $-\dfrac{1}{x}\lg(a^2+b^2x^2)+2\dfrac{b}{a}\operatorname{arctg}\dfrac{b\,x}{a}\ ;$

21a) $\dfrac{1}{2\sqrt{2}}\lg\dfrac{y^2-\sqrt{2}\,y+1}{y^2+\sqrt{2}\,y+1}+\dfrac{3}{4}\sqrt{2}\left(\operatorname{arc\,tg}\dfrac{2x+\sqrt{2}}{\sqrt{2}}+\operatorname{arc\,tg}\dfrac{2x-\sqrt{2}}{\sqrt{2}}\right)=$

$$=\dfrac{1}{2\sqrt{2}}\lg\dfrac{\operatorname{tg}x-\sqrt{2}\operatorname{tg}x+1}{\operatorname{tg}x+\sqrt{2}\operatorname{tg}x+1}+$$

$$+\dfrac{3}{4}\sqrt{2}\left(\operatorname{arc\,tg}\dfrac{2\sqrt{\operatorname{tg}x}+\sqrt{2}}{\sqrt{2}}+\operatorname{arc\,tg}\dfrac{2\sqrt{\operatorname{tg}x}-\sqrt{2}}{\sqrt{2}}\right);$$

21b) $\dfrac{1}{2}\lg\left|\operatorname{tg}^{4/3}x-\operatorname{tg}^{2/3}x+1\right|-\dfrac{1}{2}\lg\left|\operatorname{tg}^{2/3}x+1\right|+$

$$+\sqrt{3}\operatorname{arc\,tg}\left(\dfrac{1}{\sqrt{3}}\,(2\operatorname{tg}^{2/3}x-1)\right).$$

22. Dividiert m. d. Reduktionsformel der Einleitung zu A § 23 f. $I_{\nu+1}$ durch p_ν, so wird sie zu

$$\dfrac{I_{\nu+1}}{p_\nu}=\dfrac{I_\nu}{p_{\nu-1}}+\dfrac{y}{2\,\nu\,p_\nu(y^2+1)^\nu}\,,$$

so daß

$$\dfrac{I_n}{p_{n-1}}=y\sum_{\nu=1}^{n-1}\dfrac{1}{2\,\nu\,p_\nu(y^2+1)^\nu}+\operatorname{arc\,tg}y$$

ist.

23. $x\lg\left|1-x^4\right|+\lg\left|\dfrac{x-1}{x+1}\right|+2\operatorname{arc\,tg}x-4x.$

§ 24

1. $x^{1/x}$ wächst f. $0<x<e$, fällt f. $x>e$; $\dfrac{\operatorname{tg}x}{x}$ wächst in jedem Stetigkeits-intervall $(0,\infty)$; $\dfrac{\sin x}{x}$ fällt f. $0<x<\dfrac{\pi}{2}$ monoton v. 1 nach $\dfrac{2}{\pi}$.

2. $\dfrac{\sin\dfrac{\pi z}{4}}{\dfrac{\pi z}{4}}>\dfrac{\sqrt{\dfrac{1}{2}}}{\dfrac{\pi}{4}}$

folgt aus d. monotonen Fallen v. $\dfrac{\sin x}{x}$ zwischen 0 u. $\dfrac{\pi}{4}$.

3. Da $(x-\sin x)'=1-\cos x\geqq0$ ist, wächst $x-\sin x$ f. alle x monoton u. sogar eigentlich monoton, da $\cos x=1$ nur in isolierten Pkt. gilt.

4. $(a\,x-\sin x)'=a-\cos x$ ist beständig $\geqq0$ nur f. $a\geqq1$.

5. $(x-\lg(1+x))'=\dfrac{x}{1+x}>0,$ $\left(\lg(1+x)-x+\dfrac{x^2}{2}\right)'=\dfrac{x^2}{1+x}>0.$

6a) D. rechtsseitige Beh. aus A 5, d. linksseitige aus

$$\left(\lg(1+y)-\dfrac{2y}{y+2}\right)'=\dfrac{1}{1+y}-\dfrac{4}{(y+2)^2}=\dfrac{y^2}{(y+1)\,(y+2)^3}>0;$$

6b) 6a) geht über in

$$\frac{y}{1-\dfrac{y}{2}} < \lg\frac{1}{1-y} < \frac{y}{1-y} \qquad (0 < y < 1).$$

7a) D. Zähler ist neg. f. $x > 0$, da er f. $x = 0$ verschwindet u. f. $x > 0$ fällt, wegen

$$(x - (1 + x)\lg(1 + x))' = 1 - 1 - \lg(1 + x) < 0\,;$$

er ist auch negativ f. $0 > x > -1$, da dann d. Abl. pos. ist u. er bis 0 wächst;

7b) $\quad\left(\dfrac{1}{y}\right)' = \dfrac{x - \lg(1 + x)}{x^2} > 0\,.$

8. Wegen

$$\left(\operatorname{arc\,tg} x - x + \frac{x^3}{3}\right)' = \frac{1}{1 + x^2} - (1 - x^2) = \frac{x^4}{1 + x^2} > 0$$

wächst d. Klammerausdruck f. $x > 0$ u. ist $= 0$ f. $x = 0$.

9a) Wegen $((1 - x)\,e^x)' = -x\,e^x$ monotones Fallen f. $x > 0$ u. Wachsen f. $x < 0$;

9b) Wegen $(e^{-x}x^n)' = e^{-x}x^{n-1}(n - x)$ monotones Wachsen f. $0 \leqq x \leqq n$ u. Fallen f. $x \geqq n$.

10. Aus d. zweiten Relation folgt, daß $e^x - 1 - x > 0$ f. $x > 0$ ist, da dieser Ausdruck f. $x > 0$ wächst u. f. $x = 0$ verschwindet. Ähnlich folgt jetzt aus d. ersten Relation d. Beh.

11. D. Logarithmus d. Ausdrucks wird f. $x = \dfrac{1}{y}$ zu $\dfrac{\lg(1 + y)}{y}$ u. fällt mit wachsendem y f. $y > 0$ u. f. $0 > y > -1$, also mit fallendem $x > 0$ u. f. $-1 > x$.

12. $(u \lg u)' = 1 + \lg u \geqq 1$ f. $u \geqq 1$, so daß $u \lg u$ eigentlich monoton ist u. stet. wächst v. 0 f. $u = 1$ bis ∞ f. $u \to \infty$.

13. Wegen

$$\left(\operatorname{arc\,tg} x - x + \frac{x^3}{6}\right)' = \frac{x^2(x^2 - 1)}{2(1 + x^2)} \leqq 0$$

fällt d. Klammerausdruck v. 0 f. $x = 0$ an.

14. Wegen

$$\left(\frac{a x + b}{c x + d}\right)' = \frac{a d - b c}{(c x + d)^2}$$

wächst d. Ausdruck monoton f. $a d - b c > 0$ u. fällt f. $a d - b c < 0$.

15a) Da d. Abl. > 0 f. $x > 1$, wächst y v. $x = 1$ an u. wird pos.;

15b) Wie bei A 15a).

16. F. $0 \leqq x < 1$ wird $y'(x)$ vergrößert, wenn alle x^ν durch x^{n-2} ersetzt werden u. wird zu 0. Daher $y'(x) < 0$ f. $0 < x < 1$, $y(x)$ nimmt ab bis zum Wert 0 f. $x = 1$ u. ist pos. F. $x > 1$ ist analog $y'(x) > 0$, $y(x)$ wächst u. wird pos.

17a) Quadriert ergibt sich:

$$1 + x + \frac{x^2}{4} > 1 + x > 1 + x + \frac{x^3}{64}(x - 8).$$

Dies ist richtig f. alle $x > 0$. Da rechts OBdA $x < 8$ angenommen werden kann, folgt d. Beh.;

17b) Durch Quadrieren folgt

$$1 + x^2 - \frac{8}{3}x\left(\frac{\sqrt{x} + \dfrac{1}{\sqrt{x}}}{2} - \frac{11}{12}\right) < 1 + x^2 < 1 + x^2 + 2x,$$

woraus d. Beh. folgt, da d. Klammerausdruck wenigstens $= \frac{1}{12}$ ist (vgl. A 27, § 3).

18. Da $z' > 0$ f. $0 < x < \frac{\pi}{2}$ u. < 0 f. $-\frac{\pi}{2} < x < 0$, folgt aus $z(0) = 0$, daß $y' > 0$ f. $|x| < \frac{\pi}{2}$ bis auf $x = 0$ ist. Daher ist y monoton wachsend u. liegt zwischen $\pm\left(1 - \frac{\pi}{2} + \frac{\pi^3}{6}\right)$.

19a) Wegen $\operatorname{tg} x > x$ wächst $\operatorname{tg} x - x - \frac{x^3}{3}$ v. $x = 0$ an, woraus d. Beh.;

19b) Da d. Ausdruck rechts pos. ist, wächst $\frac{1}{2}\operatorname{tg} x + \frac{2}{3}\sin x - x$ v. $x = 0$ an u. wird pos.

20. Wegen $\operatorname{tg} x > x$, $x > \operatorname{arc tg} x$, folgt $x_\nu \downarrow x \geqq 0$. Aus $x_{\nu+1} = \operatorname{arc tg} x_\nu$ folgt $x = \operatorname{arc tg} x$. $x > 0$ würde A 13 widersprechen.

21. D. Ungl. $\cos x \geqq 1 - \frac{x^2}{2}$ wurde in d. LA 18 bew.

$$2\int_0^{\sqrt{2}} \sqrt{1 - \frac{x^2}{2}}\, dx \leqq \int_{-\pi/2}^{\pi/2} \sqrt{\cos x}\, dx = 2\int_0^{\pi/2} \sqrt{\cos x}\, dx \leqq 2\int_0^{\pi/2} dx.$$

D. Schranke rechts ist $= \pi$. Links ergibt sich f.

$$x = \sqrt{2}\cos\varphi, \quad dx = -\sqrt{2}\sin\varphi:$$

$$-2\sqrt{2}\int_{\pi/2}^{0} \sin^2\varphi\, d\varphi = \sqrt{2}(\varphi - \sin\varphi\cos\varphi)\Big|_0^{\pi/2} = \sqrt{2}\,\frac{\pi}{2} = \frac{\pi}{\sqrt{2}}.$$

22. Aus d. ersten Relation folgt, daß $\operatorname{tg} x - x$ in jedem Intervall $n - \frac{\pi}{2}$, $n + \frac{\pi}{2}$ stetig u. eigentlich monoton v. $-\infty$ nach $+\infty$ wächst u. daher jeden Wert genau einmal annimmt. Ein Intervall (t_{2n}, t_{2n+1}) zerfällt im Pkt. $2n\pi + \frac{\pi}{2}$

in zwei Teilintervalle, in denen $\cos x$ u. $x - \mathrm{tg}\, x$ *verschiedene* Vorzeichen haben, so daß dort $\left(\dfrac{\sin x}{x}\right)' < 0$ ist, während in d. beiden entsprechenden Teilen v. (t_{2n-1}, t_{2n}) $\cos x$ u. $x - \mathrm{tg}\, x$ gleiche Vorzeichen haben u. daher dort $\left(\dfrac{\sin x}{x}\right)' > 0$ ist.

23. Da d. Fkt. $y = f(x) = \dfrac{\mathrm{tg}\, x}{x}$ (vgl. L 1) monoton wächst in $\left(0, \dfrac{\pi}{2}\right)$ u. zwar v. 1 bis ∞, nimmt sie dort jeden Wert $y > 1$ genau einmal an f. $x = \varphi(y)$, u. $\varphi(y)$ ist nach § 18 stet. u. monoton wachsend.

24. Da $\dfrac{\sin x}{x} = y$ f. $0 < x < \dfrac{\pi}{2}$ stet. ist u. monoton fällt v. 1 bis $\dfrac{2}{\pi}$, ist nach § 18 auch d. Umkehrfkt. stet. u. monoton fallend.

25. D. Ungl. folgt aus d. monotonen Fällen v. $\dfrac{\sin x}{x}$ zwischen 0 u. $\dfrac{\pi}{4}$. Aus d. Ungl. folgt

$$\left(\frac{\sin \dfrac{\pi z}{4}}{z}\right)^2 > \frac{1}{2}, \quad z^2 < 2 \sin^2 \frac{\pi z}{4}, \quad 1 - z^2 > \cos \frac{\pi z}{2}.$$

Die linksseitige Ungl. folgt wegen LA 1 aus

$$\left(4 \cos \frac{\pi z}{2} - \pi (1 - z^2)\right)' = \pi^2 z \left(\frac{2}{\pi} - \frac{\sin \dfrac{\pi z}{2}}{\dfrac{\pi z}{2}}\right) < 0.$$

26. D. Relation $2 \lg y \leqq y$ gilt, da $\dfrac{\lg y}{y}$ monoton wächst in $\langle 1, e\rangle$, im Intervall $\langle 0, u\rangle$, wo u d. pos. Wurzel d. Gl. $\dfrac{\lg y}{y} = \dfrac{1}{2}$ ist. Daher gilt $\lg x \leqq \sqrt{x}$ im Intervall $\langle 0, \sqrt{u}\rangle$.

27a) Wenn in 6a) $x = \dfrac{1}{y}$ gesetzt wird;

27b) Linksseitige Ungl. aus 6a), wegen

$$\frac{1}{x + \dfrac{1}{2}} = \frac{1}{x + 1} \, \frac{1}{1 - \dfrac{1}{2(x + 1)}} > \frac{1}{x + 1} + \frac{1}{2(x + 1)^2};$$

andererseits gilt

$$z' = \frac{-y^2 (2 + y^2)}{(1 + y)^2} < 0 \quad (y > 0),$$

so daß z fällt f. $y > 0$ u. d. Beh. folgt aus $z(1) = 0$;

27c) Beh. über y folgt aus

$$y'(1 + x) \sqrt{1 + x} = 1 + \frac{x}{2} - \sqrt{1 + x} = \sqrt{1 + x + \frac{x^2}{4}} - \sqrt{1 + x} > 0;$$

27d) Wegen

$$z'(y) = -\frac{(y - 1)^2}{y^2 (y + 1)^2} (y^2 + 3y + 1)$$

ist $z'(y) < 0$ f. $y > 1$ u. daher $z(y) < 0$ $(y > 1)$;

27e) F. $x = 0$ ist $y(0) = 0$, daher pos. f. $0 < x < \dfrac{\pi}{2}$.

28. $\quad (\xi - x)^2 \dfrac{d}{dx} \dfrac{\lg \xi - \lg x}{\xi - x} = \lg \xi - \lg x - \dfrac{\xi - x}{x} = -\dfrac{\xi - x}{x} + \int\limits_x^\xi \dfrac{dt}{t} < 0,$

da $\dfrac{1}{x}$ das Maximum d. Integranden ist.

29. Da $x^2 \left(\dfrac{\varphi(x)}{x} \right)' = x\,\varphi'(x) - \varphi(x)$ ist, genügt es, $x\,\varphi'(x) - \varphi(x) \geqq 0$ zu bew. Andererseits $\varphi(x) - \varphi(\varepsilon) \leqq (x - \varepsilon)\,\varphi'(x)$ u. f. $\varepsilon \downarrow 0$ $\varphi(x) \leqq \varphi'(x)\,x$.

30. $\quad y = \operatorname{tg} x^2 - \dfrac{1}{2\,x^2}$

ist gerade, so daß nur $x > 0$ zu betrachten sind.

$$y' = 2\,x \left(1 + \operatorname{tg}^2 x^2 + \dfrac{1}{2\,x^4} \right) > 0,$$

so daß y in jedem Stet.-Intervall monoton wächst. Zwischen $\sqrt{n\pi - \dfrac{\pi}{2}}$ u. $\sqrt{n\pi + \dfrac{\pi}{2}}$ wächst y v. $-\infty$ nach ∞ u. nimmt d. Wert 0 genau einmal an. Genau e. Wurzel in jedem Intervall $\left(\sqrt{n\pi - \dfrac{\pi}{2}}, \sqrt{n\pi - \dfrac{\pi}{2}} \right)$ $(n > 0)$.

31. Nach A 6a) $\lg \left(1 + \dfrac{1}{\nu} \right) < \dfrac{1}{\nu} < \lg \left(1 + \dfrac{1}{\nu - \dfrac{1}{2}} \right),$

$$\sum_{\nu = n}^{np} \lg \left(1 + \dfrac{1}{\nu} \right) < \sum_{\nu = n}^{np} \dfrac{1}{\nu} < \sum_{\nu = n}^{np} \lg \left(1 + \dfrac{1}{\nu - \dfrac{1}{2}} \right).$$

D. Summe links ist

$$\sum_{\nu = n}^{np} [\lg (\nu + 1) - \lg \nu] = \lg (np + 1) - \lg n = \lg \dfrac{np + 1}{n} \to \lg p.$$

D. Summe rechts ist analog

$$\sum_{\nu = n}^{np} \left[\lg \left(\nu + \dfrac{1}{2} \right) - \lg \left(\nu - \dfrac{1}{2} \right) \right] = \lg \left(np + \dfrac{1}{2} \right) - \lg \left(n - \dfrac{1}{2} \right) = \lg \dfrac{np + \dfrac{1}{2}}{n - \dfrac{1}{2}} \to \lg p.$$

Daher d. Grenzwert $\lg p$.

32. $(1 + x)\,x^2 \lg^2 (1 + x)\,y' = (1 + x) \lg^2 (1 + x) - x^2 < 0$ f. $x \neq 0$, $x > -1$.

Daher fällt y monoton in beiden Intervallen. F. $x \downarrow -1$ ist $y \to 1$, f. $x \to \infty$ ist $y \to 0$. F. $x \to 0$ gilt

$$y = \dfrac{x - \lg(1 + x)}{x \lg(1 + x)} \sim \dfrac{1}{x^2}\,(x - \lg(1 + x)) =$$

$$= \dfrac{1}{x^2} \left[\int\limits_0^x dt - \int\limits_0^x \dfrac{dt}{1 + t} \right] = \dfrac{1}{x^2} \int\limits_0^x \dfrac{t\,dt}{1 + t} = \dfrac{1}{x^2(1 + \Theta x)} \int\limits_0^x t\,dt = \dfrac{1}{2 + 2\,\Theta x} \to \dfrac{1}{2},$$

wo d. verallgemeinerte erste MWS d. Int.-Rechnung angewandt wurde.

33a) $y' = 3x^2 - 4$ wächst monoton f. $x > 0$, fällt monoton f. $x < 0$. Daher y v. unten konvex f. $x > 0$, v. unten konkav f. $x < 0$;

33b) Wegen $y' = 1 + \mathrm{tg}^2 x$ wächst y stets u. ist v. unten konvex in d. Stet.-Intervallen;

33c) $y' = \dfrac{1}{1 + x^2}$ fällt f. $x > 0$, wächst f. $x < 0$, y v. unten konvex f. $x < 0$ u. v. unten konkav f. $x > 0$;

34a) Da $y(0) = 0$, genügt es $z(x) = y'(x) \leqq 0$ $(0 < x < 1)$ zu bew. Da $z(0) = 0$, folgt $z \leqq 0$ aus $z' \leqq 0$;

34b) Linksseitig wird d. Beh. zu

$$\left(1 + \frac{1}{x}\right)^x < e^{\frac{2x+1}{2x+2}}, \quad f(x) \equiv x \lg\left(1 + \frac{1}{x}\right) - 1 + \lg(x+1) - \lg\left(x + \frac{1}{2}\right) < 0.$$

Da f. $x \to \infty$

$$x \lg\left(1 + \frac{1}{x}\right) - 1 \to 0, \quad \lg\frac{x+1}{x+\dfrac{1}{2}} \to 0, \quad f(x) \to 0$$

ist, genügt es, $f'(x) \geqq 0$ zu bew., u. wegen 6a) gilt

$$f'(x) = \lg\left(1 + \frac{1}{x}\right) - \frac{1}{x + \dfrac{1}{2}} > 0 \quad (x > 0).$$

Rechtsseitig wird d. Beh. zu

$$\left(1 + \frac{1}{x}\right)^x > \frac{2xe}{2x+1}, \quad g(x) \equiv x \lg\left(1 + \frac{1}{x}\right) - 1 - \lg\frac{2x}{2x+1} > 0.$$

Da $g(x) \to 0$ $(x \to \infty)$, genügt es, $g'(x) \leqq 0$ zu bew. u.

$$g'(x) = \lg\left(1 + \frac{1}{x}\right) - \frac{1}{x+1} - \frac{1}{x} + \frac{1}{x + \dfrac{1}{2}} < 0 \quad (x > 0)$$

nach 27d).

35. Wird in A 11 $x = \dfrac{1}{z}$ gesetzt, so sieht m., daß y monoton wächst in $(-1, 0)$ u. $(0, \infty)$. Wegen $y \to 0$ $(x \downarrow -1)$, $y \to 1$ $(x \to \infty)$ genügt es, $\lim\limits_{x \to 0} y = \dfrac{1}{e}$ zu bew., u. dies folgt sofort aus

$$\lg y = -\frac{\lg(1 + x)}{x} \sim -\frac{x}{x} = -1.$$

36. Für festes $x > 0$ u. wachsendes y fällt $A(x, y)$ für $y < 0$ u. wächst für $y > 0$.

37. D. Ungl. läuft hinaus auf

$$\frac{1}{x(1-x)} \geqq 4, \quad x(1-x) \leqq \frac{1}{4} \quad \text{u. folgt aus } \sqrt{x(1-x)} \leqq \frac{x + (1-x)}{2}.$$

38. Um $G(x, y) \geqq 0$ zu bew., beachte m., daß

$$G_y'(x, y) = \frac{1}{y} + \frac{1}{1-y} - 4 \geqq 0$$

nach A 37 ist. Andererseits gilt $\lim\limits_{y \downarrow x} G(x, y) = 0$.

39. Da $4x(1-x) \leqq 1$ ist, ist $H'_x < 0$ f. $x < y$ u. > 0 f. $x > y$, so daß d. kleinste Wert v. $H(x, y)$ bei jedem festem y f. $x = y$ angenommen wird, d. h. $= 0$ ist.

40 b), c) folgt aus

$$\lg(1 + x) \sim \lg x, \quad \lg|1 - x| = \lg|x - 1| \sim \lg x \quad \text{f.} \quad x \to \infty;$$

Insbesondere 40 c) aus 40 b);

40 d) Wegen

$$f'(x) = -\frac{1}{1-x} - \frac{\cos \pi \alpha}{1+x} = \frac{-1}{1-x}\left(1 + \frac{1-x}{1+x}\cos \pi \alpha\right) < 0 \quad (0 < x < 1)$$

fällt $f(x)$ v. Werte 0 f. $x = 0$;

40 e) F. $x > 1$ gilt

$$f'(x) = \frac{1}{x-1} - \frac{\cos \pi \alpha}{x+1} = \frac{x(1 - \cos \pi \alpha) + (1 + \cos \pi \alpha)}{x^2 - 1} > 0.$$

Daher wächst $f(x)$ beständig v. $-\infty$ bis ∞ f. $x > 1$.

41 a) Da $\operatorname{Cos} x = \dfrac{e^x + e^{-x}}{2} > 0$ f. alle x ist;

41 b) Da $\operatorname{Sin} x = \dfrac{e^x - e^{-x}}{2}$ f. $x > 0$ pos. u. f. $x < 0$ neg. ist;

41 c) $\operatorname{Tg} x = \dfrac{e^x - e^{-x}}{e^x + e^{-x}} = \dfrac{e^{2x} - 1}{e^{2x} + 1} = \dfrac{z - 1}{z + 1}$ f. $z = e^{2x} > 0$.

Wegen $\left(\dfrac{z-1}{z+1}\right)' = \dfrac{2}{(z+1)^2} > 0$ wächst $\operatorname{Tg} x$ monoton u. stet. v.

$$-1 = \lim_{x \to -\infty} \operatorname{Tg} x \quad \text{bis} \quad 1 = \lim_{x \to \infty} \operatorname{Tg} x;$$

41 d) Da $\operatorname{Ctg} x = \dfrac{1}{\operatorname{Tg} x}$ u. $\operatorname{Tg} 0 = 0$ ist, folgt d. Beh. aus 40 c).

42. Nach § 18 aus d. eigentlichen Monotonie v. $\operatorname{Sin} x$.

43. Wegen $\operatorname{Cos} 0 = 1$, $\lim \operatorname{Cos} x = \infty$ aus § 18, da $\operatorname{Cos} x$ f. $x > 0$ eigentlich monoton wächst.

44. Nach § 18 ist $\operatorname{ArTg} x$ eindeutig definiert als d. Lösung d. Gl. $x = \operatorname{Tg} y$ f. $-1 < x < 1$ u. ist stet. u. eigentlich monoton wachsend v. $-\infty$ bis ∞. $\operatorname{ArCtg} x$ ist eindeutig definiert als d. pos. Lösung d. Gl. $x = \operatorname{Ctg} y$ f. $1 < x < \infty$ u. fällt eigentlich monoton v. ∞ bis 0.

45 a) Wegen $(e^{-x} - x)' = -(e^{-x} + 1) < 0$ nimmt $e^{-x} - x$ eigentlich monoton ab f. alle x, nimmt daher jeden Wert genau einmal an;

45 b) Wegen $(a^x - bx)' = -\left(a^x \lg \dfrac{1}{a} + b\right) < 0$ ähnlich wie bei 45 a).

46a) Da y' pos. f. $x > 0$ u. neg. f. $x < 0$, fällt y f. $x < 0$ bis $y(0) = 0$ u. wächst sodann f. $y > 0$;

46b) Da $z' > 0$, wächst z eigentlich monoton, u. y' ist pos. f. $x > 0$ u. neg. f. $x < 0$, so daß f. $x = 0$ d. kleinste Wert 0 angenommen wird;

46c) y' ist neg. f. $x > 0$ u. pos. f. $x < 0$, y wächst f. $x < 0$ bis zum Wert 0 u. fällt sodann, daher $y < 0$ $(x \neq 0, x < 1)$;

46d) F. $\nu = 0$ klar; sei d. Beh. wahr f. $\nu - 1$, dann

$$\left(e^x - \frac{x^\nu}{\nu!}\right)' = e^x - \frac{x^{\nu-1}}{(\nu - 1)!} > 0, \quad \text{daher wächst} \quad e^x - \frac{x^\nu}{\nu!}$$

eigentlich monoton v. Wert 0 an;

46e) D. Ungl. werden zu $z > \lg(1 + z) > \dfrac{z}{1 + z}$, d. linksseitige folgt sofort aus 46a) durch Logarithmieren, d. rechtsseitige ist äquivalent mit

$$\frac{z}{(1 + z)\lg(1 + z)} < 1 \quad (z > 0)$$

u. folgt aus 7b), da f. $z \to 0$

$$\frac{z}{(1 + z)\lg(1 + z)} \sim \frac{1}{1 + z} \to 1 \quad \text{ist.}$$

47. Es ist

$$\frac{y_\nu^2}{2} \geqq \int_0^{y_\nu} \frac{u \, du}{1 + \dfrac{u}{\sqrt{\nu}}} \geqq \frac{\dfrac{y_\nu^2}{2}}{1 + \dfrac{y_\nu}{\sqrt{\nu}}}.$$

D. Ungl. links zeigt, daß $\dfrac{x}{\sqrt{\nu}} \to 0$ *hinreichend* ist. Geht andererseits d. Int. gegen 0, so ist

$$\frac{y_\nu^2}{2 + \dfrac{2 y_\nu}{\sqrt{\nu}}} = \varepsilon_\nu \to 0 \quad \text{u. aus} \quad y_\nu^2 - 2 \frac{y_\nu}{\sqrt{\nu}} \varepsilon_\nu - 2 \varepsilon_\nu = 0$$

folgt
$$y_\nu = -\frac{\varepsilon_\nu}{\sqrt{\nu}} \pm \sqrt{\frac{\varepsilon_\nu^2}{\nu} + 2 \varepsilon_\nu} \to 0.$$

48. Wegen d. zweiten Relation folgt $\gamma = 0$, so daß $\delta = 1$ gesetzt werden kann. Dann folgt aus d. ersten Relation, daß $\beta = 0$, $\alpha = 1$ ist.

49. Aus d. Grenzrelation folgt, daß $\beta = 0$ u. $\dfrac{\alpha}{\delta} = 1$ ist, so daß m. setzen kann $\dfrac{\alpha x + \beta}{\gamma x + \delta} = \dfrac{x}{1 + \gamma x}$. Aus $\dfrac{x}{1 + \gamma x} \geqq \dfrac{x}{1 + \dfrac{x}{2}}$ folgt, daß $\gamma \leqq \dfrac{1}{2}$ ist. Andererseits folgt aus

$$y \equiv \lg(1 + x) - \frac{x}{1 + \gamma x}, \quad y' = \frac{(2\gamma - 1)x + \gamma^2 x^2}{(1 + x)(1 + \gamma x)^2}$$

daß, wenn $2\gamma - 1 < 0$ wäre, y' in d. Nähe d. 0-Pkts. neg. u. y fallend sein müßte. Da aber $y(0) = 0$ ist, wäre y neg.

§ 25

1a) $y' = 3x^2 - 1 = 3\left(x - \dfrac{1}{\sqrt{3}}\right)\left(x + \dfrac{1}{\sqrt{3}}\right)$, y' wächst mit $|x|$ u. geht durch $-\dfrac{1}{\sqrt{3}}$ fallend, durch $\dfrac{1}{\sqrt{3}}$ wachsend. Maximum in $-\dfrac{1}{\sqrt{3}}$, Minimum in $\dfrac{1}{\sqrt{3}}$;

1b) y' wächst mit $|x|$ geht durch -1 fallend, durch 1 wachsend, Maximum in -1, Minimum in 1;

1c) Keine Extrema;

1d) y' geht wachsend durch $x = b$, Minimum in b;

1e) Im Innern d. Intervalls geht y' fallend durch $x = \dfrac{10 + \sqrt{103}}{3}$, relatives Maximum mit d. Wert $y = \dfrac{2090 + 206\sqrt{103}}{27}$. Da d. Werte f. $x = 3$ u. $x = 9$ bzw. 66 u. 90 sind, hat y in $x = 3$ d. absolute Minimum, u. in $x = \dfrac{10 + \sqrt{103}}{3}$ d. absolute Maximum.

2. y' geht ständig wachsend durch d. Pkt.

$$\mu = \frac{\displaystyle\sum_{\nu=1}^{n} p_\nu a_\nu}{\displaystyle\sum_{\nu=1}^{n} p_\nu}.$$

Daher d. absolute Minimum in μ. Setzt m. $y = Ax^2 - 2Bx + C$, so ist

$$\mu = \frac{B}{A} \text{ u. d. } y\text{-Wert } = \frac{B^2}{A} - 2\frac{B^2}{A} + C = C - \frac{B^2}{A} = \frac{AC - B^2}{A},$$

daher in diesem Falle

$$\frac{\displaystyle\sum_{\nu=1}^{n} p_\nu \sum_{\nu=1}^{n} p_\nu a_\nu^2 - \left(\sum_{\nu=1}^{n} p_\nu a_\nu\right)^2}{\displaystyle\sum_{\nu=1}^{n} p_\nu}.$$

3. F. festes z ist $\dfrac{du^2}{dx} = 4z + 12x - 6$ u. dies geht *wachsend* durch $x = \dfrac{3 - 2z}{6}$. D. entsprechende Minimum ist

$$\frac{1}{36}(4z^2 + 18 + 8z^2) = \frac{z^2}{3} + \frac{1}{2}$$

u. m. hat d. absolute Minimum f. $z = 0$ als $\dfrac{1}{2}$. D. kleinste Distanz ist $\sqrt{\dfrac{1}{2}}$.

4. $\sqrt{x^n y^n} \leqq \dfrac{x^n + y^n}{2} = \dfrac{a}{2}$, $\quad xy \leqq \left(\dfrac{a}{2}\right)^{2/n}$.

Diese Schranke wird f. $x = y = \left(\dfrac{a}{2}\right)^{1/n}$ erreicht.

5. Da m. $x > 0, y > 0$ annehmen kann, ist $x = \dfrac{a}{\sqrt{2}}$; das zugehörige $y = \dfrac{b}{\sqrt{2}}$; u. da d. Abl. fallend durch $x = \dfrac{a}{\sqrt{2}}$ geht, handelt es sich in d. Tat um d. absolute Maximum $2\,a\,b$.

6. $u' = 0$ gibt $x = \dfrac{a}{2}$ u. u' geht wachsend durch diesen Pkt. Daher d. Minimum f. $x = y = \dfrac{a}{2}$.

7. Da u' fallend durch $x = \dfrac{ma}{m+n}$ geht, gibt es *kein Minimum* im offenen Intervall $0 < x < a$.

8. Da d. Abl. wachsend durch $x = \dfrac{1}{2}$ geht, hat m. d. Minimum in $x = \dfrac{1}{2}$, $y = \sqrt{\dfrac{5}{4}}$.

9. F. $x = \dfrac{1}{2}$ ist $u = \dfrac{3}{2}\sqrt{\dfrac{3}{4}}$. Da in d. Endpkt. d. Intervalls $\langle 0, 1\rangle$ u. d. Wert 0 und 1 annimmt, die beide $< \dfrac{3}{2}\sqrt{\dfrac{3}{4}} = \sqrt{\dfrac{27}{16}}$ sind, wird d. absolute Maximum f. $x = \dfrac{1}{2}$ angenommen.

10. Wegen $\dfrac{d}{d\alpha}\sin\alpha\sin(\alpha+\gamma) = \sin(2\alpha+\gamma)$ verschwindet d. Abl. nur f. $2\alpha + \gamma = \pi$, $\alpha = \dfrac{\pi-\gamma}{2}$. Dafür ist $\sin\alpha\sin(\alpha+\gamma) = \cos^2\dfrac{\gamma}{2}$. Da andererseits $\sin\alpha\sin(\alpha+\gamma) \to 0$ f. $\alpha \to 0$ u. f. $\alpha \to \pi-\gamma$, ist dies d. gesuchte Maximum.

11.
$$\frac{du}{dx} = \frac{y'(y^2 + x^2 - ax) - 2y^2 y' - 2yx + ay}{(y^2 + x^2 - ax)^2},$$
$$v = (y^2 + x^2 - ax)^2 u' = y'(x^2 - y^2 - ax) + (a - 2x)y =$$
$$= -\frac{x}{y}\frac{b^2}{a^2}(x^2 - y^2 - ax) + (a - 2x)y,$$
$$-a^2 vy = -a^2 y^2(a - 2x) + b^2 x(x^2 - y^2 - ax) =$$
$$= -y^2(a^3 - 2a^2 x + b^2 x) + b^2 x^2(x - a) =$$
$$= (a^2 - b^2)xy^2 + (x - a)(b^2 x^2 + a^2 y^2) = c^2 xy^2 + a^2 b^2(x - a),$$

wegen $c^2 = a^2 - b^2$, $b^2 x^2 + a^2 y^2 = a^2 b^2$. Setzen wir hier, nach Division durch $\dfrac{b^2}{a^2}$, $\dfrac{y^2}{b^2} = 1 - \dfrac{x^2}{a^2}$, so folgt weiter

$$-\frac{a^4}{b^2}yv = c^2(a^2 - x^2)x + a^4(x - a), \qquad \frac{a^4}{b^2}\frac{y}{a - x}v = a^4 - c^2 x(a + x).$$

Hieraus folgt f. d. einzige pos. Wurzel

$$x_0 = -\frac{a}{2} + \sqrt{\frac{a^2}{4} + \frac{a^4}{c^2}} = \frac{a}{2}\left(\sqrt{\frac{5a^2 - b^2}{a^2 - b^2}} - 1\right).$$

Da v f. $x = 0$ pos. ist, wird d. Maximum f. x_0 erreicht, solange $x_0 < a$ ist, sonst, da v f. $0 < x < a$ pos. bleibt, f. $x = a$, wo d. Winkel $= \dfrac{\pi}{2}$ wird. D. Bedingung f. $x_0 < a$ ist $a^4 - c^2 a(2a) < 0$, $2b^2 - a^2 < 0$, $\sqrt{2}\,b < a$.

12a) Da $y' = \dfrac{ad - bc}{(cx + d)^2}$ d. Vorzeichen nicht wechselt, keine Extrema;

12b) $y' = \dfrac{1 - x^2}{(1 + x^2)^2}$ verschwindet f. $x = \pm 1$ u. geht wegen $\dfrac{y'}{x - 1} = -$
$- \dfrac{1 + x}{(1 + x^2)^2}$ durch $x = 1$ fallend u. durch $x = -1$, wegen $\dfrac{y'}{x + 1} = \dfrac{1 - x}{(1 + x^2)^2}$,
wachsend. Maximum f. $x = 1$, Minimum f. $x = -1$;

12c) F. $a + b = 0$ ist $y' = 0$, $y = $ const. Sei $a + b \neq 0$. F. $ab < 0$ wechselt y' d. Vorzeichen nicht, kein Extremum. F. $ab = 0$ kein Extremum. Sei $ab > 0$, $\sqrt{ab} = w$. F. $x = w$ Minimum f. $a + b > 0$, Maximum f. $a + b < 0$; f. $x = -w$ umgekehrt;

12d) y' geht durch $\sqrt{\dfrac{5}{4}} - 1$ fallend, Maximum bei $x = \sqrt{\dfrac{5}{4}} - 1$;

12e) Wie bei A 12c), wenn a, b durch p, q ersetzt werden;

12f) y' geht durch $x = 3$ wachsend, Minimum bei $x = 3$;

12g) y' geht durch $x = \dfrac{1}{\sqrt[3]{2} + 1}$ wachsend, e. Minimum;

12h) F. $x = 1$ geht y' wachsend durch 1 u. hat d. Wert 0, e. Minimum, durch $x = -\dfrac{1}{3}$ geht y' fallend, e. Maximum $= \dfrac{32}{27}$.

In d. Endpkt. $y(-2) = -9$, $y(2) = 3$; -9 absolutes Minimum, 3 absolutes Maximum.

13. Folgt aus d. Identität
$$\frac{\sqrt{a} - 1}{\sqrt{a} + 1} - \frac{1}{x + 1} + \frac{1}{ax + 1} = \frac{(\sqrt{a} - 1)(\sqrt{a}\, x - 1)^2}{(\sqrt{a} + 1)(x + 1)(ax + 1)}.$$

14a) $y = \sqrt{2} \sin\left(x - \dfrac{\pi}{4}\right)$, Maxima f. $x = \dfrac{3\pi}{4} + 2n\pi$, Minima f. $x = -\dfrac{\pi}{4} + 2n\pi$;

14b) D. erste Faktor ist $= 0$ f. $x = \dfrac{3\pi}{4} + 3n\pi$ u. wächst f. ungerade n u. fällt f. gerade n, während d. zweite Faktor dort $\sqrt{\dfrac{1}{2}}$ ist. D. zweite Faktor geht f. $\dfrac{3n\pi}{2} - \dfrac{3\pi}{8}$ durch 0, u. zwar wachsend f. gerade n u. fallend f. ungerade n, während d. erste Faktor dort pos. f. $n = 4m$, $4m + 3$ ist u. neg. f. $x = 4m + 1$, $4m + 2$.
$$\text{Maxima f. } x = 6m\pi + \frac{3\pi}{4}, \quad x = (6m + 3)\pi - \frac{3\pi}{8},$$
$$x = \left(6m + \frac{9}{2}\right)\pi - \frac{3\pi}{8} \quad (m = 0, \pm 1, \ldots);$$
$$\text{Minima f. } x = (6m + 3)\pi + \frac{3\pi}{4}, \quad x = 6m\pi - \frac{3\pi}{8},$$
$$x = \left(6m + \frac{3}{2}\right)\pi - \frac{3\pi}{8};$$

14c) Maxima f. $y = \left(2n + \dfrac{1}{2}\right)\pi, \quad x = \dfrac{1}{\left(2n + \dfrac{1}{2}\right)\pi},$

Minima $(= -1)$ f. $y = \left(2n + \dfrac{3}{2}\right)\pi, \quad x = \dfrac{1}{\left(2n + \dfrac{3}{2}\right)\pi};$

14d) OBdA sei $a \neq n\pi$; $y' = 0$ f. $x = n\dfrac{\pi}{2} + \dfrac{\pi}{4} - \dfrac{a}{2}$, u. wächst f. ungerade n, fällt f. gerade n. Ist $\sin a > 0$, so Maxima f. $x = m\pi + \dfrac{\pi}{4} - \dfrac{a}{2}$, Minima f. $x = m\pi + \dfrac{5\pi}{4} - \dfrac{a}{2}$. F. $\sin a < 0$ ist es umgekehrt;

14e) Maxima f. $x = 2m\pi, \quad x = 2m\pi + \dfrac{\pi}{2}$,

$$x = \alpha + 2m\pi + \pi \quad (m = 0, \pm 1 \ldots),$$

Minima f. $x = (2m + 1)\pi, \quad x = (2m + 1)\pi + \dfrac{\pi}{2}$,

$$x = \alpha + 2m\pi \quad (m = 0, \pm 1, \ldots);$$

14f) z f. $x = \sqrt{\dfrac{b}{a}}$ Minimum, f. $x = -\sqrt{\dfrac{b}{a}}$ Maximum, y f. $x = \operatorname{arc tg} \sqrt{\dfrac{b}{a}}$ Minimum, f. $x = -\operatorname{arc tg} \sqrt{\dfrac{b}{a}}$ Maximum;

14g) z maximal f. $x = -\sqrt{\dfrac{b}{a}}$, y f. $x = -\arcsin\sqrt{\dfrac{b}{a}}$, z minimal f. $x = \sqrt{\dfrac{b}{a}}$, y f. $x = \arcsin\sqrt{\dfrac{b}{a}}$;

14h) F. $\operatorname{tg} x = \sqrt[4]{\dfrac{b}{a}}$, $x = \operatorname{arc tg}\sqrt[4]{\dfrac{b}{a}}$, y' wächst, Minimum. F. $\operatorname{tg} x = -\sqrt[4]{\dfrac{b}{a}}$, $x = -\operatorname{arc tg}\sqrt[4]{\dfrac{b}{a}}$, y' wächst, Minimum, beide Minima getrennt durch $x = 0$, wo y unstetig, u. zwar ∞ wird.

14i) F. $x = n\pi$ $(n \neq 0)$ absolutes Minimum 0. Daher OBdA $\dfrac{x}{2} = \varphi \neq n\dfrac{\pi}{2}$. $\varphi - \operatorname{tg}\varphi$ verschwindet in jedem Intervall $\left(n\pi - \dfrac{\pi}{2}, n\pi + \dfrac{\pi}{2}\right)$ in t_n, wo $t_{-n} = -t_n$ ist u. f. $n > 0$ $n\pi < t_n < n\pi + \dfrac{\pi}{2}$ ist. Zugleich fällt $\varphi - \operatorname{tg}\varphi$ in t_n f. $n > 0$. Daher d. Maxima v. y f. $\dfrac{x_n}{2} = t_n$ $(n = \pm 1, \pm 2, \ldots)$, da y gerade ist, u. $x_n = 2t_n$ $(n = \pm 1, \pm 2 \ldots)$. Daneben e. Maximum $\left(= \dfrac{1}{2}\right)$ f. $x = 0$;

14k) $y' = 0$ gibt $u_n = n\pi - a$ u. $v_n = n\pi + \left(\dfrac{\pi}{2} - a\right)$, wo y' wächst f. u_n u. fällt f. v_n. Maxima f. $x = v_n = n\pi + \dfrac{\pi}{2} - a$. Minima f. $x = u_n = n\pi - a$.

15. Minimum f. $x = 0$, Maximum f. $x = 1$.

16a) F. $n = 2m$: y' geht wachsend durch $x = 0$ u. $x = 1$ u. fallend durch $x = \frac{1}{2}$. (Absolute) Minima f. $x = 0$ u. $x = 1$ u. ein Maximum f. $x = \frac{1}{2}$;

F. $n = 2m + 1$: y' bleibt pos. in d. Umgebung v. $x = 1$ u. neg. in d. Umgebung v. $x = 0$, während es durch $x = \frac{1}{2}$ wachsend geht. Minimum f. $x = \frac{1}{2}$;

16b) $2\cos x$ wird erst f. $|x| > \frac{\pi}{2}$ neg., dann aber ist $e^x + e^{-x} > e^{\pi/2} > e > 2$. Daher wächst y' beständig u. geht durch d. einzige 0-Stelle $x = 0$ wachsend. Minimum bei $x = 0$;

16c) y' geht durch d. 0-Stellen $x = u_n = 2n\pi + \frac{\pi}{4}$ fallend u. durch d. 0-Stellen $x = v_n = 2n\pi + \frac{5\pi}{4}$ wachsend. Maxima in d. u_n, Minima in d. v_n;

16d) OBdA $b \neq 0$. D. 0-Stellen v. y' sind $\frac{1}{b}\operatorname{arc\,tg}\frac{b}{a} + n\pi$, wobei, wenn $b > 0$ ist, y' fallend hindurch geht f. gerade n u. wachsend f. ungerade n. Maxima f. gerade n, Minima f. ungerade. F. $b < 0$ umgekehrt;

16e) Aus $u' = (e^{x/2} - e^{-x/2})^2 + 2(1 - \cos x)$ folgt $u' > 0$ $(x \neq 0)$, so daß u beständig wächst und > 0 für $x > 0$ ist. Daher fällt y für $x < 0$ u. wächst für $x > 0$, u. ist $= 0$ nur für $x = 0$. Minimum für $x = 0$.

17a) y' verschwindet nur f. $x = 0$, wo y e. Minimum hat;

17b) z hat als lineare gebrochene Fkt. keine Extrema;

17c) $y' = 0$ nur f. $x = e$ u. geht wachsend durch e. Minimum f. $x = e$;

17d) Minimum f. $x^2 = e$, $x = \sqrt{e}$.

18. Maximum f. $x = \sqrt{\dfrac{n}{2}}$.

19a) $z = \lg y = x \lg x$, $z' = 1 + \lg x = \lg(ex)$. $z' = 0$ f. $x = \frac{1}{e}$, Minimum;

19b) $z = \lg y = \dfrac{\lg x}{x}$ aus 17c). Maximum f. $x = e$.

20a) $\displaystyle\lim_{x \to a} \frac{n(x - b)^{n-1}}{1} = n(a - b)^{n-1}$;

20b) $\sim \dfrac{x^3}{x^2} = x$, $\lim = \infty$;

20c) $\displaystyle\lim_{x \to 1} \frac{n\,x^{n-1} - n}{2(x - 1)} = \lim_{x \to 1} \frac{n(n - 1)x^{n-2}}{2} = \binom{n}{2}$;

20d) $\displaystyle\lim_{x \to 1} \frac{1 - (n + 1)^2 x^n + n(n + 2)x^{n+1}}{2(x - 1)} =$

$\displaystyle = \lim_{x \to 1} \frac{1}{2}\left(-n(n + 1)^2 x^{n-1} + n(n + 1)(n + 2)x^n\right) = \frac{n(n + 1)}{2}$;

20e) $\lim\limits_{x\to 2}\dfrac{x+3-5}{(x-2)(x+3)}=\lim\limits_{x\to 2}\dfrac{1}{x+3}=\dfrac{1}{5}\,;$

20f) $\lim\limits_{x\to 1}\dfrac{\alpha(1-x^\beta)-\beta(1-x^\alpha)}{(1-x^\alpha)(1-x^\beta)}=\lim\limits_{x\to 1}\dfrac{\alpha\beta(x^\alpha-x^\beta)}{(\alpha+\beta)x^{\alpha+\beta-1}-\alpha x^{\alpha-1}-\beta x^{\beta-1}}=$

$$=\lim\limits_{x\to 1}\dfrac{\alpha\beta(\alpha x^{\alpha-1}-\beta x^{\beta-1})}{(\alpha+\beta)(\alpha+\beta-1)x^{\alpha+\beta-2}-\alpha(\alpha-1)x^{\alpha-2}-\beta(\beta-1)x^{\beta-2}}=$$

$$=\dfrac{\alpha\beta(\alpha-\beta)}{(\alpha+\beta)(\alpha+\beta-1)-\alpha(\alpha-1)-\beta(\beta-1)}=\dfrac{\alpha-\beta}{2}\,.$$

21a) $\lim\limits_{x\to 0}\dfrac{1}{2}\left(\dfrac{2}{\sqrt{a+2x}}-\dfrac{1}{\sqrt{a+x}}\right)=\dfrac{1}{2\sqrt{a}}\,;$

21b) D. gesuchte Grenzwert ist

$$\lim\limits_{x\to 1}=\dfrac{\sqrt{a+cx}+\sqrt{a+c}}{\sqrt{a+bx}+\sqrt{a+b}}\,\dfrac{b(x-1)}{c(x-1)}=\dfrac{b}{c}\sqrt{\dfrac{a+c}{a+b}}\,;$$

21c) $\sqrt{1+\dfrac{1}{x^2}}\to 1\,;$

21d) $\lim\limits_{y\to 0}\dfrac{\sqrt{1+\dfrac{1}{y}}+\sqrt{\dfrac{1}{y}-1}-2\sqrt{\dfrac{1}{y}}}{y^{3/2}}=\lim\limits_{y\to 0}\dfrac{\sqrt{1+y}+\sqrt{1-y}-2}{y^2}=$

$$=\lim\limits_{y\to 0}\dfrac{1}{2}\,\dfrac{\dfrac{1}{\sqrt{1+y}}-\dfrac{1}{\sqrt{1-y}}}{2y}=\lim\limits_{y\to 0}\dfrac{\sqrt{1-y}-\sqrt{1+y}}{4y}=$$

$$=\lim\limits_{y\to 0}\dfrac{-2y}{4y(\sqrt{1-y}+\sqrt{1+y})}=-\dfrac{1}{4}\,;$$

21e) $\lim\limits_{y\to 0}\dfrac{1-\sqrt{1-y^2+y^4}}{y^2}=\lim\limits_{y\to 0}\dfrac{-\dfrac{1}{2}(4y^3-2y)}{2y\sqrt{1-y^2+y^4}}=\dfrac{1}{2}\,;$

21f) $\lim\limits_{x\to 0}\dfrac{\sqrt[n]{a+x}-\sqrt[n]{a-x}}{x}=\dfrac{1}{n}\lim\limits_{x\to 0}\left((a+x)^{1/n-1}+(a-x)^{1/n-1}\right)=\dfrac{2}{n\,a^{1-1/n}}\,.$

22a) $\dfrac{\sin(x^{30}+2x)}{5x+x^{100}}\sim\dfrac{2x+x^{30}}{5x+x^{100}}\to\dfrac{2}{5}\,;$

22b) $\lim\limits_{x\to 0}\dfrac{\operatorname{tg}x-x}{x-\sin x}=\lim\limits_{x\to 0}\dfrac{1+\operatorname{tg}^2 x-1}{1-\cos x}=\lim\limits_{x\to 0}\dfrac{x^2}{\dfrac{x^2}{2}}=2\,;$

22c) $\lim\limits_{x\to 0}\dfrac{\operatorname{tg}nx-n\operatorname{tg}x}{n\sin x-\sin nx}=\lim\limits_{x\to 0}\dfrac{\dfrac{1}{\cos^2 nx}-\dfrac{1}{\cos^2 x}}{\cos x-\cos nx}=$

$$=\lim\limits_{x\to 0}\dfrac{(\cos x+\cos nx)}{\cos^2 x\cos^2 nx}=2\,.$$

23a) $\quad 1 - \cos y \sim \dfrac{y^2}{2} \sim \dfrac{\left(\dfrac{x^2}{2}\right)^2}{2} = \dfrac{x^4}{8}$;

23b) $\quad \lim\limits_{x \to 0} \dfrac{\sin x - x}{x^3} = \lim\limits_{x \to 0} \dfrac{\cos x - 1}{3\,x^2} = \lim \dfrac{-\dfrac{x^2}{2}}{3\,x^2} = -\dfrac{1}{6}$;

23c) $\quad \lim\limits_{x \to 0} \dfrac{\sin x - x + \dfrac{x^3}{6}}{x^5} = \lim\limits_{x \to 0} \dfrac{\cos x - 1 + \dfrac{x^2}{2}}{5\,x^4} = \lim\limits_{x \to 0} \dfrac{x - \sin x}{20\,x^3} = \dfrac{1}{120}$,

nach A 23b);

23d) $\quad \lim\limits_{x \to 0} \dfrac{\operatorname{tg} x - x - \dfrac{x^3}{3}}{x^5} = \lim\limits_{x \to 0} \dfrac{\operatorname{tg}^2 x - x^2}{5\,x^4} =$

$\qquad\qquad = \dfrac{2}{5} \lim\limits_{x \to 0} \dfrac{\operatorname{tg} x - x}{x^3} = \dfrac{2}{15} \lim\limits_{x \to 0} \dfrac{\operatorname{tg}^2 x}{x^2} = \dfrac{2}{15}$;

23e) $\quad \lim\limits_{x \to 0} \dfrac{\lg (1 + x) - x + \dfrac{x^2}{2}}{x^3} = \lim\limits_{x \to 0} \dfrac{\dfrac{1}{x + 1} - 1 + x}{3\,x^2} = \lim\limits_{x \to 0} \dfrac{x^2}{3\,x^2(1 + x)} = \dfrac{1}{3}$.

24a) $\quad \dfrac{x}{x + \sin x} = \dfrac{1}{1 + \dfrac{\sin x}{x}} \to \dfrac{1}{2} \quad (x \to 0)$;

$\qquad\quad \dfrac{x}{x + \sin x} = \dfrac{1}{1 + \dfrac{\sin x}{x}} \to 1 \quad (x \to \infty)$;

24b) $\quad \dfrac{x^3 \sin x}{(1 - \cos x)^2} \sim \dfrac{x^4}{\left(\dfrac{x^2}{2}\right)^2} = 4$;

24c) $\quad \lim\limits_{x \to 0} \dfrac{\cos x - 1 + \dfrac{x^2}{2}}{x^4} = \lim\limits_{x \to 0} \dfrac{x - \sin x}{4\,x^3} = \dfrac{1}{24}$;

24d) $\quad \lim\limits_{x \to 0} \dfrac{\operatorname{arc\,tg} x - x}{x^3} = \lim\limits_{x \to 0} \dfrac{\dfrac{1}{1 + x^2} - 1}{3\,x^2} = -\dfrac{1}{3}$.

25a) $\quad \lim\limits_{x \to 1} \dfrac{1 - x}{\operatorname{ctg} \dfrac{\pi x}{2}} = \lim\limits_{x \to 1} \dfrac{\dfrac{2}{\pi}}{\dfrac{1}{\sin^2 \dfrac{\pi x}{2}}} = \dfrac{2}{\pi}$;

25b) $\quad \lim\limits_{x \to 0} \dfrac{\sin x - x \cos x}{\sin^3 x} = \lim\limits_{x \to 0} \dfrac{\sin x - x \cos x}{x^3} = \lim\limits_{x \to 0} \dfrac{x \sin x}{3\,x^2} = \dfrac{1}{3}$;

25 c) $\left(\sqrt{x+1}-\sqrt{x}\right)\sqrt{\dfrac{x}{x+1000}}\,\dfrac{\sin x}{\cos x}$ hat keinen Grenzwert, da zwar

$$\left(\sqrt{x+1}-\sqrt{x}\right)\sqrt{\dfrac{x}{x+1000}} \sim \dfrac{1}{2\sqrt{x}}\ \text{ ist, aber }\ \dfrac{\sin x}{1-\cos x} = \operatorname{ctg}\dfrac{x}{2}$$

unendlich oft ∞ wird;

25 d) $\displaystyle\operatorname*{Lim}_{x\to\pi/4}\dfrac{\operatorname{ctg}\left(\dfrac{\pi}{4}+x\right)}{\operatorname{ctg}2x} = \operatorname*{Lim}_{x\to\pi/4}\dfrac{\dfrac{1}{2}\sin^2 2x}{\sin^2\left(\dfrac{\pi}{4}+x\right)} = \dfrac{1}{2};$

25 e) $\dfrac{1-\cos x}{\sin x} \sim \dfrac{\dfrac{x^2}{2}}{x} \to 0;$

25 f) $\dfrac{x\cos x-\sin x}{x^2\sin x} \sim \dfrac{x\cos x-\sin x}{x^3} \to -\dfrac{1}{3},\quad\text{nach } 25\,\mathrm{b});$

25 g) $\dfrac{x-\sin x}{x^2\sqrt{x}} \sim \dfrac{1}{6}\dfrac{x^3}{x^2\sqrt{x}} \to 0,\quad\text{nach A } 23\,\mathrm{b});$

25 h) $\dfrac{\operatorname{tg}^2 x-x^2}{x^2\operatorname{tg}^2 x} \sim \dfrac{\operatorname{tg}^2 x-x^2}{x^4} \to \dfrac{2}{3},\ \text{nach LA } 23\,\mathrm{d});$

25 i) $\dfrac{6x-x^2\sin x-6\sin x}{6x^4\sin x} \sim \dfrac{6x-x^2\sin x-6\sin x}{6x^5};$

dies läuft auf $\dfrac{6-2x\sin x-x^2\cos x-6\cos x}{30x^4}$ u. dies wieder auf

$\dfrac{4\sin x-4x\cos x+x^2\sin x}{120x^3}$, ferner auf $\dfrac{6x\sin x+x^2\cos x}{360x^2} = \dfrac{6\sin x+x\cos x}{360x} =$

$= \dfrac{1}{60}\dfrac{\sin x}{x}+\dfrac{\cos x}{360} \to \dfrac{7}{360};$

25 k) $\dfrac{3x\cos x+x^2\sin x-3\sin x}{3x^4\sin x} \sim \dfrac{3x\cos x+x^2\sin x-3\sin x}{3x^5}.$

Dies läuft auf $\dfrac{x\cos x-\sin x}{15x^3} \to -\dfrac{1}{45}$ hinaus, nach L $25\,\mathrm{b}$).

26 a) $\displaystyle\operatorname*{Lim}_{x\to 0}\dfrac{\arcsin x}{\operatorname{tg}x} = \operatorname*{Lim}_{x\to 0}\dfrac{\cos^2 x}{\sqrt{1-x^2}} = 1;$

26 b) $\displaystyle\operatorname*{Lim}_{x\to\pi/4}\dfrac{\operatorname{tg}x-1}{\arcsin\operatorname{tg}x-\dfrac{\pi}{2}} = \operatorname*{Lim}_{x\to\pi/4}\dfrac{\dfrac{1}{\cos^2 x}}{\dfrac{1}{\sqrt{1-\operatorname{tg}^2 x}}\dfrac{1}{\cos^2 x}} = \operatorname*{Lim}_{x\to\pi/4}\sqrt{1-\operatorname{tg}^2 x} = 0;$

26 c) $\displaystyle\operatorname*{Lim}_{x\to 0}\dfrac{Z}{x^5} = \operatorname*{Lim}_{x\to 0}\dfrac{U}{5x^4} = \operatorname*{Lim}_{x\to 0}\dfrac{U'}{20x^3},\ \dfrac{U'}{20x^3} \sim \dfrac{\dfrac{3}{2}x^3}{20x^3} = \dfrac{3}{40};$

26 d) $\sin x\arcsin x = \left(x-\dfrac{x^3}{6}+\dfrac{x^5}{120}+\varepsilon(x)x^5\right)\left(x+\dfrac{x^3}{6}+\dfrac{3x^5}{40}+\delta(x)x^5\right) =$

$$= x^2+\dfrac{x^6}{18}+\eta(x)x^6,\quad \eta(x)\to 0\quad (x\to 0),$$

woraus d. Grenzwert $= \dfrac{1}{18}$ folgt;

26e) $\arctg \dfrac{1}{\dfrac{x}{a} - 1} \to \dfrac{\pi}{2}$ wenn $\dfrac{x}{a} \downarrow 1$ u. $\to -\dfrac{\pi}{2}$, wenn $\dfrac{x}{a} \uparrow 1$. Im ersten Fall

b, im zweiten c;

26f) $\sin(\sin x) = \left(x - \dfrac{x^3}{6} + \dfrac{x^5}{120} + \varepsilon x^5\right) - \dfrac{1}{6}\left(x - \dfrac{x^3}{6} + \delta x^3\right)^3 +$

$+ \dfrac{1}{120}(x - \eta x)^5 = x - \dfrac{x^3}{3} + \dfrac{x^5}{10} + \sigma x^5$, wo $\varepsilon, \delta, \eta, \sigma \to 0$ f. $x \to 0$. Daher

$x \sin(\sin x) - \sin^2 x = x^2 - \dfrac{x^4}{3} + \dfrac{x^6}{10} - x^2 + \dfrac{x^4}{3} - \dfrac{2}{45}x^6 + \varkappa x^6$, $\varkappa \to 0$,

woraus d. Grenzwert $= \dfrac{1}{18}$;

26g) $\underset{y \to 0}{\mathrm{Lim}}\ \dfrac{\cos y - 1 + \dfrac{y^2}{2}}{y^4} = \dfrac{1}{24}$ nach LA 24c);

26h) $\sqrt{\dfrac{1 + x^2}{x^2}} \sim \dfrac{1}{x}$, $\arctg x \sim x$. Grenzwert $= 1$.

27a) $\underset{x \to 0}{\mathrm{Lim}}\ \dfrac{\lg x + \lg 7 + \lg \dfrac{\tg 7x}{7x}}{\lg x + \lg 2 + \lg \dfrac{\tg 2x}{2x}} = 1$;

27b) $\lg(1 - x) \sim -x$, $1 - \cos x \sim \dfrac{x^2}{2}$, $x \sin x^2 \sim x^3$, Grenzwert $-\dfrac{1}{2}$;

27c) $= \underset{x \to 1}{\mathrm{Lim}}\ \dfrac{\dfrac{2m x^{2m-1} + m x^{m-1}}{x^{2m} + x^m - 1} + \dfrac{m}{x}}{2x} =$

$= m \underset{x \to 1}{\mathrm{Lim}}\ \dfrac{2x^{2m} + x^m + x^{2m} + x^m - 1}{2x^2(x^{2m} + x^m - 1)} = 2m$;

27d) $\sim \dfrac{x \lg x}{x \lg x} = 1$;

27e) $\dfrac{\lg \dfrac{x^2}{2} + \lg \dfrac{1 - \cos x}{\dfrac{x^2}{2}}}{\lg bx + \lg \dfrac{\tg bx}{bx}} \sim \dfrac{2 \lg x}{\lg x} = 2$;

27f) $\lg(1 + x^2) \sim x^2$, $\underset{x \to 0}{\mathrm{Lim}}\ \dfrac{x^2}{\cos 3x - e^{-x}} = \underset{x \to 0}{\mathrm{Lim}}\ \dfrac{2x}{-3 \sin 3x + e^{-x}} = 0$;

27g) $\dfrac{x^3 + \eta x^4 - x(x^2 + \delta x^4)}{-\dfrac{3}{2}x^4} \to 1$;

27h) $a + b \lg \sin x = b \lg x + a + b \lg \dfrac{\sin x}{x} \sim b \lg x$ f. $x \downarrow 0$, $b \neq 0$, $\dfrac{1}{b}$;

27i) -2;

27k) $1 - x = \dfrac{1}{y}$, $|y| \to \infty$, $x^{1/(1-x)} = \left(1 - \dfrac{1}{y}\right)^y \to \dfrac{1}{e}$.

28a) $\quad = \operatorname*{Lim}_{x \to 0} \dfrac{\dfrac{1}{1+x} - \cos x}{2x} = \dfrac{1}{2} \operatorname*{Lim}_{x \to 0} \dfrac{1-(1+x)\cos x}{x} =$

$$= \dfrac{1}{2} \operatorname*{Lim}_{x \to 0} \left((1+x)\sin x - \cos x\right) = -\dfrac{1}{2};$$

28b) $\quad \dfrac{x - \lg(1-x)}{x \lg(1+x)} \sim \dfrac{x - \lg(1+x)}{x^2} \to \dfrac{1}{2}$, nach 23e);

28c) $\quad \operatorname*{Lim}_{x \to 1} \dfrac{x^\alpha - 1 - \alpha \lg x}{(x^\alpha - 1)\lg x} = \alpha \operatorname*{Lim}_{x \to 1} \dfrac{x^{\alpha-1} - \dfrac{1}{x}}{\alpha x^{\alpha-1}\lg x + \dfrac{1}{x}(x^\alpha - 1)} =$

$$= \alpha \operatorname*{Lim}_{x \to 1} \dfrac{x^\alpha - 1}{\alpha x^\alpha \lg x + (x^\alpha - 1)} = \alpha \operatorname*{Lim}_{x \to 1} \dfrac{x^\alpha}{x^\alpha + \alpha x^\alpha \lg x + x^\alpha} = \dfrac{\alpha}{2};$$

28d) $\quad \lg(1-x) \sim -x, \quad -x \lg x \to 0 \quad (x \downarrow 0);$

28e) $\quad \lg\left(1 + \sqrt{a+x} - \sqrt{a}\right) \sim \sqrt{a+x} - \sqrt{a} \sim \dfrac{x}{2\sqrt{a}},$

$$\sin\left(\sqrt[5]{a+x} - \sqrt[5]{a}\right) \sim \sqrt[5]{a+x} - \sqrt[5]{a} \sim \dfrac{x}{5\,a^{4/5}}, \text{ Grenzwert } \dfrac{5}{2}\, a^{3/10};$$

28f) $\quad \operatorname*{Lim}_{x \to 0} \dfrac{x - (1+x)\lg(1+x)}{x^2(1+x)} = \operatorname*{Lim}_{x \to 0} \dfrac{-\lg(1+x)}{2x + 3x^2} \sim \dfrac{-x}{2x} = -\dfrac{1}{2};$

28g) $\quad \operatorname*{Lim}_{y \to 0} \dfrac{y - \lg(1+y)}{y^2} = \dfrac{1}{2}$, nach LA 23e);

28h) $\quad \operatorname*{Lim}_{y \to 0} \dfrac{\sqrt[3]{y^3 - 1} + 1}{y} = \operatorname*{Lim}_{y \to 0} \dfrac{y^2}{\sqrt[3]{(y^3 - 1)^2}} = 0;$

28i) $\quad \operatorname*{Lim}_{y \downarrow 0} \dfrac{(1+y)^{2/3} - (1-y)^{2/3}}{y^{2/3}} -$ f. $y^{1/3} = z \downarrow 0$ wird zu

$$\operatorname*{Lim}_{z \downarrow 0} \dfrac{(1+z^3)^{2/3} - (1-z^3)^{2/3}}{z^2} = 2 \operatorname*{Lim}_{z \downarrow 0} \dfrac{\dfrac{z^2}{(1+z^3)^{1/3}} + \dfrac{z^2}{(1-z^3)^{1/3}}}{2z} = 0;$$

28k) $\quad$ F. $y = z^3$, $\operatorname*{Lim}_{z \downarrow 0} \dfrac{1-(1-z^6)^{2/3}}{z^4} = \operatorname*{Lim}_{z \downarrow 0} \dfrac{\dfrac{2}{3}\cdot 6 \cdot z^5 (1-z^6)^{-1/3}}{4z^3} = 0;$

28l) $\quad \dfrac{\sin x - 1}{\cos x} = -\dfrac{1-\cos y}{\sin y} \sim -\dfrac{\dfrac{y^2}{2}}{y} \to 0$ f. $y \to 0.$

29a) $\quad e^{-x^2}\sqrt{x^5 + 3x + 1} \sim \dfrac{x^{5/2}}{e^{x^2}} \to 0;$

29b) $\quad 2 \operatorname*{Lim}_{x \to 0} \dfrac{x^2 - 2e^x + 2x + 2}{x^3} = \dfrac{4}{3} \operatorname*{Lim}_{x \to 0} \dfrac{x - e^x + 1}{x^2} = \dfrac{4}{3}\cdot\left(-\dfrac{1}{2}\right) = -\dfrac{2}{3};$

29c) $\operatorname{ctg} \dfrac{1}{x} = \dfrac{1}{\operatorname{tg} \dfrac{1}{x}} \sim \dfrac{1}{\dfrac{1}{x}} = x;$

$$\lg(1 + e^{-x})^{\operatorname{ctg} 1/x} = \operatorname{ctg} \frac{1}{x} \lg(1 + e^{-x}) \sim x e^{-x} \to 0; \quad \text{Grenzwert } 1;$$

29d) $(10\,n + 150 \lg n) \lg\left(1 + \dfrac{n-5}{2\,n^2+2}\right) \sim 10\,n\,\dfrac{n-5}{2\,n^2+2} \sim 5. \ \text{Grenzwert } e^5;$

29e) $5 \operatorname{ctg}^2 x \lg(1 - 2\sin^2 x) \sim \dfrac{5}{x^2}(-2\sin^2 x) \sim -10\,\dfrac{x^2}{x^2} = -10; \quad$ Grenz-

wert $e^{-10};$

29f) $\dfrac{1}{x^2} \lg\left(1 + \dfrac{u(x)}{x}\right) \sim \dfrac{u(x)}{x^3} \to \dfrac{1}{3}, \quad \text{Grenzwert } e^{1/3};$

29g) $\sin x \lg \operatorname{ctg} x \sim x\left(\lg \dfrac{1}{x} + \lg \dfrac{x}{\operatorname{tg} x}\right) \sim x \lg \dfrac{1}{x} \to 0;$

29h) $\operatorname*{Lim}\limits_{y \to 0} \dfrac{(1+y)^{1/y} - e}{y} = \operatorname*{Lim}\limits_{y \to 0}\left(\dfrac{1}{y}(1+y)^{1/y-1} - \dfrac{(1+y)^{1/y}}{y^2}\lg(1+y)\right) =$

$$= \operatorname*{Lim}\limits_{y \to 0} \frac{y(1+y)^{1/y} - (1+y)\lg(1+y)(1+y)^{1/y}}{y^2(1+y)} = e \operatorname*{Lim}\limits_{y \to 0}\frac{y - (1+y)\lg(1+y)}{y^2} =$$

$$= \frac{e}{2}\operatorname*{Lim}\limits_{y \to 0}\frac{-\lg(1+y)}{y} = -\frac{e}{2};$$

29i) $\operatorname{ctg}^3(x-a)\lg\left(1 + \dfrac{\operatorname{ctg} x - \operatorname{ctg} a}{\operatorname{ctg} a}\right) \sim \dfrac{-(x-a)\dfrac{1}{\sin^2 a}}{(x-a)^3 \operatorname{ctg} a} \to -\infty \operatorname{sgn} \operatorname{ctg} a;$

Grenzwert 0, wenn $\operatorname{ctg} a > 0;$ ∞, wenn $\operatorname{ctg} a < 0;$

29k) $\operatorname{tg} \dfrac{n+1}{n+3}\dfrac{\pi}{2}\lg\left(\sin\dfrac{2n+1}{3n+1}\pi\right) \sim \operatorname{tg}\dfrac{n+1}{n+3}\dfrac{\pi}{2}\lg\sin\dfrac{2\pi}{3} \to -\infty, \quad \text{da}$

$$\sin\frac{2\pi}{3} < 1, \text{ u. } \frac{n+1}{n+3}\frac{\pi}{2} \uparrow \frac{\pi}{2};$$

29l) $= \operatorname*{Lim}\limits_{x \to 0} \dfrac{x}{1 - \cos x - \sin x} = \operatorname*{Lim}\limits_{x \to 0}\dfrac{1}{\sin x - \cos x} = -1;$

29m) $\lg(a + b e^x) = \lg e^x + \lg\left(b + \dfrac{a}{e^x}\right) \sim x, \ \text{Grenzwert } \dfrac{1}{\sqrt{\beta}};$

29n) $\sin x \lg(1 - 2^x) \sim x \lg|x| \lg 2 \to 0, \ \text{Grenzwert } 1;$

29o) $e^x - 1 \sim x, \quad \dfrac{\lg(1 + x^2 + x^4)}{x^2} \sim \dfrac{x^2 + x^4}{x^2} \to 1.$

30a) $= \dfrac{1}{4}\operatorname*{Lim}\dfrac{e^x - 1 - x - \dfrac{x^2}{2}}{x^3} = \dfrac{1}{12}\operatorname*{Lim}\limits_{x \to 0}\dfrac{e^x - 1 - x}{x^2} = \dfrac{1}{24};$

30b) $= 6\operatorname*{Lim}\limits_{x \to 0}\dfrac{e^x - e^{-x} - 2x}{x^3} = 2\operatorname*{Lim}\limits_{x \to 0}\dfrac{e^x + e^{-x} - 2}{x^2} =$

$$= 2\operatorname*{Lim}\limits_{x \to 0}\frac{e^x - e^{-x}}{2x} = 2\operatorname*{Lim}\frac{e^x + e^{-x}}{2} = 2;$$

30c) $= \operatorname*{Lim}_{x \to 0} n \dfrac{(1+x)^{n-1} + (1-x)^{n-1}}{e^{1+x} + e^{1-x}} = \dfrac{n}{e}$;

30d) $\sim \dfrac{x^2}{\frac{x^2}{2}} = 2$;

30e) $= e^{-bx} \dfrac{e^{(a+b)x} - 1}{\lg(1+x)} \sim \dfrac{(a+b)\,x}{x} = a + b$.

30f) $e^x - e^{\sin x} = e^{\sin x}(e^{x - \sin x} - 1) \sim x - \sin x$, Grenzwert 1 ;

30g) $1 - \sqrt{1 - x^2} \sim \dfrac{x^2}{2}$ $(x \to 0)$, $2 \operatorname*{Lim}_{x \to 0} \dfrac{e^{x^2} - 1 + x}{x^2} = \infty \operatorname{sgn} x$;

30h) $= \operatorname*{Lim}_{x \to 0} \dfrac{2}{3} \dfrac{2\sqrt{1 + x^2} - 2 - x^2}{x^4} = \dfrac{1}{6} \operatorname*{Lim}_{x \to 0} \dfrac{\dfrac{2x}{\sqrt{1 + x^2}} - 2x}{x^3} =$

$= \dfrac{1}{3} \operatorname*{Lim}_{x \to 0} \dfrac{1 - \sqrt{1 + x^2}}{x^2} = -\dfrac{1}{6}$;

30i) $e^x - e^a = e^a(e^{x-a} - 1) \sim e^a(x - a)$,

$\operatorname{tg} \dfrac{\pi x}{2a} = \dfrac{1}{\operatorname{tg}\left(\dfrac{a - x}{a}\right) \dfrac{\pi}{2}} \sim \dfrac{2a}{\pi(a - x)}$. Grenzwert $\dfrac{-2a\,e^a}{\pi}$.

31. $\sin x - x \sqrt[3]{\cos x} =$

$= \dfrac{\sin^3 x - x^3 \cos x}{\sin^2 x + x \sin x \sqrt[3]{\cos x} + x^2 \sqrt[3]{\cos^2 x}} \sim \dfrac{1}{3x^2}\left(\sin^3 x - x^3 + 2x^3 \sin^2 \dfrac{x}{2}\right) =$

$= \dfrac{1}{3x^2}\left[\left(x - \dfrac{x^3}{6} + \dfrac{x^5}{120} + \varepsilon x^5\right)^3 - x^3 + 2x^3\left(\dfrac{x}{2} - \dfrac{x^3}{48} + \delta x^3\right)^2\right] =$

$= \dfrac{x^3}{3x^2}\left[\left(1 - \dfrac{x^2}{6} + \dfrac{x^4}{120} + \varepsilon x^4\right)^3 - 1 + \dfrac{x^2}{2}\left(1 - \dfrac{x^2}{24} + 2\delta x^2\right)^2\right] =$

$= \dfrac{x}{3}\left[\dfrac{x^4}{15} + \eta x^4\right] \sim \dfrac{x^5}{45}$,   wo $\varepsilon, \delta, \eta \to 0$ mit $x \to 0$ sind.

$\alpha = 5$, $a = \dfrac{1}{45}$.

32. $\lg(a + b x^7 e^{2x}) = 2x + 7 \lg x + \lg\left(b + \dfrac{a}{x^7} e^{-2x}\right) \sim 2x$. $\alpha = 2$, $\beta = 1$.

33. $(a + b c^x)^{1/x} = c(b + a c^{-x})^{1/x} = c\,b^{1/x}\left(1 + \dfrac{a}{b} c^{-x}\right)^{1/x}$,

$b^{1/x} \to 1$, $\dfrac{1}{x} \lg\left(1 + \dfrac{a}{b} c^{-x}\right) \sim \dfrac{a}{b} \dfrac{1}{x} e^{-x} \to 0$,

d. Grenzwert ist c.

34. $y' = \dfrac{3}{2}(x^2)^{1/2} \cdot 2x + \dfrac{3}{2}((4x - 5)^2)^{1/2} \cdot 2 \cdot 4(4x - 5) =$

$= 3x\,|x| + 192\left(x - \dfrac{5}{4}\right)\left|x - \dfrac{5}{4}\right|$.

20*

Dies ist f. $x \leqq 0$: $-3x^2 - 192\left(x - \frac{5}{4}\right)^2 < 0$;   f. $0 < x \leqq \frac{5}{4}$:

$$3x^2 - 12(4x - 5)^2 = 3(10 - 7x)(9x - 10).$$

Dies bleibt neg. bis $x = \frac{10}{9}$, wird von dann ab pos., bis $x = \frac{10}{7} > \frac{5}{4}$, daher $y' > 0$ f. $\frac{10}{9} < x \leqq \frac{5}{4}$; f. $x > \frac{5}{4}$ ist $y' = 3x^2 + 12(4x - 5)^2 > 0$. Daher Minimum bei $x = \frac{10}{9}$ und zwar e. absolutes.

35. $\mathrm{Max}\left(ax + b\sqrt{1 - x^2}\right)$ f. $0 < x < 1$, $f(x) = ax + b\sqrt{1 - x^2}$,

$$f'(x) = a - \frac{bx}{\sqrt{1 - x^2}} = a - \frac{bx}{y},$$

dies ist > 0 f. $0 < x < \frac{a}{\sqrt{a^2 + b^2}}$ u. neg. f. $x > \frac{a}{\sqrt{a^2 + b^2}}$,

$$\text{Maximum f. } x = \frac{a}{\sqrt{a^2 + b^2}}, \quad y = \frac{b}{\sqrt{a^2 + b^2}}.$$

36. $(x^3 - 6x^2 + 9x)' = 3(x^2 - 4x + 3) = 3(x - 1)(x - 3)$, $M = f(1) = 4$, $m = f(3) = 0$; f. $k < -4$ oder $k > 0$.

37. Ist $\alpha\beta < 0$, so ist $y' > 0$ f. $x \neq 0$. In $(-\infty, 0)$ läuft y v. $-\infty$ nach ∞ u. ebenso in $(0, \infty)$, so daß in jedem dieser Intervalle jeder Wert genau einmal angenommen wird. F. $\alpha\beta = 0$ ist y linear u. nimmt jeden Wert genau einmal an. F. $\alpha\beta > 0$ $(\alpha, \beta > 0)$ ist $y' > 0$ f. $x < -\sqrt{\alpha\beta}$, neg. f. $-\sqrt{\alpha\beta} < x < \sqrt{\alpha\beta}$ u. pos. f. $x > \sqrt{\alpha\beta}$. In $\left(-\infty, -\sqrt{\alpha\beta}\right)$ laufen d. Werte v. y v. $-\infty$ bis $-\left(\sqrt{\alpha} + \sqrt{\beta}\right)^2$ u. zwischen $-\sqrt{\alpha\beta}$ u. 0 werden d. Werte aus diesem Intervall noch einmal angenommen. Andererseits laufen in $\left(\sqrt{\alpha\beta}, \infty\right)$ d. Werte v. y v. $-\left(\sqrt{\alpha} - \sqrt{\beta}\right)^2$ bis ∞, u. zwischen 0 u. $\sqrt{\alpha\beta}$ werden d. Werte aus diesem Intervall noch einmal angenommen. D. ausgelassenen Werte liegen im Intervall

$$\left(-\left(\sqrt{\alpha} + \sqrt{\beta}\right)^2, -\left(\sqrt{\alpha} - \sqrt{\beta}\right)^2\right),$$

dessen Länge $4\sqrt{\alpha\beta}$ beträgt.

38. $y' = 48x^3 + 42x^2 + 6x$ ist > 0 f. $x > 0$, so daß dann y eigentlich monoton wächst.

39. $\left(\frac{y}{x^4}\right)' = \frac{14}{x^2} + \frac{6}{x^3} + \frac{20}{x^5} > 0$ f. $x > 0$, so daß $\frac{y}{x^4}$ eigentlich monoton wächst.

40. $\left(\frac{y}{x^2}\right)' = 24x + 14 + \frac{10}{3x^3} > 0$ f. $x > 0$, so daß $\frac{y}{x^2}$ eigentlich monoton wächst.

41. $f'(x) = \frac{1}{5(a + x)^{4/5}} > 0$. Daher $\mathrm{Min}\, f(x) = f(-k)$, $\mathrm{Max}\, f(x) = f(k)$.

$$|f(-k)| = \sqrt[5]{a} - \sqrt[5]{a - k} > \sqrt[5]{a + k} - \sqrt[5]{a},$$

da $\sqrt[5]{a-x} + \sqrt[5]{a+x}$ f. $a > 0$ e. neg. Abl. hat u. daher f. $x = 0$ am größten ist. Ist x d. Fehler v. a mit $|x| \leq k$, so ist d. Maximalfehler v. $\sqrt[5]{a}$ gleich $\sqrt[5]{a} - \sqrt[5]{a-k}$. Läuft a in $(1, 99)$, so ist $\sqrt[5]{a} - \sqrt[5]{a-k}$ am größten f. $a = 1$, da d. Abl. nach a neg. ist. Daher $1 - \sqrt[5]{1-k} = \dfrac{1}{10}$, $k = 1 - (0{,}9)^5 = 0{,}41\ldots$.

42. $\lg \dfrac{x}{\sin x}$ wächst monoton in x u. ist am größten f. $x = 5°$, $\dfrac{x}{\sin x} = 1{,}0012$, $\lg \dfrac{x}{\sin x} = 0{,}002$. Dies ist d. Maximalfehler.

43a) $y' \gtreqless 0$ je nachdem ob $x \lesseqgtr (n-1)(\alpha - 1) - 1$. Max. f. $x = $ $= (n-1)(\alpha - 1) - 1$ solange $(n-1)\alpha > n$, d. h. $e > \left(1 - \dfrac{1}{n}\right)^{-m}$, sonst Max. f. $x = 0$;

43b) Sind r u. α durch

$$2b = r \sin \alpha, \quad a = r \cos \alpha, \quad r \geq 0$$

festgelegt, so ist

$$y' = r \sin(\alpha - 2\varphi) = 0 \ \text{f.} \ \varphi = \frac{\alpha}{2} \ \text{u.} \ \varphi = \frac{\alpha}{2} + \frac{\pi}{2}$$

(m. beachte, daß y d. Periode π hat); im ersten Pkt. fällt y', im zweiten wächst es, so daß im ersten Pkt. e. Maximum vorliegt, im zweiten e. Minimum; d. zugehörigen Werte sind:

$$r \cos^2 \frac{\alpha}{2} \ \text{u.} \ -r \sin^2 \frac{\alpha}{2} \,.$$

Daher d. gesuchte Maximum

$$= r \operatorname{Max}\left(\sin^2 \frac{\alpha}{2}, \ \cos^2 \frac{\alpha}{2}\right) = r \operatorname{Max}\left(\frac{1 - \cos \alpha}{2}, \ \frac{1 + \cos \alpha}{2}\right) =$$

$$= \frac{r}{2}\left(1 + |\cos \alpha|\right) = \frac{1}{2}\left(\sqrt{a^2 + b^2} + |a|\right).$$

44. y liegt zwischen a u. b, $\operatorname{Max} y = \operatorname{Max}(a, b)$, $\operatorname{Min} y = \operatorname{Min}(a, b)$.

45. $z'(y) = e^{-\delta y}(1 - \delta y)$, $z'(y) = 0$ f. $y = \dfrac{1}{\delta}$ u. fällt, daher d. Maximum f. $y = \dfrac{1}{\delta}$ als $\dfrac{1}{e\delta}$.

46. $y' = \dfrac{1}{x^2} - \dfrac{1}{\sin^2 x} = \dfrac{1}{\sin^2 x}\left(\dfrac{\sin x}{x}\right)^2 - 1 < 0$ f. $0 < x < \dfrac{\pi}{2}$, daher fällt y u. erreicht d. Extrema f. $x = 0$ u. $x = \dfrac{\pi}{36}$. F. $x \downarrow 0$, wegen LA 25f), strebt y gegen 0 f. $x \to 0$, so daß d. gesuchte Maximum gleich $\dfrac{36}{\pi} - \operatorname{ctg} \dfrac{\pi}{36}$ ist.

47. $y' = \alpha \sin(2\alpha x + \beta_1 + \beta_2)$ u. $= 0$ f.

$$x = x_1 = -\frac{\beta_1 + \beta_2}{2\alpha} \ \text{u.} \ x = x_2 = \frac{\pi - \beta_1 - \beta_2}{2\alpha} \,.$$

Sei $\alpha > 0$. Dann wächst y' in x_1 u. fällt in x_2, so daß in x_1 das Minimum, in x_2 d. Maximum angenommen werden, u. zugleich d. absoluten Extrema, da $\dfrac{2\pi}{\alpha}$ d. Periode v. y ist.

48. $y = 4\cos x + 2\cos^2 x - 1 = 2z^2 + 4z - 1$ f. $z = \cos x$. Da
$$(2z^2 + 4z - 1)' = 4(z + 1) \geqq 0 \text{ f. } |z| \leqq 1$$
ist, ist y e. eigentlich monoton wachsende Fkt. v. $\cos x$.

49a) $z'(y) = 1 - \dfrac{8}{5}\, y = \dfrac{8}{5}\left(\dfrac{5}{8} - y\right) = 0$. F. $y = \dfrac{5}{8}$, u. zwar fallend, so daß $z\left(\dfrac{5}{8}\right) = \mathrm{Max}\, z$ ist, $z\left(\dfrac{5}{8}\right) = \dfrac{5}{16} - \dfrac{4}{15} = \dfrac{11}{240}$. D. Minima f. 0 u. 1 sind $-\dfrac{4}{15}$, u. $-\dfrac{1}{15}$, absolut $> \dfrac{11}{240}$; d. größte Fehler $\dfrac{4}{15}$ wird f. $x = 0$ erreicht;

49b) y' wächst beim Durchgang durch $\dfrac{1}{2}$, so daß dort d. Minimum $= -\dfrac{1}{8}$ erreicht wird, während f. 0 u. 1 d. Wert $+\dfrac{1}{8}$ als d. Maximum folgt. D. maximale Fehler $\dfrac{1}{8}$ ergibt sich f. $x = 0$, $\dfrac{1}{2}$, 1;

49c) $z'(y) = 2\left(\sqrt{2} - 1\right)\left(y - \dfrac{\sqrt{2}+1}{2}\right)$ verschwindet in $\dfrac{\sqrt{2}+1}{2}$, wo z e. Minimum hat, u. zwar $\dfrac{7 - 5\sqrt{2}}{8}$; in d. Pkt. $\sqrt{2}$ u. 1 hat m. d. Werte $\dfrac{5\sqrt{2} - 7}{8} = \dfrac{1}{56 + 40\sqrt{2}}$, so daß d. Maximalfehler f. $x = 0, 1$ u. $\dfrac{2\sqrt{2} - 1}{4}$ angenommen wird.

50. D. Klammerausdruck ist > 0; denn $\dfrac{\sin y}{y}$ fällt in $\left(0, \dfrac{\pi}{2}\right)$ nach LA 1 § 24 u. in $\left(\dfrac{\pi}{2}, \pi\right)$ fällt sie erst recht, da d. Zähler fällt u. d. Nenner wächst. Da d. Intervall rechts offen ist, *kein Minimum*.

51. $z'(x)$ ist 0 f. $x = \dfrac{1}{2}$, links neg., rechts pos., daher d. Minimum v. y f. $x = \dfrac{1}{2}$, u. zwar $\dfrac{1}{2}$.

52. $y' = e^x - 1 > 0$ f. $x > 0$, so daß y eigentlich monoton wächst f. $x > 0$ u. pos. ist, sowie $y' = e^x - 1 < 0$ f. $x < 0$, so daß dort y eigentlich monoton fallend ist bis 0 bei $x = 0$, u. daher auch dort pos. ist.

53. $z' = e^y - c$ ist 0 f. $y = \lg c$; z fällt links v. $\lg c$ u. wächst rechts v. $\lg c$ u. wird zum Minimum f. $y = \lg c$, wo z d. Wert $z_{\mathrm{Min}} = c\lg\dfrac{e}{c}$ hat. Ist dies neg., so nimmt z d. Wert 0 zweimal an, rechts u. links v. $\lg c$. F. $z_{\mathrm{Min}} = 0$ liegt in $\lg c$ d. einzige 0-Stelle, während f. $z_{\mathrm{Min}} > 0$ es keine 0-Stellen gibt.

54. $\displaystyle\lim_{x \to 0} \dfrac{(1 + x)^n - (1 - x)^n}{x^\alpha} = \lim \dfrac{n}{\alpha} \dfrac{(1 + x)^{n-1} + (1 - x)^{n-1}}{x^{\alpha-1}} = \dfrac{2n}{\alpha}$

f. $\alpha = 1$, $a = 2n$.

55. $\dfrac{2\,\mathrm{tg}\,\dfrac{\gamma}{2}\sin^2\dfrac{\gamma}{2}}{\gamma - \sin\gamma} \sim \dfrac{\dfrac{\gamma^3}{4}}{\dfrac{\gamma^3}{6}} = \dfrac{3}{2}$.

56. $\quad u_\nu \sim \nu \dfrac{2(\nu + 1)}{\nu^2 + \nu + 1} \sim 2, \quad u_\nu \to 2.$

57a) (*) folgt aus

$$\lg \frac{\sin \varepsilon_\nu}{\varepsilon_\nu} = \lg \left(1 - \frac{\varepsilon_\nu - \sin \varepsilon_\nu}{\varepsilon_\nu}\right) \sim - \frac{\varepsilon_\nu - \sin \varepsilon_\nu}{\varepsilon_\nu} \sim - \frac{\varepsilon_\nu^3}{6\,\varepsilon_\nu} = - \frac{\varepsilon_\nu^2}{6}, \text{ nach A 23 b).}$$

Aus (*) folgt

$$\nu \left(\lg \sin \frac{\pi}{\nu^2} - \lg \sin \frac{\pi}{\nu^2 + \nu}\right) = \nu \lg \frac{\nu^2 + \nu}{\nu^2} + u_\nu + v_\nu,$$

wo $u_\nu \sim - \nu \dfrac{\frac{\pi^2}{\nu^4}}{6}, \quad v_\nu \sim - \dfrac{\frac{\pi^2}{\nu^3}}{6}$, so daß $u_\nu \to 0, \ v_\nu \to 0$ gilt. Ferner $\nu \lg \dfrac{\nu^2 + \nu}{\nu^2}$

$= \nu \lg \left(1 + \dfrac{1}{\nu}\right) \sim \dfrac{\nu}{\nu} = 1$, so daß d. Grenzwert $= 1$ ist;

57b) $\quad x^2 \lg \cos \dfrac{\alpha}{x} = x^2 \lg \left(1 - 2 \sin^2 \dfrac{\alpha}{2\,x}\right) \sim - 2\,x^2 \sin^2 \dfrac{\alpha}{2\,x} \sim - \dfrac{2\,x^2 \alpha^2}{4\,x^2} =$

$$= - \frac{\alpha^2}{2}. \text{ D. Grenzwert ist } e^{-\alpha^2/2};$$

57c) $\quad \dfrac{e^x - 1}{x} \to 1, \quad \dfrac{x^2 \sin \frac{p}{x}}{x} = x \sin \dfrac{p}{x} \to 0.$ D. Grenzwert ist 1;

57d) $\quad$ Aus 57b), wenn x^2 statt x u. 1 statt α gesetzt wird, $\dfrac{1}{\sqrt{e}}$;

57e) $\quad x \lg \left(1 - \left(1 - \cos \dfrac{\alpha}{x} - k \sin \dfrac{\alpha}{x}\right)\right) \sim - x \left(1 - \cos \dfrac{\alpha}{x} - k \sin \dfrac{\alpha}{x}\right) =$

$$= - x\,2 \sin \frac{\alpha}{2\,x} \left(\sin \frac{\alpha}{2\,x} - k \cos \frac{\alpha}{2\,x}\right) \sim 2\,k\,x \sin \frac{\alpha}{2\,x} \sim k\,\alpha.$$

D. Grenzwert $e^{k\,\alpha}$;

57f) $\quad$ Aus 29h) f. $y = \dfrac{1}{x}$; d. Grenzwert $- \dfrac{e}{2}$.

58. $\quad \dfrac{1}{x} \lg f(x) = \dfrac{\lg f(x) - \lg f(0)}{x} \to f'(0).$

59a) $\quad \left(\dfrac{a^{1/x} + b^{1/x}}{2}\right)^x = a \left(\dfrac{1 + \left(\frac{b}{a}\right)^{1/x}}{2}\right)^x \sim a \left(1 + \left(\frac{b}{a}\right)^{1/x}\right)^x,$

$$x \lg \left(1 + \left(\frac{b}{a}\right)^{1/x}\right) \sim x \left(\frac{b}{a}\right)^{1/x} \to 0, \quad \left(1 + \left(\frac{b}{a}\right)^{1/x}\right)^x \to 1;$$

$$\left(\frac{a^{1/x} + b^{1/x}}{2}\right)^x \to \mathrm{Max}\,(a, b);$$

59 b) $\left(\dfrac{a^{1/x} + b^{1/x}}{2}\right)^{x} = a^{\left(\dfrac{1 + \left(\frac{b}{a}\right)^{1/x}}{2}\right)^{x}},$

$$x \lg\left(\frac{1 + \left(\frac{b}{a}\right)^{1/x}}{2}\right) = x \lg\left(1 - \frac{1 - \left(\frac{b}{a}\right)^{1/x}}{2}\right) \sim -\frac{x}{2}\left(1 - \left(\frac{b}{a}\right)^{1/x}\right) \to$$

$$\to \frac{1}{2} \lg \frac{b}{a}, \quad \left(\frac{1 + \left(\frac{b}{a}\right)^{1/x}}{2}\right)^{x} \to \sqrt{\frac{b}{a}}, \quad \left(\frac{a^{1/x} + b^{1/x}}{2}\right)^{x} \to \sqrt{a\,b}.$$

60. Daher fällt $g(x)$ für $x > 0$ u. ist neg.

61. Nach d. Bernoulli-L'Hospitalschen Regel ist

$$\operatorname*{Lim}_{x \downarrow a} \frac{F(x)}{G(x)} = \operatorname*{Lim}_{x \downarrow a} \frac{F'(x)}{G'(x)} = \operatorname*{Lim}_{x \downarrow a} \frac{f(x)}{g(x)} = 1.$$

§ 26

1 a) $\quad \dfrac{a\,d - b\,c}{(c\,f(x) + d)^2}\left(f''(x) - 2\,\dfrac{c\,f'(x)^2}{c\,f(x) + d}\right);$

1 b) $\quad \dfrac{g(f''g - fg'') - 2\,g'(f'g - g'f)}{g^3};$

1 c) $\quad u''\,v + 2\,u'\,v' + v\,v'';$

1 d) $\quad u'''\,v + 3\,u''\,v' + 3\,u'\,v'' + u\,v''';$

1 e) aus $\left(x f\left(\dfrac{1}{x}\right)\right)' = f\left(\dfrac{1}{x}\right) - \dfrac{1}{x}\,f'\left(\dfrac{1}{x}\right)$ durch abermalige Diff.;

1 f) aus $\left(\sqrt{x^2 + \alpha}\right)' = \dfrac{x}{\sqrt{x^2 + \alpha}}$ durch nochmalige Diff.;

2. Durch weitere Diff. $-\dfrac{f'^2 - ff''}{f^2} = -\displaystyle\sum_{\nu=1}^{n} \dfrac{1}{(x - x_\nu)^2}.$

Wäre x e. Wurzel v. $f'^2 - ff'' = 0$, so müßte dafür d. Quadratsumme rechts $= 0$ sein.

3. $\quad -\dfrac{1}{2}(\sin 2x)\cdot 2^{50} = -2^{50}\sin x \cos x.$

4. $\quad \dfrac{d}{dx}\,\dfrac{1}{2 + 2\lg y} = \dfrac{d}{dy}\left(\dfrac{1}{2 + 2\lg y}\right)\dfrac{dy}{dx} = \dfrac{-1}{4}\,\dfrac{1}{y(1 + \lg y)^3}.$

5. $\quad \dfrac{d^2 y}{dx^2} = -\dfrac{2}{y^3}\left(1 + \dfrac{1}{y^2}\right).$

6. $\quad -y'' = \dfrac{1}{y - b} - \dfrac{x - a}{(y - b)^2}\left(-\dfrac{x - a}{y - b}\right) = \dfrac{1}{y - b} + \dfrac{(x - a)^2}{(y - b)^3} = \dfrac{r^2}{(y - b)^3};$

$$y^{(3)} = \dfrac{3\,r^2}{(y - b)^4}\left(-\dfrac{x - a}{y - b}\right) = -\dfrac{3\,r^2(x - a)}{(y - b)^5}.$$

7. $\qquad y' = 1 + \operatorname{tg}^2 x = 1 + y^2, \quad y'' = (1 + y^2)' = (y^2)'.$

8. $\qquad y' = \cos\left(n \arcsin x\right) \dfrac{n}{\sqrt{1 - x^2}},$

$$y'' = - \frac{n^2}{1 - x^2} \sin\left(n \arcsin x\right) + \frac{n\, x \cos\left(n \arcsin x\right)}{\sqrt{1 - x^2}^{\,3}},$$

$$y = \sin n\varphi, \quad y' = \frac{n \cos n\varphi}{\sqrt{1 - x^2}} = \frac{n \cos n\varphi}{\cos \varphi},$$

$$y'' = - n^2 \frac{\sin n\varphi}{\cos^2 \varphi} + n \frac{\sin \varphi \cos n\varphi}{\cos^3 \varphi},$$

$$n \cos^2 \varphi \left[\frac{\sin \varphi \cos n\varphi}{\cos^3 \varphi} - n \frac{\sin n\varphi}{\cos^2 \varphi} \right] - n \frac{\sin \varphi \cos n\varphi}{\cos \varphi} + n^2 \sin n\varphi \equiv 0.$$

9. $\qquad y' = \dfrac{2\,\varphi}{\cos \varphi}, \quad y'' = \left(\dfrac{2}{\cos \varphi} + 2\, \dfrac{\varphi \sin \varphi}{\cos^2 \varphi} \right) \dfrac{1}{\cos \varphi},$

$$\cos^2 \varphi \left[\frac{2}{\cos \varphi} + \frac{2\,\varphi \sin \varphi}{\cos^2 \varphi} \right] \frac{1}{\cos \varphi} - \frac{2\,\varphi \sin \varphi}{\cos \varphi} \equiv 2.$$

10. Daher $y'' = \left(\sqrt{2}\right)^2 e^x \cos\left(x + a + 2 \cdot \dfrac{\pi}{4} \right), \ldots$

$$y^{(4)} = \left(\sqrt{2}\right)^4 e^x \cos\left(x + a + 4 \cdot \frac{\pi}{4} \right) = - 4\, e^x \cos\left(x + a \right) = - 4\,y.$$

11 a) D. Abl. nach b sind links u. rechts:

$$b f''(b), \quad (b f'(b) - f(b))' = b f''(b);$$

11 b) $\displaystyle \int_{x-1}^{x} \left(f'(y+1) - f'(y) \right) dx = f(y+1) \Big|_{x-1}^{x} - f(y) \Big|_{x-1}^{x}.$

12 a) $\dfrac{2\,(n!)}{(1 - x)^{n+1}};$

12 b) $(-1)^n \dfrac{n!}{2} \left(\dfrac{1}{(x - 1)^{n+1}} - \dfrac{1}{(x + 1)^{n+1}} \right).$

13. $\qquad F_y'^{\,3} y'' = - F_{xx}'' F_y'^{\,2} + 2 F_{xy}'' F_x' F_y' - F_{yy}'' F_x'^{\,2}.$

14 a) $y' < 0$ f. $x < 0$ u. f. $0 < x < 1$, $y' > 0$ f. $x > 1$;

$\qquad\quad y'' > 0$ f. $x < x_0$ u. f. $x > 0$ u. $y'' < 0$ f. $x_0 < x < 1$;

$\qquad\quad y \to \infty$ f. $|x| \to \infty$.

In x_0 wechselt auch y sein Vorzeichen. D. Kurve kommt in d. oberen Halbebene f. $-\infty < x < 1$ aus d. Unendlichen mit e. d. Parabel $y = \dfrac{x^2}{2}$ asymptotisch berührenden konvexen Bogen bis zum Schnittpkt. mit d. x-Achse in $x = x_0$, wo e. Wendepkt. mit d. Steigung $- \sqrt{\dfrac{27}{4}}$ d. Wendetangente liegt u. verläuft dann in d. unteren Halbebene v. unten konkav, bis sie d. neg. y-Achse im Unendlichen asymptotisch berührt wie die Hyperbel $y = \dfrac{1}{x}$;

F. $1 < x < \infty$ verläuft sie, v. unten konvex, mit einem hyperbolisch d. pos. Achse im Unendlichen berührenden Zweig bis zum Minimum f. $x=1$, $y=\dfrac{3}{2}$, um sodann wieder ins Unendliche zu gehen wie bei d. Parabel $y=\dfrac{x^2}{2}$;

14b) Da $b>a$ ist, sind d. Vorzeichen v. y, y', y'' aus dem Diagramm ersichtlich:

y	+		−		−		+	0	−		−		−
x		0		x_1'		1		x_0		x_1''		x_2	
y'	+		+	0	−		−		−	0	+		+
y''	+		−		−		+		+		+	0	−

Zwischen $-\infty$ und 0 oberhalb der negativen x-Achse verlaufender konvexer Bogen, der die x-Achse asymptotisch in $-\infty$ und die y-Achse in $+\infty$ berührt. Zwischen 0 und 1 ein konkaver Bogen, der $x=0$ und $x=1$ bei $-\infty$ berührt und unterhalb der x-Achse bleibt, mit einem Maximum bei x_1'. Rechts von $x=1$ verläuft der die Gerade $x=1$ bei $+\infty$ asymptotisch berührende Bogen konvex und monoton fallend oberhalb der x-Achse bis $x=x_0$ und von da an unterhalb der x-Achse bis zum Minimum bei x_1''. Von da an monoton wachsend und unterhalb der x-Achse bleibend konvex bis zum Wendepunkt bei x_2 und von da an konkav die x-Achse bei $+\infty$ von unten asymptotisch berührend;

14c) D. Vorzeichen v. y u. y'' sind aus dem Diagramm zu entnehmen:

		-1		$-\sqrt{\tfrac{1}{3}}$				0				$\sqrt{\tfrac{1}{3}}$		1	
y	−		+		−		−		+		+		−		+
y''	−		+		+		−		+		−		−		+
						$-x_1$				x_1					

In $(-\infty, -1)$ e. konkaver Bogen, d. unterhalb d. x-Achse bleibt u. d. neg. x-Achse sowie $x=-1$ zur Asymptote hat. In $(-1, 0)$ hat d. Kurve $x=-1$ zur Asymptote bei $+\infty$, geht mit e. konvexen Bogen in $-\sqrt{\tfrac{1}{3}}$ durch d. x-Achse bis zum Wendepkt. in $-x_1$, v. da aus mit e. konkaven Bogen, asymptotisch $x=0$ in $-\infty$ berührend. In $(0, 1)$ e. konvexer Bogen, d. $x=0$ in $+\infty$ zur Asymptote hat u. in x_1 e. Wendepkt., v. da aus mit e. konkaven Bogen durch d. x-Achse in $\sqrt{\tfrac{1}{3}}$ bis zur Geraden $x=1$, d. in $-\infty$ asymptotisch berührt wird. In $(1, \infty)$ e. konvexer Bogen, d. $x=1$ in $+\infty$ u. d. x-Achse in ∞ asymptotisch berührt u. oberhalb d. x-Achse bleibt;

14d) D. Vorzeichen v. y, y', y'' aus e. Diagramm ersichtlich:

y, y''	+	0	+	│	−	1	−
y'	+	│	−	$\tfrac{1}{2}$	−	│	+

In $(-\infty, 0)$ d. Kurve konvex, berührt asymptotisch d. x-Achse in $-\infty$ u. $x = 0$ in ∞ u. bleibt oberhalb d. x-Achse. In $(0, 1)$ berührt sie asymptotisch $x = 0$ bei ∞ u. $x = 1$ bei $-\infty$, hat in $x = \dfrac{1}{2}$, $y = 0$ e. Wendepkt. u. ist links davon konvex, rechts konkav. In $(1, \infty)$ konvexer, ganz unterhalb d. x-Achse verlaufender Bogen, d. $x = 1$ bei $-\infty$ u. d. x-Achse bei ∞ berührt;

14e) D. Wendepkt. $x = 0$ trennt e. zwischen $x = -1$ u. $x = 2$ verlaufenden Zweig in einen konvexen Bogen, d. oberhalb d. x-Achse verläuft u. $x = -1$ in ∞ asymptotisch berührt, u. e. konkaven, d. unterhalb d. x-Achse bleibt u. $x = 2$ in $-\infty$ asymptotisch berührt. D. Teilzweig in $(-\infty, -1)$ bleibt unterhalb d. Geraden $y = x + 1$ zwischen $-\infty$ u. -2 u. berührt diese Gerade in $-\infty$ u. $x = -1$ in $-\infty$, derjenige in $(2, \infty)$ bleibt oberhalb d. Geraden $y = x + 1$ u. hat diese Gerade in ∞ u. $x = 2$ in ∞ zur Asymptoten;

14f) D. Kurve symmetrisch in bezug auf d. y-Achse. D. Zug zwischen $x = -1$ u. $x = 1$ hat $x = -1$ u. $x = 1$ in ∞ zu Asymptoten, ist konvex u. am tiefsten in $x = 0$, $y = 9$. D. Zug in $(1, \infty)$ verläuft unterhalb $y = -1$ u. hat diese Gerade in ∞ u. $x = 1$ in $-\infty$ zu Asymptoten.

14g) $z' = 0$ in d u. $3d$, $z' \to 0$ $(v \to \infty)$, $z' > 0$ in $(d, 3d)$, $z' < 0$ in $(3d, \infty)$. z wächst in $(d, 3d)$ v. $-\dfrac{T}{b}$ bis P u. sodann fällt in $(3d, \infty)$ v. P bis $-\dfrac{T}{b}$.

Fall 1: $P' < 0 : z < 0$, $p(v)$ fällt in (d, ∞) von ∞ nach 0;

Fall 2: $P' = 0 : z \leqq 0$ u. $= 0$ nur in $3d$, $p(v)$ fällt wieder wie im Fall 1;

Fall 3: $P' > 0 : z$ hat e. 0-Stelle v_1 in $(d, 3d)$ u. e. v_2 in $(3d, \infty)$, $p(v)$ wächst in (v_1, v_2) u. fällt in (d, v_1) u. (v_2, ∞), es hat in v_1 e. Minimum u. in v_2 e. Maximum;

14h) D. Zweig in d. rechten Halbebene hat d. y-Achse in $-\infty$ zur Asymptote, ist konkav bis $x = \sqrt[4]{\dfrac{1}{3}}$, $y = -\dfrac{2}{3}\sqrt[4]{3}$, wo er e. Wendepkt. hat u. sodann konvex ins ∞ geht, d. kubische Parabel $y = x^3$ v. links asymptotisch berührend;

14i) D. konvexe Kurve verläuft mit d. Bogen in $(0, 1)$ unter d. x-Achse mit d. tiefsten Pkt. f. $x = \dfrac{1}{\sqrt{5}}$ u. in $(1, \infty)$ in d. oberen Halbebene parabelartig ins ∞.

15a) y wächst monoton v. $-\infty$ bis ∞ in $(-1, 1)$ mit e. Wendepkt. f. $x = 0$, links konkav, rechts konvex;

15b) E. konvexer Bogen, d. d. y-Achse in ∞ asymptotisch berührt, seinen tiefsten Pkt. f. $x = 1$ in $y = \dfrac{1}{2}$ hat u. f. $x \to \infty$ parabelartig ins ∞ geht;

15c) D. Kurve besteht aus unendlich vielen Wellenzügen, d. zwischen $y = -1$ u. $y = 1$ laufen, f. jedes natürliche n d. x-Achse in d. Pkten. $\sqrt{\left(n + \frac{1}{2}\right)\pi}$ schneiden, u. zwar zwischen $\sqrt{\left(2n + \frac{1}{2}\right)\pi}$ u. $\sqrt{\left(2n + \frac{3}{2}\right)\pi}$ oberhalb d. x-Achse mit d. Maximum f. $x = \sqrt{(2n+1)\pi}$ u. zwischen $\sqrt{\left(2n - \frac{1}{2}\right)\pi}$ u. $\sqrt{\left(2n + \frac{1}{2}\right)\pi}$ unterhalb d. x-Achse mit d. Minimum f. $\sqrt{2n\pi}$. D. e. Wendepkt. liegt in $x = 0$, weitere liegen f. jedes natürliche n in d. Wurzeln w_n v. $\operatorname{tg} x^2 - 2x^2 = 0$, zwischen $\sqrt{n\pi}$ u. $\sqrt{\left(n + \frac{1}{2}\right)\pi}$. In d. Tat ist, $z = \operatorname{tg} x^2 - 2x^2$ gesetzt,

$$z\left(\sqrt{n\pi}\right) = -2n\pi < 0 \quad \text{u. f.} \quad x \uparrow \sqrt{\left(n + \frac{1}{2}\right)\pi}, \quad z \to \infty.$$

Da $z' = 2x\,(\operatorname{tg} x^2 - 1) = 0$ im betreffenden Intervall nur f. $x = \sqrt{\left(n + \frac{1}{4}\right)\pi}$ ist u. z dort e. Minimum hat, wird hier d. x-Achse nur einmal geschnitten, und w_n ist eindeutig bestimmt;

15d) y wächst eigentlich monoton v. $-\infty$ bis ∞, um d. Gerade $y = x$ schwingend, wobei d. Wendepkt. f. $x = \nu\pi$ ($\nu = 0, \pm 1, \ldots$), konkave Bögen zwischen $(2\nu + 1)\pi$ u. $(2\nu + 2)\pi$ u. konvexe Bögen zwischen $2\nu\pi$ u. $(2\nu + 1)\pi$ liegen;

15e) D. Kurve besteht aus d. sich periodisch in d. Abständen v. 2π wiederholenden Bögen, d. d. x-Achse in d. Pkt. $\nu\pi - \frac{\pi}{4}$ treffen, zwischen $\left(2\nu - \frac{1}{4}\right)\pi$ u. $\left(2\nu + \frac{3}{4}\right)\pi$ oberhalb u. zwischen $\left(2\nu + \frac{3}{4}\right)\pi$ u. $\left(2\nu + \frac{7}{4}\right)\pi$ unterhalb d. x-Achse verlaufen. D. erste Bogen hat zwei absolute Maxima 1 in d. Pkt. $2\nu\pi$ u. $\left(2\nu + \frac{1}{2}\right)\pi$ u. dazwischen e. relatives Minimum $\frac{1}{\sqrt{2}}$ in $\left(2\nu + \frac{1}{4}\right)\pi$, d. zweite Bogen hat zwei absolute Minima -1 in d. Pkt. $(2\nu + 1)\pi$ u. $\left(2\nu + \frac{3}{2}\right)\pi$ u. dazwischen ein relatives Maximum $- \frac{1}{\sqrt{2}}$ in $\left(2\nu + \frac{5}{4}\right)\pi$. D. Wendepkt. liegen in d. Pkt.

$$\nu\pi - \frac{1}{4}, \quad \nu\pi + x_0, \quad \left(\nu + \frac{1}{2}\right)\pi - x_0;$$

15f) $y = 0$ f. $x = 0$ u. $x = \pi$,

$$y' = 0 \quad \text{f.} \quad x = \frac{\pi}{4}, \quad \frac{2\pi}{3}, \quad \frac{3\pi}{4}, \quad \frac{5\pi}{4}, \quad \frac{4\pi}{3}, \quad \frac{7\pi}{4}$$

u. y'' hat in diesem Pkt. abwechselnde Vorzeichen, so daß Maxima in

$$\frac{\pi}{4}, \quad \frac{3\pi}{4}, \quad \frac{4\pi}{3} \quad \text{u. Minima in} \quad \frac{2\pi}{3}, \quad \frac{5\pi}{4}, \quad \frac{7\pi}{4}$$

liegen. D. Maxima sind in d. angegebenen Reihenfolge

$$\frac{1}{2} + \frac{4}{3}\sqrt{\frac{1}{2}} = 1{,}44\ldots, \quad \frac{4}{3}\sqrt{\frac{1}{2}} - \frac{1}{2} = 0{,}4429\ldots, \quad -\frac{\sqrt{3}}{4} = -0{,}43301\ldots,$$

d. Minima entsprechend

$$\frac{\sqrt{3}}{4} = 0{,}43301\ldots, \qquad \frac{1}{2} - \frac{4}{3}\sqrt{\frac{1}{2}} = -0{,}4429, \qquad -\frac{1}{2} - \frac{4}{3}\sqrt{\frac{1}{2}} = -1{,}44.$$

D. Bogen schneidet d. x-Achse in $x = 0$ u. $x = \pi$ u. liegt dazwischen ober-halb d. x-Achse. Auf d. erste Maximum 1,44 bei 45° im Scheitelpkt. d. ersten konkaven Bogens folgt e. Wendepkt. bei $x_1 = 74°54{,}5'$, folgt e. konvexer Bogen mit d. tiefsten Pkt. 0,43301 bei 120° u. sodann d. Wendepkt. $x_2 = 127°25{,}2'$. D. nächste, konkave Bogen mit d. Scheitelpkt. bei 135° v. d. Höhe 0,4428 endet im Wendepkt. bei $x = \pi$. D. zweite Hälfte d. Bogens, zwischen π u. 2π, liegt symmetrisch in bezug auf d. Pkt. $x = \pi$, $y = 0$;

15g) y hat bei $x = 1$ e. Maximum $-8{,}854$, bei $x = 2$ e. Minimum $-8{,}912$, bei $x = 3$ e. Maximum $-8{,}899$. D. v. $-\infty$ bei $x = 0$ kommende konkave Bogen erreicht seinen Scheitelpkt. bei $x = 1$ u. endet im Wendepkt. f. $x = x_1$. D. dort beginnende konvexe Bogen hat seinen tiefsten Pkt. bei $x = 2$ u. endet im Wendepkt. f. $x = x_2$. D. dort beginnende konkave Bogen erreicht sein Maximum bei $x = 3$ u. fällt v. dort an monoton gegen $-\infty$ mit $x \to \infty$;

15h) y wächst in e. konvexen Bogen vom Wert 1 bei $x = -\infty$ nach ∞ bei $x = 1$, so daß $y = 1$ bei $-\infty$ u. $x = 1$ bei ∞ Asymptoten sind. Zwischen 1 u. ∞ wächst y von 0 bei $x = 1$ mit e. konvexen Bogen bis zum Wendepkt. bei $x = \frac{3}{2}$ u. sodann weiter mit e. konkaven Bogen bis 1 bei ∞, so daß $y = 1$ e. Asymptote bei $x = \infty$ ist. Dieses Stück liegt zwischen $y = 0$ u. $y = 1$;

15i) F. $x > 0$ fällt y monoton v. 1 bis 0, zunächst mit e. konkaven Bogen bis zum Wendepkt. bei $x = \dfrac{1}{\sqrt{2k}}$ u. sodann mit e. konvexen Bogen. Bei $x = 0$, $y = 1$ Tangente, während d. x-Achse Asymptote bei $x = \infty$ ist. F. $x < 0$ symmetrisch;

15k) D. Kurve berührt d. x-Achse in $x = 0$ u. steigt v. da an mit e. konvexen Bogen bis z. Wendepkt. bei $x = \sqrt{\dfrac{5 - \sqrt{17}}{4k}}$ u. v. da an mit e. konkaven Bogen bis zum Scheitelpkt. bei $\dfrac{1}{\sqrt{k}}$ in d. Höhe $\dfrac{1}{ek}$, um sodann bis zum nächsten Wendepkt. $x = \sqrt{\dfrac{5 + \sqrt{17}}{4k}}$ zu fallen u. darüber hinaus mit e. konvexen Bogen gegen d. x-Achse zu fallen, d. bei $x = \infty$ Asymptote ist;

15l) $y = 0$ f. $x = 0$ u. $x = \pi$, $y' = 0$ f. $x = 0$, $\dfrac{\pi}{2}$, π, $\dfrac{3\pi}{2}$, wobei y'' dort entsprechend $= 1$, $-\dfrac{15}{27}$, 1, -3, u. y entsprechend 0, $\dfrac{1}{3}$, 0, 1 ist. $y'' = 0$ f. $x_0 = \arcsin p_0$, $x_0' = \pi - x_0$, $x_1 = \pi - \arcsin q_0$ u. $x_1' = 2\pi + {}$ $+ \arcsin q_0$. D. Kurve besteht über $\langle 0, 2\pi)$ aus zwei Teilbögen, d. d. x-Achse in 0 u. π bzw. π u. 2π berühren. D. erste ist konvex bis x_0, v. x_0 bis x_0' konkav

u. hat d. Scheitelpkt. $\frac{1}{3}$ f. $x = \frac{\pi}{2}$, v. x_0' über π bis x_1 konvex, v. x_1 bis x_1' konkav mit d. Scheitelpkt. 1 f. $x = \frac{3\pi}{2}$ u. v. x_1' wieder konvex bis 2π;

15m) F. $x \to 0$, $\frac{y'}{x} \sim n x^{n-2}$ u. geht f. gerade n wachsend durch 0, so daß in $x = 0$ e. Minimum $= 0$ vorliegt, während sonst $y > 0$ bleibt. E. Maximum liegt f. $x = an$ vor, so daß y über $(0, \infty)$ d. x-Achse in 0 berührt u. in e. konvexen Bogen bis $x = a\left(n - \sqrt{n}\right)$ wächst, sodann bis $x = a\left(n + \sqrt{n}\right)$ in e. konkaven Bogen verläuft, mit dem Scheitel $a^n n^n e^{-n}$ in $x = an$ u. v. $a\left(n + \sqrt{n}\right)$ in e. konvexen Bogen zur x-Achse fällt, d. in ∞ e. Asymptote ist. Über $(-\infty, 0)$ bleibt y bei *geraden* n pos. u. geht monoton nach ∞ f. $x \to -\infty$. F. *ungerade* n ist d. 0-Pkt. e. Wendepkt. u. y bleibt f. $-\infty < x < 0$ neg. u. geht nach $-\infty$ mit $x \to -\infty$.

16. $y' > 0$ folgt aus $\dfrac{\lambda \cos x}{\sqrt{1 - \lambda^2 \sin^2 x}} = \dfrac{\cos x}{\sqrt{\dfrac{1}{\lambda^2} - \sin 2x}} > \dfrac{\cos x}{\sqrt{1 - \sin^2 x}} = 1$,

$$y'' > 0 \quad \text{aus} \quad \lambda > 1,$$

$$\frac{1}{\lambda(\lambda^2 - 1)} \, y''' = \frac{\cos x}{\sqrt{1 - \lambda^2 \sin^2 x^3}} + \frac{3 \lambda^2 \sin^2 x \cos x}{\sqrt{1 - \lambda^2 \sin^2 x^5}} = \cos x \, \frac{1 + 2 \lambda^2 \sin^2 x}{\sqrt{1 - \lambda^2 \sin^2 x^5}} > 0.$$

17. $g^{(3)} = \left(\dfrac{-f''}{f'^3}\right)'_x \dfrac{1}{f'} = \dfrac{3 f''^2 - f' f'''}{f'^5}$.

18. Aus $y' = 0$ folgt $x^2 = ay$ u., wenn $x \neq 0$, $x = a\sqrt[3]{2}$, $y = a\sqrt[3]{4}$. Wegen $y^2 - ax = \left(2\sqrt[3]{2} - \sqrt[3]{2}\right) a^2 > 0$, $x > 0$, ist $y'' < 0$, so daß im obigen Pkt. e. Maximum liegt. D. Diskussion d. Pkt. $x = 0, y = 0$ mit d. Standardmethode nicht angreifbar.

19. $f' = \alpha e^{\alpha x}$, $f'' = \alpha^2 e^{\alpha x}$, $f^{(3)} = \alpha^3 e^{\alpha x}$.

20. $y' = \displaystyle\int_a^x f(z)\,dz + x f(x) - x f(x) = \int_a^x f(z)\,dz$,

$$y'' = f(x).$$

21. $\varphi''(a) = \dfrac{f''(a)}{f'(a)} (1 + 0) + \dfrac{f'(a)}{f'(a)} 2 \dfrac{f'(a)}{f'(a)^2} \left\{ f(a) - \dfrac{1}{2} f''(a) \right\} =$

$$= \frac{f''(a)}{f'(a)} + 2 \frac{\left((f(a) - \frac{1}{2} f''(a)\right)}{f'(a)} = \frac{2 f(a)}{f'(a)} .$$

22. Durch Diff. d. Ausdrucks v. z'' folgt weiter

$$z''' = \frac{6 y y' y'' - 6 y'^3 - y^2 y'''}{y^4}, \qquad \frac{z'''}{z'} = \frac{y'''}{y'} + 6 \frac{y'^2}{y^2} - 6 \frac{y''}{y},$$

u. daher

$$\frac{z'''}{z'} - \frac{3}{2}\left(\frac{z''}{z'}\right)^2 = \frac{y'''}{y'} - \frac{3}{2}\left(\frac{y''}{y'}\right)^2 .$$

23a) $\quad y^{(n)} = (3 \lg a)^n a^{3x};$

23b) $\quad z^{(n)} = \dfrac{x^{m-n}}{(m-n)!} \left(\lg x + \dfrac{1}{m} + \dfrac{1}{m-1} + \cdots + \dfrac{1}{m-n+1} + a \right).$

Daraus f. $a = 0$, wenn m. mit $m!$ multipliziert, f. $n \leqq m$:

$$y^{(n)} = m(m-1)\ldots(m-n+1)\, x^{m-n} \left(\lg x + \frac{1}{m} + \cdots + \frac{1}{m-n+1} \right);$$

23c) $\quad y^{(n)} = m(m-1)\ldots(m-n+1)\, a^n (ax+b)^{m-n};$

23d) $\quad ((x+a)\, e^x)^{(n)} = (x+a+n)\, e^x, \quad (x\, e^x)^{(n)} = (n+x)\, e^x;$

23e) $\quad y^{(n)} = \dfrac{a}{b^2} \dfrac{n!}{\left(\dfrac{a}{b} + x \right)^{n+1}} (-1)^{n-1};$

23f) $\quad (\sin^3 x)^{(n)} = \dfrac{3}{4} \sin \left(x + n\,\dfrac{\pi}{2} \right) - \dfrac{3^n}{4} \sin \left(3x + n\,\dfrac{\pi}{2} \right).$

24a) $\quad \left(\dfrac{1}{x^{n+1}} \left[\lg x - 1 - \dfrac{1}{2} - \cdots - \dfrac{1}{n} \right] \right)' = - \dfrac{n+1}{x^{n+2}} \left[\lg x - 1 - \cdots - \dfrac{1}{n} \right] +$

$\qquad + \dfrac{1}{x^{n+2}} = -(n+1) \dfrac{1}{x^{n+2}} \left[\lg x - 1 - \cdots - \dfrac{1}{n} - \dfrac{1}{n+1} \right];$

24b) $\quad \left(2^{n/2}\, e^x \sin \left(x + \dfrac{n\pi}{4} \right) \right)' = 2^{n/2}\, e^x \left[\sin \left(x + \dfrac{n\pi}{4} \right) + \cos \left(x + \dfrac{n\pi}{4} \right) \right] =$

$\qquad = 2^{(n+1)/2}\, e^x \left[\cos \dfrac{\pi}{4} \sin \left(x + \dfrac{n\pi}{4} \right) + \sin \dfrac{\pi}{4} \cos \left(x + \dfrac{n\pi}{4} \right) \right] =$

$\qquad = 2^{\frac{n+1}{2}}\, e^x \sin \left(x + \dfrac{n+1}{4}\, \pi \right);$

24c) $\quad (e^x \cos x)^{(n)} = \dfrac{1}{2} (e^x \sin x)^{(n+2)} = 2^{n/2}\, e^x \sin \left(x + \dfrac{(n+2)\,\pi}{4} \right) =$

$\qquad = 2^{n/2}\, e^x \cos \left(x + \dfrac{n\pi}{4} \right).$

25. $\quad \displaystyle\int_{-1}^{1} Q^{(n)} f\, dx = Q^{(n-1)} f \big|_{-1}^{1} - \int_{-1}^{1} Q^{(n-1)} f'\, dx = - \int_{-1}^{1} Q^{(n-1)} f'\, dx =$

$\qquad = \displaystyle\int_{-1}^{1} Q^{(n-2)} f''\, dx = \cdots = (-1)^n \int_{-1}^{1} Q\, f^{(n)}\, dx = 0,$

da $f^{(n)}(x) \equiv 0$ ist. Q' ist teilbar durch $(x^2-1)^{n-1}$ u. hat nach ROLLE e. 0-Stelle in $(-1, 1)$. Ebenfalls nach ROLLE hat Q'' zwei verschiedene 0-Stellen in $(-1, 1)$ u. ist teilbar durch $(x^2-1)^{n-2}$ f. $n \geqq 2$. So weiter schließend, sehen wir, daß $Q^{(n-1)}$ verschwindet in $-1, 1$ u. $n-1$ verschiedenen Pkt. in $(-1, 1)$, worauf nach ROLLE d. Beh.

26. Sei $u = \operatorname{arc tg} \dfrac{1}{x}$, $\quad x = \operatorname{ctg} u$. F. $n = 1$: $\quad \dfrac{1}{\sqrt{1+x^2}} \sin \left(\operatorname{arc tg} \dfrac{1}{x} \right) =$

$= \dfrac{1}{\sqrt{1+x^2}} \sin u = \dfrac{1}{\sqrt{1+x^2}^{\,2}} = \dfrac{1}{1+x^2}$. Mit $\quad T = \dfrac{1}{(1+x^2)^{n/2}} \sin n\, u \quad$ gilt

$$(1 + x^2)^{n/2+1}\, T_x' = n \cos n u \; \frac{-1}{1 + x^2}\, (1 + x^2) - \frac{n}{2} \sin n u \cdot 2 x = - n\, (\operatorname{ctg} u \cdot$$

$$\cdot \sin n u + \cos n u) = \frac{-n}{\sin u}\, (\sin n u \cos u + \cos n u \sin u) = - \frac{n \sin(n+1) u}{\sin u} =$$

$$= \frac{-n \sin(n+1) u}{\dfrac{1}{\sqrt{1+x^2}}}\, , \quad (1 + x^2)^{(n+1)/2}\, T' = - n \sin(n+1) u, \quad \text{woraus d. Beh.}$$

27. In d. Bezeichnungen d. LA 26,

$$y = \frac{\pi}{2} - u, \quad 1 + x^2 = \frac{1}{\sin^2 u} = \frac{1}{\cos^2 y}\, , \quad \operatorname{arc tg} x = y,$$

$$y^{(n)} = (-1)\,(n-1)!\, \cos^n y \sin n \left(\frac{\pi}{2} - y\right) = (-1)^n\,(n-1)!\, \cos^n y \sin n \left(y - \frac{\pi}{2}\right).$$

28. $\quad (x f)' = x f' + f; \quad (x f^{(n)}(x) + n f^{(n-1)}(x))' =$

$$= x f^{(n+1)}(x) + f^{(n)}(x) + n f^{(n)}(x).$$

29. Sei $x^{n-1} e^{1/x} = u, \quad (x u)^{(n+1)} = x u^{(n+1)} + (n+1) u^{(n)} =$

$$= x \left((-1)^n \frac{e^{1/x}}{x^{n+1}}\right)' + (n+1)(-1)^n \frac{e^{1/x}}{x^{n+1}} =$$

$$= (-1)^n \left[- \frac{e^{1/x}}{x^{n+2}} - (n+1) \frac{e^{1/x}}{x^{n+1}} + (n+1) \frac{e^{1/x}}{x^{n+1}}\right] =$$

$$= (-1)^{n+1} \frac{e^{1/x}}{x^{n+2}}\, . \quad \text{F. } n = 1 \text{ unmittelbar.}$$

30. Ist d. Beh. f. n wahr, so gilt, wenn in ihr v durch v' ersetzt wird,

$$\int u\, v^{(n+2)}\, dx = u\, v^{(n+1)} - u'\, v^{(n)} + \cdots + (-1)^{n+1} \int u^{(n+1)}\, v'\, dx,$$

u. d. letzte Term ist

$$(-1)^{n+1}\, u^{(n+1)}\, v + (-1)^{n+2} \int u^{(n+2)}\, v\, dx.$$

31. Wegen A 30 gilt

$$f g^{(n)} - f' g^{(n-1)} + \cdots + (-1)^n f^{(n)} g = \int (f g^{(n+1)} - g f^{(n+1)})\, dx = 0.$$

32. $\quad \displaystyle\int e^{\alpha x} f(x)\, dx = e^{\alpha x}\, \frac{f}{\alpha} - \frac{1}{\alpha} \int e^{\alpha x} f'(x)\, dx.$

Ist $f(x)$ v. Grade $n + 1$ u. ist d. Beh. wahr f. n, so trifft sie f. $f'(x)$ zu u. wir haben

$$\int e^{\alpha x} f(x)\, dx = e^{\alpha x}\, \frac{f}{\alpha} - \frac{1}{\alpha} \left[\frac{f'}{\alpha} - \frac{f''}{\alpha^2} + \cdots + (-1)^n \frac{f^{(n+1)}}{\alpha^{n+1}}\right] e^{\alpha x}.$$

33. $\quad = \operatorname*{Lim}_{x=0} \dfrac{1 - 9 \cos 2 x + 4 \cos^3 x + 4 \cos^6 x}{x^4\, (1 + 2 \cos^3 x + 3 \sqrt{\cos 2 x})} =$

$$= \frac{1}{6} \operatorname*{Lim}_{x \to 0} \frac{10 - 18 \cos^2 x + 4 \cos^3 x + 4 \cos^6 x}{x^4}\, ,$$

oder, für $y = \cos x$, $y \to 1$,

$$= \frac{1}{6} \operatorname*{Lim}_{x \to 0} \frac{(1 - y)^2 \, (10 + 20\,y + 12\,y^2 + 8\,y^3 + 4\,y^4)}{x^4} =$$

$$= 9 \operatorname*{Lim}_{x \to 0} \left(\frac{1 - \cos x}{x^2} \right)^2 = \frac{9}{4} \, .$$

34. Aus A 37, § 19, u. A 29, § 11.

35. Da $u' \leqq 0$ u. $= 0$ nur f. $x = 0$, ist u eigentlich monoton fallend v. ∞ nach 0 f. $-\infty < x < \infty$, so daß d. Beh. aus § 18 folgt.

36. F. $x = 0$ gilt $f'(0) = \operatorname*{Lim}_{x \to 0} x^{-m+1} e^{-1/x^2} = 0.$

Alle Abl. v. $F(x)$ setzen sich linear zusammen aus Ausdrücken v. d. Form $x^{-m} F(x)$, d. $\to 0$ f. $x \to 0$ sind.

37.
$$\int \frac{f^2 f''}{f'^3} \, dx = \int f^2 \left(\frac{-1}{2 f'^2} \right)' dx = - \frac{f^2}{2 f'^2} + 2 \int \frac{f f'}{2 f'^2} \, dx \, ,$$

$$- \int \frac{f^2 f''}{f'^3} \, dx + \int \frac{f \, dx}{f'} = \frac{f^2}{2 f'^2} \, .$$

38. Aus $f^{(n)} = (f')^{(n-1)}$ folgt, daß $f' \equiv$ e. Polynom v. Grade $n - 1$ ist, wenn d. Beh. f. $n - 1$ wahr ist.

39. F. n gilt:

$$(*) \quad f g^{(n)} = \sum_{\nu = 0}^{n} (-1)^\nu \binom{n}{\nu} (f^{(\nu)} g)^{(n-\nu)} \, ,$$

$$f' g^{(n)} = \sum_{\nu = 0}^{n} (-1)^\nu \binom{n}{\nu} (f^{(\nu+1)} g)^{(n-\nu)} \, ,$$

u. wenn $\nu + 1$ als neuer Summationsbuchstabe eingeführt wird,

$$(**) \quad f' g^{(n)} = - \sum_{\nu = 1}^{n+1} (-1)^\nu \binom{n}{\nu - 1} (f^{(\nu)} g)^{(n+1-\nu)} \, .$$

Durch Diff. v. (*) ergibt sich

$$f' g^{(n)} + f g^{(n+1)} = \sum_{\nu = 0}^{n} (-1)^\nu \binom{n}{\nu} (f^{(\nu)} g)^{(n+1-\nu)} \, .$$

Subtrahieren wir (**), so folgt

$$f g^{(n+1)} = (f g)^{(n+1)} + \sum_{\nu = 1}^{n} (-1)^\nu \left[\binom{n}{\nu - 1} + \binom{n}{\nu} \right] (f^{(\nu)} g)^{(n+1-\nu)} + (-1)^{n+1} f^{(n+1)} g \, .$$

Wegen $\binom{n}{\nu - 1} + \binom{n}{\nu} = \binom{n+1}{\nu}$ liefert daß (*) f. $n + 1$.

40. $\varphi'(x)$ fällt u. ist > 0 f. $x < 0$ u. < 0 f. $x > 0$, $\varphi(x)$ hat also d. Maximum 0 f. $x = 0$ u. ist sonst < 0.

41. Daß $Q_n(x)$ f. $x = 0$ stet. ist, d. h. $Q_n(x) \to \dfrac{1}{(n+1)!}$ $(x \to 0)$ gilt, ist f. $n = 0$ aus $e^x - 1 \sim x$ klar u. folgt sodann durch v. Ind., wenn d. Bernoulli-L'Hospitalsche Regel, auf $\dfrac{R_n(x)}{x^{n+1}}$ angewandt wird. D. Relationen (a) u. (b) in H 41 folgen durch direkte Ausrechnung, während (c) durch Diff. v. $Q_n = \dfrac{R_n}{x^{n+1}}$ folgt u. (*) aus (c) und (b). Aus (b) folgt sodann, daß $Q_n'(0) = \dfrac{1}{(n+2)!}$, u. v. da aus vermöge (*), daß $Q_n'(x)$ beliebig oft differenzierbar ist. Aus derselben Formel folgt durch v. Ind. nach A 9 § 15, daß $Q_n^{(\nu)}$ f. jedes $\nu > 1$ durchweg stet. ist, sobald dies f. $\nu = 1$ bew. ist, u. dies folgt aus

$$Q_n(x) - (n+1)\,Q_{n+1}(x) \to \frac{1}{(n+1)!} - \frac{n+1}{(n+2)!} = \frac{1}{(n+2)!} \qquad (x \to 0).$$

D. angegebene Wert v. $Q_n^{(\nu)}$ ergibt sich dann aus (*) durch v. Ind. nach ν ohne weiteres.

§ 27

1. $x = t^5$, $y = 3\,t^7$.

2. $\left(\dfrac{2\,x}{a}\right)^2 + \left(\dfrac{y}{b}\right)^2 = 1$.

3. $x = \cos^3 t$, $y = \sin^3 t$ $(0 \le t < 2\,\pi)$.

4. $\dfrac{x}{a} + \dfrac{y}{b} = \dfrac{1}{t}$, $x = \dfrac{a}{2}\left(t + \dfrac{1}{t}\right)$, $y = \dfrac{b}{2}\left(\dfrac{1}{t} - t\right)$.

5. $\dfrac{\xi\,x}{a^2} - \dfrac{\eta\,y}{b^2} = 1$; $\dfrac{(\eta - y)\,x}{a^2} + \dfrac{(\xi - x)\,y}{b^2} = 0$,

wo ξ, μ laufende Koordinaten sind u. (x, y) d. Berührungspkt. ist.

6. $\eta x + \xi y = a^2$, $(\eta - y)\,y - (\xi - x)\,x = 0$ f. d. Hyperbel $xy = a^2$, wenn ξ, η laufende Koordinaten sind u. (x, y) d. Berührungspkt.

7. $\left(\dfrac{dy}{dx}\right)_{x=y=1} = \left(\dfrac{2\,t^2}{2\,t+1}\right)_{t=0} = 0$.

8. $\left(\dfrac{y-x}{2}\right)^2 + 1 = \dfrac{y+x}{2}$, $x^2 - 2\,xy + y^2 - 2\,x - 2\,y + 4 = 0$,

$y' = \dfrac{y - x + 1}{y - x - 1}$, $\eta(y - x - 1) - \xi(y - x + 1) = x + y - 4$.

9a) $(a\,x)^{2/3} + (b\,y)^{2/3} = c^{4/3}$; $b^{2/3}\,\dfrac{\eta}{y^{1/3}} + a^{2/3}\,\dfrac{\xi}{x^{1/3}} = c^{4/3}$;

9b) $\sqrt{x} + \sqrt{y} = \sqrt{a}$, $\dfrac{\eta}{\sqrt{y}} + \dfrac{\xi}{\sqrt{x}} = \sqrt{a}$.

10. $\eta - \xi\,\mathrm{Sin}\,\dfrac{x}{a} = a\left(\mathrm{Cos}\,\dfrac{x}{a} - \dfrac{x}{a}\,\mathrm{Sin}\,\dfrac{x}{a}\right)$, $\xi + \eta\,\mathrm{Sin}\,\dfrac{x}{a} = x + \dfrac{a}{2}\,\mathrm{Sin}\,\dfrac{2\,x}{a}$.

$$\cos\mathrm{arctg}\,y' = \frac{1}{\sqrt{1 + y'^2}} = \frac{1}{\mathrm{Cos}\,\dfrac{x}{a}}, \qquad y\cos\mathrm{arctg}\,y' = a\,\frac{\mathrm{Cos}\,\dfrac{x}{a}}{\mathrm{Cos}\,\dfrac{x}{a}} = a.$$

11. $2\eta - 3a\xi\sqrt{x} + y = 0, \quad 3a\eta\sqrt{x} + 2\xi = 2x + 3a^2x^2.$

12. $[(x-c)^2 + y^2]\,[(x+c)^2 + y^2] = a^4, \quad y' = \dfrac{x}{y}\,\dfrac{c^2 - x^2 - y^2}{c^2 + x^2 + y^2}.$

13. F. $x = ay^2$, $y' = \dfrac{1}{2ay}$ folgt, f. y als Parameter längs d. Parabel aus d. Gleich. in H 13:

$$u = 2ayv - ay^2, \quad v - \beta = 2ay(\alpha - u)$$

u. durch Elimination v. y d. Gl. d. gesuchten Fußpkt.-Kurve d. Parabel:

$$4au(u-\alpha)^2 + 4av(u-\alpha)(v-\beta) + (v-\beta)^2 = 0.$$

14. Durch Elimination v. x u. y aus d. Gl.

$$\frac{ux}{a^2} + \frac{vy}{b^2} = 1, \quad \frac{uy}{b^2} - \frac{vx}{a^2} = 0, \quad \frac{x^2}{a^2} + \frac{y^2}{b^2} = 1,$$

folgt $\dfrac{x}{a^2} = \dfrac{u}{u^2 + v^2}, \quad \dfrac{y}{b^2} = \dfrac{v}{u^2 + v^2}, \quad a^2u^2 + b^2v^2 = (u^2 + v^2)^2,$

d. gesuchte Gleichung.

15. Sind ξ, η laufende Koordinaten d. Tangente im Pkt. x, y, so ist ihre Gl.

$$\frac{\xi}{x^{1/3}} + \frac{\eta}{y^{1/3}} = a^{2/3}.$$

D. Axenabschnitte sind:

$$x^{1/3}a^{2/3}, \quad y^{1/3}a^{2/3},$$

u. daher ist d. Länge des Abschnitts zwischen den Axen:

$$\sqrt{x^{2/3}a^{4/3} + y^{2/3}a^{4/3}} = a.$$

16. D. Gl. d. Normalen ist

$$\frac{\xi}{\sin t} + \frac{\eta}{\cos t} = 1,$$

u. d. Quadratsumme d. Axenabschnitte ist 1.

17. In d. Schnittpkt. gilt:

$$x = \frac{v - u}{2}, \quad y^2 = uv.$$

Da d. Abl. v. x nach y längs d. beiden Kurven bzw. $\dfrac{y}{u}$, $\dfrac{-y}{v}$ sind, ist d. Orthogonalitätsbedingung erfüllt.

18. $\dfrac{\xi x^{n-1}}{a^n} + \dfrac{\eta y^{n-1}}{b^n} = 1.$

19. $\dfrac{y''x' - x''y'}{x'^3}.$

20 a) $t\,\dfrac{2 - t^3}{1 - 2t^3};$ 20 b) $-\dfrac{1}{2}.$

21. $\operatorname{sgn} t = \dfrac{t}{|t|}.$

21*

22a) $\operatorname{sgn} t$;   22b) $-\dfrac{\sin t + \sin k t}{\cos t + \cos k t}$.

23. $\dfrac{-1}{r(1 - \cos t)^2}$.

24. $\operatorname{tg} t$, $\dfrac{1}{t \cos^3 t}$.

25. $\dfrac{1 + \sin t}{1 - \cos t}$, $\dfrac{\cos t - \sin t - 1}{(1 - \cos t)^3}$.

26. $-\dfrac{e^y \cos x + e^x \sin y + y \sin x y}{e^y \sin x + e^x \cos y + x \sin x y}$.

27. $\dfrac{\xi - \dfrac{t^4}{4}}{t^2} = \dfrac{\eta - \dfrac{t^3}{3}}{t} = \dfrac{\zeta - \dfrac{t^2}{2}}{1}$.

D. Parallelitätsbedingung zur Ebene $x + y + z = 0$ ist $t^2 + t + 1 = 0$, was unmöglich ist.

28. $\dfrac{\xi - x}{\dfrac{1}{x}} = \dfrac{\eta - y}{\dfrac{1}{y}} = -\dfrac{\zeta - z}{\dfrac{1}{z}}$, $x\xi - x^2 = y\eta - y^2 = -(z\zeta - z^2)$.

29. $\eta = \sqrt{\dfrac{1}{2}(\xi + p)}$, $\zeta = 2q\xi$; $x + \sqrt{\dfrac{1}{2}}\, y + 2qz = 2p(1 + q)$.

30. D. Kurve ist e. Kreis um d. Ursprung mit d. Radius a.

31. Es ergibt sich $x = \pm\dfrac{a\sqrt{1 - t^2}}{1 + t^2}$, u. wir haben d. Wurzel rational zu machen. Dies liefert aber d. aus d. Parameterdarstellung d. Kreises bekannte Substitution

$$t = \dfrac{2u}{1 + u^2} , \quad \sqrt{1 - t^2} = \dfrac{1 - u^2}{1 + u^2} .$$

Da dies f. $|u| > 1$ auch neg. wird, liefert d. Ausdruck rechts beide Vorzeichen. Es ergibt sich schließlich:

$$x = a\,\dfrac{1 - u^4}{1 + 6u^2 + u^4} , \quad y = 2au\,\dfrac{1 - u^2}{1 + 6u^2 + u^4} .$$

32. D. gesuchte Parameterdarstellung ist:

$$x = \dfrac{3at}{1 + t^3} , \quad y = \dfrac{3at^2}{1 + t^3} .$$

D. Determinantenbedingung, damit 3 Pkte. mit d. Paramtern t_1, t_2, t_3 auf e. Geraden liegen, reduziert sich, wenn alle $t_\nu \neq -1$ sind, auf $t_1 t_2 t_3 = -1$.

33. Schneidet e. Tangente im Pkt. mit d. Parameterwert t d. Kurve in e. weiteren Pkt. mit d. Parameterwert t', so muß nach A 32 $t^2 t' = -1$, $t' = -\dfrac{1}{t^2}$ gelten. Liegen P_1, P_2, P_3 auf e. Geraden, so gilt f. d. zugehörigen Parameter t_1, t_2, t_3 nach A 32 $t_1\, t_2\, t_3 = -1$. D. zugehörigen Schnittpkte. haben dann d. Parameter $-\dfrac{1}{t_1^2}$, $-\dfrac{1}{t_2^2}$, $-\dfrac{1}{t_3^2}$ u. ihr Produkt ist wieder -1.

34.
$$F(\xi, \eta) = F(x, y) + F'_x \tau F'_y - F'_y \tau F'_x +$$
$$+ \frac{\tau^2}{2} (F''_{xx} F'^2_y - 2 F''_{xy} F'_x F'_y + F''_{yy} F^2_x) +$$
$$+ \frac{\tau^3}{6} [F'''_{x^3} F'^3_y - 3 F'''_{x^2y} F'^2_y F'_x + 3 F'''_{xy^2} F'_y F'^2_x - F'''_{y^3} F'^3_x] =$$
$$= \frac{\tau^2}{2} (F''_{xx} F'^2_y - 2 F''_{xy} F'_x F'_y + F''_{yy} F'^2_x) + \tau^3 F_0 (F'_y, - F'_x),$$

wo $F_0(x, y)$ d. Gliederaggregat höchster Dimension aus $F(x, y)$ ist. Es ergibt sich

$$\tau = - \frac{F'^2_y F''_{xx} - 2 F'_x F'_y F'_{xy} + F'^2_x F''_{yy}}{2 F_0 (F'_y, - F'_x)} .$$

35. Da d. Tangentenwinkel $\frac{\pi}{2} + \frac{3\varphi}{2}$ ist, ist d. Normalenwinkel $\pi + \frac{3\varphi}{2}$, so daß $\frac{3\varphi}{2} = \frac{\pi}{4} + n\pi$ sein muß u. $\varphi = \frac{\pi}{6}, \frac{5\pi}{6}, \frac{9\pi}{6}$ folgt.

36. Da d. Koordinaten v. M_t,

$$x_2 = - (R + r) \sin t, \quad y_2 = (R + r) \cos t$$

sind, sind d. Koordinaten d. ursprünglichen Berührungspkts.

$$x = r \left(\sin \frac{R+r}{r} t - \frac{R+r}{r} \sin t \right), \quad y = r \left(\frac{R+r}{r} \cos t - \cos \frac{R+r}{r} t \right).$$

37. M. erhält d. Parameterdarstellung d. gesuchten — verkürzten bzw. verlängerten — Zykloide:

$$x = rt - h \sin t, \quad y = r - h \cos t.$$

D. Richtungscosinusse d. Tangente sind proportional

$$r - h \cos t, \quad h \sin t,$$

u. diejenigen d. Normalen verhalten sich wie

$$- h \sin t, \quad r - h \cos t.$$

Daher ist d. Gl. d. Normalen durch d. allgemeinen Pkt.:

$$\frac{\xi - rt + h \sin t}{- h \sin t} = \frac{\eta - r + h \cos t}{r - h \cos t} .$$

F. d. Schnittpkt. mit d. ξ-Achse ergibt sich $\xi = rt$, d. h. d. Berührungspkt. des Kreises, wie beh.

38. Es ist $\xi = 1 - \frac{1}{n}$ u. $y(\xi) = \left(1 - \frac{1}{n}\right)^n$, woraus d. Beh. folgt.

39. Es gilt f. $x > 0$: $\frac{dy}{dx} = - \frac{1}{2} \frac{\sin \sqrt{x}}{\sqrt{x}}$. Für $x \downarrow 0$ strebt dies nach $- \frac{1}{2}$, d. Steigung d. rechtsseitigen Halbtangente.

40. D. Kurve liegt in d. Ebene

$$\begin{vmatrix} x - c & y - c & z - c \\ a & a_1 & a_2 \\ b & b_1 & b_2 \end{vmatrix} = 0.$$

41. D. Drehung d. Schraubenlinie um d. z-Achse um d. Winkel τ entspricht e. Verschiebung parallel zur pos. z-Achse um $-\dfrac{h\,\tau}{2\,\pi}$.

42. Sind ϱ, z, d. rechtwinkligen Koordinaten in d. Projektionsebene, so erhält m.:

$$\varrho = a \cos\left(t - \frac{\pi}{4}\right), \quad z = b\,t.$$

43. Z. B. d. Flächen $y = x^3$, $zx = y^2$.

44. M. lege d. x-Achse durch AB und suche d. Pkt. auf C, in denen $y =$ Maximum oder Minimum ist. D. Parallele zur x-Achse durch e. dieser Pkte. ist d. gesuchte Tangente.

45. OBdA darf vorausgesetzt werden, daß d. v. γ begrenzte Bereich im pos. Sinne umlaufen wird, daß 0 im Ursprung d. Koordinatensystems liegt u. daß ferner e. Pkt. P' v. γ mit maximaler Distanz von 0 auf d. pos. x-Achse liegt. Dann gibt es nach A 44 auf γ 2 Pkte P_+, P_- derart, daß, bei geeigneter Normierung v. Θ, $\Theta(P_+) = 0$, $\Theta(P_-) = \pi$ ist. Zugleich wird γ in d. Reihenfolge $0P_+P'P_-0$ durchlaufen u. P_+ kann als e. Pkt. mit minimaler, P_- als e. Pkt. mit maximaler Ordinate vorausgesetzt werden. Liegt nun P_+ unterhalb d. x-Achse, so weist d. v. 0 nach P_+ gerichtete Halbstrahl in e. Richtung, d. außerhalb d. Θ-Intervalls $\langle 0, \pi\rangle$ liegt, u. nach A 44 gibt es e. damit gleichgerichtete Tangente, so daß d. Beh. bew. ist. Liegt andererseits P_- in d. oberen Halbebene, so weist wiederum d. v. P_- nach 0 gerichtete Strahl in d. untere Halbebene, so daß d. mit ihm nach A 44 gleichgerichtete Tangente wiederum e. Richtung außerhalb $\langle 0, \pi\rangle$ hat. Einer d. beiden Fälle trifft aber sicher zu.

46. Man darf, wegen A 45, annehmen, daß d. Bogen v. C zwischen A u. BM nicht trifft, so daß es e. Kreis K' um M gibt, d. d. Bogen AB in e. Pkt. E berührt. Dann steht d. Tangente an C in E senkrecht auf ME, während andererseits es auf d. Teilbogen v. C zwischen M u. E e. zu ME parallele Tangente gibt.

47. $\operatorname{tg}\left(\dfrac{\pi}{2} - \Theta\right) = \operatorname{ctg}\Theta = \dfrac{dx}{dy} = \dfrac{\operatorname{tg}\psi - \operatorname{tg}\varphi}{1 + \operatorname{tg}\psi\operatorname{tg}\varphi} = \operatorname{tg}(\psi - \varphi).$

Daher $\dfrac{\pi}{2} - \Theta = \psi - \varphi + n\pi, \quad \psi = \dfrac{\pi}{2} - (\Theta - \varphi) - n\pi,$

$$\frac{d\lg r}{d\varphi} = \operatorname{ctg}(\Theta - \varphi).$$

48. D. fragliche Winkel ist $(\varphi + \alpha) - \varphi = \alpha$.

§ 28

1. $\displaystyle \int\limits_0^a \sqrt{1 + \frac{y^2}{p^2}}\, dy = p \int\limits_0^{a/p} \sqrt{1 + z^2}\, dz = \frac{a}{2}\sqrt{1 + \frac{a^2}{p^2}} + \frac{p}{2} \lg\left(\frac{a}{p} + \sqrt{1 + \frac{a^2}{p^2}}\right).$

2. $\displaystyle \sqrt{1 + \frac{9}{4}x} = t, \quad x = \frac{4}{9}(t^2 - 1), \quad dx = \frac{8}{9}t\, dt,$

$\displaystyle s = \frac{8}{9}\int t^2\, dt = \frac{8}{27}t^3\big|_{t\,=\,\sqrt{1+9x/2}} = \frac{8}{27}\left(1 + \frac{9}{2}x\right)^{3/2}.$

3. $\displaystyle \int\limits_1^x \frac{\sqrt{x^2+1}}{x}\, dx = \frac{1}{2}\int \frac{u^{1/2}}{u - 1}\, du = \int \frac{v^2\, dv}{v^2 - 1} =$

$\displaystyle \qquad = \int \left(1 + \frac{1}{2}\left(\frac{1}{v-1} - \frac{1}{v+1}\right)\right) dv = v + \frac{1}{2}\lg\frac{v-1}{v+1} + c =$

$\displaystyle \qquad = \sqrt{1+x^2} + \frac{1}{2}\lg\frac{\sqrt{x^2+1}-1}{\sqrt{x^2+1}+1} + c.$

Hier muß $c = \lg\left(\sqrt{2}+1\right) - \sqrt{2}$ sein, damit d. Ausdruck $= 0$ f. $x = 1$ wird.

4. $\displaystyle y' = -\operatorname{tg}\frac{x}{a}, \quad s = \int\limits_0^x \sqrt{1 + \operatorname{tg}^2\frac{x}{a}}\, dx = \int\limits_0^x \frac{dx}{\cos\frac{x}{a}} = a\int\limits_0^{x/a} \frac{du}{\cos u} =$

$\displaystyle \qquad = a\int\limits_{\pi/2}^{\pi/2 - x/a} \frac{-dv}{\sin v} = -a\lg\left|\operatorname{tg}\frac{v}{2}\right|_{v\,=\,\pi/2 - x/a} = -a\lg\left|\operatorname{tg}\left(\frac{\pi}{4} - \frac{x}{2a}\right)\right| =$

$\displaystyle \qquad = a\lg\left|\operatorname{tg}\left(\frac{\pi}{4} + \frac{x}{2a}\right)\right|.$

5. $\displaystyle x^2(1+t^2) = ax, \quad x = \frac{a}{1+t^2}, \quad y = \frac{at}{1+t^2},$

$\displaystyle \qquad x' = \frac{-2at}{(1+t^2)^2}, \quad y' = \frac{a(1-t^2)}{(1+t^2)^2}, \quad x'^2 + y'^2 = \frac{a^2}{(1+t^2)^2},$

$\displaystyle \qquad s = \int \frac{|a|\, dt}{1+t^2} = |a|\arctan t + c = |a|\operatorname{arc\,tg}\frac{y}{x} + c.$

6. $\displaystyle s = 3a\int \sqrt{\sin^2 t \cos^2 t}\, dt = \frac{3a}{2}\int |\sin 2t|\, dt = \frac{3a}{4}(\cos 2t)\operatorname{sgn}(\sin 2t).$

Da m. dies aber nur in e. Stet.-Intervall v. sgn sin $2t$ benutzen kann, muß d. Intervall in Teile zerlegt werden, d. keine 0-Stellen v. sin $2t$ im Innern enthalten.

7. $\displaystyle x' = -3a\sin t\cos^2 t, \quad y' = 3b\cos t\sin^2 t,$

$\displaystyle \qquad x'^2 + y'^2 = 9\sin^2 t\cos^2 t\,(a^2\cos^2 t + b^2\sin^2 t),$

$\displaystyle \qquad s = \frac{9}{2}\int |\sin 2t|\sqrt{a^2\cos^2 t + b^2\sin^2 t}\, dt.$

F. $\sin^2 t = u$, $du = 2 \sin t \cos t\, dt = \sin 2t\, dt$ wird dies zu

$$\operatorname{sgn}(\sin 2t)\, \frac{9}{2} \int \sqrt{(b^2 - a^2)u + a^2}\, du.$$

Sei $(b^2 - a^2)u + a^2 = v$, dann wird d. Int. zu $\dfrac{1}{b^2 - a^2} \int v^{1/2}\, dv = \dfrac{\frac{2}{3}}{b^2 - a^2}\, v^{3/2} =$

$$= \frac{\frac{2}{3}}{b^2 - a^2} \sqrt{a^2 \cos^2 t + b^2 \sin^2 t}^{\,3} \quad \text{und wir erhalten}$$

$$s = \frac{3\operatorname{sgn}(\sin 2t)}{b^2 - a^2} \sqrt{a^2 \cos^2 t + b^2 \sin^2 t}^{\,9}.$$

8. $\quad a \displaystyle\int \frac{2z^2 dz}{z^2 - 3} = 2az + \sqrt{3}\, a \int \left(\frac{1}{z - \sqrt{3}} - \frac{1}{z + \sqrt{3}} \right) dt =$

$$= 2az + a\sqrt{3}\, \lg \left| \frac{z - \sqrt{3}}{z + \sqrt{3}} \right| + c.$$

9. $\quad s' = 2a\left| \cos \dfrac{q-1}{2}\, t \right|, \quad s = \dfrac{4a}{q-1} \left(\sin \dfrac{q-1}{2}\, t \right) \operatorname{sgn}\left(\cos \dfrac{q-1}{2}\, t \right),$

solange das sgn konstant bleibt.

10. $\quad s = \displaystyle\int \left(\frac{a}{a-x} + \frac{a}{a+x} - 1 \right) dx = a\, \lg \frac{a+x}{a-x} - x + c.$

11. $\quad s' = \dfrac{a+x}{a-x} = \dfrac{2a}{a-x} - 1, \quad s = 2a\, \lg \dfrac{1}{a-x} - x + c.$

12. $\quad s = a\, \lg x + c.$

13. $\quad s' = a \cos^2 t + b \sin^2 t,$

$$s = \frac{a}{2}(x + \sin x \cos x) + \frac{b}{2}(x - \sin x \cos x) + c.$$

14. $\quad s' = 2a^2 + 9b^2 t^2, \quad s = 2a^2 t + 3b^2 t^3 + c.$

15. $\quad s' = \dfrac{2x^2 + a^2}{a^2}, \quad s = x + \dfrac{2}{3} \dfrac{x^3}{a^2}.$

16. $\quad \displaystyle\int \sqrt{1 + \beta^2 + \alpha^2 t^2}\, dt = \frac{1 + \beta^2}{\alpha} \int \sqrt{1 + z^2}\, dz =$

$$= \frac{1 + \beta^2}{2\alpha} \left(z\sqrt{1 + z^2} + \lg\left(z + \sqrt{1 + z^2} \right) \right) + c,\, z = \frac{\alpha t}{\sqrt{1 + \beta^2}}.$$

17. $\quad s' = \sqrt{3}\, e^t, \quad s = \sqrt{3}\, e^t + c.$

18. $\quad s'^2 = \dfrac{1}{4} \left(\dfrac{3a^2 - 2x^2}{a^2 - x^2} \right)^2, \quad s = \dfrac{1}{2} \displaystyle\int \frac{3a^2 - 2x^2}{a^2 - x^2}\, dx = x - \frac{a}{4}\, \lg \left| \frac{x - a}{x + a} \right| + c =$

$$= x - z + c.$$

19. $\quad s = \dfrac{3a}{\sqrt{2}} (t + t^2) + c = \sqrt{2}\, z + c.$

20. $\quad s = x^2 + x + c.$

21. $\quad s' = \sqrt{x} + \dfrac{3}{2\sqrt{x}}, \quad s = \dfrac{2}{3}\,x^{3/2} + 3\sqrt{x} + c.$

22. $\quad s' = 1 + \dfrac{1}{x}, \quad s = x + \lg x + c.$

23. $\quad s' = \dfrac{1}{2}\dfrac{x^2}{1-x^2} + 1 = \dfrac{1}{2}\Big(1 + \dfrac{1}{1-x^2}\Big), \quad s = \dfrac{x}{2} + \dfrac{1}{4}\lg\dfrac{1+x}{1-x} + c.$

24. $\quad s' = \sqrt{\dfrac{a^2+b^2}{a^2}}\,\mathrm{Cos}\,\dfrac{z}{a}, \quad s = \sqrt{a^2+b^2}\,\mathrm{Sin}\,\dfrac{z}{a} + c.$

25. $\quad s = a\sin\dfrac{\varphi}{2} + c.$

26. $\quad s' = a\sqrt{1+\varphi^2}, \quad s = \dfrac{a}{2}\Big(\varphi\sqrt{1+\varphi^2} + \lg\big(\varphi + \sqrt{1+\varphi^2}\big)\Big).$

27. $\quad -s = -a\int\sqrt{\dfrac{1}{\varphi^4} + \dfrac{1}{\varphi^2}}\,d\varphi = \dfrac{1}{2}\int\dfrac{\sqrt{t+1}}{t}\,dt.$

F. $\sqrt{t+1} = u$ wird dies zu

$$\int\frac{u^2\,du}{u^2-1} = u + \frac{1}{2}\lg\frac{u-1}{u+1} =$$

$$= \sqrt{t+1} + \frac{1}{2}\lg\frac{\sqrt{t+1}-1}{\sqrt{t+1}+1} = \sqrt{1 + \frac{1}{\varphi^2}} + \frac{1}{2}\lg\frac{\sqrt{1+\varphi^2}-\varphi}{\sqrt{1+\varphi^2}+\varphi} + c =$$

$$= \frac{\sqrt{1+\varphi^2}}{\varphi} + \lg\frac{1}{\sqrt{1+\varphi^2}+\varphi} + c = \frac{\sqrt{1+\varphi^2}}{\varphi} - \lg\big(\sqrt{1+\varphi^2}+\varphi\big) + c.$$

28. $\quad r' = 2a\varphi, \quad s' = a\,(\varphi^2+1), \quad s = a\Big(\varphi + \dfrac{\varphi^3}{3}\Big).$

29. $\quad s$ wird zu $\varphi - \dfrac{e^\varphi - 1}{e^\varphi + 1} + c = \varphi - r + c.$

30. $\quad \dfrac{s}{\alpha} = \int\sqrt{2+\varphi^2}\,d\varphi = \dfrac{1}{2}\varphi\sqrt{2+\varphi^2} + \lg\big(\varphi + \sqrt{2+\varphi^2}\big) + c.$

31. Dreht m. d. erste Spirale um d. Ursprung in d. neg. Richtung um d. Winkel $\lg A$, so geht sie in d. zweite über.

32. Aus A 47 § 27

$$|\sin(\Theta - \varphi)| = \frac{1}{1 + \mathrm{ctg}^2(\Theta - \varphi)} = \frac{1}{\sqrt{1 + \dfrac{r'^2}{r^2}}} = \frac{r}{\sqrt{r^2 + r'^2}}.$$

33. Aus A 32, da $S = r\,|\sin(\Theta - \varphi)|$.

34. Offenbar ist

$$\Delta = \int_0^l\sqrt{1+y'^2}\,dx - l = \int_0^l\big(\sqrt{1+y'^2} - 1\big)\,dx = \int_0^l\frac{y'^2}{1 + \sqrt{1+y'^2}},$$

woraus d. Beh. sofort folgt.

35. Aus d. MWS folgt f. $0 \leq x \leq l$: $y'(x) = y''(\eta)(x - \xi)$, $\quad (0 < \eta < l)$,

$$y'(x)^2 \leq M^2(x - \xi)^2, \quad \int_0^l y'^2(x)\,dx \leq \frac{M^2}{3}(l^3 - 3\,l^2\xi + 3\,l\xi^2).$$

Da d. Klammerausdruck rechts f. variable ξ aus $\langle 0, l \rangle$ sein Maximum f. $\xi = 0$ u. $\xi = l$ erreicht, folgt d. Beh. aus A 34.

36. Analog wie in d. Lösung v. A 35 ergibt sich $y'^2(x) \geq m^2(x - \xi)^2$ u. daher, da

$$\frac{u^2}{\sqrt{1 + u^2}} = \frac{u}{\sqrt{1 + \dfrac{1}{u^2}}}$$

f. pos. u monoton wächst:

$$\int_0^l \frac{y'^2}{\sqrt{1 + y'^2}}\,dx \geq m^2 \int_0^l \frac{(x - \xi)^2\,dx}{\sqrt{1 + m^2(x - \xi)^2}} \geq \frac{m^2}{\sqrt{1 + m^2 l^2}} \int_0^l (x - \xi)^2\,dx =$$

$$= \frac{m^2}{\sqrt{1 + m^2 l^2}} \frac{1}{3}(l^3 - 3\,l^2\xi + 3\,l^2\xi) \geq \frac{m^2 l^3}{12\,\sqrt{1 + m^2 l^2}},$$

da d. Klammerausdruck f. $\xi = \dfrac{l}{2}$ seinen kleinsten Wert relativ zum Intervall $\langle 0, l \rangle$ annimmt. Dann folgt d. Beh. aus A 34.

37. D. direkte Diff. ergibt als gemeinsamen Wert d. beiden Seiten d. beh. Gl., wegen

$$X' = f'' \sin t - \varphi'' \cos t + f' \cos t + \varphi' \sin t = y' \sin t + x' \cos t,$$

$$Y' = f'' \cos t + \varphi'' \sin t - f' \sin t + \varphi' \cos t = y' \cos t - x' \sin t.$$

D. beiden Kurven (x, y), (X, Y) sind derart aufeinander bezogen, daß d. entsprechenden Bögen gleiche Länge haben.

38. Für $\sin \varphi = \sqrt{1 - a^2} \cos \Theta$, wird d. Int. zu $a\sqrt{1 - a^2} \int \dfrac{d\Theta}{1 - (1 - a^2)\cos^2 \Theta}$. Für $\operatorname{tg} \Theta = aw$ wird d. Int. zu $\operatorname{arc tg}\left(\dfrac{1}{a} \operatorname{tg} \Theta\right)$.

39. $\dfrac{dy}{dx} = 3x^2$ f. $x > 0$ u. $-3x^2$ f. $x < 0$ u. daher stet. F. $x = 0$ ist

$$\frac{dy}{dx} = \operatorname*{Lim}_{x \to \infty} \frac{|x|^3}{x} = \operatorname*{Lim}_{x \to \infty}(\pm x^2) = 0, \text{ u. } f'(x) \text{ strebt gegen 0 mit } x \to 0.$$

40. Es ist $\dfrac{dy}{dx} = \varepsilon_1(\varphi(x) + x\varphi'(x))$ f. $x > 0$ u. $\dfrac{dy}{dx} = \varepsilon_2(\varphi(x) + x\varphi'(x))$ f. $x < 0$. F. $x = 0$ gilt

$$\left(\frac{dy}{dx}\right)_{x \to 0} = \operatorname*{Lim}_{x = 0} \frac{x\,|\varphi(x)|}{x} = |\varphi(0)|,$$

u. gegen diesen Wert strebt $\dfrac{dy}{dx}$ f. $x \to 0$.

41. In d. Nachbarschaft jedes t-Wertes, wenn m. evtl. C_1 u. C_2 vertauscht, gilt nach Voraussetzung

$$\varphi_2' = K(t)\,\varphi_1', \quad \psi_2' = K(t)\,\psi_1', \quad K(t) > 0,$$

$$\left(\frac{ds_3}{dt}\right)^2 = (\alpha\,\varphi_1' + \beta\,\varphi_2')^2 + (\alpha\,\psi_1' + \beta\,\psi_2')^2 = (\alpha + \beta\,K)^2 \left(\frac{ds}{dt}\right)^2,$$

$$\frac{ds_3}{dt} = (\alpha + \beta\,K(t))\,\frac{ds_1}{dt} = \alpha\,\frac{ds_1}{dt} + \beta\,\frac{ds_2}{dt} = \frac{d}{dt}\,(\alpha\,s_1 + \beta\,s_2).$$

§ 29

1. $\quad -\dfrac{1}{x}\,\lg(1 - x) - 1.$

2. $\quad |\lg(1 + x) - x| \leq \displaystyle\sum_{\nu=2}^{\infty} \frac{|x|^\nu}{\nu} \leq \frac{1}{2}\sum_{\nu=2}^{\infty} |x|^\nu = \frac{1}{2}\frac{x^2}{1 - |x|} \leq \frac{x^2}{2\left(1 - \dfrac{1}{2}\right)} = x^2.$

3. $\quad \lg(1 + x) - \lg(1 - x) = 2\left(\dfrac{x}{1} + \dfrac{x^3}{3} + \dfrac{x^5}{5} + \cdots\right), \quad$ daher f. pos. x:

$$\frac{1}{2}\sqrt{x}\,\lg\frac{1 + \sqrt{x}}{1 - \sqrt{x}} = \frac{x}{1} + \frac{x^2}{3} + \frac{x^3}{5} + \cdots.$$

4. $\quad \underset{y\downarrow 0}{\operatorname{Lim}}\,\dfrac{1}{y^3}\left(\lg(1 + y) - \dfrac{2y}{2 + y}\right) = \underset{y\to 0}{\operatorname{Lim}}\,\dfrac{\dfrac{1}{1 + y} - \left(1 + \dfrac{y}{2}\right)^{-2}}{3y^2} =$

$$= \underset{y\to 0}{\operatorname{Lim}}\,\frac{\dfrac{1}{4}y^2}{3y^2(1 + y)\left(1 + \dfrac{1}{2}y\right)^2} = \frac{1}{12}.$$

5. $\quad x - \left(\dfrac{x}{1} - \dfrac{x^3}{3} + \dfrac{x^5}{5} - \cdots\right) = \dfrac{x^3}{3} - \dfrac{x^5}{4} + \dfrac{x^7}{7} - \cdots$

liegt, da d. absoluten Beträge d. Glieder monoton abnehmen, zwischen

$$\frac{x^3}{3} \quad\text{u.}\quad \frac{x^3}{3} - \frac{x^5}{5} > 0.$$

6. $\quad \lg\dfrac{1}{1 - x} - \left(x + \dfrac{x^2}{2(1 - x)}\right) = x + \dfrac{x^2}{2} + \dfrac{x^3}{3} + \Theta\dfrac{x^4}{4} - x - \dfrac{x^2}{2} - \dfrac{x^3}{2(1 - x)} =$

$$= \frac{x^3}{2}\left[\frac{2}{3} - \frac{1}{1 - x} + \Theta\frac{x}{2}\right] \text{ u. dies ist f. } x \to 0 \sim -\frac{x^3}{6} \text{ u. gleich}$$

$$-\frac{x^3}{6}\left(1 - \frac{x}{1 - x} + \frac{3\,\Theta}{2}x\right).$$

7. $\quad$ F. $|x| \leqq \dfrac{1}{2}$ gilt

$$\frac{|\lg(1 + x) - x|}{x^2} \leqq \sum_{\nu=2}^{\infty} \frac{|x|^{\nu-2}}{\nu} \leqq \sum_{\nu=2}^{\infty} \frac{\left(\dfrac{1}{2}\right)^{\nu-2}}{\nu} = \frac{\lg\dfrac{1}{1 - \dfrac{1}{2}} - \dfrac{1}{2}}{\left(\dfrac{1}{2}\right)^2} = \lg 16 - 2.$$

§ 30

1a) $\quad \dfrac{1}{3}\dfrac{1}{1+\dfrac{x^2}{3}} = \sum\limits_{\nu=0}^{\infty} (-1)^\nu \dfrac{x^{2\nu}}{3^{2\nu+1}}$;

1b) $\quad \dfrac{2}{1+x} - 1 = 1 + 2\sum\limits_{\nu=1}^{\infty} (-1)^\nu x^\nu$;

1c) $\quad 1 + \dfrac{b-a}{a+x} = 1 + \dfrac{b-a}{a}\dfrac{1}{1+\dfrac{x}{a}} = \dfrac{b}{a} + \dfrac{b-a}{a}\sum\limits_{\nu=1}^{\infty}(-1)^\nu \dfrac{x^\nu}{a^\nu}$;

1d) $\quad |a|\left(1+\dfrac{x}{a^2}\right)^{1/2} = |a|\sum\limits_{\nu=0}^{\infty}\binom{1/2}{\nu}\dfrac{x^\nu}{a^{2\nu}} =$

$\qquad\qquad = |a|\left[1 + \sum\limits_{\nu=1}^{\infty}\dfrac{1}{2}\dfrac{(-1)^{\nu-1}1\cdot 3\cdots(2\nu-3)}{2^{\nu-1}\cdot\nu!\,a^{2\nu}}x^\nu\right]$;

1e) $\quad a + \dfrac{x}{2a}\sum\limits_{\nu=0}^{\infty}(-1)^\nu\dfrac{x^\nu}{(4a^2)^\nu}$;

1f) $\quad (1+x)(1-x)^{-1/2} = (1+x)\sum\limits_{\nu=0}^{\infty}(-1)^\nu\binom{-1/2}{\nu}x^\nu =$

$= 1 + \sum\limits_{\nu=1}^{\infty}(-1)^\nu\left[\binom{-1/2}{\nu} - \binom{-1/2}{\nu-1}\right]x^\nu = 1 - \sum\limits_{\nu=1}^{\infty}(4\nu-1)\dfrac{1\cdot 3\cdots(2\nu-3)}{2^\nu\cdot\nu!}x^\nu$;

1g) $\quad -\dfrac{7}{2}\dfrac{1}{1-\dfrac{x}{2}} - \dfrac{3}{(1-x)^2} + \dfrac{6}{1-x} =$

$= \sum\limits_{\nu=0}^{\infty}\left(6 - \dfrac{7}{2^{\nu+1}} - 3\binom{-2}{\nu}(-1)^\nu\right)x^\nu = \sum\limits_{\nu=0}^{\infty}\left(6 - \dfrac{7}{2^{\nu+1}} - 3(\nu+1)\right)x^\nu$.

2. $\quad -\sum\limits_{\nu=0}^{\infty}\dfrac{x^{2\nu+1}}{4^{\nu+1}}$.

3. $\quad f(x) - f(0) - xf'(0) = \dfrac{x^2}{2}f^{(2)}(\Theta x) \sim \dfrac{x^2}{2}f''(0)$ f. $x\to 0$;

$\qquad \operatorname{Lim}\limits_{x\to 0}\dfrac{f(x) - f(0) - xf'(0)}{x^2} = \operatorname{Lim}\limits_{x\to 0}\dfrac{f'(x) - f'(0)}{2x} = \dfrac{f''(0)}{2}$.

4a) $\quad \sum\limits_{\nu=2}^{\infty}(-1)^{\nu-1}\dfrac{x^\nu}{\nu}$; $\qquad\qquad$ **4b)** $\quad \sum\limits_{\nu=3}^{\infty}(-1)^{\nu-1}\dfrac{x^\nu}{\nu}$.

5a) $\quad \sin a + (\cos a)x - \dfrac{\sin a}{2}x^2 - \dfrac{\cos a}{6}x^3 + \cdots$;

5b) $\quad \dfrac{x^2}{2} - \dfrac{x^4}{3} + \cdots$;

5c) $\quad \lg(1+x^3) - \lg(1+x) = -\dfrac{x}{1} + \dfrac{x^2}{2} + \dfrac{2}{3}x^3 + \cdots$;

5d) $\quad -\dfrac{x^3}{3} + \cdots$;

5e) $(x - \operatorname{tg} x)\cos x = x\cos x - \sin x$, wie in 5d);

5f) $\operatorname{tg} x = x + \dfrac{x^3}{3}\cdots$.

6. $\sqrt{1+x} = 1 + \dfrac{x}{2} - \dfrac{x^2}{8} + \dfrac{x^3}{16} - \dfrac{5\,x^4}{128}\,\dfrac{1}{(1+\Theta x)^{7/2}}$, $0 < \Theta < 1$.

7a) $(1+x)^{1/3} = 1 + \dfrac{x}{3} + \dfrac{1}{2}\dfrac{1}{3}\left(\dfrac{1}{3} - 1\right)x^2 + \dfrac{1}{6}\dfrac{1}{3}\left(\dfrac{1}{3} - 1\right)\left(\dfrac{1}{3} - 2\right)x^3 + \cdots$

$\qquad = 1 + \dfrac{x}{3} - \dfrac{x^2}{9} + \dfrac{5\,x^3}{81} - \cdots;$

7b) $\dfrac{\sin x}{x} = 1 - \dfrac{x^2}{6} + \dfrac{x^4}{120} - \cdots,\qquad \dfrac{x}{\sin x} = 1 + \dfrac{x^2}{6} + \dfrac{7\,x^4}{360} + \cdots,$

$\quad x^2\operatorname{ctg} x = x\left(1 - \dfrac{x^2}{2} + \dfrac{x^4}{24} - \cdots\right)\left(1 + \dfrac{x^2}{6} + \dfrac{7\,x^4}{360} - \cdots\right) = x - \dfrac{x^3}{3} - (x^5),$

wo (x^5) mit d. 5-ten Potenz v. x beginnt.

8. $8 + \displaystyle\sum_{\nu=1}^{\infty}(3 + 3\cdot 2^\nu + 3^\nu)\dfrac{x^\nu}{\nu!}$.

9. $\displaystyle\sum_{\nu=0}^{\infty}(-1)^\nu\dfrac{(x-a)^{2\nu+1}}{(2\nu+1)!}\cos a + \sum_{\nu=0}^{\infty}(-1)^\nu\dfrac{(x-a)^{2\nu}}{(2\nu)!}\sin a$.

10. $\sin^3 x = \dfrac{3}{4}\displaystyle\sum_{\nu=0}^{\infty}(-1)^\nu(1 - 3^{2\nu})\dfrac{x^{2\nu+1}}{(2\nu+1)!}$.

11. $\cos 2a\displaystyle\sum_{\nu=0}^{\infty}(-1)^\nu 2^{2\nu}\dfrac{x^{2\nu+1}}{(2\nu+1)!} + \sin 2a\sum_{\nu=0}^{\infty}(-1)^\nu 2^{2\nu-1}\dfrac{x^{2\nu}}{(2\nu)!}$.

12. D. Grenzen sind 0 u. $\operatorname{ctg} 5^0 - \dfrac{36}{\pi} = 11{,}430 - 11{,}459 = -0{,}029\ (\pm 1)$, so daß $f(x)$ f. $0 < x < 5^0$ zwischen 0 u. $-0{,}03$ liegt.

13. D. Bedingung verlangt: $\dfrac{|h|}{5}(a + |h|)^{-4/5} \leqq \dfrac{1}{10}$, oder, $\dfrac{h}{a} = k$, $|k| = g$ gesetzt, $a^{1/5}g(1+g)^{-4/5} \leqq \dfrac{1}{2}$, was sicher gilt, wenn $g^5(1-g)^{-4} \leqq \dfrac{10^{-3}}{32}$ ist. Da d. Ausdruck links mit $g > 0$ wächst, hat m. d. pos. Wurzel v. $32000 x^5 - (x-1)^4 = 0$ zu bestimmen. Diese Wurzel ist aber $> 0{,}114$, so daß $g \leqq 0{,}114$ genügt.

14. $\dfrac{1}{1 - x - x^2} = \dfrac{1}{\sqrt{5}}\displaystyle\sum_{\nu=0}^{\infty}\left(\left(\dfrac{\sqrt{5}+1}{2}\right)^{\nu+1} - \left(\dfrac{1-\sqrt{5}}{2}\right)^{\nu+1}\right)(-x)^\nu$.

15. $\dfrac{1}{1 + x + x^2 + \cdots + x^4} = \dfrac{1-x}{1-x^5} = \displaystyle\sum_{\nu=0}^{\infty} x^{5\nu} - \sum_{\nu=0}^{\infty} x^{5\nu+1}$.

16. Da $f^{(5)}(x) < 0$ f. $0 < x \leqq \pi$ ist, folgt sukzessive, daß $f(x)$ monoton fällt f. $0 \leqq x \leqq \pi$ u. daher d. größten absoluten Betrag f. $x = \pi$ erreicht. Daher

$$|f(x)| \leqq \left|\dfrac{\pi^5}{120} - \dfrac{\pi^3}{6} + \dfrac{\pi}{1}\right| = 0{,}524\ (\pm 2).$$

17. $\quad 1 - \dfrac{x^2}{2} + \dfrac{x^4}{24} = x^2, \quad x^4 - 36\,x^2 + 24 = 0, \quad x^2 = 18 \pm \sqrt{300},$

$\qquad x = \pm \sqrt{18 \pm \sqrt{300}}.$

18. $\quad \left| \dfrac{1}{3} - \dfrac{x}{4(1 + \Theta x)} \right| \leq \dfrac{1}{3} + \dfrac{\dfrac{1}{2}}{4\left(1 - \dfrac{1}{2}\right)} = \dfrac{1}{3} + \dfrac{1}{4} = \dfrac{7}{12}.$

19. D. angesetzte Relation geht über in

$$f(x_0) + h f'(x_0) + \dfrac{h^2}{2} f''(x_0 + \Theta_1 h) = f(x_0) + h f'(x_0) + \Theta h^2 f''(x_0 + \Theta_2 \Theta h),$$

$$f''(x_0 + \Theta_1 h) = 2\,\Theta f''(x_0 + \Theta_2 \Theta h),$$

woraus f. $h \to 0$:

$$f''(x_0) = 2 \operatorname*{Lim}_{n \to 0} \Theta f''(x_0), \quad \operatorname*{Lim}_{n \to 0} \Theta = \dfrac{1}{2}$$

folgt, wenn $f''(x_0) \neq 0$ ist.

20. $f(x + 2h) - 2f(x + h) + f(x) = [2f''(x + 2\Theta_1 h) - f''(x + \Theta_2 h)]h^2,$
woraus f. $h \to 0$ d. Beh.

21. $\quad \dfrac{\sqrt[3]{1 + \dfrac{1}{y}} - 2\sqrt[3]{\dfrac{1}{y}} + \sqrt[3]{\dfrac{1}{y} - 1}}{y^{5/3}} = \dfrac{\sqrt[3]{1 + y} - 2\sqrt[3]{1} + \sqrt[3]{1 - y}}{y^2} \to$

$\quad \to \operatorname*{Lim}_{y \to 0} \dfrac{(1 + y)^{-2/3} - (1 - y)^{-2/3}}{6y} = \operatorname*{Lim}_{y \to 0} -\dfrac{1}{9}\left((1 + y)^{-5/3} + (1 - y)^{-5/3}\right) = -\dfrac{2}{9}.$

22. F. $b = -2, \ a = -\dfrac{1}{2}$ stimmen d. Entwicklungen bis zu x^2 überein.

23. $\beta - \gamma = -\dfrac{1}{2}, \quad -\gamma(\beta - \gamma) = \dfrac{1}{3}, \quad \gamma = \dfrac{2}{3}, \quad \beta = \dfrac{1}{6}.$

D. Differenz

$$\lg(1 + x) - x\,\dfrac{1 + \dfrac{x}{6}}{1 + \dfrac{2x}{3}}$$

beginnt mit d. dritten Potenz v. x.

24. $x^7 \varrho = \dfrac{-x^7}{120 \cdot 6 \cdot 7} \cos \Theta_1 x + \dfrac{x^7}{400}\left(\dfrac{7}{60} + \dfrac{1}{20\left(1 + \Theta \dfrac{x^2}{20}\right)}\right) - \dfrac{7 x^9}{60 \cdot 20^3 \left(1 + \Theta \dfrac{x^2}{20}\right)};$

$\qquad 720\,\varrho = \dfrac{-\cos \Theta_1 x}{7} + \dfrac{18}{10}\left(\dfrac{7}{60} + \dfrac{1}{20 + \Theta x^2}\right) + \dfrac{7 \cdot 12 x^2}{20^2(20 + \Theta x^2)} \to \dfrac{-1}{7} +$

$\qquad\quad + \dfrac{18}{10}\left(\dfrac{7}{60} + \dfrac{1}{20}\right) = \dfrac{11}{70}; \quad \varrho \to \dfrac{11}{50400}.$

25. $\varrho = \dfrac{\arcsin x - \dfrac{3x}{2+r}}{x^5}$; da Zähler u. Nenner f. $x = 0$ verschwinden, ergeben sich durch Diff. d. Zähler u. Nenners d. Quotienten: $\dfrac{(1-r)^2}{5x^4\,r\,(2+r)^2}$. Wegen

$r \to 1$ ist dies $\sim \dfrac{1}{45}\left(\dfrac{1-r}{x^2}\right)^2$. Wegen $\underset{x\to 0}{\text{Lim}}\,\dfrac{1-r}{x^2} = \underset{x\to 0}{\text{Lim}}\,\dfrac{\dfrac{x}{r}}{2x} = \dfrac{1}{2}$ folgt d. Beh.

26 a) $\quad f(x+h) = \displaystyle\sum_{\nu=0}^{n} \dfrac{h^\nu}{\nu!}\, f^{(\nu)}(x) + \dfrac{h^{n+1}}{(n+1)!}\, f^{(n+1)}(x + \Theta_1 h)$,

$$f(0) = f(x) + \sum_{\nu=1}^{n} (-1)^\nu \dfrac{x^\nu}{\nu}\, f^{(\nu)}(x) + (-1)^{n+1} \dfrac{x^{n+1}}{(n+1)!}\, f^{(n+1)}(x(1-\Theta_1)),$$

woraus d. Beh. nach Auflösung nach $f(x)$ u. Ersetzung v. $1 - \Theta_1$ durch Θ folgt;

26 b) Wegen $x - \dfrac{x^2}{1+x} = \dfrac{x}{1+x}$ ergibt sich d. Beh.

27. F. $u = \dfrac{\alpha}{x+\gamma}$ gilt

$$\left(1 + \dfrac{\alpha}{x+\gamma}\right)^\beta = 1 + \dfrac{\alpha\beta}{x+\gamma}\left(1 + \dfrac{(\beta-1)\alpha}{x+\gamma}\,\dfrac{1}{2\left(1 + \dfrac{\Theta\alpha}{x+\gamma}\right)^{2-\beta}}\right).$$

Setzen wir dies $= 1 + \dfrac{\alpha\beta}{x+h}$ u. bezeichnen d. Klammerausdruck rechts mit
$1 + k$, so folgt $h = \dfrac{x+\gamma}{1+k} - x = \dfrac{\gamma - kx}{1+k}$. F. $x \to \infty$ gilt aber $k \to 0$,

$$kx = \dfrac{x}{x+\gamma}\,(\beta-1)\,\alpha\,\dfrac{1}{2\left(1 + \dfrac{\Theta\alpha}{x+\gamma}\right)^{2-\beta}} \to \dfrac{\alpha\,(\beta-1)}{2},$$

so daß v. e. x an f. zwei geeignete Konstanten c, C d. beh. Relation gilt:

$$c < \dfrac{\gamma - kx}{1+k} < C.$$

28. $\varrho\,x^6 = -\dfrac{x^6}{720}\cos\Theta\,x + \dfrac{x^6}{24\,(12+x^2)}$, $\quad \varrho = -\dfrac{\cos\Theta\,x}{720} + \dfrac{1}{24\,(12+x^2)}$

u. dies strebt mit $x \to 0$ gegen $-\dfrac{1}{720} + \dfrac{1}{288} = \dfrac{1}{480}$.

29. Nach L 6 gilt

$$\sqrt{1+x} = 1 + \dfrac{x}{2} - \dfrac{x^2}{8} + \dfrac{x^3}{16} - \dfrac{5\,x^4}{128}\,\dfrac{1}{(1+\Theta x)^{7/8}}, \quad 0 < \Theta < 1.$$

Daher $\sqrt{1+x} - f(\varrho) = \dfrac{x^4}{16}\left(\dfrac{(10+64\,\varrho)-x}{24+8x-x^2} - \dfrac{15}{24}\,\dfrac{1}{(1+\Theta x)^{7/2}}\right)$.

D. Klammerausdruck $= 0$ gesetzt, gibt f. ϱ:

$$64\,\varrho = x + \dfrac{15}{24}\,\dfrac{24+8x-x^2}{(1+\Theta x)^{7/2}} - 10 \to 5, \quad \varrho \to \dfrac{5}{64}.$$

30. Wegen $\dfrac{8}{3}\,r\varrho' = \dfrac{x-24}{A\,r+B}$ genügt es, zu zeigen, daß $A\,r+B>0$ f. $-1 \leqq x \leqq 1$ ist. Dies folgt aus $B(x) = 12\,(x+1)^2 + 52\,(x+1) + 4 - x^3$, da $A(x)$ sicher >0 ist. Daher sind d. Schranken f. x im Intervall $(-1,0)$: 1 u. $\dfrac{5}{64}$, im Intervall $(0,1)$: $\dfrac{5}{46}$ u. $0{,}0398\ldots$.

31. Da f. $t > x$ d. Ausdruck $(x-t)_+ = 0$ ist, kann d. obere Grenze B durch x ersetzt werden.

32. Da $g'(x) > $ f. $x < 0$ u. < 0 f. $x > 0$ ist, wächst $g(x)$ f. $x > 0$ u. fällt f. $x < 0$, so daß $g(x) \leqq g(0) = 0$ ist u. daher $u'(x) \leqq 0$ ist; daher fällt $u(x)$ f. $x > -1$ u. liegt f. $|x| \leqq \dfrac{1}{2}$ zwischen $u\!\left(\dfrac{1}{2}\right)$ u. $u\!\left(-\dfrac{1}{2}\right)$, d. h. $8\lg\dfrac{3}{2} - 3$ u. $8\lg 2 - 5$. D. erste Schranke ist $0{,}243\ldots$, die zweite $0{,}545\ldots$.

33a) Folgt aus d. Stet. v. $U_1(x)$ u. $U_0(x)$ f. $x = 0$;

33b) $\quad y'(0) = \dfrac{Q_0'(0)\,Q_1(0) - Q_1'(0)\,Q_0(0)}{Q_0(0)^2} = \dfrac{1}{2}\cdot\dfrac{1}{2} - \dfrac{1}{6} = \dfrac{1}{12}$,

$$-y'' = Q_1''\,\dfrac{1}{Q_0} + 2\,Q_1'\!\left(\dfrac{1}{Q_0}\right)' + Q_1\!\left(\dfrac{1}{Q_0}\right)'', \text{ u. f. } x = 0: -y'' = \dfrac{1}{12} - \dfrac{1}{6} + \dfrac{1}{24} = \dfrac{1}{8}.$$

34. Wird ein Aggregat von x^4 und höhere Potenzen von x enthaltender Terme mit (x^4) bezeichnet, so gilt

$$\left(\dfrac{1+x}{1-x}\right)^{1/2} - e^x = \left(1 + x + \dfrac{x^2}{2} + \dfrac{x^3}{2}\right) - \left(1 + \dfrac{x}{1!} + \dfrac{x^2}{2!} + \dfrac{x^3}{3!}\right) + (x^4) =$$

$$= \dfrac{x^3}{3} + (x^4) \sim \dfrac{x^3}{3}.$$

35. F. $x = 0$ gilt:

$$f = 1,\; f' = 0,\; f'' = 2,\; f''' = -3,\; (1+x)^x = 1 + x^2 - \dfrac{x^3}{2} + \ldots .$$